# Mathematik für das Lehramt

**Herausgegeben von**

Kristina Reiss, Technische Universität München
Thomas Sonar, Technische Universität Braunschweig
Hans-Georg Weigand, Universität Würzburg

Die Mathematik hat sich zu einer Schlüssel- und Querschnittswissenschaft entwickelt, die in vielen anderen Wissenschaften, der Wirtschaft und dem täglichen Leben eine bedeutende Rolle einnimmt. Studierende, die heute für das Lehramt Mathematik ausgebildet werden, werden in den nächsten Jahrzehnten das Bild der Mathematik nachhaltig in den Schulen bestimmen. Daher soll nicht nur formal-inhaltlich orientiertes Fachwissen vermittelt werden. Vielmehr wird großen Wert darauf gelegt werden, dass Studierende exploratives und heuristisches Vorgehen als eine grundlegende Arbeitsform in der Mathematik begreifen.

Diese neue Reihe richtet sich speziell an Studierende im Haupt- und Nebenfach Mathematik für das gymnasiale Lehramt (Sek. II) sowie in natürlicher Angrenzung an Studierende für Realschule (Sek. I) und Mathematikstudenten (Diplom/BA) in der ersten Phase ihres Studiums. Sie ist grundlegenden Bereichen der Mathematik gewidmet: (Elementare) Zahlentheorie, Lineare Algebra, Analysis, Stochastik, Numerik, Diskrete Mathematik etc. und charakterisiert durch einen klaren und prägnanten Stil sowie eine anschauliche Darstellung. Die Herstellung von Bezügen zur Schulmathematik („Übersetzung" in die Sprache der Schulmathematik), von Querverbindungen zu anderen Fachgebieten und die Erläuterung von Hintergründen charakterisieren die Bücher dieser Reihe. Darüber hinaus stellen sie, wo erforderlich, Anwendungsbeispiele außerhalb der Mathematik sowie Aufgaben mit Lösungshinweisen bereit.

**Mathematik für das Lehramt**
K. Reiss/G. Schmieder[†]: Basiswissen Zahlentheorie
A. Büchter/H.-W. Henn: Elementare Stochastik
J. Engel: Anwendungsorientierte Mathematik: Von Daten zur Funktion
K. Reiss/G. Stroth: Endliche Strukturen
O. Deiser: Analysis 1
O. Deiser: Analysis 2

*Herausgeber:*
Kristina Reiss, Thomas Sonar, Hans-Georg Weigand

Michael Falk • Johannes Hain • Frank Marohn
Hans Fischer • René Michel

# Statistik in Theorie und Praxis

## Mit Anwendungen in R

Michael Falk
Institut für Mathematik
Universität Würzburg
Würzburg, Deutschland

Johannes Hain
Institut für Mathematik
Universität Würzburg
Würzburg, Deutschland

Frank Marohn
Institut für Mathematik
Universität Würzburg
Würzburg, Deutschland

Hans Fischer
Mathematisch-Geographische Fakultät
Katholische Universität Eichstätt-Ingolstadt
Eichstätt, Deutschland

René Michel
Altran GmbH & Co. KG
Frankfurt am Main, Deutschland

ISBN 978-3-642-55252-6          ISBN 978-3-642-55253-3 (eBook)
DOI 10.1007/978-3-642-55253-3

Die Deutsche Nationalbibliothek verzeichnet diese Publikation in der Deutschen Nationalbibliografie;
detaillierte bibliografische Daten sind im Internet über http://dnb.d-nb.de abrufbar.

Springer Spektrum


Gedruckt auf säurefreiem und chlorfrei gebleichtem Papier

Springer Spektrum ist eine Marke von Springer DE. Springer DE ist Teil der Fachverlagsgruppe Springer
Science+Business Media.
www.springer-spektrum.de

# Vorwort

Dieses Buch ist aus dem Fortbildungskurs „Statistik in Theorie und Praxis" entstanden, welcher vom 31. Oktober bis zum 6. November 2010 am Mathematischen Forschungsinstitut Oberwolfach durchgeführt wurde und sich an Gymnasiallehrer richtete. Hauptanliegen des Buches ist dem Leser zu vermitteln, wie vielseitig die oft als trockene Materie dargestellte Statistik sein kann.

In vielen Theorie-Büchern zur angewandten Statistik werden praktische Beispiele oft nur am Rande behandelt, ohne thematisch in die Tiefe zu gehen. Praxisorientierte Werke zur Statistik hingegen setzen beim Leser häufig ein fundiertes Hintergrundwissen der Statistik-Theorie zum Verständnis voraus. Das vorliegende Buch versucht den Brückenschlag zwischen beiden Gegensätzen. Zum einen wird Wert auf eine saubere Herleitung der gängigen statistischen Verfahren gelegt. Zum anderen beinhaltet der zweite Themenschwerpunkt reale Anwendungen der Methoden in der Praxis. Darüber hinaus werden Projekte an der Schnittstelle zwischen Schul- und Hochschulunterricht vorgestellt. Als unterstützende Software dient das kostenlose Programm R mit der zugehörigen grafischen Oberfläche R-Commander; die zahlreichen Programmbeispiele ermöglichen es, die vorgestellten Themen eigenständig nachzuvollziehen.

## Zielgruppe

Das Buch soll Leser mit Interesse an den Problemstellungen von Mathematik und Statistik ansprechen. Dazu gehören Anwender statistischer Methoden, zum Beispiel im wissenschaftlichen Bereich, oder Studierende (der Mathematik) mit einer tiefergehenden Neugier an statistischen Fragestellungen. Genauso aber sollten sich auch solche Leser angesprochen fühlen, die bisher wenig in Kontakt mit wissenschaftlichen Methoden der Statistik gekommen sind, aber an diesen Interesse haben. Insbesondere ist das vorliegende Buch für Lehrer und Studierende des Lehramts an Gymnasien gedacht, die den Schülern im Rahmen des Unterrichts oder in Unterrichtsprojekten die Vielfalt der Statistik näher bringen wollen.

## Vorkenntnisse

Für die Lektüre werden lediglich elementare Stochastik-Kenntnisse vorausgesetzt, wie sie beispielsweise in einer Einführungsvorlesung im Rahmen eines Bachelor-Studiums vermittelt werden. Für Leser ohne Vorwissen in Stochastik werden die wichtigsten nicht im Text erläuterten Grundbegriffe in einem Glossar am Ende des Buchs zusammengefasst,

weshalb die Inhalte des Buchs auch für Neulinge zugänglich sein sollten. Darüber hinaus findet man am Ende jedes Kapitels Hinweise auf weiterführende Literatur.

Kenntnisse des Programmpakets R, mit dem die Beispiele im Buch vorgestellt werden, sind zum Verständnis nicht vorausgesetzt. Alle verwendeten Funktionen von R werden ausführlich erläutert; im letzten Teil des Buchs wird im Rahmen einer R-Einführung zusätzlich die Arbeitsweise der Software vorgestellt.

## Inhalt

Die unterschiedlichen Thematiken des Buchs werden in fünf einzelnen Teilen vorgestellt. Statistik zu verstehen ohne die theoretischen Grundlagen zu kennen, ist nicht möglich. Aus diesem Grund behandelt der erste Teil des Buchs fundamentale statistische Grundlagen („Statistik in der Theorie"). Dabei wird der mathematische Hintergrund beleuchtet, ohne an allen Stellen ins Detail zu gehen.

Im Unterschied zu den meisten anderen Lehrbüchern wird auf die praktischen Anwendungen nicht nur in einzelnen kurzen und gekünstelten Beispielen eingegangen. Vielmehr wird diesem Aspekt der Statistik ein kompletter Teil des Buchs gewidmet („Statistik in der Praxis"). In diesem werden reale Anwendungsbeispiele ausführlich und verständlich erläutert und die im ersten Teil besprochenen Verfahren angewandt.

In den letzten etwa 20-30 Jahren haben in der Statistik rechenintensive, computergestützte Simulationsverfahren eine zentrale Rolle eingenommen. In einem Buch, das die Vielfalt der Statistik vorstellen möchte, darf dieser Aspekt natürlich nicht fehlen. Im dritten Teil des Buchs („Statistik mittels Simulationen") wird diesen Entwicklungen Rechnung getragen, indem einige Beispiele gesondert und ausführlich präsentiert werden.

Da das Buch insbesondere auch Lehrende an Schulen und Hochschulen ansprechen soll, wird im vierten Teil des Buchs („Statistik als Projekt im Unterricht") darauf eingegangen, wie man mittels einfacher Fragestellungen Lernende zum eigenständigen Bearbeiten statistischer Probleme motivieren kann. Die Themen in diesem Teil sind das Ergebnis von tatsächlichen Projekten, die in der Vergangenheit von Schüler- und auch Lehrergruppen erfolgreich durchgeführt wurden. Wir hoffen, dass die hier gegebenen Anregungen einen Beitrag zur Einbeziehung praxisnaher Unterrichtsprojekte in Schule und Hochschule geben können.

Alle vorgestellten Beispiele in den Teilen I bis IV werden mit der Software R durchgeführt. Da aber gerade Statistik-Anfänger Schwierigkeiten mit der Kommandozeilenorientierung von R haben, versuchen wir den Einstieg in R zu erleichtern, indem wir – wo immer es möglich ist – den R-Commander als grafische Oberfläche zu benutzen. Der letzte Teil des Buchs stellt daher eine Einführung sowohl in R als auch in den R-Commander dar.

## Organisation des Textes, Notation und technische Details

Im ersten Teil des Buchs werden die theoretischen Grundlagen besprochen, die Teile II bis IV bauen auf diesen Grundlagen auf, können selbst aber unabhängig voneinander durchgearbeitet werden. Durch das komplette Buch ziehen sich Programmbeispiele, in denen die besprochenen Verfahren in R umgesetzt werden. Lesern, die noch keine Erfahrung mit R haben und gleich die entsprechenden R-Beispiele am Rechner mitverfolgen wollen, empfehlen wir mit der Lektüre des Teils „Statistik für Einsteiger mit R und R-Commander" zu beginnen.

Die Durchführung der Beispiele kann im kompletten Buch mit dem R-Commander erfolgen. Sollten die Befehle zu komplex werden und der R-Commander an seine Grenzen stoßen, werden die nötigen R-Befehle erläutert, die aber weiterhin im Skriptfenster des R-Commanders ausgeführt werden können.

Programmbeispiele werden – wie hier zu sehen – im Text immer mit dieser Abtrennung kenntlich gemacht. Möchte man auf die eigene Bearbeitung der Beispiele verzichten, können diese Teile des Buchs übersprungen werden.

Für ein besseres Verständnis wollen wir kurz die verschiedenen Notationsweisen innerhalb der Programmbeispiele erläutern. Pfadverzeichnisse (z.B. **C:\R-Buch**) oder Paketnamen (z.B. **Rcmdr**) erkennt man an der fetten Schrift. Genauso werden Menüpunkte in fetter Schrift gedruckt, das Klicken von mehreren Menüpunkten hintereinander wird durch das Zeichen $\longrightarrow$ angezeigt. So bedeutet etwa **Grafiken**$\longrightarrow$ **Histogramm ...**, dass zuerst der Menüpunkt **Grafiken** und darin das Untermenü **Histogramm ...** angeklickt werden soll. Schaltflächen in Dialogfeldern, wie beispielsweise OK oder Datenmatrix betrachten sind stets umrahmt, Optionen zum (De-)Aktivieren in Dialogfeldern sind an der *kursiven* Schrift zu erkennen. Einzelne Tastenbefehle sind in Großbuchstaben gesetzt (z.B. ENTER), wobei ein +-Zeichen zwischen zwei Tastennamen das gemeinsame Drücken beider Tasten bedeutet (z.B. STRG+V). Müssen in Dialogfeldern freie Texte in spezielle Felder eingegeben werden, steht der Text in Anführungszeichen (z.B. „Größe des Manns"), genauso wie Karteinamen innerhalb eines Dialogfelds (z.B. „Optionen"). Längere Befehle (z.B. bei der Spezifizierung einer Fallauswahlbedingung) oder Befehle, die im Skriptfenster eingegeben werden müssen, werden abgesetzt vom normalen Fließtext in `Festbreitenschrift` gesetzt.

Ganz allgemein werden Definitionen und neu eingeführte Begriffe im Text mit **fetter** Schrift hervorgehoben. Datensatz- und Variablennamen sind an der

`Festbreitenschrift` zu erkennen. Das Ende eines Beweises wird mit dem Symbol □ gekennzeichnet.

Das Betriebssystem des Rechners, mit dem alle Berechnungen und Diagramme durchgeführt wurden, war Windows 7. Die Version von R war 3.0.3, die des R-Commanders lautete 2.0-0. Sämtliche in den Programmbeispielen verwendeten Datensätze stehen unter

> http://www.springer.com/978-3-642-55252-6

zum Download allen Nutzern zur Verfügung.

**Danksagungen**

Wir danken

- Andreas Gegg für die vielfältige Unterstützung insbesondere bei spezifischen R-Problemen
- Thomas Mauch für die Mitautorschaft an den Kapiteln 8 und 9
- Norbert Krämer, Herbert Michel und Stefan Englert für die in Kapitel 10 vorgestellte gemeinsame Projektarbeit
- Bertram Gerber, Kirsa Neuser und Birgit Michels für die Unterstützung bei Kapitel 12 und die Erlaubnis zur Verwendung der Bilder in diesem Kapitel
- Christina Zube und Nicole Saverschek für die fachliche Hilfestellung in Kapitel 14
- Nicole Vornberger für die medizinischen Hintergrundinformationen zu Kapitel 15
- Sabine Sigloch für die Anmerkungen zu den Projektkapiteln in Teil IV
- den Teilnehmern an den Schülerprojekttagen und der Lehrerfortbildung in Oberwolfach für die engagierte Teilnahme an den in Teil IV beschriebenen Projekten
- Hassan Humeida für die Bereitstellung des Datensatzes `sudan.csv`
- Stefanie Linder für die Bereitstellung der Daten in Kapitel 16
- Diana Tichy und Oka Daiji für die Bereitstellung der Daten in Kapitel 15
- Peter Zimmermann von der Katholischen Universität Eichstätt-Ingolstadt für die $\mathrm{T\!_{E}\!X}$-nische Hilfe
- Christian Weiß für die Durchsicht des kompletten Manuskripts
- Kerstin Werler von der Katholischen Universität Eichstätt-Ingolstadt für die vielfältige Hilfe bei der Texterstellung
- dem Springer Verlag für die Bereitschaft, dieses Buch zu veröffentlichen. Insbesondere danken wir Agnes Herrmann und Clemens Heine für die fruchtbare Kooperation.

|  |  |
|---|---|
| Würzburg | *Michael Falk, Johannes Hain, Frank Marohn* |
| Eichstätt | *Hans Fischer* |
| Frankfurt | *René Michel* |
| März 2014 | |

# Inhaltsverzeichnis

**Teil III  Statistik mittels Simulationen**

**11  Computerintensive Statistik** ...................................... 295


**12  Zuckerbrot oder Peitsche? Drosophila Larven und Bootstrap** ....... 321


**Teil IV  Statistik als Projekt im Unterricht**

**13  Kann man Münzen fälschen?** ................................... 339

# Teil I
# Statistik in der Theorie

# Kapitel 1
# Explorative Werkzeuge

Am Beginn der Datenanalyse, vor dem Einsatz von Schätz- und Testverfahren, sollte man sich zuerst die zu untersuchenden Daten visualisieren, gemäß dem Zitat des bekannten Statistikers John W. Tukey in [5]:

*There is no excuse for failing in plot and look.*

Je nach Fragestellung und Skalenniveau der Daten bieten sich unterschiedliche Arten von Diagrammen an. Die am häufigsten gebrauchten Diagrammtypen sind Scatterplots (Abschnitt 1.1), Histogramme (Abschnitt 1.2.2) und Boxplots (Abschnitt 1.2.3). Neben diesen grafischen Darstellungsmöglichkeiten, ist auch die Erstellung von **deskriptiven Statistiken** hilfreich, um weitere Informationen über die Daten zu erhalten. Wir stellen dazu die wichtigsten Lokations- und Streuungsmaße sowie deren Ausreißer-resistente (robuste) Gegenstücke vor (Abschnitt 1.2.1).

## 1.1 Scatterplots

Für die Untersuchung des Zusammenhangs von zwei Merkmalen stellen **Scatterplots** oder **Streudiagramme** ein hilfreiches Werkzeug dar, um sich ein besseres Bild über die Daten zu machen. Wir unterscheiden dabei im Folgenden die beiden inhaltlich verschiedenen Fälle, dass beide Merkmale metrisch sind (Abschnitt 1.1.1) oder dass ein Merkmal metrisch und ein Merkmal kategorial ist (Abschnitt 1.1.2).

### *1.1.1 Zwei metrische Merkmale*

**Metrische Daten** sind Messwerte im engeren Sinne, d.h. die beobachteten Merkmalsausprägungen sind Zahlenwerte, wie zum Beispiel die Körpertemperatur oder die Herzfrequenz bei Patienten einer klinischen Studie. Ausgangspunkt eines Scatterplots sind zwei metrische Merkmale $X$ und $Y$, von denen $n$ **Beobachtungspaare**

$(x_1, y_1), \ldots, (x_n, y_n)$ vorliegen. Der Scatterplot entsteht, indem jedes Beobachtungspaar in ein Koordinatensystem eingetragen wird. Daraus ergibt sich dann eine Punktwolke, aus deren Muster man Informationen zum Abhängigkeitsverhältnis der Daten erkennen kann. Wir betrachten zum besseren Verständnis den Beispieldatensatz `mannfrau`, entnommen aus [4].

---

**Programmbeispiel 1.1** Bei diesem allerersten Programmbeispiel mit R, gehen wir davon aus, dass der R-Commander bereits geöffnet wurde, sich aber noch keine Daten im Workspace befinden (siehe Kapitel 18 und 19 für eine Einführung in R und den R-Commander). In einem ersten Schritt laden wir daher die Datei `Beispieldaten.RData` mit dem R-Commander in den Workspace (vgl. Abschnitt 19.3.3) [1]:

1. Wir gehen im Menü des R-Commanders auf **Datenmanagement** $\longrightarrow$ **Lade Datendatei ...**
2. Es öffnet sich ein neues Dialogfeld, in dem man den Speicherort der Datei auswählt und diese öffnet.

Im Workspace sind nun die geladenen Datensätze verfügbar. Man kann dies zusätzlich noch nachprüfen, indem man den Befehl `ls()` im Skriptfenster ausführt, der alle Objekte im Workspace anzeigt (siehe auch Abschnitt 19.1.1). Vor der Erstellung eines Scatterplots möchten wir zuerst einen Blick auf die Daten werfen.

1. Um mit dem Datensatz `mannfrau` arbeiten zu können, muss dieser zuvor noch aktiviert werden. Dazu klicken wir auf das Feld rechts neben dem Feld *Datenmatrix:*, woraufhin sich ein kleines Dialogfeld öffnet, in dem der gewünschte Datensatz ausgewählt werden kann. Alternativ hätte man auch im Menü auf **Datenmanagement** $\longrightarrow$ **Aktive Datenmatrix** $\longrightarrow$ **Auswahl der aktiven Datenmatrix** gehen können.
2. Hat man einen Datensatz neu ausgewählt, wird ein Hinweis ganz unten im Nachrichtenfenster des Commanders angezeigt. Dort steht eine Übersicht über die Dimension des Datensatzes, also die Anzahl der Beobachtungen (= Zeilen) und der Variablen (= Spalten). In unserem Fall enthält der Datensatz 199 Beobachtungen und vier Variablen.
3. Zum Anzeigen des Datensatzes, klickt man oberhalb des Skriptfensters auf das Feld | Datenmatrix betrachten |, woraufhin sich ein neues Fenster mit den Daten öffnet wie in Abb. 1.2 zu sehen.

---

Der Datensatz `mannfrau` enthält das Alter und die Körpergröße von 199 zufällig ausgewählten britischen Ehepaaren. Jede Zeile des Datensatzes steht für

---

[1] An dieser Stelle sei nochmals erwähnt, dass unter http://www.springer.com/ die Beispieldatensätze online zur Verfügung stehen.

ein Ehepaar, die Variable `alter.mann` enthält das Alter des Ehemanns und
`alter.frau` das Alter seiner Ehefrau. Die beiden Variablen `größe.mann` und
`größe.frau` geben jeweils die Körpergröße der Eheleute gemessen in cm an.
Wir möchten in einem ersten Schritt untersuchen, ob es einen Zusammenhang bei
der Größe der Ehepartner gibt, wofür wir einen Scatterplot erstellen.

| | alter.mann | größe.mann | alter.frau | größe.frau |
|----|----|----|----|----|
| 1 | 49 | 180.9 | 43 | 159.0 |
| 2 | 25 | 184.1 | 28 | 156.0 |
| 3 | 40 | 165.9 | 30 | 162.0 |
| 4 | 52 | 177.9 | 57 | 154.0 |
| 5 | 58 | 161.6 | 52 | 142.0 |
| 6 | 32 | 169.5 | 27 | 166.0 |
| 7 | 43 | 173.0 | 52 | 161.0 |
| 8 | 42 | 175.3 | NA | 163.5 |
| 9 | 47 | 174.0 | 43 | 158.0 |
| 10 | 31 | 168.5 | 23 | 161.0 |
| 11 | 26 | 173.5 | 25 | 159.0 |
| 12 | 40 | 171.3 | 39 | 161.0 |
| 13 | 35 | 173.6 | 32 | 170.0 |
| 14 | 45 | 171.5 | NA | 152.2 |
| 15 | 35 | 179.9 | 35 | 168.0 |
| 16 | 35 | 178.5 | 33 | 168.0 |
| 17 | 47 | 175.8 | 43 | 163.0 |
| 18 | 38 | 172.9 | 35 | 157.0 |
| 19 | 33 | 172.0 | 32 | 172.0 |
| 20 | 32 | 181.0 | 30 | 174.0 |

**Abb. 1.2** Die ersten 20 Beobachtungen des Datensatzes `mannfrau` geöffnet im Datenfenster des
R-Commanders.

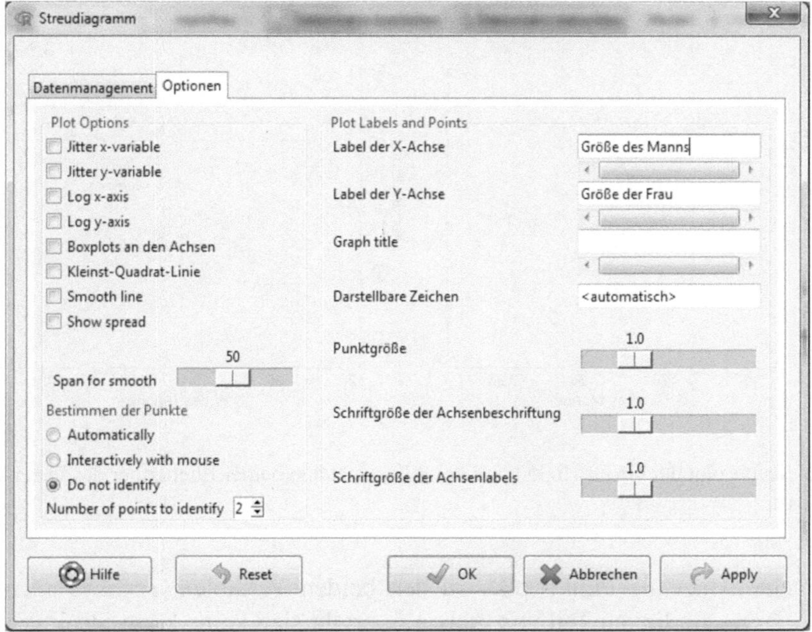


**Abb. 1.3** Dialogfeld zur Erstellung des Scatterplots von den Variablen `größe.mann` und
`größe.frau`.

**Programmbeispiel 1.4**

1. Bei aktiviertem Datensatz gehen wir auf **Grafiken** $\longrightarrow$ **Streudiagramm ...**
2. Im sich neu öffnenden Dialogfeld aktiviert man im Feld *X-Variable* die Variable
   `größe.mann` und die Variable `größe.frau` im Feld *Y-Variable*.
3. Danach gehen wir auf die Kartei „Optionen" (vgl. Abb. 1.3), deaktivieren alle
   Einstellungen im Feld *Plot Options* und geben „Größe des Manns" als *Label der
   X-Achse* und „Größe der Frau" als *Label der Y-Achse* ein. Den Eintrag „<auto>"
   in *Graph title* entfernen wir, sodass keine Überschrift über das Diagramm gesetzt
   wird. Außerdem aktivieren wir unter *Bestimmen der Punkte* noch die Einstellung
   *Do not identify*. Zum Abschluss geht man auf $\boxed{\text{OK}}$. Das Ergebnis ist im linken
   Teil von Abb. 1.5 zu sehen.

Beim Erstellen des Scatterplots fällt auf, dass im R-Commander in den Dialogfeldern die Sprachen Englisch und Deutsch teilweise gemischt werden. So sind einige Einstellungen, wie z.B. *Plot Labels and Points*, auf Englisch, andere wiederum auf Deutsch. Dies ist bei vielen anderen Dialogfeldern ebenso der Fall. Für zukünftige Versionen des R-Commanders wäre eine sprachliche Vereinheiltung seitens der Programmierer wünschenswert.

Für weitergehende Details im Umgang mit Grafiken in R, insbesondere zum Bearbeiten und zum Export von Diagrammen, verweisen wir auf Abschnitt 21.2.1.

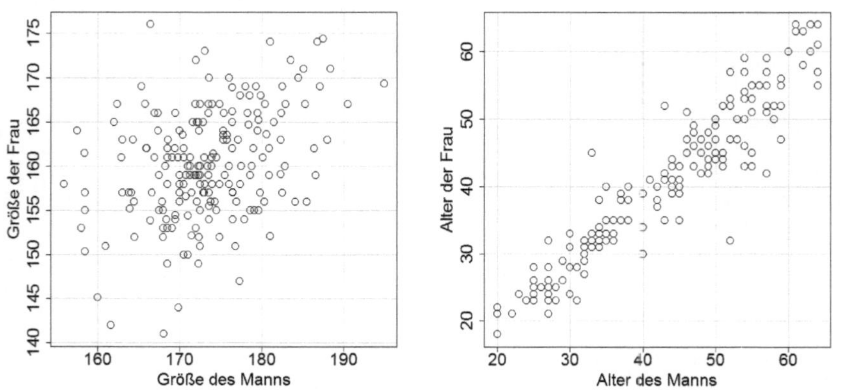


**Abb. 1.5** Scatterplot der Größe (links) und des Alters (rechts) beider Ehepartner des Datensatzes
`mannfrau`.

Betrachtet man die Punktwolke zu den beiden Variablen `größe.mann` und `größe.frau` im linken Teil von Abb. 1.5, ergibt sich keine klare Struktur in den Daten. Die Punktepaare ordnen sich eher diffus in das Koordinatensystem, ohne dass ein klares Muster zu erkennen ist. Anders ist das Bild hingegen, wenn man einen Scatterplot für die beiden Variablen `alter.mann` und `alter.frau` erstellt (Aufgabe 1). Dieser ist im rechten Teil von Abb. 1.5 zu sehen. Man erkennt hier ein offensichtliches Muster in den Daten, die Punkte scheinen sich um eine Gerade zu gruppieren, die von links unten nach rechts oben im Diagramm verläuft. Diese Struktur spricht für einen starken **linearen Zusammenhang** zwischen den beiden Merkmalen. In diesem Fall ist dies ein **positiver Zusammenhang**, d.h. je älter der Mann, desto älter ist tendenziell auch seine Ehefrau und umgekehrt. Bei der Größe von Mann und Frau ist dieser Zusammenhang nur sehr gering bis gar nicht zu erkennen.

Es drängt sich also der Verdacht auf, dass der Zusammenhang zwischen dem Alter der Ehepaare stärker ist als der zwischen ihrer Größe. Oder anders formuliert: Das Alter scheint ein wichtigerer Faktor bei der Partnerwahl zu sein als die Größe. Dies ist auch ein sehr nachvollziehbarer Zusammenhang, da man sich den Partner normalerweise in der eigenen Altersgruppe sucht, was man hier bestätigt findet. Um diese Problemstellung mit statistischen Werkzeugen zu untersuchen, wäre die Berechnung des **empirischen Korrelationskoeffizienten** zwischen Alter und Größe ein erster Ansatz. Der Korrelationskoeffizient ist ein Maß für die lineare Abhängigkeit zwischen zwei Merkmalen und liefert ein objektiveres Kriterium zur Beurteilung von Abhängigkeit als der Scatterplot. Wir gehen an dieser Stelle aber nicht weiter ins Detail und verweisen auf Kapitel 4 für die statistische Analyse solcher Fragestellungen.

## *1.1.2 Ein metrisches und ein kategoriales Merkmal*

In den meisten Fällen erstellt man Scatterplots mit den Messwerten von zwei metrischen Merkmalen. In einigen Fällen macht jedoch die Erstellung eines solchen Diagramms auch Sinn, wenn nur eines der beiden Merkmale metrisch und die andere kategorial ist. Als **kategoriale Merkmale** betrachtet man Daten, bei denen sich die Messwerte in verschiedene Kategorien klassifizieren lassen. Beispiele hierfür sind das Geschlecht, die Haarfarbe von Beobachtungsobjekten oder ob ein bestimmtes Testverfahren positiv oder negativ ausfällt.

**Beispiel 1.1** *Am 28. Januar 1986 explodierte die amerikanische Raumfähre Challenger aufgrund einer Materialermüdung eines Dichtungsringes an den beiden Raketentriebwerken. Von diesen Dichtungsringen, den sogenannten O-Ringen, besaßen die beiden Triebwerke zusammen sechs Stück. In der Nacht vor dem Start fand eine dreistündige Telefonkonferenz zwischen dem Hersteller der Triebwerke (Morton Thiokol) und den Verantwortlichen bei der NASA statt. Die Diskussion konzentrierte sich auf die Wettervorhersage von geringen 31° Fahrenheit Außentemperatur (ca. −1° Celsius) für die Startzeit der Raumfähre am nächsten Morgen und den Effekt einer niedrigen Außentemperatur auf die Zuverlässigkeit der O-Ringe. Die Daten im Datensatz* `oring` *spielten dabei eine wichtige Rolle. Sie geben Flüge an, bei denen im Nachhinein untersucht wurde, ob an einem der sechs O-Ringe eine*

*Materialermüdung festzustellen war oder nicht. Außerdem wurde noch die Außentemperatur in Fahrenheit zur jeweiligen Startzeit aufgezeichnet.*

| | temperatur | materialermüdung | anzahl |
|---|---|---|---|
| 1 | 66 | 0 | 1 |
| 2 | 67 | 0 | 9 |
| 3 | 68 | 0 | 1 |
| 4 | 69 | 0 | 1 |
| 5 | 70 | 0 | 4 |
| 6 | 72 | 0 | 1 |
| 7 | 73 | 0 | 1 |
| 8 | 75 | 0 | 1 |
| 9 | 76 | 0 | 4 |
| 10 | 78 | 0 | 1 |
| 11 | 79 | 0 | 1 |
| 12 | 81 | 0 | 1 |
| 13 | 53 | 1 | 1 |
| 14 | 57 | 1 | 1 |
| 15 | 58 | 1 | 1 |
| 16 | 63 | 1 | 1 |
| 17 | 70 | 1 | 4 |
| 18 | 75 | 1 | 1 |

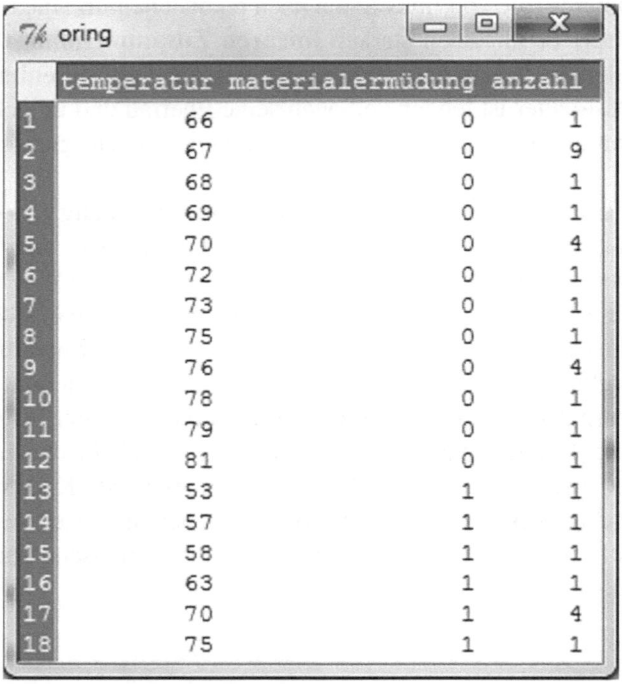

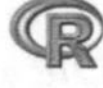

**Abb. 1.6** Der Datensatz `oring` geöffnet im Datenfenster des R-Commanders.

Vor der Diagrammerstellung lassen wir uns analog zu Programmbeispiel 1.1 die Daten in einem separaten Fenster anzeigen, nachdem wir den Datensatz zuvor aktiviert haben. Wie man im Datenfenster (Abb. 1.6) erkennt, ist die erste Variable die Temperatur (in Fahrenheit) beim Start. Zentral ist die zweite Variable `materialermüdung`, in der angezeigt wird, ob bei einem Flug der zugehörigen Temperatur eine Materialermüdung vorlag (Ausprägung `1`) oder nicht (Ausprägung `0`). Da es bei einigen Temperaturen Flüge gab, bei denen eine Ermüdung vorlag, aber auch Flüge, bei denen keine Ermüdung auftrat, gibt es für einige Temperaturen (z.B. für 70 Grad) zwei Zeilen im Datensatz. Als zusätzliche Information wird mit der Variable `anzahl` noch eine Gewichtungsvariable aufgeführt, die die Anzahl der Flüge zur jeweiligen Temperatur und zum jeweiligen Ereignis angibt. In der Diskussion vor dem Start betrachtete man lediglich die Daten, bei denen eine Materialermüdung vorlag. Erstellen wir mit diesen Daten einen Scatterplot mit der Außentemperatur in Fahrenheit.

**Programmbeispiel 1.7** Bevor wir den Scatterplot erstellen können, müssen wir mit einer Fallauswahl nur die Beobachtungen mit einer Materialermüdung selektieren (siehe Abschnitt 20.4 für Details):

1. Zuerst aktiviert man den Datensatz `oring` und geht auf **Datenmanagement** $\longrightarrow$ **Aktive Datenmatrix** $\longrightarrow$ **Teilmenge der aktiven Datenmatrix ...**
2. Es öffnet sich das Dialogfeld von Abb. 1.8. Um nur die Fälle mit einer Materialermüdung auszuwählen, gibt man im Feld *Anweisung für die Teilmenge* den Befehl `materialermüdung == 1` ein. Man beachte dabei, dass ein doppeltes Gleichheitszeichen zu setzen ist.
3. Im gleichen Dialogfeld geben wir in das Feld *Name für die neue Datenmatrix* mit `oring.teil` einen neuen Namen für das Datenobjekt ein und gehen auf OK .

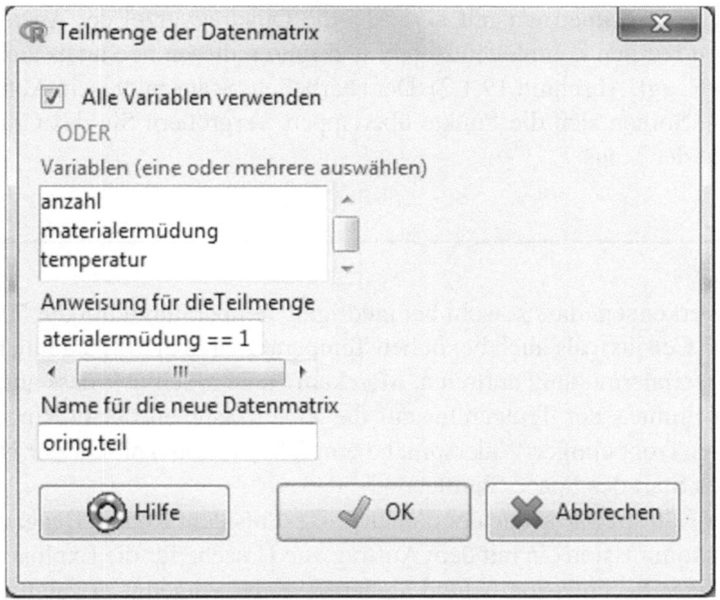

**Abb. 1.8** Dialogfeld zur Selektion der Daten mit Materialermüdung.

Das neue Objekt ist nun schon automatisch aktiviert, d.h. der Scatterplot kann sofort erstellt werden:

1. Gehe auf **Grafiken** $\longrightarrow$ **Streudiagramm ...**
2. Es erscheint ein Dialogfeld ähnlich dem in Abb. 1.3. Im Feld *X-Variable* gibt man die Variable `temperatur` und im Feld *Y-Variable* die Variable `materialermuedung` ein.
3. Deaktiviere alle Einstellungen im Feld *Optionen*, gebe „Temperatur" als *Label der X-Achse* und „Materialermüdung" als *Label der Y-Achse* ein und gehe auf OK .
4. Im Grafikfenster ist ein Scatterplot zu sehen. Allerdings erinnern wir uns an die Variable `anzahl`, in der angegeben ist, ob für eine Temperatur mehr als nur ein Flug dokumentiert wurde. Diese Information sollte im Diagramm berücksichtigt und Temperaturen mit einem hohen Wert in dieser Variablen stärker gewichtet

werden. Die Gewichtung erreichen wir, indem die Größe der Kreise im Scatterplot entsprechend der Variablen `anzahl` angepasst werden. Im Skriptfenster wird der Befehl zur Erstellung des Scatterplots angezeigt, verwendet wird hierzu die Funktion `scatterplot()`. Wir bearbeiten den Befehl und geben ganz am Ende vor der runden Klammer ein Komma ein und dann das zusätzliche Argument

```
cex = sqrt(oring.teil$anzahl)
```

Mit dem Argument `cex` verändert man die Größe der zu zeichnenden Objekte, indem man die Ausprägungen der Variablen `anzahl` direkt aufruft, siehe Programmbeispiel 1.12 für Details. Damit die Kreisfläche nicht überproportional ansteigt, berechnen wir mit `sqrt()` die Quadratwurzel der Anzahlen. Nun markieren wir den kompletten Befehl und führen diesen nochmals aus (z.B. mit STRG + R, vgl. Abschnitt 19.1.2). Der bearbeitete Scatterplot ist in Abb. 1.9 oben zu sehen. Sollten sich die Punkte überlappen, vergrößern Sie das Grafikfenster etwas mit der Maus.

Es ist zu erkennen, dass sowohl bei niedrigen Temperaturen um die 50° Fahrenheit (ca. 10° Celsius), als auch bei hohen Temperaturen über 70 Fahrenheit (ca. 21° Celsius) Materialermüdung auftreten. Man kam zu dem Schluss, dass aufgrund der Daten kein Einfluss der Temperatur auf die Zuverlässigkeit der O-Ringe nachzuweisen wäre. Trotz einiger Widersprüche empfahl Morton Thiokol der NASA den planmäßigen Start des Space Shuttle.

Nach der Katastrophe setzte der damalige US-Präsident Ronald Reagan eine Untersuchungskommission ein mit dem Auftrag, die Ursache für die Explosion herauszufinden. Diese Kommission befand als Ursache das eingangs erwähnte Versagen eines O-Rings. Sie stellte weiter fest, dass es ein Fehler in der Analyse der Materialermüdungsdaten war, Flüge ohne technische Probleme aus dem Datensatz herauszunehmen; man hatte gedacht, dass Flüge ohne Materialermüdungserscheinungen an O-Ringen keine Informationen über deren Zuverlässigkeit beisteuern könnten.

Um diesen Fehler grafisch zu verdeutlichen, betrachten wir den Scatterplot mit sämtlichen Daten im unteren Teil von Abb. 1.9 (siehe Aufgabe 2). Man erkennt sofort, dass nur die ausschließliche Betrachtung der Daten mit einer Materialermüdung ein verhängnisvoller Irrtum war. Die Beobachtungen der Flüge ohne Materialermüdung sind auf der Temperaturskala deutlich weiter rechts zu finden als die Punkte mit Materialermüdung. Insbesondere war die für den nächsten Tag vorhergesagte Temperatur von 31° Fahrenheit außerhalb der Skala der bisherigen Beobachtungen, beim „kältesten" Flug ohne Probleme lag die Temperatur über 30° Grad Fahrenheit höher. Die Temperatur scheint also einen deutlichen Einfluss auf das Versagen der O-Ringe zu haben. Eine Möglichkeit, diese Beobachtungen statistisch genauer zu untersuchen, wäre beispielsweise im Rahmen einer **logistischen Regressionsanalyse**. Wir gehen darauf aber nicht näher ein und verweisen für eine solche Analyse der Daten stattdessen auf [1].

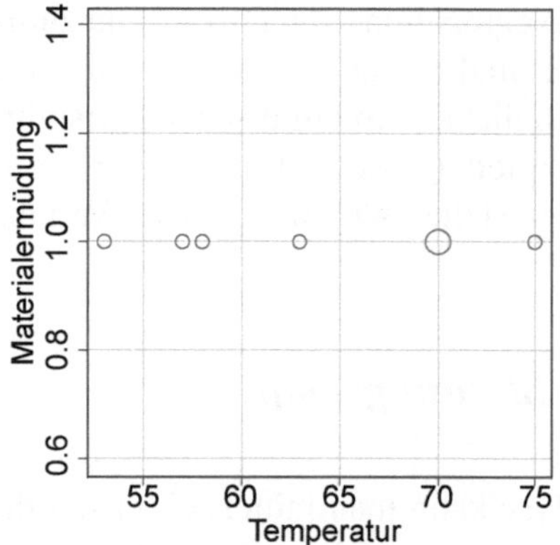

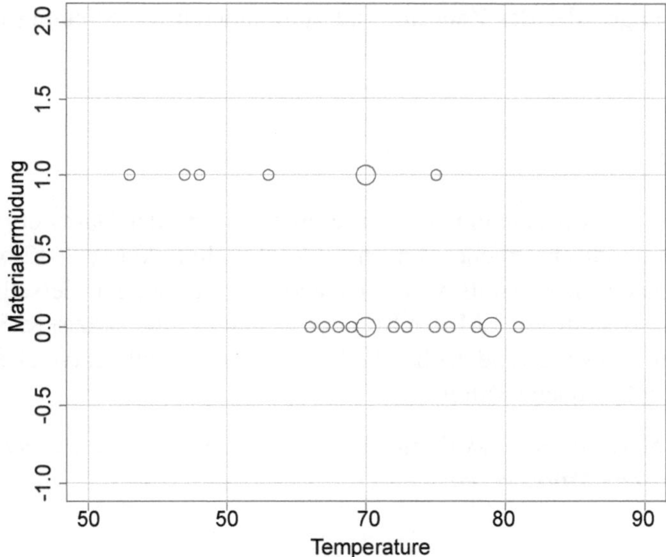

**Abb. 1.9** Scatterplot der `oring`-Daten nur mit Materialermüdung (oben) sowie mit und ohne Materialermüdung (unten).

## 1.2 Verdichtung von Daten

Vor allem bei größeren Datensätzen ist es nicht mehr möglich, die grundlegenden Informationen nur mit einem Blick auf die Daten im Datenfenster zu erfassen. Als ersten Schritt bei der Datenanalyse empfiehlt es sich daher, die Informationen im Datensatz zu komprimieren, um die wichtigsten Eigenschaften der Daten auf einen Blick erkennen zu können.

Die Verdichtung (oder Aggregation) von Daten kann zum einen mit deskriptiven Kennzahlen wie Lokations- und Streuungsmaßen erfolgen (Abschnitt 1.2.1). Zum anderen gibt es auch die Möglichkeit mit grafischen Hilfsmitteln wie Histogrammen (Abschnitt 1.2.2) oder Boxplots (Abschnitt 1.2.3) eine Komprimierung der Daten vorzunehmen. Im Folgenden stellen wir einige dieser Verfahren zusammen.

## 1.2.1 Lokations- und Streuungsmaße

Im Rahmen der Datenanalyse kann man mittels einfacher deskriptiver Kennziffern mehr über das Verhalten der Daten erfahren. Diese Kennziffern sind die sogenannten **Lokationsmaße (LM)** und **Streuungsmaße (SM)**. Mit diesen Maßzahlen wird zum einen die Lage oder das Zentrum und zum anderen die Streuung der Daten beschrieben.

**Lokationsmaße**

Einerseits ist ein LM oft eine einfache Zusammenfassung der Daten etwa der folgenden Art: Die durchschnittliche Abiturnote der Abschlussklasse 2012 betrug 2.1. Stammen die Daten andererseits von verschiedenen Messungen derselben unbekannten Größe, so stellt ein LM der Messwerte häufig eine präzisere Schätzung dieser Größe dar, da es die Tendenz hat die Messfehler auszugleichen. Das populärste LM ist das arithmetische Mittel.

**Definition 1.2** *Seien metrisch skalierte Beobachtungen* $x_1, \ldots, x_n$ *gegeben. Dann ist das* **arithmetische Mittel** *gegeben durch*

$$\bar{x}_n := \frac{1}{n} \sum_{i=1}^{n} x_i$$

Umgangssprachlich findet man auch die Bezeichnungen **Mittelwert** oder **Durchschnitt**. Das arithmetische Mittel hat eine interessante Minimierungseigenschaft (siehe Aufgabe 3): Es ist diejenige Zahl, die die Summe der quadratischen Abstände zu den Beobachtungen $x_1, \ldots, x_n$ minimiert. Die hohe Bedeutung dieser Kennziffer liegt einerseits in der einfachen Berechnungsformel. Andererseits ist $\bar{x}_n$ aus statistischer Sicht eine wichtige Kenngröße, was in Kapitel 3 nochmals aufgegriffen wird.

**Beispiel 1.3** *Unter der Sublimationswärme versteht man die Energie, die nötig ist, um einen Stoff direkt vom festen in den gasförmigen Aggregatzustand zu überführen. Um die Sublimationswärme in kcal/mol von Platin zu bestimmen, wurden 26 Messungen durchgeführt[2]. Jede der 26 Messungen war ein Versuch, die „wahre" Sub-*

---

[2] Das Mol ist eine Stoffmengeneinheit, die sich auf die Menge und nicht auf die Masse eines Stoffes bezieht. $6 \cdot 10^{23}$ Teilchen (Loschmidtsche Zahl) eines beliebigen Stoffes sind 1 mol.

*limationswärme von Platin zu ermitteln; die Messwerte zeigen jedoch eine größere Variabilität. Wir würden von einem LM erwarten, dass es eine zuverlässigere Schätzung liefert als jeder Messwert für sich allein.*

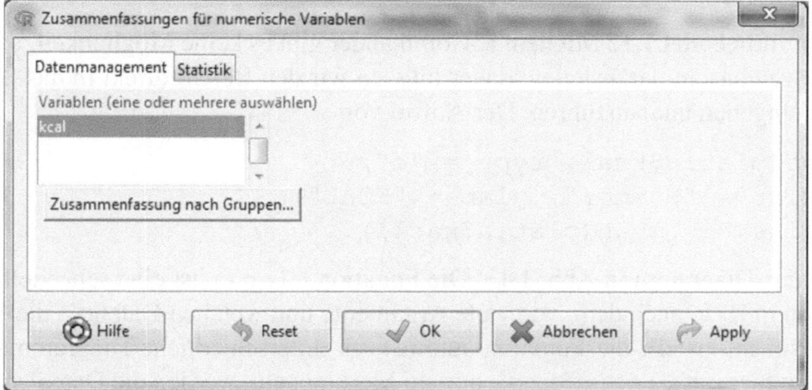

**Abb. 1.10** Dialogfeld zur Erstellung von deskriptiven Statistiken mit dem Datensatz `platin`.

 ─────────────────────────────────────────────

**Programmbeispiel 1.11** Wir wollen mit den Platin-Daten aus dem obigen Beispiel den Mittelwert mit dem R-Commander berechnen:

1. Bei aktiviertem Datensatz geht man im Menü auf **Statistik** $\longrightarrow$ **Deskriptive Statistik** $\longrightarrow$ **Zusammenfassungen numerischer Variablen ...**
2. Im neuen Dialogfeld wählt man zuerst die gewünschte Variable aus. In diesem Fall ist die einzige Variable `kcal` schon ausgewählt.
3. Nun geht man auf „Statistik" (vgl. Abb. 1.10) und kann hier verschiedene Maßzahlen berechnen lassen, unter anderem auch das arithmetische Mittel. Wir deaktivieren die Einstellungen *Interquartile Range* gehen auf $\boxed{\text{OK}}$ .

Das Ergebnis wird im Ausgabefenster angezeigt:

```
    mean        sd     0%     25%     50%     75%    100%   n
137.0346  4.454296  133.7   134.8   135.1   136.1   148.8  26
```

───────────────────────────────────────────── 

Das arithmetische Mittel ist also 137.03 kcal/mol. Die anderen Werte sind die Stichproben-Standardabweichung und die empirischen Quartile, auf die wir unten näher eingehen werden. Zusätzlich bekommt man noch die Information, dass 26 Beobachtungen im Datensatz sind. Für den Fall von fehlenden Werten im Datensatz (`NA`) bekäme man hier angezeigt, wie viele dies sind.

Bei kleineren Stichprobenumfängen, wie den vorliegenden `platin`-Daten ist es zudem manchmal informativ, die Daten in der Reihenfolge ihrer Erhebung zu plotten, wie das folgende Programmbeispiel zeigt.

**Programmbeispiel 1.12** Mit dem R-Commander gibt es keine Möglichkeit, die Daten wie gewünscht darzustellen, daher müssen wir den Befehl direkt in das Skriptfenster eingeben und ausführen. Der Aufruf von

```
plot(platin$kcal, type = "b",
   xlab = "Nummer", ylab = "KCAL")
abline(h = mean(platin$kacl))
```

erstellt das Diagramm in Abb. 1.13. Die Funktion `plot()` ist eine sehr vielfältige Funktion in R. Je nach dem, wie viele Argumente und welchen Datentyp die Variablen besitzen, erstellt die Funktion automatisch unterschiedliche Diagrammtypen. Gibt man hier mit `platin$kcal` nur ein Merkmal ein, werden die Daten entsprechend ihrer Reihenfolge im Datensatz geplottet. Man beachte dabei, dass man nicht nur den Variablennamen, sondern auch den Datensatznamen und ein $-Zeichen angeben muss, da man im Gegensatz zum R-Commander in R keinen Datensatz automatisch aktivieren kann, siehe hierzu auch Abschnitt 21.1.2. Das zweite Argument bewirkt, dass die einzelnen Punkte separat gekennzeichnet werden und zudem die Punkte mit einer Linie miteinander verbunden werden (b steht für *both*). Die Argumente `xlab` und `ylab` legen die Achsenbeschriftung fest. Mit der Funktion `abline()` wird eine horizontale Linie auf Höhe des Mittelwerts in das Diagramm hinzugefügt. Mit dem Argument h (*horizontal*) kann der Mittelwert über die Funktion `mean()` direkt angesprochen werden.

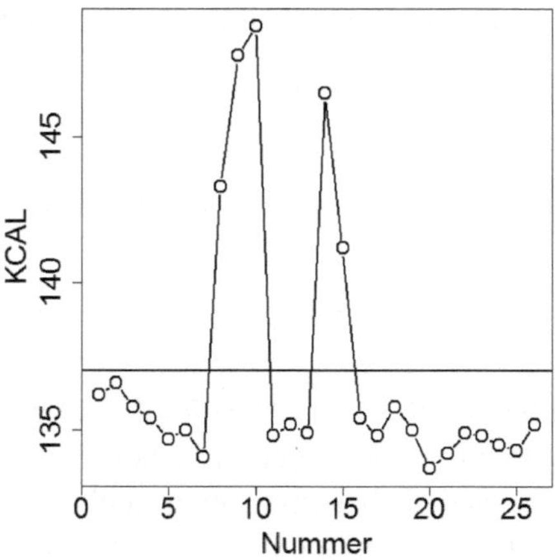

**Abb. 1.13** Platin-Daten in der Reihenfolge ihrer Erhebung. Die horizontale Linie zeigt das arithmetische Mittel auf Höhe 137.03.

Am auffälligsten ist die Tatsache, dass fünf extrem hohe Beobachtungen unter den Daten sind. Solche Daten, die sehr weit weg vom Hauptbereich der Daten liegen, heißen **Ausreißer**. Diese können etwa durch Ablesefehler, Übermittlungsfehler usw. auftreten. Sie können aber andererseits auch von der tatsächlich zugrundeliegenden Verteilung des Merkmals „Sublimationswärme" herrühren und damit sehr viel Information über diese Verteilung liefern. Der Begriff Ausreißer ist daher nicht unproblematisch und wir verstehen unter Ausreißern vorsichtigerweise **ausreißerverdächtige** Beobachtungen. Aufgrund ihres Einflusses auf die numerischen Auswertungen der Daten ist ihre Entdeckung jedenfalls von großer Bedeutung.

Zum einen schließen wir aus der Abbildung, dass die Annahme von unabhängig voneinander erhobenen Beobachtungen in Zweifel gezogen werden kann, da die Ausreißer in Gruppen zu zweit oder dritt auftreten und nicht zufällig verstreut scheinen. Zum anderen bemerken wir, dass das arithmetische Mittel offenbar sehr empfindlich auf Ausreißer reagiert: Der Großteil der Beobachtungen liegt unterhalb des horizontalen Linie, ist also kleiner als das arithmetische Mittel. Nur durch die wenigen ausreißerverdächtigen Beobachtungen verschiebt sich der Wert sehr stark nach oben. Diese Beobachtung kann verallgemeinert werden: Ein einziger Wert kann das arithmetische Mittel beliebig groß oder beliebig klein werden lassen, was in Aufgabe 7 deutlich wird.

---

**Programmbeispiel 1.14** Wir wollen den Einfluss der fünf Ausreißer im Datensatz `platin` auf das arithmetische Mittel unterstreichen, indem wir die Kenngröße erneut berechnen und dabei die Ausreißer nicht berücksichtigen. Dazu muss der Datensatz im R-Commander aktiviert sein.

1. Wie im Programmbeispiel 1.7 muss der Datensatz selektiert werden. Man geht im Menü auf **Datenmanagement $\longrightarrow$ Aktive Datenmatrix $\longrightarrow$ Teilmenge der aktiven Datenmatrix ...**.
2. Wir wählen im neuen Dialogfeld alle Beobachtungen mit einem Wert kleiner als 140 für die Variable `kcal` aus. Dazu gibt man `kcal < 140` im Feld *Anweisung für die Teilmenge* ein. Den reduzierten Datensatz nennen wir `platin.red`.
3. Analog zum Programmbeispiel 1.11 erstellen wir uns mit den reduzierten Daten, arithmetisches Mittel, Stichprobenstandardabweichung und die empirischen Quartile.

---

In der Ausgabe erscheint Folgendes:

```
    mean        sd      0%    25%    50%    75%   100%   n
135.0143 0.6994896   133.7  134.7  134.9  135.4  136.6  21
```

Durch das Weglassen der ausreißerverdächtigen Beobachtungen verringert sich somit das arithmetische Mittel etwa um den Wert 2. Falls $\bar{x}_n$ also „blind" benutzt wird, so ist die Gefahr von irreführenden Resultaten groß. Aus diesem Grund ist das Interesse an **robusten** Lokationsmaßen (und auch Streuungsmaßen), die weniger sensibel gegenüber Ausreißern reagieren, nachvollziehbar. Bevor wir diese vorstellen, müssen wir zuerst einige neue Begriffe einführen.

**Definition 1.4** *Gehen wir davon aus, dass $n$ Beobachtungen $x_1, \ldots, x_n$ vorliegen. Ordnen wir die Beobachtungen der Größe nach an, erhält man die sogenannte **Ordnungsstatistik**:*

$$x_{1:n} \leq x_{2:n} \leq \cdots \leq x_{n:n}$$

*Dabei ist $i$ der **Rang** der Beobachtung $x_{i:n}$. Das **Minimum** der Daten, $x_{1:n}$, hat also den Rang 1 und das **Maximum**, $x_{n:n}$, den Rang $n$. Das Intervall $[x_{1:n}, x_{n:n}]$ heißt **Variationsbereich** der Daten, der Wert $x_{n:n} - x_{1:n}$ ist die **Spannweite (range)**.*

Ordnungsstatistiken werden uns auch später noch bei der Erstellung von Histogrammen begegnen (vgl. Abschnitt 1.2.2). Ein weiterer zentraler Begriff in der deskriptiven Statistik ist der des **empirischen Quantils**.

**Definition 1.5** *Seien $x_1, \ldots, x_n$ Beobachtungen und $x_{1:n} \leq \ldots \leq x_{n:n}$ die zugehörige Ordnungsstatistik (vgl. Definition 1.4). Für $\alpha \in (0, 1)$ ist*

$$q_\alpha := \begin{cases} \frac{1}{2}(x_{n\alpha:n} + x_{(n\alpha+1):n}), & \text{falls } \alpha n \in \mathbb{N} \\ x_{[n\alpha+1]:n}, & \text{falls } \alpha n \notin \mathbb{N} \end{cases}$$

*das **empirische $\alpha$-Quantil** der Daten $x_1, \ldots, x_n$, wobei $[n\alpha] := \max\{k \in \mathbb{N} : k \leq n\alpha\}$ die größte natürliche ganze Zahl kleiner gleich $n\alpha$ ist. Anstelle von $\alpha$-Quantil sagt man oft auch $\alpha \cdot 100\%$-Quantil, also z.B. 50 %-Quantil anstatt 0.5-Quantil.*

Anschaulich gesprochen teilt das $\alpha$-Quantil die vorhandenen Daten in zwei Teile. *Mindestens* $\alpha \cdot 100\%$ der Daten sind kleiner oder gleich $q_\alpha$ und *mindestens* $(1 - \alpha) \cdot 100\%$ der Daten sind größer oder gleich $q_\alpha$. (Ohne den Zusatz „mindestens" wird die Aussage falsch! S. Aufgabe 4.) Für einige spezifische Werte von $\alpha$ betrachtet man folgende Spezialfälle:

▶ Für $\alpha = 0.5$ spricht man vom **empirischen Median**, der laut obiger Definition also $x_{\frac{n+1}{2}:n}$ für einen ungeraden und $\frac{1}{2}(x_{\frac{n}{2}:n} + x_{\frac{n}{2}+1:n})$ bei einem geraden Stichprobenumfang $n$ ist.

▶ Für $\alpha = 0.25$ heißt $q_{0.25}$ das **untere Quartil** (lateinisch für *Viertelwert*).

▶ Für $\alpha = 0.75$ nennt man $q_{0.75}$ das **obere Quartil**.

Eine alternative Bezeichnung für $q_{0.5}$ lautet auch **mittleres Quartil**, da der Median zusammen mit unterem und oberen Quartil die Daten in vier Teile gleicher Beobachtungszahl aufteilt. Der empirische Median ist das populärste robuste Lagemaß, denn er besitzt die Eigenschaft, dass *mindestens* 50% der Daten kleiner oder gleich und *mindestens* 50% der Daten größer oder gleich diesem Wert sind (vgl. Aufgabe 4). In diesem Sinne ist er ein *Mittelwert* der Daten. Um den Median gegen $\infty$ oder $-\infty$ zu verschieben, muss offenbar der vollständige Satz der Daten, die größer bzw. kleiner als der Median sind, gegen $\infty$ bzw. $-\infty$ verschoben werden. Der

Median besitzt - analog zum arithmetischen Mittel - eine Minimierungseigenschaft (Aufgabe 3).

**Programmbeispiel 1.15** Der empirische Median wurde bereits bei den bisherigen deskriptiven Statistiken ausgegeben (vgl. Programmbeispiel 1.11).

1. Aktiviere den Datensatz `platin` und gehe im Menü auf **Deskriptive Statistik** $\longrightarrow$ **Zusammenfassungen numerischer Variablen ...**
2. Die Variable `kcal` ist bereits ausgewählt, wir gehen also auf „Statistik" und deaktivieren die Einstellung *Interquartile Range*, vgl. Abb. 1.10. Nach Klick auf $\boxed{\text{OK}}$ wird der Median unter dem Eintrag 50% angezeigt.

Alternativ kann man den Median auch mit der Funktion `median()` im Skriptfenster berechnen lassen, siehe Abschnitt 21.1.2.

Man erhält somit für die Platin-Daten einen Median von 135.1, was ein leicht geringerer Wert als das arithmetische Mittel von 137.0 ist. Die Ausreißer in den Daten bewirken also, dass der Wert für das arithmetische Mittel nach oben geht, der Wert für den Median aber nicht. Einen „Kompromiss" zwischen arithmetischem Mittel und Median bei der Bestimmung der Lage der Daten stellt das getrimmte arithmetische Mittel dar.

**Definition 1.6** *Seien* $n$ *Beobachtungen* $x_1, \ldots, x_n$ *gegeben und* $0 \leq \alpha \leq 0.5$. *Dann heißt*

$$\bar{x}_{n,\alpha} := \frac{x_{[n\alpha]+1:n} + x_{[n\alpha]+2:n} + \cdots + x_{n-[n\alpha]:n}}{n - 2[n\alpha]}$$

*das* $\alpha$-***getrimmte arithmetische Mittel*** *oder kurz* ***getrimmtes Mittel***, *wobei* $[n\alpha]$ *definiert ist wie in Definition 1.5. Offenbar gilt für* $\alpha = 0$, *dass* $\bar{x}_{n,\alpha}$ *das arithmetische Mittel ist. Für* $\alpha = 0.5$ *ist* $\bar{x}_{n,\alpha}$ *der empirische Median (Aufgabe 6).*

Das $\alpha$-getrimmte arithmetische Mittel lässt also die ersten und letzten $\alpha \cdot 100\%$ der Beobachtungen weg und berechnet das arithmetische Mittel der verbleibenden Daten. Ein Nachteil des empirischen Medians ist nämlich, dass in seine Berechnung im wesentlichen nur die Lage der Daten aber nicht ihre Werte eingehen. Diesen Informationsverlust muss man beim $\alpha$-getrimmten arithmetischen Mittel nicht hinnehmen. Trotzdem ist $\bar{x}_{n,\alpha}$ relativ robust, da durch das „Abschneiden" der Randdaten potentielle Ausreißer bei der Berechnung entfernt werden. Üblich für die Wahl von $\alpha$ sind dabei Werte zwischen 0.05 und 0.2.

**Programmbeispiel 1.16** Im R-Commander steht die Möglichkeit zur Berechnung des getrimmten arithmetischen Mittels nicht zur Verfügung, weshalb wir den nötigen Befehl im Skriptfenster eingeben und ausführen müssen. Er lautet ganz einfach

```
mean(platin$kcal, trim = 0.2)
```

Durch das zusätzliche Argument `trim` wird also der Wert für $\alpha$ festgelegt. In unserem Fall berechnen wir das arithmetische Mittel der „inneren" 80 % der Daten. Im Ausgabefenster bekommen wir das Ergebnis von 135.28 angezeigt, was noch sehr nahe beim Median liegt.

## Streuungsmaße

**Definition 1.7** *Gehen wir erneut von einer Stichprobe $x_1, \ldots, x_n$ vom Umfang $n$ aus. Das populärste SM ist die* **Stichproben-Standardabweichung**

$$s_n := s_n(x_1, \ldots, x_n) := \left( \frac{1}{n-1} \sum_{i=1}^{n} (x_i - \bar{x}_n)^2 \right)^{1/2}$$

Die Stichproben-Standardabweichung beruht auf der Summe der quadratischen Abweichungen der einzelnen Werte $x_i$ vom Lagemaß $\bar{x}_n$. (Auf das Quadrat kann nicht einfach verzichtet werden, vgl. Aufgabe 3). Dieses Streuungsmaß wird uns vor allem in den Kapiteln 3 und 5 begegnen, da dieses bei der Berechnung von Konfidenzintervallen eine zentrale Stellung einnimmt. Das Quadrat $s_n^2$ wird als *Stichproben-Varianz* bezeichnet.

Für die Platin-Daten haben wir die Stichproben-Standardabweichung bereits in Programmbeispiel 1.11 mitberechnet. Sie beträgt also etwa 4.45. Berechnet man $s_n$ für die Daten ohne die ausreißerverdächtigen Beobachtungen, verringert sich der Wert auf etwa 0.7, was eine beträchtliche Verkleinerung der Streuung darstellt (siehe Programmbeispiel 1.14). Anhand dieses Beispiels wird deutlich, dass auch die Stichproben-Standardabweichung ähnlich anfällig gegenüber Ausreißern ist, wie das arithmetische Mittel. Das robuste Pendant zur Stichproben-Standardabweichung ist der Quartilsabstand.

**Definition 1.8** *Sei erneut eine Stichprobe $x_1, \ldots, x_n$ vom Umfang $n$ gegeben. Das Streuungsmaß*

$$\mathrm{IQR} := \mathrm{IQR}(x_1, \ldots, x_n) := q_{0.75} - q_{0.25}$$

*heißt* **Quartilsabstand** *(englisch Interquartile Range); $q_{0.25}$ und $q_{0.75}$ sind unteres bzw. oberes Quartil, vgl. Definition 1.5.*

Der Quartilsabstand hat eine anschauliche Interpretation: Aufgrund der Definition von oberem und unterem Quartil liegen etwa 50 % der „mittleren" Beobachtungen im Intervall $[q_{0.25}, q_{0.75}]$. Ein breites Intervall – und damit ein hoher IQR – geht also mit einer hohen Streuung der „mittleren" Daten einher; daher die Bedeutung des IQR als ein Streuungsmaß. Man kann den IQR auch als eine Robustifizierung der Spannweite $x_{n:n} - x_{1:n}$ sehen, die ja offensichtlich sehr anfällig gegenüber Ausreißern ist. Der Quartilsabstand wird auch bei der Erstellung von Boxplots im nächsten Abschnitt wichtig werden.

**Bemerkung 1.9** *Die Stichproben-Standardabweichung $s_n$ besitzt dagegen keine solche anschauliche Interpretation. Für „normalverteilte" Daten gilt aber folgendes: Im Intervall*

$$[\bar{x}_n - s_n, \bar{x}_n + s_n]$$

*liegen etwa 68% der Daten (vgl. Aufgabe 5, Kapitel 3). Was normalverteilt bedeutet, wird in Kapitel 3 erklärt.*

**Programmbeispiel 1.17** Um den Quartilsabstand für die Platin-Daten zu berechnen, rufen wir das gleiche Menü auf wie zur Berechnung des Medians in Programmbeispiel 1.15. Dort aktivierten wir unter „Statistik" noch die Einstellung *Interquartile Range* und gehen auf OK . In der Ausgabe wird dann der Wert 1.3 als Ergebnis angezeigt. Zur direkten Berechnung im Skriptfenster steht die Funktion IQR() zur Verfügung, vgl. Abschnitt 21.1.2.

In einem normalverteilten Modell mit unbekannter Standardabweichung $\sigma$ ist zudem

$$\frac{\text{IQR}(x_1, \ldots, x_n)}{1.35}$$

eine *robuste* Schätzung für $\sigma$ (vgl. [2], Kapitel 1). Auf mathematische Details und die Bedeutung der Normalverteilung werden wir in Kapitel 3 aber noch genauer eingehen.

### 1.2.2 Histogramme

**Beispiel 1.10** *Um reines Bienenwachs von Bienenwachs mit synthetischen Zusätzen zu unterscheiden, wurden chemische Eigenschaften reinen Bienenwachses untersucht, wie zum Beispiel der Schmelzpunkt. Wenn alle reinen Bienenwachse den gleichen Schmelzpunkt hätten, so wäre dieser möglicherweise eine geeignete Größe, um Verfälschungen festzustellen. Der Schmelzpunkt des reinen Bienenwachses variiert aber von Bienenstock zu Bienenstock. Es wurden 59 Messwerte erhoben.*

Mit einem **Histogramm** veranschaulicht man sich die Verteilung der Schmelzpunkte aus obigem Beispiel. Um eine Vorstellung von der Verteilung der Daten innerhalb ihres Variationsbereichs zu erhalten, werden alle Beobachtungen $x_1, \ldots, x_n$ in *Klassen*

$$(a_0, a_1], \ (a_1, a_2], \ldots, (a_{d-1}, a_d]$$

eingeteilt. Dabei sind die Zahlen $a_0, \ldots, a_d$ so gewählt, dass $a_0 < a_1 < \cdots < a_d$ und $a_0 < x_{1:n} \le x_{n:n} \le a_d$ gilt. Jede Beobachtung liegt in einer Klasse und diese

Zuordnung ist eindeutig (daher die Wahl von *halboffenen* Intervallen). Setzen wir nun

$$n_s := \sum_{i=1}^{n} 1_{(a_{s-1}, a_s]}(x_i),$$

wobei $1_A(\cdot)$ die **Indikatorfunktion** der Menge $A$ ist, d.h. $1_A(x) = 1$ für $x \in A$ und $1_A(x) = 0$ für $x \notin A$, so ist $n_s$ die Anzahl der Daten unter $x_1, \ldots, x_n$, die in der Klasse $(a_{s-1}, a_s]$ liegen. Dies ist die (absolute) *Klassen-Häufigkeit* und $n_s/n$ ist die *relative Klassen-Häufigkeit*. Bei einem Histogramm wird über jede Klasse ein Rechteck errichtet. Die *Fläche* des Rechtecks soll dabei gleich der (absoluten oder relativen) Klassenhäufigkeit sein. Die Höhe des Rechtecks über der Klasse $(a_{s-1}, a_s]$ wird also im Fall von relativen Klassen-Häufigkeiten beschrieben durch die Treppenfunktion

$$f_n(t) := \frac{n_s}{n} \frac{1}{a_s - a_{s-1}} \qquad \text{falls } t \in (a_{s-1}, a_s], \quad s = 1, \ldots, d \tag{1.1}$$

Im Fall relativer Klassen-Häufigkeiten gilt $\int f_n(x)\, dx = 1$ (Aufgabe 9). Man nennt $f_n$ eine **Wahrscheinlichkeitsdichte** und das Histogramm wird zum **Dichteschätzer**, siehe [2], Kapitel 1 für mehr Details. Bei konstanter Klassenbreite kann die Höhe als Darstellungsmittel dienen, da in diesem Fall die Höhe der Rechtecke proportional zu den jeweiligen (absoluten und relativen) Klassen-Häufigkeiten ist.

Für ein Histogramm trägt man entweder die absolute Klassen-Häufigkeit $n_s$ oder die relative Klassen-Häufigkeit $n_s/n$ über $(a_{s-1}, a_s]$ ab. Im folgenden Programmbeispiel zeigen wir das Prinzip mit dem R-Commander für die absoluten Klassen-Häufigkeiten.

**Abb. 1.18** Dialogfeld zur Erstellung des Histogramms für den Schmelzpunkt mit dem Datensatz `wachs`.

**Programmbeispiel 1.19** Wir erstellen für die Variable `schmelzpunkt` im Datensatz `wachs` ein Histogramm:

1. Zuerst aktiviert man den Datensatz und geht dann im Menü auf **Grafiken** $\longrightarrow$ **Histogramm ...**
2. Im neuen Dialogfeld ist die gewünscht Variable bereits ausgewählt, da der Datensatz nur aus einer Variablen besteht. Wir gehen dann noch auf „Optionen", siehe Abb. 1.18, tragen unter *Label der X-Achse* die Beschriftung „Schmelzpunkt" und unter *Label der Y-Achse* die Beschriftung „Häufigkeit" ein. Bei *Graph title* löschen wir die Voreinstellung, um eine Grafiküberschrift zu unterdrücken und gehen zum Abschluss auf $\boxed{\text{OK}}$.

Das fertige Histogramm erscheint dann in der Ausgabe, vgl. Abb. 1.20. Um statt der absoluten die relativen Klassenhäufigkeiten anzeigen zu lassen, wählt man im Dialogfeld aus Abb. 1.18 die Einstellung *Dichten* unter *Skalierung der Achse*.

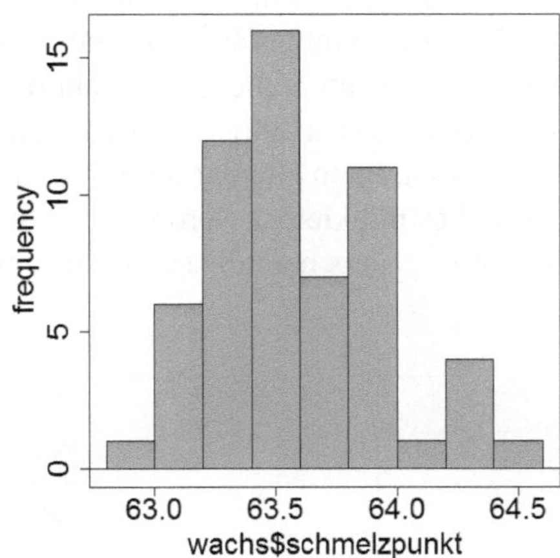

**Abb. 1.20** Histogramm der Variable `schmelzpunkt` im Datensatz `wachs`.

Falls die Zellweiten zu klein sind, so ist das Histogramm wenig aussagekräftig. Im Extremfall liegen alle Beobachtungen in getrennten Intervallen, so dass offenbar keine aussagekräftige Verdichtung der Daten vorgenommen wird. Sind die Zellweiten zu groß, so ist das Histogramm überglättet und ebenfalls wenig aussagekräftig. Im Extremfall liegen dann alle Daten in einem Intervall; ihre inhaltlichen Unterschiede sind grafisch dann völlig eingeebnet. Dies bedeutet, dass die Zellen hinsichtlich Größe und Anzahl mehr oder weniger geschickt gewählt werden können. Ein Histogramm ist ein Beispiel für eine grafische Datenanalyse, die einen experimentellen Gesichtspunkt beinhaltet. Im nächsten Beispiel wird diese Problematik verdeutlicht.

**Programmbeispiel 1.21** Wir verwenden erneut den Datensatz `wachs` aus Beispiel 1.10.

1. Man geht analog zu Programmbeispiel 1.19 vor, um zum Dialogfeld in Abb. 1.18 zu kommen.
2. Im Feld *Anzahl der Gruppen* kann man die Zellweite ändern, indem man den Eintrag „<automatisch>" löscht und dort eine natürliche Zahl eingibt für die Anzahl der Intervalle, in die die x-Achse aufgeteilt werden soll. Wir geben hier die Zahl 5 ein und bestätigen mit $\boxed{\text{OK}}$.

Das Histogramm ist in Abb. 1.22 links zu erkennen. Man erkennt, dass trotz der Einstellung 5 im Feld *Anzahl der Gruppen*, die x-Achse nur in vier Intervalle aufgeteilt wird. R interpretiert diese Zahl nämlich nur als „Vorschlag" und hält sich nicht immer exakt an die Angabe. Trotzdem kann man sagen, je größer die Zahl in diesem Feld, desto höher die Anzahl der Intervalle und somit desto kleiner die Zellweiten. Im rechten Teil von Abb. 1.22 wurde ein Histogramm der Daten mit der Zahl 15 im Feld *Anzahl der Gruppen* durchgeführt (Aufgabe 10). Man erkennt, dass auch hier die tatsächliche Anzahl der Intervalle nicht exakt der Vorgabe entspricht. Die unterschiedlichen Zellweiten erlauben unterschiedlich genaue Einblicke auf die Verteilung der Daten: Während man beim Histogramm links kaum das genaue Verhalten der Daten erkennt, wird dies mit kleiner werdender Zellweite immer genauer. Jedoch ist das rechte Histogramm gegebenenfalls schon zu „zerklüftet".

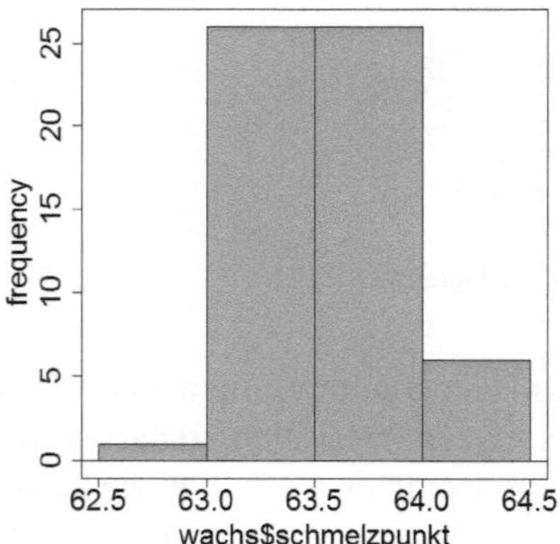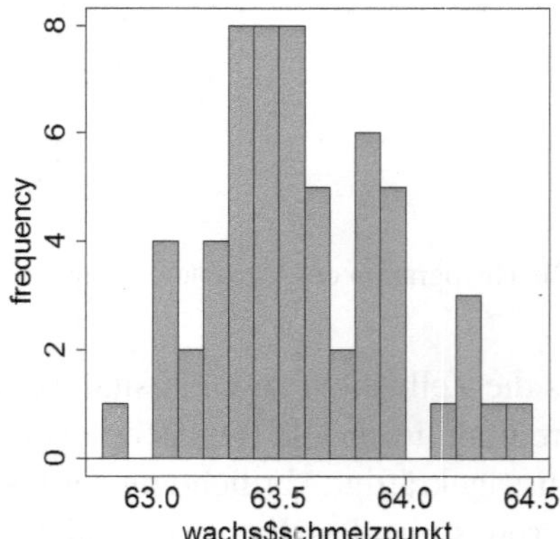

**Abb. 1.22** Histogramme zum Datensatz `wachs` mit unterschiedlichen Zellweiten.

## Stem-and-Leaf Plots

Ein Nachteil des Histogramms ist der Verlust an Information; die Rekonstruktion der Originaldaten allein auf Basis des Histogramms ist nicht mehr möglich.

**Stem-and-Leaf Plots** hingegen liefern einerseits Informationen über die Gestalt der Dichte, andererseits bleiben die numerischen Daten erhalten. Ihr Aufbau lässt sich am einfachsten an einem Beispiel erklären. Wir wählen hierzu wieder den Datensatz `wachs` aus Beispiel 1.10.

**Programmbeispiel 1.23** Vor der Durchführung muss der Datensatz aktiviert sein:

1. Man geht ins Menü unter: **Grafiken** $\longrightarrow$ **„Stamm und Blatt" Abbildung**.
2. Da nur eine Variable im Datensatz ist, wird diese automatisch ausgewählt. Sollte unter „Optionen" bei *Parts per Stem* die Einstellung *Automatisch* nicht aktiviert sein, setzen wir hier ein Häckchen. Zusätzlich deaktivieren wir unter *Other Options* die Einstellung *Show depth* um die Ausgabe etwas übersichtlicher zu gestalten, vgl. das Dialogfeld in Abb. 1.24. Zum Abschluss gehen wir auf $\boxed{\text{OK}}$.

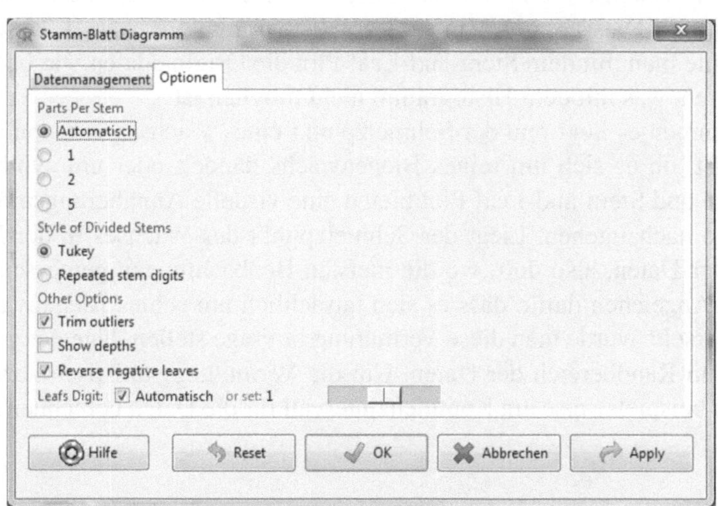

**Abb. 1.24** Dialogfeld zur Erstellung eines Stem-and-Leaf Plots mit dem Datensatz `wachs`.

Die Ausgabe wird nicht im Grafikfenster, sondern im Ausgabefenster des R-Commanders angezeigt:

```
1 | 2: represents 0.12
  leaf unit: 0.01
            n: 59
    628 | 5
    629 |
    630 | 358
    631 | 033
```

```
632 | 77
633 | 14466691010
634 | 01335
635 | 0000113668
636 | 0013689
637 | 88
638 | 334668
639 | 22223
640 |
641 | 2
642 | 147
643 |
644 | 02
```

Die linke Spalte der Daten bildet der „stem" (Stamm). Als „leaf" (Blatt) fasst man dann alle vierten Ziffern mit gleichem Stamm zusammen. Beispielhaft bedeutet die erste Zeile 628 | 5, dass es für den Stamm 628 eine Beobachtung mit dem Blatt 5 gibt. Da die Einheit (leaf unit) 0.01 beträgt heißt das also, dass es eine Beobachtung 62.85 im Datensatz gibt. Die nächstgrößere Beobachtung ist dann 63.03 und dann 63.05 usw. Dies kommt dem rechten Histogramm aus Abb. 1.22 sehr nahe, jedoch könnte man mit dem Stem-and-Leaf Plot die Originaldaten wie beschrieben rekonstruieren, was mit dem Histogramm nicht möglich ist.

Angenommen es liegt nun der Schmelzpunkt eines Wachses vor, von dem aber nicht klar ist, ob es sich um reines Bienenwachs handelt oder um synthetisches. Histogramm und Stem-and-Leaf Plot bieten eine visuelle Annäherungsmöglichkeit dieser Frage nachzugehen. Liegt der Schmelzpunkt des Wachses in der Nähe des Zentrums der Daten, also dort, wo die meisten Beobachtungen gemessen werden, ist dies ein Anzeichen dafür, dass es sich tatsächlich um echtes Bienenwachs handelt. Andererseits würde man diese Vermutung in Frage stellen, läge der gemessene Mittelwert im Randbereich der Daten. Um die Vermutung statistisch abzusichern, könnte man beispielsweise ein Konfidenzintervall für die Daten berechnen (vgl. Kapitel 3).

### 1.2.3 Boxplots

Ein **Boxplot** ist ein Instrument der grafischen Datenanalyse, das unterschiedliche robuste Lokations- und Streuungsmaße zusammenfasst. Auf diese Weise erhält man einen schnellen Einblick von der Lage und der Verteilung der zugrunde liegenden Daten. „Erfunden" wurde der Boxplot von dem eingangs schon erwähnten John W. Tukey.

Als Beispieldatensatz dient uns in diesem Abschnitt der Datensatz sudan aus Kapitel 20. Darin sind die Ergebnisse einer Studie zum Thema Malaria und Diabetes aus dem Sudan enthalten. Um genauer auf den Aufbau und die Interpretation eines

Boxplots eingehen zu können, wollen wir uns die Verteilung der Leukozyten-Werte aller Patienten der Studie visualisieren.

**Programmbeispiel 1.25** Wie immer muss der Datensatz zuvor im R-Commander aktiviert sein.

1. Gehe im Menü auf **Grafiken** $\longrightarrow$ **Boxplot ...**
2. Im neuen Dialogfeld, analog zum oberen Teil von Abb. 1.28, klickt man die Variable `leukozyten` an und geht dann auf „Optionen".
3. Dort aktiviert man unter *Identify Outliers* die Einstellung *Nein* und trägt bei *Label der Y-Achse* „Leukozyten" ein zur Beschriftung der vertikalen Koordinatenachse. Zum Schluss löscht man die Eintrage in den anderen beiden Feldern *Label der X-Achse* und *Graph title* und geht dann auf OK .

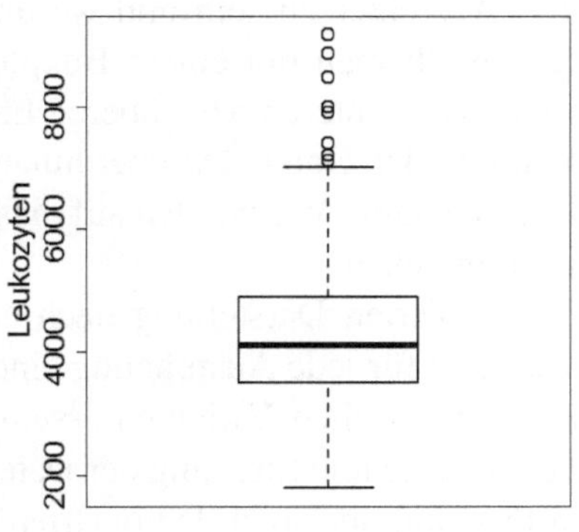
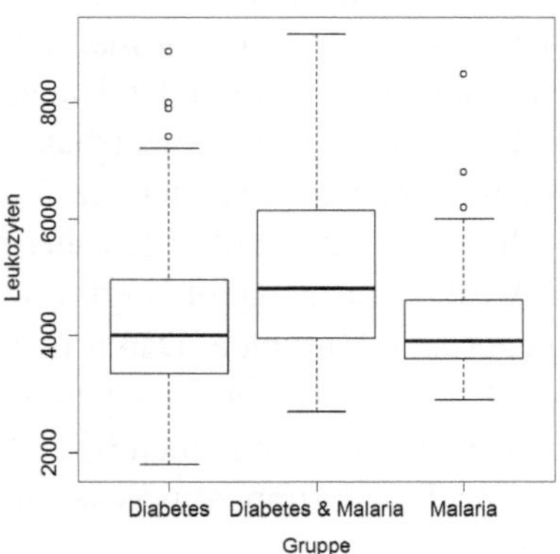

**Abb. 1.26** Einfacher Boxplot der Variable `leukozyten` (links), nach der Variablen `gruppe` gruppierte Boxplots der Variable `leukozyten` im Datensatz `sudan` (rechts).

Das Ergebnis ist in Abb. 1.26 links zu erkennen. Der Boxplot besteht aus den folgenden Elementen:

▶ Das Zentrum der Daten stellt die **Box** dar, sie hat ihre Grenzen beim unteren bzw. oberen empirischen Quartil, $q_{0.25}$ bzw. $q_{0.75}$. Die Länge der Box ist somit der Quartilsabstand (vgl. Definition 1.8), in dem sich die „mittleren" 50 % der Beobachtungen befinden.

▶ Der in die Box eingezeichnete Querstrich steht für den Median und liegt in der Abb. etwa auf Höhe des Werts 4 000.

▶ Die „Nadeln" unten und oben aus der Box heraus kennzeichnen den Außenbereich der Daten. Sie werden als **Whisker** bezeichnet. Die Länge für den oberen Whisker ist maximal $q_{0.75} + 1.5 \cdot$ IQR. Allerdings endet der Whisker bei der größten Beobachtung die noch kleiner gleich dieser Grenze ist. Für den unteren Whisker beträgt die maximale Grenze $q_{0.25} - 1.5 \cdot$ IQR, wobei auch hier die Länge gleich dem Wert der kleinsten Beobachtung ist, die noch größer gleich der Grenze ist. Auf diese Weise können oberer und unterer Whisker auch ungleich lang sein.

▶ Daten außerhalb dieser Bereiche werden im Diagramm gesondert gekennzeichnet und sind ausreißerverdächtige Beobachtungen. Im vorliegenden Boxplot liegen einige Ausreißer nach oben vor.

Neben Informationen über Lage und Streuung der Daten kann man einem Boxplot auch noch weitere Informationen entnehmen. Man wird bei annähernd normalverteilten Daten fast alle Beobachtungen (etwa 99 % der Daten) innerhalb des Intervalls

$$I := [q_{0.25} - 1.5 \cdot \text{IQR}, q_{0.75} + 1.5 \cdot \text{IQR}]$$

erwarten (s. [2], Kapitel 1 für Details). Daten, die nicht im Intervall $I$ liegen, sind auffällig, denn unter der Normalverteilungsannahme ist das Auftreten derartiger Werte wenig wahrscheinlich. Sie sind verdächtig, Ausreißer zu sein und werden mit einem Punkt im Boxplot markiert. Außerdem erhält man mit einem Boxplot Hinweise auf Symmetrie in den Daten. Ist der Median am unteren bzw. oberen Ende der Box, so ist dies ein Anzeichen für Asymmetrie in den Daten. Darüber hinaus sind bei asymmetrischen Daten die Whisker nicht gleich lang. Wir werden auf diese Eigenschaften in Abschnitt 3.5.2 aber noch genauer eingehen.

Ein Vorteil von Boxplots ergibt sich bei der gruppierten Darstellung nach einer kategorialen Variablen. Damit ist gemeint, dass man für jede Ausprägung einer kategorialen Variablen einen separaten Boxplot der metrischen Variablen erstellt. Dadurch erkennt man auf einen Blick Unterschiede in Lage und Streuung der Daten für die einzelnen Gruppen, was wir im nächsten Programmbeispiel demonstrieren möchten.

---

**Programmbeispiel 1.27** Eine wichtige Frage bei der Studie im Datensatz `sudan` war der Vergleich der drei Patientengruppen „Malaria", „Diabetes" und „Malaria & Diabetes". Um potentielle Unterschiede zwischen diesen drei Gruppen bezüglich der Leukozyten-Werte feststellen zu können, soll für jede Ausprägung der Variable `gruppe` ein separater Boxplot erstellt werden:

1. Gehe erneut auf **Grafiken** $\longrightarrow$ **Boxplot ...**
2. Es öffnet sich ein neues Dialogfeld, in dem wir die Variable `leukozyten` aktivieren.
3. Mittels $\boxed{\text{Grafik für die Gruppen ...}}$ kommt man zur Auswahl einer Gruppierungsvariablen. Im sich neu öffnenden Dialogfeld wie im unteren Teil von Abb. 1.28 wählt man die Variable `gruppe` aus und geht auf $\boxed{\text{OK}}$.

4. Dann geht man auf „Optionen" und wählt die gleichen Einstellungen wie in Abb.
   1.28, oben und geht auf $\boxed{\text{OK}}$.

Das fertige Diagramm ist rechts in Abb. 1.26 zu sehen.

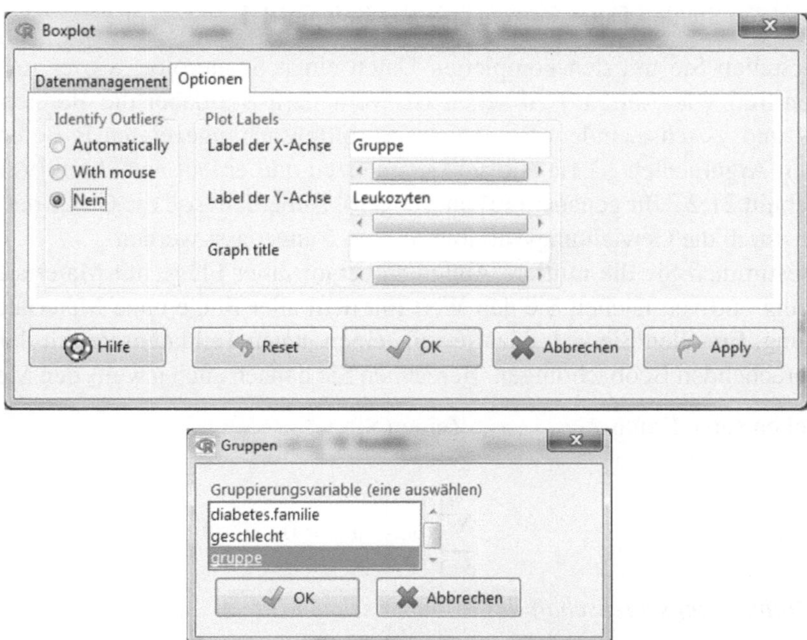

**Abb. 1.28** Dialogfeld zur Erstellung eines Boxplots mit dem Datensatz `sudan` (oben) und
Dialogfeld zur Auswahl einer Gruppierungsvariable (unten).

Beim Blick auf die gruppierten Boxplots erkennt man sofort, dass der Boxplot
für die Gruppe „Malaria & Diabetes" leicht höher ist als alle anderen Boxplots, hier
somit erhöhte Leukozytenwerte vorliegen.

In den nächsten Kapiteln werden wir Methoden kennen lernen, wie man die op-
tischen Eindrücke, die man wie im obigen Beispiel aus den grafischen Hilfsmitteln
erhält, auch statistisch unterlegen kann.

## 1.3 Aufgaben

1. Betrachten Sie den Datensatz `mannfrau` aus Abschnitt 1.1.1

   (i) Untersuchen Sie den Zusammenhang zwischen dem Alter des Mannes und
   dem der Frau, indem Sie einen Scatterplot der beiden Variablen erstellen.

(ii) Untersuchen Sie die Verteilung von `alter.mann` und `größe.frau`. Berechnen Sie dazu in einem ersten Schritt geeignete deskriptive Statistiken, um die Lage und die Streuung der Daten genauer zu beschreiben.

(iii) Veranschaulichen Sie die Verteilung der Daten jeweils mit einem Boxplot und einem Histogramm. Untersuchen Sie dabei auch die Auswirkung unterschiedlicher Zellweiten auf das Histogramm.

2. Betrachten Sie den Datensatz `oring` aus Beispiel 1.1.

(i) Erstellen Sie mit den kompletten Daten einen Scatterplot, wie er im rechten Teil von Abb. 1.9 zu sehen ist. Verändern Sie dabei die Bereiche der x- und y-Achse, indem Sie den im Skriptfenster angezeigten R-Befehl mit den Argumenten `xlim` und `ylim` ergänzen und erneut ausführen (vgl. Abschnitt 21.2.2 für genauere Erläuterungen). Außerdem soll die Größe der Kreise durch die Gewichtungsvariable `anzahl` angepasst werden.

(ii) Bestimmen Sie die mittlere Außentemperatur aller Flüge mit Materialermüdung und vergleichen Sie den Wert mit dem aller Flüge ohne Materialermüdung. Erstellen Sie sich dazu jeweils einen neuen Teildatensatz mit den entsprechenden Beobachtungen. Berechnen Sie danach auch jeweils den Median.

3. Gegeben seien Daten $x_1, \ldots, x_n$. Zeigen Sie:

(i)
$$\sum_{i=1}^{n}(x_i - \bar{x}) = 0$$

(ii) *Minimierungseigenschaft des arithmetischen Mittels*
$$\sum_{i=1}^{n}(x_i - \bar{x})^2 = \min_{x \in \mathbb{R}} \sum_{i=1}^{n}(x_i - x)^2$$

(iii) *Minimierungseigenschaft des Medians*
$$\sum_{i=1}^{n}|x_i - q_{0.5}| = \min_{x \in \mathbb{R}} \sum_{i=1}^{n}|x_i - x|$$

Machen Sie sich diese Eigenschaft anhand einer Skizze klar, indem Sie die (geordneten) Daten auf einem Zahlenstrahl abtragen und den Punkt $x$ um eine kleine Strecke $\varepsilon$ nach links bzw. rechts verschieben.

4. Geben Sie konkrete Zahlenwerte $x_1, \ldots, x_n$ an, so dass der Median $q_{0.5}$ die folgende Eigenschaft besitzt:

(i) Genau 50% der Daten sind kleiner oder gleich $q_{0.5}$ und genau 50% der Daten sind größer oder gleich $q_{0.5}$.

(ii) 2/3 der Daten sind kleiner oder gleich $q_{0.5}$ und alle Daten sind größer oder gleich $q_{0.5}$.

5. Berechnen Sie für den im Programmbeispiel 1.14 erzeugten Datensatz `pla-tin.red` Median und Quartilsabstand und vergleichen Sie die Ergebnisse mit den Ergebnissen basierend auf allen Beobachtungen. Veranschaulichen Sie sich als nächstes die Daten mit Hilfe eines Histogramms und eines Boxplots.

6. Zeigen Sie, dass das $\alpha$-getrimmte arithmetische Mittel aus Definition 1.6 für $\alpha = 0.5$ genau dem empirischen Median entspricht.

7. Untersuchen Sie den Einfluss von Ausreißern auf Lokations- und Streuungsmaße am Beispieldatensatz `milliardaer` entnommen aus [6]. Der Datensatz enthält in der Variable `gemeinde.vorher` das Sparvermögen von 199 Bewohnern einer fiktiven Gemeinde. Die zweite Variable, `gemeinde.nachher` enthält das Sparvermögen nach Zuzug eines Milliardärs, der genau eine Mrd. € auf dem Konto hat. Das Vermögen der anderen Bewohner ändert sich dadurch nicht. Berechnen Sie für beide Variablen das arithmetische Mittel und die Stichproben-Standardabweichung. Vergleichen Sie die Werte im nächsten Schritt mit den entsprechenden robusten Schätzungen und versuchen Sie die Ergebnisse zu interpretieren.

8. Alle in Abschnitt 1.2.1 vorgestellten Lokations- und Streuungsmaße verhalten sich unter linearen Transformationen in einer ganz bestimmten Weise. Es seien $x_1, \ldots, x_n$ gegebene Beobachtungen und $y_1, \ldots, y_n$ die unter der Abb. $f(x) = a + bx, b > 0$, linear transformierten Daten, also $y_i = a + bx_i, i = 1, \ldots, n$. Es bezeichne $l$ ein beliebiges Lokationsmaß (z.B. arithmetisches Mittel oder Median) und $s$ ein beliebiges Streuungsmaß (z.B. Stichproben-Standardabweichung oder IQR). Zeigen Sie:

$$l(y_1, \ldots, y_n) = a + b \cdot (x_1, \ldots, x_n)$$
$$s(y_1, \ldots, y_n) = b \cdot s(x_1, \ldots, x_n)$$

*Interpretation:* Lineare Transformationen beschreiben den Übergang von einer Maßeinheit in eine andere Maßeinheit. Die Transformation $y = 32 + 1.8x$ beschreibt beispielsweise den Übergang von Celsius nach Fahrenheit. Im Fall einer Transformation muss also das entsprechende Lokations- oder Streuungsmaß nicht noch einmal neu berechnet werden, sondern kann mit Hilfe der Transformation ermittelt werden. Zudem erkennt man, dass diese sich bei einem Wechsel der Maßeinheit auch linear verhalten.

9. Zeigen Sie, dass

$$\int_{-\infty}^{\infty} f_n(x)dx = 1,$$

wobei $f_n(x)$ wie in (1.1) definiert ist.

10. Untersuchen Sie die Bienenwachs-Daten aus Beispiel 1.10.

  (i) Erstellen Sie ein Histogramm für den Schmelzpunkt einmal mit der Vorgabe von 10 und einmal mit der Vorgabe von 15 Gruppen im Dialogfeld zur Histogrammerstellung (vgl. Programmbeispiel 1.21).

  (ii) Stellen Sie die Daten grafisch in Form eines Boxplots dar und berechnen Sie zudem noch Lokations- und Streuungsmaße für die Daten.

11. Für den Zeitraum Januar 1931 bis Dezember 1983 wurde für jeden Monat die durchschnittliche Anzahl von Sonnenflecken je Tag gemessen und im Datensatz sonne aufgezeichnet. Erstellen Sie einen gruppierten Boxplot für die Anzahl der Sonnenflecken, wobei immer die zwölf Werte eines Jahres zusammengefasst werden sollen. Beschreiben Sie die in den Daten gefundenen Auffälligkeiten.

# Literatur


1. Dalal, S.R., Fowlkes, E.B. und Hoadley, B. (1989). Risk analysis of the space shuttle: Pre-Challenger prediction of failure. *J. Amer. Statist. Assoc.* **84**, 945-957.
2. Falk. M, Becker, R. und Marohn, F. (2004). *Angewandte Statistik.* Springer, Berlin-Heidelberg.
3. Hain J. (2011). *Statistik mit R – Grundlagen der Datenanalyse.* RRZN-Handbuch, Leibniz Universität Hannover.
4. Hand, D.J, Daly, F., Lunn, A.D., McConway, K.J. und Ostrowski, E. (1994). *A handbook of small data sets.* Champman & Hall, London.
5. Tukey, J.W. (1977). *Exploratory Data Analysis.* Addison-Wesley, Reading.
6. Weiß, C.H. (2006). *Datenanalyse und Modellierung mit STATISTICA.* Oldenbourg, München.

# Kapitel 2
# Schätzen in Binomialmodellen

## 2.1 Motivation und Einführung

In diesem Kapitel stehen Zufallsexperimente mit *binärem* Ausgang im Zentrum, d.h. die Zufallsvariable kann nur zwei mögliche Ausprägungen annehmen. Probleme dieser Art finden beispielsweise in Industriebetrieben Anwendung, wie folgendes Beispiel zeigen soll.

**Beispiel 2.1** *Ein Kaffeeunternehmen bezieht von einem Hersteller Einmalzuckerpackungen. Der Hersteller dieser Zuckerpackungen verspricht dem Kaffeeunternehmen, dass das Gewicht der Zuckerpackungen in einer Lieferung mehr als 7 Gramm beträgt. Der Anteil der Packungen, die diese Bedingung nicht erfüllen, soll dabei höchstens 1 % betragen. Da die Bedingung aus Zeitgründen nicht bei allen Zuckerpackungen überprüft werden kann, zieht das Kaffeeunternehmen eine Stichprobe von 540 Zuckerpackungen und überprüft an diesen die Vorgabe des Herstellers. Die zugehörigen Daten findet man im Datensatz* zuckerpackung *entnommen in leicht abgewandelter Form aus [11].*

Wir wollen im nächsten Schritt mit dem R-Commander den Anteil der Zuckerpackungen der Stichprobe bestimmen, die gegen die Vorgabe des Herstellers verstoßen.

**Programmbeispiel 2.1** Wir gehen davon aus, dass zuckerpackung bereits der aktive Datensatz ist. Betrachtet man den Datensatz, beispielsweise indem man auf das Feld Datenmatrix betrachten geht, so erkennt man, dass im Datensatz nur eine Variable enthalten ist, nämlich das Gewicht der ingesamt 540 Zuckerpackungen. Wir müssen uns also in einem ersten Schritt eine neue Variable erzeugen, die anzeigt, ob eine Zuckerpackung gegen die Herstellervorgabe verstößt oder nicht. Dazu kodieren wir die Variable gewicht in eine neue Variable um, siehe Abschnitt 20.3.2 für genauere Erklärungen.

1. Gehe auf **Datenmanagement** $\longrightarrow$ **Variablen bearbeiten** $\longrightarrow$ **Rekodiere Variablen ...**
2. Zuerst bestimmt man den Namen der neuen Variablen. Dazu gibt man im Feld *Neuer Variablennamen ...* den Namen `verstoss` ein (vgl. Abb. 2.2).
3. Wir möchten allen Beobachtungen, die gegen die Vorgabe verstoßen, den Wert `ja` in der neuen Variablen eintragen und allen anderen Beobachtungen den Wert `nein`. Im Feld *Eingabe der Rekodierungsanweisung* geben wir dazu folgendes ein (siehe Abb. 2.2):

```
lo:6.9 = "ja"
else   = "nein"
```

Die erste Zeile umfasst den Zahlenbereich von der kleinsten Beobachtung im Datensatz (`lo` steht für *lowest*) bis zum Wert 6.9. Das sind die Zuckerpackungen, die leichter als die Vorgabe sind und somit den Wert „ja" zugewiesen bekommen. Da im Datensatz nur eine Nachkommastelle erfasst wird, genügt die Berücksichtigung nur einer Nachkommastelle. Alle anderen Beobachtungen erfüllen die Vorgabe und bekommen daher den Eintrag „nein". Alternativ hätte man auch im ersten Teil der zweiten Zeile den Befehl `7:hi` eingeben können. Damit wären alle Beobachtungen von 7 bis zum größten Wert im Datensatz angesprochen worden (`hi` für *highest*).

Nachdem die kodierte Variable `verstoss` erzeugt wurde, kann man mit dieser eine Häufigkeitstabelle mit absoluten Häufigkeiten und Prozentwerten erstellen:

1. Gehe auf **Statistik** $\longrightarrow$ **Deskriptive Statistik** $\longrightarrow$ **Häufigkeitsverteilung**.
2. Im erscheinenden Dialogfeld braucht man nur noch auf $\boxed{\text{OK}}$ zu gehen, da nur die Variable `verstoss` zur Auswahl möglich ist.

Im Ausgabefenster sehen wir das Ergebnis in Form von zwei Tabellen:

```
> .Table  # counts for verstoss

  ja nein
   7  533

> round(100*.Table/sum(.Table), 2)  # [...]

  ja nein
 1.3 98.7
```

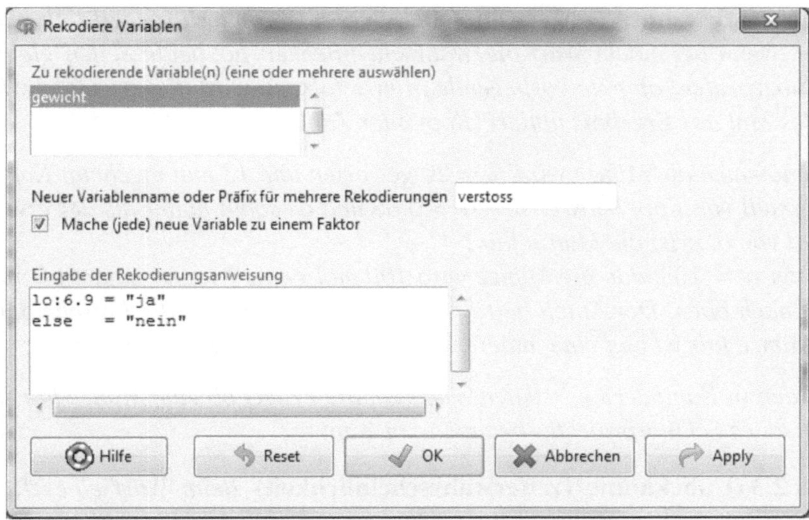



**Abb. 2.2** Dialogfeld zur Umkodierung der Variable `gewicht` im Datensatz `zuckerpackungen`.

Die erste Tabelle gibt die absoluten Häufigkeiten aus, d.h. insgesamt verstoßen 7 Zuckerpackungen gegen die Vorgaben des Herstellers. Dies entspricht einem Anteil von etwa 1.3 %, was man dem zweiten Teil der Ausgabe entnimmt. Der Anteil der Zuckerpackungen, die nicht die Vorgabe des Herstellers erfüllen, beträgt also etwa 1.3 %, was etwas höher ist als die vorgegebene Fehlerquote von 1 %. Aus der Sicht des Zuckerunternehmens drängen sich nun folgende Fragen auf:

▶ Ist die Fehlerquote von 1.3 % noch vertretbar, oder lässt sich aufgrund dieses Werts schon darauf schließen, dass die tatsächliche Fehlerquote wirklich höher ist als die vorgegebenen 1 %?
▶ Aufgrund der Zufälligkeit der Stichprobe kann die Fehlerquote natürlich leicht von der Vorgabe von 1 % abweichen. In welchen Bereich aber darf sich die aus der Stichprobe ermittelte Fehlerquote über der Vorgabe befinden, ohne dass die eigene Angabe angezweifelt werden kann?

Anders als der Hersteller der Zuckerpackungen, wird das Kaffeeunternehmen die Frage umgekehrt angehen. Es wird sich fragen, wie klein die Fehlerquote mindestens sein muss, um nachweisen zu können, dass der Zuckerlieferant tatsächlich nicht gegen seine Angaben verstößt. Dem Kaffeeproduzenten geht es also darum die Einhaltung der Vorgaben zu zeigen, nicht den Verstoß der Vorgaben. Wir werden aber im Folgenden nur die Fragen des Zuckerherstellers untersuchen und verweisen für die Überprüfung der Sicht des Kaffeeunternehmens auf Aufgabe 17.

Eng verbunden mit der Frage nach einem Anteilswert ist die Frage nach einer Trefferwahrscheinlichkeit. Typischerweise treten Trefferwahrscheinlichkeiten in idealen Zufallsexperimenten auf, also in Zufallsexperimenten, die unter gleichen Bedingungen prinzipiell beliebig oft wiederholbar sind.

**Beispiel 2.2 (Bekannte Trefferwahrscheinlichkeit)** *Eine Münze wird als fair bezeichnet, wenn bei einem Wurf die Wahrscheinlichkeit für beide Seiten gleich ist. Um zu überprüfen, ob eine vorliegende Münze fair ist, wird diese $n$ mal geworfen und jedes Mal das Ergebnis notiert (Kopf oder Zahl).*

▶ *Angenommen die Münze wird $n = 20$ geworfen und 13 mal erscheint Kopf, d.h. der Anteil von Kopf beträgt $13/20 = 0.65$ und ist somit höher als der erwartete Anteil von 0.5: Ist die Münze fair?*

▶ *Sei nun $n = 100$, d.h. die Münze wird 100 mal geworfen und landet 65 mal mit Kopf nach oben. Der Anteil beträgt nun ebenfalls 0.65: Ist die Entscheidung ob die Münze fair ist nun eine andere wie im Fall für $n = 20$ oder nicht?*

*Wir werden in Kapitel 13 vorstellen, wie man die Frage, ob eine Münze fair ist, im Rahmen eines Schülerprojektes beantworten kann.*

**Beispiel 2.3 (Unbekannte Trefferwahrscheinlichkeit)** *Beim Wurf eines Reißnagels gibt es die beiden Möglichkeiten „Spitze zeigt nach oben" oder „Spitze zeigt schräg nach unten". Gibt es eine „Präferenz des Zufalls"? Was lässt sich über die unbekannte Trefferwahrscheinlichkeit sagen, wenn 200 Würfe auf eine ebene Fläche ergaben, dass 80 mal „Spitze zeigt nach oben" eingetreten ist?*

Allen drei Beispielen ist gemeinsam, dass sie zunächst einmal als ein Treffer/Niete-Modell angesehen werden können. In Beispiel 2.1 bedeutet Treffer „Gewicht der Zuckerpackung liegt unterhalb von 7 Gramm", in Beispiel 2.2 „Münze zeigt Kopf" und in Beispiel 2.3 etwa „Spitze zeigt nach oben".

Für die Beantwortung der Fragen ist (nur) die Anzahl der Treffer von Bedeutung. Diese ist binomialverteilt, vorausgesetzt, das Treffer/Niete-Modell wird durch eine Bernoulli-Kette beschrieben (dazu mehr im nachfolgenden Abschnitt). In den Beispielen 2.2 und 2.3 ist diese Annahme wegen der Unabhängigkeit der Versuchsdurchführungen auch vernünftig. Ebenso ist in Beispiel 2.1 die Modellierung durch eine Binomialverteilung („Ziehen mit Zurücklegen") sinnvoll, auch wenn die Gewinnung der Stichprobe strenggenommen durch „Ziehen ohne Zurücklegen" erfolgte (hypergeometrische Verteilung), was wir im nächsten Abschnitt sehen werden.

Prinzipiell kann man obige Fragestellungen mit Hilfe eines Binomialtests beantworten. Bezeichnen $H_0$ die Nullhypothese, $H_1$ die Alternativhypothese und $p \in (0, 1)$ den (unbekannten) Anteilswert bzw. die unbekannte Trefferwahrscheinlichkeit, so lautet in Beispiel 2.1 aus Sicht des Kaffeeunternehmens das Testproblem $H_0 : p \leq 0.01$, $H_1 : p > 0.01$. In den Beispielen 2.2 und 2.3 würde man das zweiseitige Testproblem $H_0 : p = 0.5$, $H_1 : p \neq 0.5$ betrachten. Wie man hier genau vorgeht, wird im Abschnitt 2.7.1 besprochen.

Neben Tests gehören Schätzer zu den grundlegenden Verfahren der schließenden Statistik. Dabei sind die Intervallschätzungen bzw. die sogenannten Konfidenzintervalle, gerade im Hinblick auf die Praxis, von großer Bedeutung. Mehr dazu in Abschnitt 2.4. Wir werden sehen, dass Konfidenzintervalle mehr Information liefern als einzelne Tests. Insbesondere lassen sich mittels Konfidenzintervallen Testentscheidungen sofort treffen. Darüber hinaus erweist sich ein Hypothesentest bei der Frage nach der Trefferwahrscheinlickeit in Beispiel 2.3 als wenig hilfreich. Viel interessanter wäre dagegen eine Aussage der Form „Mit 99 %iger Sicherheit enthält das Intervall $(0.37, 0.45)$ die unbekannte Trefferwahrscheinlichkeit".

## 2.2 Schätzen eines Anteilswertes

Bevor wir uns den eigentlichen Fragestellungen nähern, müssen noch einige neue Begriffe eingeführt werden. Die Menge aller Beobachtungsobjekte, über die man bei einer statistischen Untersuchung eine Aussage treffen möchte, wird **Grundgesamtheit** oder **Population** genannt. Eine ausgewählte Teilmenge der Grundgesamtheit bezeichnet man als **Stichprobe**. Eine **Wahrscheinlichkeitstichprobe** ist eine Stichprobe, die nach einem festgelegten stochastischen Modell gezogen wird. Meistens ist es so, dass eine (Wahrscheinlichkeits-)Stichprobe durch unabhängige und identisch verteilte Zufallsvariable (engl: independent and identically distributed (iid) random variables) $X_1, \ldots, X_n$ beschrieben wird. Man denke z. B. an das *Ziehen mit Zurücklegen* (Binomialmodell,) siehe Bemerkung 2.5. Eine nicht unabhängige Stichprobe erhält man z. B. durch das *Ziehen ohne Zurücklegen* (hypergeometrisches Modell).

**Beispiel 2.4** *Je nach statistischer Fragestellung unterscheiden sich die Grundgesamtheiten, was an folgenden Beispielen verdeutlicht werden soll:*

▶ *Angenommen man möchte die durchschnittliche Körpergröße der männlichen Bevölkerung in Deutschland bestimmen. In diesem Fall bestünde die Grundgesamtheit logischerweise aus allen volljährigen männlichen Bürgern. Da man aus offensichtlichen Gründen nicht die Größe von allen Personen der Grundgesamtheit messen kann, empfiehlt sich die Ziehung einer zufälligen Stichprobe.*

▶ *Die Grundgesamtheit für das Problem mit den Zuckerpackungen, das in Abschnitt 2.1 genauer vorgestellt wurde, sind alle Zuckerpackungen der Lieferung an den Kaffeehersteller. Der Datensatz* `zuckerpackungen` *ist eine Stichprobe aus dieser Grundgesamtheit.*

Im Folgenden sei eine Grundgesamtheit mit $N$ Elementen und eine Stichprobe vom Umfang $n$ gegeben, die aus einer rein zufälligen Auswahl von Elementen der Grundgesamtheit besteht. Darüber hinaus soll diese **dichotom** sein , d.h. die Grundgesamtheit zerfällt in zwei Teilmengen: Den Elementen (Untersuchungseinheiten), die eine bestimmte Eigenschaft (E) besitzen, und den Elementen, die E nicht besitzen. Gefragt ist nach dem **Anteilswert**

$$p := \frac{\text{Anzahl der Elemente mit Eigenschaft E}}{\text{Anzahl aller Elemente der Grundgesamtheit}} \tag{2.1}$$

Das statistische Problem besteht darin, den Parameter $p$ aufgrund einer Stichprobe zu schätzen.

Um die Problemstellung mathematisch greifbarer zu machen, modelliert man das Schätzproblem mit Hilfe eines **Urnenmodells**. In diesem entspricht die Grundgesamtheit gleichartigen, von 1 bis $N$ nummerierten Kugeln. Außerdem entsprechen $r$ rote Kugeln den $r$ Elementen aus der Grundgesamtheit mit Eigenschaft E, d.h. der Zähler in (2.1) wird hier mit $r$ bezeichnet. Demzufolge entsprechen $N - r$ schwarze Kugeln den Elementen aus der Grundgesamtheit, die die Eigenschaft E nicht besitzen. Obige Gleichung lässt sich dann umformulieren zu

$$p = \frac{r}{N}$$

Betrachtet man nun eine Zufallsstichprobe vom Umfang $n$ als $n$-maliges **Ziehen ohne Zurücklegen** aus einer Urne mit $N$ Kugeln, so lässt sich die zufällige Anzahl der gezogenen roten Kugeln durch ein **hypergeometrisches Modell** beschreiben. Die Wahrscheinlichkeit, dass die Stichprobe genau $k$ rote Kugeln enthält beträgt in diesem Modell

$$H_{n,r,N-r}(\{k\}) := \frac{\binom{r}{k}\binom{N-r}{n-k}}{\binom{N}{n}}, \tag{2.2}$$

wobei

$$\binom{N}{n} := \frac{N!}{n!(N-n)!} \tag{2.3}$$

der **Binomialkoeffizient von $N$ und** $n$ ist. (Lies: „N über n".)

Die Schwierigkeit dabei ist aber, dass in der Praxis meist der Populationsumfang $N$ und auch die Anzahl $r$ der Elemente mit der Eigenschaft E unbekannt ist. In Beispiel 2.4 wird man nicht alle Zuckerpackungen aus der Lieferung zählen und schon gar nicht die, die die Vorgaben des Herstellers verletzen. Genausowenig weiß man im gleichen Beispiel nicht die Anzahl aller männlichen Bürger in Deutschland. Man weiß oft nur, dass $N$ im Vergleich zum Stichprobenumfang $n$ sehr groß ist.

Um diese Problematik zu umgehen, modifiziert man das Urnenmodell und betrachtet **Ziehen mit Zurücklegen**, Die Anzahl der gezogenen roten Kugeln lässt sich nun durch ein **Binomialmodell** beschreiben. Dabei deutet man den Anteil $p$ in (2.1) als Wahrscheinlichkeit für das Auftreten der Eigenschaft $E$ bei einem zufällig gewählten Element der Grundgesamtheit. Die Wahrscheinlichkeit, dass die Stichprobe genau $k$ rote Kugeln enthält, beträgt

$$B_{n,p}(\{k\}) := \binom{n}{k}p^k(1-p)^{n-k}, \quad 0 \le k \le n, \tag{2.4}$$

wobei $r/N = p$ und $(N - r)/N = 1 - p$. Das einfachere Binomialmodell in (2.4) ist eine gute Approximation des hypergeometrischen Modells in (2.2), wenn $r$ und $N - r$ (und damit $N$) groß sind im Verhältnis zu $n$ (und damit zu $k$), siehe Aufgabe 1.

Im Folgenden gehen wir also davon aus, dass ein Zufallsexperiment mit **binärem** Ausgang zugrunde liegt, d.h. das Zielergebnis entweder eintritt (Treffer) oder nicht (Niete). Wird dieses Treffer/Niete-Experiment $n$-mal unabhängig wiederholt, so spricht man von einer **Bernoulli-Kette der Länge** $n$. Haben sich nach Durchführung dieses Zufallsexperiments $k$ Treffer ergeben, so stellt sich die Frage, was man aufgrund dieser Information über die unbekannte Trefferwahrscheinlichkeit $p$ aussagen kann. Modelliert man die *vor* Durchführung der Experimente *zufällige* Trefferzahl als Zufallsvariable $S_n$, so ist diese binomialverteilt mit den Parametern $n$ und $p$, oder kurz ausgedrückt $S_n \sim B_{n,p}$.

$$P_p(S_n = k) = B_{n,p}(\{k\}) := \binom{n}{k} p^k (1-p)^{n-k}, \quad 0 \leq k \leq n, \qquad (2.5)$$

Die Binomialverteilung $B_{n,p}$ ist ein Wahrscheinlichkeitsmaß auf $\{0, 1, \ldots, n\}$, genauer auf der Potenzmenge von $\{0, 1, \ldots, n\}$. Durch die Einzelwahrscheinlichkeiten $B_{n,p}(\{k\})$, $k = 0, \ldots, n$, ist das Wahrscheinlichkeitsmaß eindeutig festgelegt gemäß $B_{n,p}(A) = \sum_{k \in A} B_{n,p}(\{k\})$, $A \subset \{0, 1, \ldots, n\}$. In der folgenden Bemerkung wollen wir auf die stochastische Modellierung näher eingehen.

**Bemerkung 2.5** *Die Zufallsvariable $S_n$ ist eine Zählvariable. Sie zählt die zufällige Anzahl der Treffer. Der Grundraum $\Omega$, auf dem die Zufallsvariable $S_n$ definiert ist bzw. der zugrundliegende Wahrscheinlichkeitsraum $(\Omega, \mathcal{A}, P_p)$, bleibt abstrakt. Dieser lässt sich natürlich explizit angeben. Kodiert man Treffer mit 1 und Niete mit 0, so wählt man $\Omega = \{0, 1\}^n$, als $\sigma$-Algebra $\mathcal{A}$ auf $\Omega$ die Potenzmenge von $\Omega$ und mit $\omega = (\omega_1, \ldots, \omega_n)$ als Wahrscheinlichkeitsmaß*

$$P_p(\{\omega\}) := \prod_{j=1}^{n} p^{\omega_j} (1-p)^{1-\omega_j}$$
$$= p^{\sum_{j=1}^{n} \omega_j} \cdot (1-p)^{n - \sum_{j=1}^{n} \omega_j}$$

*Dies ist eine formale Beschreibung einer Bernoulli-Kette der Länge $n$ mit Trefferwahrscheinlichkeit $p$. Die Zufallsvariable $S_n : \Omega \to \mathbb{R}$, $S_n(\omega) = \sum_{j=1}^{n} \omega_j$ besitzt unter $P_p$ eine $B_{n,p}$-Verteilung (Aufgabe 2):*

$$P_p(\{\omega \in \Omega : S_n(\omega) = k\}) =: P_p(S_n = k) = B_{n,p}(\{k\}), \quad k = 0, \ldots, n$$

*Die Zählvariable $S_n$ lässt sich auch in der Form $S_n = \sum_{i=1}^{n} X_i$ schreiben. Dabei sind $X_i : \Omega \to \{0, 1\}$ die Koordinatenprojektionen: $X_i(\omega) = \omega_i$, $\omega = (\omega_1, \ldots, \omega_n) \in \Omega$, $i = 1, \ldots, n$. Diese sind unabhängig und identisch verteilt mit $X_i \sim B_{1,p}$ (Bernoulli-Verteilung), siehe Aufgabe 2. Die Zufallsvariablen $X_1, \ldots, X_n$ stellen dann eine (Wahrscheinlichkeits-)Stichprobe dar. Da es nur auf die zufällige Anzahl der Erfolge ankommt, beziehen sich die folgenden Ausführungen ausschießlich auf $S_n$.*

In der Wahrscheinlichkeitsrechnung geht man von einem *bekannten* Binomialmodell aus (d.h. $p$ ist bekannt) und studiert Verteilungseigenschaften von $S_n$, berechnet also die Wahrscheinlichkeit von Ereignissen wie z. B. $\{S_n = k\}$, $0 \leq k \leq n$. In der Statistik ist die Situation umgekehrt: Hier liegt eine konkrete Realisierung $k$ von $S_n$ vor und es wird versucht, aufgrund des eingetretenen Ereignisses $\{S_n = k\}$ auf den unbekannten Parameter $p$ zu schließen. Zunächst gilt

$$P_p(S_n = k) = \binom{n}{k} \cdot p^k \cdot (1-p)^{n-k} > 0, \quad 0 < p < 1,$$

jeder Parameter $p \in (0,1)$ ist also theoretisch möglich. Die zentrale Frage ist somit: Welcher Modellparameter $p$ ist der Plausibelste?

## 2.3  Punktschätzer

Eine plausible Wahl für den Modellparameter $p$ ist die **relative Trefferhäufigkeit**, definiert als Quotient der Anzahl der Treffer des Experiments $k$ und der Gesamtlänge des Experiments $n$, d.h.

$$\hat{p}(k) := \frac{k}{n}$$

Man spricht von einer **Punktschätzung**, da man sich auf die Angabe einer Zahl als Schätzwert beschränkt. Die Funktion $\hat{p}$ heißt **Punktschätzer**. Ist $k$ eine Realisierung der $B_{n,p}$-verteilten Zufallsvariablen $S_n$, so ist die Schätzung $\hat{p}(k) = k/n$ eine Realisierung der Zufallsvariablen

$$\hat{p}(S_n) = \frac{S_n}{n}$$

Im Folgenden schreiben wir für die zufällige relative Trefferhäufigkeit auch $R_n$, also $S_n/n = R_n$. Wenn $p$ der (wahre) zugrunde liegende Parameter ist, so beträgt wegen $S_n = nR_n$ die Wahrscheinlichkeit, dass $R_n = p$ ist,

$$P_p(R_n = p) = \begin{cases} 0, & \text{falls } np \notin \{0, 1, \ldots, n\} \\ \binom{n}{np} p^{np}(1-p)^{n-np}, & \text{falls } np \in \{0, 1, \ldots, n\} \end{cases} \tag{2.6}$$

**Beispiel 2.6** *Für $n = 20$ und $p = 0.5$ bzw. $p = 0.2$ möchten wir die Wahrscheinlichkeit für $R_n = p$ berechnen, also*

$$P_{0.5}(R_n = 0.5) = P_{0.5}(S_n = 10) \quad bzw. \quad P_{0.2}(R_n = 0.2) = P_{0.2}(S_n = 4)$$

*Dies ist die Wahrscheinlichkeit dafür, dass bei einem Experiment der Länge 20 mit einer Trefferwahrscheinlichkeit von 50 % bzw. 20 % genau 10 bzw. 4 Treffer erzielt werden. Dazu verwenden wir R als Rechenhilfe.*

**Programmbeispiel 2.3** Mit Hilfe des R-Commander kann man sich für gegebenes $n$ und $p$ die Wahrscheinlichkeiten für alle $k \in \{0, 1, \ldots, n\}$ anzeigen lassen:

1. Gehe hierzu auf **Verteilungen** $\longrightarrow$ **Diskrete Verteilungen** $\longrightarrow$ **Binomial -Verteilung** $\longrightarrow$ **Wahrscheinlichkeiten der Binomial-Verteilung** ...

2. Es öffnet sich ein neues Dialogfeld wie in Abb. 2.4. Im Feld *Binomial trials* gibt man den gewünschten Wert für $n$ ein, in diesem Fall also die Zahl 20, und geht auf $\boxed{\text{OK}}$.

3. In der Ausgabe wird eine Liste angezeigt, bei der in der ersten Spalte der Wert von $k$ und in der Spalte daneben die Wahrscheinlichkeit aus (2.6) angezeigt wird. Für $k = 10$ erhalten wir die Zahl $1.761971e - 01$. Diese Notation ist die übliche wissenschaftliche Darstellungsweise und muss interpretiert werden als $1.761971 \cdot 10^{-1} = 0.1761971$.

4. Für $p = 0.2$ kann man sich ebenfalls die Wahrscheinlichkeiten anzeigen lassen. Dazu muss man aber im Dialogfeld in Abb. 2.4 im Feld *Probability of success* die Standardeinstellung von 0.5 auf 0.2 ändern.

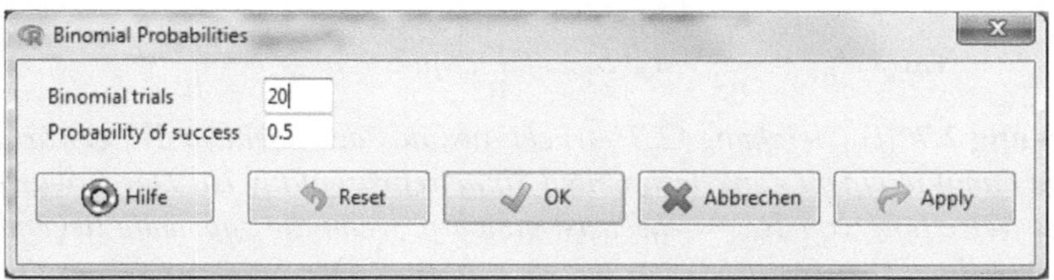


**Abb. 2.4** Dialogfeld zur Berechnung von Wahrscheinlichkeiten für vorgegebenen Werte für $n$, $p$ und $k$ gemäß (2.6).

Zur Angabe einer Wahrscheinlichkeit für einen einzelnen Wert von $k$, verwenden wir die Funktion `dbinom()`, da dies mit dem R-Commander nicht möglich ist. Wir geben dazu im Skriptfenster folgenden Befehl ein:

```
dbinom(10, 20, 0.5)
dbinom(4, 20, 0.2)
```

Das erste Argument ist die Zahl der Treffer, das zweite die Angabe von $n$ und das letzte Argument die Trefferwahrscheinlichkeit $p$. In der Ausgabe erscheint das Ergebnis:

```
> dbinom(10, 20, 0.5)
[1] 0.1761971

> dbinom(4, 20, 0.2)
[1] 0.2181994
```

Im übrigen ist die Funktion `dbinom()` identisch mit der in (2.6) definierten Funktion. Wird also im ersten Argument ein Wert für $k \notin \{0, 1, \ldots, n\}$ angegeben, ist das Ergebnis 0 und es erscheint zudem eine Warnmeldung im Meldungsfenster.

Es gilt somit:

$$P_{0.5}(S_n = 10) \approx 17.6\,\% \quad \text{und} \quad P_{0.2}(S_n = 4) \approx 21.8\,\%$$

Da für die Punktschätzung $\hat{p}(k)$ im Allgemeinen

$$\hat{p}(k) \neq p$$

gilt, stellt sich natürlich die Frage nach der Genauigkeit der Schätzung. Um die Qualität einer Schätzung besser beurteilen zu können, werden Gütekriterien formuliert. Zwei wichtige Kriterien beziehen sich auf den **Erwartungswert** und die **Varianz** des Schätzers $R_n = \hat{p}(S_n)$. Nach den üblichen Rechenregeln für den Erwartungswert und die Varianz (siehe z. B. [5], [6]) gilt:

$$E_p(R_n) = \frac{1}{n}E_p(S_n) = \frac{1}{n}np = p \tag{2.7}$$

und

$$\text{Var}_p(R_n) = \frac{1}{n^2}\text{Var}_p(S_n) = \frac{1}{n^2}np(1-p) = \frac{p(1-p)}{n} \tag{2.8}$$

**Bemerkung 2.7** *(i) Gleichung (2.7) drückt aus, das der Schätzer $R_n$ **erwartungstreu** und damit in einem ganz bestimmten Sinne repräsentativ ist: Der Erwartungswert der Verteilung von $R_n = S_n/n$ ist gleich $p$, wenn die zugrunde liegende Binomialverteilung den (wahren) Parameter $p$ besitzt. Der Schätzer $R_n$ ergibt also „im Mittel" gerade $p$. Im Fall der Erwartungstreue liegt also keine systematische Unter- bzw. Überschätzung von $p$ vor. Anstelle von einem erwartungstreuen Schätzer spricht man auch von einem **unverzerrten** Schätzer.*

*(ii) Gleichung (2.8) besagt, dass die Varianz von $R_n$ mit wachsendem Stichprobenumfang $n$ abnimmt, ganz gleich, welches $p$ tatsächlich zugrunde liegt. Eine Schätzung ist somit umso genauer, je größer $n$ ist. Nach der Tschebyschow-Ungleichung (vgl. Lemma 2.13) ist der Schätzer $R_n$ **konsistent** in dem Sinne, dass*

$$\lim_{n\to\infty} P_p\big(\{|R_n - p| > \varepsilon\}\big) = 0$$

*Man sagt, dass $R_n$ **in Wahrscheinlichkeit** oder auch **stochastisch** gegen $p$ konvergiert.*

**Programmbeispiel 2.5** Erzeugen wir uns mit dem R-Commander 100 binomialverteilte (Pseudo-)Zufallszahlen mit $n = 20$ und $p = 0.5$. Zur Generierung von Zufallszahlen siehe auch die Bemerkungen in Abschnitt 11.1.1.

1. Gehe im Menü auf **Verteilungen** $\longrightarrow$ **Diskrete Verteilungen** $\longrightarrow$ **Binomial-Verteilung** $\longrightarrow$ **Zufallsstichprobe auf einer Binomial-Verteilung** ... Es öffnet sich das Dialogfeld wie in Abb. 2.6 links.
2. Zunächst geben wir in das Feld ganz oben einen Namen für das neue Objekt mit den Zufallszahlen ein, hier also `zufall.binomial`.
3. Der Wert für $n$ wird im Feld mit der Beschriftung *Binomial trials* angegeben, die Trefferwahrscheinlichkeit $p$ im Feld darunter (*Probability of success*). Wir

ändern hier nur im ersten Feld die Einstellung auf 20, da die Trefferwahrscheinlichkeit schon per Voreinstellung auf 0.5 gesetzt ist.

4. In den nächsten beiden Feldern kann die Darstellung des Objekts in R festgelegt
   werden. Wir möchten, dass die 100 Zufallszahlen untereinander in einer Spalte
   stehen, d.h. unser neues Objekt soll nur aus einer Spalte und 100 Zeilen bestehen.
   Entsprechend ändern wir die Zahlen in den beiden Feldern um.

5. Zum Schluss deaktivieren wir noch die Einstellung *Arithmetisches Mittel der
   Stichprobenwerte*, da unser neues Objekt `zufall.binomial` nur die generierten Zufallszahlen enthalten soll, und gehen zum Abschluss auf $\boxed{\text{OK}}$.

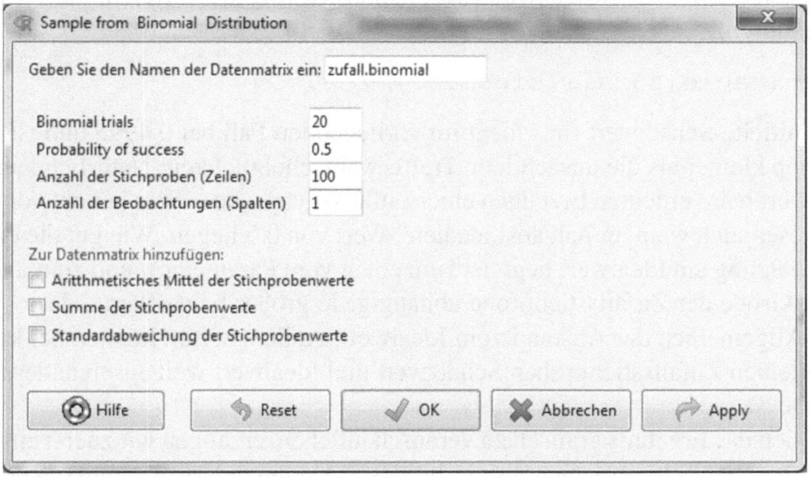

**Abb. 2.6** Dialogfeld zur Erstellung von binomialverteilten Zufallszahlen.

Es liegen nun 100 Realisierungen der Zufallsvariable $S_{20}$ vor. Verschaffen wir
uns zuerst einen schnellen Überblick über die erstellten Zahlen. Wir verwenden dafür die Funktion `table()`, die wir direkt in das Skriptfenster eingeben. Wir wählen
diesen Umweg, da die Zufallszahlen vom numerischen Typ sind und Häufigkeitstabellen im R-Commander für diesen Datentyp nicht möglich sind (vgl. Abschnitt
21.1.1). Führt man also den Befehl

```
table(zufall.binomial)
```

im Skriptfenster aus, wird Folgendes im Ausgabefenster angezeigt:

```
table(zufall.binomial)
zufall.binomial
 5  6  7  8  9 10 11 12 13 14 15
 2  4  7 12 15 20 16  9 10  4  1
```

Die erste Zeile der Ausgabetabelle steht für die erzeugte Zufallszahl, die zugehörige
Zahl in der zweiten Zeile gibt an, wie oft die entsprechende Zahl generiert wurde.
Beispielsweise wurde zweimal die Zahl 5 erzeugt, viermal die Zahl 6 und sieben-
mal die Zahl 7. Summiert man die Zahlen in der zweiten Zeile auf, erhält man die

Gesamtzahl der erzeugten Zufallszahlen, hier also 100. Die meisten, nämlich 20 der 100 Zufallszahlen haben den Wert 10, was ein intuitiv naheliegendes Ergebnis ist. Man beachte, dass sich bei eigener Ausführung dieses Befehls natürlich andere Zahlen wie die angegebenen ergeben, wie im vorliegenden Fall.

Wegen der Zufälligkeit der generierten Zahlen sind natürlich nicht alle Realisationen gleich dem erwarteten Wert 10. Im Grunde kann man jetzt 100 Schätzwerte $\hat{p}(k_1), \ldots, \hat{p}(k_{100})$ berechnen, indem jede der Zufallszahlen durch 20 dividiert wird. Wenn wir von diesen 100 Punktschätzungen den Mittelwert bilden, sollte dieser nahe dem tatsächlichen Wert von $p = 0.5$ liegen, da durch die Mittelwertbildung über alle Zufallszahlen die zufälligen Schwankungen wieder ausgeglichen werden. Am einfachsten erhält man diesen Mittelwert indem wir folgenden Befehl im Skriptfenster ausführen:

```
mean(table(zufall.binomial) / 20)
```

Der gemittelte Schätzwert für $p$ liegt im vorliegenden Fall bei 0.4995 und ist somit nur knapp kleiner als die tatsächliche Trefferwahrscheinlichkeit. Natürlich kann der Schätzwert beim erneuten Erzeugen einer Zufallsstichprobe anders lauten; vor allem kann dieser auch weniger nah am „idealen" Wert von 0.5 liegen. Wie gut die errechnete Schätzung am Idealwert liegt, ist zum einen vom Parameter $n$ und zum anderen von der Größe der Zufallsstichprobe abhängig. Je größer beide Werte, desto geringer im Allgemeinen der Abstand vom Idealwert. Anders herum können bei kleinen $n$ und kleinen Zufallsstichproben Schätzwert und Idealwert weit auseinander liegen (Aufgabe 4).

Um sich das Ergebnis grafisch zu veranschaulichen, erzeugen wir zuerst ein Stabdiagramm. Dies geht aber nicht mit Hilfe des R-Commanders, wir müssen den Befehl also in das Skriptfenster eingeben und ausführen:

```
plot(table(zufall.binomial) / 100, type = "h",
  main = "Empirische Dichte der Zufallszahlen",
  xlab = "Wahrscheinlichkeit",
  ylab = "Anzahl der Treffer")
```

Die Funktion `plot()` haben wir bereits in Programmbeispiel 1.3 in Abschnitt 1.2.1 kennen gelernt. Das erste Argument ist hier eine mit der Funktion `table()` erstellte Häufigkeitstabelle (vgl. Abschnitt 21.1.1). Die Tabelle wird dabei noch durch 100 dividiert, damit nicht die absoluten, sondern die relativen Häufigkeiten abgebildet werden. Auf diese Weise ändert sich zwar nicht die Form, aber die Skala der y-Achse ist die gleiche wie bei der theoretischen Dichtefunktion. Mit dem Argument `type` wird festgelegt, dass die Diagrammpunkte mit senkrechten Linien zur x-Achse gezeichnet werden (h steht für *histogram*). Mit den weiteren Argumenten werden Diagrammtitel und Achsenbeschriftungen geändert (siehe hierzu Abschnitt 21.2.2). Das Diagramm ist im linken Teil von Abb. 2.7 zu sehen.

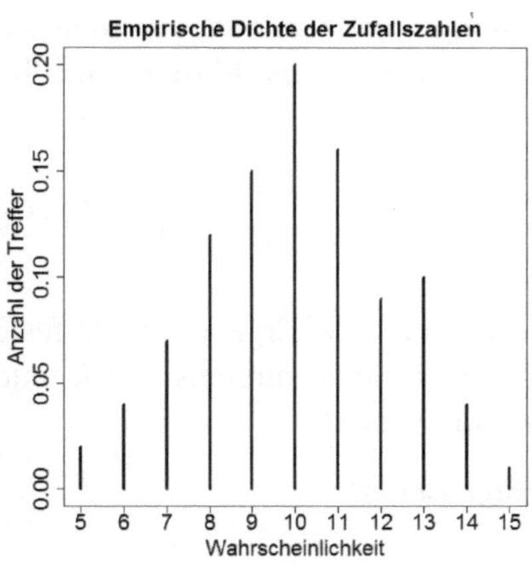
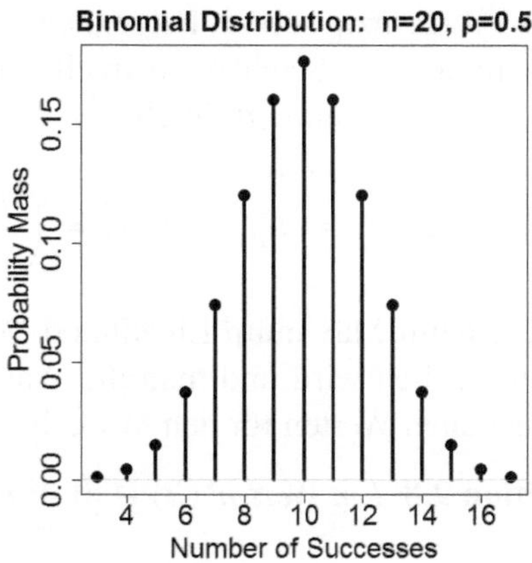


**Abb. 2.7** Histogramm der erzeugten Zufallszahlen (links) und Dichtefunktion der $B_{20,0.5}$-Verteilung (rechts).

Zum Vergleich erzeugen wir uns noch ein Diagramm mit den Einzelwarhscheinlichkeiten der $B_{20,0.5}$-Verteilung für alle $k \in \{0, 1, \ldots, n\}$:

1. Gehe auf **Verteilungen** $\longrightarrow$ **Diskrete Verteilungen** $\longrightarrow$ **Binomial-Verteilung** $\longrightarrow$ **Grafik Binomial-Verteilung …**
2. Im Dialogfeld geben wir bei *Binomial trials* den Wert 20 ein, da hier $n = 20$ gilt. Alle anderen Einstellungen lassen wir unverändert und gehen auf $\boxed{\text{OK}}$.

Die Dichtefunktion ist in Abb. 2.7 im rechten Teil zu erkennen. Um beispielsweise die Titel- und die Achsenbeschriftung zu ändern, kann man den im Skriptfenster angezeigten Befehl im Nachhinein bearbeiten. Für mehr Details hierzu siehe Abschnitt 21.2.2.

Man erkennt, dass die Form des Histogramms aus der Stichprobe mit den Zufallszahlen schon sehr stark der idealen Form der Dichtefunktion ähnelt. Bei anderen Zufallsstichproben mag dies natürlich leicht anders aussehen.

## Das Maximum-Likelihood-Prinzip

Nicht immer ist es so einfach wie im Fall des Binomialmodells, einen geeigneten Punktschätzer zu finden. Ein allgemeines Konstruktionsprinzip für Schätzer ist das sogenannte **Maximum-Likelihood-Prinzip**. Die „Philosophie" dieses Prinzips macht folgendes Zitat aus [6] deutlich:

*Stehen verschiedene wahrscheinlichkeitstheoretische Modelle konkurrierend zur Auswahl, so halte bei vorliegenden Daten dasjenige Modell für das „glaubwürdigste", unter welchem die beobachteten Daten die größte Wahrscheinlichkeit des Auftretens besitzen.*

Das ML-Prinzip soll im Folgenden für das Binomialmodel erläutert werden. Zur Bestimmung eines Schätzers betrachtet man die sogenannte **Likelihood-Funktion** $L_k : [0, 1] \to \mathbb{R}$, definiert durch

$$L_k(p) := P_p(S_n = k) = \binom{n}{k} \cdot p^k \cdot (1 - p)^{n-k}, \ 0 \le p \le 1 \qquad (2.9)$$

Die Idee beim Maximum-Likelihood-Verfahren ist, dass das Ergebnis $k$ als fester Wert angesehen wird und man die Wahrscheinlichkeit des Eintretens von $k$ unter verschiedenen Werten für den Modellparameter $p$ untersucht.

**Definition 2.8** *Ein Wert $p^*(k) \in [0, 1]$ mit der Eigenschaft*

$$L_k(p^*(k)) = \max_{0 \le p \le 1} L_k(p)$$

*heißt eine **Maximum-Likelihood-Schätzung** (kurz ML-Schätzung) für $p$ zur Beobachtung $k$.*

Der ML-Schätzer im Binomialmodell ist uns bereits aus den vorherigen Überlegungen bekannt, wie aus dem folgenden Satz hervorgeht.

**Satz 2.9** *Die Maximum-Likelihood-Schätzung für $p$ ist die relative Trefferhäufigkeit $p^*(k) = k/n = \hat{p}(k)$, d.h. es gilt $p^* = \hat{p}$.*

*Beweis:* Um die Aussage zu beweisen, unterscheiden wir drei Fälle:

(i) Sei $k = 0$, d.h. es wurden nur Nieten gezogen. Dann gilt wegen $L_0(p) = (1 - p)^n$, dass $p^*(0) = 0 = \hat{p}(0)$.

(ii) Sei $1 \le k \le n - 1$. Um das Maximum zu finden, leiten wir die ML-Funktion nach $p$ ab. Mit der Produktregel und Nachdifferenzieren ergibt sich:

$$\frac{d}{dp} L_k(p) = \binom{n}{k} \left( kp^{k-1}(1-p)^{n-k} - p^k(n-k)(1-p)^{n-k-1} \right)$$

$$= \binom{n}{k} p^{k-1}(1-p)^{n-k-1}(k(1-p) - p(n-k))$$

$$= \binom{n}{k} p^{k-1}(1-p)^{n-k-1}(k - np)$$

Um die potentiellen Maxima zu bestimmen, setzt man die Ableitung gleich Null. Dies erreicht man für $p^*(k) = 0$, $p^*(k) = 1$ und $p^*(k) = k/n = \hat{p}(k)$, da in jedem Fall einer der drei rechten Faktoren Null wird. Für $p^*(k) = 0$ und $p^*(k) = 1$ wird aber die nicht-negative Likelihood-Funktion in (2.9) ebenfalls Null, weshalb diese Lösungen als Maxima nicht in Frage kommen. Für $p^*(k) = k/n$ gilt aber

$$\frac{d}{dp} L_k(p) > 0 \text{ für } p < \frac{k}{n} \text{ und } \frac{d}{dp} L_k(p) < 0 \text{ für } p > \frac{k}{n},$$

weshalb $k/n$ das gesuchte Maximum ist.

(iii) Sei $k = n$, d.h. es gibt nur Treffer. In diesem Fall gilt $L_n(p) = p^n$ und damit $p^*(n) = 1 = \dfrac{n}{n} = \hat{p}(n)$.

Für alle $k \in \{0, \dots, n\}$ gilt also

$$L_k(k/n) = \max_{0 \leq p \leq 1} L_k(p)$$

und somit die Behauptung. $\qquad\qquad\square$

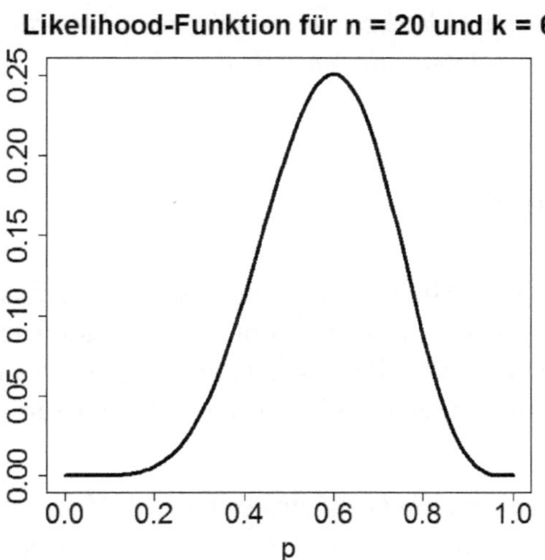


**Abb. 2.8** Likelihood-Funktion für $n = 10$ und $k = 6$.

**Programmbeispiel 2.9** Für ein Beispiel betrachten wir die Likelihood-Funktion aus (2.9) für $n = 10$ und $k = 6$. Der ML-Schätzer wäre in diesem Fall $p^*(6) = 0.6$, was man auch gut an der Funktion in Abb. 2.8 erkennen kann. Um diese zu erstellen, erzeugt man sich in einem ersten Schritt zwei Objekte, die die Koordinaten der zu zeichnenden Punkte von x- und y-Achse enthalten:

```
x <- seq(0, 1, 0.01)
y <- dbinom(6, 10, x)
```

Mit der Funktion `seq()` erzeugt man eine Folge von Zahlen von 0 bis 1 mit einer Schrittweite von 0.01. Dies sind die möglichen Werte für den Parameter $p$. Für diesen Parameter berechnet man die Binomialwahrscheinlichkeit $P_p(S_n = k)$ für $n = 10$ und $k = 6$, also $P_p(S_{10} = 6)$. Dazu verwendet man die Funktion `dbinom()`. Mit der Funktion `plot()` kann nun die Likelihood-Funktion gezeichnet werden:

```
plot(x, y, type = "l", xlab = "p", ylab = "",
  main = "Likelihood-Funktion für n = 20 und k = 6")
```

Um die einzelnen Punkte im Diagramm mit einer Linie zu verbinden, verändert man den Linientyp mit dem Argument `type` (`l` steht für *line*). Das Ergebnis sieht man in Abb. 2.8. Das Maximum der Funktion liegt bei $p = 0.6$.

**Bemerkung 2.10** *Der ML-Schätzer $p^*$ im Binomialmodell ist erwartungstreu. Im Allgemeinen sind ML-Schätzer nicht unbedingt erwartungstreu (siehe Kapitel 3.2). Obwohl Erwartungstreue sicherlich ein vernünftiges Kriterium für Punktschätzer ist, ist es nicht immer vereinbar mit dem ML-Prinzip.*

## 2.4 Intervallschätzer

Anstelle der Angabe eines Zahlenwertes $\hat{p}(k) = k/n$ als Punktschätzung für $p$ ist es häufig sinnvoller, ein ganzes Intervall von plausiblen Parameterwerten anzugeben. Dieses Intervall soll natürlich die Punktschätzung $\hat{p}(k)$ als „plausibelsten" Wert enthalten. Vor der Konstruktion eines solchen Intervalls müssen einige neue Begriffe eingeführt werden.

**Definition 2.11** *Für jede mögliche Realisierung $k \in \{0, \ldots, n\}$ der binomialverteilten Zufallsvariable $S_n$ sei $C(k)$ ein Intervall im offenen Intervall $(0, 1)$. Ferner gelte für ein $\alpha \in (0, 1)$*

$$B_{n,p}\big(\{k : p \in C(k)\}\big) \geq 1 - \alpha \quad \textit{für alle } p \in (0, 1)$$

*oder dazu äquivalent*

$$P_p\big(p \in C(S_n)\big) \geq 1 - \alpha \quad \textit{für alle } p \in (0, 1). \tag{2.10}$$

*Dann heißt der Intervallschätzer $C(S_n)$ ein **Konfidenzintervall** für $p$ zum **Konfidenzniveau** $1 - \alpha$. Eine Realisierung $C(k)$ dieses zufälligen Intervalls ist dann eine Intervallschätzung und heißt konkretes Konfidenzintervall für $p$ zum Konfidenzniveau $1 - \alpha$.* [1]

Dies bedeutet also, dass ein Konfidenzintervall zum Konfidenzniveau $1 - \alpha$ den „wahren" Parameter $p$ mit einer Wahrscheinlichkeit von mindestens $1 - \alpha$ überdeckt. Man sagt daher auch, dass die **Überdeckungswahrscheinlichkeit** $P_p\big(p \in C(S_n)\big)$ mindestens $1 - \alpha$ beträgt. Für $\alpha$ wird meist ein sehr kleiner Wert gewählt, typischerweise ist $\alpha = 0.05$, die Überdeckungswahrscheinlichkeit beträgt also mindestens 95 %. Fordert man eine höhere Überdeckungswahrscheinlichkeit, muss man

---

[1] Im Weiteren werden wir das Attribut *konkret* weglassen und schlechthin von einem Konfidenzintervall sprechen.

$\alpha$ kleiner wählen, z.B. $\alpha = 0.01$ oder $\alpha = 0.001$. Als Nachteil für die höhere Überdeckungswahrscheinlichkeit muss man in Kauf nehmen, dass sich dann größere Konfidenzintervalle ergeben (Trade-off-Situation), was wir in späteren Beispielen sehen werden.

**Bemerkung 2.12** *Anwender neigen zu der saloppen Formulierung, dass das Konfidenzintervall den wahren Parameter mit einer Wahrscheinlichkeit von $1 - \alpha$ enthält. Dies ist eine natürliche Sprechweise, solange man darüber nicht die richtige Interpretation aus den Augen verliert. $p$ ist ein fester, uns unbekannter Zahlenwert. Das Konfidenzintervall $C(k)$ ist einer Realisation des zufälligen Intervalls $C(S_n)$. Die Aussage, dass das Konfidenzintervall die Zahl $p$ mit einer bestimmten Wahrscheinlichkeit enthält, bezieht sich auf die Zufallsgröße $C(S_n)$ und nicht auf eine bestimmte Realisation. Korrekt wäre die Aussage: In $(1 - \alpha) \cdot 100\%$ aller Fälle enthalten die jeweiligen Intervalle den wahren Wert $p$. Also: Angenommen, wir könnten das Experiment der Bernoulli-Kette vom Umfang $n$ 100 mal unter gleichen, sich gegenseitig nicht beeinflussenden Bedingungen wiederholen. Stehen dann 100 Realisierungen $k_1, \ldots, k_{100}$ von $S_{n,1}, \ldots, S_{n,100}$ zur Verfügung, so würden etwa 95 der 100 Intervalle $C(k_1), \ldots, C(k_{100})$ den Parameter $p$ enthalten (Häufigkeitsinterpretation). Diese Interpretation lässt sich über das schwache Gesetz der großen Zahlen von Jacob Bernoulli motivieren (vgl. die Ausführungen in [6], Kapitel 28).*

### 2.4.1 Konstruktion mittels Tschebyschow-Ungleichung

Wir möchten nun ein Konfidenzintervall konkret bestimmen. Dabei setzen wir $R_n := S_n/n$ und legen in einem ersten intuitiven Ansatz ein symmetrisches Intervall der Länge $\varepsilon > 0$ um $R_n$, d.h.

$$C(S_n) = \left( \frac{S_n}{n} - \varepsilon, \frac{S_n}{n} + \varepsilon \right) = \left( R_n - \varepsilon, R_n + \varepsilon \right)$$

Um $\varepsilon$ und somit das Konfidenzinvervall zu bestimmen greifen wir auf die Tschebyschow-Ungleichung zurück, die wir im folgenden Lemma vorstellen. Einen Beweis dieser Ungleichung findet man beispielsweise in [6], Kapitel 20.

**Lemma 2.13 (Ungleichung von Tschebyschow)** *Sei $X$ eine Zufallsvariable mit endlicher Varianz, d.h. $\mathrm{Var}(X) < \infty$. Für ein beliebiges $\varepsilon > 0$ gilt dann:*

$$P\big(|X - \mathrm{E}(X)| \geq \varepsilon\big) \leq \frac{\mathrm{Var}(X)}{\varepsilon^2} \tag{2.11}$$

Dem Ansatz aus (2.10) in Definition 2.11 folgend, ergibt sich somit

$$P_p\big(p \in (R_n - \varepsilon, R_n + \varepsilon)\big) = 1 - P_p(|R_n - p| \geq \varepsilon)$$

$$\geq 1 - \frac{1}{\varepsilon^2} \cdot \frac{p \cdot (1-p)}{n}$$

$$\geq 1 - \frac{1}{4 \cdot n \cdot \varepsilon^2},$$

wobei bei der ersten Ungleichung sowohl die Ungleichung von Tschebyschow aus (2.11) als auch die Formel für die Varianz von $R_n$ aus (2.8) verwendet wird und in die zweite Ungleichung die Abschätzung

$$p(1-p) \leq \frac{1}{4} \quad \text{für } p \in [0,1]$$

eingeht. Setzt man nun das Ergebnis mit dem geforderten Konfidenzniveau gleich, also

$$1 - \frac{1}{4 \cdot n \cdot \varepsilon^2} \overset{!}{=} 1 - \alpha$$

und löst diese Gleichung nach $\varepsilon$ auf, ergibt sich

$$\varepsilon = \frac{1}{2 \cdot \sqrt{n \cdot \alpha}} \tag{2.12}$$

Damit erhält man das gesuchte (zufällige) Intervall

$$\left(\max\left\{R_n - \frac{1}{2 \cdot \sqrt{n \cdot \alpha}}, 0\right\}, \min\left\{R_n + \frac{1}{2 \cdot \sqrt{n \cdot \alpha}}, 1\right\}\right), \tag{2.13}$$

wobei wir noch die Minimums- und die Maximumsfunktion verwenden um sicher zu stellen, dass die Intervallgrenzen „plausibel" bleiben. Das obige Intervall enthält mit Wahrscheinlichkeit $1 - \alpha$ den zugrundeliegenden Parameter $p$.

Zur Berechnung des Konfidenzintervalls verwenden wir wieder R.

**Programmbeispiel 2.10** Die Berechnung der Konfidenzintervalle gemäß (2.13) ist mit dem R-Commander nicht möglich. Wir müssen zu diesem Zweck die Berechnungsanweisungen also in das Skriptfenster eingeben. Um aber die Rechnung möglichst allgemein zu halten, schreiben wir dazu eine eigene Funktion, die für die vorgegebenen Parameter $\alpha$, $n$ und $k$ ein Intervall berechnet (vgl. Abschnitt 18.3.4 zur Erstellung eigener Funktionen in R).

```
binomial.tschebyschow <- function(alpha, n, k) {
    eps <- 1 / (2 * sqrt(n * alpha))
    int <- c(max(k / n - eps, 0), min(k / n + eps, 1))
    round(int, 3)
}
```

Im ersten Schritt der Funktion berechnet man den Wert für $\varepsilon$ aus (2.12), im zweiten Schritt fügt man unteres und oberes Ende des Intervalls zu einem Vektor zusammen.

Dafür verwendet man den Befehl c(), welches eine häufig verwendete Funktion ist, um mehrere Komponenten zu einem Vektor zusammenzufügen (siehe hierzu auch Abschnitt 19.2.1). Im dritten Schritt wird der neu erstellte Vektor int ausgeben und dabei mit der Funktion round() auf drei Nachkommastellen gerundet. Wir wollen die Konfidenzintervalle nun für mehrere bestimmte Situationen berechnen und führen dazu folgende Befehle aus:

```
binomial.tschebyschow(0.05, 540, 7)
binomial.tschebyschow(0.01, 540, 7)
binomial.tschebyschow(0.05, 20, 13)
binomial.tschebyschow(0.05, 100, 65)
```

Im ersten Fall ist $\alpha = 0.05$, d.h. die Überdeckungswahrscheinlichkeit beträgt mindestens 95 %. Das Konfidenzintervall ist dann gegeben durch

$$\left( \max\left\{ R_n - \frac{5}{\sqrt{5 \cdot n}}, 0 \right\}, \min\left\{ R_n + \frac{5}{\sqrt{5 \cdot n}}, 1 \right\} \right)$$

Erinnern wir uns an Beispiel 2.1 mit den Zuckerpackungen in Abschnitt 2.1. Dort verstießen 7 der insgesamt 540 Zuckerpackungen gegen die Vorgaben des Herstellers. Mit den Parametern $n = 540$ und $k = 7$ lautet das zugehörige 95 %-Konfidenzintervall $(0, 0.109)$. Da dieses Intervall den Wert 0.01 enthält, ist die Aussage des Herstellers mit diesem Ergebnis nicht in Zweifel zu ziehen (mehr dazu in Abschnitt 2.7.1). Wählt man mit $\alpha = 0.01$ eine höhere Überdeckungswahrscheinlichkeit, ergibt sich das Konfidenzintervall

$$\left( \max\left\{ R_n - \frac{5}{\sqrt{n}}, 0 \right\}, \min\left\{ R_n + \frac{5}{\sqrt{n}}, 1 \right\} \right)$$

und liefert für $n = 540$ und $k = 7$ das Intervall $(0, 0.228)$. Hierbei wird die eingangs des Abschnitts erwähnte Trade-off-Situation deutlich. Durch die höhere Überdeckungswahrscheinlichkeit ergibt sich ein wesentlich breiteres Konfidenzintervall. Man beachte allerdings, dass für dieses Beispiel ein einseitiges Konfidenzintervall geeigneter wäre (vgl. Abschnitt 2.4.3).

Für Beispiel 2.2 mit den Münzwürfen kann man ebenfalls Konfidenzintervalle berechnen. So ergibt sich für 13 mal Kopf bei 20 Würfen das 95 %-Konfidenzintervall $(0.15, 1)$. Da hier der Wert 0.5 im Intervall enthalten ist, würde man aufgrund dieser Information nicht daran zweifeln, dass die Münze fair ist. Für $n = 100$ und $k = 65$, wie im zweiten Teil des Beispiels, erhält man $(0.426, 0.874)$ als Konfidenzintervall. Man erkennt deutlich, dass der Stichprobenumfang einen starken Einfluss auf die Intervallgrenzen hat. Obwohl in beiden Fällen die Punktschätzung für die Trefferwahrscheinlichkeit 0.65 beträgt, ist das Konfidenzintervall für den zweiten Fall deutlich schmäler. Je größer also $n$ ist, desto kleiner wird das Konfidenzintervall.

Nachteil des Konfidenzintervalls mittels Tschebyschow in (2.13) ist, dass dieses sehr breit ist und somit oft – vor allem bei kleinen Stichprobenumfängen – die unbrauchbaren Intervallgrenzen $(0, 1)$ ausgegeben werden. Für $n = 20$ und $k = 10$ und $\alpha \leq 1/n = 0.05$ ist dies beispielsweise der Fall, wie man leicht nachprüft. Dies liegt zum einen daran, dass die Abschätzung der Tschebyschow-Ungleichung nur sehr grob ist und zum anderen daran, dass die spezielle Struktur der Binomialverteilung nicht berücksichtigt wird.

## 2.4.2 Konstruktion mittels Quantilen

Um wesentlich bessere, d.h. kürzere Konfidenzintervalle zu bestimmen, geht man in zwei Schritten vor:

1. Zu jedem vorgegebenen Wert $p \in (0, 1)$ bestimmt man eine möglichst kleine Menge $C_p \subset \{0, \dots, n\}$ mit der Eigenschaft, dass $P_p(S_n \in C_p) \geq 1 - \alpha$ (klein im Sinne von „Anzahl der Elemente").
2. Für $k \in \{0, \dots, n\}$ definiert man die Menge

$$C(k) = \{p \in (0, 1) : k \in C_p\}$$

Die Forderung, die Menge $C_p$ möglichst klein zu wählen, beinhaltet, dass $C_p$ diejenigen Realisierungen von $S_n$ enthält, deren Binomialwahrscheinlichkeiten am größten sind (Schritt 1). Ist nach Durchführung des Zufallsexperiments die Realisation $k$ beobachtet worden, so bestimmt man diejenigen Parameterwerte $p$, die für das Eintreten des Ereignisses $\{S_n = k\}$ (am) plausibel(sten) ist (Schritt 2).

Man erkennt sofort, dass $C(k)$ tatsächlich ein Konfidenzbereich für $p$ zum Vertrauensniveau $1 - \alpha$ ist. (Dass es sich bei diesem „Bereich" um ein Intervall handelt, werden wir später sehen.) Denn aufgrund der Definition von $C(k)$ gilt

$$k \in C_p \Leftrightarrow p \in C(k)$$

und somit

$$P_p\big(p \in C(S_n)\big) = P_p\big(S_n \in C_p\big) \geq 1 - \alpha \tag{2.14}$$

Für die Ausführung der beiden Schritte erweist sich das folgende Lemma als sehr nützlich. Aussage (i) betrifft Schritt 1 und zeigt, dass die Binomialwahrscheinlichkeiten um den Erwartungswert $np$ am größten sind. Mit Aussage (ii), die Schritt 2 betrifft, lässt sich die Bedingung $k \in C_p$ nach $p$ hin „auflösen". Insbesondere wird sich heraus stellen, dass die Menge $C(k)$ ein Intervall ist.

**Lemma 2.14 (Monotonie-Eigenschaften der Binomialverteilung)**

*(i) Für jedes $p \in (0, 1)$ ist die Funktion*

$$k \mapsto B_{n,p}(\{k\}) = P_p(S_n = k)$$

▶ *im Fall $(n+1)p \notin \mathbb{N}$ streng monoton wachsend auf $\{0, \ldots, [(n+1)p]\}$, streng monoton fallend auf $\{[(n+1)p], \ldots, n\}$, also maximal für $k = [(n+1)p]$. Dabei bezeichnet $[x]$ den ganzzahligen Teil einer Zahl $x \in \mathbb{R}$, siehe Definiton 1.5.*

▶ *im Fall $(n+1)p \in \mathbb{N}$ streng monoton wachsend auf $\{0, \ldots, (n+1)p-1\}$, streng monoton fallend auf $\{(n+1)p, \ldots, n\}$, also maximal für $k = (n+1)p - 1$ und $k = (n+1)p$.*

*(ii) Für jedes $k \in \{1, \ldots, n\}$ ist die Funktion*

$$p \mapsto B_{n,p}(\{k, \ldots, n\}) = P_p(S_n \geq k) \tag{2.15}$$

*stetig und streng monoton wachsend.*

*Beweis:*

(i) Für $k \geq 1$ gilt:

$$\frac{P_p(S_n = k)}{P_p(S_n = k-1)} = \frac{\binom{n}{k}p^k(1-p)^{n-k}}{\binom{n}{k-1}p^{k-1}(1-p)^{n-k+1}}$$

$$= \frac{n!(k-1)!(n-k+1)!p}{n!k!(n-k)!(1-p)}$$

$$= \frac{(n-k+1)p}{k(1-p)}$$

Dabei gilt

$$\frac{(n-k+1)p}{k(1-p)} > 1 \;\Leftrightarrow\; k < (n+1)p,$$

womit die Behauptung folgt.

(ii) Die Behauptung folgt unmittelbar aus der für $k \in \{1, \ldots, n\}$ gültigen Integraldarstellung (siehe Aufgabe 6):

$$P_p(S_n \geq k) = \frac{n!}{(k-1)!(n-k)!} \int_0^p t^{k-1}(1-t)^{n-k}\, dt \tag{2.16}$$

$\square$

Wir wollen die Aussagen von Lemma 2.14 veranschaulichen. Die Aussage in Teil (i) des Lemmas bedeutet, dass die Binomialverteilung immer eine Art „Gipfel" besitzt, in dem die Wahrscheinlichkeit ihren höchsten Wert aufweist. In Abb. 2.11 sieht man im linken Teil die Dichtefunktion für $n = 20$ und $p = 0.8$ und im rechten Teil für $n = 19$ und $p = 0.2$. Wegen $21 \cdot 0.8 \notin \mathbb{N}$ hat die Dichte links nur einen Gipfel (bei $k = 16$), im Diagramm rechts sind wegen $20 \cdot 0.2 \in \mathbb{N}$ zwei Gipfel (bei $k = 3$ und $k = 4$) zu sehen. Die Diagramme werden ganz analog zum unteren Teil von Beispiel 2.5 erstellt, wir verzichten daher auf genauere Erläuterungen. Man erkennt in beiden Beispielen den charakteristischen Verlauf, dass die Wahrscheinlichkeiten bis zum Maximum zuerst ansteigen und nach dem Maximum wieder abfallen. Dadurch, dass hier $p \neq 0.5$ gewählt wurde, ist die Form nicht symmetrisch. Man spricht in diesem Fall auch von einer **Schiefe** der Dichtefunktion. Je nach dem, ob $p > 0.5$ bzw. $p < 0.5$, ergibt sich eine **links-** bzw. **rechtsschiefe** Dichtefunktion.

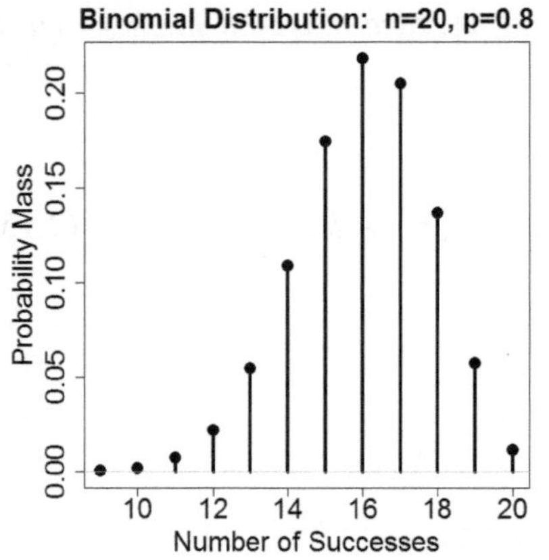
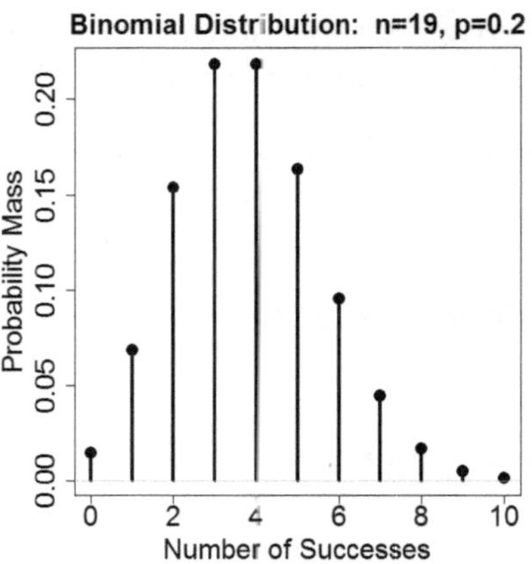

**Abb. 2.11** Dichtefunktion der $B_{20,0.8}$-Verteilung (links) und der $B_{19,0.2}$-Verteilung (rechts).

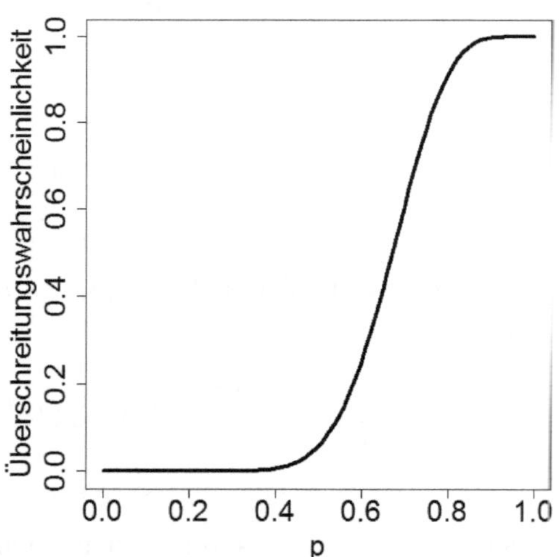

**Abb. 2.12** Überschreitungswahrscheinlichkeit $p \rightarrow P_p(S_n \geq 14)$.

Teil (ii) der Aussage des Lemmas hat ebenfalls eine einfache Interpretation: Die Wahrscheinlichkeit mindestens $k$ Treffer zu erzielen, $P_p(S_n \geq k)$, erhöht sich mit wachsender Treffer-Wahrscheinlichkeit $p$. In Abb. 2.12 wird dies verdeutlicht. In Abhängigkeit von $p$ wird hier die sogenannte **Überschreitungswahrscheinlichkeit** für $n = 20$ und $k = 14$ gezeichnet, d.h. $P_p(S_{20} \geq 14) = 1 - P_p(S_{20} \leq 13)$.

Man erkennt, dass es bei einer kleinen Trefferwahrscheinlichkeit zuerst sehr unwahrscheinlich ist, dass 14 oder mehr Treffer erzielt werden. Je höher aber die Trefferwahrscheinlichkeit wird, desto wahrscheinlicher wird dieses Ereignis. Wie man dieses Diagramm in R erzeugt, wird im nachfolgenden Programmbeispiel besprochen.

**Programmbeispiel 2.13** Eine Erstellung des Diagramms in Abb. 2.12 ist mit dem R-Commander nicht möglich. Wir müssen daher die Befehle direkt im Skriptfenster eingeben. Zuerst erzeugt man sich zwei Objekte, die die Koordinaten enthalten:

```
x <- seq(0, 1, 0.01)
y <- 1 - pbinom(13, 20, x)
```

Das Objekt x enthält die Werte für $p$, nämlich eine Zahlenfolge von 0 bis 1 mit Schrittweite 0.01. Mit diesen wird dann die Wahrscheinlichkeit $P_p(S_{20} \geq 14) = 1 - P_p(S_{20} \leq 13)$ berechnet. Die Funktion pbinom() berechnet dabei für gegebenes $n$ und $k$ den Wert der Verteilungsfunktion, d.h. $P_p(S_n \leq k)$. Zum Abschluss werden die Punkte zu den einzelnen Koordinatenpaaren gezeichnet:

```
plot(x, y, type = "l", xlab = "p",
   ylab = Überschreitungswahrscheinlichkeit")
```

Aus Teil (ii) von Lemma 2.14 folgt noch eine weitere Aussage, die wir später verwenden werden.

**Korollar 2.15** *Wegen der strengen Monotonie und der Stetigkeit der Abb.* (2.15) *besitzt die Gleichung (in p)*

$$P_p(S_n \geq k) = \beta$$

*für jedes* $\beta \in (0,1)$ *eine eindeutige Lösung. Diese sei im Folgenden mit* $p(k,\beta)$ *bezeichnet.*

Wir können nun ein Konfidenzintervall in zwei Schritten konstruieren.

1. Bei der Konstruktion der Mengen $C_p$ spielt die Form der Binomialverteilung wie in Abb. 2.11 eine wichtige Rolle. Um $C_p$ möglichst klein zu wählen, sollte es ein geeignetes „Mittelstück" von $\{0, \dots, n\}$ sein, da hier die Wahrscheinlichkeitsmassen am höchsten sind. An den linken und den rechten Rändern der Dichtefunktion schneidet man dann genau die Mengen ab, ohne die die Forderung in (2.14) gerade noch erfüllt ist. Man wählt also

$$C_p = \{k_u(p), \dots, k_o(p)\}$$

mit

$$k_u(p) = k_u(p, \alpha/2) = \max\{k \in \{0,,\ldots,n\} : P_p(S_n \leq k - 1) \leq \alpha/2\}$$
$$k_o(p) = k_o(p, \alpha/2) = \min\{k \in \{0,,\ldots,n\} : P_p(S_n \geq k + 1) \leq \alpha/2\}$$

$$(2.17)$$

Dann gilt

$$
\begin{aligned}
P_p(S_n \in C_p) &= P_p\big(S_n \in [k_u(p), k_o(p)]\big) \\
&= 1 - P_p\big(S_n \notin [k_u(p), k_o(p)]\big) \\
&= 1 - \Big(P_p\big(S_n \leq k_u(p) - 1\big) + P_p\big(S_n \geq k_o(p) + 1\big)\Big) \\
&\geq 1 - \Big(\frac{\alpha}{2} + \frac{\alpha}{2}\Big) \\
&= 1 - \alpha,
\end{aligned}
$$

womit die Forderung in (2.14) erfüllt ist.

2. Im nächsten Schritt löst man die Bedingung $k \in C_p$ nach $p$ auf. Sei dazu $k \in \{1, \ldots, n - 1\}$. Die Fälle $k = 0$ und $k = n$ werden im Anschluss gesondert behandelt. Wegen der „Minimaleigenschaft" von $k_o(p)$ gilt dann

$$k \leq k_o(p) \iff P_p(S_n \geq k) > \alpha/2 \iff p > p_u(k) \qquad (2.18)$$

Dabei ist $p_u(k) := p(k, \alpha/2)$ die Lösung der Gleichung

$$P_p(S_n \geq k) = \sum_{j=k}^{n} \binom{n}{j} \cdot p^j \cdot (1 - p)^{n-j} = \frac{\alpha}{2}, \qquad (2.19)$$

die nach Korollar 2.15 eindeutig bestimmt ist. Wegen der „Maximaleigenschaft" von $k_u(p)$ folgt analog:

$$
\begin{aligned}
k \geq k_u(p) &\iff P_p(S_n \leq k) > \alpha/2 \\
&\iff 1 - P_p(S_n \geq k + 1) > \alpha/2 \\
&\iff P_p(S_n \geq k + 1) < 1 - \alpha/2 \\
&\iff p < p_o(k)
\end{aligned}
\qquad (2.20)
$$

Dabei ist $p_o(k) := p(k+1, 1-\alpha/2)$ die wiederum nach Korollar 2.15 eindeutige Lösung der Gleichung

$$P_p(S_n \geq k + 1) = \sum_{j=k+1}^{n} \binom{n}{j} \cdot p^j \cdot (1 - p)^{n-j} = 1 - \frac{\alpha}{2} \qquad (2.21)$$

Für $k \in \{1, \ldots, n - 1\}$ kann man somit obere und untere Grenzen des Konfidenzintervalls bestimmen. Die beiden Spezialfälle $k = 0$ und $k = n$ betrachten wir gesondert. Ist also $k = 0$, setzt man $p_u(0) = 0$, womit nach (2.18) gilt:

$$0 \leq k_o(p) \;\Leftrightarrow\; \underbrace{P_p(S_n \geq 0)}_{=1} > \alpha/2 \;\Longleftrightarrow\; p > 0 = p_u(0)$$

Für $k = n$ setzt man $p_o(n) = 1$. Mit (2.20) gilt dann:

$$n \geq k_u(p) \;\Leftrightarrow\; P_p(S_n \leq n) > \alpha/2 \;\Leftrightarrow\; p < 1 = p_o(n)$$

Wir haben also gezeigt:

**Satz 2.16** *Das Intervall*

$$\bigl(p_u(k), p_o(k)\bigr) \tag{2.22}$$

*ist ein Konfidenzintervall für $p$ zum Vertrauensniveau $1 - \alpha$, d.h. es gilt:*

$$P_p\bigl(p \in (p_u(S_n), p_o(S_n))\bigr) \geq 1 - \alpha \quad \text{für alle } p \in (0, 1)$$

In der Literatur ist das $(1 - \alpha)$-Konfidenzintervall in (2.22) unter dem Namen Clopper-Pearson-Intervall bekannt.

**Bemerkung 2.17** *Die in (2.17) definierte Zahl $k_u(p)$ ist das größte $\alpha/2$-Quantil von $B_{n,p}$ und $k_o(p)$ ist das kleinste $(1 - \alpha/2)$-Quantil (s. Aufgabe 7). Dabei heißt eine Zahl $q$ $\alpha$-* **Quantil** *von $B_{n,p}$, falls $P_p(S_n \leq q) \geq \alpha$ und $P_p(S_n \geq q) \geq 1 - \alpha$ gilt.*

### 2.4.3 Einseitige Konfidenzintervalle

Bei praktischen Fragestellungen ist man gelegentlich nur an einer oberen bzw. unteren Intervallgrenze für $p$ interessiert. In diesem Fall spricht man von einem *einseitigen* Konfidenzintervall. Dies ist also ein Konfidenzintervall vom Typ $(0, p_o(k))$ bzw. $(p_u(k), 1)$ mit

$$P_p\bigl(p < p_o(S_n)\bigr) \geq 1 - \alpha \quad \text{bzw.} \quad P_p\bigl(p > p_u(S_n)\bigr) \geq 1 - \alpha$$

für alle $p \in (0, 1)$. Die Grenzen $p_u(k)$ bzw. $p_o(k)$ ergeben sich dabei als Lösungen von (2.19) bzw. (2.21), wenn man in diesen Gleichungen $\alpha/2$ durch $\alpha$ ersetzt.

Typischerweise ist man nur an einer oberen Intervallgrenze $p_o(k)$ interessiert, wenn Treffer ein schädigendes Ereignis (Ausfall eines technischen Gerätes, Virusinfektion) bedeutet. In Beispiel 2.1 ist das Kaffeeunternehmen nur an einer unteren Intervallgrenze interessiert.

In den Aufgaben 15 und 19 werden einseitige Konfidenzintervalle durch Rechenbeispiele näher beleuchtet.

### 2.4.4 Berechnung der Intervallgrenzen

Die Konfidenzgrenzen $p_u(k)$ und $p_o(k)$ aus (2.22) sind zwar eindeutig bestimmbar, die Lösung lässt sich allerdings nicht explizit angeben. Daher muss die Berechnung von $p_u(k)$ und $p_o(k)$ numerisch mit dem Computer erfolgen. Wir verwenden dazu die Verteilungsfunktion der **Betaverteilung**. Diese ist definiert durch

$$B(x, a, b) := \frac{(a + b - 1)!}{(a - 1)!(b - 1)!} \int_0^x t^{a-1}(1 - t)^{b-1}\, dt$$

Die Darstellung der Überschreitungswahrscheinlichkeit mittels der Betaverteilung haben wir bereits im Beweis von Lemma 2.14 kennen gelernt. Mit (2.16) und den beiden Gleichungen (2.19) und (2.21) ergibt sich der Wert von $p_u(k)$ dann als Lösung von

$$\alpha/2 = B(p, k, n - k + 1) \tag{2.23}$$

und der Wert von $p_o(k)$ als Lösung von

$$1 - \alpha/2 = B(p, k + 1, n - k) \tag{2.24}$$

Die obere und untere Intervallgrenze sind somit das $(1 - \alpha/2)$-Quantil bzw. $\alpha/2$-Quantil der Betaverteilung. Nach (2.16) hat man für einseitige Konfidenzintervalle entsprechend das $(1 - \alpha)$-Quantil bzw. $\alpha$-Quantil der Betaverteilung zu betrachten. Quantile der Betaverteilung können mit dem R-Commander berechnet werden.

**Programmbeispiel 2.14** Für die Parameter $n = 20$ und $k = 5$ soll das 0.025-Quantil der Beta-Verteilung berechnet werden.

1. Gehe auf **Verteilungen** $\longrightarrow$ **Stetige Verteilungen** $\longrightarrow$ **Beta-Verteilung** $\longrightarrow$ **Quantile der Beta-Verteilung**
2. Es öffnet sich ein neues Dialogfeld, wie in Abb. 2.15 zu erkennen. Im ersten Feld gibt man den Wert für die Wahrscheinlichkeit ein, in diesem Fall 0.025. Im Feld *Shape 1* kommt (2.23) folgend die Zahl 5 und in Feld *Shape 2* die Zahl 16. Man bestätigt mit $\boxed{\text{OK}}$.

Auch ohne den R-Commander kann man mit der Funktion `qbeta()` Quantile der Beta-Verteilung über das Skriptfenster berechnen, was im nächsten Programmbeispiel 2.16 gezeigt wird.

Dem Ausgabefenster entnimmt man, dass für die oben genannten Parameter die Untergrenze des Clopper-Pearson-Intervalls etwa 0.087 ist. Öffnet man das Dialogfeld erneut und gibt dort die Werte 0.975, 6 und 15 in die ersten drei Felder ein und bestätigt mit $\boxed{\text{OK}}$, erhält man die zugehörige obere Konfidenzgrenze von 0.491. Für $n = 20$ und $k = 5$ ist das 95 %-Konfidenzintervall somit $(0.087, 0.491)$.

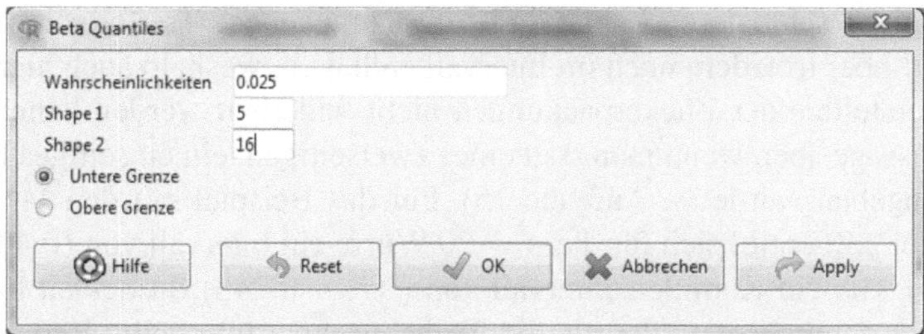

**Abb. 2.15** Dialogfeld zur Berechnung der Quantile der Beta-Verteilung.

Vor allem wenn man mehrere Konfidenzintervalle nach Clopper-Pearson berechnen will, kann die Ausführung über den R-Commander wie im obigen Programmbeispiel gezeigt, recht mühsam werden. Daher soll im nächsten Progammbeispiel eine eigene Funktion geschrieben werden, die zum einen das Konfidenzintervall in nur einem Schritt berechnet und zum anderen für beliebige Werte von $\alpha$, $n$ und $k$ verwendbar ist.

**Programmbeispiel 2.16** Wie schon in Programmbeispiel 2.10 schreiben wir auch für die Intervalle nach Clopper-Pearson eine eigene Funktion in R mit dem Namen `clopper.pearson()`:

```
clopper.pearson <- function(alpha, n, k) {
  p.u <- qbeta(alpha / 2, k, n - k + 1)
  p.o <- qbeta(1 - (alpha / 2), k + 1, n - k)
  round(c(p.u, p.o), 3)
}
```

Der Wert für `p.u` ist die Lösung aus (2.23), der für `p.o` die Lösung aus (2.24) Am Ende wird das Intervall noch auf drei Nachkommastellen gerundet. Wir möchten als nächstes für die gleichen Beispiele aus Abschnitt 2.1, für die wir zuvor bereits die Konfidenzintervalle nach Tschebyschow erstellt haben, auch die Clopper-Pearson-Intervalle berechnen. Dazu genügt der Aufruf von

```
clopper.pearson(0.05, 540, 7)
clopper.pearson(0.05, 20, 13)
clopper.pearson(0.05, 100, 65)
clopper.pearson(0.05, 200, 80)
```

Das Clopper-Pearson-Intervall für die Daten mit den Zuckerpackungen aus Beispiel 2.1 beträgt $(0.005, 0.027)$. Vergleicht man dieses mit dem Tschebyschow-Intervall $(0.000, 0.131)$ aus Programmbeispiel 2.10, erkennt man, dass das Clopper-Pearson-Intervall bei gleichem Konfidenzniveau deutlich schmaler und somit präziser ist. Trotz des schmaleren Intervalls ist die vorgegebene Trefferwahrscheinlichkeit von 0.01 aber trotzdem noch im Intervall enthalten, weshalb auch hier die Aussage des Herstellers der Zuckerpackungen nicht widerlegt werden kann. Genauer wäre die Aussage aber, wenn man statt eines zweiseitigen, ein einseitiges Konfidenzintervall angeben würde (s. Aufgabe 15). Für das Beispiel mit den Münzwürfen (vgl. Beispiel 2.2) ergibt sich für die $n = 20$ Würfe ein Intervall von $(0.408, 0.846)$ und für $n = 100$ ein Konfidenzintervall von $(0.548, 0.743)$. In beiden Fällen sind die Intervalle deutlich schmäler als die Tschebyschow-Intervalle. Bemerkenswert ist zudem die Tatsache, dass der erwartete Wert 0.5 für das Beispiel mit den 100 Würfen nicht mehr im Konfidenzintervall enthalten ist. Bei Verwendung des exakten Intervalls nach Clopper-Pearson würde man also auf dem 95 %-Niveau in Zweifel ziehen, dass die Münze fair ist – eine Einsicht, die uns nur bei Betrachtung der wesentlich ungenaueren Tschebyschow-Intervalle verwährt geblieben wäre. Im Fall von einer unbekannten Trefferwahrscheinlichkeit wie im Beispiel 2.3 mit den Reißnägeln liefert das 95 %-Konfidenzintervall von $(0.332, 0.471)$ eine wichtige die Information, in welchem Bereich die tatsächliche Trefferwahrscheinlichkeit liegt.

## 2.5 Approximative Konfidenzintervalle

Für große Stichprobenumfänge $n$ steht neben der Berechnung des Clopper-Pearson-Intervalls auch noch die Möglichkeit zur Verfügung, die Konfidenzgrenzen $p_o(k)$ und $p_u(k)$ approximativ zu bestimmen. Dazu verwendet man den zentralen Grenzwertsatz von Moivre-Laplace (für einen Beweis des Satzes sei z. B. auf [6], Kapitel 27 verwiesen). Die Konfidenzintervalle sind approximativ in dem Sinne, dass die Überdeckungswahrscheinlichkeit nur annähernd dem vorgebenen Konfidenzniveau $1 - \alpha$ entspricht.

**Satz 2.18 (Satz von Moivre-Laplace)** *Sei $S_n \sim B_{n,p}$, $p \in (0, 1)$. Dann gilt:*

$$\lim_{n \to \infty} P_p \left( \frac{S_n - np}{\sqrt{np(1 - p)}} \leq x \right) = \Phi(x) \quad \text{für } x \in \mathbb{R}$$

*Dabei ist*

$$\Phi(x) = \frac{1}{\sqrt{2\pi}} \int_{-\infty}^{x} e^{-\frac{1}{2}t^2} \, dt$$

*die **Verteilungsfunktion der Standardnormalverteilung** an der Stelle $x \in \mathbb{R}$, siehe Kapitel 3 für Details zur Normalverteilung.*

Für die untere Intervallgrenze macht man gemäß (2.18) und dem obigem Satz von Moivre-Laplace den folgenden Ansatz:

$$P_p(S_n \geq k) = 1 - P_p(S_n \leq k - 1) \approx 1 - \Phi \left( \frac{k - 1 - np + 0.5}{\sqrt{np(1 - p)}} \right) \overset{!}{=} \frac{\alpha}{2}$$

Dabei wurde im Zähler auf der rechten Seite noch 0.5 hinzuaddiert, um die Approximation zu verbessern, was man als **Stetigkeitskorrektur** bezeichnet. Für die obere Intervallgrenze gilt dann mit (2.20) der analoge Ansatz

$$P_p(S_n \geq k+1) = 1 - P_p(S_n \leq k) \approx 1 - \Phi\left(\frac{k - np + 0.5}{\sqrt{np(1-p)}}\right) \overset{!}{=} 1 - \frac{\alpha}{2}$$

Um diese beiden Gleichungen nach $p$ auflösen zu können, benötigt man die Quantile der Standardnormalverteilung.

Wir definieren

$$z_{\alpha/2} := \Phi^{-1}(\alpha/2)$$

als das $\alpha/2$-**Quantil der Standardnormalverteilung**, d.h. links von $z_{\alpha/2}$ liegt genau $\alpha/2 \cdot 100\,\%$ der Wahrscheinlichkeitsmasse der Standardnormalverteilung (vgl. Definition 1.5 in Abschnitt 1.2.1). Wegen der Symmetrie der Normalverteilungsdichte, $\varphi_{\mu,\sigma}$, gilt für die Verteilungsfunktion $\Phi(x) = 1 - \Phi(-x)$ für $x \in \mathbb{R}$ (vgl. Abschnitt 3.1) und damit

$$z_{\alpha/2} = \Phi^{-1}(\alpha/2) = -\Phi^{-1}(1-\alpha/2) = -z_{1-\alpha/2},$$

was die spätere Darstellung des Konfidenzintervalls etwas vereinfacht.

---

**Programmbeispiel 2.17** Die Berechnung der Quantile der Standardnormalverteilung verläuft im R-Commander analog zur Berechnung der Quantile der Beta-Verteilung in Programmbeispiel 2.14.

1. Gehe auf **Verteilungen** $\longrightarrow$ **Stetige Verteilungen** $\longrightarrow$ **Normalverteilung** $\longrightarrow$ **Quantile der Normalverteilung ....**
2. Es erscheint ein Dialogfeld ähnlich dem in Abb. 2.15. Zur Berechnung von $z_{1-\alpha/2}$ für $\alpha = 0.05$, gibt man im Feld ganz oben die Zahl 0.975 ein. Nach Klick auf $\boxed{\text{OK}}$ bekommt man das Ergebnis in der Ausgabe angezeigt.

Die entsprechende R-Funktion zur Berechnung von Quantilen der Standardnormalverteilung mittels des Skriptfensters lautet `qnorm()` (vgl. Programmbeispiel 2.19).

---

**Tabelle 2.18** Wichtige Quantile der Standardnormalverteilung, auf drei Nachkommastellen gerundet.

| $1 - \alpha/2$ | 0.9 | 0.95 | 0.975 | 0.99 | 0.995 |
|---|---|---|---|---|---|
| $z_{1-\alpha/2} = \Phi^{-1}(1-\alpha/2)$ | 1.282 | 1.645 | 1.960 | 2.326 | 2.576 |

Das 97.5 %-Quantil der Standardnormalverteilung ist also laut Ausgabe 1.960. In Tabelle 2.18 findet man eine Auswahl von besonders häufig gebrauchten Quantilen der Standardnormalverteilung.

Mit Hilfe der Quantile kann nun das eigentliche Problem der Bestimmung der Konfidenzgrenzen gelöst werden. Zur Bestimmung eines Näherungswerts für $p_u(k)$ muss also die Gleichung

$$\frac{k - np - 0.5}{\sqrt{np(1-p)}} = \Phi^{-1}(1 - \alpha/2) \tag{2.25}$$

und für eine Näherung von $p_o(k)$ die Gleichung

$$\frac{k - np + 0.5}{\sqrt{np(1-p)}} = \Phi^{-1}(\alpha/2) \tag{2.26}$$

nach $p$ aufgelöst werden. Durch Quadrieren beider Seiten, um die Wurzel zu eliminieren, entsteht jeweils eine allgemeine quadratische Gleichung in $p$, die mit der bekannten Formel gelöst werden kann (vgl. Aufgabe 8). Dabei wird für $p_u(k)$ die kleinere und für $p_o(k)$ die größere Lösung der jeweiligen quadratischen Gleichung ausgewählt. Es ergibt sich somit

$$p_u(k, \alpha/2) \approx$$

$$\frac{\dfrac{k}{n} - \dfrac{1}{2n} + \dfrac{z_{1-\alpha/2}^2}{2n} - z_{1-\alpha/2}\sqrt{\left(\dfrac{k}{n} - \dfrac{1}{2n} - \left(\dfrac{k}{n} - \dfrac{1}{2n}\right)^2 + \dfrac{z_{1-\alpha/2}^2}{4n}\right) \Big/ n}}{1 + \dfrac{z_{1-\alpha/2}^2}{n}}$$

und

$$p_o(k, \alpha/2) \approx$$

$$\frac{\dfrac{k}{n} + \dfrac{1}{2n} + \dfrac{z_{1-\alpha/2}^2}{2n} + z_{1-\alpha/2}\sqrt{\left(\dfrac{k}{n} + \dfrac{1}{2n} - \left(\dfrac{k}{n} + \dfrac{1}{2n}\right)^2 + \dfrac{z_{1-\alpha/2}^2}{4n}\right) \Big/ n}}{1 + \dfrac{z_{1-\alpha/2}^2}{n}}$$

**Bemerkung 2.19** *Ohne Stetigkeitskorrektur, d.h. mit dem Ansatz*

$$P_p(S_n \leq k) \approx \Phi\left(\frac{k - np}{\sqrt{np(1-p)}}\right),$$

*erhält man das Wilson-Intervall*

$$\frac{k}{n}\frac{n}{n+z_{1-\alpha/2}^2} + \frac{1}{2}\frac{z_{1-\alpha/2}^2}{n+z_{1-\alpha/2}^2}$$

$$\pm z_{1-\alpha/2}\sqrt{\frac{\frac{k}{n}(1-\frac{k}{n})}{n}\frac{n^2}{(n+z_{1-\alpha/2}^2)^2} + \frac{1}{4}\frac{z_{1-\alpha/2}^2}{(n+z_{1-\alpha/2}^2)^2}}$$

*Siehe hierzu auch Aufgabe 14.*

In der Praxis werden häufig die wesentlich einfacheren und gröberen Konfidenz-grenzen

$$\frac{k}{n} \pm z_{1-\alpha/2}\sqrt{\frac{\frac{k}{n}(1-\frac{k}{n})}{n}} \tag{2.27}$$

verwendet. Dieses Intervall ergibt sich aus dem Wilson-Intervall, wenn man die für großes $n$ gültigen Approximationen $n/(n+z_{1-\alpha/2}^2) \approx 1$, $z_{1-\alpha/2}^2/(n+z_{1-\alpha/2}^2) \approx 0$ verwendet. Man bezeichnet das Konfidenzintervall in (2.27) als Wald-Intervall.

Das approximative Konfidenzintervall (2.27) lässt sich auch direkt (d.h. ohne das explizite Lösen der quadratischen Gleichungen) herleiten und motivieren. Wegen

$$P_p\Big(z_{\alpha/2} < \frac{S_n - np}{\sqrt{np(1-p)}} < z_{1-\alpha/2}\Big) \approx \Phi(z_{1-\alpha/2}) - \Phi(z_{\alpha/2}) = 1 - \alpha$$

löst man die Ungleichungen

$$z_{\alpha/2} < \frac{S_n - np}{\sqrt{np(1-p)}} < z_{1-\alpha/2}$$

nach $p$, welches im Zähler steht, auf und erhält wegen $z_{\alpha/2} = -z_{1-\alpha/2}$,

$$\frac{S_n}{n} - z_{1-\alpha/2}\sqrt{\frac{p(1-p)}{n}} < p < \frac{S_n}{n} + z_{1-\alpha/2}\sqrt{\frac{p(1-p)}{n}}$$

Ist $k$ eine Realisierung von $S_n$ und ersetzt man in den Intervallgrenzen $p$ durch die Punktschätzung $\hat{p}(k) = k/n$, so ergeben sich die Intervallgrenzen (2.27).

Approximative einseitige Konfidenzintervalle erhält man entsprechend. Man muss dazu nur in der unteren bzw. oberen Intervallgrenze das $(1-\alpha)$-Quantil der Standardnormalverteilung $z_{1-\alpha}$ verwenden.

Das Wald-Intervall wollen wir im folgenden Progammbeispiel in R berechnen.

**Programmbeispiel 2.19** Genau wie beim Konfidenzintervall nach Tschebyschow schreiben wir uns auch für das Wald-Intervall aus (2.27) eine eigene Funktion um die Berechnung möglichst allgemein zu halten. Wir geben dazu den Aufruf

```
wald <- function(alpha, n, k) {
  p <- k / n
```

```
x <- qnorm(1 - (alpha / 2)) * sqrt(p * (1 - p) / n)
round(c(p - x, p + x), 3)
}
```

in das Skriptfenster ein. Die Funktion gibt uns dann das Wald-Intervall gerundet auf drei Nachkommastellen aus. Um für unsere Eingangsbeispiele mit den Münzwürfen aus Abschnitt 2.1 die Wald-Intervalle zu berechnen geben wir den Aufruf

```
wald(0.05, 20, 13)
wald(0.05, 100, 65)
```

in das Skriptfenster ein und führen den Befehl aus. Im Ausgabefenster werden dann die Konfidenzintervalle angezeigt.

Für die bekannten Beispiele aus Abschnitt 2.1 ergibt sich also für die Münzwürfe ein approximatives 0.95-Intervall von $(0.441, 0.859)$ für $n = 20$, was einer relativ starken Abweichung vom Clopper-Pearson-Intervall $(0.408, 0.846)$ entspricht. In diesem Fall erscheint das approximative Konfidenzintervall nicht geeignet, siehe hierzu auch Bemerkung 2.20. Bei $n = 100$ ergibt sich ein Wald-Intervall von $(0.557, 0.743)$. Entscheidend ist dabei vor allem, dass auch beim Wald-Intervall die erwartete Trefferwahrscheinlichkeit von $p = 0.5$ nicht im Intervall enthalten ist.

Für ein Wald-Intervall zu Beispiel 2.3 mit den Reißnägeln, siehe Aufgabe 13. Für ein Beispiel mit einem einseitigen Wald-Intervall sei verwiesen auf Aufgabe 19.

**Bemerkung 2.20** *Die Verwendung des Wald-Intervalls ist nur unter gewissen Bedingungen (Faustregeln) sinnvoll. Zunächst ist die Normalapproximation der Binomialverteilung gut, wenn $n$ groß und $p$ nicht in der Nähe von 0 und 1 liegt, genauer, wenn $np(1 - p)$ groß ist (siehe dazu die Ausführungen z. B. in [5], Abschnitt 5.4). Ein geläufige Faustregel lautet*

$$np(1 - p) > 9$$

*Beim Schätzen – anders als beim Testen, wo ein hypothetischer Paramterwert unterstellt wird – ist eine solche Faustregel unbrauchbar, da $p$ nicht bekannt ist. Sind $k$ Treffer beobachtet worden, so ist es naheliegend $p$ durch $\hat{p}(k) = k/n$ zu ersetzen und*

$$n \geq 100 \quad und \quad n\hat{p}(k)(1 - \hat{p}(k)) > 9 \tag{2.28}$$

*zu fordern. In der Literatur gibt es eine Vielzahl von Faustregeln. Für eine kritische Diskusssion sei auf [4] und [13] verwiesen.*

**Beispiel 2.21** *Der plötzliche Kindstod SIDS (Sudden Infant Death Syndrome) ist ein noch ungeklärtes Phänomen. Die relative Häufigkeit (Rate) des SIDS beträgt weltweit im Durchschnitt 0.44 auf 100 Geburten. Wie dem Beispiel in [7] zu entnehmen ist, wies Tasmanien zwischen den Jahren 1975 und 1984 24 SIDS-Fälle auf 3 939 Geburten aus, was einer Rate von 0.6 auf 100 entspricht. Ist diese Rate von 0.6 % wesentlich (signifikant) höher als 0.44 % oder lässt sie sich auch durch die weltweite Durchnittsrate von 0.44 % erklären, weicht also nur durch Zufall ab?*

*Wir berechnen dazu im folgenden Programmbeispiel das Wald-Intervall. Wegen* $n = 3939 > 100$ *und*

$$n\frac{k}{n}\left(1 - \frac{k}{n}\right) = 3939 \cdot \frac{24}{3939} \cdot \left(1 - \frac{24}{3939}\right) = 23.88 > 9$$

*ist die Faustregel (2.28) erfüllt, was man beispielsweise mit R leicht berechnen kann.*

---

**Programmbeispiel 2.20** Für die Berechnung des Wald-Intervalls kommt uns hier zugute, dass wir die selbst definierte Funktion `wald()` aus Programmbeispiel 2.19 so allgemein wie möglich gehalten haben. Dadurch können wir diese Funktion erneut verwenden und führen dazu den Befehl

```
wald(0.05, 3939, 24)
```

im Skriptfenster aus. Das Ergebnis ist das Intervall $(0.004, 0.009)$, was also bedeutet, dass mit 95 %iger Sicherheit der (wahre) Anteilswert $p$ zwischen 0.4 % und 0.9 % liegt. Da 0.0044 im Konfidenzintervall liegt, ist nachwievor eine Rate von 0.44 % plausibel.

--- 

**Bemerkung 2.22** *Die vorgestellten Konfidenzintervalle haben Vor- und Nachteile:*

▶ *Das Clopper-Pearson-Intervall ist "exakt" in dem Sinne, dass die (tatsächliche) Überdeckungswahrscheinlichkeit stets größer oder gleich dem vorgegebenem Konfidenzniveau ist. Wie Simulationen zeigen (siehe [1]) besteht die Tendenz, dass die Überdeckungswahrscheinlichkeit wesentlich größer als das verlangte Konfidenzniveau ist.*

▶ *Das Wilson-Intervall ist nicht exakt, hat aber die Tendenz, dass schon für kleine Stichprobenumfänge die tatsächliche Überdeckungswahrscheinlichkeit in der Nähe des Konfidenzniveaus liegt (vgl. [1]).*

▶ *Das Wald-Intervall ist nur für große Stichprobenumfänge geeignet. Bei diesem Intervall bildet der (plausibelste) Schätzwert $\hat{p}(k) = k/n$ die Intervallmitte. Dies ist nicht so bei den anderen Konfidenzintervallen.*

Als einfache Richtlinie für die Verwendung eines geeigneten Konfidenzintervalls in der Praxis empfiehlt sich zuerst eine Überprüfung der Faustregel (2.28). Ist diese erfüllt, kann das Wald-Intervall verwendet werden. Anderenfalls verwendet man das Clopper-Pearson oder das Wilson-Intervall (s. Aufgabe 20).

## 2.6 Planung des Stichprobenumfangs

Vor der eigentlichen Datenerhebung stellt sich bei wissenschaftlichen Untersuchungen in der Planungsphase eines Experiments oft die Frage nach dem Stichprobenumfang, der mindestens erforderlich ist, um gewisse Vorgaben zu erfüllen. Wir werden in Kapitel 10 ein sehr ausführliches Beispiel zu dieser grundlegenden Fragestellung sehen. Beispielsweise kann man sich vor Durchführung eines Münzwurfexperiments fragen, wie oft man die Münze werfen muss, um sicherzustellen, dass der Schätzer $k/n$ der Trefferwahrscheinlichkeit bei einem Konfidenzniveau von 95 % nur um 5 % auf beiden Seiten vom Schätzwert abweicht.

Genauer lautet die Frage nach dem Mindeststichprobenumfang, wie groß der Stichprobenumfang $n$ mindestens sein muss, um $p$ mit einer Genauigkeit von $\pm \varepsilon$ bei vorgegebenem Konfidenzniveau von $1 - \alpha$ schätzen zu können. Zur Beantwortung dieser Frage betrachtet man das Wald-Intervall

$$\left( \frac{k}{n} - z_{1-\alpha/2} \sqrt{\frac{\frac{k}{n}\left(1 - \frac{k}{n}\right)}{n}}, \frac{k}{n} + z_{1-\alpha/2} \sqrt{\frac{\frac{k}{n}\left(1 - \frac{k}{n}\right)}{n}} \right)$$

Die Länge $L_n$ dieses Konfidenzintervalls

$$L_n = 2z_{1-\alpha/2} \sqrt{\frac{\frac{k}{n}\left(1 - \frac{k}{n}\right)}{n}}$$

ist ein Maß für die Genauigkeit der Schätzung. Soll die Trefferwahrscheinlichkeit $p$ bei vorgegebenem Vertrauensniveau $1 - \alpha$ bis auf $\pm \varepsilon$ genau geschätzt werden, soll also $L_n \leq 2\varepsilon$ gelten, so führt dies auf die Ungleichung

$$n \geq \left( \frac{z_{1-\alpha/2}}{\varepsilon} \right)^2 \frac{k}{n} \left( 1 - \frac{k}{n} \right) \tag{2.29}$$

Hier ergibt sich aber das Problem, dass die relative Trefferhäufigkeit $k/n$ von den konkreten Daten abhängt und somit erst nach der Durchführung des Zufallsexperimentes bekannt ist. Um den Stichprobenumfang trotzdem planen zu können, bietet sich folgende Lösung an: Wegen $k/n \in [0, 1]$ gilt stets $\frac{k}{n}(1 - \frac{k}{n}) \leq 1/4$ und nur für $k/n = 1/2$ wird der maximale Wert von $1/4$ erreicht. Ersetzt man $\frac{k}{n}(1 - \frac{k}{n})$ in (2.29) durch seinen größtmöglichen Wert $1/4$, so gelangt man zur Abschätzung

$$n \geq \frac{1}{4} \left( \frac{z_{1-\alpha/2}}{\varepsilon} \right)^2$$

Da für den Mindeststichprobenumfang natürlich nur ganzzahlige Werte sinnvoll sind, wählt man daher

$$n_{min} = \min \left\{ n \in \mathbb{N} : n \geq \frac{1}{4} \left( \frac{z_{1-\alpha/2}}{\varepsilon} \right)^2 \right\}$$

als Mindeststichprobenumfang, was die Antwort auf obige Eingangsfrage ist.

**Programmbeispiel 2.21** Um den Mindeststichprobenumfang zu berechnen, schreibt man erneut eine eigene Funktion in R:

```
n.min.binomial <- function(alpha, eps) {
  n.min <- 0.25 * (qnorm(1 - (alpha / 2)) / eps)^2
  ceiling(n.min)
}
```

Die Funktion `ceiling()` ist dabei sehr nützlich, da diese auf die nächstgrößere ganze Zahl aufrundet. Um $n_{min}$ für unser Anfangsbeispiel zu berechnen führt man folgenden Befehl im Skriptfenster aus.

```
n.min.binomial(0.05, 0.05)
```

Das Experiment muss mit mindestens 385 Versuchen durchgeführt werden, damit die Länge des zugehörigen Konfidenzintervalls nicht größer als 0.1 ist.

## 2.7 Test oder Konfidenzintervall?

Im Unterschied zum Schätzproblem, bei dem der unbekannte Parameter $p$ aufgrund von Daten geschätzt werden soll und im Allgemeinen nach einem Konfidenzintervall für $p$ gefragt ist, wird bei einem Testproblem die Menge der Parameter $\Theta = (0, 1)$ gemäß

$$\Theta = \Theta_0 + \Theta_1$$

in zwei nichtleere disjunkte Teilmengen zerlegt (das „+" Zeichen steht für die Vereinigung von disjunkten Mengen). Ein statistischer Test ist eine Entscheidungsregel, die festlegt, ob man sich aufgrund vorliegender Daten für die Nullhypothese

$$H_0 : p \in \Theta_0$$

oder für die Alternative

$$H_1 : p \in \Theta_1$$

entscheidet. In der Praxis treten ein- und zweiseitige Testprobleme am häufigsten auf.

Bei zweiseitiger Fragestellung lauten Null- und Alternativhypothese

$$H_0 : p = p_0 \quad \text{und} \quad H_1 : p \neq p_0, \tag{2.30}$$

wobei $p_0 \in (0, 1)$ ein vorgegebener hypothetischer Wert ist. In diesem Fall ist $\Theta_0 = \{p_0\}$ und $\Theta_1 = (0, 1) \setminus \{p_0\}$. Bei den Münzwürfen aus Beispiel 2.2 würde man

$p_0 = 0.5$ setzen. Die Alternative in (2.30) ist eine **ungerichtete** oder **zweiseitige** Hypothese, da in $H_1$ beide Richtungen zugelassen sind, in die sich der Anteilswert der Stichprobe von $p_0$ unterscheidet. D.h. $p > p_0$ ist genauso möglich wie $p < p_0$. Diese Annahme erscheint bei diesem Beispiel sinnvoll.

Anders hingegen ist die Situation in Beispiel 2.1. Hier ist die Kaffeefirma nur daran interessiert, ob der Anteil der Packungen, die gegen die Herstellervorgaben verstoßen, *größer* ist als angegeben. Wenn der tatsächliche Anteil kleiner wäre, wäre dies sogar wünschenswert für das Kaffeeunternehmen. In diesem Fall formuliert man eine **gerichtete** oder **einseitige** Alternative:

$$H_0 : p \le p_0 \quad \text{und} \quad H_1 : p > p_0 \tag{2.31}$$

Hier ist $\Theta_0 = (0, p_0]$ und $\Theta_1 = (p_0, 1)$. In unserem Beispiel wäre natürlich $p_0 = 0.01$. Selbstverständlich ist es je nach Situation auch möglich, in $H_1$ die andere Richtung zuzulassen, d.h. $H_1 : p < p_0$. In diesem Fall muss $H_0$ dann entsprechend anders lauten.

Wir wollen diese Probleme zunächst ohne Testtheorie lösen. Im Beispiel 2.2 ergibt sich für $n = 100$ und $k = 65$ das (zweiseitige) 95 %-Konfidenzintervall $(0.548, 0.743)$. Da 0.5 nicht im Intervall liegt, kann mit einer statistischen Sicherhiet von 95 % behauptet werden, dass $p$ von 0.5 verschieden ist. Die Interpretation dieser Aussage erfolgt dabei wie in Bemerkung 2.12. Im Beispiel 2.1 betrachtet man ein einseitiges 0.95-Konfidenzintervall $(p_u(k), 1)$. Für $n = 540$ und $k = 7$ ergibt sich ein Konfidenzintervall von $(0.006, 1)$. Da die untere Intervallgrenze kleiner als 0.01 ist, wird $H_0 : p \le 0.01$ nicht verworfen.

Um den allgemeinen Zusammenhang zwischen Test und Konfidenzintervall zu erläutern, soll kurz auf den Binomialtest eingegangen werden. Zuvor noch die folgende

**Bemerkung 2.23** *Ziel des Testens ist es, eine Nullhypothese $H_0$ zu verwerfen. Die Entscheidung für eine Alternative $H_1$, also die Ablehnung von $H_0$, ist die einzige (Test-)Entscheidung, die mit einer gewissen Sicherheit getroffen werden kann. Wenn von Signifikanz, genauer von statistischer Signifikanz die Rede ist, so beinhaltet dies insbesondere die Möglichkeit, eine Fehlentscheidung zu treffen. (Statistische) Signifikanz zu einem 5%-Niveau bedeutet einzig und allein, dass es bei **Unterstellung der Gültigkeit der Nullhypothese** in 95% der Fälle zu keiner Ablehnung der Nullhypothese kommt. In 5% der Fälle wird es unter der Nullhypothese dagegen zu einer fälschlichen Ablehung von $H_0$ kommen, d.h. man wird mit einer Wahrscheinlichkeit von (höchstens) 5% einen Prüfgrößenwert beobachten, der im Ablehnungsbereich liegt.*

## *2.7.1  Der Binomialtest*

Um zu einer Testentscheidung zu kommen, gibt es zwei Vorgehensweisen

▶ die Neyman-Pearson-Methode und
▶ die Fisher-Methode ($p$-Wert-Methode).


### Die Neyman-Pearson-Methode

Diese Methode teilt den Wertebereich der Prüfgröße $S_n$ in zwei disjunkte Teilmengen $\mathcal{K}_0$ und $\mathcal{K}_1$ auf. Ist $k$ eine Realisierung von $S_n$, so lautet die Testentscheidung:

$$k \in \mathcal{K}_1 \Rightarrow \text{Ablehnung von } H_0$$
$$k \in \mathcal{K}_0 \Rightarrow \text{keine Ablehnung von } H_0$$

$\mathcal{K}_1$ heißt **kritischer Bereich** und $\mathcal{K}_0$ heißt **Nichtablehnungsbereich**. Im zweiseitigen Testfall (2.30) ist der kritische Bereich von der Gestalt $\mathcal{K}_1 = \{0, , \ldots, k_u\} \cup \{k_o, \ldots, n\}$, d.h. $H_0$ wird abgelehnt, falls die Anzahl der Treffer zu klein oder zu groß ist. Im einseitigen Testfall (2.31) ist der kritische Bereich von der Gestalt $\mathcal{K}_1 = \{k_o, \ldots, n\}$. Hier wird $H_0$ abgelehnt, falls die Anzahl der Treffer zu groß ist.

Der Ansatz von Neyman und Pearson geht von einem *vorgegebenen* Testniveau (Signifikanzniveau) $\alpha \in (0, 1)$ aus. Man spricht von einem Niveau-$\alpha$-Test, falls

$$P_{p_0}(S_n \in \mathcal{K}_1) \leq \alpha \tag{2.32}$$

gilt, d.h. die Wahrscheinlichkeit für einen Fehler 1. Art (Entscheidung für $H_1$, obwohl $H_0$ gilt) wird durch die Zahl $\alpha$ kontrolliert. Man beachte, dass im einseitigen Testfall (2.31) Bedingung (2.32) die Aussage $P_p(S_n \in \mathcal{K}_1) \leq \alpha$ für alle $p < p_0$ impliziert (Monotonie der Überschreitungswahrscheinlichkeit!).

Man wählt dabei den kritischen Bereich $\mathcal{K}_1$ möglichst groß, schöpft also das vorgegebene Testniveau $\alpha$ möglichst aus, um die Wahrscheinlichkeit für einen Fehler 2. Art (keine Ablehnung von $H_0$, obwohl $H_1$ gilt, Nichterkennen der Gültigkeit von $H_1$) möglichst klein zu halten. Die Fehlerwahrscheinlichkeit 2. Art ist im zweiseitigen Fall (2.30) gegeben durch

$$P_p(S_n \in \mathcal{K}_0), \quad p \neq p_0$$

und im einseitigen Fall (2.31) durch

$$P_p(S_n \in \mathcal{K}_0), \quad p > p_0$$

Im zweiseitigen Testfall (2.30) wählt man daher

$$\mathcal{K}_1 = \{0, \ldots, k_u(p_0, \alpha/2) - 1\} \cup \{k_o(p_0, \alpha/2) + 1, \ldots, n\}$$

wobei $k_u(p_0, \alpha/2)$ und $k_o(p_0, \alpha/2)$ wie in (2.17) definiert sind. Entsprechend ist

$$\mathcal{K}_1 = \{k_o(p_0, \alpha) + 1, \ldots, n\}$$

der kritische Bereich im einseitigen Testfall (2.31).

Die Größe

$$1 - P_p(S_n \in \mathcal{K}_0), \quad p \neq p_0$$

im Fall der zweiseitigen Alternative (2.30) bzw.

$$1 - P_p(S_n \in \mathcal{K}_0), \quad p > p_0$$

im Fall der einseitigen Alternative (2.31) heißt **Macht** oder **Power** des Tests:

$$\text{Power} = 1 - \text{Fehlerwahrscheinlichkeit 2. Art}$$

Die Power ist also die Wahrscheinlichkeit, die Richtigkeit einer Alternative zu erkennen, und diese sollte natürlich möglichst hoch sein.


### Die $p$-Wert-Methode

Im Gegensatz zur Vorgehensweise, eine obere Grenze $\alpha$ für den Fehler 1. Art festzulegen und daraufhin den kritischen Bereich zu wählen, ist es insbesondere bei der Verwendung von statistischer Software gängige Praxis, aus einer Stichprobe einen sogenannten $p$-Wert auszurechnen und die Signifikanz des erhaltenen Resultates anhand dieses Wertes zu beurteilen.

Sei $k$ die beobachtete Trefferhäufigkeit. Zunächst soll der $p$-Wert für das einseitige Testproblem (2.31) bestimmt werden. Der kleinste kritische Bereich, der gerade noch $k$ enthält und somit zu einer Ablehnung von $H_0$ führt, ist $\{k, k + 1, \ldots, n\}$. Das „Signifikanzniveau" $\alpha(k)$, dass zu diesem Ablehnungsbereich gehört, ist der $p$-Wert. Der (einseitige) $p$-Wert zur konkreten Beobachtung $k$ bei einseitiger Alternative $H_1 : p > p_0$ ist gegeben durch

$$p^*_{1\text{-seitig}}(k) := P_{p_0}(S_n \geq k)$$

Der $p$-Wert zur Beobachtung $k$ ist also die Wahrscheinlichkeit unter $P_{p_0}$, diesen Wert $k$ oder eine noch extremere, der Nullhypothese noch mehr widersprechende Realisierung als $k$ zu beobachten. Die Beobachtung $k$ wird also im „Nachhinein" bewertet, in dem man noch einmal das gleiche Zufallsexperiment betrachtet, die Gültigkeit der Nullhypothese wieder unterstellt und nach der Überschreitungswahrscheinlichkeit fragt. [2] Wählt man das Testniveau $\alpha(k) := p^*_{1\text{-seitig}}(k)$, so entscheidet man sich im Fall der Beobachtung $k$ „gerade noch" für die Alternative $H_1$. Der

---

[2] Streng genommen müssten wir für den $p$-Wert schreiben $p^*_{1\text{-seitig}}(k) := P_{p_0}(\tilde{S}_n \geq k)$. Dabei bezeichnet $\tilde{S}_n$ die zufällige Trefferzahl des Zufallsexperiments, welches im „Nachhinein" betrachtet wird. Denn $k$ ist eine Realisierung von $S_n$ und Wahrscheinlichkeiten können sich nur auf zukünftige Ereignisse beziehen. Wir wollen im Folgenden auf diese Unterscheidung in der Notation ver-

$p$-Wert $\alpha(k)$ ist die größte untere Schranke für das Signifikanzniveau $\alpha$, zu dem die Nullhypothese bei einer beobachteten Trefferanzahl von $k$ abgelehnt werden kann. Im zweiseitigen Testfall (2.30) betrachten wir zunächst den symmetrischen Fall $p = 0.5$. Der $p$-Wert ist dann

$$p_{2\text{-seitig}}(k) = \begin{cases} 2 \cdot P_{p_0}(S_n \leq k), & k < n/2 \\ 2 \cdot P_{p_0}(S_n \geq k), & k > n/2 \\ 1, & k = n/2 \end{cases} \tag{2.33}$$

Im nichtsymmetrischen Fall $p_0 \neq 0.5$ gibt es verschiedene Festlegungen des $p$-Wertes (siehe Aufgabe 16), die im symmetrischen Fall mit (2.33) überein stimmen. R verwendet eine Definition, bei der eine Beobachtung als extrem gilt, wenn sie eine kleine Eintrittswahrscheinlichkeit besitzt: Man addiert alle Trefferwahrscheinlichkeiten $P_{p_0}(S_n = j)$ auf, die kleiner oder gleich $P_{p_0}(S_n = k)$ sind:

$$p_{2\text{-seitig}}^*(k) := \sum_{\substack{j \in \{0,\ldots,n\} \\ P_{p_0}(S_n=j) \leq P_{p_0}(S_n=k)}} P_{p_0}(S_n = j)$$

$$= \begin{cases} P_{p_0}(S_n \leq k) + P_{p_0}(S_n > n - k_1^*), & k < np_0 \\ P_{p_0}(S_n \geq k) + P_{p_0}(S_n < k_2^*), & k > np_0 \\ 1, & k = np_0 \end{cases}$$

mit

$$k_1^* = \sharp\{i : np_0 < i \leq n, P_{p_0}(S_n = i) \leq P_{p_0}(S_n = k)\}$$
$$k_2^* = \sharp\{i : 0 \leq i < np_0, P_{p_0}(S_n = i) \leq P_{p_0}(S_n = k)\}$$

Bei dieser Festlegung des $p$-Wertes ist zu beachten, dass die beiden Testentscheidungen

$$\text{Ablehnung von } H_0, \text{ falls } p_{2-\text{seitig}}^*(k) \leq \alpha$$

und

$$\text{Ablehnung von } H_0, \text{ falls } k \in \mathcal{K}_1$$

im Allgemeinen nicht mehr äquivalent sind. Für ein einfaches Beispiel sei $p_0 = 0.2$ und $n = 20$. Zum Signifikanzniveau $\alpha = 0.05$ ist $\mathcal{K}_1 = \{0\} \cup \{9, \ldots, 20\}$ der kritische Bereich. Im Fall $k = 8$ kommt es daher zu keiner Ablehnung von $H_0$. Für den $p$-Wert erhalten wir $p_{2\text{-seitig}}^*(8) = 0.044$, ein Wert kleiner als $0.05$.

**Bemerkung 2.24** *Der p-Wert wird leicht missverstanden. Erstens darf er nicht interpretiert werden als Wahrscheinlichkeit für die Richtigkeit einer Nullhypothese. Modelle und (Parameterwerte) selber haben keine Wahrscheinlichkeiten, sie legen*

---

zichten, da dies in der Literatur üblich ist. Der Leser sei sich aber dabei stets dieses Sachverhaltes bewusst. Zum $p$-Wert siehe auch Bemerkung 3.10.

*Wahrscheinlichkeiten (für Daten und Teststatistiken) fest! In der Bayes'schen Statistik haben auch Hypothesen bzw. Parameter eine Verteilung, aber da gibt es keine p-Werte. Der p-Wert unterstellt die Gültigkeit der Nullhypothese und ist somit nicht als a-posteriori-Wahrscheinlichkeit zu interpretieren. Zweitens wird der p-Wert in der Literatur aufgrund der Eigenschaft eines „Grenzniveaus" auch als tatsächliches, exaktes, beobachtetes oder empirisches Signifikanzniveau bezeichnet. Hierbei ist aber Vorsicht geboten, denn der p–Wert ist nicht als ein Signifikanzniveau zu interpretieren (deshalb ist es besser, beim p-Wert von einer größten untere Schranke für das Signifikanzniveau zu sprechen). Das Signifikanzniveau $\alpha$ charakterisiert einen statistischen Test in dem Sinne, dass bei Unterstellung der Gültigkeit von $H_0$ die Wahrscheinlichkeit für eine Ablehnung von $H_0$ (Fehler 1. Art) höchstens $\alpha$ ist. D. h., in vielen Testdurchführungen wird es unter $H_0$ in etwa $\alpha \cdot 100\%$ der Fälle zu einer (fälschlichen) Ablehnung von $H_0$ kommen. Der p-Wert entzieht sich einer solchen frequentistischen Interpretation, da er von den Daten abhängt. Die Irrtumswahrscheinlichkeit charakterisiert einen Test und hat nichts mit Daten zu tun.*

Für eine Diskussion des Konflikts „$p$-Wert gegen festes Niveau", der die Auseinandersetzungen zwischen den Begründern der heutigen Testtheorie R.A. Fisher (1890-1962) auf der einen Seite und J. Neyman (1894-1981) und E.S. Pearson (1895-1980) auf der anderen Seite widerspiegelt, sei auf [8] verwiesen.

Zur Durchführung des Binomialtests verwenden wir den R-Commander. Betrachten wir zuerst das Beispiel 2.1 mit den Zuckerpackungen, da hier der Datensatz zur Berechnung der Testergebnisse in R direkt vorliegt.

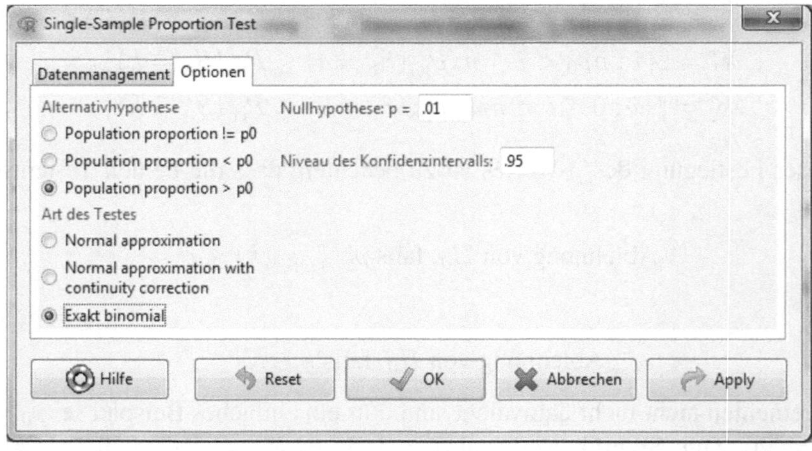


**Abb. 2.22** Dialogfeld zur Berechnung des Binomialtest für den Datensatz `zuckerpackung`.

**Programmbeispiel 2.23** Für den Binomialtest geht man im Menü auf

1. **Statistik** $\longrightarrow$ **Anteile** $\longrightarrow$ **Anteils-Test bei einer Stichprobe ...**

2. Es öffnet sich das Dialogfeld, in der die binäre Variable `verstoss` ist für den Test bereits ausgewählt ist.

3. Da in unserem Fall ein einseitiger Test mit der Alternativhypothese $H_1 : p_0 >$ 0.01 gewählt werden soll, gehen wir auf die Kartei „Optionen" (vgl. Abb. 2.22) und wählen im Feld *Alternativhypothese* die dritte Einstellung *Population proportion > p0*. Zusätzlich ändern wir im Feld *Art des Tests* die Einstellung *Exakt binomial*. Damit werden unter anderem die exakten Konfidenzintervalle nach Clopper-Pearson in der Ausgabe angezeigt. Geht man nun auf $\boxed{\text{OK}}$, erscheint folgendes im Ausgabefenster:

```
    Exact binomial test


data:  rbind(.Table)
number of successes = 7, number of trials = 540,
  p-value = 0.2979
alternative hypothesis: true probability of success
  is greater than 0.01
95 percent confidence interval:
 0.00609929 1.00000000
sample estimates:
probability of success
            0.01296296
```

Die Testausgabe enthält in den ersten beiden Zeilen allgemeine Informationen über den durchgeführten Test und den verwendeten Datensatz. In der dritten Zeile werden die Werte für $k$ und $n$ nochmal angegeben und ganz am Ende der $p$-Wert, hier wegen eines Zeilenumbruchs in der vierten Zeile. Dieser beträgt 0.2979, ist größer als 0.05, womit die Nullhypothese nicht verworfen werden kann. Dem Hersteller der Zuckerpackungen ist also auf dem 0.95-Signifikanzniveau keine Verletzung seiner Vorgaben nachzuweisen. In der weiteren Ausgabe in den Zeilen darunter ist das einseitige 0. 95-Konfidenzintervall nach Clopper-Pearson angegeben. In Beispiel 2.16 wurde bereits das zweiseitige Konfidenzintervall berechnet, dies ist aber für die einseitige Testentscheidung das relevante Intervall. Man erkennt, dass der hypothetische Wert 0.01 innerhalb des Intervalls $(0.006, 1)$ liegt und somit mit der Nullhypothese vereinbar ist. Zum anderen ist ganz unten in der Ausgabe die Punktschätzung der Trefferwahrscheinlichkeit, 0.0130 angegeben.

Für den zweiseitigen Binomialtest $H_0 : p = 0.5$ vs. $H_1 : p \neq 0.5$ in Beispiel 2.2 mit den Münzwürfen kann der R-Commander nicht verwendet werden. Wir wählen hier den Umweg über die direkte Kommunikation mit R.

**Programmbeispiel 2.24** Liegen die Ergebnisse eines Experiments nicht in Form eines Datensatzes in R vor, müssen wir den Befehl für den Binomialtest direkt in das Skriptfenster eingeben. Im Fall der Münzwürfe war $n = 20$ und $k = 13$. Der zugehörige Befehl für den Binomialtest lautet:

```
binom.test(13, 20, p = 0.5,
  alternative = "two.sided")
```

Die ersten beiden Argumente der Funktion `binom.test()` sind also die Parameter $k$ und $n$. Die beiden letzten Argumente hätte man in diesem Fall auch weglassen können, da per Voreinstellung automatisch gegen die zweiseitige Alternativhypothese $H_1 : p \neq 0.5$ getestet wird. Bei einem einseitigem Test gibt man, je nach Richtung der Alternativhypothese, entweder `greater` oder `less` in Anführungszeichen beim Argument `alternative` ein. Genauso verfährt man, im Fall eines von 0.5 abweichenden Werts von $p_0$. Die Ausgabe für obigen Befehl ist ähnlich der Ausgabe in Beispiel 2.23. Der $p$-Wert beträgt 0.263, womit die Nullhypothese nicht verworfen werden kann. Anders ist das Ergebnis für den Fall von $n = 100$ und $k = 65$, was man mit dem Aufruf von

```
binom.test(65, 100)
```

erhält. Hier ist der $p$-Wert mit 0.004 kleiner als 0.05, weshalb wir die Nullhypothese verwerfen und sagen können, dass sich die Trefferquote 0.65 signifikant von 0.5 unterschiedet. Die Münze ist offenbar also nicht fair. Beachtlich ist die Tatsache, dass für das kürzere Zufallsexperiment mit $n = 10$ das Testergebnis nicht signifikant war, obwohl die geschätze Trefferwahrscheinlichkeit von 0.65 die gleiche war wie für das Experiment der Länge $n = 100$. Die intuitiv logische Erklärung ist, dass man dem Ergebnis eines längeren Experiments deutlich mehr Vertrauen schenkt und somit anzweifelt, dass die Münze fair ist, als bei einem deutlich kürzeren Experiment.

---

### 2.7.2 Zusammenhang zwischen Konfidenzintervall und Test

Zwischen dem im vorherigen Abschnitt vorgestellten Binomialtest und den zuvor besprochenen Konfidenzintervallen aus Abschnitt 2.4 besteht ein sehr enger Zusammenhang.

Sei $\alpha \in (0, 1)$ vorgegeben und sei $(p_u(k), p_o(k))$ ein (zweiseitiges) Konfidenzintervall für $p$ zum Konfidenzniveau $1 - \alpha$, d.h.

$$\forall p \in (0, 1) : P_p\big(p \in (p_u(S_n), p_o(S_n))\big) \geq 1 - \alpha$$

Aus Abschnitt 2.4 ist bekannt, dass ein Konfidenzintervall alle plausiblen Parameterwerte enthält, also alle Parameterwerte, die mit den Beobachtungen „vereinbar" sind. Für das zweiseitige Testproblem (2.30) definiert man den kritischen Bereich durch

$$\mathcal{K}_1 := \big\{ k \in \{0, 1, \ldots, n\} : p_0 \notin (p_u(k), p_o(k)) \big\} \qquad (2.34)$$

und trifft eine der folgenden beiden Testentscheidungen:

▶ Man lehnt die Nullhypothese $H_0$ ab, wenn für die beobachtete Trefferhäufigkeit $k$ gilt: Der Parameter der Nullhypothese $p_0$ gehört *nicht* zum Konfidenzintervall $(p_u(k), p_o(k))$.

▶ Man lehnt die Nullhypothese $H_0$ *nicht* ab, wenn für die beobachtete Trefferhäufigkeit $k$ gilt: Der Parameter der Nullhypothese $p_0$ gehört zum Konfidenzintervall $(p_u(k), p_o(k))$.

Durch (2.34) wird ein Test zum Niveau $\alpha$ festgelegt, denn es gilt

$$P_{p_0}(S_n \in \mathcal{K}_1) = 1 - P_{p_0}\big(p_0 \in (p_u(S_n), p_o(S_n))\big)$$

$$\leq 1 - (1 - \alpha) = \alpha$$

Entsprechendes gilt für die einseitige Testsituation (2.31): Ist $(p_u(k), 1)$ ein (einseitiges) Konfidenzintervall zum Konfidenzniveau von $1 - \alpha$, so ist

$$\mathcal{K}_1 := \big\{ k \in \{0, \ldots, n\} : p_0 \leq p_u(k) \big\}$$

ein kritischer Bereich eines Niveau-$\alpha$-Tests, d.h. $P_p(S_n \in \mathcal{K}_1) \leq \alpha$ für $p \leq p_0$. Man lehnt $H_0$ ab, falls der Parameterwert $p_0$ der Nullhypothese nicht im Konfidenzintervall $(p_u(k), 1)$ liegt.

Es gilt auch die Umkehrung, d.h. mittels Niveau-$\alpha$-Tests lassen sich Konfidenzintervalle zum Konfidenzniveau $1 - \alpha$ herleiten. Liegt eine konkrete Beobachtung $k$ vor, so betrachtet man die Menge derjenigen Parameterwerte $p_0$, für die die Nullhypothese in (2.30) bzw. (2.31) nicht abgelehnt wird. Im zweiseitigen Fall erhält man aufgrund von (2.18) und (2.20)

$$\{p_0 : k \in \mathcal{K}_0\} = \big\{p_0 : k \in \{k_u(p_0), \ldots, k_o(p_0)\}\big\} = (p_u(k), p_o(k))$$

Dieses Prinzip, dass ein Konfidenzintervall immer auch einem Signifikanztest entspricht und umgekehrt, ist so wichtig, dass es als das **Dualitätsprinzip** in die Statistik eingegangen ist. Für weitere Details bezüglich der Korrespondenz zwischen Test und Konfidenzintervall sei auf [12] verwiesen.

Zurück zur Ausgangsfrage dieses Abschnitts: Test oder Konfidenzintervall? Ein Konfidenzintervall ist informativer als ein einzelner Test. Ein Konfidenzintervall beantwortet die Frage: *Welche Parameterwerte* sind mit den Beobachtungen *vereinbar*? Ein einzelner Test gibt lediglich eine Antwort auf die Frage: Sind die Beobachtungen mit einem bestimmten Parameterwert *vereinbar*? Wie oben ausgeführt, ist ein Testergebnis in der Angabe eines Konfidenzintervalls enthalten, aber nicht umgekehrt. Ein Konfidenzintervall sagt nicht nur, ob ein Parameter gleich $p_0$ sein kann, es sagt zusätzlich, wie groß der Parameter etwa ist. Dies macht statistische Testverfahren aber nicht generell überflüssig. Es gibt Hypothesen, die sich nicht durch einen Verteilungsparameter beschreiben lassen (und Konfidenzintervalle setzen nun einmal Parameter voraus).

## 2.8 Aufgaben

1. Bezeichne $H_{n,r,N-r}$ die hypergeometrische Verteilung mit den Parametern $n$, $r$ und $N - r$.

   (i) Zeigen Sie:

   $$\sum_{k=0}^{n} H_{n,r,N-r}(\{k\}) = \sum_{k=0}^{n} \frac{\binom{r}{k} \cdot \binom{N-r}{n-k}}{\binom{N}{n}} = 1$$

   Hinweis: $(1+x)^N = (1+x)^r \cdot (1+x)^{N-r}$ und Anwendung des binomischen Lehrsatzes.

   (ii) Ist $n$ sehr klein im Verhältnis zu $r$ und $N - r$ so gilt die Approximation

   $$H_{n,r,N-r}(\{k\}) \approx B_{n,p}(\{k\}), \quad p = r/N$$

   (iii) Für $r \to \infty$ und $N \to \infty$ mit $r/N \to p$ gilt die Grenzwertaussage

   $$\lim_{\substack{r\to\infty \\ N\to\infty}} H_{n,r,N-r}(\{k\}) = B_{n,p}(\{k\}), \quad 0 \le k \le n$$

2. Seien $(\Omega, P_p)$, $S_n$ und $X_1, \ldots, X_n$ wie in Bemerkung 2.5 definiert.

   (i) Zeigen Sie, dass $S_n$ eine $B_{n,p}$-Verteilung besitzt.

   (ii) Zeigen Sie, die Zufallsvariable $X_i$ eine $B_{1,p}$-Verteilung besitzt:

   $$P_p\big(\{\omega \in \Omega : X_i(\omega) = x\}\big) =: P_p(X_i = x) = B_{1,p}(\{x\}), \quad x \in \{0,1\}$$

   Zeigen Sie ferner, dass die Zufallssvariablen $X_1, \ldots, X_n$ stochastisch unabhängig (bzgl. $P_p$) sind.

3. Sei $S_n \sim B_{n,p}$. Dann heißt die Funktion

   $$F(x) = P_p(S_n \le x), \quad x \in \mathbb{R}$$

   **Verteilungsfunktion** von $S_n$. Bestimmen Sie $F$. Wo liegen die Sprungstellen und wie groß sind die Sprünge? Skizzieren Sie den Graphen.

4. Erzeugen Sie sich analog zu Programmbeispiel 2.5 für $p = 0.5$ jeweils 100 Zufallzahlen für verschiedene Werte von $n$. Verwenden Sie hierfür beispielsweise die Werte $n = 5$, $n = 10$ und $n = 50$. Berechnen Sie den Schätzwert für $p$ jeder Zufallsstichprobe und überprüfen Sie, wie nahe dieser am tatsächlichen Wert von 0.5 liegt. Untersuchen Sie auch den Einfluss der Anzahl der Zufallszahlen, indem Sie die Länge der Zufallsstichprobe erhöhen (z.B. auf 1000).

5. Berechnen Sie ein zweiseitiges 0.95-Konfidenzintervall gemäß (2.13) für die Daten aus Beispiel 2.3 mit den Reißzwecken.

6. Zeigen Sie, dass die Überschreitungswahrscheinlichkeit $P_p(S_n \ge k)$ die im Beweis zu Lemma 2.14 angegebene Integraldarstellung besitzt. Hinweis: Beide Seiten haben als Funktionen von $p$ identische Ableitungen.

7. Verifizieren Sie, dass $k_u(p)$ ein $\alpha/2$-Quantil und $k_o(p)$ ein $(1-\alpha/2)$-Quantil der $B_{n,p}$-Verteilung ist (siehe Bemerkung 2.17).

8. Verifizieren Sie, dass (2.25) und (2.26) die im Text angegebenen Lösungen besitzen.

9. Ein Labor untersucht 75 Zecken, die sich an Menschen festgesetzt hatten, um festzustellen, ob sie eine Borreliose hätten auslösen können. Die Ergebnisse des Experiments sind im Datensatz `zecken` dokumentiert. Bisse, die eine Borreliose ausgelöst haben, haben den Eintrag `ja` in der Variable `borreliose`.

   (i) Berechnen Sie das exakte Konfidenzintervall nach Clopper-Pearson und das approximative Konfidenzintervall nach Wald zum Konfidenzniveau 0.95 für den Anteilswert $p$ der "gefährlichen" Zecken.

   (ii) Die Wahrscheinlichkeit für eine Infektion beträgt in der Regel etwa ein Drittel. Untersuchen Sie dies bei den vorliegenden Daten mit dem Binomialtest mit Hilfe des R-Commanders, indem Sie die zweiseitige Alternative $H_1 : p_0 \neq 0.33$ betrachten.

10. Im Jahre 2005 wurde in 34 Ländern eine Umfrage zur *Akzeptanz der Evolutionstheorie* durchgeführt ([9]). Für Deutschland ergab die Befragung von 1507 Personen, dass 1085 der Personen an die Evolutionstheorie glauben. In den USA akzeptierten 594 von 1484 befragten Personen die Theorie. Geben Sie sowohl für Deutschland, als auch für die USA ein (exaktes) 0.99-Konfidenzintervall für den Anteil der Befürworter an. Vergleichen Sie die beiden Intervalle; was lässt sich daraus über die Anteile beider Länder aussagen? (Anmerkung: Simultan besitzen die beiden Konfidenzintervalle ein geringeres Konfidenzniveau als 0.99. Unterstellt man die (stochastische) Unabhängigkeit der beiden Stichproben, so beträgt das Konfidenzniveau $0.99^2$.)

11. (i) In einer repräsentativen Umfrage haben sich $40\,\%$ aller 1250 (=Stichprobe beim ZDF-Politbarometer) Befragten für die Partei A ausgesprochen. Wie genau ist dieser Schätzwert, wenn man die Befragten als rein zufällige Stichprobe ansieht und ein Konfidenzniveau von 0.95 zugrunde legt?

    (ii) Wie groß muss der Stichprobenumfang mindestens sein, damit der Prozentsatz der Wähler einer Partei bis auf $\pm 1\,\%$-Punkte genau geschätzt wird (Vertrauensniveau 0.95)?

12. Um das Wievielfache muss der Mindeststichprobenumfang vergrößert werden, wenn sich die Schätzgenauigkeit verdoppeln soll? Berechnen Sie den Mindeststichprobenumfang für ein 0.95-Konfidenzintervall zu den Schätzgenauigkeiten $\varepsilon = 0.2$ und $\varepsilon = 0.1$.

13. Berechnen sie das Wald-Intervall für Beispiel 2.3.

14. Schreiben Sie eine Funktion in R, die das (zweiseitige) Wilson-Intervall aus Bemerkung 2.19 für ein vorgegebenes Konfidenzniveau berechnet. Berechnen Sie im Anschluss mit Hilfe dieser Funktion die entsprechenden 0.95-Konfidenzintervalle für die Beispiele 2.2 bzw. 2.3 mit den Münzwürfen bzw. den Reißzwecken.

15. (*Einseitige Konfidenzintervalle*)

(i) Seien $(0, p_o(k))$ bzw. $(p_u(k), 1)$ Konfidenzintervalle zum Vertrauensniveau $1 - \alpha/2$. Zeigen Sie: $(p_u(k), p_o(k))$ ist ein (zweiseitiges) Konfidenzintervall zum Vertrauensniveau $1 - \alpha$. Hinweis: Überlegen Sie sich zunächst die Gültigkeit der folgenden Aussage für ein Wahrscheinlichkeitsmaß $P$ und Ereignisse $A, B$: $P(A \cap B) \geq P(A) + P(B) - 1$.

(ii) Schreiben in R die Funktion `clopper.pearson.oben()`, die für das Testproblem $H_0 : p \geq p_0$ gegen $H_1 : p < p_0$ das einseitige Clopper-Pearson-Intervall vom Typ $(0, p_o(k))$ berechnet.

(iii) Schreiben Sie eine Funktion, `clopper.pearson.unten()`, die das einseitige Clopper-Pearson-Intervall vom Typ $(p_u(k), 1)$ berechnet. Wenden Sie diese Funktion an, um für die Daten aus Beispiel 2.1 eine Testentscheidung für das Testproblem $H_0 : p \leq p_0$ gegen $H_1 : p > p_0$ mit $p_0 = 0.01$ auf dem 0.95-Signifikanzniveau zu treffen.

16. *(Zweiseitiger p-Wert im nichtsymmetrischen Fall.)* Neben der im Text vorgestellten Version gibt es noch zwei weitere Möglichkeiten, den $p$-Wert zu definieren. Version 2: Man definiert den $p$-Wert als das doppelte des Minimums der beiden einseitigen $p$-Werte:

$$p^*_{2-\text{seitig}}(k) := \min\left(2 \cdot P_{p_0}(S_n \leq k), 2 \cdot (P_{p_0}(S_n \geq k), 1\right)$$

Man vergleicht also den einseitigen $p$-Wert mit $\alpha/2$. Version 3: Realisierungen werden als extrem bezeichnet, wenn sie betragsmäßig mehr vom Erwartungswert $E_{p_0}(S_n) = np_0$ abweichen als die Beobachtung $k$. Der zweiseitige $p$-Wert ist somit

$$p^*_{2-\text{seitig}}(k) := P_{p_0}\left(|S_n - np_0| \geq |k - np_0|\right)$$
$$= \begin{cases} P_{p_0}(S_n \leq k) + P_{p_0}(S_n \geq 2np_0 - k), & k < np_0 \\ P_{p_0}(S_n \geq k) + P_{p_0}(S_n \leq 2np_0 - k), & k > np_0 \\ 1, & k = np_0 \end{cases}$$

Version 2 des $p$-Wertes hat den Vorteil, dass die Testentscheidungen „Ablehnung von $H_0$, falls $p^*_{2-\text{seitig}}(k) \leq \alpha$" und „Ablehnung von $H_0$, falls $k \in \mathcal{K}_1$", immer äquivalent sind. Bei Version 2 (wie auch bei Version 1) ist dies nicht der Fall. Zeigen Sie:

(i) Die drei Versionen des zweiseitigen $p$-Wertes stimmen im symmetrischen Verteilungsfall ($p_0 = 0.5$) überein.

(ii) Im Fall $n = 20$, $p = 0.25$ und $k = 1$ sind alle drei Versionen des zweiseitigen $p$-Wertes verschieden.

(iii) In der Situation von (ii) bestimme man zum Signifikanzniveau von $\alpha = 0.05$ den kritischen Bereich. Zu welcher Testentscheidung kommen Sie, wenn $k = 1$ ist? Vergleichen Sie Ihre Testentscheidung mit den $p$-Werten. Kommt es bei Version 3 zu einer anderen Testentscheidung als bei den Versionen 1 und 2?

17. Der Hersteller der Zuckerpackungen aus Beispiel 2.1 möchte nur zeigen, dass die Fehlerrate *nicht größer* als 1 % liegt. Das Kaffeeunternehmen hingegen möchte beim Untersuchen der Zuckerpackungen zeigen, dass die Fehlerrate *kleiner* als 1 % ist. Die zugehörige Nullhypothese lautet hier also $H_0 : p \geq 0.01$ und $H_1 : p < 0.01$. Ausgehend von einem Sichprobenumfang von $n = 540$, wie hoch darf die Menge an fehlerhaften Zuckerpackungen höchstens sein, damit $H_0$ noch verworfen werden kann? Verwenden Sie dafür die entsprechende Funktion, die in Aufgabe 15 erstellt wurde.

18. Gegeben sei das Testproblem (2.30). Für großes $n$ ist die Prüfgröße

$$Z = \frac{S_n - np_0}{\sqrt{np_0(1 - p_0)}}$$

unter $H_0$ annähernd $N(0, 1)$-verteilt (Faustregel $np_0(1 - p_0) > 9$). Ist $k$ eine konkrete Realisierung von $S_n$, so wird $H_0$ abgelehnt, falls für den Prüfgrößenwert

$$z = \frac{k - np_0}{\sqrt{np_0(1 - p_0)}}$$

gilt $|z| \geq z_{1-\alpha/2}$. Dies ist der approximative Binomialtest, auch $z$-Test genannt, da der Verteilungsaussage über die Prüfgröße der zentrale Grenzwertsatz zugrunde liegt. Zeigen Sie: Die Menge der Parameter $p_0$, die bei Vorliegen des konkreten Wertes $k$ durch den $z$-Test nicht abgelehnt werden, ist gleich dem Wald-Intervall.

19. Schreiben Sie für das Testproblem mit den Zuckerpackungen aus Beispiel 2.1 eine Funktion zur Berechnung des entsprechenden einseitigen Wald-Interveralls in R. Geben Sie im ein Anschluss Intervall zum Konfidenzniveau 0.95 an.

20. Scheiben Sie eine Funktion mit Namen `binomial.faustregel()`, die automatisch überprüft, ob die Faustregel (2.28) erfüllt ist. Abhängig vom Ergebnis dieser Überprüfung soll dann automatisch das Wald-Intervall berechnet werden, wenn die Faustregel erfüllt ist. Im anderen Fall soll das Intervall nach Clopper-Pearson ausgegeben werden. Führen Sie diese Funktion dann für das Beispiel 2.3 mit den Reißzwecken durch und stellen Sie sicher, dass in diesem Fall das Wald-Intervall berechnet wird.

## Literatur


1. Agresti, A. und Coull, B.A. (1998). Approximate is better than "exact" for interval estimation of binomial proportions. *The American Statistician* **52**, 119-126.
2. Bickel, P.J. und Doksum, K.J. (2007). *Mathematical Statistics, Basic Ideas and Selected Topics.* 2. Auflage, Pearson Prentice Hall.
3. Blyth, C.R und Still, H.A. (1983). Binomial confidence intervals. *Journal of the American Statistical Association* **78**, 108-116.
4. Brown, L.D., Cai, T.T. und DasGupta, A. (2001). Interval estimation for a binomial proportion. *Statistical Science* **16**, 101-133. (Als PDF-Datei unter http://www-stat.wharton.upenn.edu/~tcai/paper/Binomial-StatSci.pdf)

5.  Georgii, H.-O. (2009). *Stochastik.* 4. Auflage, de Gruyter, Berlin.
6.  Henze, N. (2010). *Stochastik für Einsteiger.* 9. Auflage, Vieweg, Wiesbaden.
7.  Hüsler, J. und Zimmermann, H. (2006), *Statistische Prinzipien für medizinische Projekte.* 4. Auflage, Huber, Bern
8.  Lehmann, E. (1993). The Fisher, Neyman-Pearson theories of testing hypothesis: one theory or two? *Journal of the American Statistical Association* **88**, 1242-1249.
9.  Millar, E.C., Scott, E.C. und Okamoto, S. (2006), Public Acceptance of Evolution, *Science* **313**, 765-766.
10. Santner, T. J. (1998). Teaching large-sample binomial confidence intervals. *Teaching Statistics* **20**, 20-23.
11. Weiß, C.H. (2006). *Datenanalyse und Modellierung mit STATISTICA.* Oldenbourg, München.
12. Witting, H. (1985). *Mathematische Statistik I*, Teubner, Stuttgart
13. Ziezold, H. (2002). Die Fausregel $np(1 - p) \gtrless 9$, Stochastik in der Schule 22, 13-15.

# Kapitel 3
# Schätzen in Normalverteilungsmodellen

## 3.1 Motivation und Einführung

Kann eine Zufallsmessung prinzipiell einen beliebigen Wert auf einer metrischen Zahlenskala annehmen, spricht man von einer **stetigen Zufallsvariablen**. Die Körpertemperatur oder der systolische Blutdruck von Probanden einer klinischen Studie sind typischerweise stetige Zufallsvariablen. Zeit- und Längenmessungen sind ebenfalls typische Beispiele. Dass innerhalb eines Intervalls jeder beliebige Wert angenommen werden kann, ist eine theoretische Annahme und unserer Vorstellung von „Kontinuität" geschuldet. In der Praxis werden die Daten naturgemäß aufgrund der begrenzten Messgenauigkeit und unvermeidbaren Rundungen immer in diskreter Form vorliegen. Trotzdem ist es sinnvoll, bei der Modellierung die Merkmale als stetige Zufallsvariable aufzufassen. In der Praxis ist es sogar so, dass eigentlich diskrete Merkmale als stetig betrachtet werden, wenn die Merkmalsausprägungen nahe beieinander liegen, z. B. Einkommen in Cent (man spricht von **quasistetigen** Zufallsvariablen). Auch wenn dies intuitiv widersprüchlich klingen mag, bedeutet für die statistische Analyse die Modellierung durch stetige Merkmale aber eine Vereinfachung. Der Grund hierfür ist die Tatsache, dass es bei einer stetigen Modellierung weitaus einfacher ist, Wahrscheinlichkeitsdichten zu bestimmen, als unter der Annahme von diskreten Daten. Und wie wir schon in Kapitel 2 gesehen haben, ist die Kenntnis der Wahrscheinlichkeitsdichte wesentlich, um möglichst genaue Aussagen über das Verhalten der zufälligen Größe machen zu können.

Betrachten wir zum besseren Verständnis zwei Beispiele mit typischen Fragestellungen im Rahmen dieses Stichprobendesigns.

**Beispiel 3.1** *Im Datensatz* `platin`*, den wir bereits in Beispiel 1.3 kennen gelernt haben, wurde die Sublimationswärme von Platin gemessen. Laut [2] liegt die Sublimationstemperatur von Platin bei 565 kJ/mol, was umgerechnet ungefähr 135 kcal/mol ergibt. Es drängt sich somit die Frage auf, ob die hier erzielten Messungen in einem gewissen Sinne repräsentativ sind oder die gemessenen Sublimationstemperaturen von der theoretisch vorgegebenen abweichen. Wenn dies der Fall wäre, spräche dies beispielsweise für einen Fehler im Versuchsaufbau oder eine andere*

*Quelle für eine Ungenauigkeit in der Messung. Besonders interessant ist die Frage, ob sich unterschiedliche Ergebnisse ergeben, wenn man die in Abb. 1.13 identifizierten Ausreißer aus der Analyse ausschließt. In diesem Zusammenhang haben wir bereits in Programmbeispiel 1.14 den Datensatz* `platin.red` *erstellt, bei dem die ausreißerverdächtigen Beobachtungen ausgeschlossen wurden. Diesen Datensatz werden wir in diesem Kapitel wieder benötigen.*

**Beispiel 3.2** *Eine Firma, die umweltfreundliche Energiesparlampen herstellt, behauptet, dass die durchschnittliche Brenndauer ihrer Glühbirnen 10 000 Stunden beträgt. Eine Verbraucherschutzorganisation möchte diese Behauptung überprüfen und bereitet dazu folgendes (fiktives) Langzeitexperiment vor: Von 25 der Energiesparlampen, die zuvor in zufällig ausgewählten Geschäften erworben wurden, wird die Lebensdauer ermittelt. Dazu wird die Zeit gemessen, bis die einzelnen Lampen kaputt gehen. Die Brenndauern der 25 Lampen liegen im Datensatz* `lampen` *vor.*

*Eine deskriptive Analyse der Variable* `brenndauer` *ergibt, dass der Mittelwert etwa 9 744 Stunden beträgt und somit ein wenig geringer ist als die vorgegebenen 10 000 Stunden des Herstellers (siehe Abschnitt 1.2.1 für ein Beispiel einer deskriptiven Statistik mit dem R-Commander). Dies lässt Zweifel an der Richtigkeit der Aussage des Herstellers aufkommen. Die Verbaucherschutzorganisation fragt sich nun, ob die Angabe einer Brenndauer von 10 000 Stunden noch gerechtfertigt ist oder ob diese Aussage schon als falsch aufgezeigt werden kann.*

In beiden Beispielen wird eine stetige Zufallsvariable $X$ betrachtet. In diesem Kapitel wird $X$ als ein (annähernd) **normalverteiltes** Merkmal modelliert, was formal bedeutet, dass $X$ eine Wahrscheinlichkeitsdichte der Form

$$\varphi_{\mu,\sigma}(x) := \frac{1}{\sqrt{2\pi}\sigma}\,\exp\left(-\frac{(x-\mu)^2}{2\sigma^2}\right), \quad x \in \mathbb{R},$$

besitzt, kurz $X \sim N(\mu,\sigma)$.[1] Im Fall $\mu = 0$ und $\sigma = 1$ ist $\varphi_{0,1} =: \varphi$ die Dichte der **Standardnormalverteilung**.

Die Parameter $\mu \in \mathbb{R}$ und $\sigma > 0$ haben folgende Bedeutung:

$$E(X) = E_{\mu,\sigma}(X) = \int x \cdot \varphi_{\mu,\sigma}(x)\,dx = \mu$$

$$\mathrm{Var}(X) = E_{\mu,\sigma}(X-\mu)^2 = \int (x-\mu)^2 \cdot \varphi_{\mu,\sigma}(x)\,dx = \sigma^2$$

(vgl. Aufgabe 1). Der Parameter $\mu$ ist also der Mittelwert (Erwartungswert) und $\sigma$ die Standardabweichung der Normalverteilung. Diese Parameter sind im Allgemeinen unbekannt. Das Schätzen dieser Parameter ist zentraler Aspekt dieses Kapitels, wobei das primäre Ziel in den Anwendungen das Schätzen von $\mu$ ist. Einen Schätzer für die Standardabweichung zu bestimmen ist meist von geringerem Interesse, weshalb $\sigma$ auch als Nebenparameter (nuisance parameter) bezeichnet wird.

---

[1] **Hinweis:** In der Literatur findet sich auch die Bezeichnungsweise $N(\mu, \sigma^2)$.

Neben den oben genannten Beispielen treten normalverteilte Zufallsvariablen bei der additiven Überlagerung einer Vielzahl zufälliger Einflüsse auf (Stichwort: zentraler Grenzwertsatz). Beispiele für normalverteilte Merkmale sind

▶ zufällige Mess- und Beobachtungsfehler
▶ zufällige Abweichungen von einem Soll- oder Richtwert.

Bevor wir zum Schätzen kommen, zunächst noch ein paar Worte zur Normalverteilung: Die Normalverteilung ist ein Wahrscheinlichkeitsmaß auf $\mathbb{R}$, genauer auf der *Borel*schen $\sigma$-Algebra von $\mathbb{R}$ (im Zeichen $\mathcal{B}$). Dies ist per Definition die kleinste $\sigma$-Algebra auf $\mathbb{R}$, welche alle Intervalle enthält. Zur Erinnerung: Ist der Grundraum überabzählbar, so kann als Definitionsbereich eines Wahrscheinlichkeitsmaßes nicht mehr die Potenzmenge verwendet werden (anders als im Diskreten). Die Dichte $f_{\mu,\sigma}$ hat folgende Eigenschaften:

▶ symmetrisch um $\mu$
▶ Maximum im Punkt $\mu$
▶ Wendepunkte bei $\mu - \sigma$ und $\mu + \sigma$

Der Parameter $\mu$ ist der sogenannte **Lageparameter**, der das „Zentrum" der Verteilung kennzeichnet. Den Parameter $\sigma$ nennt man auch **Streuungsparameter**; er bestimmt anschaulich die „Breite" der Glockenkurve. Dies wollen wir uns zunächst grafisch verdeutlichen.

**Programmbeispiel 3.1** Um ein Diagramm mit einer Dichte der Normalverteilung zu erstellen, könnte man den R-Commander benutzen, unter Aufruf von **Verteilungen** $\longrightarrow$ **Stetige Verteilungen** $\longrightarrow$ **Normalverteilung** $\longrightarrow$ **Grafik der Normalverteilung ....** Eine vergleichbare Grafik wurde auf diesem Weg im Fall binomialverteilter Daten in Programmbeispiel 2.5 erzeugt. Da wir in diesem Beispiel mehr als eine Dichtefunktion in ein gemeinsames Grafikfenster zeichnen möchten, gehen wir den Umweg über die Befehlseingabe im Skriptfenster:

```
curve(dnorm, from = -3, to = 6,
    xlab = "", ylab = "", lwd = 2)
```

Die Funktion `curve()` zeichnet den Graphen einer Funktion innerhalb eines Bereichs, den man mit den Argumenten `from` und `to` festlegt. Die zu zeichnende Funktion ist hier mit `dnorm()` die Dichtefunktion der Normalverteilung, die man ohne weitere Argumente eingibt. Dadurch werden die Voreinstellungen verwendet und $\mu = 0$ und $\sigma = 1$ gesetzt, es wird also die Dichtefunktion $f_{0,1}$ der Standardnormalverteilung erstellt. Mit den restlichen Argumenten wird die Achsenbeschriftung auf beiden Achsen unterdrückt und die Linienbreite erhöht. Im nächsten Schritt, soll die Dichtefunktion der $N(2, 1)$-Verteilung in das Diagramm hinzgefügt werden, was mit dem Argument `add` erreicht wird:

```
curve(dnorm(x, mean = 2), lwd = 2,
    lty = 2, add = TRUE)
```

Da hier bei der `dnorm`-Funktion der Mittelwert auf 2 gesetzt werden muss, fügt man noch das Argument `x` ein, um eine Fehlermeldung zu vermeiden. Mit dem Argument `lty` erreicht man, dass die Linie gestrichelt eingezeichnet wird. Um das Diagramm zu vervollständigen, fügen wir mit der Funktion `legend()` noch eine Legende ein:

```
l.text <- c(expression(paste(mu, " = 0")),
   expression(paste(mu, " = 2")))
legend("topright", lty = 1:2, lwd = 2,
   legend = l.text)
```

Dazu erstellen wir uns zunächst ein Objekt mit der Beschriftung. Für mathematische Symbole oder griechische Buchstaben steht in R die Funktion `expression()` zur Verfügung. Die Funktion erkennt das Wort `mu` und wandelt dieses in das griechische Symbol $\mu$ um. Text, der dabei unverändert in die Beschriftung übernommen werden soll, muss mit der Funktion `paste()` zusammengesetzt werden. Das erste Argument der `legend`-Funktion ist der Ort, an dem die Legende ins Diagramm gesetzt werden soll. Zur Festlegung der beiden Linienarten sowie zur Linienbreite, werden die Argumente `lty` und `lwd` analog wie in `curve()` verwendet. Das fertige Diagramm ist auf der linken Seite von Abb. 3.2 zu erkennen. Die Normalverteilungskurve für $\mu = 2$ ist im Vergleich zur der Kurve mit $\mu = 0$ nach rechts verschoben.

In Abb. 3.2 rechts werden Normalverteilungsdichten mit unterschiedlichen Standardabweichungen visualisiert. Für die Erstellung dieser Grafik, siehe Aufgabe 4.

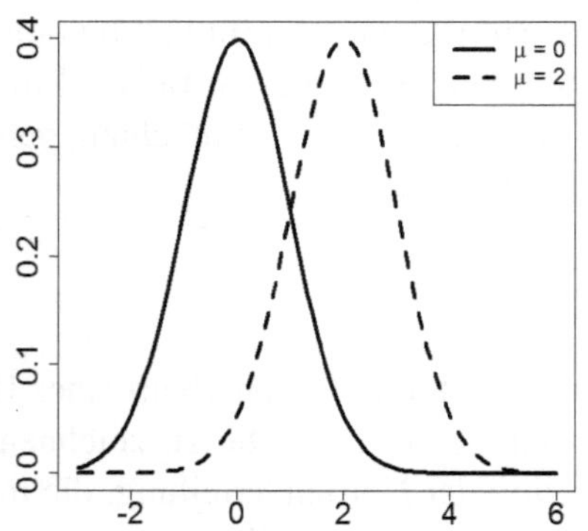

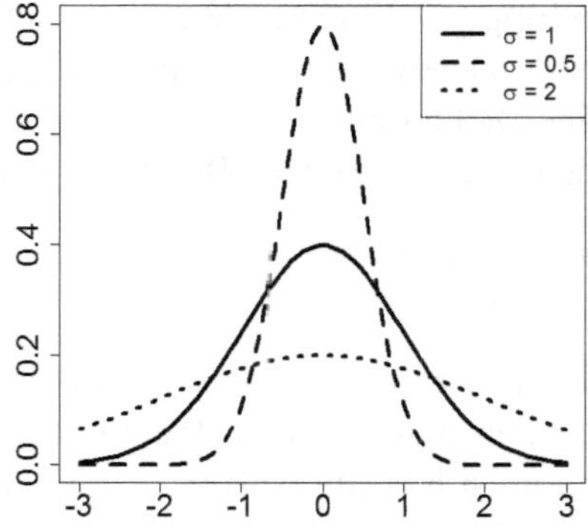


**Abb. 3.2** Dichte der Normalverteilung mit Varianz 1 und verschiedenen Erwartungswerten $\mu = 0$ und $\mu = 2$ (links) und Dichte der Normalverteilung mit Erwartungswert 0 und verschiedenen Varianzen $\sigma = 1$, $\sigma = 0.5$ und $\sigma = 2$ (rechts).

Auch wenn $\varphi_{\mu,\sigma}(x) > 0$ für alle $x \in \mathbb{R}$ gilt, so sind Realisierungen einer $N(\mu, \sigma)$-verteilten Zufallsvariablen $X$ nur in einer Umgebung von $\mu$ zu erwarten. Mit einer

Wahrscheinlichkeit von über 99% fallen Realisierungen von $X$ in das Intervall $[\mu - 3\sigma, \mu + 3\sigma]$ (siehe Aufgabe 5).

Sei $X \sim N(\mu, \sigma)$, dann heißt

$$\Phi_{\mu,\sigma}(x) = P(X \leq x) = \int_{-\infty}^{x} \varphi_{\mu,\sigma}(t)\, dt, \quad x \in \mathbb{R},$$

die **Verteilungsfunktion** von $X$. Für $\mu = 0$ und $\sigma = 1$ definieren wir $\Phi_{0,1} := \Phi$ als die **Verteilungsfunktion der Standardnormalverteilung**.

Eine $N(\mu, \sigma)$-verteilte Zufallsvariable $X$ kann durch eine lineare Transformation in eine $N(0, 1)$-verteilte Zufallsvariable übergeführt werden. Es gilt $(X - \mu)/\sigma \sim N(0, 1)$. Umgekehrt gilt: Ist $Z \sim N(0, 1)$, dann gilt $X := \sigma Z + \mu \sim N(\mu, \sigma)$, denn für $a < b$ ist

$$P(a < X < b) = P\left(\frac{a - \mu}{\sigma} < \frac{X - \mu}{\sigma} < \frac{b - \mu}{\sigma}\right)$$

$$= \Phi\left(\frac{b - \mu}{\sigma}\right) - \Phi\left(\frac{a - \mu}{\sigma}\right)$$

$$= \Phi_{\mu,\sigma}(b) - \Phi_{\mu,\sigma}(a)$$

Ob hier "$<$" oder "$\leq$" steht, spielt für die Wahrscheinlichkeit keine Rolle, da $P(X = x) = 0$ für alle $x \in \mathbb{R}$ gilt. Das bei der Bildung der Verteilungsfunktion $\Phi$ auftretende Integral ist nicht in geschlossener Form darstellbar. Mittels numerischer Methoden lassen sich die Werte $\Phi(z)$ approximieren (der interessierte Leser sei auf [1], S. 932, verwiesen). Man findet sie in entsprechenden Tabellen. Dabei genügt es aufgrund der Beziehung $\Phi(z) = 1 - \Phi(-z)$ nur die Werte für $z > 0$ anzugeben.

Sei im Folgenden $x_1, \ldots, x_n$ eine Stichprobe vom Umfang $n$. Diese wird aufgefasst als Realisierung von $n$ unabhängigen $N(\mu, \sigma)$-verteilten Zufallsvariablen $X_1, \ldots, X_n$.[2]

## 3.2 Punktschätzer

Plausible Punktschätzer für $\mu$ und $\sigma^2$ sind das **empirische Stichprobenmittel**

$$\hat{\mu} = \hat{\mu}(\mathbf{X}) := \bar{X}_n = \frac{1}{n} \sum_{i=1}^{n} X_i \tag{3.1}$$

bzw. die **empirische Varianz**

---

[2] Der Wahrscheinlichkeitsraum $(\Omega, \mathcal{A}, P_{\mu,\sigma})$ bleibt abstrakt. Die Existenz ist stets gesichert. Man wähle z. B. $(\Omega, \mathcal{A}, P_{\mu,\sigma}) = (\mathbb{R}^n, \mathcal{B}^n, N^n(\mu, \sigma))$ und als Zufallsvariablen $X_i : \mathbb{R}^n \to \mathbb{R}$ die Koordinatenprojektionen $X_i(x_1, \ldots, x_n) = x_i, i = 1, \ldots, n$. Dann sind $X_1, \ldots, X_n$ stochastisch unabhängig und es gilt $X_i \sim N(\mu, \sigma), i = 1, \ldots, n$, d.h. $(X_1, \ldots, X_n) \sim N^n(\mu, \sigma)$.

$$S_n = S_n(\mathbf{X}) = \frac{1}{n-1} \sum_{i=1}^{n} (X_i - \bar{X}_n)^2 \tag{3.2}$$

wobei $\mathbf{X} = (X_1, \ldots, X_n)$. Beide Punktschätzer sind erwartungstreu, denn es gilt (vgl. Aufgabe 6):

$$\mathrm{E}_{\mu,\sigma}(\bar{X}_n) = \mu, \ \ \mathrm{E}_{\mu,\sigma}(S_n^2) = \sigma^2 \tag{3.3}$$

Ist $\mathbf{x} = (x_1, \ldots, x_n)$ eine Realisierung von $\mathbf{X}$, so sind

$$\bar{x}_n = \frac{1}{n} \sum_{i=1}^{n} x_i$$

bzw.

$$s_n^2 = \frac{1}{n-1} \sum_{i=1}^{n} (x_i - \bar{x})^2$$

Punktschätzungen für $\mu$ bzw. $\sigma^2$.

Nach der ML-Methode erhält man Folgendes: Die (gemeinsame) Dichte der Zufallsvariablen $X_1, \ldots, X_n$ ist gegeben durch

$$f_{\mu,\sigma}(x_1, \ldots, x_n) = \prod_{i=1}^{n} \varphi_{\mu,\sigma}(x_i) = \prod_{i=1}^{n} \frac{1}{\sqrt{2\pi}\sigma} \exp\left(-\frac{(x_i - \mu)^2}{2\sigma^2}\right)$$

Die Produktstruktur ist eine Folge der stochastischen Unabhängigkeit (siehe z. B. [8], Kapitel 31), d.h. die Verteilung des Zufallsvektors $\mathbf{X}$ ist das $n$-fache Produktmaß von $N(\mu, \sigma)$, i.Z. $N(\mu, \sigma)^n$. Entsprechend dem in Abschnitt 2.3 erläuterten Vorgehen zur Berechnung des ML-Schätzers, liefert die Bestimmung von $\max_{\mu,\sigma} f_{\mu,\sigma}(x_1, \ldots, x_n)$ für $\mu$ und $\sigma^2$ die ML-Schätzungen

$$\hat{\mu}_{ML} = \bar{x}_n$$

bzw.

$$\widehat{\sigma^2}_{ML} = \frac{1}{n} \sum_{i=1}^{n} (x_i - \bar{x})^2,$$

vgl. Aufgabe 7. ML-Schätzer sind also nicht immer erwartungstreu (Aufgabe 8)!

Die Berechnung der Schätzer (3.1) und (3.2) mit dem R-Commander wurde bereits in Programmbeispiel 1.11 in Abschnitt 1.2.1 vorgestellt. Daher verzichten wir an dieser Stelle auf ein Beispiel.

**Bemerkung 3.3** *Anders als im Diskreten macht es im stetigen Verteilungsfall bei der ML-Methode keinen Sinn, Wahrscheinlichkeiten zu maximieren, da stets*

$$P_{\mu,\sigma}\big(\mathbf{X} = \mathbf{x}\big) = 0$$

*gilt. Anstelle von Wahrscheinlichkeiten wird die Dichte maximiert, d.h. es werden diejenigen Parameter $\mu$ und $\sigma$ gesucht, die $f_{\mu,\sigma}(\mathbf{x})$ maximieren.*

*Das ML-Prinzip (im stetigen Fall) geht davon aus, dass man typischerweise einen Wert $x$ beobachtet, dessen „Umgebung" eine große Wahrscheinlichkeit besitzt. Ist $(x - \varepsilon, x + \varepsilon)$ eine $\varepsilon$-Umgebung von $x$, so gilt für hinreichend „kleine" $\varepsilon$*

$$P_{\mu,\sigma}\big(X \in (x - \varepsilon, x + \varepsilon)\big) = \int_{x-\varepsilon}^{x+\varepsilon} \varphi_{\mu,\sigma}(t)\, dt \approx 2\varepsilon\varphi_{\mu,\sigma}(x)$$

*Diese Approximation liegt dem ML-Prinzip im stetigen Fall zu Grunde und es wird die Dichte in Abhängigkeit von $\mu$ und $\sigma$ maximiert.*


## 3.3 Intervallschätzer für den Mittelwert

Wir wollen in diesem Abschnitt ein Konfidenzintervall für $\mu$ herleiten. Einer Stichprobe $x_1, \ldots, x_n$ wird ein ganzes Intervall von Parameterwerten zugeordnet, die alle „plausibel" (d.h. „mit den Daten verträglich") sind. Wir unterscheiden dabei die beiden Fälle, dass die Standardabweichung $\sigma$ bekannt (Abschnitt 3.3.1) oder unbekannt (Abschnitt 3.3.2) ist.


### *3.3.1 Bekannte Standardabweichung*

Naheliegend ist der symmetrische Ansatz $C(\mathbf{X}) = (\bar{X}_n - c, \bar{X}_n + c)$, wobei die Konstante $c$ so gewählt wird, dass

$$P_{\mu,\sigma}\big\{\mu \in (\bar{X}_n - c, \bar{X}_n + c)\big\} = 1 - \alpha$$

für alle $\mu \in \mathbb{R}$ gilt oder, äquivalent dazu,

$$N(\mu,\sigma)^n\big(\big\{\mathbf{x} \in \mathbb{R}^n : \mu \in (\bar{x}_n - c, \bar{x}_n + c)\big\}\big) = 1 - \alpha$$

für alle $\mu \in \mathbb{R}$. Hinter diesem intuitiv naheliegenden und „direkten" Ansatz steckt das allgemeine Konstruktionsprinzip für Konfidenzintervalle, wie wir es schon für Binomialmodelle im Rahmen der Quantil-Methode kennengelernt haben (Abschnitt 2.4.2):

1. Schritt: Man finde zu jedem $\mu$ ein möglichst kleines Intervall

$$C_\mu = (\mu - c, \mu + c)$$

mit der Eigenschaft $P_{\mu,\sigma}(\bar{X}_n \in C_\mu) = 1 - \alpha$.
2. Schritt: Ist $\mathbf{x}$ eine Realisierung von $\mathbf{X}$, so bestimme man die Menge

$$C(\mathbf{x}) = \{\mu : \bar{x}_n \in C_\mu\}$$

Dann ist $C(\mathbf{x})$ ein Konfidenzintervall für $\mu$ mit Überdeckungswahrscheinlichkeit $1 - \alpha$ [3], denn es gilt $\bar{x}_n \in (\mu - c, \mu + c) \Leftrightarrow \mu \in (\bar{x}_n - c, \bar{x}_n + c)$ und damit

$$C(\mathbf{x}) = (\bar{x}_n - c, \bar{x}_n + c)$$

Das Intervall $C_\mu = (\mu - c, \mu + c)$ mit einer geeignet gewählten Konstante $c$ erfüllt die Forderungen aus Schritt 1. Um dies zu zeigen und um $c$ zu bestimmen, muss man die Verteilung von $\bar{X}_n$ kennen. Nach dem Faltungstheorem für die Normalverteilung ist die Summe von unabhängigen normalverteilten Zufallsvariablen wieder normalverteilt und somit ist auch $\bar{X}_n$ normalverteilt. Jetzt müssen nur noch die Parameter bestimmt werden, also Erwartungswert und Standardabweichung. Da $\bar{X}_n$ erwartungstreu ist (vgl. (3.3)), gilt

$$\mathrm{E}_{\mu,\sigma}(\bar{X}_n) = \mu$$

und

$$\sqrt{\mathrm{Var}_{\mu,\sigma}(\bar{X}_n)} = \sqrt{\mathrm{E}_{\mu,\sigma}(\bar{X}_n - \mu)^2} = \frac{\sigma}{\sqrt{n}}$$

(siehe Aufgabe 9), und damit also $\bar{X}_n \sim N(\mu, \sigma/\sqrt{n})$. Die Dichte ist symmetrisch um $\mu$ und besitzt ihr Maximum im Punkt $\mu$. Daher erfüllt das Intervall $C_\mu = (\mu - c, \mu + c)$ die Forderung aus Schritt 1.

Da die standardisierte Zufallsvariable $(\bar{X}_n - \mu)/(\sigma/\sqrt{n})$ eine $N(0,1)$-Verteilung besitzt, kann $c$ nun leicht bestimmt werden. Denn es gilt nämlich

$$\bar{X}_n - c < \mu < \bar{X}_n + c \Leftrightarrow -\frac{c}{\sigma/\sqrt{n}} < \frac{\bar{X}_n - \mu}{\sigma/\sqrt{n}} < \frac{c}{\sigma/\sqrt{n}}, \qquad (3.4)$$

was wegen $\Phi(-x) = 1 - \Phi(x)$ für alle $x \in \mathbb{R}$ Folgendes impliziert:

$$P_{\mu,\sigma}\left(\mu \in (\bar{X}_n - c, \bar{X}_n + c)\right) = P_{\mu,\sigma}\left(-\frac{c}{\sigma/\sqrt{n}} < \frac{\bar{X}_n - \mu}{\sigma/\sqrt{n}} < \frac{c}{\sigma/\sqrt{n}}\right)$$

$$= \Phi\left(\frac{c}{\sigma/\sqrt{n}}\right) - \Phi\left(-\frac{c}{\sigma/\sqrt{n}}\right)$$

$$= 2\Phi\left(\frac{c}{\sigma/\sqrt{n}}\right) - 1$$

$$\overset{!}{=} 1 - \alpha$$

Die Lösung ist somit

$$c = z_{1-\alpha/2}\frac{\sigma}{\sqrt{n}}$$

---

[3] Wie schon in Kapitel 2 wollen wir der Einfachheit halber bei einem *konkreten* Konfidenzintervall $C(\mathbf{x})$ nur von einem Konfidenzintervall sprechen.

Dabei bezeichnet $z_{1-\alpha/2} = \Phi^{-1}(1 - \alpha/2)$ wieder das $(1 - \alpha/2)$-Quantil der $N(0, 1)$-Verteilung, was wir schon in Abschnitt 2.5 und Programmbeispiel 2.17 kennen gelernt haben. Fassen wir zusammen:

**Satz 3.4** *Bei bekannter Standardabweichung $\sigma$ ist*

$$C_\sigma(\mathbf{X}) = \left( \bar{X}_n - z_{1-\alpha/2}\frac{\sigma}{\sqrt{n}}, \bar{X}_n + z_{1-\alpha/2}\frac{\sigma}{\sqrt{n}} \right) \tag{3.5}$$

*ein Konfidenzintervall für $\mu$ mit Überdeckungswahrscheinlickeit $1 - \alpha$.*

**Programmbeispiel 3.3** Zur Berechnung eines 95%-Konfidenzintervalls wie in (3.5), schreiben wir die Funktion `mw.normal.bekannt()`. Für eine Einführung zur Erstellung eigener Funktionen, siehe Abschnitt 18.3.4.

```
mw.normal.bekannt <- function(x, sigma, alpha) {
  mw    <- mean(x, na.rm = TRUE)
  n     <- length(na.omit(x))
  konst <- qnorm(1 - (alpha / 2)) * (sigma / sqrt(n))
  round(c(mw - konst, mw + konst), 4)
}
```

Zur Angabe des Stichprobenumfangs $n$, bestimmt man einfach die Länge des Vektors, d.h. die Anzahl der Einträge, mit der Funktion `length()`. Da Variablen in Datensätzen auch fehlende Werte (`NA`) enthalten können, schließen wir mit `na.omit()` alle fehlenden Beobachtungen aus. Das gleiche wird in der Zeile davor auch bei der Berechnung des arithmetischen Mittels mit dem Argument `na.rm` erreicht. Zur Berechnung der Konfidenzintervalle mit den Daten aus den beiden Eingangsbeispielen, gehen wir im Datensatz `lampen` von einer Standardabweichung von $\sigma = 1\,000$ aus und im Datensatz `platin` von $\sigma = 0.7$:

```
mw.normal.bekannt(lampen$brenndauer, 1000, 0.05)
mw.normal.bekannt(platin$kcal, 0.7, 0.05)
```

Das 0.95-Konfidenzintervall für die Brenndauer aus Beispiel 3.2 der Energiesparlampen lautet $(9\,352.24, 10\,136.23)$. Die vom Hersteller angegebene Brenndauer von $10\,000$ Stunden liegt innerhalb des Intervalls, was ein Anzeichen für die Richtigkeit der Aussage ist. Man bedenke allerdings, dass für dieses Problem ein einseitiges Konfidenzintervall aussagekräftiger wäre (Aufgabe 10). Bei den Platin-Daten aus Beispiel 3.1 ist das Konfidenzintervall $(136.7655, 137.3037)$, womit die theoretische Sublimationswärme von 135 nicht im Intervall liegt.

**Bemerkung 3.5** *Wir wollen noch kurz eine andere Möglichkeit aufzeigen, wie man das Konfidenzintervall (3.5) motivieren kann. Neben der ML-Schätzung $\bar{x}_n$ sind auch alle Schätzwerte plausibel, die nur zufallsbedingt von $\bar{x}_n$ abweichen. Zufallsbedingt sind Abweichungen in der Größenordnung*

$$ SEM = \sqrt{\mathrm{Var}(\bar{X}_n)} = \sqrt{\mathrm{E}(\bar{X}_n - \mu)^2} = \frac{\sigma}{\sqrt{n}} \qquad (3.6) $$

*zu erwarten. Der **Standardfehler des Mittelwertes** SEM (Standard Error Mean) ist ein Maß für die zufällige Schwankung von $\bar{X}_n$ um $\mu$. Plausible Schätzwerte für $\mu$ sind demnach alle Werte des Intervalls*

$$ \left( \bar{X}_n - \frac{\sigma}{\sqrt{n}}, \bar{X}_n + \frac{\sigma}{\sqrt{n}} \right) \qquad (3.7) $$

*Allerdings besitzt dieses Intervall eine Überdeckungswahrscheinlichkeit von lediglich 68 % (siehe Aufgabe 11). Wird gefordert, dass die Überdeckungswahrscheinlichkeit $1-\alpha$ beträgt, so ist es naheliegend, den SEM mit einer geeigneten Konstante $c$ zu multiplizieren, also die Intervallgrenzen*

$$ \bar{X}_n \pm c\frac{\sigma}{\sqrt{n}} $$

*zu betrachten. Die Konstante $c$ ist dann gerade das Quantil $z_{1-\alpha/2}$.*

## Testentscheidungen mittels Konfidenzintervallen

Mittels des Konfidenzintervalls (3.5) lässt sich sofort eine Testentscheidung für das zweiseitige Testproblem

$$ H_0 : \mu = \mu_0 \quad \text{gegen} \quad H_1 : \mu \neq \mu_0, \qquad (3.8) $$

angeben. Für die Daten aus Beispiel 3.1 lautet die zugehörige Nullhypothese $H_0 : \mu = 135$. Entsprechendes gilt für die einseitigen Testprobleme

$$ H_0 : \mu \leq \mu_0 \quad \text{gegen} \quad H_1 : \mu > \mu_0 \qquad (3.9) $$

und

$$ H_0 : \mu \geq \mu_0 \quad \text{gegen} \quad H_1 : \mu < \mu_0 \qquad (3.10) $$

unter Verwendung der einseitigen $(1 - \alpha)$-Konfidenzintervalle

$$ C_\sigma(\mathbf{X}) = \left( \bar{X}_n - z_{1-\alpha}\frac{\sigma}{\sqrt{n}}, \infty \right) $$

bzw.

$$ C_\sigma(\mathbf{X}) = \left( -\infty, \bar{X}_n + z_{1-\alpha}\frac{\sigma}{\sqrt{n}} \right) $$

Da bei der Brenndauer im Datensatz `lampen` nur eine Abweichung der Hersteller-angaben nach unten relevant ist, lautet hier die einseitige Nullhypothese $H_0 : \mu \geq$ 10 000. In allen Fällen lautet die Testentscheidung, basierend auf eine Realisierung $\mathbf{x}$:

$$\text{Ablehnung von } H_0, \text{ falls } \mu_0 \notin C_\sigma(\mathbf{x})$$

Diese Testentscheidung entspricht dem **Gauß-Test** zum Signifikanzniveau $\alpha$, was unmittelbar aus den nachfolgenden Ausführungen folgt.

## Konstruktion des Konfidenzintervalls mittels des Gauß-Tests

Betrachtet wird das zweiseitige Testproblem (3.8). Eine geeignete Prüfgröße (Test-statistik) ist

$$Z = \frac{\bar{X}_n - \mu_0}{\sigma/\sqrt{n}} \tag{3.11}$$

Unter der Gültigkeitsannahme von $H_0$ ist diese Prüfgröße $N(0,1)$-verteilt. Ist $\alpha$ ein vorgegebenes Signifikanzniveau, so ist

$$\mathcal{K}_1 = (-\infty, -z_{1-\alpha/2}] \cup [z_{1-\alpha/2}, \infty)$$

ein kritischer Bereich eines Niveau-$\alpha$-Tests. Liegt eine Realisierung $\bar{x}_n$ vor, so wird $H_0$ abgelehnt, falls $z = (\bar{x}_n - \mu_0)/(\sigma/\sqrt{n}) \in \mathcal{K}_1$, d.h. $|z| \geq z_{1-\alpha/2}$. Andernfalls wird $H_0$ nicht abgelehnt, d.h. wenn $z$ im Nichtablehnungsbereich $\mathcal{K}_0 = (-z_{1-\alpha/2}, z_{1-\alpha/2})$ liegt. Dies ist der **Gauß-Test**.

Wird $H_0$ nicht abgelehnt, so ist der Parameterwert $\mu_0$ plausibel, also mit den Daten verträglich. Jetzt variiert man $\mu_0$ und fragt nach allen Parameterwerten $\mu_0$, die bei Vorliegen einer Realisierung $\bar{x}_n$ zu keiner Ablehnung von $H_0$ führen. Die Menge dieser Parameterwerte ist dann gerade das Konfidenzintervall (3.5):

$$\{\mu_0 \in \mathbb{R} : z \in \mathcal{K}_0\} = \left(\bar{x}_n - z_{1-\alpha/2}\frac{\sigma}{\sqrt{n}}, \bar{x}_n + z_{1-\alpha/2}\frac{\sigma}{\sqrt{n}}\right) = C_\sigma(\mathbf{x})$$

Entsprechendes gilt für den einseitigen Fall (Aufgabe 12).

Der Gauß-Test ist nicht in den Basispaketen von R enthalten, sondern kann bei-spielsweise durch Installation und Laden des Zusatzpakets **TeachingDemos** [12] verfügbar gemacht werden. Die Funktion hierzu lautet `z.test()`, die den Namen aufgrund der Teststatistik in (3.11) erhalten hat. Für die konkrete Durchführung des Testes verweisen wir auf Aufgabe 13.

### 3.3.2 Unbekannte Standardabweichung

Naheliegend ist die Idee, in (3.5) $\sigma$ durch die Punktschätzung $s_n$ zu ersetzen. Aber dies genügt nicht, denn die Überdeckungswahrscheinlichkeit dieses Intervalls ist kleiner als $1 - \alpha$, wie wir jetzt zeigen werden.

Zunächst ist der Ansatz identisch zum Fall einer bekannten Standardabweichung. Um $c$ zu bestimmen, hat man in (3.4) $\sigma$ durch $S_n$ zu ersetzen:

$$\bar{X}_n - c < \mu < \bar{X}_n + c \Leftrightarrow -\frac{c}{S_n/\sqrt{n}} < \frac{\bar{X}_n - \mu}{S_n/\sqrt{n}} < \frac{c}{S_n/\sqrt{n}}$$

Die Verteilung von $(\bar{X}_n - \mu)/S_n/\sqrt{n}$ ist aber nicht mehr die $N(0,1)$-Verteilung, wie der folgende Satz zeigt.

**Satz 3.6** *Sind* $X_1, \ldots, X_n$ *unabhängige,* $N(\mu, \sigma)$-*verteilte Zufallsvariable, so ist das „studentisierte" Stichprobenmittel*

$$\frac{\bar{X}_n - \mu}{S_n/\sqrt{n}}$$

*t-verteilt mit* $n - 1$ *Freiheitsgraden, kurz* $\frac{\bar{X}_n - \mu}{S_n/\sqrt{n}} \sim t_{n-1}$. [4]

Für einen Beweis sei z. B. auf [5] verwiesen. Die $t$-Verteilung mit $n$ Freiheitsgraden besitzt die Dichte

$$f_n(x) = \frac{\Gamma(\frac{n+1}{2})}{\Gamma(\frac{n}{2})\sqrt{\pi n}} \left(1 + \frac{x^2}{n}\right)^{-\frac{n+1}{2}}, \quad x \in \mathbb{R} \tag{3.12}$$

Dabei ist $\Gamma(x) = \int_0^\infty t^{x-1} \exp(-t)\, dt$, $x > 0$, die Gammafunktion. Die Dichte ist symmetrisch zum Nullpunkt und konvergiert punktweise für $n \to \infty$ gegen die Dichte der Standardnormalverteilung, d.h.

$$\lim_{n\to\infty} f_n(x) = \varphi(x) = \frac{1}{\sqrt{2\pi}} e^{-x^2/2}, \quad x \in \mathbb{R}, \tag{3.13}$$

siehe hierzu Aufgabe 15. Bezeichnet $t_{n;\alpha}$ das $\alpha$-Quantil der $t_n$-Verteilung, so impliziert die Aussage (3.13), dass die Folge $(t_{n;\alpha})_{n\in\mathbb{N}}$ gegen das $\alpha$-Quantil der $N(0,1)$-Verteilung $z_\alpha$ konvergiert. Darüber hinaus ist diese Folge streng monoton fallend. Es gilt also

$$t_{n,\alpha} \downarrow z_\alpha, \quad n \to \infty$$

---

[4] Die $t$-Verteilung wird auch als *Student*-Verteilung bezeichnet. Der Statistiker William Sealy Gosset (1876-1937), der die $t$-Verteilung entdeckt hat, veröffentlichte 1908 seine Ergebnisse unter dem Pseudonym „Student" [13].

**Programmbeispiel 3.4** Für ein Diagramm der Dichte der $t$-Verteilung könnte man den R-Commander zur Hilfe nehmen (im Menü unter **Verteilungen** $\longrightarrow$ **Stetige Verteilungen** $\longrightarrow$ **t-Verteilung** $\longrightarrow$ **Grafik der t-Verteilung…**). Um aber die Dichte von verschiedenen Freiheitsgraden in ein gemeinsames Diagramm zu zeichnen, gibt man besser den Befehl direkt ins Skriptfenster ein. Die Befehle dazu sind sehr ähnlich zu denen aus Programmbeispiel 3.1:

```
curve(dt(x, 1), lwd = 2, from = -3, to = 3, lty = 3,
   xlab = "", ylab = "", ylim = c(0, 0.4))
curve(dt(x, 10), lwd = 2, lty = 2, add = TRUE)
curve(dnorm, lwd = 2, add = TRUE)
l.text <- c("n = 1", "n = 10",
   expression(paste("n = ", infinity)))
legend("topright", lty = 3:1, lwd = 2,
   legend = l.text)
```

Die Dichten sind in Abb. 3.5 zu sehen. Zur Verdeutlichung des Konvergenzverhaltens aus (3.13) wird auch die Dichte der Standardnormalverteilung eingefügt. In der Legende steht dann $n = \infty$ für die Zahl der Freiheitsgrade.

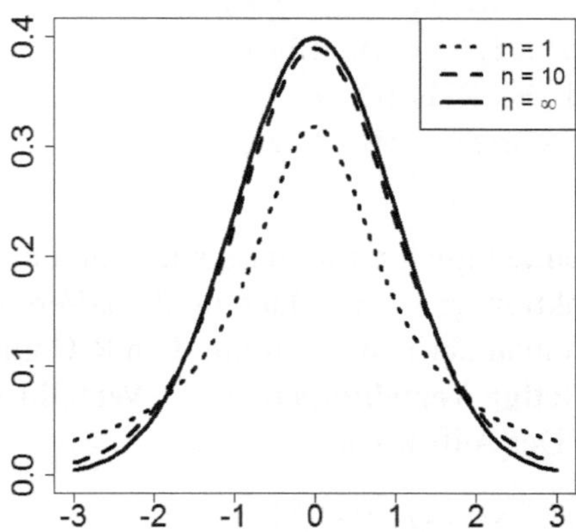


**Abb. 3.5** Dichte der $t$-Verteilung für verschiedene Freiheitsgrade.

Bezogen auf das Konfindenzintervall hat Satz 3.6 zur Folge, dass nun

$$c = t_{n-1;1-\alpha/2} \frac{S_n}{\sqrt{n}}$$

ist. Wird also in der Darstellung (3.5) nur $\sigma$ durch $S_n$ ersetzt, so hätte dieses Intervall wegen $z_{1-\alpha/2} < t_{n-1;1-\alpha/2}$ eine kleinere Überdeckungswahrscheinlichkeit als $1 - \alpha$. Fassen wir zusammen:

**Satz 3.7** *Bei unbekannter Standardabweichung $\sigma$ ist*

$$C(\mathbf{X}) = \left( \bar{X}_n - t_{n-1;1-\alpha/2} \frac{S_n}{\sqrt{n}}, \bar{X}_n + t_{n-1;1-\alpha/2} \frac{S_n}{\sqrt{n}} \right) \tag{3.14}$$

*ein $(1 - \alpha)$-Konfidenzintervall für $\mu$. Für alle $\mu \in \mathbb{R}$ und $\sigma > 0$ gilt also*

$$P_{\mu,\sigma} \left( \mu \in \left( \bar{X}_n - t_{n-1;1-\alpha/2} \frac{S_n}{\sqrt{n}}, \bar{X}_n + t_{n-1;1-\alpha/2} \frac{S_n}{\sqrt{n}} \right) \right)$$

$$= N(\mu,\sigma)^n \left( \left\{ \mathbf{x} \in \mathbb{R}^n : \mu \in \left( \bar{x}_n - t_{n-1;1-\alpha/2} \frac{s_n}{\sqrt{n}}, \bar{x}_n + t_{n-1;1-\alpha/2} \frac{s_n}{\sqrt{n}} \right) \right\} \right)$$

$$= 1 - \alpha$$

**Programmbeispiel 3.6** Vollkommen analog wie die Funktion zur Berechnung eines Konfidenzintervalls des Mittelwerts bei einer bekannten Standardabweichung in Progammbeispiel 3.3, definieren wir uns die Funktion `mw.normal()` für den Fall einer unbekannten Standardabweichung:

```
mw.normal <- function(x, alpha){
    mw      <- mean(x, na.rm = TRUE)
    s       <- sd(x, na.rm = TRUE)
    n       <- length(na.omit(x))
    konst <- qt(1 - (alpha / 2), n - 1) * (s / sqrt(n))
    round(c(mw - konst, mw + konst), 4)
}
```

Die Änderungen bestehen lediglich darin, dass wir $\sigma$ durch den Punktschätzer $s_n$ ersetzen und mit der Funktion `qt()` die Quantile der $t$-Verteilung verwenden. Die genannten Quantile kann man übrigens auch mit dem R-Commander im Menü unter **Verteilungen** $\longrightarrow$ **Stetige Verteilungen** $\longrightarrow$ $t$-**Verteilung** $\longrightarrow$ **Quantile der** $t$-**Verteilung** berechnen. Der Aufruf von

```
mw.normal(platin$kcal, 0.05)
mw.normal(platin.red$kcal, 0.05)
```

liefert uns dann die 95 %-Konfidenzintervalle der Platin-Daten einmal mit und einmal ohne die Ausreißer.

Anhand der Konfidenzintervalle wird der Einfluss der Ausreißer auf den Mittelwert sehr deutlich. Das Intervall für alle Beobachtungen ist $(135.2355, 138.8337)$, was deutlich breiter ist als das Konfidenzintervall, welches in Programmbeispiel 3.3 im Fall einer bekannten Standardabweichung berechnet wurde. Trotzdem enthält dieses Intervall nicht die theoretische Sublimationswärme von 135, was immer noch auf leicht höhere Werte schließen lässt. Das Konfidenzintervall für den Datensatz `platin.red` lautet $(134.6959, 135.3327)$ und enthält daher die 135. Dies lässt auf einen verzerrenden Einfluss der Ausreißer schließen, da sich die übrigen Beobachtungen „regelkonform" verhalten im Sinne, dass bei ihnen nichts auf einen Fehler im Versuchsaufbau hindeutet. Für ein 95 %-Konfidenzintervall mit dem Datensatz `lampen` siehe Aufgabe 16.

**Bemerkung 3.8** *Analog zum Fall einer bekannten Standardabweichung lässt sich das Konfidenzintervall (3.14) auch wie folgt motivieren, vgl. Bemerkung 3.5. Zufallsbedingt sind Abweichungen des Punktschätzers $\bar{X}_n$ von $\mu$ in der Größenordnung $SEM = \sigma/\sqrt{n}$ zu erwarten. Da man $\sigma$ nicht kennt, wird $\sigma$ durch $S_n$ ersetzt und man erhält den* **geschätzen Standardfehler des Mittelwertes** *(Estimated Standard Error Mean)*

$$ESEM = \frac{S_n}{\sqrt{n}}$$

*Plausible Schätzwerte für $\mu$ sind demnach alle Werte des Intervalls*

$$\left( \bar{X}_n - \frac{S_n}{\sqrt{n}}, \bar{X}_n + \frac{S_n}{\sqrt{n}} \right) \tag{3.15}$$

*Dieses Intervall besitzt für hinreichend große $n$ lediglich eine Überdeckungswahrscheinlichkeit von annähernd 68 % (siehe Aufgabe 17). Wird eine Überdeckungswahrscheinlichkeit von $1 - \alpha$ vorgegeben, so hat man den ESEM mit einer geeigneten Konstanten, nämlich $t_{n-1;1-\alpha/2}$, zu multiplizieren.*

### Testentscheidungen mittels Konfidenzintervallen

Mittels des Konfidenzintervalls (3.14) lässt sich sofort eine Testentscheidung für das zweiseitige Testproblem

$$H_0 : \mu = \mu_0 \quad \text{gegen} \quad H_1 : \mu \neq \mu_0 \tag{3.16}$$

angeben. Entsprechendes gilt wieder für die einseitigen Testprobleme

$$H_0 : \mu \leq \mu_0 \quad \text{gegen} \quad H_1 : \mu > \mu_0 \tag{3.17}$$

und

$$H_0 : \mu \geq \mu_0 \quad \text{gegen} \quad H_1 : \mu < \mu_0, \tag{3.18}$$

unter Verwendung der einseitigen $(1 - \alpha)$-Konfidenzintervalle

$$C(\mathbf{X}) = \left( \bar{X}_n - t_{n-1;1-\alpha} \frac{S_n}{\sqrt{n}}, \infty \right)$$

bzw.

$$C(\mathbf{X}) = \left( -\infty, \bar{X}_n + t_{n-1;1-\alpha} \frac{S_n}{\sqrt{n}} \right)$$

Basierend auf einer „konkreten" Stichprobe $\mathbf{x}$ lautet die Testentscheidung

$$\text{Ablehnung von } H_0, \text{ falls } \mu_0 \notin C(\mathbf{x})$$

Diese Testentscheidung entspricht dem $t$-Test zum Signifikanzniveau $\alpha$, was aus den nachfolgenden Ausführungen folgt. Wie das Konfidenzintervall mit dem R-Commander berechnet wird, erfährt man im Programmbeispiel 3.7 unten am Beispiel des `lampen`-Datensatzes.

## Konstruktion des Konfidenzintervalls mittels des $t$-Tests

Eine geeignete Prüfgröße für das zweiseitige Testproblem (3.16) ist

$$T = \frac{\bar{X}_n - \mu_0}{S_n / \sqrt{n}},$$

die unter $H_0$ $t_{n-1}$-verteilt ist. Bei vorgegebenem Signifikanzniveau $\alpha$, ist

$$\mathcal{K}_1 = (-\infty, -t_{n-1;1-\alpha/2}] \cup [t_{n-1;1-\alpha/2}, \infty)$$

ein kritischer Bereich eines Niveau-$\alpha$-Tests. Liegt eine Realisierung $\bar{x}_n$ vor, so wird $H_0$ abgelehnt, falls $t = (\bar{x}_n - \mu_0)/(s_n/\sqrt{n}) \in \mathcal{K}_1$, d.h. $|t| \geq t_{n-1;1-\alpha/2}$. Andernfalls wird $H_0$ nicht abgelehnt, wenn $t$ im Nichtablehnungsbereich

$$\mathcal{K}_0 = (-t_{n-1;1-\alpha/2}, t_{n-1;1-\alpha/2})$$

liegt. Dies ist der **Einstichproben-$t$-Test**.

Jetzt variiert man wieder $\mu_0$ und fragt nach allen Parameterwerten $\mu_0$, die bei Vorliegen einer Realisierung $\bar{x}_n$ zu keiner Ablehnung von $H_0$ führen. Die Menge dieser Parameterwerte ist dann das Konfidenzintervall (3.14):

$$\{\mu_0 \in \mathbb{R} : t \in \mathcal{K}_0\} = \left( \bar{x}_n - t_{n-1;1-\alpha/2}\frac{s_n}{\sqrt{n}}, \bar{x}_n + t_{n-1;1-\alpha/2}\frac{s_n}{\sqrt{n}} \right) = C(\mathbf{x})$$

Entsprechendes gilt für den einseitigen Fall (Aufgabe 19).

**Programmbeispiel 3.7** Die Durchführung des $t$-Tests ist mit dem R-Commander möglich. Für die Daten aus Beispiel 3.2 aktivieren wir dazu den Datensatz `lampen`.

1. Gehe im Menü auf **Statistik** $\longrightarrow$ **Mittelwerte vergleichen** $\longrightarrow$ $t$-**Test für eine Stichprobe ...**
2. Da die Variable `brenndauer` im neuen Dialogfeld schon automatisch ausgewählt wurde (s. Abb. 3.8), muss im Feld *Nullhypothese* die Zahl 10 000 eingegeben werden.

3. Um einen einseitigen Test durchzuführen, aktiviert man unter *Alternativhypo-these* die zweite Einstellung, damit gegen die Nullhypothese $H_0 : \mu \geq 10\,000$ getestet wird. Im Fall einer zweiseitigen Alternativhypothese lässt man diese Einstellung unverändert. Zum Abschluss geht man auf $\boxed{\text{OK}}$.

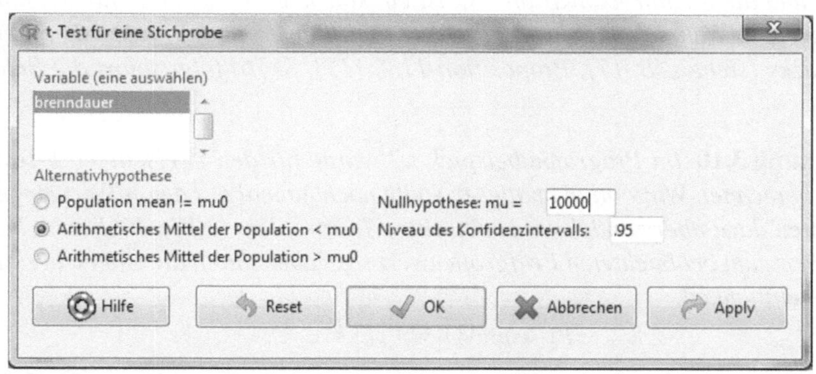


**Abb. 3.8** Dialogfeld zur Berechnung des Einstichproben $t$-Tests.

Es wird folgende Ausgabe angezeigt:

```
    One Sample t-test

data:   lampen$brenndauer
t = -1.2816, df = 24, p-value = 0.1061
alternative hypothesis: true mean is less than 10000
95 percent confidence interval:
     -Inf 10085.67
sample estimates:
mean of x
 9744.232
```

Der $p$-Wert von 0.1061 deutet an, dass der Mittelwert von etwa 9 744 Stunden relativ gering ist, aber auf dem 95 %-Signifikanzniveau nicht gegen die Nullhypothese spricht. Das gleiche Ergebnis erhält man mit dem einseitigen Konfidenzintervall, was laut Ausgabe $(-\infty, 10\,085.67)$ beträgt und damit den Wert 10 000 enthält. Den Hersteller der Energiesparlampen kann man also nicht der Lüge bezichtigen, wenn er behauptet, dass die Lampen im Mittel 10 000 Stunden brennen. Für den $t$-Test zu den Platin-Daten, siehe Aufgabe 20.

**Bemerkung 3.9** *Für große Stichprobenumfänge, in der Praxis gilt die Faustregel* $n > 30$, *kann beim $t$-Test auf die Normalverteilungsannahme verzichtet werden. Sind* $X_1, \ldots, X_n$ *unabhängige, identisch verteilte Zufallsvariable mit* $\mathrm{E}(X_1) = \mu$ *und* $\mathrm{Var}(X_1) = \sigma^2 < \infty$, *so konvergiert die Teststatistik*

$$T = \frac{\bar{X}_n - \mu_0}{S_n/\sqrt{n}}$$

*in Verteilung gegen eine Standard-Normalverteilung. Kritische Werte sind dann Quantile der $N(0,1)$-Verteilung. Man erhält dann zwar keinen Test, der das vorgegebene Signifikanzniveau exakt einhält, aber doch zumindest approximativ.*

*Noch ein Hinweis zur Aussage über die Verteilungskonvergenz der Prüfgröße: Nach dem zentralen Grenzwertsatz ist $(\bar{X}_n - \mu)/(\sigma/\sqrt{n})$ asymptotisch $N(0,1)$-verteilt und die Stichprobenvarianz $S_n$ ist ein konsistenter Schätzer für $\sigma^2$, d.h. $S_n$ konvergiert in Wahrscheinlichkeit gegen $\sigma^2$ (vgl. Bemerkung 2.7). Mit dem Lemma von Slutzky (siehe z. B. [7], Proposition 11.2, [15], S. 76) folgt sofort die Behauptung.*

**Bemerkung 3.10** *Im Programmbeispiel 3.7 wurde für den zweiseitigen $t$-Test der $p$-Wert berechnet. Wir wollen an dieser Stelle noch einmal auf den $p$-Wert eingehen, betrachten dazu aber zunächst das einseitige Testproblem (3.17). In diesem Fall ist der $p$-Wert zum beobachteten Prüfgrößenwert $t$ gegeben durch die Überschreitungswahrscheinlichkeit*

$$p_{1-\text{seitig}}(t) = P_{\mu_0}(\tilde{T} \geq t)$$

*(vgl. die Ausführungen zum $p$-Wert in Abschnitt 2.7.1). Dabei besitzt $\tilde{T}$ (definiert auf einem Grundraum $\tilde{\Omega}$) die gleiche Verteilung wie die Prüfgröße $T$ (definiert auf einem Grundraum $\Omega$), also eine $t_{n-1}$-Verteilung. Eine Möglichkeit (die einzige?), den $p$-Wert mit dem Begriff einer Wahrscheinlichkeit in Zusammenhang zu bringen, ist die folgende: Wenn man das gleiche Zufallsexperiment noch einmal unter den gleichen Bedingungen durchführen würde, so ist der $p$-Wert die Wahrscheinlichkeit, unter der Nullhypothese eine Realisierung von $\tilde{T}$ zu beobachten, die größer oder gleich $t$ ist. Der beobachtete Prüfgrößenwert $t$ bezieht sich auf das bereits durchgeführte Zufallsexperiment (Vergangenheit). Mit anderen Worten: Der Wert $t$ ist eine Realisierung der Prüfgröße $T$ (formal $t = T(\omega)$ für ein $\omega \in \Omega$). Wahrscheinlichkeitsaussagen können sich nur auf künftige Ereignisse beziehen.*

*Streng genommen ist die Überschreitungswahrscheinlichkeit eine Interpretation des $p$-Wertes. Im Fall einer stetig verteilten Prüfgröße ist der $p$-Wert eine Realisierung einer auf $(0,1)$ gleichverteilten Zufallsvariablen. Dabei heißt eine Zufallsvariable $U$ auf $(0,1)$ **gleichverteilt**, falls $U$ die Dichte $f(u) = 1$, $u \in (0,1)$ und $f(u) = 0$, $u \notin (0,1)$, besitzt. Die Verteilungsfunktion $F$ ist dann gegeben durch*

$$F(x) := P(U \leq x) = \int_{-\infty}^{x} f(u)\, du = \begin{cases} 0, & x \leq 0 \\ x, & 0 < x < 1 \\ 1, & x \geq 1 \end{cases}$$

*Betrachten wir nun die Verteilungsfunktion $F_0$ der $t_{n-1}$-Verteilung:*

$$F_0(t) = P_{\mu_0}(\tilde{T} \leq t) = \int_{-\infty}^{t} f_{n-1}(x)\, dx, \quad t \in \mathbb{R}$$

*Dann ist $F_0(T)$ eine auf $(0,1)$ gleichverteilte Zufallsvariable. Der Nachweis ist in unserem Fall einfach* [5]:

*Die Verteilungsfunktion $F_0$ ist streng monoton steigend und damit existiert die Umkehrfunktion $F_0^{-1}$. Wegen $F_0\big(F_0^{-1}(x)\big) = x = F_0^{-1}(F_0(x))$, $x \in \mathbb{R}$, gilt für $u \in (0,1)$*

$$P_{\mu_0}(F_0(X) \le u) = P_{\mu_0}\big(X \le F_0^{-1}(u)\big) = F_0\big(F_0^{-1}(u)\big) = u$$

*Mit $F_0(T)$ ist auch $1 - F_0(T)$ auf $(0,1)$ gleichverteilt. Der p-Wert $p_{1\text{-}seitig}(t)$ ist also eine Realisierung der Zufallsvariablen $1 - F(T)$. Diese Zufallsvariable ist eine Abbildung von $\Omega$ nach $\mathbb{R}$, also $1 - F(T(\omega)) = P_{\mu_0}\big(\tilde{T} \ge T(\omega)\big)$, $\omega \in \Omega$. Ist $T(\omega) = t$, so können wir schreiben*

$$p_{1-\text{seitig}}(t) = 1 - F_0(t) = P_{\mu_0}\big(\tilde{T} \ge t\big) = P_{\mu_0}\big(\{\tilde{\omega} \in \tilde{\Omega} : \tilde{T}(\tilde{\omega}) \ge t\}\big)$$

*Für das einseitige Testproblem (3.18) ist der p-Wert zum Prüfgrößenwert von $t$ gegeben durch $F_0(t)$. Beim zweiseitigen Testproblem (3.16) hat man nur Folgendes zu beachten: Bei symmetrisch verteilten Prüfgrößen gilt immer*

$$p_{2-\text{seitig}} = 2 \cdot p_{1-\text{seitig}}$$

*Durch die Transformation $T \mapsto 1 - F_0(T)$ bzw. $T \mapsto F_0(T)$ der Prüfgröße $T$ auf ihren p-Wert lassen sich auffällig große bzw. auffällig kleine Realisierungen von $T$ unmittelbar erkennen.*

## 3.4 Konfidenzintervall für die Standardabweichung

Zur Bestimmung eines Konfidenzintervalls für $\sigma$ unterschieden wir primär aus didaktischen Gründen die beiden Fälle, dass der Mittelwert $\mu$ ist bekannt (Abschnitt 3.4.1) oder unbekannt (Abschnitt 3.4.2) ist.

---

[5] Ganz allgemein gilt: Besitzt eine Zufallsvariable $X$ eine stetige Verteilungsfunktion $F$, so ist $F(X)$, also die Verknüpfung von $F$ und $X$, auf $(0,1)$ gleichverteilt. Der Nachweis dieser Aussage, die nicht die Existenz der Umkehrfunktion voraussetzt, ist etwas aufwendiger, siehe z. B. [7], Aufgabe 1.18 mit der angegebenen Lösung. Die Stetigkeit von $F$ ist hierfür notwendig. Der diskrete Fall ist komplizierter. Die Verteilung von $F(X)$ ist dann ebenfalls diskret. Ist $P(X = j) = p_j$ mit $\sum_{j=1}^{n} p_j = 1$, so gilt aber immer noch $P(F(X) \le u) = u$ für $u = \sum_{j=1}^{k} p_j$, $k = 1,\ldots,n$. Die Verteilungsfunktion von $F(X)$ ist eine Treppenfunktion, deren Graph immer unterhalb der Diagonalen liegt. Damit gilt insbesondere $P(F(X) \le 0.05) \le 0.05$.

### *3.4.1 Bekannter Mittelwert*

Um ein Konfidenzintervall für $\sigma^2$ (bzw. $\sigma$) herzuleiten, benötigt man zunächst einen Punktschätzer für die Varianz $\sigma^2$. Dieser ist schnell gefunden, man wählt

$$\tilde{S}_n^2 = \tilde{S}_n^2(\mathbf{X}) = \frac{1}{n} \sum_{i=1}^{n} (X_i - \mu)^2$$

Beachte: Im Unterschied zur Stichprobenvarianz $S_n^2$ steht hier nicht das arithmetische Mittel $\bar{X}_n$, sondern der (als bekannt vorausgesetzte) Erwartungswert $\mu$. Wegen

$$\mathrm{E}_{\mu,\sigma}(\tilde{S}_n^2) = \sigma^2 \tag{3.19}$$

ist $\tilde{S}_n^2$ erwartungstreu (Aufgabe 22). Deshalb ist der Vorfaktor bei $\tilde{S}_n^2$ auch $1/n$ und nicht $1/(n-1)$ wie bei $S_n^2$. Ferner wird eine Verteilungsaussage über $\tilde{S}_n^2$ benötigt.

**Satz 3.11** *Die Zufallsvariable*

$$\frac{n\tilde{S}_n^2}{\sigma^2} = \sum_{i=1}^{n} \left( \frac{X_i - \mu}{\sigma} \right)^2$$

*ist $\chi^2$-verteilt mit $n$ Freiheitsgraden.*

Die Aussage folgt wegen $(X_i - \mu)/\sigma \sim N(0,1)$ unmittelbar aus der Definition der $\chi^2$-Verteilung:

**Definition 3.12** *Seien $X_1, \ldots, X_n$ unabhängige, standardnormalverteilte Zufallsvariablen. Die Verteilung der Summe $X_1^2 + \ldots + X_n^2$ heißt $\chi^2$-Verteilung mit $n$ Freiheitsgraden, kurz $\chi_n^2$.*

Mittels vollständiger Induktion und der Faltungsformel für Dichten ([7], Abschnitt 3.4, [8], Kapitel 31) kann man zeigen (siehe z. B. [5], Abschnitt 2.1), dass die $\chi_n^2$-Verteilung die Dichte

$$g_n(x) = \frac{1}{2^{n/2}\Gamma(\frac{n}{2})} x^{n/2-1} e^{-x/2}, \quad x > 0,$$

und $g_n(x) = 0$, $x \leq 0$, besitzt. Die Dichtefunktion $g_n$ der $\chi^2$-Verteilung wurde bereits 1863 von dem Physiker und Sozialreformer Ernst Abbe (s. [10], 293–297) berechnet.

**Programmbeispiel 3.9** Um sich die $\chi^2$-Verteilung besser vorstellen zu können, lassen wir uns auch diese Dichtefunktion für verschiedene Freiheitsgrade zeichnen. Die Befehle sind dabei erneut ganz analog zu denen in den Progammbeispielen 3.1 und 3.4.

```
curve(dchisq(x, 1), lwd = 2, from = 0, to = 30,
  xlab = "", ylab = "", ylim = c(0, 0.4))
curve(dchisq(x, 5), lwd = 2, lty = 2, add = TRUE)
curve(dchisq(x, 20), lwd = 2, lty = 3, add = TRUE)
l.text <- c("n = 1", "n = 5", "n = 20")
legend("topright", lty = 1:3, lwd = 2,
  legend = l.text)
```

Das fertige Diagramm ist in Abb. 3.10 zu sehen.

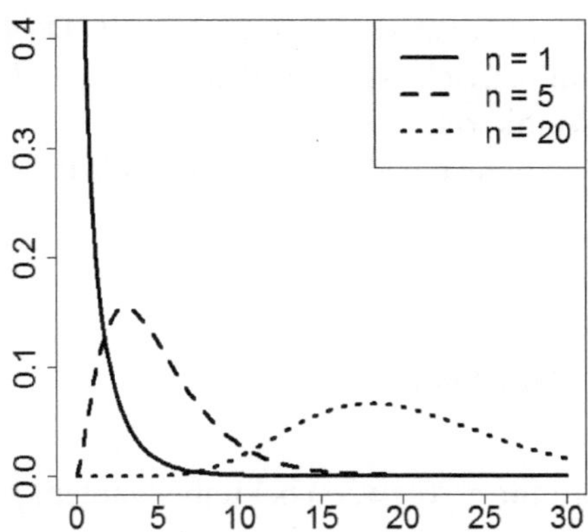


**Abb. 3.10** Dichte der $\chi^2$-Verteilung für verschiedene Freiheitsgrade.

Die Dichten sind nicht symmetrisch. Aufgrund des zentralen Grenzwertsatzes wird man aber erwarten, dass die Dichte $g_n$ mit wachsendem $n$ in die Gestalt der Dichte einer Normalverteilung übergeht. In Abb. 3.10 ist dies in Ansätzen daran zu erkennen, dass für steigende Freiheitsgrade die Dichtefunktion eine glockenförmige Form annimmt.

Nun ist es nicht mehr schwer, Konstanten $c_1$, $c_2$ zu finden, so dass

$$P_{\mu,\sigma}\left(c_1 < \frac{n\tilde{S}_n^2}{\sigma^2} < c_2\right) = 1 - \alpha$$

Sind $\alpha_1, \alpha_2 \in (0, 1/2]$ mit $\alpha_1 + \alpha_2 = \alpha$, so wähle $c_1 = \chi^2_{n;\alpha_1}$ und $c_2 = \chi^2_{n;1-\alpha_2}$. Dabei bezeichnet $\chi^2_{n;\alpha}$ das $\alpha$-Quantil der $\chi^2_n$-Verteilung. Wegen

$$\chi^2_{n;\alpha_1} < \frac{n\tilde{S}_n^2}{\sigma^2} < \chi^2_{n;1-\alpha_2} \Leftrightarrow \frac{n\tilde{S}_n^2}{\chi^2_{n;1-\alpha_2}} < \sigma^2 < \frac{n\tilde{S}_n^2}{\chi^2_{n;\alpha_1}}$$

erhalten wir folgendes Resultat.

**Satz 3.13** *Bei bekanntem Mittelwert $\mu$ ist*

$$\left( \frac{n\tilde{S}_n^2}{\chi^2_{n;1-\alpha_2}}, \frac{n\tilde{S}_n^2}{\chi^2_{n;\alpha_1}} \right)$$

*ein Konfidenzintervall für die Varianz $\sigma^2$ mit Überdeckungswahrscheinlickeit $1 - \alpha$ bzw.*

$$C_\mu(\mathbf{X}) = \left( \sqrt{\frac{n\tilde{S}_n^2}{\chi^2_{n;1-\alpha_2}}}, \sqrt{\frac{n\tilde{S}_n^2}{\chi^2_{n;\alpha_1}}} \right) \tag{3.20}$$

*ein Konfidenzintervall für die Standardabweichung $\sigma$ mit Überdeckungswahrschein-lickeit $1 - \alpha$.*

In dem meisten Fällen wählt man $\alpha_1 = \alpha_2 = \alpha/2$. Da für großes $n$ die $\chi^2_n$-Verteilung annähernd symmetrisch ist, wird dann auch das Konfidenzintervall um $\tilde{S}_n^2$ bzw. $\tilde{S}_n$ annähernd symmetrisch.

Für Beispiele zur Berechnung des Konfidenzintervalls in (3.20) sei verwiesen auf Aufgabe 23.

### 3.4.2 Unbekannter Mittelwert

Um ein Konfidenzintervall für $\sigma^2$ (bzw. $\sigma$) bei unbekanntem $\mu$ herzuleiten, betrachtet man den erwartungstreuen Punktschätzer $S_n$.

**Satz 3.14** *Die Zufallsvariable $(n - 1)S_n^2/\sigma^2$ ist $\chi^2_{n-1}$-verteilt.*

Zum Beweis siehe z. B. [5], Abschnitt 2.1. Aufgrund der Ausführungen des vorherigen Abschnitts erhält man sofort die folgende Aussage:

**Satz 3.15** *Bei unbekanntem Mittelwert $\mu$ ist*

$$\left( \frac{(n-1)S_n^2}{\chi^2_{n-1;1-\alpha_2}}, \frac{(n-1)S_n^2}{\chi^2_{n-1;\alpha_1}} \right)$$

*ein Konfidenzintervall für die Varianz $\sigma^2$ mit Überdeckungswahrscheinlickeit $1 - \alpha$ bzw.*

$$\left( \sqrt{\frac{(n-1)S_n^2}{\chi^2_{n-1;1-\alpha_2}}}, \sqrt{\frac{(n-1)S_n^2}{\chi^2_{n-1;\alpha_1}}} \right) \tag{3.21}$$

*ein Konfidenzintervall für die Standardabweichung $\sigma$ mit Überdeckungswahrschein-lickeit $1 - \alpha$.*

**Programmbeispiel 3.11** Um ein Konfidenzintervall für $\sigma$ gemäß (3.21) zu bestimmen, schreiben wir erneut eine eigene Funktion in R:

```r
sd.normal <- function(x, a1, a2) {
  n   <- length(na.omit(x))
  s   <- sd(x, na.rm = TRUE)
  c.u <- qchisq(1 - a2, n - 1)
  c.o <- qchisq(a1, n - 1)
  round(sqrt(((n - 1) * s^2) / c(c.u, c.o)), 4)
}
```

Die Berechnung für die Brenndauer aus dem Datensatz `lampen` erfolgt mit dem Aufruf

```r
sd.normal(lampen$brenndauer, 0.025, 0.025)
```

worauf in der Ausgabe das Intervall $(779.1504, 1388.1627)$ angezeigt wird. Für Konfidenzintervalle mit den Platin-Daten siehe Aufgabe 23.

**Bemerkung 3.16** *Simultan sind (3.14) und (3.21) keine Konfidenzintervalle für $\mu$ und $\sigma$ mit Überdeckungswahrscheinlichkeit $1 - \alpha$. Aufgrund der allgemeinen Formel $P(A \cap B) \geq P(A) + P(B) - 1$ ist die Wahrscheinlichkeit, dass das Konfidenzintervall (3.14) $\mu$ überdeckt und dass das Konfidenzintervall (3.21) $\sigma$ überdeckt mindestens $1 - 2\alpha$. Um für die simultane Analyse von $\mu$ und $\sigma$ ein Vertrauensniveau von $1 - \alpha$ sicher zu stellen, müssen $(1 - \alpha/2)$-Konfidenzintervalle für $\mu$ und $\sigma$ berechnet werden. Das ursprüngliche Signifikanzniveau $\alpha$ muss also mittels einer Division durch 2 korrigiert werden. Diese Korrektur bezeichnet man allgemein als* **Bonferroni-Korrektur***, die insbesondere beim paarweisen Testen von Hypothesen auftritt (vgl. Abschnitt 5.5).*

## 3.5 Überprüfen der Normalverteilungsannahme

Die Annahme, dass die untersuchten Daten einer Normalverteilung folgen, wurde bisher immer stillschweigend vorausgesetzt. Eine nachvollziehbare Frage ist aber in diesem Zusammenhang, ob diese Annahme überhaupt gerechtfertigt ist. Um diese Voraussetzung zu überprüfen, stehen zum einen grafische Hilfsmittel und zum anderen Signifikanztests auf Normalverteilung zur Verfügung. Wir sprechen im Folgenden beide Methoden an, weisen aber gleichzeitig darauf hin, dass man die Entscheidung der Normalverteilung stets aufgrund der Ergebnisse von grafischen Hilfsmitteln *und* eines Tests auf Normalverteilung treffen sollte.

Etwas salopp formuliert, kann die Durchführung der unten erläuterten Verfahren als Sammeln von Indizien für oder gegen die Annahme einer Normalverteilung verstanden werden. Die endgültige Entscheidung trifft man dann aufgrund der Indizienlage. Hintergrund für dieses Vorgehen ist die Tatsache, dass eine statistisch gesicherte Aussage über die Normalverteilungsannahme der betrachteten Daten nicht möglich ist. Nur die Aussage, dass die Daten *keiner* Normalverteilung folgen, kann mit einer gewissen Sicherheit gemacht werden. Wir werden dies später im Abschnitt 3.5.2 zum Shapiro-Wilk-Test auf Normalverteilung noch genauer betrachten.

### 3.5.1 Der Normal Probability Plot als grafisches Hilfsmittel

Nehmen wir an, dass unabhängige Zufallsvariablen $X_1, \ldots, X_n$ vorliegen, die die Normalverteilungsannahme erfüllen, d.h. dass $X_i \sim N(\mu, \sigma), i = 1, \ldots, n$. Aus Abschnitt 3.1 ist bekannt, dass die $X_i$ wie folgt dargestellt werden können:

$$X_i = \mu + \sigma Z_i, \quad i = 1, \ldots, n, \tag{3.22}$$

wobei $Z_i \sim N(0, 1)$ standardnormalverteilt ist. Sei $U_i$ eine auf $(0, 1)$ gleichverteilte Zufallsvariable $U_i$, d.h. $P(U_i < x) = x$ für $0 < x < 1$ (vgl. Definition 11.1). Dann kann man zeigen, dass $Z_i$ und $\Phi^{-1}(U_i)$ die gleiche Verteilungsfunktion besitzen; $\Phi^{-1}(x)$ ist dabei das Quantil der Standardnormalverteilung an der Stelle $x$. Wir können (3.22) also schreiben als

$$X_i = \mu + \sigma \Phi^{-1}(U_i), \quad i = 1, \ldots, n \tag{3.23}$$

Der Satz, der der Darstellung in (3.23) zugrunde liegt, ist die sogenannte **Quantiltransformation**. Wir haben die Aussage auf den Spezialfall der Normalverteilung angewendet. In [5], Kapitel 1 wird die Quantiltransformation genauer vorgestellt und auch deren Gültigkeit bewiesen.

Im nächsten Schritt gehen wir zur Ordnungsstatistik $X_{1:n}, \ldots, X_{n:n}$ über (vgl. Definition 1.4), d.h. wir ordnen die Stichprobe der Größe nach an. Wegen der Monotonie von $\Phi^{-1}$ gilt die Darstellung aus (3.23) auch für die Ordnungsstatistiken:

$$X_{i:n} = \mu + \sigma \Phi^{-1}(U_{i:n}), \quad i = 1, \ldots, n \tag{3.24}$$

Die Idee bei der Erstellung eines Normal-Probability-Plots besteht darin, (3.24) als eine Geradengleichung der Form $y = \mu + \sigma x, x \in \mathbb{R}$, zu interpretieren. Um die Gerade letztlich in ein Koordinatensystem einzeichnen zu können, müssen die unbekannten Werte $\mu$, $\sigma$ und $U_{i:n}$ durch bekannte Größen ersetzt werden. Für Mittelwert und Standardabweichung verwenden wir die bereits bekannten Schätzer $\bar{X}_n$ und $S_n$. Den Wert von $U_{i:n}$ ersetzen wir durch den Erwartungswert, für den gilt (vgl. [5], Kapitel 1):

$$E(U_{i:n}) = \frac{i}{n+1}, \quad i = 1, \ldots, n$$

Sind die Daten also tatsächlich normalverteilt, gilt (3.24) und damit

$$X_{i:n} \approx \bar{X}_n + S_n \Phi^{-1}\left(\frac{i}{n+1}\right) \tag{3.25}$$

Liegen nun Daten $x_1, \ldots, x_n$ als Realisierungen der Zufallsvariablen $X_1, \ldots, X_n$ vor, zeichnet man die Punktepaare

$$\left(\Phi^{-1}\left(\frac{i}{n+1}\right), x_{i:n}\right), \quad i = 1, \ldots, n$$

in ein Koordinatensytem. Zusätzlich fügt man die Gerade ein, die sich aus der Geradengleichung $y = \bar{x}_n + s_n x$ ergibt. Einer gute Anpassung der Punkte an die Gerade deutet auf normalverteilte Daten hin. Eine schlechte Anpassung hingegen ist ein Anzeichen dafür, dass die Daten nicht normalverteilt sind.

**Programmbeispiel 3.12** Verwenden wir für ein Beispiel den Datensatz `mannfrau` aus Programmbeispiel 1.1. Wir möchten wissen, ob für die Variable `größe.frau` die Normalverteilungsannahme gerechtfertigt ist. Dazu muss der Datensatz aktiviert sein:

1. Gehe auf **Grafiken** $\longrightarrow$ **Quantile-comparison plot ...**
2. Es öffnet sich ein neues Dialogfeld, in dem wir im linken oberen Feld die Variable `größe.frau` auswählen. Unter *Verteilung* ist bereits die Normalverteilung ausgewählt, daher geügt ein Klick auf OK und es erscheint das Diagramm im linken Teil von Abb. 3.13.

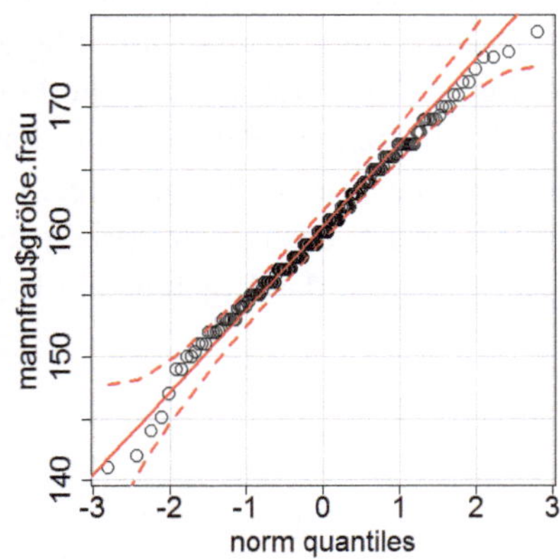
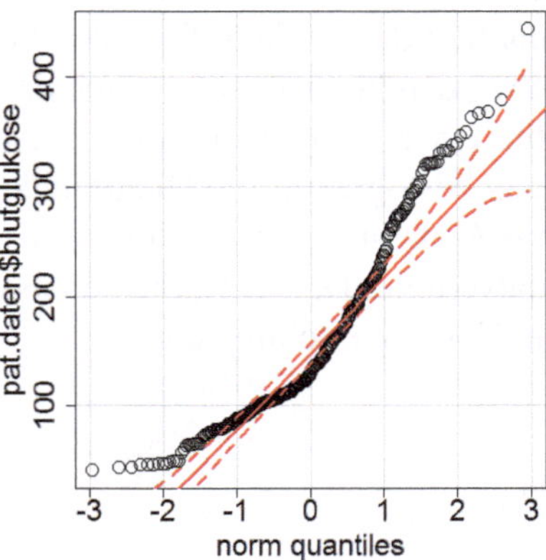

**Abb. 3.13** Normal-Probability-Plot für die Variable `größe.frau` (links) und die Variable `blutglukose` (rechts) aus dem Datensatz `sudan`.

Die Anpassung der Beobachtungen an die eingezeichnete „ideale" Gerade ist sehr gut; ein Anzeichen für die Normalverteilung. Als zusätzliche Orientierung werden Konfidenzbänder in Form von gestichelten Kurven ober- und unterhalb der Geraden die Bereiche gekennzeichnet, in denen die Punkte bei einer Normalverteilung liegen sollten (s. [6], Kapitel 3 für Details). Es ist zu erkennen, dass kein Punkt außerhalb dieses Bereichs liegt. Zwar befinden sich in den Randbereichen des Koordinatensystems links unten und rechts oben einige Punkte, die weiter weg von der Geraden liegen. Allerdings muss in den Randbereichen die Anpassung der Punkte an die Gerade nicht mehr ganz so gut sein muss wie in der Mitte, was man daran erkennt, dass die gestrichelten Kurven dort „breiter" werden.

Im rechten Teil von Abb. 3.13 ist der Normal-Probability-Plot für die Blutglukose aus dem Datensatz sudan aus Kapitel 20 zu sehen (Aufgabe 25). Die Datenpunkte weichen hier deutlich von der idealen Gerade ab, außerdem liegen große Teile der Punkte außerhalb der Konfidenzbänder. Die Normalverteilungsannahme für diese Messung ist daher in Frage zu stellen.

## Weitere grafische Hilfsmittel

Der Normal-Probability-Plot ist nur ein mögliches Hilfsmittel für eine grafische Überprüfung der Normalverteilungsannahme. Weitere solcher Hilfsmittel möchten wir hier in aller Kürze anführen. Da diese Diagrammtypen bereits in Kapitel 1 vorgestellt wurden, verzichten wir auf Details und verweisen auf die entsprechenden Abschnitte weiter vorn im Buch und die Aufgaben am Ende dieses Kapitels.

## Histogramme

Ein Histogramm (s. Abschnitt 1.2.2) ist ein Schätzer für die Dichtefunktion einer Verteilung und stellt somit eine Annäherung an die theoretische und unbekannte Dichtefunktion dar. Sollten die Daten tatsächlich durch eine Normalverteilung angenähert werden können, sollte auch das Histogramm der Daten in etwa die Form der Dichte einer Normalverteilung aufweisen. Als zusätzliche Hilfestellung kann man in das Histogramm die Dichtefunktion der Normalverteilung einzeichnen. Je besser die Anpassung des Histogramms an die Kurve ist, desto eher spricht dies für normalverteilte Daten. Ist die Anpassung schlecht, stellt das Ergebnis ein Indiz gegen die Normalverteilung dar.

## Boxplots

Mittels eines Boxplots (s. Abschnitt 1.2.3) kann man anhand der beiden folgenden Kriterien ebenfalls eine Einschätzung über die Normalverteilungsannahme von beobachteten Daten treffen:

- Wir erinnern uns daran, dass die Dichte der Normalverteilung eine symmetrische Verteilung ist (siehe Abb. 3.2). Symmetrie lässt sich zum einen an gleich langen Whiskern erkennen, zum anderen liegt bei symmetrischen Daten der Median etwa in der Mitte der Box.
- Bei normalverteilten Größen ist die Wahrscheinlichkeit für extreme Werte gering. Die Anzahl der Ausreißer, die im Boxpot ja separat gekennzeichnet werden, sollten daher nicht mehr als etwa 1 % der Beobachtungen betragen (s. Abschnitt 1.2.3).

Ist eine oder beide dieser Kriterien verletzt, legt dies den Verdacht nahe, dass die Daten nicht durch eine Normalverteilung angenähert werden können.

### 3.5.2 Der Shapiro-Wilk-Test auf Normalverteilung

Zusätzlich zu den explorativen Werkzeugen gibt es zahlreiche statistische Testverfahren zur Überprüfung der Normalverteilungsannahme. Die Nullhypothese ist aber bei allen Tests gleich:

$$H_0 : X_1, \ldots, X_n \text{ unabhängig und } N(\mu, \sigma)\text{-verteilt}, \ \mu \in \mathbb{R}, \ \sigma > 0$$

Die Parameter $\mu$ und $\sigma$ sind unbekannt. Wir kommen zurück auf die Problematik, die zu Beginn von Abschnitt 3.5 bereits angesprochen wurde: Da bei Signifikanztests nur die Gültigkeit der Alternativhypothese mit einer festgelegten Sicherheit gezeigt werden kann, ist es bei Tests auf Normalverteilung also nur möglich zu zeigen, dass die Stichprobe *nicht* normalverteilt ist, wenn nämlich der $p$-Wert kleiner als 0.05 ist. Ist dies nicht der Fall, hat man nur gezeigt, dass das vorliegende Ergebnis mit der Nullhypothese vereinbar ist, also die Daten einer Normalverteilungsannahme nicht widersprechen, was natürlich nicht das Gleiche ist wie der Beweis der Gültigkeit von $H_0$. In der Praxis wird aber bei Nicht-Verwerfen der Nullhypothese davon aus ausgegangen, dass die vorliegenden Daten normalverteilt sind, auch wenn diese Schlussfolgerung nicht absolut korrekt ist.

Wie bereits erwähnt gibt es viele Tests auf Normalverteilung, teilweise mit vollkommen unterschiedlichen Herangehensweisen an die Fragestellung (siehe [14]). In diesem Rahmen behandeln wir hier nur den **Shapiro-Wilk-Test**, einen der am häufigsten verwendeten Normalverteilungstests in der Praxis (auf die Chi-Quadrat-Methode zum Testen auf Normalverteilung wird in Abschnitt 6.3.4 eingegangen). Der Test geht zurück auf eine Arbeit der beiden Autoren ([11]), nach denen er benannt wurde und greift die Prinzipien auf, die wir schon in Abschnitt 3.5.1 beim Normal-Probability-Plot kennen gelernt haben. Genau wie dort, ordnen wir die Stichprobe $X_1, \ldots, X_n$ der Größe nach an und erhalten die Ordnungstatistiken $X_{1:n}, \ldots, X_{n:n}$. Für die geordneten Zufallsvariablen gilt die analoge Darstellung aus (3.24), nämlich $X_{i:n} = \mu + \sigma Z_{i:n}, i = 1, \ldots, n$. Sind die $X_{i:n}$ tatsächlich normalverteilt, gilt

$$X_{i:n} \approx \mu + \sigma \mathrm{E}(Z_{i:n}) \tag{3.26}$$

Die Erwartungswerte $m_i := \mathrm{E}(Z_{i:n}), i = 1, \ldots, n$ sind bekannt und können berechnet bzw. sehr gut approximiert werden (vgl. [14]). Die unbekannten Werte für $\mu$ und $\sigma$ müssen wir aber erneut schätzen. Im Gegensatz zum Normal-Probability-Plot verwenden wir nicht die naheliegende Methode der bereits vorgestellten Stichprobenschätzer, sondern interpretieren das Modell als einfaches lineares Regressionsmodell:

$$X_{i:n} = \mu + \sigma m_i + \varepsilon_i, \quad i = 1, \ldots, n \tag{3.27}$$

Im Gegensatz zum Modell in Kapitel 4, besteht die Besonderheit dieses Regressionsmodells darin, dass die Fehlerterme $\varepsilon_i$ nicht unkorreliert sind. Es gilt nämlich $\mathrm{Cov}(\varepsilon_i, \varepsilon_j) =: v_{ij}$, wobei die Werte $v_{ij}$ gut approximierbar sind (s. beispielsweise [14]).

Gehen wir von einer geordneten Stichprobe $x_{1:n}, \ldots, x_{n:n}$ als Realisationen der Zufallsvariablen $X_{1:n}, \ldots, X_{n:n}$ aus und schreiben $\mathbf{X}_\leq^T = (X_{1:n}, \ldots, X_{n:n})$ für den Vektor der Ordnungsstatistiken. Weiter sei $\mathbf{m}^T = (m_1, \ldots, m_n)$ der Vektor der Erwartungswerte der Ordnungsstatistiken und $\mathbf{V} = (v_{ij})_{i,j=1,\ldots,n}$ die Kovarianzmatrix der Fehlerterme. Die verallgemeinerten KQ-Schätzer für $\mu$ und $\sigma$ im Regressionsmodell (3.27) sind dann (s. [4], Kapitel 3)

$$\hat{\mu} = \frac{1}{n} \sum_{i=1}^n X_i = \bar{X}_n \quad \text{und} \quad \hat{\sigma} = \frac{\mathbf{m}^T \mathbf{V}^{-1} \mathbf{X}_\leq}{\mathbf{m}^T \mathbf{V}^{-1} \mathbf{m}}$$

Genau wie beim Normal-Probability-Plot können jetzt die Punktepaare $(m_i, x_{i:n})$ in ein Koordinatensystem gezeichnet werden. Die Gerade, die hier eingezeichnet wird, hat aber als Steigung jetzt den Wert $\hat{\sigma}$ und nicht $S_n$ wie beim Normal-Probability-Plot. Die Idee hinter dem Shapiro-Wilk-Test ist folgende: Nur wenn die Daten tatsächlich normalverteilt sind, schätzen $\hat{\sigma}$ und $S_n$ den gleichen Wert, nämlich die Standardabweichung. Wenn die Daten nicht normalverteilt sind, dann ist $\hat{\sigma}$ kein (sinnvoller) Schätzer für die Standardabweichung. Die Teststatistik des Shapiro-Wilk-Test bildet – bis auf einen festen Faktor – den Quotienten beider Werte, d.h. es gilt

$$W = c \frac{\hat{\sigma}^2}{S_n^2}$$

mit

$$c = \frac{(\mathbf{m}^T \mathbf{V}^{-1} \mathbf{m})^2}{(n-1)(\mathbf{m}^T \mathbf{V}^{-1} \mathbf{V}^{-1} \mathbf{m})}$$

Man vergleicht also die beiden Steigungen, zum einen die Steigung des Normal-Probablity-Plots, $S_n$, zum anderen die Steigung der Regressionsgeraden des Modells in (3.27). Es gilt stets $W \leq 1$ (vgl. [11]) und je näher $W$ am Wert 1 liegt, desto mehr gleichen sich der Schätzer aus der Regressionsanalyse und die Stichprobenstandardabweichung, was ein Anzeichen für die Normalverteilung ist. Die Verteilung von $W$ ist allerdings unbekannt (s. [11]). Kritische Werte bzw. $p$-Werte lassen sich aber (mittels Computer) approximativ angeben.

Im Gegensatz zu den anderen (Anpassungs-)Tests wie der Kolmogorov-Smirnov-Test oder der $\chi^2$-Test (Kapitel 6) ist der Shapiro-Wilk-Test exklusiv für die Überprüfung auf Normalverteilung konzipiert, da nur bei normalverteilten Daten gilt, dass $\hat{\sigma}$ ein Schätzer für die Standardabweichung $\sigma$ ist. Der Test hat daher auch eine hohe Power und wird in der Praxis insbesondere für kleine Stichproben eingesetzt.

Wir wollen im Folgenden den Test in R mit der Variable `größe.frau` aus dem Datensatz `mannfrau` wie in Programmbeispiel 3.12 besprechen.

**Programmbeispiel 3.14** Bei aktiviertem Datensatz `mannfrau` geht man im Menü auf

1. **Statistik** $\longrightarrow$ **Deskriptive Statistik** $\longrightarrow$ **Shapiro-Wilk-Test auf Normalverteilung ...**
2. Im neuen Dialogfeld aktiviert man die gewünsche Variable `größe.frau` und geht abschließend auf OK.

Im Ausgabefenster erscheint Folgendes:

```
    Shapiro-Wilk normality test

data:  mannfrau$größe.frau
W = 0.9928, p-value = 0.4398
```

Der $p$-Wert für den Shapiro-Wilk-Test beträgt hier 0.4398, womit $H_0$ nicht verworfen werden kann. Es spricht also nichts dagegen, dass die Größe der Frauen normalverteilt ist, was auch schon der Normal-Probability-Plot im linken Teil von Abb. 3.13 nahe gelegt hat.

Führt man im Datensatz `sudan` den Shapiro-Wilk-Test für die Variable `blutglukose` durch (Aufgabe 25), beträgt der $p$-Wert $4.072 \cdot 10^{-13}$. Hier wird die Normalverteilungsannahme verworfen, was konform geht mit dem Normal-Probability-Plot (Abb. 3.13 rechts).

In Abschnitt 6.3.4 werden weitere Tests auf Normalverteilung thematisiert. Dort wird darüber hinaus auch kurz darauf eingegangen, welche Tests gut und welche weniger gut geeignet sind, um die Frage nach Normalverteilung zu beantworten.

## 3.6 Aufgaben

1. Zeigen Sie:

   (i) Ist $Z \sim N(0, 1)$, so gilt $\mathrm{E}(Z) = 0$ und $\mathrm{Var}(Z) = 1$. Hinweis: Partielle Integration.
   (ii) Ist $X \sim N(\mu, \sigma)$, so gilt $\mathrm{E}(X) = \mu$ und $\mathrm{Var}(X) = \sigma^2$. Hinweis: $\sigma Z + \mu \sim N(\mu, \sigma)$.

2. Zeigen Sie:

   (i) $\Phi(-z) = 1 - \Phi(z),\ z \in \mathbb{R}$
  (ii) $\Phi(0) = 0.5$.

3. Sei $X \sim N(0,1)$. Das $k$-te Moment der $N(0,1)$-Verteilung ist definiert durch

$$E(X^k) = \int x^k \varphi(x)\, dx, \quad k \in \mathbb{N}$$

Zeigen Sie:

   (i) $E(X^{2k-1}) = 0,\ k \in \mathbb{N}$
  (ii) $E(X^{2k}) = \prod_{j=1}^{k}(2j-1),\ k \in \mathbb{N}$

4. Erstellen Sie wie im rechten Teil von Abb. 3.2 die Dichtefunktionen einer $N(0,1)$-, einer $N(0,0.5)$- und einer $N(0,2)$-Verteilung in einem gemeinsamen Diagramm.

5. Sei $X$ eine $N(\mu, \sigma)$-verteilte Zufallsvariable. Zeigen Sie:

$$P(\mu - \sigma \leq X \leq \mu + \sigma) \approx 0.682$$
$$P(\mu - 2\sigma \leq X \leq \mu + 2\sigma) \approx 0.954 \quad \text{„Zwei-Sigma-Regel"}$$
$$P(\mu - 3\sigma \leq X \leq \mu + 3\sigma) \approx 0.997 \quad \text{„Drei-Sigma-Regel"}$$

6. Zeigen Sie die Gültigkeit von Aussage (3.3).

7. Zeigen Sie, dass die Maximierung der Log-Likelihoodfunktion

$$\ln L_{\mathbf{x}}(\mu, \sigma) = \ln\left(\prod_{i=1}^{n} \frac{1}{\sqrt{2\pi}\sigma}\ \exp\left(-\frac{(x_i - \mu)^2}{2\sigma^2}\right)\right)$$

zu den ML-Schätzungen $\hat{\mu}_{ML}(\mathbf{x}) = \bar{x}_n$ bzw. $\widehat{\sigma^2}_{ML}(\mathbf{x}) = \frac{1}{n}\sum_{i=1}^{n}(x_i - \bar{x})^2$ führt.

8. Verifizieren Sie, dass der ML-Schätzer für $\sigma^2$

$$\widehat{\sigma^2}_{ML}(\mathbf{X}) = \frac{1}{n}\sum_{i=1}^{n}(X_i - \bar{X}_n)^2$$

nicht erwartungstreu ist. Hinweis: Zeigen Sie, dass $E(\widehat{\sigma^2}_{ML}) = (n-1)/n\sigma^2$.

9. Zeigen Sie:

$$\mathrm{Var}_{\mu,\sigma}(\bar{X}_n) = \frac{\sigma^2}{n}$$

10. Schreiben Sie eine Funktion in R, die ein einseitiges Konfidenzintervall für die Nullhypothese $H_0 : \mu \geq \mu_0$ bei bekannter Standardabweichung $\sigma$ berechnet. Berechnen Sie anschließend mit Hilfe dieser Funktion das einseitige 95 %-Konfidenzintervall für die Brenndauer aus dem Datensatz `lampen` und verwenden dabei eine Standardabweichung von $\sigma = 1\,000$.

11. Zeigen Sie: Das Konfidenzintervall (3.7) besitzt eine Überdeckungswahrscheinlichkeit von 68 %.

12. (*Einseitiger Gauß-Test*) Zum Überprüfen der einseitigen Hypothesen (3.9) und (3.10) wird wie im zweiseitigen Fall die Prüfgröße $Z := \frac{\bar{X}_n - \mu_0}{\sigma/\sqrt{n}}$ verwendet. Die Testentscheidungen zum Niveau $\alpha$ lauten:

> Im Fall (3.9): Ablehnung von $H_0$ falls $Z \geq z_{1-\alpha}$,
> Im Fall (3.10): Ablehnung von $H_0$ falls $Z \leq -z_{1-\alpha}$.

Konstruieren Sie einseitige Konfidenzintervalle für $\mu$ mit Überdeckungswahrscheinlichkeit $1 - \alpha$ mittels des einseitigen Gauß-Tests.

13. Laden Sie das Zusatzpaket **TeachingDemos**, das die Funktion `z.test()` zur Verfügung stellt. Falls das Paket noch nicht installiert ist, muss dies zuvor noch getan werden (siehe Abschnitt 18.4 für mehr Details zu Zusatzpaketen in R). Das erste Argument der Funktion ist die zu testende Variable, das zweite der Wert für $\mu_0$ und der dritte der bekannte Wert für $\sigma$. Weitere Details bekommt man auch durch die Hilfeseite der Funktion durch den Aufruf von `?z.test`.

(i) Nutzen Sie die Funktion `z.test()` zur Durchführung des Gauß-Tests für die Platin-Daten. Die Parameter seien dabei gegeben durch $\mu_0 = 135$ und $\sigma = 0.7$.

(ii) Führen sie einen einseitigen Gauß-Test für die Brenndauer im Datensatz `lampen` durch. Als zusätzliches Argument muss hier `alternative = "less"` stehen, damit gegen die Nullhypothese $H_0 : \mu \geq \mu_0$ getestet wird. Verwenden Sie außerdem die Parameter $\mu_0 = 10\,000$ und $\sigma = 1\,000$.

14. Führen Sie den Gauß-Test mit dem Datensatz `platin.red` durch, der die aureißerbereinigten Platin-Daten enthält. Dabei soll $\mu_0 = 135$ und $\sigma = 0.7$ gelten.

15. Beweisen Sie die Aussage (3.13). Hinweis A: Stirlingsche Formel. Hinweis B (weniger rechenintensiv): Satz von der majorisierten Konvergenz (Satz von Lebesgue).

16. Schreiben Sie in R eine Funktion zur Berechnung eines einseitigen Konfidenzintervalls für die Nullhypothese $H_0 : \mu \geq \mu_0$. Berechnen Sie damit das einseitige 95 %-Konfidenzintervall für die Brenndauer aus dem Datensatz `lampen`.

17. Gegeben sei der Intervallschätzer (3.15).

(i) Welche Überdeckungswahrscheinlichkeit besitzt dieser Intervallschätzer? Berechnen Sie die Überdeckungswahrscheinlichkeit für $n = 10, 20, 30$.

(ii) Mit wachsendem Stichprobenumfang $n$ ist die Überdeckungswahrscheinlichkeit annähernd 68 %. Warum?

18. Die Wirkung von zwei Schlafmitteln A und B soll verglichen werden. Dazu wurden 10 Patienten in zwei aufeinanderfolgenden Nächten die Mittel A und B verabreicht und die jeweilige Schlafdauer in Stunden gemessen. In einer solchen Situation handelt es sich um Messwiederholungen (Vorher-Nachher-Vergleich) und man spricht von einer *gepaarten* Stichprobe. Es ergaben sich folgende Werte (nach [3], Seite 261):

| Patient | 1 | 2 | 3 | 4 | 5 | 6 | 7 | 8 | 9 | 10 |
|---------|---|---|---|---|---|---|---|---|---|----|
| B–A | 1.2 | 2.4 | 1.3 | 1.3 | 0.0 | 1.0 | 1.8 | 0.8 | 4.6 | 1.4 |

Es wird angenommen, dass die Differenzen Realisierungen von unabhängigen $N(\mu, \sigma)$-verteilten Zufallsvariablen sind. Implementieren Sie die Daten in R und geben Sie ein 95%-Konfidenzintervall für den Mittelwert $\mu$ von $B - A$ an. Zu welcher Schlussfolgerung gelangen Sie?

19. (*Einseitiger t-Test*) Zur Überprüfung der Hypothesen (3.17) und (3.18) wird die Prüfgröße $T := \frac{\bar{X}_n - \mu_0}{S_n / \sqrt{n}}$ verwendet. Die Testentscheidungen lauten:

Im Fall (3.17): Ablehnung von $H_0$ falls $T \geq t_{n-1;1-\alpha}$.
Im Fall (3.18): Ablehnung von $H_0$ falls $T \leq -t_{n-1;1-\alpha}$.

Konstruieren Sie einseitige Konfidenzintervalle für $\mu$ mit Überdeckungswahrscheinlichkeit $1 - \alpha$ mittels des einseitigen $t$-Tests.

20. Führen Sie den Einstichproben $t$-Test einmal mit dem Datensatz `platin` und einmal mit dem Datensatz `platin.red` durch, jeweils mit der Nullhypothese $H_0 : \mu = 135$. Wie sind die beiden Ergebnisse zu bewerten?

21. Der Datensatz `zuckerpackung`, der bereits in Beispiel 2.1 vorgestellt wurde, enthält die Gewichte von Zuckerpackungen, die als Stichprobe aus einer Lieferung an einen Kaffeehersteller gezogen wurden. Berechnen Sie ein entsprechendes einseitiges Konfidenzintervall für das Gewicht der Zuckerpackungen.

22. Zeigen Sie die Gültigkeit von (3.19), also dass der Schätzer $\tilde{S}_n^2$ erwartungstreu ist.

23. (i) Schreiben Sie eine Funktion in R, die das Konfidenzintervall (3.20) für $\sigma$ bei bekanntem Mittelwert $\mu$ berechnet. Geben Sie anschließend für die Sublimationswärme im Datensatz `platin` für $\mu = 135$ ein Konfidenzintervall für $\sigma$ an. Führen Sie dies danach auch mit dem Datensatz `platin.red` durch und interpretieren Sie die beiden unterschiedlichen Ergebnisse.

(ii) Benutzen Sie die Funktion `sd.normal()` aus Programmbeispiel 3.11 zur Berechnung von Konfidenzintervallen bei unbekanntem Mittelwert für die Sublimationswärme der beiden Datensätze `platin` und `platin.red`.

24. (i) Erstellen Sie für die Variable `größe.frau` aus dem Datensatz `mannfrau` ein Histogramm zur Beurteilung der Normalverteilungsannahme. Wählen Sie dazu im Dialogfeld unter *Skalierung der Achse* die Einstellung *Dichten*. Führen Sie nach Erstellen des Histogramms folgenden Befehl im Skriptfenster aus:

```
curve(dnorm(x, mean = mean(mannfrau$größe.frau),
    sd = sd(mannfrau$größe.frau)), add = TRUE)
```

Damit wird die theoretische Normalverteilungskurve zum Vergleich eingezeichnet. Beurteilen Sie, ob die Normalverteilungsannahme für die Messungen gerechtfertigt ist. Führen Sie die gleichen Schritte danach mit dem Alter der Frau aus. *Hinweis:* Da bei der Variable `alter.frau` fehlende Werte im Datensatz vorhanden sind, muss beim Einzeichnen der Normalverteilungskurve mit `curve()` beachtet werden, dass bei Verwendung der beiden Funktionen `mean()` und `sd()` das zusätzliche Argument `na.rm` geeignet benutzt wird. Anderenfalls bekommt man eine Fehlermeldung, siehe die interne R-Hilfe für mehr Details.

(ii) Lassen Sie sich für die Variablen `größe.frau` und `alter.frau` Boxplots anzeigen und beurteilen Sie erneut die Gültigkeit der Normalverteilungsannahme.

(iii) Erstellen Sie für die Variable `alter.frau` einen Normal-Probablity-Plot. Können die Daten aufgrund dieses Diagramms als normalverteilt angesehen werden?

(iv) Führen Sie mit dem Alter der Frau noch den Shapiro-Wilk-Test durch.

25. Untersuchen Sie Variable `blutglukose` aus dem Datensatz `sudan` auf Normalverteilung. Verwenden Sie dazu alle Ihnen bekannten Hilfsmittel, also Histogramm, Boxplot, Normal-Probability-Plot und den Shapiro-Wilk-Test.

26. Betrachten Sie den Datensatz `platin` aus Beispiel 3.1.

(i) Überprüfen Sie die Normalverteilungsannahme für alle Beobachtungen der Variablen `kcal` und verwenden Sie dazu alle behandelten Hilfsmittel (Histogramm, Boxplot und Shapiro-Wilk-Test).

(ii) Entfernen Sie nun die Ausreißer aus dem Datensatz (vgl. Programmbeispiel 1.14) und testen Sie erneut auf Normalverteilung. Versuchen Sie das Ergebnis zu interpretieren in Hinblick auf die Ergebnisse in Teilaufgabe (i).

27. Kann bei der Variable `brenndauer` aus dem Datensatz `lampen` davon ausgegangen werden, dass die Daten einer normalverteilten Grundgesamtheit entnommen wurden? Ziehen Sie zur Beantwortung dieser Frage Histogramm, Boxplot und den Shapiro-Wilk-Test als Hilfsmittel zu Rate.

# Literatur


1. Abramowitz, A. und Stegun, I.A. (Hrsg.) (1972). *Handbook of Mathematical Functions.* Dover Publications, New York.
2. Arblaster J.W. (2008). The Thermodynamic Properties of Platinum. *Platinum Metals Rev* **49** (3), 141-149.
3. Bickel, P.J. und Doksum, K.J. (2007). *Mathematical Statistics, Basic Ideas and Selected Topics.* 2. Auflage, Pearson Prentice Hall.
4. Fahrmeir, L., Kneib, T. und Lang, S. (2007). *Regression – Modelle, Methoden und Anwendungen.* Springer, Berlin.
5. Falk. M, Becker, R. und Marohn, F. (2004). *Angewandte Statistik.* Springer, Berlin-Heidelberg.
6. Fox, J. (2008). *Applied Regression Analysis and Generalized Linear Models.* Sage Publications, Los Angeles.
7. Georgii, H.-O. (2009). *Stochastik.* 4. Auflage, de Gruyter, Berlin.
8. Henze, N. (2010). *Stochastik für Einsteiger.* 8. Auflage, Vieweg, Wiesbaden.
9. Rice, J.A. (1995). *Mathematical Statistics and Data Analysis.* 2. Auflage, Duxbury Press.
10. Schneider, I. (1988). *Die Entwicklung der Wahrscheinlichkeitstheorie von den Anfängen bis 1933.* Wissenschaftliche Buchgesellschaft: Darmstadt.
11. Shapiro, S.S. and Wilk, M.B. (1965). An analysis of variance Test for Normality (complete samples). *Biometrika* **52**, 591-611.

12. Snow, G. (2012). *TeachingDemos: Demonstrations for teaching and learning.* R package version 2.8.
13. Student (1908). The probable error of a mean, *Biometrika* **6**, 1-25.
14. Thode, H.C. (2002). *Testing for normality.* Marcel Dekker, New York.
15. Witting, H. und Müller-Funk, U. (1995). *Mathematische Statistik II.* Teubner, Stuttgart.

# Kapitel 4
# Schätzen in linearen Regressionsmodellen

## 4.1 Motivation

Eine Standardsituation der Datenanalyse ist die Untersuchung eines **statistischen Zusammenhangs** zwischen zwei quantitativen Merkmalen $X$ (z.B. Körpergröße) und $Y$ (z.B. Gewicht). Häufig lässt sich dieser Zusammenhang näherungsweise durch eine **lineare** Funktion beschreiben. Zur Analyse des Zusammenhangs müssen dazu von mehreren Beobachtungsobjekten die beiden Merkmale *paarweise* erhoben werden. Untersucht man beispielsweise den Zusammenhang zwischen Körpergröße und Gewicht von $n$ Untersuchungseinheiten, so liegen die Daten in der Form $(x_1, y_1), \ldots, (x_n, y_n)$ vor, wobei $x_i$ die Körpergröße und $y_i$ das Gewicht der $i$-ten Person ist.

Ziel einer sogenannten **Regressionsanalyse** besteht darin, eine Gerade $g$ zu finden, mit der die $y_i$-Werte durch die Werte $g(x_i)$ in einem noch zu präzisierenden Sinne bestmöglich approximiert werden. Bei Vorliegen eines bekannten $x$-Wertes lässt sich dann der zugehörige aber unbekannte $y$-Wert durch $g(x)$ *prognostizieren*. Dies ist beispielsweise bei industriellen Messverfahren interessant, bei dem die Erhebung des $x$-Werts im Vergleich zum $y$-Wert relativ einfach oder kostengünstig ist. Durch ein möglichst „gutes" Modell kann somit eine sehr präzise Vorhersage des $y$-Werts erfolgen. Die Güte von Regressionsmodellen werden wir im Folgenden noch ausführlicher thematisieren, zuvor jedoch betrachten wir ein Beispiel aus der Welt des Sports.

**Beispiel 4.1** *Der Datensatz* `olympia` *enthält die Ergebnisse der 15 besten Teilnehmer des Zehnkampfs der Männer für alle zehn Einzeldisziplinen bei den Olympischen Sommerspielen in London 2012. Wir interessieren uns für die Frage, ob es einen Zusammenhang zwischen der Zeit im 100-Meter-Lauf und dem Ergebnis im Weitsprung gibt. Als Laie würde man erwarten, dass neben anderen Faktoren (Sprungkraft, Absprungtechnik, usw.) die Anlaufgeschwindigkeit einen wichtigen Einfluss auf ein gutes Ergebnis beim Weitsprung hat. Dieser Logik folgend ist also zu erwarten, dass eine gute 100-Meter-Zeit tendenziell mit einem guten Ergebnis* *beim Weitsprung einher geht. Dies untersuchen wir im nachfolgenden Programmbeispiel.*

**Programmbeispiel 4.1** Der erste Schritt vor der eigentlichen Regressionanalyse besteht immer darin, die Daten grafisch zu veranschaulichen. Dazu erstellen wir einen Scatterplot der beiden Merkmale, vgl. hierzu auch Abschnitt 1.1:

1. Ist der Datensatz `olympia` aktiviert, geht man im Menü auf **Grafiken** $\longrightarrow$ **Streudiagramm ...**
2. Es öffnet sich ein neues Dialogfeld ähnlich dem in Abb. 1.3. Darin wählt man im Feld *X-Variable* `laufen.100` und im Feld *Y-Variable* `weitsprung` aus.
3. Dann geht man auf „Optionen" und deaktiviert bei *Plot Options* alle Einstellungen bis auf *Kleinste-Quadrate-Linie*.
4. In den Feldern *Label der X-* und *Label der Y-Achse* kann man zusätzliche Labels für die beiden Achsen eingeben. Im vorliegenden Beispiel sind dies „100-Meter-Lauf" für die x- und „Weitsprung" für die y-Achse. Den Eintrag bei *Graph title* entfernen wir und schließe mit $\boxed{\text{OK}}$ ab.

Im Grafikfenster erscheint dann der erstellte Scatterplot wie in Abb. 4.2.

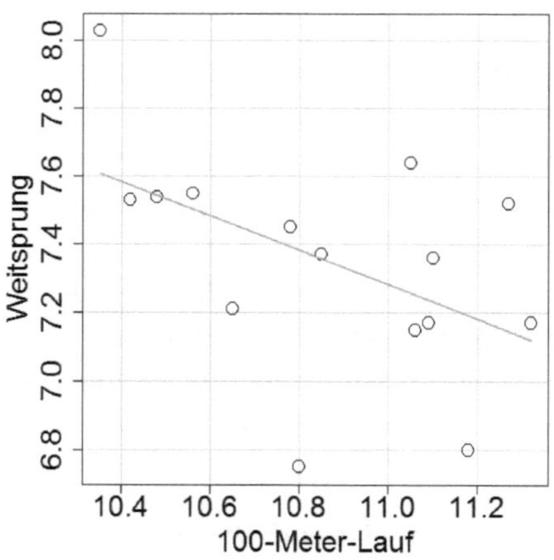


**Abb. 4.2** Scatterplot der Variablen `weitsprung` und `laufen.100` aus dem Datensatz `olympia` mit der Kleinste-Quadrate-Linie als Anpassungsgerade.

Man erkennt im Scatterplot, dass Beobachtungen mit einem hohen Wert auf der x-Achse tendenziell einen eher niedrigeren Wert auf der y-Achse aufweisen. Dies bedeutet, dass langsamere Sprinter auch beim Weitsprung eher eine geringere Weite aufweisen als schnelle Sprinter. Die eingezeichnete Gerade ist die sogenannte

**Kleinste-Quadrate-Linie**, die den Verlauf der Beobachtungen approximieren soll. Wie diese Gerade entsteht, wird im nächsten Abschnitt genauer besprochen. Wir halten aber an dieser Stelle fest, dass die Steigung der Geraden negativ ist, ein Indiz für die oben erwähnte Vermutung, dass schnellere Sprinter weiter springen können als langsamere.

Wie der Zusammenhang genau quantifiziert werden kann und welche Bedeutung die Kleinste-Quadrate-Linie hat, wird im Abschnitt 4.2 besprochen. Der stochastische Hintergrund dieses Vorgehens und die stochastischen Eigenschaften der abgeleiteten Schätzer werden in Abschnitt 4.3 näher erläutert. Auf ein lineares Regressionsmodell mit zufälligem Design wird in Abschnitt 4.4 eingegangen. In Abschnitt 4.5 wird die Durchführung der hergeleiteten Methoden mit dem R-Commander vorgestellt.

## 4.2 Die lineare Regression in der deskripiven Statistik

Um empirisch festzustellen, ob ein linearer Zusammenhang besteht, werden an $n$ Untersuchungseinheiten Merkmalsausprägungen (Messwerte)

$$(x_i, y_i), \quad i = 1, \ldots, n,$$

festgestellt. Diese Beobachtungspaare lassen sich, wie in Abb. 4.3, in einem $x, y$-Koordinatensystem grafisch darstellen. Man spricht von einem **Streudiagramm** (englisch **Scatterplot**), oder auch von einer **Punktwolke**, vgl. Abschnitt 1.1. Ziel ist die Bestimmung einer *Trendgeraden* $a - bx$, $x \in \mathbb{R}$, welche in einem bestimmten Sinne „möglichst gut durch die Punktwolke verläuft".

### *4.2.1 Die Methode der kleinsten Quadrate*

Diese Methode besteht darin, die Gerade so zu wählen, dass die Summe der Quadrate der *vertikalen* Abstände der Punkte $(x_i, y_i)$, $i = 1, \ldots, n$, zur Geraden minimiert wird. [1]

Es geht also um die Bestimmung einer Geraden $\hat{a} + \hat{b}x$ mit der Eigenschaft

$$\sum_{i=1}^{n}(y_i - \hat{a} - \hat{b}x_i)^2 = \min_{a,b} \sum_{i=1}^{n}(y_i - a - bx_i)^2$$

In Abb. 4.3 wird das Problem grafisch veranschaulicht.

---

[1] Man könnte natürlich auch an *orthogonale* Abstände denken. Dann liegt aber eine andere Fragstellung zugrunde, was auch zu einem ganz anderen statistischen Verfahren führt, die *Hauptkomponentenanalyse*.

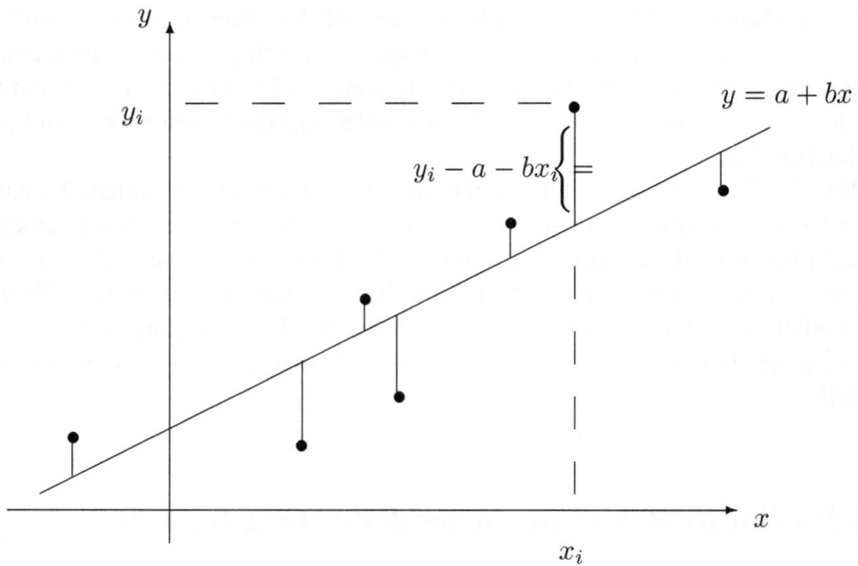


**Abb. 4.3** Schaubild zur Verdeutlichung der Methode der kleinsten Quadrate: Die Punktepaare $(x_i, y_i), i = 1, \ldots, n$ werden in ein Koordinatensystem abgetragen. Im Anschluss wird einen Gerade durch die Punktwolke gelegt derart, dass die eingezeichneten quadrierten vertikalen Abstände minimiert werden.

Sei $f(a, b) := \sum_{i=1}^{n} (y_i - a - bx_i)^2$. Zur Bestimmung von $\hat{a}$ und $\hat{b}$ bildet man die partiellen Ableitungen und setzt diese gleich Null:

$$\frac{\partial}{\partial a} f(a, b) = -2 \sum_{i=1}^{n} (y_i - a - bx_i) = 0$$

$$\frac{\partial}{\partial b} f(a, b) = -2 \sum_{i=1}^{n} x_i(y_i - a - bx_i) = 0$$

Dies ist gleichbedeutend mit

$$\sum_{i=1}^{n} y_i = na + b \sum_{i=1}^{n} x_i$$

$$\sum_{i=1}^{n} x_i y_i = a \sum_{i=1}^{n} x_i + b \sum_{i=1}^{n} x_i^2$$

Die Lösungen $\hat{a}, \hat{b}$ dieser Gleichungen sind

$$\hat{a} = \frac{(\sum_{i=1}^{n} x_i^2)(\sum_{i=1}^{n} y_i) - (\sum_{i=1}^{n} x_i)(\sum_{i=1}^{n} x_i y_i)}{n \sum_{i=1}^{n} x_i^2 - (\sum_{i=1}^{n} x_i)^2} \tag{4.1}$$

$$\hat{b} = \frac{n \sum_{i=1}^{n} x_i y_i - (\sum_{i=1}^{n} x_i)(\sum_{i=1}^{n} y_i)}{n \sum_{i=1}^{n} x_i^2 - (\sum_{i=1}^{n} x_i)^2},$$

(s. Aufgabe 1). Eine Voraussetzung, dass die Lösung definiert ist, ist natürlich, dass der Nenner größer als 0 ist, also $\sum_{i=1}^{n}(x_i - \bar{x})^2 > 0$. Beachte:

$$n \sum_{i=1}^{n} x_i^2 - \left(\sum_{i=1}^{n} x_i\right)^2 = n \sum_{i=1}^{n}(x_i - \bar{x})^2$$

Für die weiteren Betrachtungen führen wir an dieser Stelle noch einige Abkürzungen ein.

**Definition 4.2** *Seien $n$ Beobachtungspaare $(x_i, y_i)$, $i = 1, \ldots, n$, gegeben. Dann sind*

$$\bar{x} := \frac{1}{n} \sum_{i=1}^{n} x_i \qquad und \qquad \bar{y} := \frac{1}{n} \sum_{i=1}^{n} y_i$$

*die **empirischen Mittel** der $x$- bzw. $y$-Werte,*

$$s_x^2 := \frac{1}{n-1} \sum_{i=1}^{n}(x_i - \bar{x})^2 \qquad und \qquad s_y^2 := \frac{1}{n-1} \sum_{i=1}^{n}(y_i - \bar{y})^2$$

*die **empirischen Varianzen** der $x$- bzw. $y$-Werte und*

$$s_{xy} := \frac{1}{n-1} \sum_{i=1}^{n}(x_i - \bar{x})(y_i - \bar{y})$$

*die **empirische Kovarianz** der $x$- und $y$-Werte.*

Die empirischen Mittel bzw. Varianzen sind übrigens die aus Abschnitt 3.2 bekannten Punktschätzungen für Erwartungswert bzw. Varianz.

**Programmbeispiel 4.4** Die einfachste Möglichkeit zur Berechnung der empirischen Kennziffern aus Definition 4.2 für die Daten aus Beispiel 4.1 besteht darin, die entsprechenden Befehle direkt im Skriptfenster einzugeben und ausführen zu lassen:

```
mean(olympia$laufen.100)
mean(olympia$weitsprung)
var(olympia$laufen.100)
var(olympia$weitsprung)
cov(olympia$laufen.100, olympia$weitsprung)
```

Arithmetisches Mittel und Varianz können auch mit Hilfe des R-Commanders berechnet werden, siehe Abschnitt 21.1.2.

Für die Kovarianz ergibt sich der Wert -0.051. An dem negativen Vorzeichen erkennt man bereits einen negativen Zusammenhang zwischen den beiden Variablen (vgl. nachfolgende Bemerkung 4.4).

Mit den Bezeichnungen aus Definition 4.2 können wir die Lösungen in (4.1) kurz schreiben als

$$\hat{b} = \frac{s_{xy}}{s_x^2}, \quad \hat{a} = \bar{y} - \hat{b}\bar{x}, \tag{4.2}$$

vgl. Aufgabe 2. Die daraus resultierende Gerade

$$\hat{g}(x) = \hat{a} + \hat{b}x, \quad x \in \mathbb{R}, \tag{4.3}$$

heißt **empirische Regressionsgerade** von $Y$ auf $X$. Aufgrund von (4.2) geht sie durch den Schwerpunkt $(\bar{x}, \bar{y})$ der Daten(wolke):

$$\hat{g}(\bar{x}) = \hat{a} + \hat{b}\bar{x} = \bar{y} - \hat{b}\bar{x} + \hat{b}\bar{x} = \bar{y}$$

**Satz 4.3** *Für die Varianz der (empirischen)* **Residuen**

$$y_1 - (\hat{a} + \hat{b}x_1), \ldots, y_n - (\hat{a} + \hat{b}x_n) \tag{4.4}$$

*gilt*

$$\frac{1}{n-1} \sum_{i=1}^{n} (y_i - \hat{a} - \hat{b}x_i)^2 = s_y^2 (1 - r^2), \tag{4.5}$$

*wobei*

$$r := r_{xy} = \frac{s_{xy}}{s_x s_y} \tag{4.6}$$

*der* **empirische Korrelationskoeffizient** *(im Sinne von Pearson) der Datenpaare* $(x_1, y_1), \ldots, (x_n, y_n)$ *ist.*

*Beweis:* Mit (4.2) gilt:

$$\frac{1}{n-1} \sum_{i=1}^{n} (y_i - \hat{a} - \hat{b}x_i)^2 = \frac{1}{n-1} \sum_{i=1}^{n} \left( y_i - \bar{y} - \frac{s_{xy}}{s_x^2}(x_i - \bar{x}) \right)^2$$

$$= \frac{1}{n-1} \left( \sum_{i=1}^{n} (y_i - \bar{y})^2 - 2\frac{s_{xy}}{s_x^2} \sum_{i=1}^{n} (x_i - \bar{x})(y_i - \bar{y}) + \frac{s_{xy}^2}{s_x^4} \sum_{i=1}^{n} (x_i - \bar{x})^2 \right)$$

$$= s_y^2 - 2\frac{s_{xy}^2}{s_x^2} + \frac{s_{xy}^2}{s_x^4}s_x^2 = s_y^2 - \frac{s_{xy}^2}{s_x^2} = s_y^2(1 - r^2)$$

$\square$

Setzen wir $\hat{y}_i = \hat{a} + \hat{b}x_i$, $i = 1, \ldots, n$, so lässt sich die Aussage (4.5) umschreiben zur sogenannten **Streuungszerlegung der Regressionsanalyse**

$$\sum_{i=1}^{n}(y_i - \bar{y})^2 = \sum_{i=1}^{n}(\hat{y}_i - \bar{y})^2 + \sum_{i=1}^{n}(y_i - \hat{y}_i)^2 \tag{4.7}$$

$$\text{Gesamtstreuung} = \text{erklärte Streuung} + \text{Reststreuung}$$

siehe Aufgabe 3. Der Quotient

$$R^2 = \frac{\text{erklärte Streuung}}{\text{Gesamtstreuung}} = \frac{\sum_{i=1}^{n}(\hat{y}_i - \bar{y})^2}{\sum_{i=1}^{n}(y_i - \bar{y})^2}$$

heißt **R-Quadrat-Wert** oder **Bestimmtheitsmaß**. Die Reststreuung wird auch als **Residuenquadratsumme** (residual sum of squares) bezeichnet, kurz RSS. Der $R^2$-Wert lässt sich dann auch schreiben in der Form

$$R^2 = 1 - \frac{\text{RSS}}{\text{Gesamtstreuung}}$$

Im Fall der *einfachen* linearen Regression stimmt der $R^2$-Wert mit dem Quadrat des Korrelationskoeffizienten der Datenpaare $(x_1, y_1), \ldots, (x_n, y_n)$ überein (vgl. Aufgabe 3):

$$R^2 = r_{xy}^2 = r^2$$

**Bemerkung 4.4**

*(i) Der empirische Korrelationskoeffizient $r$ macht primär eine Aussage über die Richtung eines linearen Zusammenhangs. Ist $r > 0$ (positive Korrelation), so bedeuten große $x$-Werte tendenziell große $y$-Werte. Ist $r < 0$ (negative Korrelation), so gehen große $x$-Werte tendenziell mit kleinen $y$-Werten einher. Die Funktion zur Berechnung des Korrelationskoeffizienten in R lautet* `cor()`. *Genau wie die* `cov()`*-Funktion (s. Programmbeispiel 4.4) wird auch hier das Argument* `use = "complete.obs"` *bei fehlenden Werten verwendet. Für das vorliegende Beispiel der Olympia-Daten ergibt sich eine Korrelation von etwa -0.4938 für die beiden Variablen* `weitsprung` *und* `laufen.100`.

*(ii) Das Quadrat des empirischen Korrelationskoeffizienten $r^2$ macht eine Aussage über die Stärke eines etwaig bestehenden linearen Zusammenhangs. Zunächst folgt aus (4.5), dass $r^2 \in [0,1]$ gilt. Ein $r^2$-Wert in der Nähe von 1 deutet auf einen starken Zusammenhang hin. Im Extremfall $r^2 = 1$ bedeutet (4.5), dass die Daten einen perfekten linearen Zusammenhang zeigen: $y_i = \hat{a} + \hat{b}x_i$, $i = 1, \ldots, n$. Ein $r^2$-Wert „in der Nähe" von 0 ist ein Indiz dafür, dass kein linerarer Zusammenhang besteht. Dies bedeutet aber nicht, dass kein Zusammenhang besteht. Es kann durchaus ein nichtlinearer Zusammenhang bestehen. Im Fall $r^2 = 0$ folgt aus (4.5), dass die Streuung der Residuen (Reststreuung) identisch ist mit der Streuung der $y_i$-Werte.*

Um mit dem Begriff der Korrelation etwas vertrauter zu werden, sind in Abb. 4.5 verschiedene Scatterplots mit dem zugehörigen empirischen Korrelationskoeffizienten zu sehen. Zur Erstellung dieser Scatterplots, siehe Aufgabe 5.

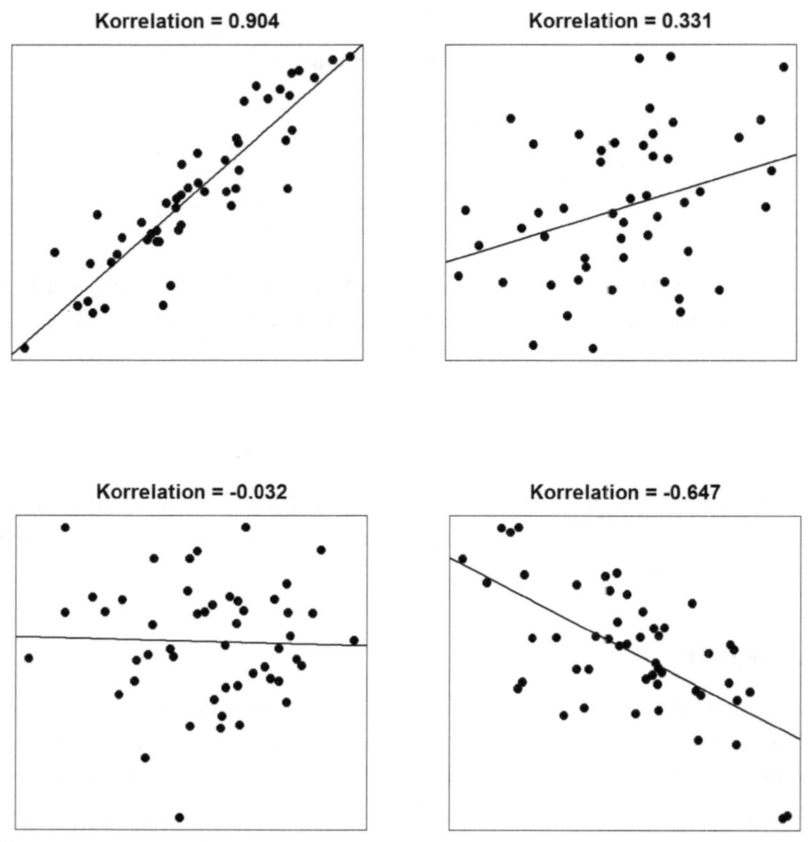


**Abb. 4.5** Punktwolken mit jeweils $n = 100$ Datenpaaren und mit empirischen Korrelationskoeffizienten $r = 0.904$ (oben links), $r = 0.331$ (oben rechts), $r = -0.032$ (unten links) und $r = -0.647$ (unten rechts) mit zugehörigen KQ-Geraden.

Ist $x$ eine Realisierung von $X$, so würde man den zugehörigen (fehlenden oder nicht beobachteten) $y$-Wert durch

$$\hat{g}(x) = \hat{a} + \hat{b}x$$

schätzen, „prognostizieren" wollen. Dies ist sicherlich sinnvoll für

$$x \in I := [\min(x_1, \ldots, x_n), \max(x_1, \ldots, x_n)],$$

da in diesem Bereich Informationen über den Verlauf vorliegen. Das Verfahren ist aber auch für $x$-Werte interessant, die ausserhalb des Intervalls $I$ liegen und es wird in diesem Sinne zur Abschätzung künftiger Entwicklungen verwendet. Der zur Prognose verwendete $x$-Wert sollte dabei nicht „zu weit außerhalb" von $I$ liegen.

Wären die Daten standardisiert, d.h. $\bar{x} = 0 = \bar{y}$ und $s_x = 1 = s_y$, so erhält man als Prognose für $y$

$$\hat{g}(x) = rx$$

Wegen $|r| \leq 1$ gilt damit stets

$$|rx| \leq |x|,$$

d.h. der aus $x$ prognostizierte Wert für $y$ ist also betragsmäßig stets kleiner oder gleich $|x|$. Diese Rückläufigkeit begründet die Namensgebung *Regression* (lat. Rückbildung).

**Bemerkung 4.5** *In der Literatur wird der Vektor* $(\hat{a}, \hat{b})$ *als* **Kleinste-Quadrate-Schätzung** *(KQ-Schätzung) für* $a, b$ *bezeichnet. Von einer Schätzung bzw. einem Schätzer zu sprechen macht nur Sinn, wenn ein stochastisches Modell zugrunde liegt. Ohne Modellannahmen ist* $(\hat{a}, \hat{b})$ *keine Schätzung, sondern nur ein Vorschlag, eine Gerade durch eine Punktwolke zu legen. Ein anderer Vorschlag bestünde darin, den orthogonalen Abstand zu nehmen, was zu einem ganz anderen statistischen Verfahren – der Hauptkomponentenanalyse – führen würde. Im nachfolgenden Abschnitt 4.3 werden wir das Standardmodell der linearen Regression kennen lernen und statistische Eigenschaften des KQ-Schätzer herleiten.*

## 4.2.2 Die zweite Regressionsgerade

In praktischen Fragestellungen ist es häufig klar, dass $Y$ als abhängige Variable und $X$ als unabhängige Variable zu betrachten ist. Es gibt aber Situationen, in denen dies nicht so klar ist und gleichberechtigt die $x$-Werte als (lineare) Funktion der $y$-Werte angesehen werden können. Ist beispielsweise $X$ die Körpergröße und $Y$ die Schuhgröße, könnte man sowohl $Y$ durch $X$ beschreiben, als auch umgekehrt. Lassen sich die $y$-Werte durch eine lineare Funktion der $x$-Werte beschreiben, so vermutet man zurecht, dass dann auch die $x$-Werte durch eine lineare Funktion der $y$-Werte approximiert werden können. Allerdings wird dieser Zusammenhang im Allgemeinen nicht durch die Umkehrfunktion der Regressionsgeraden (4.3) beschrieben. In diesem Sinne ist die Regressionsanalyse also nicht „symmetrisch". Die „zweite" Regressionsgerade ist dann gegeben durch

$$\hat{g}_2(y) = \hat{c} + \hat{d}y, \quad y \in \mathbb{R} \tag{4.8}$$

mit

$$\hat{d} = \frac{s_{xy}}{s_y^2}, \quad \hat{c} = \bar{x} - \hat{d}\bar{y} \tag{4.9}$$

Man muss also in (4.2) nur $x$ und $y$ zu vertauschen. Zwischen den Steigungen der beiden Regressionsgeraden (4.3) und (4.8) besteht die Beziehung

$$\hat{b}\hat{d} = \frac{s_{xy}^2}{s_x^2 s_y^2} = r^2$$

Man stellt leicht fest, dass die Steigungen der beiden Regressionsgeraden also immer das gleiche Vorzeichen haben (siehe hierzu auch Aufgabe 6). Nur im Fall $r^2 = 1$, wenn also alle $y_i$-Werte auf der Regressionsgeraden $\hat{g}$ liegen, ist $\hat{g}_2$ die Umkehrfunktion von $\hat{g}$. Unverändert bleibt der $r^2$-Wert und damit die Stärke des linearen Zusammenhangs, da der empirische Korrelationskoeffizient $r$ symmetrisch ist.

## 4.3 Das Standardmodell der einfachen linearen Regression

Die Anpassung einer Geraden an eine Punktwolke ist nur dann sinnvoll, wenn in etwa ein linearer Zusammenhang besteht, was mit einem Scatterplot leicht überprüft werden kann. Im Folgenden wird nun ein linarer Zusammenhang unterstellt, der aber nicht direkt beobachtet werden kann, da die Beobachtungen durch zufällige Störterme oder Messfehler überlagert sind.

In der Regressionsanalyse ist bei der stochastischen Modellierung darauf zu achten, auf welche Weise die Beobachtungspunkte $x_1, \ldots, x_n$ „erzeugt" wurden. Man unterscheidet zwischen *festem* und *zufälligem* Design.

- Bei einem **festen Design** sind die Werte $x_1, \ldots, x_n$ fest vorgegebene (nicht stochastische) Werte. Dabei kann es sich um gewählte Zeitpunkte handeln oder aber um vorgegebene Größen im Rahmen von geplanten Experimenten.
- Bei einem **zufälligen Design** sind die Werte $x_1, \ldots, x_n$ Realisationen von Zufallsvariablen $X_1, \ldots, X_n$.

In diesem Abschnitt wollen wir zunächst von einem festen Design ausgehen. Die Beobachtungen $y_i$ werden als Realisierungen von Zufallsvariablen $Y_i$ aufgefasst mit der Darstellung

$$Y_i = a + bx_i + \varepsilon_i, \quad i = 1, \ldots, n \tag{4.10}$$

Dabei sind $\varepsilon_1, \ldots, \varepsilon_n$ unkorrelierte Zufallsvariablen mit $\mathrm{E}(\varepsilon_i) = 0$ und $\mathrm{Var}(\varepsilon_i) = \sigma^2$, kurz

$$\mathrm{Cov}(\varepsilon_i, \varepsilon_j) = \begin{cases} \mathrm{Var}(\varepsilon_i) = \sigma^2, & i = j \\ \mathrm{E}(\varepsilon_i \varepsilon_j) = 0, & i \neq j \end{cases}$$

Dieses Modell bezeichnet man als **Standardmodell der linearen Regression**. Da die Werte $x_1, \ldots, x_n$ fest gewählt sind und nicht als zufällig angenommen werden, spricht man von einem **festen Design**.

Die **Kovarianz** zwischen zwei Zufallsvariablen $X$ und $Y$ ist definiert durch

$$\mathrm{Cov}(X, Y) = \mathrm{E}\big((X - \mathrm{E}(X))(Y - \mathrm{E}(Y))\big)$$

Sie taucht auf bei der Berechnung der Varianz von Summen von Zufallsvariablen, denn es gilt:

$$\mathrm{Var}(X + Y) = \mathrm{Var}(X) + \mathrm{Var}(Y) + 2\mathrm{Cov}(X, Y)$$

und

$$\mathrm{Var}(X - Y) = \mathrm{Var}(X) + \mathrm{Var}(Y) - 2\mathrm{Cov}(X, Y) \tag{4.11}$$

Für die nachfolgenden Betrachtungen benötigen wir einige grundlegende Eigenschaften von Kovarianz bzw. Varianz, die wir in der folgenden Bemerkung zusammenfassen wollen.

**Bemerkung 4.6** *(Rechenregeln für die Kovarianz) Seien* $X, Y,\ X_1, \ldots, X_m$ *und* $Y_1, \ldots, Y_n$ *Zufallsvariablen und* $a, b,\ a_1, \ldots, a_m,\ b_1, \ldots, b_n \in \mathbb{R}$. *Dann gilt:*

*(i)* $\mathrm{Cov}(X, Y) = \mathrm{E}(XY) - \mathrm{E}(X)\mathrm{E}(Y)$
*(ii)* $\mathrm{Cov}(X, Y) = \mathrm{Cov}(Y, X)$, $\mathrm{Cov}(X, X) = \mathrm{Var}(X)$
*(iii)* $\mathrm{Cov}(X + a, Y + b) = \mathrm{Cov}(X, Y)$
*(iv)*

$$\mathrm{Cov}\Big(\sum_{i=1}^{m} a_i X_i, \sum_{j=1}^{n} b_j Y_j\Big) = \sum_{i=1}^{m}\sum_{j=1}^{n} a_i b_j \mathrm{Cov}(X_i, Y_j) \tag{4.12}$$

Diese Aussagen folgen unmittelbar aus den Eigenschaften für Erwartungswerte (siehe Aufgabe 7). Als Spezialfall folgt die für die Varianz bekannte Aussage

$$\mathrm{Var}(a + bX) = b^2 \mathrm{Var}(X) \tag{4.13}$$

Im Fall $\mathrm{Cov}(X, Y) = 0$ heißen $X$ und $Y$ **unkorreliert**. Unabhängige Zufallsvariablen sind stets unkorreliert, was aus der Bemerkung 4.6 (i) folgt und der Tatsache, dass für unabhängige Zufallsvariablen $\mathrm{E}(XY) = \mathrm{E}(X)\mathrm{E}(Y)$ gilt. Die Umkehrung, also dass unkorrelierte Zufallsvariablen unabhängig sind, gilt im Allgemeinen aber nicht (s. Aufgabe 8).

Nachdem wir das Standardmodell (4.10) aufgestellt haben, möchten wir in den nächsten Unterabschnitten die stochastischen Eigenschaften wie Erwartungswert und Varianz der KQ-Schätzer untersuchen und außerdem einen Schätzer für die Varianz der Residuen bestimmen. Die Ergebnisse dieser Überlegungen sind entscheident für eine statistisch motivierte Untersuchung der KQ-Schätzer.

### 4.3.1 Kleinste-Quadrate-Schätzer

Nach der Darstellung (4.2) ist der KQ-Schätzer $(\hat{a}, \hat{b})$ gegeben durch

$$\hat{b}(\mathbf{Y}) = \frac{\sum_{i=1}^{n}(x_i - \bar{x})(Y_i - \bar{Y})}{\sum_{i=1}^{n}(x_i - \bar{x})^2}$$

$$\hat{a}(\mathbf{Y}) = \bar{Y} - \hat{b}(Y)\bar{x}$$

wobei $\mathbf{Y} := (Y_1, \ldots, Y_n)$. Ist $\mathbf{y} = (y_1, \ldots, y_n)$ eine Realisierung von $\mathbf{Y}$, so ist $(\hat{a}(\mathbf{y}), \hat{b}(\mathbf{y}))$ die KQ-Schätzung für $(a, b)$. Im Folgenden schreiben wir für $\hat{b}(\mathbf{Y})$ bzw. $\hat{a}(\mathbf{Y})$ auch kurz $\hat{b}$ bzw. $\hat{a}$, unterscheiden also in unserer Notation nicht immer streng zwischen den Funktionen $\hat{a} : \mathbb{R}^n \to \mathbb{R}$, $\hat{b} : \mathbb{R}^n \to \mathbb{R}$ und $\hat{a} \circ \mathbf{Y} : \Omega \to \mathbb{R}$, $\hat{b} \circ \mathbf{Y} : \Omega \to \mathbb{R}$.

**Satz 4.7** *Im Standardmodell* (4.10) *ist der KQ-Schätzer* $(\hat{a}, \hat{b})$ *erwartungstreu, d.h.* $\mathrm{E}_{a,b}(\hat{b}) = b$ *und* $\mathrm{E}_{a,b}(\hat{a}) = a$.

*Beweis:* Aus den Modellannahmen folgt $\mathrm{E}_{a,b}(Y_i) = a + bx_i$. Wegen $\sum_{i=1}^{n}(x_i - \bar{x}) = 0$ gilt

$$\hat{b} = \frac{\sum_{i=1}^{n}(x_i - \bar{x})(Y_i - \bar{Y})}{\sum_{i=1}^{n}(x_i - \bar{x})^2} = \frac{\sum_{i=1}^{n}(x_i - \bar{x})Y_i}{\sum_{i=1}^{n}(x_i - \bar{x})^2} \tag{4.14}$$

und damit

$$\mathrm{E}_{a,b}(\hat{b}) = \frac{\sum_{i=1}^{n}(x_i - \bar{x})(a + bx_i)}{\sum_{i=1}^{n}(x_i - \bar{x})^2} = b\frac{\sum_{i=1}^{n}(x_i - \bar{x})x_i}{\sum_{i=1}^{n}(x_i - \bar{x})^2} = b$$

Für $\hat{a} = \bar{Y} - \hat{b}\bar{x}$ erhält man mit $\mathrm{E}_{a,b}(\bar{Y}) = a + b\bar{x}$:

$$\mathrm{E}_{a,b}(\hat{a}) = \mathrm{E}_{a,b}(\bar{Y}) - \mathrm{E}_{a,b}(\hat{b})\bar{x} = a + b\bar{x} - b\bar{x} = a$$

$\square$

Man beachte, dass im obigen Beweis nur die Rechenregeln für Erwartungswerte und die Eigenschaft $\mathrm{E}(\varepsilon_i) = 0$ benutzt wurden. Die Unkorreliertheit der $\varepsilon_i$ bzw. die Annahme gleicher Varianzen wurde hingegen nicht benötigt.

Gemäß den Rechenregeln in Bemerkung 4.6 gilt somit für die Varianz bzw. die Kovarianz im Standardmodell in (4.10):

$$\mathrm{Var}(Y_i) = \mathrm{Var}(a + bx_i + \varepsilon_i) = \mathrm{Var}(\varepsilon_i) = \sigma^2$$

und

$$\mathrm{Cov}(Y_i, Y_j) = \mathrm{Cov}(a + bx_i + \varepsilon_i, a + bx_j + \varepsilon_j) = \mathrm{Cov}(\varepsilon_i, \varepsilon_j) = 0$$

Wir können nun eine Aussage über die Varianz und die Kovarianz der KQ-Schätzer machen.

**Satz 4.8** *Im Standardmodell* (4.10) *gilt für die Varianzen von $\hat{a}$ und $\hat{b}$:*

$$\mathrm{Var}(\hat{a}) = \frac{\sigma^2 \sum_{i=1}^{n} x_i^2}{n \sum_{i=1}^{n}(x_i - \bar{x})^2} \quad und \quad \mathrm{Var}(\hat{b}) = \frac{\sigma^2}{\sum_{i=1}^{n}(x_i - \bar{x})^2}$$

*Für die Kovarianz von $\hat{a}$ und $\hat{b}$ gilt:*

$$\mathrm{Cov}(\hat{a},\hat{b}) = -\frac{\sigma^2 \bar{x}}{\sum_{i=1}^{n}(x_i - \bar{x})^2}$$

*Beweis:* Aus der Darstellung

$$\hat{b} = \frac{\sum_{i=1}^{n}(x_i - \bar{x})Y_i}{\sum_{i=1}^{n}(x_i - \bar{x})^2}$$

vgl. (4.14), folgt mit der Rechenregel in (4.13), dass

$$\mathrm{Var}(\hat{b}) = \frac{\sum_{i=1}^{n}(x_i - \bar{x})^2 \mathrm{Var}(Y_i)}{\left(\sum_{i=1}^{n}(x_i - \bar{x})^2\right)^2} = \frac{\sigma^2}{\sum_{i=1}^{n}(x_i - \bar{x})^2}$$

Mit (4.11), (4.12) und (4.13) gilt außerdem:

$$\mathrm{Var}(\hat{a}) = \mathrm{Var}(\bar{Y}) + \mathrm{Var}(\hat{b}\bar{x}) - 2\mathrm{Cov}(\bar{Y}, \hat{b}\bar{x})$$

$$= \mathrm{Var}(\bar{Y}) + \bar{x}^2 \mathrm{Var}(\hat{b}) - 2\bar{x}\mathrm{Cov}(\bar{Y}, \hat{b})$$

Wegen $\mathrm{Var}(\bar{Y}) = \sigma^2/n$ und $\mathrm{Cov}(\bar{Y}, \hat{b}) = 0$ (Aufgabe 10) folgt dann:

$$\mathrm{Var}(\hat{a}) = \frac{\sigma^2}{n} + \bar{x}^2 \frac{\sigma^2}{\sum_{i=1}^{n}(x_i - \bar{x})^2}$$

$$= \sigma^2 \left(\frac{1}{n} + \frac{\bar{x}^2}{\sum_{i=1}^{n}(x_i - \bar{x})^2}\right)$$

$$= \frac{\sigma^2 \sum_{i=1}^{n} x_i^2}{n \sum_{i=1}^{n}(x_i - \bar{x})^2}$$

Für die Kovarianz zwischen $\hat{a}$ und $\hat{b}$ erhält man wieder mit Rechenregel (4.12):

$$\mathrm{Cov}(\hat{a},\hat{b}) = \mathrm{Cov}(\bar{Y} - \hat{b}\bar{x}, \hat{b})$$

$$= \mathrm{Cov}(\bar{Y}, \hat{b}) - \mathrm{Cov}(\hat{b}\bar{x}, \hat{b})$$

$$= -\bar{x}\mathrm{Var}(\hat{b})$$

$$= -\frac{\sigma^2 \bar{x}}{\sum_{i=1}^{n}(x_i - \bar{x})^2}$$

$\square$

**Bemerkung 4.9** *Der KQ-Schätzer* $(\hat{a}, \hat{b})$ *besitzt eine Optimalitätseigenschaft, die in der Literatur durch das* **Gauß-Markov-Theorem** *ausgedrück wird. Dieses Theorem besagt, dass im Standardmodell (4.10) der KQ-Schätzer innerhalb der Klasse aller linearen, erwartungstreuen Schätzer die kleinste Varianz besitzt. Wir verweisen dazu z. B. auf [3], Kapitel 3.*

### 4.3.2 Schätzung der Standardabweichung

Jetzt wollen wir einen erwartungstreuen Schätzer für den verbleibenden unbekannten Parameter $\sigma$ herleiten. Aufgrund des *Gesetzes der großen Zahlen* (siehe z. B. [4], Kapitel 5) ist zu erwarten, dass

$$\frac{1}{n} \sum_{i=1}^{n} (Y_i - \hat{a} - \hat{b}x_i)^2 \approx \frac{1}{n} \sum_{i=1}^{n} (Y_i - a - bx_i)^2 = \frac{1}{n} \sum_{i=1}^{n} \varepsilon_i^2 \approx \sigma^2$$

Der nächste Satz zeigt, dass die Residuenquadratsumme geteilt durch $n - 2$,

$$S^2 = S^2(\mathbf{Y}) = \frac{1}{n-2} \sum_{i=1}^{n} (Y_i - \hat{a} - \hat{b}x_i)^2$$

ein geeigneter Punktschätzer für $\sigma^2$ ist.

**Satz 4.10** *Im Standardmodell (4.10) ist*

$$S^2 = \frac{\sum_{i=1}^{n} (Y_i - \hat{a} - \hat{b}x_i)^2}{n-2}$$

*ein erwartungstreuer Schätzer für* $\sigma^2$.

*Beweis:* Wegen

$$\sum_{i=1}^{n} (Y_i - \hat{a} - \hat{b}x_i)^2 = \sum_{i=1}^{n} \left(Y_i - a - bx_i - [\hat{a} - a + (\hat{b} - b)x_i]\right)^2$$

$$= \sum_{i=1}^{n} \varepsilon_i^2 + \sum_{i=1}^{n} [\hat{a} - a + (\hat{b} - b)x_i]^2$$

$$- 2\sum_{i=1}^{n} \varepsilon_i [\hat{a} - a + (\hat{b} - b)x_i]$$

gilt

$$\mathrm{E}\left(\sum_{i=1}^{n}(Y_i - \hat{a} - \hat{b}x_i)^2\right)$$

$$= \underbrace{\sum_{i=1}^{n}\mathrm{E}(\varepsilon_i^2)}_{=A_1} + \underbrace{n\mathrm{Var}(\hat{a}) + \sum_{i=1}^{n}x_i^2\mathrm{Var}(\hat{b}) - 2\sum_{i=1}^{n}x_i\mathrm{Cov}(\hat{a},\hat{b})}_{=A_2}$$

$$- \underbrace{2\sum_{i=1}^{n}\mathrm{Cov}(\varepsilon_i,\hat{a})}_{=A_3} - \underbrace{2\sum_{i=1}^{n}x_i\mathrm{Cov}(\varepsilon_i,\hat{b})}_{=A_4}$$

$$=: A_1 + A_2 - A_3 - A_4$$

Die Behauptung folgt nun aus den folgenden Aussagen:

$$A_1 = \sum_{i=1}^{n}\mathrm{E}(\varepsilon_i^2) = n\sigma^2$$

$$A_2 = n\mathrm{Var}(\hat{a}) + \sum_{i=1}^{n}x_i^2\mathrm{Var}(\hat{b}) - 2\sum_{i=1}^{n}x_i\mathrm{Cov}(\hat{a},\hat{b})$$

$$= \frac{\sum_{i=1}^{n}x_i^2}{\sum_{i=1}^{n}(x_i-\bar{x})^2}\sigma^2 + \frac{\sum_{i=1}^{n}x_i^2}{\sum_{i=1}^{n}(x_i-\bar{x})^2}\sigma^2 - \frac{2n\bar{x}^2}{\sum_{i=1}^{n}(x_i-\bar{x})^2}\sigma^2$$

$$= 2\left(\frac{\sum_{i=1}^{n}x_i^2 - n\bar{x}^2}{\sum_{i=1}^{n}(x_i-\bar{x})^2}\sigma^2\right) = 2\sigma^2$$

$$A_3 = 2\sum_{i=1}^{n}\mathrm{Cov}(\varepsilon_i,\hat{a})$$

$$= 2\sum_{i=1}^{n}\left(\mathrm{Cov}(\varepsilon_i,\bar{Y}) + \bar{x}\mathrm{Cov}(\varepsilon_i,\hat{b})\right)$$

$$= 2\sum_{i=1}^{n}\left(\frac{1}{n}\sigma^2 + \frac{\bar{x}(x_i-\bar{x})}{\sum_{i=1}^{n}(x_i-\bar{x})^2}\sigma^2\right) = 2\sigma^2$$

$$A_4 = 2\sum_{i=1}^{n}x_i\mathrm{Cov}(\varepsilon_i,\hat{b}) = 2\sum_{i=1}^{n}x_i\frac{x_i-\bar{x}}{\sum_{i=1}^{n}(x_i-\bar{x})^2}\sigma^2 = 2\sigma^2$$

Beachte zum vorletzten Gleichheitszeichen bei $A_3$ und $A_4$: $\mathrm{Cov}(\varepsilon_i,Y_j) = \sigma^2$ für $i = j$ und $\mathrm{Cov}(\varepsilon_i,Y_j) = 0$ für $i \neq j$. $\qquad\square$

### 4.3.3 Konfidenzintervalle im Regressionsmodell

Zur Herleitung von Konfidenzintervallen für $a$ und $b$ sind noch weitere Verteilungsannahmen notwendig. Falls im Standardmodell (4.10) zusätzlich $\varepsilon_1, \ldots, \varepsilon_n$ unabhängig und $N(0, \sigma)$-verteilt sind, so sind $Y_1, \ldots, Y_n$ unabhängige Zufallsvariablen mit $Y_i \sim N(a + bx_i, \sigma)$, $i = 1, \ldots, n$ (die Verteilung des Zufallsvektors $\mathbf{Y} = (Y_1, \ldots, Y_n)$ ist also das Produktmaß $\bigotimes_{i=1}^n N(a + bx_i, \sigma)$). Da eine Summe von unabhängigen und normalverteilten Zufallsvariablen wieder normalverteilt ist (Faltungstheorem der Normalverteilung), gilt

$$\hat{a} \sim N\left(a, \sqrt{\mathrm{Var}(\hat{a})}\right) \quad \text{und} \quad \hat{b} \sim N\left(b, \sqrt{\mathrm{Var}(\hat{b})}\right) \tag{4.15}$$

Schätzer für die Varianzen von $\hat{a}$ und $\hat{b}$ erhält man, indem man in den Darstellungen der Varianzen aus Satz 4.8 $\sigma^2$ durch $S^2$ ersetzt:

$$S_{\hat{a}}^2 = S_{\hat{a}}^2(\mathbf{Y}) := \frac{S^2(Y) \sum_{i=1}^n x_i^2}{n \sum_{i=1}^n (x_i - \bar{x})^2}$$

$$S_{\hat{b}}^2 = S_{\hat{b}}^2(\mathbf{Y}) := \frac{S^2(Y)}{\sum_{i=1}^n (x_i - \bar{x})^2}$$

Unter der Verteilungsannahme $\mathbf{Y} \sim \bigotimes_{i=1}^n N(a + bx_i, \sigma)$ gilt (siehe z. B. [3]):

$$\frac{\hat{a} - a}{S_{\hat{a}}} \sim t_{n-2} \quad \text{und} \quad \frac{\hat{b} - b}{S_{\hat{b}}} \sim t_{n-2}$$

Hieraus lassen sich sofort Konfidenzintervalle für $a$ und $b$ ableiten. Bezeichnet $t_{n-2;1-\alpha/2}$ das $(1 - \alpha/2)$-Quantil der $t$-Verteilung mit $n - 2$ Freiheitsgraden, so gilt für das Intervall

$$I_{\hat{a}} = I_{\hat{a}}(\mathbf{Y}) := \left(\hat{a}(\mathbf{Y}) - t_{n-2;1-\alpha/2} S_{\hat{a}}(\mathbf{Y}), \hat{a}(\mathbf{Y}) + t_{n-2;1-\alpha/2} S_{\hat{a}}(\mathbf{Y})\right)$$

die Aussage

$$P_{a,b}(a \in I_{\hat{a}}(\mathbf{Y})) = \bigotimes_{i=1}^n N(a + bx_i, \sigma)\{\mathbf{y} \in \mathbb{R}^n : a \in I_{\hat{a}}(\mathbf{y})\} = 1 - \alpha$$

Analog gilt für das Intervall

$$I_{\hat{b}} = I_{\hat{b}}(\mathbf{Y}) := \left(\hat{b}(\mathbf{Y}) - t_{n-2;1-\alpha/2} S_{\hat{b}}(\mathbf{Y}), \hat{b}(\mathbf{Y}) + t_{n-2;1-\alpha/2} S_{\hat{b}}(\mathbf{Y})\right)$$

die Aussage

$$P_{a,b}(b \in I_{\hat{b}}(\mathbf{Y})) = \bigotimes_{i=1}^n N(a + bx_i, \sigma)\{\mathbf{y} \in \mathbb{R}^n : b \in I_{\hat{b}}(\mathbf{y})\} = 1 - \alpha$$

Die Intervalle $I_{\hat{a}}(\mathbf{y})$ und $I_{\hat{b}}(\mathbf{y})$ sind dann wieder Intervallschätzungen für $a$ bzw. $b$. Zusammenfassend erhalten wir die folgenden Aussagen:

**Satz 4.11** *(i) Ein Konfidenzintervall für $a$ mit Überdeckungswahrscheinlichkeit $1 - \alpha$ ist gegeben durch*

$$I_{\hat{a}} = \left(\hat{a} - t_{n-2;1-\alpha/2}S_{\hat{a}},\, \hat{a} + t_{n-2;1-\alpha/2}S_{\hat{a}}\right)$$

*(ii) Ein Konfidenzintervall für $b$ mit Überdeckungswahrscheinlichkeit $1 - \alpha$ ist gegeben durch*

$$I_{\hat{b}} = \left(\hat{b} - t_{n-2;1-\alpha/2}S_{\hat{b}},\, \hat{b} + t_{n-2;1-\alpha/2}S_{\hat{b}}\right)$$

Man beachte dabei, dass $I_{\hat{a}}$ und $I_{\hat{b}}$ simultan *keine* $(1 - \alpha)$-Konfidenzintervalle für $a$ bzw. $b$ sind. Aufgrund der Ungleichung

$$P(A \cap B) \geq P(A) + P(B) - 1$$

gilt zunächst nur, dass

$$P_{a,b}\big((a,b) \in I_{\hat{a}} \times I_{\hat{b}}\big) \geq 1 - 2\alpha$$

Das gleiche Problem ist bereits in Kapitel 3 aufgetreten (vgl. Bemerkung 3.16). Um ein Vertrauensniveau $1 - \alpha$ zu erhalten, muss auch hier eine Bonferroni-Korrektur durchgeführt werden, d.h. man muss Konfidenzintervalle für $a$ und $b$ zur Vertrauenswahrscheinlichkeit $1 - \alpha/2$ betrachten.


## 4.4 Lineares Regressionsmodell mit zufälligem Design

Ziel dieses Abschnittes ist es zu zeigen, dass sich die statistischen Aussagen von Abschnitt 4.3 übertragen lassen auf lineare Regressionsmodelle mit zufälligem Design. Die Erwartungstreue des KQ-Schätzers bzw. des Schätzers für die Fehlervarianz bleibt erhalten. Auch die in Satz 4.11 vorgestellten Konfidenzintervalle können übernommen werden. Um diese „Übertragbarkeit" zu zeigen, benötigt man *bedingte Verteilungen*. Eine verständliche und kompakte Einführung in das Konzept der nicht elementaren bedingten Verteilungen findet der Leser in [7], Kapitel 6 (nicht elementar deshalb, weil wir im Folgenden stetige Verteilungen betrachten).

Das Modell der einfachen linearen Regression mit zufälligem Design ist

$$Y_i = a + bX_i + \varepsilon_i, \quad i = 1, \ldots, n \tag{4.16}$$

Dabei nehmen wir an, dass sämtliche Zufallsvariablen $X_1, \ldots, X_n, \varepsilon_1, \ldots, \varepsilon_n$ unabhängig sind (dies impliziert die Unabhängigkeit der zweidimensionalen Zufallsvektoren $(X_1, Y_1), \ldots, (X_n, Y_n)$) mit $\mathrm{E}(\varepsilon_i) = 0$ und $\mathrm{Var}(\varepsilon_i) = \sigma^2$. Wir wollen darüber hinaus annehmen, dass $(X_i, Y_i)$ eine gemeinsame Dichte $g$ besitzt, $i = 1, \ldots, n$. Die Zufallsvariable $X_i$ hat dann bekanntlich die Dichte

$$f(x) = \int g(x,y)\, dy, \quad x \in \mathbb{R},$$

siehe z. B. [5], wobei wir der Einfachheit halber $f(x) > 0$, $x \in \mathbb{R}$, annehmen wollen (man denke etwa an die Dichte einer Normalverteilung). Ist $x_i$ eine Realisierung der Zufallsvariablen $X_i$, so ist die bedingte Verteilung von $Y_i$ gegeben $X_i = x_i$ nach der „Einsetzregel" ([7], Satz 6.4) nichts anderes als die Verteilung von $a + bx_i + \varepsilon_i$. Man fasst die Werte $x_i$ von $X_i$ als Parameter der Verteilung von $Y_i$ auf. Die bedingte Verteilung ist per Definition durch die folgende Eigenschaft (eindeutig) festgelegt: Die bedingte Verteilung ist eine Parametrisierung der Verteilung von $Y_i$ derart, dass man als „integriertes Modell" (Integration der bedingten Verteilung bzgl. der Verteilung von $X_i$) die Verteilung von $(X_i, Y_i)$ erhält. Die *bedingte* Verteilung von $Y_i$ gegeben $X_i = x_i$, besitzt die Dichte

$$f_{Y_i|X_i=x_i}(y) = \frac{g(x_i,y)}{f(x_i)}, \quad y \in \mathbb{R}$$

Da die Zufallsvariablen $(X_1, Y_1), \ldots, (X_n, Y_n)$ nach Voraussetzung identisch verteilt sind, besitzt der Zufallsvektor $(X_1, Y_1), \ldots, (X_n, Y_n)$ die (Produkt-)Dichte

$$\prod_{i=1}^{n} g(x_i, y_i), \quad (x_i, y_i) \in \mathbb{R}^2$$

und diese ist identisch mit

$$\prod_{i=1}^{n} f_{Y|X=x_i}(y_i) \cdot \prod_{i=1}^{n} f(x_i)$$

Das erste Produkt ist dabei die Dichte des Produktmaßes der bedingten Verteilungen von $Y_i$ unter $X_i = x_i$, also die Diche der Verteilung des Zufallsvektors $(a + bx_1 + \varepsilon_1, \ldots, a + bx_n + \varepsilon_n)$ und dies ist auch die Dichte der bedingten Verteilung des Zufallsvektors $(Y_1, \ldots, Y_n)$, gegeben $X_1 = x_1, \ldots, X_n = x_n$, siehe [7], Satz 6.2. Mit anderen Worten: Durch Bedingen nach $X_1 = x_1, \ldots, X_n = x_n$ sind wir in der Situation eines linearen Models mit festem Design!

Schreiben wir wieder $\mathbf{X} = (X_1, \ldots, X_n)$ und $\mathbf{Y} = (Y_1, \ldots, Y_n)$. Der KQ-Schätzer ist

$$\hat{b} = \hat{b}(\mathbf{X}, \mathbf{Y}) := \frac{\sum_{i=1}^{n}(X_i - \bar{X})(Y_i - \bar{Y})}{\sum_{i=1}^{n}(X_i - \bar{X})^2}$$

$$\hat{a} = \hat{a}(\mathbf{X}, \mathbf{Y}) := \bar{Y} - \hat{b}\bar{X}$$

Aus dem vorherigen Abschnitt wissen wir, dass im bedingten Fall, also für $(X_1 = x_1, \ldots, X_n = x_n)$, die Schätzer

$$\hat{b}(x_1, \ldots, x_n, a + bx_1 + \varepsilon_1, \ldots, a + bx_n + \varepsilon_n)$$

und
$$\hat{a}(x_1, \ldots, x_n, a + bx_1 + \varepsilon_1, \ldots, a + bx_n + \varepsilon_n)$$
erwartungstreu für $a$ bzw. $b$ sind. Als Konsequenz ergibt sich die folgende Aussage:

**Satz 4.12** *Im Modell* (4.16) *ist der KQ-Schätzer* $(\hat{a}, \hat{b})$ *erwartungstreu,, es gilt also* $E_{a,b}(\hat{b}) = b$ *und* $E_{a,b}(\hat{a}) = a$.

*Beweis:* Es gilt

$$E_{a,b}(\hat{b})$$

$$= \int \hat{b}(x_1, \ldots, x_n, y_1, \ldots, y_n) \prod_{i=1}^{n} g(x_i, y_i)\, dx_1 \ldots dx_n\, dy_1 \ldots dy_n$$

$$= \int \left( \int \hat{b}(x_1, \ldots, x_n, y_1, \ldots, y_n) \prod_{i=1}^{n} f_{Y|X=x_i}(y_i)\, dy_1 \ldots dy_n \right)$$

$$\cdot \prod_{i=1}^{n} f(x_i)\, dx_1 \ldots dx_n$$

$$= \int \left( E_{a,b}\, \hat{b}(x_1, \ldots, x_n, a + bx_1 + \varepsilon_1, \ldots, a + bx_n + \varepsilon_n) \right)$$

$$\cdot \prod_{i=1}^{n} f(x_i)\, dx_1 \ldots dx_n$$

$$= \int b \prod_{i=1}^{n} f(x_i)\, dx_1 \ldots dx_n$$

$$= b$$

Völlig analog zeigt man
$$E_{a,b}(\hat{a}) = a$$

$\square$

Die gleichen Argumente liefern die folgende Aussage:

**Satz 4.13** *Im Modell* (4.16) *ist*

$$S^2 = S^2(\mathbf{X}, \mathbf{Y}) := \frac{\sum_{i=1}^{n}(Y_i - \hat{a} - \hat{b}X_i)^2}{n-2}$$

*ein erwartungstreuer Schätzer für* $\sigma^2$.

Unter der zusätzlichen Verteilungsannahme $\varepsilon_i \sim N(0, \sigma)$, $i = 1, \ldots, n$, lassen sich Konfidenzintervalle für $a$ bzw. $b$ angeben. Seien

$$S_{\hat{a}}^2 = S_{\hat{a}}^2(\mathbf{X},\mathbf{Y}) = \frac{S^2(\mathbf{X},\mathbf{Y})\sum_{i=1}^n X_i^2}{n\sum_{i=1}^n (X_i - \bar{X})^2}$$

$$S_{\hat{b}}^2 = S_{\hat{b}}^2(\mathbf{X},\mathbf{Y}) = \frac{S^2(\mathbf{X},\mathbf{Y})}{\sum_{i=1}^n (X_i - \bar{X})^2}$$

Schätzer für $\mathrm{Var}(\hat{a})$ und $\mathrm{Var}(\hat{b})$, vgl. Abschnitt 4.3.3. Dann ist

$$I_{\hat{a}} = I_{\hat{a}}(\mathbf{X},\mathbf{Y})$$
$$:= \big(\hat{a}(\mathbf{X},\mathbf{Y}) - t_{n-2;1-\alpha/2}S_{\hat{a}}(\mathbf{X},\mathbf{Y}), \hat{a}(\mathbf{X},\mathbf{Y}) + t_{n-2;1-\alpha/2}S_{\hat{a}}(\mathbf{X},\mathbf{Y})\big)$$

ein Konfidenzintervall für $a$ mit Überdeckungswahrscheinlichkeit $1 - \alpha$ und

$$I_{\hat{b}} = I_{\hat{b}}(\mathbf{X},\mathbf{Y})$$
$$:= \big(\hat{b}(\mathbf{X},\mathbf{Y}) - t_{n-2;1-\alpha/2}S_{\hat{b}}(\mathbf{X},\mathbf{Y}), \hat{b}(\mathbf{X},\mathbf{Y}) + t_{n-2;1-\alpha/2}S_{\hat{b}}(\mathbf{X},\mathbf{Y})\big)$$

ist ein Konfidenzintervall für $b$ mit Überdeckungswahrscheinlichkeit $1 - \alpha$. Der Nachweis erfolgt wieder mit den gleichen Argumenten wie im Beweis zuvor. Definiert man die Funktion

$$h_b(x_1,\ldots,x_n,y_1,\ldots,y_n) = \begin{cases} 1, & \text{falls } b \in I_1(x_1,\ldots,x_n,y_1,\ldots,y_n) \\ 0, & \text{sonst} \end{cases}$$

so gilt

$$P_{a,b}\big(b \in I_{\hat{b}}(X,Y)\big)$$
$$= \mathrm{E}_{a,b}h_b(X,Y)$$
$$\cdot \int h_b(x_1,\ldots,x_n,y_1,\ldots,y_n)\prod_{i=1}^n g(x_i,y_i)\,dx_1\ldots dx_n\,dy_1\ldots dy_n$$
$$= \int \left(\int h_b(x_1,\ldots,x_n,y_1,\ldots,y_n)\prod_{i=1}^n f_{Y|X=x_i}(y_i)\,dy_1\ldots dy_n\right)$$
$$\cdot \prod_{i=1}^n f(x_i)\,dx_1\ldots dx_n$$
$$= \int \mathrm{E}_{a,b}h_b(x_1,\ldots,x_n,a+bx_1+\varepsilon_1,\ldots,a+bx_n+\varepsilon_n)$$
$$\cdot \prod_{i=1}^n f(x_i)\,dx_1\ldots dx_n$$

$$= \int P_{a,b}\big(b \in I_{\hat{b}}(x_1,\ldots,x_n, a + bx_1 + \varepsilon_1,\ldots, a + bx_n + \varepsilon_n)\big)$$

$$\cdot \prod_{i=1}^{n} f(x_i)\, dx_1 \ldots dx_n$$

$$= \int (1 - \alpha) \prod_{i=1}^{n} f(x_i)\, dx_1 \ldots dx_n$$

$$= 1 - \alpha$$

Naürlich lassen sich mittels Konfidenzintervalle wieder Testentscheidungen treffen. Ein Beispiel dazu folgt im nächsten Abschnitt im Rahmem eines Regressionsmodells mit zufälligem Design. Ein weiteres ausführliches Beispiel zur Regression mit zufälligem Design wird uns in Kapitel 17 begegnen.

## 4.5 Regressionsanalyse mit dem R-Commander

Die in den vergangenen Abschnitten besprochenen Konzepte der Regressionsanalyse wollen wir nun an einem konkreten Datensatz vorstellen. Dazu greifen wir das Beispiel 4.1 mit dem Datensatz `olympia` wieder auf, in dem das Ergebnis beim Weitsprung durch die Zeit beim 100-Meter-Lauf vorhergesagt werden soll. In der bisherigen Notation sind also die Werte $y_1,\ldots,y_n$ die Beobachtungen beim Weitsprung und die $x_1,\ldots,x_n$ sind die Zeiten des 100-Meter-Laufs, wobei $n = 15$ ist.

Im nachfolgenden Programmbeispiel wird mit Hilfe des R-Commander ein Regressionsmodell, wie in 4.16 beschrieben, aufgestellt und die KQ-Schätzungen $\hat{a}$ und $\hat{b}$ berechnet.

**Programmbeispiel 4.6** Zuerst muss natürlich der Datensatz `olympia` aktiviert werden:

1. Gehe im Menü auf **Statistik** $\longrightarrow$ **Regressionsmodelle** $\longrightarrow$ **Lineare Regression** ...
2. Im sich neu öffnenden Dialogfeld (vgl. Abb. 4.7) gibt man im Feld *Namen für Modell eingeben* den Namen `reg.olympia` für das Regressionmodell ein.
3. Die *Abhängige Variable* ist die Variable `weitsprung`, die im linken Feld ausgewählt wird. Im rechten Feld, *Unabhängige Variablen*, wählt man die Variable `laufen.100` und geht auf $\boxed{\text{OK}}$ .

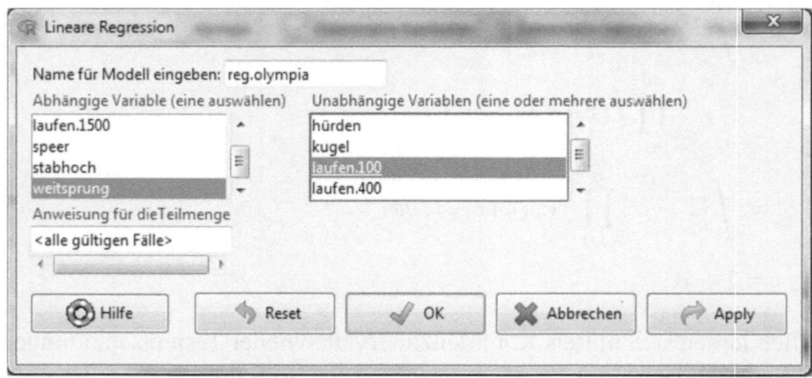


**Abb. 4.7** Dialogfeld zur Erstellung eines linearen Regressionsmodells wie in (4.10) beschrieben für die abhängige Variable `weitsprung` und die unabhängige `laufen.100` aus dem Datensatz `olympia`.

Im Ausgabefenster erscheint das Ergebnis der Regressionsanalyse:

```
Call:
lm(formula = weitsprung ~ laufen.100, data = olympia)

Residuals:
     Min       1Q   Median       3Q      Max
-0.63172 -0.08255  0.01358  0.09413  0.42054

Coefficients:
            Estimate Std. Error t value Pr(>|t|)
(Interzept)  12.8474     2.6858   4.784 0.000357 ***
laufen.100   -0.5061     0.2471  -2.048 0.061325 .
---
Signif. codes:  0 '***' 0.001 '**' 0.01 '*' 0.05 ...

Residual standard error: 0.2935 on 13 degrees of ...
Multiple R-squared: 0.2439 [...]
F-statistic: 4.194 on 1 and 13 DF,  p-value: 0.06132
```

Im ersten Teil der Ausgabe (`Call`) erhalten wir Informationen über die verwendeten Variablen im aktuellen Regressionsmodell. Führt man mehrere Regressionsanalysen durch, dient dies zu besseren Orientierung. Der Teil danach gibt eine deskriptive Statistik der empirischen Residuen aus (4.4) an. Der Median der Residuen liegt bei ca. 0.014 und somit nahe an Null, ein Anzeichen dafür, dass die Modellannahme $E(\varepsilon_i) = 0$ erfüllt ist. Im Teil der Ausgabe mit der Überschrift `Coefficients` werden die KQ-Schätzungen angegeben. In der Ausgabe wird die Schätzung für $a$ als `Interzept` (engl. Achsenabschnitt) bezeichnet und es gilt $\hat{a} = 12.8474$. Die Schätzung für $b$ ist $\hat{b} = -0.5061$, d.h. die Regressionsgerade in (4.3) kann nun angegeben werden als

$$\texttt{weitsprung} = 12.8474 - 0.5061 \cdot \texttt{laufen.100}.$$

Laut diesem Modell würde man also mit einer 100-Meter-Laufzeit von 10.00 s eine Weite von $12.8474 - 0.5061 \cdot 10 \approx 7.79$ m voraussagen.

Aus (4.15) ist bekannt, dass die beiden KQ-Schätzer $t$-verteilt sind mit $n - 2$ Freiheitsgraden. Wir können mit diesem Hintergrundwissen nun die beiden Nullhypothesen

$$H_{0,a} : a = 0 \quad \text{und} \quad H_{0,b} : b = 0 \tag{4.17}$$

überprüfen. Die zugehörigen $p$-Werte werden in der Ausgabe für beide KQ-Schätzer in der entsprechenden Zeile ganz am Ende angezeigt. Dort entnimmt man den $p$-Wert für $H_{0,b}$, der 0.061325 beträgt. Dieses Ergebnis besagt also, dass $H_{0,b}$ nicht verworfen werden kann und sich $b$ somit nicht signifikant von Null unterscheidet. Dieses Ergebnis hat somit zur Folge, dass das aufgestellte Regressionsmodell nicht zu verwenden ist, da die betrachtete abhängige Variable keinen signifikanten Einfluss auf die unabhängige Variable hat. Es ist zwar so, dass es einen offensichtlichen negativen Zusammenhang zwischen den beiden Messungen gibt, allerdings ist dieser knapp nicht signifikant, da der $p$-Wert leicht überhalb der Grenze von 0.05 liegt. Anders formuliert bedeutet dies also, dass Länge beim Weitsprung nicht besonders verlässlich durch die 100-Meter-Zeit des Athleten vorhergesagt werden kann.

Dies kann man auch am in Bemerkung 4.4 erwähnten $r^2$-Wert erkennen, der in der Ausgabe nach `Multiple R-squared` angegeben wird. Der Wert beträgt 0.2439, womit kein starker Zusammenhang zwischen beiden Messungen festzustellen ist. Wäre dies der Fall, wäre der $r^2$-Wert näher am Maximalwert von 1. Mit dem $r^2$-Wert kann man auch den empirischen Korrelationskoeffizienten bestimmen, der hier gegeben ist durch

$$r = -\sqrt{r^2} = -\sqrt{0.2439} \approx -0.4939,$$

wobei wir das Minuszeichen wegen dem negativen Zusammenhang zwischen beiden Messungen eingefügt haben.

Die einzige Information, die man der Ausgabe nicht entnehmen kann, sind die Konfidenzintervalle der KQ-Schätzer aus Satz 4.11. Um diese angezeigt zu bekommen geben wir den Aufruf

```
confint(reg.olympia)
```

im Skriptfenster ein und bekommen nach Ausführung des Befehls die folgende Ausgabe angezeigt:

```
                 2.5 %        97.5 %
(Interzept)    7.045165   18.64964733
laufen.100    -1.039949    0.02778513
```

Per Voreinstellung wird das 95 %-Konfidenzintervall angezeigt. Man sieht, dass das Konfidenzintervall in der zweiten Zeile der Ausgabe die Null enthält, weshalb die Nullhypothese $H_{0,b} : b = 0$ nicht verworfen werden kann. Das Ergebnis bestätigt also die zuvor schon getroffene Testentscheidung.

Zusammenfassend kann man somit aus den Ergebnissen schließen, dass der empirische Korrelationskoeffizient einen Zusammenhang zwischen dem Ergebnis beim Weitsprung und der Zeit des 100-Meter-Laufs suggeriert. Da der Zusammenhang aber nicht signifikant ist, müssen neben den reinen Sprintfähigkeiten noch andere Einflussfaktoren vorhanden sein, die in dem Regressionsmodell nicht berücksichtigt wurden, z.B. die Sprungkraft oder die Sprungtechnik des Athleten, mit denen die Weite noch besser erklärt werden kann. Für weitere Zusammenhänge im Datensatz `olympia` sei auf Aufgabe 11 verwiesen.

In diesem Kapitel wurde die *einfache* lineare Regression vorgestellt. Bezüglich der Statistik in allgemeinen linearen Modellen, bei denen mehrere unabhängige Variable vorliegen, sei auf [2], [3] und [5] verwiesen.

## 4.6 Aufgaben

1. Zeigen Sie die Gültigkeit der Darstellung (4.1) für $(\hat{a}, \hat{b})$.
2. Zeigen Sie, dass $\hat{a}$ und $\hat{b}$ die in (4.2) angegebenen Darstellungen besitzen.
3. Zeigen Sie die Gültigkeit der Streuungszerlegung (4.7). Hinweis: (4.5) impliziet zunächst die Aussage (!)

$$\sum_{i=1}^{n}(y_i - \hat{y}_i)^2 = \sum_{i=1}^{n}(y_i - \bar{y})^2 - (n-1)s_y^2 r^2$$

Zeigen Sie: $\sum_{i=1}^{n}(\hat{y}_i - \bar{y})^2 = (n-1)s_y^2 r^2$.
4. Zeigen Sie, dass der empirische Korrelationskoeffizient invariant ist unter linearen Transformationen, d.h. seien

$$x \to a + b \cdot x \quad \text{und} \quad y \to c + d \cdot y,$$

mit $a, c \in \mathbb{R}$ und $b, d \in \mathbb{R}^+$ die linear transformierten Daten $(a + bx_i, c + dy_i)$, $i = 1, \ldots, n$. Zeigen Sie, dass diese dann den gleichen empirischen Korrelationskoeffizienten besitzen, wie die ursprünglichen Daten $(x_i, y_i)$, $i = 1, \ldots, n$. Zeigen Sie außerdem, dass insbesondere die standardisierten Daten $(\tilde{x}_i, \tilde{y}_i)$, $i = 1, \ldots, n$, mit

$$\tilde{x}_i := \frac{x_i - \bar{x}}{s_x} \quad \text{und} \quad \tilde{y}_i := \frac{y_i - \bar{y}}{s_y}$$

den gleichen empirischen Korrelationskoeffizienten besitzen, wie die nicht standardisierten Daten $(x_i, y_i)$, $i = 1, \ldots, n$.

5. (i) Zeigen Sie: Seien $X$ und $Z$ zwei unabhängige, $N(0, 1)$-verteilte Zuvallsvariablen, $\rho \in [0, 1]$ und

$$Y := \rho X + \sqrt{1 - \rho^2} Z$$

Dann sind $X$ und $Y$ bivariat normalverteilt mit Kovarianz $\rho$. Beachte: Wegen $\mathrm{Var}(X) = 1$ und $\mathrm{Var}(Y) = 1$ ist $\rho$ gleich dem Korrelationskoeffizienten:

$$\rho = \frac{\mathrm{Cov}(X,Y)}{\sqrt{\mathrm{Var}(X)\mathrm{Var}(Y)}} = \mathrm{Cov}(X,Y)$$

(ii) Schreiben Sie eine Funktion in R zur Erzeugung von Scatterplots wie in Abb. 4.5. Erstellen Sie dabei mit der Funktion `rnorm()` zwei Vektoren x und z mit $N(0,1)$-verteilten Zufallszahlen und wenden Sie den in Teilaufgabe (i) gezeigten Zusammenhang an. Zum Einzeichnen der Regressionsgerade kann die Funktion `abline()` benutzt werden. Die Funktion soll als Argumente den Stichprobenumfang $n$ und den Korrelationskoeffizienten $\rho$ haben.

6. Zeichnet man die zweite Regressionsgerade (4.8) ins $(x,y)$-Koordinatensystem (also mit waagerechter $x$-Achse und senkrechter $y$-Achse), so besitzt diese Gerade die Steigung $1/\hat{d}_1$. Überlegen Sie sich, dass diese Gerade stets steiler verläuft als die (erste) Regressionsgerade (4.3).

7. Verifizieren Sie die in Bemerkung 4.6 aufgeführten Rechenregeln für die Kovarianz. Ferner folgt aus diesen Eigenschaften die Aussage: Sind $X_1, \ldots, X_m$ unkorrelierte Zufallsvariablen, d. h. $\mathrm{Cov}(X_i, X_j) = 0$ für $1 \leq i \neq j \leq m$, so gilt

$$\mathrm{Var}(X_1 + \ldots + X_m) = \mathrm{Var}(X_1) + \ldots + \mathrm{Var}(X_m)$$

Warum?

8. Finden Sie ein Beispiel von zwei Zufallsvariablen $X$ und $Y$ die zwar unkorreliert, aber nicht unabhängig sind. Hinweis: Betrachen Sie $X \sim N(0,1)$ und $Y :=$ $XZ$, wobei $X$ und $Z$ unabhängig voneinander sind und $P(Z = -1) = 1/2 = P(Z = 1)$.

9. Seien $Y_1, \ldots, Y_n$ unabhängige Zufallsvariablen mit $Y_i \sim N(a + bx_i, \sigma)$, $i = 1, \ldots, n$. Zeigen Sie, dass der ML-Schätzer für $a$ und $b$ mit dem KQ-Schätzer übereinstimmt.

10. Zeigen Sie die beiden folgenden Aussagen, die im Beweis zu Satz 4.3 benötigt wurden:

$$\mathrm{Var}(\bar{Y}) = \frac{\sigma^2}{n} \qquad \text{und} \qquad \mathrm{Cov}(\bar{Y}, \hat{b}) = 0$$

11. Untersuchen Sie am Datensatz `olympia` die folgenden Regressionsmodelle:

(i) Beschreiben Sie die die 100-Meter-Zeit (`laufen.100`) mit der 110-Meter-Hürden-Zeit (`hürden`).

(ii) Beschreiben Sie die die 400-Meter-Zeit (`laufen.400`) mit der 110-Meter-Zeit (`laufen.100`).

Erstellen Sie sich dabei jeweils einen Scatterplot mit der zugehörigen KQ-Gerade und stellen Sie im Anschluss ein Regressionsmodell auf. Untersuchen Sie zum einen ob die unabhängige Variable einen signifikanten Erklärungsanteil für die abhängige Variable besitzt und geben Sie außerdem noch den $r^2$-Wert als Maß für die Stärke des Zusammenhangs an. Verwenden Sie den R-Commander für die Auswertung. Finden Sie im Datensatz andere Variablen, die sich besser mit einem linearen Regressionmodell beschreiben lassen, d.h. bei denen sich ein relativ hoher $r^2$-Wert ergibt?

12. Der Datensatz `fussball` enthält die Abschlusstabelle der Fußballbundesliga der Saison 2008/2009. Neben den erzielten Punkten wird außerdem noch der Etat der Vereine (in Mio. €) angegeben. Man vermutet einen positiven Zusammenhang zwischen diesen beiden Variablen, also Vereine mit einem höheren Etat werden am Ende der Saison tendenziell mehr Punkte erzielt haben als Vereine mit einem geringeren Etat.

   (i) Stellen Sie ein lineares Regressionsmodell auf, um diese Vermutung zu überprüfen.

   (ii) Angenommen Sie haben als Manager des 1. FC Nürnberg am Ende der gleichen Saison den Aufstieg aus der 2. Bundesliga in die Bundesliga geschafft. Sie planen für die nächste Saison mit einem Etat von 24 Mio €. Basierend auf dem in Teilaufgabe (i) aufgestellten Regressionsmodell, mit wie vielen Punkten können sie am Ende der Saison rechnen? In der Saison 2008/2009, reichten 31 Punkte für den direkten Klassenerhalt aus. Könnte man mit dieser Annahme auch laut Regressionsmodell von einem Klassenverbleib der Nürnberger ausgehen? Tatsächlich erreichte der 1. FC Nürnberg am Ende der Saison 2009/2010 31 Punkte (was nicht für den direkten Klassenerhalt reichte), wie bewerten Sie die Leistung des Vereins ausgehend von den Informationen des Regressionsmodells?

13. Neun Anbauflächen einer Getreidesorte wurden mit unterschiedlichen Phosphatmengen $x$ behandelt. Nach 38 Tagen des Getreidewachstums wurde die Phosphatmenge im Getreide $y$ gemessen. Es ergaben sich dabei folgende Ergebnisse:

| $x_i$ | 1 | 4 | 5 | 9 | 11 | 13 | 23 | 23 | 28 |
|---|---|---|---|---|---|---|---|---|---|
| $y_i$ | 64 | 71 | 54 | 81 | 76 | 93 | 77 | 95 | 109 |

(nach [1], S. 110).

   (i) Lesen Sie die Daten in R ein und erstellen Sie mit dem R-Commander einen Scatterplot der Daten mit der Regressionsgeraden.

   (ii) Stellen Sie mit Hilfe des R-Commanders ein lineares Regressionsmodell auf und bestimmen Sie die KQ-Schätzungen für die Regressionskoeffizienten $a$ und $b$. Unterscheidet sich der Schätzer für $a$ signifikant von Null? Wie lautet der $r^2$-Wert des Modells?

   (iii) Lassen Sie sich die 0.95-Konfidenzintervall für $a$ bzw. $b$ anzeigen.

14. Um den Zusammenhang zwischen Alter $Y$ und Stammdurchmesser $X$ von Kastanienbäumen zu untersuchen, wurden an 26 Kastanienbäumen das Alter (in Jahren) und der Stammdurchmesser (in Fuß) in Brusthöhe gemessen. Die zugehörigen Daten wurden entnommen aus [6], Seite 561 und liegen im Datensatz `kastanien` vor. Ist ein linearer Zusammenhang erkennbar (Scatterplot)? Finden Sie eine geeignete Transformation für das Alter und führen Sie mit den transformierten Altersdaten eine lineare Regression durch.

15. (Lineare Regression ohne Konstante) Es sei

$$Y_i = bX_i + \varepsilon_i, \quad i = 1, \ldots, n$$

das lineare Modell (4.10) ohne Interzept (ein solches Modell wird uns in Kapitel 17 begegen). Zeigen Sie:

(i) Der KQ-Schätzer für $b$ ist gegeben durch

$$\hat{b} = \hat{b}(\mathbf{Y}) = \frac{\sum_{i=1}^{n} x_i Y_i}{\sum_{i=1}^{n} x_i^2}$$

(ii) Der Schätzer $\hat{b}$ ist erwartungstreu: $E_b(\hat{b}) = b$.

(iii)

$$\mathrm{Var}(\hat{b}) = \frac{\sigma^2}{\sum_{i=1}^{n} x_i^2}$$

(iv) Der Residuenquadratsumme geteilt durch $(n-1)$,

$$S^2 = S^2(\mathbf{Y}) = \frac{\sum_{i=1}^{n}(Y_i - \hat{b}x_i)^2}{n-1},$$

ist ein erwartungstreuer Schätzer für die Fehlervarianz $\sigma^2$. (Bemerkung: Man beachte, dass jetzt die Residuenquadratsumme durch $n-1$ und nicht durch $n-2$ geteilt wird, da im Regressionsmodell ohne Interzept nur ein Parameter geschätzt werden muss).

16. Der *bedingte Erwartungswert* ist der Erwartungswert bezüglich der bedingten Verteilung:

$$E(Y|X = x) := \int y f_{Y|X=x}(y)\, dy$$

Die *bedingte Varianz* ist die Varianz bezüglich der bedingten Verteilung:

$$\mathrm{Var}(Y|X = x) := \int (y - E(Y|X = x))^2 f_{Y|X=x}(y)\, dy$$

Zeigen Sie, dass im Fall $Y = a + bX + \varepsilon$, $X$ und $\varepsilon$ unabhängig, $E(\varepsilon) = 0$, gilt

$$E(Y|X = x) = a + bx, \quad \mathrm{Var}(Y|X = x) = \mathrm{Var}(\varepsilon)$$

## Literatur


1. Bickel, P.J. und Doksum, K.J. (2007). *Mathematical Statistics, Basic Ideas and Selected Topics.* 2. Auflage, Pearson Prentice Hall.
2. Czado, C. und Schmidt, T. (2011). *Mathematische Statistik.* Springer, Berlin-Heidelberg.
3. Falk. M, Becker, R. und Marohn, F. (2004). *Angewandte Statistik.* Springer, Berlin-Heidelberg.
4. Georgii, H.-O. (2009). *Stochastik.* 4. Auflage, de Gruyter, Berlin.

5. Henze, N. (2010). *Stochastik für Einsteiger.* 8. Auflage, Vieweg, Wiesbaden.
6. Rice, J.A. (1995). *Mathematical Statistics and Data Analysis.* 2. Auflage, Duxbury Press.
7. Wengenroth, J. (2008), Wahrscheinlichkeitstheorie, de Gruyter, Berlin.

# Kapitel 5
# Zweistichproben-Tests

## 5.1 Zweistichproben-Problem

Im vorherigen Kapitel ging es um die Untersuchung eines Zusammenhangs zwischen zwei metrischen Merkmalen mittels einer Regressionsanalyse. Viele Fragestellungen in der angewandten Statistik haben aber eine ganz andere Motivation, nämlich die Untersuchung, ob ein metrisches Merkmal Unterschiede zwischen zwei Gruppen aufweist. Betrachten wir hierfür ein Beispiel.

**Beispiel 5.1** *Ein Imker hat zu Beginn einer Tracht 18 etwa gleich starke Völker. 11 davon gehören zur Rasse Carnica, 7 sind Buckfast-Bienen. Von einer Tracht wird dann gesprochen, wenn die Bienen mehr Nahrung in den heimischen Bienenstock eintragen, als sie momentan selbst verbrauchen. Bei der Schleuderung (dies ist die gebräuchlichste Art der Honigernte) am Ende der Tracht wurde für jedes Volk die Menge an Honig (in kg) ermittelt. Die zugehörigen Daten liegen im Datensatz* `bienen` *vor. Der Imker hat die Vermutung, dass sich die beiden Rassen hinsichtlich ihres Honigertrages unterscheiden.*

Um die Frage zu klären, ob diese Vermutung bestätigt werden kann, berechnen wir für beide Rassen die mittlere Honigmenge als Orientierung.

**Programmbeispiel 5.1**

1. Wir aktivieren den Datensatz `bienen` und gehen im Menü auf **Statistik** $\longrightarrow$ **Deskriptive Statistik** $\longrightarrow$ **Zusammenfassungen numerischer Variablen ...**
2. Im sich neu öffnenden Dialogfeld deaktiveren wir zuerst die Einstellung *Quantile*, da wir nur Mittelwert und Standardabweichung berechnen möchten.
3. Die Variable `honig` ist automatisch schon ausgewählt, daher gehen wir noch auf ( Zusammenfassung nach Gruppen ... ), um die Gruppierungsvariable auszuwählen.

4. Im neuen Dialogfeld, was sich nun öffnet, ist `volk` als einzig mögliche Variable schon ausgewählt. Wir gehen zweimal auf OK , woraufhin die Ergebnisse im Ausgabefenster angezeigt werden.

Die Ausgabe lautet

```
                mean       sd % data:n
Carnica     14.86364 4.535697 0      11
Buckfast    18.62857 2.595968 0       7
```

und dieser kann man entnehmen, dass die mittlere Honigmenge der Rasse „Buckfast" mit ca. 18.6 kg etwas höher ist als die der Rasse „Carnica". Um das Ergebnis zudem noch grafisch zu unterstreichen, erstellen wir uns einen nach den Bienenvölkern gruppierten Boxplot. Diesen Diagrammtyp haben wir bereits in Abschnitt 1.2.3 kennen gelernt und seine Ausführung detailliert im Programmbeispiel 1.27 besprochen.

**Programmbeispiel 5.2**

1. Gehe im Menü auf **Grafiken** $\longrightarrow$ **Boxplot ...**
2. Im neuen Dialogfeld ist `honig` bereits gewählt, weshalb man nur noch auf Grafik für die Gruppen gehen muss. Dort ist `volk` ebenfalls schon ausgewählt.

Zweimaliges Klicken auf OK erstellt den Boxplot, wie in Abb. 5.3 zu sehen.

Die Grafik bestätigt das Ergebnis der deskriptiven Statistiken, der Boxplot mit dem Volk der Buckfast-Bienen liegt deutlich höher als derjenige der Carnica-Bienen. Ob dieser Unterschied von statistischer Bedeutung ist, also ob die Buckfast-Bienen nicht nur zufällig mehr Honig produzieren, wird im vorliegenden Kapitel geklärt werden.

Ausgangspunkt in diesem Kapitel ist ein metrisches Merkmal, das zwischen zwei Gruppen verglichen werden soll. Da die Messungen der beiden Gruppen als zwei Stichproben interpretiert werden, spricht man in diesem Fall von einem **Zweistichproben-Problem**. Es liegen also zwei Merkmale $X$ und $Y$ vor. Im Kern geht es um die Frage, ob festgestellte Unterschiede in zwei zufallsbehafteten Stichproben $x_1, \ldots, x_m$ und $y_1, \ldots, y_n$ statistisch signifikant sind.

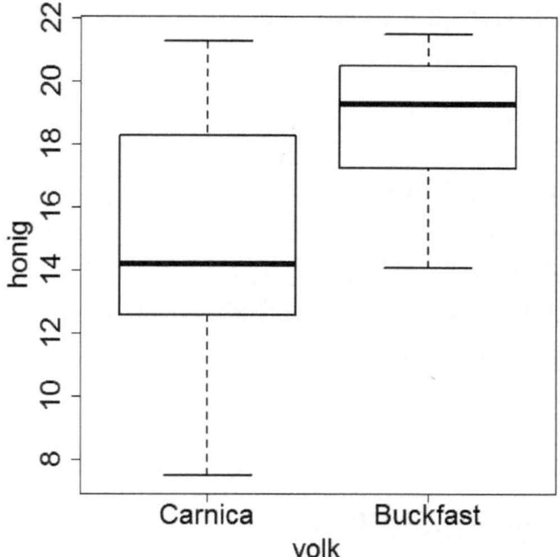

**Abb. 5.3** Nach dem Bienenvolk gruppierter Boxplot der Honigmenge aus dem Datensatz
`bienen`.

Unsere Modellannahme ist, dass die Variablen $X$ und $Y$ stetig verteilt mit unbekannter Verteilungsfunktion $F$ bzw. $G$ sind. Weiter wird angenommen, dass $X$ und $Y$ stochastisch unabhängig sind. Zweistichproben-Tests dienen dazu, mögliche Unterschiede in den Verteilungen $F$ und $G$ zu erkennen. Die Nullhypothese lautet

$$H_0 : F = G \tag{5.1}$$

Die Gültigkeit von (5.1) bedeutet $F(x) = G(x)$ für alle $x \in \mathbb{R}$ und damit Verteilungsgleichheit. Wie sehen mögliche Alternativen aus? Die allgemeinste Alternative lautet

$$H_1 : F \neq G, \tag{5.2}$$

d.h. $F(x) \neq G(x)$ für mindestens ein $x \in \mathbb{R}$. Die Alternative in (5.2) macht keine Aussage darüber, in welcher Richtung etwaige Unterschiede in den Verteilungen bestehen sollen. Tests, die auf solch unspezifische Alternativen abzielen, sind sogenannte *Omnibus-Tests*, deren prominentester Vertreter der Kolmogorov-Smirnov-Test ist. Signifikante Testergebnisse sagen dann nur aus, dass es einen Unterschied gibt, aber nicht, worin dieser Unterschied besteht. Viele Zweistichproben-Tests zielen jedoch nicht darauf ab, jeden möglichen Unterschied in den Verteilungen „aufdecken zu wollen". Primär sind sie auf ganz bestimmte Alternativen ausgerichtet, deren Richtigkeit dann mit einer höheren Wahrscheinlichkeit (Power) erkannt wird als durch einen Omnibus-Test. Zu diesen spezifischen Alternativen gehören z. B. **Lage-Unterschiede** zwischen $F$ und $G$. Formal lässt sich die Alternative schreiben als

$$H_1 : G(x) = F(x - \delta)$$

mit einem (unbekannten) **Lage-Parameter** $\delta \neq 0$. Der Unterschied zwischen den Verteilungsfunktionen $F$ und $G$ besteht anschaulich in einer Verschiebung. Im

*Zweistichproben-Lagemodell* gibt es eine Zahl $\delta$, so dass $Y$ die gleiche Verteilung wie $X + \delta$ besitzt:

$$P(Y \leq x) = G(x) = F(x - \delta) = P(X \leq x - \delta) = P(X + \delta \leq x), \quad x \in \mathbb{R}$$

Für die Dichten $f$ und $g$ von $F$ und $G$ gilt dann $g(x) = f(x - \delta)$.

Im Folgenden werden die Daten $x_1, \ldots, x_m, y_1, \ldots, y_n$ als Realisierungen unabhängiger stetiger Zufallsvariablen $X_1, \ldots, X_m, Y_1, \ldots, Y_n$ aufgefasst (insbesondere sind die beiden Stichproben unabhängig). Dabei besitzen $X_1, \ldots, X_m$ die gleiche unbekannte Verteilungsfunktion $F$ mit Dichte $f$ und $Y_1, \ldots, Y_n$ die gleiche unbekannte Verteilungsfunktion $G$ mit Dichte $g$.

## 5.2 Zweistichproben-Gauß-Test

Dieser Test geht von der Verteilungsannahme

$$X_i \sim N(\mu_X, \sigma), \quad i = 1, \ldots, m$$
$$Y_j \sim N(\mu_Y, \sigma), \quad j = 1, \ldots, n \tag{5.3}$$

aus. Die Mittelwerte $\mu_X$ und $\mu_Y$ sind unbekannt, während die Standardabweichung $\sigma$ als bekannt vorausgesetzt wird. Da bis auf die Erwartungswerte die Verteilungen bekannt sind, spricht man auch von einer **parametrischen Verteilungsannahme**. Die Angaben in (5.3) kennzeichnen ein Lagemodell mit $\delta = \mu_Y - \mu_X$. Es gilt $X + \delta \sim N(\mu_Y, \sigma) \sim Y$. Von Interesse ist hier nur der Unterschied zwischen den Mittelwerten. Das zweiseitige Testproblem lautet

$$H_0 : \mu_X = \mu_Y \quad \text{vs.} \quad H_1 : \mu_X \neq \mu_Y$$

Dies ist gleichbedeutend mit

$$H_0 : \mu_X - \mu_Y = 0 \quad \text{vs.} \quad H_1 : \mu_X - \mu_Y \neq 0$$

Eine naheliegende Prüfgröße ist $\bar{X}_m - \bar{Y}_n$. Unter $H_0$ sollte etwa gelten, dass $\bar{X}_m \approx \bar{Y}_n$. Je größer also der Unterschied zwischen $\bar{X}_m$ und $\bar{Y}_n$, desto eher spricht dies gegen die Gültigkeit der Nullhypothese. Um statistisch signifikante Aussagen über die Mittelwertsdifferenz machen zu können, werden wieder Verteilungsaussagen über $\bar{X}_m - \bar{Y}_n$ benötigt. Wegen

$$\mathrm{E}(\bar{X}_m - \bar{Y}_n) = \mu_X - \mu_Y$$

$$\mathrm{Var}(\bar{X}_m - \bar{Y}_n) = \frac{\sigma^2}{m} + \frac{\sigma^2}{n} = \sigma^2 \frac{m + n}{mn}$$

und der Tatsache, dass eine Summe von unabhängig normalverteilten Zufallsgrößen wieder normalverteilt ist, folgt die Aussage

$$\bar{X}_m - \bar{Y}_n \sim N\left(\mu_X - \mu_Y, \sigma\sqrt{\frac{m+n}{mn}}\right)$$

Standardisiert man die obige Differenz, d.h. subtrahiert man den Mittelwert und dividiert durch die Standardabweichung, erhält man

$$\frac{\bar{X}_m - \bar{Y}_n - (\mu_X - \mu_Y)}{\sigma\sqrt{\dfrac{m+n}{mn}}} \sim N(0,1) \tag{5.4}$$

Schreiben wir $\mathbf{X} = (X_1, \ldots, X_m)$ und $\mathbf{Y} = (Y_1, \ldots, Y_n)$, so lautet die Prüfgröße des **Zweistichproben-Gauß-Tests** lautet

$$Z := Z_{m,n}(\mathbf{X}, \mathbf{Y}) := \frac{\bar{X}_m - \bar{Y}_n}{\sigma\sqrt{\dfrac{m+n}{mn}}} \tag{5.5}$$

Unter $H_0$ ist die Prüfgröße $Z$ standardnormalverteilt. Seien $\mathbf{x} = (x_1, \ldots, x_m)$ und $\mathbf{y} = (y_1, \ldots, y_n)$ wieder Realisierungen von $\mathbf{X}$ bzw. $\mathbf{Y}$. Bezeichnen $\bar{x}_m$ und $\bar{y}_n$ wieder die empirischen Mittelwerte, so lautet die Testentscheidung zum Niveau $\alpha$: Lehne $H_0$ ab, falls $|z| \geq z_{1-\alpha/2}$ mit

$$z := Z_{m,n}(\mathbf{x}, \mathbf{y}) = \frac{\bar{x}_m - \bar{y}_n}{\sigma\sqrt{\dfrac{m+n}{mn}}}$$

Dabei bezeichnet $z_{1-\alpha/2} = \Phi^{-1}(1 - \alpha/2)$ wieder das $(1 - \alpha/2)$-Quantil der $N(0,1)$-Verteilung. Der kritische Bereich ist somit

$$\mathcal{K}_1 = (-\infty, -z_{1-\alpha/2}] \cup [z_{1-\alpha/2}, \infty)$$

Der (zweiseitige) $p$-Wert zum konkreten Prüfgrößenwert $z$ ist formal gegeben durch

$$p_{\text{zwei}}^*(z) = 2P_{H_0}(Z \geq |z|) = 2(1 - \Phi(|z|))$$

Die Indizierung von $P$ mit $H_0$ besagt, dass die Wahrscheinlichkeit unter der Nullhypothese zu berechnen ist. Für die einseitigen Testprobleme

$$H_0 : \mu_X - \mu_Y \leq 0 \quad \text{vs.} \quad H_1 : \mu_X - \mu_Y > 0$$

und

$$H_0 : \mu_X - \mu_Y \geq 0 \quad \text{vs.} \quad H_1 : \mu_X - \mu_Y < 0$$

wird $H_0$ abgelehnt, falls $z \geq z_{1-\alpha}$ bzw. $z \leq -z_{1-\alpha}$. Die entsprechenden einseitigen $p$-Werte sind $p_{\text{ein}}^*(z) = 1 - \Phi(z)$ bzw. $p_{\text{ein}}^*(z) = \Phi(z)$. Man beachte, dass

$$p_{\text{zwei}}^*(z) = 2 \cdot p_{\text{ein}}^*(z),$$

wobei diese Beziehung allgemein nur für symmetrische Verteilungen gilt, zu denen
die Normalverteilung gehört. Die Power des Zweistichproben-Gauß-Tests lässt sich
leicht bestimmen (Aufgabe 2).

Der Gauß-Test für unabhängige Stichproben findet in der Praxis eher selten Anwendung, da die Standardabweichung $\sigma$ im Allgemeinen nicht bekannt ist. Wir verzichten daher auf ein Beispiel.

## 5.3 Zweistichproben-$t$-Test

Dieser Test geht von den gleichen Verteilungsannahmen wie der Gauß-Test aus,
nur mit dem Unterschied, dass die Varianz $\sigma^2$ nicht mehr als bekannt vorausgesetzt
wird. Eine naheliegende Prüfgröße erhält man, wenn man in (5.5) den Parameter $\sigma$
durch einen Punktschätzer ersetzt. Ein geeigneter Punktschätzer für die Varianz $\sigma^2$
ist die sogenannte **gepoolte Varianz**

$$S_p^2 := \frac{(m-1)S_{X,m}^2 + (n-1)S_{Y,n}^2}{m+n-2}$$

Dabei bezeichnen $S_{X,m}^2$ und $S_{Y,m}^2$ die Stichproben-Varianzen von $X_1, \ldots, X_m$
bzw. $Y_1, \ldots, Y_n$.

**Bemerkung 5.2** *Natürlich sind $S_{X,m}^2$ und $S_{Y,n}^2$ ebenfalls plausible Schätzer für $\sigma^2$.*
*Diese Schätzer beruhen jedoch ausschließlich auf den separaten Informationen bei-*
*der Stichproben. Die gepoolte Varianz nutzt die Information beider Stichproben ge-*
*meinsam und kombiniert in geeigneter Weise die beiden Schätzer $S_{X,m}^2$ und $S_{Y,n}^2$.*
*Daher ist die gepoolte Varianz eine bessserer Schätzer für $\sigma^2$ als die „Einzelvari-*
*anzen" $S_{X,m}^2$ bzw. $S_{Y,n}^2$. Da $S_{X,m}^2$ und $S_{Y,n}^2$ jeweils erwartungstreue Schätzer für*
*$\sigma^2$ sind, ist auch die gepoolte Varianz ein erwartungstreuer Schätzer:*

$$\begin{aligned}
\mathrm{E}_\sigma(S_p^2) &= \frac{(m-1)\mathrm{E}\big(S_{X,m}^2\big) + (n-1)\mathrm{E}\big(S_{Y,n}^2\big)}{m+n-2} \\
&= \frac{(m-1)\sigma^2 + (n-1)\sigma^2}{m+n-2} = \sigma^2
\end{aligned}$$

Wird in (5.5) $\sigma$ durch $S_p$ ersetzt, so ist diese Zufallsgröße nicht mehr exakt $N(0,1)$-
verteilt, aber näherungsweise.

**Satz 5.3** *Unter der Normalverteilungsannahme aus (5.3), wobei die Standardab-*
*weichung $\sigma$ als unbekannt angenommen wird, gilt*

$$\frac{\bar{X}_m - \bar{Y}_n - (\mu_X - \mu_Y)}{S_p\sqrt{\frac{m+n}{mn}}} \sim t_{m+n-2}$$

*($t$-Verteilung mit $m + n - 2$ Freiheitsgraden).*

*Beweis:* Siehe [2], Kapitel 2.                                                        $\square$

Die Prüfgröße des Zweistichproben-$t$-Tests ist dann

$$T := T_{m,n}(\mathbf{X}, \mathbf{Y}) := \frac{\bar{X}_m - \bar{Y}_n}{S_p\sqrt{\frac{m+n}{mn}}} \tag{5.6}$$

Basierend auf den Daten $x_1, \ldots, x_m$ und $y_1, \ldots, y_n$ lautet die Testentscheidung wie folgt: Die Nullhypothese $H_0 : \mu_X - \mu_Y = 0$ wird zum Niveau $\alpha$ abgelehnt, falls für den Prüfgrößenwert

$$t = T_{m,n}(\mathbf{x}, \mathbf{y}) = \frac{\bar{x}_m - \bar{y}_n}{s_p\sqrt{\frac{m+n}{mn}}}$$

gilt:

$$|t| \geq t_{m+n-2;1-\alpha/2}$$

Daraus folgt, dass der kritische Bereich gegeben ist durch

$$\mathcal{K}_1 = (-\infty, -t_{m+n-2;1-\alpha/2}] \cup [t_{m+n-2;1-\alpha/2}, \infty)$$

Bei einer Testentscheidung mittels des $p$-Wertes, wird bei zweiseitiger Alternative $H_0$ abgelehnt, falls der $p$-Wert

$$p^*_{\text{zwei}}(t) := 2P_{H_0}(T \geq |t|)$$

klein ist. Statistische Software-Pakete, wie z.B. R berechnen den $p$-Wert (siehe unten).

Mittels des Zweistichproben-$t$-Tests lässt sich sofort ein Konfidenzintervall für $\mu_X - \mu_Y$ herleiten. Dieses besteht wieder aus allen Parameterwerten $\mu_0$, die bei Vorliegen der Daten $x_1, \ldots, x_m, y_1, \ldots, y_n$ zu keiner Ablehnung von $H_0$ führen, für die also $t \in \mathcal{K}_0 := (-t_{m+n-2;1-\alpha/2}, t_{m+n-2;1-\alpha/2})$ gilt. Fassen wir also zusammen:

**Satz 5.4** *Durch*

$$C(\mathbf{X}, \mathbf{Y}) := \{\mu_0 : T \in \mathcal{K}_0\}$$

$$= \left( \bar{X}_m - \bar{Y}_n - t_{m+n-2;1-\alpha/2}S_p\sqrt{\frac{m+n}{mn}}, \right.$$

$$\left. \bar{X}_m - \bar{Y}_n + t_{m+n-2;1-\alpha/2}S_p\sqrt{\frac{m+n}{mn}} \right)$$

*wird ein $(1-\alpha)$-Konfidenzintervall für $\mu_X - \mu_Y$ definiert.*

**Programmbeispiel 5.4** Um den $t$-Test, wie eben vorgestellt, durchzuführen, müsste man zuvor eigentlich sicherstellen, dass

(i)  beide Stichproben als normalverteilt und
(ii)  die Varianzen in beiden Stichproben als gleich angenommen werden können.

Dies entspricht unmittelbar den Modellannahmen in (5.3). Zur Überprüfung der Normalverteilung durch die in Abschnitt 3.5 vorgestellten Methoden, verweisen wir auf Übungsaufgabe 1. Die Annahme in (ii) bezeichnet man auch als **Varianzhomogenitätsannahme**, die man unter anderem mit dem **Levene-Test** überprüfen kann. In Abschnitt 10.3.2 wird der Levene-Test in einem Beispiel mit dem R-Commander durchgeführt, für mathematische Details verweisen wir auf [8]. Wir nehmen an, dass beide Voraussetzungen erfüllt sind und der $t$-Test verwendet werden kann.

1. Gehe bei aktiviertem Datensatz auf **Statistik** $\longrightarrow$ **Mittelwerte vergleichen** $\longrightarrow$ **$t$-Test für unabhängige Stichproben ...**
2. Im neuen Dialogfeld kann man unter *Gruppierungsvariable* und *Abhängige Variable* die entsprechenden Variablen auswählen, was hier schon automatisch erfolgt ist.
3. Unter „Optionen" (vgl. Abb. 5.5), aktivieren wir rechts unten noch die Einstellung *Ja*, da wir, wie oben erwähnt, von gleichen Varianzen ausgehen, und gehen danach auf OK .

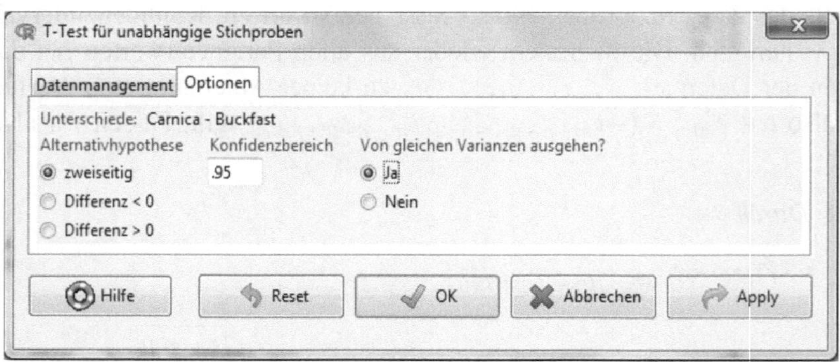


**Abb. 5.5** Dialogfeld zur Berechnung des Zweistichproben-$t$-Test für den Datensatz `bienen`.

Das Ergebnis ist im Ausgabefenster zu sehen:

```
    Two Sample t-test

data:  honig by volk
t = -1.9853, df = 16, p-value = 0.06453
```

```
alternative hypothesis: true difference [...]
95 percent confidence interval:
 -7.785211   0.255341
sample estimates:
 mean in group Carnica mean in group Buckfast
              14.86364                18.62857
```

Der Wert der Teststatistik aus (5.6) beträgt $-1.9853$, womit sich ein $p$-Wert von $0.06453$ ergibt. Die Nullhypothese, dass die beiden Bienenvölker einen gleich hohen Honigertrag liefert, kann also auf dem 5 %-Niveau nicht abgeleht werden. Dies erkennt man auch am Konfidenzintervall von $(-7.785211, 0.255341)$, in dem der Wert 0 noch enthalten ist. Allerdings kann man aufgrund des „knappen" Ergebnisses durchaus einen gewissen Trend erkennen, dass die Buckfast-Bienen die etwas fleißigeren Bienen sind.

Bei den *einseitigen* Testproblemen

$$H_0 : \mu_X - \mu_Y \leq 0 \text{ gegen } H_1 : \mu_X - \mu_Y > 0$$

und

$$H_0 : \mu_X - \mu_Y \geq 0 \text{ gegen } H_1 : \mu_X - \mu_Y < 0$$

wird $H_0$ zum Niveau $\alpha$ abgelehnt, falls

$$t \geq t_{m+n-2;1-\alpha}$$

bzw.

$$t \leq -t_{m+n-2;1-\alpha}$$

Im einseitigen Testfall sind die $p$-Werte dann $p^*_{1\text{-seitig}}(t) := P_{H_0}(T \geq t)$ bzw. $p^*_{1\text{-seitig}}(t) := P_{H_0}(T \leq t)$. $P_{H_0}$ meint hier die Berechnung der Wahrscheinlichkeit im Fall $\mu_X = \mu_Y$. Zu beachten ist, dass wieder die Beziehung $p^*_{2\text{-seitig}}(t) = 2 \cdot p^*_{1\text{-seitig}}(t)$ gilt.

**Bemerkung 5.5** *Im Fall ungleicher Varianzen muss die Prüfgröße (5.6) modifiziert werden, da die gepoolte Varianz nicht mehr verwendet werden kann. Ein naheliegender Schätzer für*

$$\text{Var}(\bar{X}_m - \bar{Y}_n) = \frac{\sigma_X^2}{m} + \frac{\sigma_Y^2}{n}$$

*ist*

$$\frac{S_{X,m}^2}{m} + \frac{S_{Y,n}^2}{n}$$

*und man ersetzt den Nenner in (5.6) durch*

$$\sqrt{\frac{S_{X,m}^2}{m} + \frac{S_{Y,n}^2}{n}}$$

*Dies ist dann die Prüfgröße des **Welch-Tests** aus [12]. Das Überraschende ist, dass unter der Normalverteilungsannahme (!) die exakte Verteilung der Prüfgröße bis heute nicht bekannt ist (**Behrens-Fisher-Problem**). Die Verteilung dieser Prüfgröße lässt sich aber durch eine $t$-Verteilung approximieren, wobei die Anzahl der Freiheitsgrade aus den Daten heraus geschätzt werden muss, siehe [2]. Aus diesem Grund ist der Welch-Test nicht mehr exakt, d.h. er hält das Signifikanzniveau nicht exakt ein.*

**Bemerkung 5.6** *(vgl. Bemerkung 3.9) Auch wenn der Zweistichproben-$t$-Test häufig in der Praxis verwendet wird, so darf man die Bedeutung dieses Testverfahrens nicht überschätzen. Nur wenn die Voraussetzungen (Normalverteilung, Varianzhomogenität) erfüllt sind, ist dieser Test optimal (es gibt unter diesen Verteilungsannahmen keinen Test zu vorgegebenem Signifikanzniveau mit einer höheren Power, siehe [14], Abschnitt 3.4.4). Sind die Voraussetzungen nicht erfüllt, so ist der Verlust an Power ggf. hoch. Ist nicht klar, ob die Voraussetzungen erfüllt sind, so muss auf Normalverteilung bzw. Varianzhomogenität getestet werden (in der Hoffnung, dass die Daten diesen Verteilungsannahmen nicht widersprechen).*

*Für hinreichend große Stichprobenumfänge jedoch, sagen wir $m \geq 30$ und $n \geq 30$, ist die Überprüfung im Grunde gar nicht mehr notwendig. Denn in diesem Fall verlieren diese beiden Verteilungsannahmen an Bedeutung. Wird nur die Existenz des zweiten Moments gefordert, so ist nach dem zentralen Grenzwertsatz die Prüfgröße des Welch-Tests annähernd Standard-normalverteilt. Als kritische Werte können daher Quantile der $N(0, 1)$-Verteilung verwendet werden.*

## 5.4  Wilcoxon-Rangsummentest, Mann-Whitney-U-Test

Dieser Test ist eine nichtparametrische Alternative zum Zweistichproben-$t$-Test. Es wird nicht mehr angenommen, dass die stetigen Verteilungen $F$ und $G$ der unabhängigen Variablen $X$ bzw. $Y$ zur Klasse der Nomalverteilungen gehören. Rangtests dienen dazu, die Nullhypothese

$$H_0 : F = G$$

zu überprüfen. Dazu kann die Wahrscheinlichkeit $P(X < Y)$, dass die Zufallsvariable $X$ kleiner als $Y$ ist, herangezogen werden. Im Fall identischer Verteilungsfunktionen $F = G$ gilt $P(X < Y) = 1/2$. Im Fall $P(X < Y) \neq 1/2$ können $F$ und $G$ nicht mehr übereinstimmen.

**Satz 5.7** *Ist $F$ stetig und $F = G$, so gilt*

$$P(X < Y) = \frac{1}{2}$$

*Beweis:* Die Behauptung folgt durch Vertauschung von $X$ und $Y$

$$P(X < Y) = P(Y < X)$$

und aus der Tatsache (siehe Aufgabe 4), dass $P(X = Y) = 0$ gilt:

$$1 = P(X < Y) + P(X > Y) + P(X = Y) = 2P(X < Y)$$

$\square$

Ein naheliegender Schätzer für die Wahrscheinlichkeit $P(X < Y)$ ist die relative Häufigkeit

$$\frac{1}{mn} \sum_{j=1}^{n} \sum_{i=1}^{m} 1_{(-\infty, Y_j)}(X_i),$$

wobei

$$1_{(-\infty, Y_j)}(X_i) = \begin{cases} 1, & \text{falls} \quad X_i \in (-\infty, Y_j) \\ 0, & \text{falls} \quad X_i \notin (-\infty, Y_j) \end{cases}$$

Man zählt also, wie häufig $X_i$ kleiner als $Y_j$ ist für $i = 1, \dots, m$ und $j = 1, \dots, n$. Zur Berechnung dieser Häufigkeit spielen die Ränge von $Y_j$ eine wichtige Rolle. Den Begriff des Rangs einer Beobachtung haben wir bereits in Abschnitt 1.2.2 kennen gelernt; dieser ist die Position der Beobachtung in der aufsteigend geordneten Datenreihe. Es gilt folgender Zusammenhang: Im Fall *paarweise verschiedener Werte* gilt für $X_1, \dots, X_m, Y_1, \dots, Y_n$

$$\sum_{j=1}^{n} \sum_{i=1}^{m} 1_{(-\infty, Y_j)}(X_i) = \sum_{j=1}^{n} \text{Rang}(Y_j) - \frac{n(n+1)}{2}, \tag{5.7}$$

wobei

$$\text{Rang}(Y_j) := \sum_{i=1}^{m} 1_{(-\infty, Y_j]}(X_i) + \sum_{k=1}^{n} 1_{(-\infty, Y_j]}(Y_k)$$

die Anzahl derjenigen Beobachtungen in der gemeinsamen Stichprobe $X_1, \dots, X_m$, $Y_1, \dots, Y_n$ ist, deren Wert kleiner oder gleich $Y_j$ ist. Dies ist der Rang von $Y_j$ bezüglich der *gemeinsamen* Stichprobe. Man beachte, dass im Fall stetiger Verteilungsfunktionen $F$ und $G$ die Zufallsvariablen $X_1, \dots, X_m, Y_1, \dots, Y_n$ mit Wahrscheinlichkeit 1 paarweise verschieden sind (siehe Aufgabe 4).

Zum Beweis von (5.7), ordnen wir die Zufallsvariablen $Y_1, \dots, Y_n$ der Größe nach und betrachten die Ordnungsstatistiken $Y_{1:n} < \cdots < Y_{n:n}$. Wir erhalten:

$$\sum_{j=1}^{n} \sum_{i=1}^{m} 1_{(-\infty, Y_j)}(X_i) = \sum_{j=1}^{n} \sum_{i=1}^{m} 1_{(-\infty, Y_{j:n})}(X_i)$$

$$= \text{Anzahl derjenigen } X_1, \dots, X_m, \text{ deren Wert kleiner als } Y_{1:n} \text{ ist}$$

$$+ \text{Anzahl derjenigen } X_1, \dots, X_m, \text{ deren Wert kleiner als } Y_{2:n} \text{ ist}$$

$$\vdots$$

$$+ \text{Anzahl derjenigen } X_1, \dots, X_m, \text{ deren Wert kleiner als } Y_{n:n} \text{ ist}$$

$$= \mathrm{Rang}(Y_{1:n}) - 1 + \mathrm{Rang}(Y_{2:n}) - 2 + \ldots + \mathrm{Rang}(Y_{n:n}) - n$$

$$= \sum_{j=1}^{n} \mathrm{Rang}(Y_j) - \frac{n(n+1)}{2}$$

Gilt $P(X < Y) > 1/2$, besteht also die Tendenz, dass die $X_i$-Werte kleiner sind als die $Y_j$-Werte, so würde man eine „kleine" Rangsumme $\sum_{i=1}^{m} \mathrm{Rang}(X_i)$ erwarten. Dies ist gleichbedeutend mit einer „großen" Rangsumme $\sum_{j=1}^{n} \mathrm{Rang}(Y_j)$. Dies folgt aus der Tatsache, dass die Summe dieser beiden Rangsummen gleich der Summe der Zahlen $1, \ldots, m+n$ sein muss:

$$\sum_{i=1}^{m} \mathrm{Rang}(X_i) + \sum_{j=1}^{n} \mathrm{Rang}(Y_j) = \frac{(m+n)(m+n+1)}{2}$$

Darstellung (5.7) zeigt, dass in der Rangsumme die statistisch relevante Information über die unbekannte Wahrscheinlichkeit $P(X < Y)$ steckt. Man kann jetzt als Prüfgröße eine der beiden Rangsummen verwenden, etwa

$$W_{m,n} := \sum_{j=1}^{n} \mathrm{Rang}(Y_j) \tag{5.8}$$

Dies führt dann zum sogenannten Wilcoxon-Rangsummentest. Der Mann-Whitney-U-Test verwendet die Prüfgröße

$$U_{m,n} = \sum_{j=1}^{n} \sum_{i=1}^{m} 1_{(-\infty, Y_j)}(X_i) = W_{m,n} - \frac{n(n+1)}{2}, \tag{5.9}$$

die sich nur um eine Konstante von $W_{m,n}$ unterscheidet. Damit sind der Wilcoxon-Rangsummentest und der Mann-Whitney-U-Test äquivalent in dem Sinne, dass sie immer zur gleichen Testentscheidung führen.

**Programmbeispiel 5.6** Wir wollen uns die eben vorgestellten Rechenprinzipien am Beispiel des Datensatzes `bienen` mit Hilfe von R verdeutlichen. Zum Berechnen der Ränge der gemeinsamen Stichprobe verwendet man die Funktion `rank()`. Das Argument ist dabei die Variable `honig`, die wir mit Datensatznamen und $-Zeichen ansprechen (vgl. Abschnitt 21.1.2). Nach Aufruf von

```
rank(bienen$honig)
```

wird Folgendes in der Ausgabe angezeigt:

```
 [1]   7   5   1 17 10   3   2   4   8 12 15   9 18 16 11 13
[17]   6 14
```

Die erste Beobachtung des Datensatzes hat also den Rang 7, befände sich also an siebter Stelle, würde man die Daten der Größe nach ordnen. Ziel ist die Berechnung der in (5.9) angegebenen Teststatistik. Dazu bestimmen wir zuerst die Rangsumme für beide Stichproben mit der Funktion `tapply()`, die zur gruppenweisen Berechnung ein nützliches Hilfsmittel ist, siehe Abschnitt 21.2.1 für mehr Details. Um die Stichprobenumfänge $n$ und $m$ festzulegen nutzen wir die Funktion `table()` (vgl. Abschnitt 21.2.3) und subtrahieren am Ende beide Werte voneinander:

```
rangsumme <- tapply(rank(bienen$honig),
                    bienen$volk, sum)
tab.volk  <- table(bienen$volk)
rangsumme - (tab.volk * (tab.volk + 1)) / 2
```

Laut dem Ergebnis

```
Carnica Buckfast
     18       59
```

im Ausgabefenster, beträgt der Wert der Teststatistik für das Volk Carnica 18 und 59 für die Buckfast-Bienen. Unter der Nullhypothese sollten beiden Zahlen etwa gleich groß sein, weshalb man auch hier sofort erkennt, dass die Werte in der Buckfast-Gruppe tendenziell höher sind als bei den Carnica-Bienen.

Um kritsche Werte für $W_{m,n}$ zu bestimmen, benötigt man die Verteilung von $W_{m,n}$ unter $H_0$. Dies scheint auf den ersten Blick ein auswegloses Unterfangen zu sein, da $F$ nicht bekannt ist. Es stellt sich aber heraus, dass unter $H_0$ die Verteilung von $W_{n,m}$ nicht von $F$ abhängt! Man sagt $W_{n,m}$ ist **verteilungsunabhängig** oder **verteilungsfrei**. In der Tat lässt sich die Verteilung anhand kombinatorischer Überlegungen bestimmen (vgl. Aufgabe 5). Denn unter $H_0$ sind alle $(m+n)!$ möglichen Reihenfolgen von $X_1, \dots, X_m, Y_1, \dots, Y_n$ gleichwahrscheinlich. Insgesamt gibt es $(m+n)!/(m!n!) = \binom{m+n}{n}$ Möglichkeiten für die $n$ verschiedenen $Y$-Werte, entsprechende Positionen in der geordneten Stichprobe vom Umfang $m+n$ zu besetzen. Und jede dieser Möglichkeiten ist gleichwahrscheinlich.

**Beispiel 5.8** *Wir wollen die Verteilung für den Fall $m = 2$ und $n = 3$ bestimmen. Die $\binom{m+n}{n} = \binom{5}{2} = 10$ Möglichkeiten für die drei $Y$-Werte, entsprechende Positionen in der geordneten Stichprobe vom Umfang 5 zu besetzen, sind in Tabelle 5.7 zusammengefasst. In den letzten beiden Spalten stehen die entsprechenden Werte für die Prüfgrößen $W_{2,3}$ und $U_{2,3}$.*
*Die Verteilung von $W_{2,3}$ bzw. $U_{2,3}$ ist dann*

$$P_{H_0}(W_{2,3} = j) = \begin{cases} \frac{1}{10}, & \text{für } j = 6, 7, 11, 12 \\ \frac{2}{10}, & \text{für } j = 8, 9, 10 \end{cases}$$

*bzw.*

$$P_{H_0}(U_{2,3} = j) = \begin{cases} \frac{1}{10}, & \text{für } j = 0, 1, 5, 6 \\ \frac{2}{10}, & \text{für } j = 2, 3, 4 \end{cases}$$

**Tabelle 5.7** *Möglichkeiten der Anordnung von Y und X für* $m = 2$ *und* $n = 3$.

| | Rang | | | | | $W_{2,3}$ | $U_{2,3}$ |
|---|---|---|---|---|---|---|---|
| | *1* | *2* | *3* | *4* | *5* | | |
| | $x$ | $x$ | $y$ | $y$ | $y$ | *12* | *6* |
| | $x$ | $y$ | $x$ | $y$ | $y$ | *11* | *5* |
| *Möglichkeiten* | $x$ | $y$ | $y$ | $x$ | $y$ | *10* | *4* |
| | $x$ | $y$ | $y$ | $y$ | $x$ | *9* | *3* |
| *zur Anordung der* | $y$ | $x$ | $x$ | $y$ | $y$ | *10* | *4* |
| | $y$ | $x$ | $y$ | $x$ | $y$ | *9* | *3* |
| *X- und Y-Werte* | $y$ | $x$ | $y$ | $y$ | $x$ | *8* | *2* |
| | $y$ | $y$ | $x$ | $x$ | $y$ | *8* | *2* |
| | $y$ | $y$ | $x$ | $y$ | $x$ | *7* | *1* |
| | $y$ | $y$ | $y$ | $x$ | $x$ | *6* | *0* |

*Wir sehen, dass es sich bei der Verteilung von $U_{2,3}$ nur um eine Lageverschiebung der Verteilung von $W_{2,3}$ um $-6$ handelt. Auffallend ist die Symmetrie dieser Verteilungen, was wir als nächstes genauer thematisieren wollen.*

Die Prüfgröße $W_{n,m}$ ist symmetrisch verteilt auf $n(n + 1)/2, \ldots, mn + n(n + 1)/2$, was im obigen Beispiel 5.8 bereits zu erkennen war. Bei zweiseitiger Alternative $H_1 : F \neq G$ wird $H_0$ zum Testniveau $\alpha$ abgelehnt, falls

$$W_{m,n} \leq w_{m,n;\alpha/2} \quad \text{oder} \quad W_{m,n} \geq mn + \frac{n(n + 1)}{2} - w_{m,n;\alpha/2},$$

wobei $w_{m,n;\alpha/2}$ das $\alpha/2$-Quantil der zugehörigen Verteilung von $W_{n,m}$ ist. Der obere kritische Wert ergibt sich aufgrund der Symmetrie der Verteilung sofort aus dem unteren kritischen Wert $w_{m,n;\alpha/2}$.

Bei Verwendung der Prüfgröße $U_{m,n}$ lautet die (äquivalente) Testentscheidung: Lehne $H_0$ zum Testniveau $\alpha$ ab, falls

$$U_{m,n} \leq u_{m,n;\alpha/2} \quad \text{oder} \quad U_{m,n} \geq mn + \frac{n(n + 1)}{2} - u_{m,n;\alpha/2}$$

mit

$$u_{m,n;\alpha/2} = w_{m,n;\alpha/2} - \frac{n(n + 1)}{2}.$$

---

**Programmbeispiel 5.8** In diesem Programmbeispiel soll kurz aufgezeigt werden, wie man die kritischen Werte ausgehend von der Verteilung für einen festgelegten Stichprobenumfang berechnet. Setzen wir dafür Programmbeispiel 5.6 mit dem `bienen`-Daten fort. Die Stichprobenumfänge betragen $m = 11$ und $n = 7$, weshalb es hier bereits über 30 000 Möglichkeiten gibt, die sieben $Y$-Werte in der gemeinsamen Stichprobe anzuordnen. Da wir diese Verteilung von $W_{m,n}$ nicht selbst berechnen möchten, verwenden wir die Funktion `dwilcox()`, die uns die Verteilung für die oben genannten Stichprobengrößen berechnet. Wilcoxon-Tests, sondern die des Mann-Whitney-U-Tests aus Das erste Argument ist der Wertebereich von $W_{n,m}$, den wir hier auf das Intervall $[0, 80]$ festlegen, da für Werte über 80 die Wahrscheinlichkeiten verschwindend gering werden. Die anderen beiden Argumente sind die Werte für $m$ und $n$. Um uns das Ergebnis gleich als Diagramm anzeigen zu lassen, verwenden wir die Funktion `plot()`, bei der wir mit dem Argument `type` zusätzlich einstellen, dass senkrechte Linien eingetragen werden, anstatt nur Punkte:

```
plot(dwilcox(0:80, 11, 7), type = "h",
    xlab = "", ylab = "")
```

Das Diagramm ist zu sehen in Abb. 5.9. Die Form der Verteilung erinnert stark an die der Normalverteilung (vgl. Abschnitt 3.1). Dies ist kein Zufall, sondern eine zentrale Eigenschaft von $W_{m,n}$ (und damit auch von $U_{m,n}$), nämlich die aymptotische Normalität, siehe Satz 5.9. Zur Berechnung der kritischen Werte $u_{m,n;\alpha/2}$ verwenden wir die Funktion `qwilcox()`, die uns die Quantile anzeigt. Nach Aufruf von

```
qwilcox(0.025, 11, 7)
qwilcox(0.975, 11, 7)
```

erkennt man im Ausgabefenster die beiden Zahlen 17 und 60, dies sind der untere und obere kritische Wert zum Testniveau $\alpha = 0.05$. Vergleicht man diese Zahlen mit den Werten 18 und 59 der Prüfgröße $W_{m,n}$ aus Beispiel 5.6, erkennt man, dass die kritischen Werte nicht überschritten werden, was im Einklang mit den Ergebnis des Mann-Whintey-U-Test in Programmbeispiel 5.10 ist.

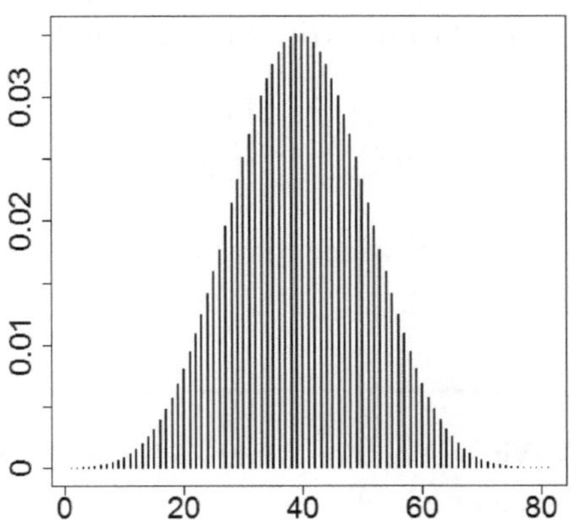

**Abb. 5.9** Verteilung von $U_{m,n}$ für $m = 7$ und $n = 11$.

Wie im obigem Programmbeispiel schon angedeutet, ist für „große" Stichprobenumfänge die Bestimmung der Verteilung von $W_{m,n}$ bzw. $U_{m,n}$ überflüssig, da sich die Verteilung der beiden Teststatistiken in diesem Fall durch eine Normalverteilung approximieren lassen. Wir formulieren diese Aussage für die Prüfgröße des Mann-Whitney-U-Tests.

**Satz 5.9** *Unter* $H_0 : F = G$ *gilt:*

*(i)* $\mathrm{E}_{H_0}(U_{m,n}) = \dfrac{mn}{2}$

*(ii)* $\mathrm{Var}_{H_0}(U_{m,n}) = \dfrac{mn(m+n+1)}{12}$

*(iii) Für alle* $x \in \mathbb{R}$ *gilt*

$$\lim_{m,n\to\infty} P_{H_0}\left\{ \frac{U_{m,n} - mn/2}{\sqrt{mn(m+n+1)/12}} \le x \right\} = \Phi(x) = \int_{-\infty}^{x} \frac{1}{\sqrt{2\pi}} e^{-t^2/2}\, dt$$

*Beweis:* (i) und (ii) siehe [2], [3] und auch Aufgabe 10. Zu (iii): Die asymptotische Normalität folgt aus dem zentralen Grenzwertsatz für sogenannte *U-Statistiken*, zu denen $U_{m,n}$ gehört ([11], Kapitel 5). Beachte: Die Aussage folgt nicht unmittelbar aus dem zentralen Grenzwertsatz für Summen unabhängiger Zufallsvariablen, da $U_{m,n}$ keine Summe von *unabhängigen* Zufallsvariablen ist. Ein „direkter" Beweis der asymptotischen Normalität findet sich z. B. in [3], Kapitel 11. Beweisidee: Aufgrund der Verteilungsfreiheit kann angenommen werden, dass die Zufallsvariablen $X_1, \ldots, X_m$ und $Y_1, \ldots, Y_n$ auf $[0, 1]$ gleichverteilt sind. Dann lässt sich $U_{m,n}$ approximieren durch eine Summe vom unabhängigen, auf $[0, 1]$ gleichverteilten Zufallsvariablen. $\qquad\square$

Schon für kleine Stichprobenumfänge, etwa $m \ge 4, n \ge 12$ oder $m \ge 8, n \ge 8$, ist die Normalapproximation hinreichend gut (vgl. [7]). Die Güte der Approximation durch eine Normalverteilung in Satz 5.9 (iii) kann durch eine *Stetigkeitskorrektur* verbessert werden (im Zähler steht dann $U_{m,n} - mn/2 + 0.5$), vgl. Abschnitt 2.5. Mit $s := (mn(m+n+1))/12$ ist der kritische Bereich definiert durch

$$\left( -\infty, \frac{mn}{2} - z_{1-\alpha/2}\sqrt{s} \right] \cup \left[ \frac{mn}{2} + z_{1-\alpha/2}\sqrt{s}, \infty \right)$$

Dabei ist $z_{1-\alpha/2} = \Phi^{-1}(1 - \alpha/2)$ wieder das $(1 - \alpha/2)$-Quantil der Standardnormalverteilung.

**Programmbeispiel 5.10** Wir wollen den Mann-Whitney-U-Test mit dem R-Commander für die Bienen-Daten durchführen:

1. Gehe bei aktiviertem Datensatz im Menü auf **Statistik** $\longrightarrow$ **Nichtparametrische Tests** $\longrightarrow$ **Wilcoxon-Test für unabhängige Stichproben ...**
2. Es öffnet sich ein Dialogfeld, in dem abhängige Variable und Gruppierungsvariable bereits ausgewählt sind.
3. Klickt man auf „Optionen" sieht man das Dialogfeld wie in Abb. 5.11, wo man unter *Art des Testes* auswählen kann, auf welche Weise der $p$-Wert berechnet

werden soll. In der Standardeinstellung berechnet R für $m + n < 50$ den exakten $p$-Wert und für größere Stichprobenumfänge benutzt das Programm die in Satz 5.9 vorgestellte Normalverteilungsapproximation. Daher empfehlen wir, stets die *Standardeinstellung* unverändert zu lassen und zum Abschluss auf OK zu gehen.

Wie immer finden wir im Ausgabefenster das Testergebnis angezeigt:

```
    Wilcoxon rank sum test


data:  honig by volk
W = 18, p-value = 0.06926
alternative hypothesis: true location shift is [...]
```

Der Wert der Teststatistik beträgt $\tilde{W}_{m,n} = 18$, das ist auch genau der Wert, den wir schon im Programmbeispiel 5.6 ermittelt haben. Die Variable `volk`, die die beiden Stichproben kennzeichnet ist eine Faktor-Variable (s. Abschnitt 19.2.1). Die Ausprägung der Variablen, die in der R-internen Reihenfolge zuerst kommt, wird als Stichprobe $Y_1, \ldots, Y_n$ interpretiert; im aktuellen Beispiel ist dies die Ausprägung `Carnica`. Seit Programmbeispiel 5.8 wissen wir, dass der untere kritische Wert der Teststatistik 17 beträgt, wir liegen also knapp oberhalb, weshalb wir die Nullhypothese nicht verwerfen können. Das bestätigt auch der $p$-Wert, der mit 0.06926 knapp über 0.05 liegt.

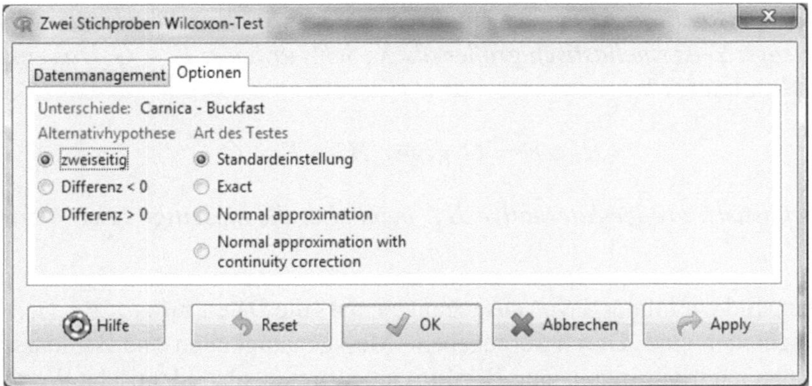

**Abb. 5.11** Dialogfeld zur Berechnung des Mann-Whitney-U-Tests für den Datensatz `bienen`.

Wenn wir uns gegen $H_0 : F = G$ entscheiden, so impliziert dies eine Entscheidung zu Gunsten einer Alternativhypothese. Im allgemeinsten Fall ist dies die (zweiseitige) Alternative $H_1 : F \neq G$. Der Wilcoxon-Rangsummentest bzw. Mann-Whitney-U-Test kann je nach Art der Alternative als *zweiseitiger* oder *einseitiger* Test durchgeführt werden. Die Alternativhypothese modelliert man über sog. Lage-Alternativen. Die zweiseitige Lage-Alternative lautet

$$H_1 : G(x) = F(x - \delta), \delta \neq 0$$

Die einseitigen Lage-Alternativen sind

$$H_1^+ : G(x) = F(x - \delta), \delta > 0$$

bzw.

$$H_1^- : G(x) = F(x - \delta), \delta < 0$$

Unter $H_1^+$ sind Realisierungen von $Y$ typischerweise größer als Realisierungen von $X$. Rangtests sind besonders gut, Lage-Unterschiede zwischen $F$ und $G$ zu entdecken. Mit anderen Worten: Sie haben eine hohe Power bezüglich Lage-Alternativen. Mit dem R-Commander führt man einseitige Tests durch, in dem man im Dialogfeld wie in Abb. 5.11 unter *Alternativhypothese* die gewünschte Einstellung ändert. Möchte man für den Datensatz `honig` die Alternativhypothese $G < F$, also $H_1^+$ überprüfen, wählt man die Einstellung *Differenz < 0* und erhält einen $p$-Wert von 0.03463.

**Bemerkung 5.10** *Allgemeiner können sogenannte **stochastisch größer-Alternativen** betrachtet werden. Mathematische Präzisierung: $F \neq G$ und*

$$1 - G(t) = P(Y > t) \geq P(X > t) = 1 - F(t), \quad t \in \mathbb{R}$$

*oder äquivalent dazu*

$$G(t) \leq F(t), t \in \mathbb{R}, \text{ aber } F \neq G$$

*Unter $G$ sind Realisierungen von Zufallsvariablen typischerweise größer als unter $F$. Man sagt: $Y$ ist **stochastisch größer** als $X$, Schreibweise: $F \prec G$. Das einseitige Testproblem lautet also*

$$H_0 : F = G \text{ gegen } H_1^\prec : F \prec G$$

*Die stochastisch größer-Alternative $H_1^\prec$ beinhaltet die einseitige Lage-Alternative $H_1^+$.*

Bisher sind wir immer davon ausgegangen, dass die Daten $x_1, \ldots, x_m, y_1, \ldots, y_n$ alle verschieden sind. Durch vorgegebene Messgenauigkeiten und Zahldarstellungen können natürlich sogenannte **Bindungen** auftreten, also identische Werte unter den Daten (auch wenn dies im Modell mit stetiger Verteilung nur mit Wahrscheinlichkeit Null eintreten kann). Es gibt verschiedene Möglichkeiten, wie man mit Bindungen umgehen kann. Die bekannteste und am häufigsten verwendete Methode besteht darin, **Durchschnittsränge** zu bilden: Den Daten mit identischen Werten wird der Durchschnittsrang, das arithmetische Mittel der zu vergebenden Ränge, zugeordnet. Bei gegebener Bindungskonfiguration lässt sich die (bedingte) Verteilung von $W_{m,n}$ bzw. $U_{m,n}$ unter $H_0$ bestimmen (vgl. Aufgabe 14). Sie hängt nicht von der zugrunde liegenden Verteilungsfunktion ab, ist aber datenabhängig (abhängig von der Bindungskonfiguration der vorliegenden Stichprobe). Für den Bindungsfall findet man daher auch keine Tabellen von kritischen Werten. Die Anzahl der möglichen Bindungskonfigurationen ist schon für kleine Stichprobenumfänge groß, siehe Aufgabe 14. So gibt es beispielsweise 512 verschiedene Bindungskonfigurationen im Fall $m + n = 10$. Bindungskorrigierte $p$-Werte werden von diversen Statistik-Programmen berechnet. Konsequenz: Der Wilcoxon-Rangsummentest bzw. Mann-Whitney-U-Test benötigt keine Voraussetzung an die Verteilungsfunktionen $F$ und $G$ (auch keine Stetigkeit). Insbesondere können diese Rangtests für ordinalskalierte Merkmale eingesetzt werden. In diesem Fall treten Bindungen mit positiven Wahrscheinlichkeiten auf. In R gibt es zur Behandlung von diskreten Verteilungen ein eigenes Paket.

Bindungen haben Einfluss auf die Streuung der Ränge (sie nimmt ab). Für die Normalapproximation (Satz 5.9) bedeutet dies, dass die Varianz der Rangstatistik $U_{m,n}$ in Abhängigkeit von der Bindungskonfiguration korrigiert werden muss. Für Details verweisen wir auf [2] und [7]. Zur Theorie von Rangtests und zur Frage, welche Rangtests für welche Alternativen optimal sind, sei auf [4] verwiesen.

## 5.5 Mehrstichproben – ein Ausblick

Bisher wurden nur zwei Gruppen miteinander verglichen. In Verallgemeinerung zum Zweistichproben-Problem lassen sich natürlich auch mehrere Gruppen behandeln. Bei drei Gruppen, charakterisiert durch Merkmale $X, Y, Z$, möchte man die Nullhypothese

$$H_0 : \mu_X = \mu_Y = \mu_Z \tag{5.10}$$

überprüfen. Basierend auf drei (unabhängigen) Stichproben $\mathbf{X} = (X_1, \ldots, X_m)$, $\mathbf{Y} = (Y_1, \ldots, Y_n)$ und $\mathbf{Z} = (Z_1, \ldots, Z_r)$ könnte man mittels des $t$-Tests die Mittelwerte jeweils paarweise vergleichen. Insgesamt wären dazu drei $t$-Tests notwendig. Zwar würde diese Vorgehensweise mit steigender Anzahl zu betrachtender Gruppen immer aufwendiger (bei $l$ Gruppen wären $\binom{l}{2} = l(l-1)/2$ $t$-Tests notwendig), aber dafür könnte man jedes Mal ein bekanntes Testverfahren anwenden. Diese Vorgehensweise hat aber einen ganz entscheidenden Nachteil und dieser betrifft die Wahrscheinlichkeit für einen Fehler 1. Art (fälschliche Ablehnung der Nullhypothese). Aus der statistischen Prüfung einer *Globalhypothese* durch mehrere Tests resultiert ein höheres Gesamt-$\alpha$-Niveau. Zwar hält jeder einzelne Test das vorgegebene Niveau $\alpha$ ein, dieses Niveau kumuliert sich aber zu einem Gesamt-$\alpha$-Fehler auf: Dahinter steckt natürlich ein wahrscheinlichkeitstheoretisches Argument. Betrachten wir die drei Ereignisse der Ablehnung der Nullhypothese im jeweiligen paarweisen $t$-Test

$$A = \{|T_{m,n}(\mathbf{X}, \mathbf{Y})| \geq t_{m+n-2;1-\alpha/2}\}$$
$$B = \{|T_{m,r}(\mathbf{X}, \mathbf{Z})| \geq t_{m+r-2;1-\alpha/2}\}$$
$$C = \{|T_{n,r}(\mathbf{Y}, \mathbf{Z})| \geq t_{n+r-2;1-\alpha/2}\}$$

Das Eintreten von $A$ ($B$ bzw. $C$) impliziert die Ablehnung von $\mu_X = \mu_Y$ ($\mu_X = \mu_Z$ bzw. $\mu_Y = \mu_Z$). Falls mindestens eines dieser drei Ereignisse eintritt, wird die Nullhypothese (5.10) verworfen. Wegen

$$P_{H_0}(A) \leq \alpha, \; P_{H_0}(B) \leq \alpha, \; P_{H_0}(C) \leq \alpha$$

gilt nach den Rechenregeln für Wahrscheinlichkeiten

$$\alpha_{\text{gesamt}} = P_{H_0}(A \cup B \cup C) \leq P_{H_0}(A) + P_{H_0}(B) + P_{H_0}(C) \leq 3\alpha$$

Die $\alpha$-Kumulierung tritt nur dann auf, wenn mehrere Tests zur Prüfung einer Nullhypothese an denselben Daten durchgeführt werden. Würden für jeden paarweisen Vergleich neue Stichproben gezogen, wären mehrere Tests durchaus zulässig. In der Praxis findet dies aber aus naheliegenden Gründen so gut wie niemals statt.

Man könnte die Fehlerkumulierung einfach dadurch umgehen, indem man jeden Einzeltest zum Signifikanzniveau $\alpha/3$ durchführt (dies ist in der Literatur unter dem Begriff **Bonferroni-Korrektur** bekannt, vgl. Bemerkung 3.16). Dann wäre der Gesamtfehler höchstens $\alpha$. Häufig ist dieses korrigierte Niveau zu streng (schon für $l = 4$ Gruppen würde bei $\alpha = 0.05$ das zu wählende Testniveau unter 0.01 sinken).

Fazit: Wir brauchen ein neues Verfahren! Und dieses Verfahren heißt **Varianzanalyse** (Analysis of Variance, kurz ANOVA). Diese Namensgebung mag zunächst überraschen, da doch Mittelwerte miteinander verglichen werden. Die Bezeichnungsweise erklärt sich einfach daraus, dass die Prüfgröße auf dem Vergleich von Varianzen beruht. Wir wollen dieses Verfahren für den Fall von drei Gruppen (in der Varianzanalyse spricht man auch von **Faktorstufen**) kurz erläutern, da dieses in Kapitel 10 zur Anwendung kommt. Darüber hinaus werden wir zeigen, dass die (parametrische) Varianzanalyse im Spezialfall von zwei Gruppen tatsächlich eine Verallgemeinerung des $t$-Tests ist.

Die (parametrische) Varianzanalyse geht von dem Modell

$$\begin{aligned}
X_i &= \mu_X + \varepsilon_i, \; i = 1, \dots, m \\
Y_j &= \mu_Y + \varepsilon_j, \; j = 1, \dots, n \\
Z_k &= \mu_Z + \varepsilon_k, \; k = 1, \dots, r
\end{aligned} \tag{5.11}$$

aus, wobei sämtliche Fehlervariablen $\varepsilon_i$, $\varepsilon_j$, $\varepsilon_k$ unabhängig und $N(0, \sigma)$-verteilt sind. Der Ansatz der Varianzanalyse besteht in der folgenden Streuungszerlegung. Sei

$$\bar{G} = \frac{m\bar{X}_m + n\bar{Y}_n + r\bar{Z}_r}{m + n + r} = \frac{X_1 + \dots + X_m + Y_1 + \dots + Y_n + Z_1 + \dots + Z_r}{m + n + r}$$

das Gesamtstichprobenmittel. Bezeichne

$$V_{\text{gesamt}} = \sum_{i=1}^{m}(X_i - \bar{G})^2 + \sum_{j=1}^{n}(Y_j - \bar{G})^2 + \sum_{k=1}^{r}(Z_k - \bar{G})^2$$

die Gesamtvariation,

$$V_{\text{zwischen}} = m(\bar{X}_m - \bar{G})^2 + n(\bar{Y}_n - \bar{G})^2 + r(\bar{Z}_r - \bar{G})^2$$

die Variation *zwischen* den Gruppen und

$$V_{\text{innerhalb}} = (m-1)S_{X,m}^2 + (n-1)S_{Y,n}^2 + (r-1)S_{Z,r}^2$$

die Variation *innerhalb* der Gruppen. Dann gilt die folgende Quadratsummenzerlegung (**Streuungszerlegung der Varianzanalyse**):

$$V_{\text{gesamt}} = V_{\text{zwischen}} + V_{\text{innerhalb}}$$

D. h. ein Teil der Gesamtstreuung wird auf die Unterschiedlichkeit der Gruppenmittelwerte $V_{\text{zwischen}}$ zurückgeführt, während die andere Komponente $V_{\text{innerhalb}}$ die Unterschiedlichkeit innerhalb der einzelnen Gruppen beschreibt. Gibt es kaum Unterschiede zwischen den einzelnen Stichprobenmittelwerten (d.h. $V_{\text{zwischen}}$ klein), wohl aber eine große Streuung innerhalb der jeweiligen Stichproben (d.h. $V_{\text{innerhalb}}$ groß), so spricht dies nicht für einen signifikanten Unterschied zwischen den Gruppen. Ist hingegen die Streuung innerhalb der Gruppen klein, während sich die Gruppenmittelwerte stark unterscheiden, so werden signifikante Unterschiede zwischen den Gruppen bestehen. Die Prüfgröße der Varianzanalyse ist

$$\begin{aligned}
F_{m,n,r} &= \frac{V_{\text{zwischen}}/2}{V_{\text{innerhalb}}/(m+n+r-3)} \\[2mm]
&= \frac{\text{Varianz zwischen der Gruppen}}{\text{Varianz innerhalb den Gruppen}}
\end{aligned}$$

Dabei ist in unserem speziellen Fall von 3 Gruppen die Zahl 2 im Zähler die Anzahl der Freiheitsgrade von $V_{\text{zwischen}}$ (im allgemeinen Fall von $l$ Gruppen ist die Anzahl der Freiheitsgrade $l-1$) und $m+n+r-3$ ist die Anzahl der Freiheitsgrade von $V_{\text{innerhalb}}$ (im Fall von $l$ Gruppen gilt: Anzahl der Freiheitsgrade = Gesamtanzahl der Beobachtungen $-l$).

Unter der Nullhypothese (5.10) gilt im Modell (5.11), dass der Zähler von $F_{m,n,r}$ einer $\chi^2$-Verteilung mit 2 Freiheitsgraden folgt. Der Nenner ist $\chi^2$-verteilt mit $m+n+r-3$ Freiheitsgraden. Da Zähler und Nenner stochastisch unabhängig sind, besitzt die Prüfgröße $F_{m,n,r}$ eine $F$–Verteilung mit den Freiheitsgraden 2 und $m+n+r-3$.[1] Die $F$-Verteilung besitzt eine Dichte (siehe z. B. [2], Kapitel 2 oder [3], Kapitel 9). Testet man zum Niveau $\alpha$ so wird $H_0$ abgelehnt, falls der Prüfgrößenwert zu groß ist, d.h. $F_{m,n,r} \geq F_{2,m+n+r-3;1-\alpha}$ ($(1-\alpha)$-Quantil der $F$-Verteilung mit Freiheitsgraden 2 und $m+n+r-3$).

Im Fall von zwei Gruppen ist die Varianzanalyse unter den Modellannahmen (5.11) äquivalent zum $t$-Test in dem Sinne, dass beide Verfahren immer zur gleichen

---

[1] Die $F$-Verteilung hat ihren Namen durch den englischen Statistiker Sir Ronald Aylmer Fisher (1890-1962).

Testentscheidung führen. Man beachte zunächst, dass die Modellannahmen (5.11) im Fall von 2 Gruppen mit den Modellannahmen des Zweistichproben-$t$-Tests übereinstimmen. Da nur zweiseitig getestet wird, kann als Prüfgröße genauso gut das Quadrat der Prüfgröße des $t$–Tests dienen. Dann gilt (siehe Aufgabe 15)

$$T^2_{m,n}(\mathbf{X}, \mathbf{Y}) = \frac{m\left(\bar{X}_m - \frac{m\bar{X}_m + n\bar{Y}_n}{m+n}\right)^2 + n\left(\bar{Y}_n - \frac{m\bar{X}_m + n\bar{Y}_n}{m+n}\right)^2}{\frac{(m-1)S^2_{X,m} + (n-1)S^2_{Y,n}}{m+n-2}}$$

$$= F_{m,n}(\mathbf{X}, \mathbf{Y})$$

**Bemerkung 5.11** *Die Varianzanalyse lässt sich auch nichtparametrisch, also ohne Normalverteilungsannahme, durchführen. Dies führt dann in Verallgemeinerung des Mann-Whitney-U-Tests zum Kruskal-Wallis-Test.*

Mehrstichprobentests werden uns auch im Rahmen von Homogenitätstests in Kapitel 7 begegnen.

## 5.6 Aufgaben

1. Überprüfen Sie, ob für die beiden Bienenvölker des Datensatzes `bienen` aus Beispiel 5.1 die Normalverteilungsannahme begründet ist. Ziehen Sie zu Ihrer Entscheidung sowohl grafische Hilfsmittel (Histogramme, Boxplots) als auch den Shapiro-Wilk-Test heran (siehe hierzu auch Abschnitt 3.5.2 für weiter Informationen).

2. Bestimmen Sie die Power des Zweistichproben-Gauß-Tests im zweiseitigen Testfall, d.h.

$$P_\delta(|Z| \geq z_{1-\alpha/2})$$

für $\delta := \mu_X - \mu_Y \neq 0$. Wie lautet die Power bei einseitigen Alternativen?

3. Ändert ein Körper durch Beifügung von Wärme seine Aggregationsform, so absobiert er dabei eine bestimmte Menge Wärme. Diese Menge nennt man die gebundene Wärme. Um die gebundene Wärme beim Schmelzen von Eis zu Wasser zu bestimmen, wurden mit 13 bzw. 8 Versuchen zwei Methoden $X$ und $Y$ verwendet, die die aufgenommenen Kalorien je Gramm Masse bei Erhitzen von $-72\,°\mathrm{C}$ auf $0\,°\mathrm{C}$ messen. Die Messwerte sind entnommen aus [10], S. 390, und liegen im Datensatz `eis` vor. Unterscheiden sich die beiden Messmethoden voneinander? Beantworten Sie diese Frage mittels des Zweistichproben-$t$-Tests.

4. Seien $X$ und $Y$ unabhängige und identisch verteilte Zufallsvariablen mit einer Verteilungsfunktion $F$.

   (i) Zeigen Sie: Besitzt $F$ eine Dichte $f$, so gilt $P(X = Y) = 0$.

   (ii) Zeigen Sie, dass die Aussage $P(X = Y) = 0$ auch unter der schwächeren Annahme gilt, dass die Verteilungsfunktion $F$ stetig ist. Hinweis: Die Stetigkeit von $F$ impliziert zunächst $P(X = x) = 0$ für $x \in \mathbb{R}$. Sei $n \geq 2$ beliebig gegeben, $q_0 := -\infty$, $q_n := \infty$ sowie $q_k$ ein $k/n$-Quantil von $F$, d.h. $P(X \leq q_k) = F(q_k) = k/n$, für $1 \leq k \leq n$. Dann gilt (!)

$$P(X = Y) \leq P\left( \bigcup_{k=1}^{n} \{X, Y \in (q_{k-1}, q_k]\} \right) \leq \sum_{k=1}^{n} P(X \in (q_{k-1}, q_k])^2 = \frac{1}{n}$$

5. (Allgemeine Darstellung der Verteilung von $W_{m,n}$) Bezeichne

$$\mathrm{Kom}_n^{m+n}(oW) = \left\{ (r_1, \ldots, r_n) \in \{1, \ldots, m+n\}^n : r_1 < \ldots < r_n \right\}$$

die Menge der $n$-Kombinationen (geordnete Tupel der Länge $n$) ohne Wiederholung der Zahlen $\{1, \ldots, m+n\}$ und

$$M_n(k) := \left\{ (r_1, \ldots, r_n) \in \mathrm{Kom}_n^{m+n}(oW) : r_1 + \ldots + r_n = k \right\}$$

$n(n+1)/2 \leq k \leq mn + n(n+1)/2$. Damit erhält man die Darstellung

$$P_{H_0}(W_{m,n} = k) = \frac{|M_n(k)|}{\binom{m+n}{n}}$$

Bestimmen Sie die Verteilung von $W_{3,4}$ unter $H_0$.
6. Zeigen Sie:

$$P_{H_0}\left( W_{m,n} = \frac{n(n+1)}{2} \right) = \binom{m+n}{n}^{-1}$$
$$= P_{H_0}\left( W_{m,n} = \frac{mn + n(m+n+1)}{2} \right)$$

7. Testen Sie in der Situation von Aufgabe 3 nichtparametrisch.
8. Formulieren Sie die Aussagen von Satz 5.9 für die Prüfgröße $W_{m,n}$.
9. Sei die Zufallsvariable $X$ gleichverteilt auf der Menge $\{1, \ldots, k\}$, d.h,

$$P(X = j) = \frac{1}{k}, \quad j = 1, \ldots, k$$

Zeigen Sie:

$$\mathrm{E}(X) = \frac{k(k+1)}{2}, \quad \mathrm{Var}(X) = \frac{k^2 - 1}{12}$$

10. Zeigen Sie die Aussagen (i) und (ii) aus Satz 5.9.
    Hinweis: $\mathrm{Rang}(Y_j)$ ist auf $\{1, \ldots, m+n\}$ gleichverteilt, $j = 1, \ldots, n$ sowie Aufgabe 9.
    Zur Varianz: Es gilt

$$\mathrm{Var}_{H_0}(W_{m,n}) = n Var_{H_0}(\mathrm{Rang}(Y_1)) + n(n-1)\mathrm{Cov}_{H_0}(\mathrm{Rang}(Y_1), \mathrm{Rang}(Y_2))$$

sowie $\mathrm{Var}_{H_0}(\sum_{i=1}^{m} \mathrm{Rang}(X_i) + \sum_{j=1}^{n} \mathrm{Rang}(Y_j)) = 0$.

11. (*U-Test als t-Test in Rangdarstellung*) Ersetzt man in der Prüfgröße des Zwei-stichproben-$t$-Tests die Zufallsvariablen $X_1, \ldots, X_m, Y_1, \ldots, Y_n$ durch die entsprechenden Ränge $\mathrm{Rang}(X_1), \ldots, \mathrm{Rang}(X_m), \mathrm{Rang}(Y_1), \ldots, \mathrm{Rang}(Y_n)$, so erhält man eine Prüfgröße, die bis auf eine lineare Transformation gleich der Wilcoxon-Prüfgröße $W_{m,n}$ ist.

12. Man vermutet, dass Cholesterinwerte bei Männern mit zunehmenden Alter höher werden. Die Ergebnisse einer Untersuchung von 11 Männern in den Altersgruppen 20 – 30 und 40 – 50 liegen im Datensatz `cholesterin` vor (nach [1], Seite 390): Sind die $Y$-Werte (stochastisch) signifikant größer? Testen Sie nichtparametrisch.

13. Können Kleinkinder, bei denen Reflexe eingeübt wurden, im Mittel früher laufen als Kleinkinder, bei denen die Reflexe nicht eingeübt wurden? Bei jedem Kind wurde das Alter (in Monaten) bestimmt, in dem es laufen konnte ([15]):

|  | Kind | | | | | |
| --- | --- | --- | --- | --- | --- | --- |
|  | 1 | 2 | 3 | 4 | 5 | 6 |
| Gruppe 1 (mit Einüben) | 9.0 | 9.5 | 9.75 | 10.0 | 13.0 | 9.5 |
| Gruppe 2 (ohne Einüben) | 11.5 | 12.0 | 9.0 | 11.5 | 13.25 | 13.0 |

Man vermutet, dass Kleinkinder, bei denen die Reflexe eingeübt wurden, im Mittel schneller laufen lernen. Übertragen Sie die Daten in R und untersuchen Sie, ob diese Vermutung bestätigt werden kann. Testen Sie zum 5 % Niveau.

14. (i) Gegeben seien zwei Stichproben $x_1, \ldots, x_m$ und $y_1, \ldots, y_n$. Sei $k$ die Anzahl der verschiedenen Werte dieser Stichproben, der kleinste Wert kommt dabei $b_1$ mal vor, der nächstgrößere $b_2$ mal vor etc. ($b_1 + \ldots + b_k = m + n$). Die Bindungskonfiguration wird dann beschrieben durch den Vektor $(b_1, \ldots, b_k)$. Dann gibt es $2^{m+n-1}$ verschiedene Bindungskonfigurationen. Warum ist dies so?
(ii) Im konkreten Beispiel mit $m = 2$, $n = 3$ und $x_1 = 2$, $x_2 = 6$, $y_1 = y_2 = 6$, $y_3 = 7$ ergibt sich die Bindungskonfiguration $(1, 3, 1)$. Die Ränge sind $\mathrm{Rang}(x_1) = 1$, $\mathrm{Rang}(x_2) = \mathrm{Rang}(y_1) = \mathrm{Rang}(y_2) = (2 + 3 + 4)/3 = 3$, $\mathrm{Rang}(y_3) = 5$. Bestimmen Sie in Analogie zu Beispiel 5.8 zunächst die möglichen Werte von $W_{2,3}$ bzw. $U_{2,3}$ für alle 10 Anordnungsmöglichkeiten. Bestimmen Sie dann unter $H_0$ die (bedingte) Verteilung dieser Prüfgrößen (gegeben die Bindungskonfiguration $(1, 3, 1)$). Hinweis: Unter $H_0$ sind bei einer gegebenen Bindungskonfiguration alle Anordnungsmöglichkeiten gleichwahrscheinlich.

15. Zeigen Sie:
$$T_{m,n}^2(\mathbf{X}, \mathbf{Y}) = F_{m,n}(\mathbf{X}, \mathbf{Y})$$

# Literatur

1. Bickel, P.J. und Doksum, K.J. (1977). *Mathematical Statistics, Basic Ideas and Selected Topics*. Holden-Day, San Francisco.

2. Falk. M, Becker, R. und Marohn, F. (2004). *Angewandte Statistik.* Springer, Berlin-Heidelberg.
3. Georgii, H.-O. (2009). *Stochastik.* 4. Auflage, de Gruyter, Berlin.
4. Hajek, J., Sidak, Z. und Sen, P.K. (1999). *Theroy of Rank Tests.* 2. Auflage, Academic Press, San Diego.
5. Henze, N. (2010). *Stochastik für Einsteiger.* 8. Auflage, Vieweg, Wiesbaden.
6. Kruskal, W. H. (1957). Historical notes on the Wilcoxon unpaired two-sample test. *Journal of the American Statistical Association* **52**, 356-360.
7. Lehmann, E.L. (2006). *Nonparametrics. Statistical Methods Based on Ranks*, Springer.
8. Levene, H. (1960). Robust tests for equality of variance. In: I. Olkin, H. Hotelling et al. (Hrsg.), *Contributions to Probability and Statistics. Essays in Honor of Harold Hotelling*, Stanford University Press, 278-292.
9. Mann, H. und Whitney, D. (1947). On a test whether one or two random variables is stochastically larger than the other. *Annals of Mathematical Statistics* **18**, 50-60.
10. Rice, J.A. (1995). *Mathematical Statistics and Data Analysis.* 2. Auflage, Duxbury Press.
11. Serfling, R. J. (1980). *Approximation Theorems of Mathematical Statistics.* Wiley, New York.
12. Welch, B.L. (1937). The significance of the difference between two means when two population variances are unequal. *Biometrika* **29**, 350-362.
13. Wilcoxon, F. (1945). Individual comparisons by ranking methods. *Biometrics Bulletin* **1**, 80-83.
14. Witting, H. (1985). *Mathematische Statistik I.* Teubner, Stuttgart.
15. Zelzano, P.R., Zelzano, N.A. und Kolb, S. (1972),'Walking' in the newborn, Science, 176, 314-15.

# Kapitel 6
# Der $\chi^2$-Anpassungstest

In diesem Kapitel wird der $\chi^2$-Anpassungstest als wichtiges Beispiel für Tests auf spezifische Verteilungen und allgemeiner auf Verteilungsfamilien behandelt. Der $\chi^2$-Anpassungstest bildet auch die theoretische Basis für den $\chi^2$-Unabhängigkeits- und Homogenitätstest im nächsten Kapitel.

## 6.1 Einführung

**Beispiel 6.1** *Der bewährte Geigerzähler einer Schule scheint in letzter Zeit keine korrekten Werte mehr zu liefern. Ein älterer Kollege meint sich zu erinnern, dass mit diesem Zählrohr die Nullrate (das ist die durchschnittliche Anzahl der registrierten Impulse pro Zeiteinheit, die bei Abwesenheit spezifischer radioaktiver Quellen durch die Hintergrundstrahlung erzeugt werden) schon immer bei 7 Impulsen pro halbe Minute gelegen ist. Er schlägt vor, zum Test des Zählrohrs die aktuelle Nullrate zu bestimmen. Dafür werden insgesamt dreißig mal jeweils eine halbe Minute lang die vom Zählrohr registrierten Impulse erfasst.*

*Die Ergebnisse der Messungen liegen im Datensatz* strahlung *vor und sind dem Säulendiagramm gemäß Abb. 6.1 zu entnehmen.*

Bei einer Aussage über Mittelwerte denkt man möglicherweise zuerst an den $t$-Test aus Kapitel 3. Gemäß Bemerkung 3.9 könnte man diesen Test „in der Praxis" bei einer Stichprobenlänge von mehr als 30 tatsächlich anwenden. Bei einer Vorgehensweise analog zu Programmbeispiel 3.7 erhalten wir beim Datensatz strahlung mit dem zweiseitigen $t$-Test zur Nullhypothese $\mu_0 = 7$ einen $p$-Wert von ca. 0.01. Allerdings kann man bei der „grenzwertigen" Stichprobenlänge 30 und unter Berücksichtigung, dass bei diskreten und unsymmetrischen Zufallsgrößen die Konvergenz gegen die Normalverteilung nicht so gut ist, die Bedeutung dieses Ergebnisses durchaus in Zweifel ziehen.

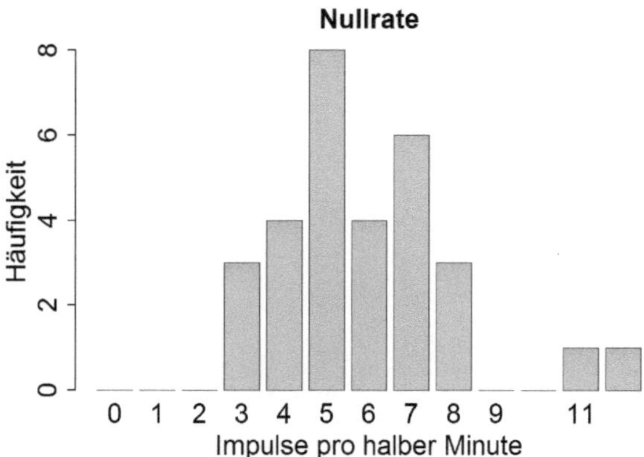


**Abb. 6.1** Säulendiagramm zur Häufigkeit der Impulse pro halber Minute aus dem Datensatz `strahlung`.

Nullraten folgen in aller Regel einer **Poisson-Verteilung**, das heißt einer diskreten Verteilung mit der Wahrscheinlichkeitsfunktion

$$\mathrm{Pois}_\lambda(k) := e^{-\lambda}\frac{\lambda^k}{k!} \quad (k \in \mathbb{N}_0),$$

wobei $\lambda$ den Erwartungswert wie auch die Varianz dieser Verteilung und $k$ die „Trefferzahl" bezeichnet. Die Summe zweier Poisson-verteilter unabhängiger Zufallsgrößen mit Erwartungswerten $\lambda_1$ und $\lambda_2$ folgt wieder einer Poisson-Verteilung, deren Erwartungswert gleich $\lambda_1 + \lambda_2$ ist (Aufgabe 1). Unter Berücksichtigung dieses Umstands lässt sich die Verteilungsfunktion von $\sum X_k$ berechnen, wenn $X_1, \ldots, X_n$ eine Stichprobe aus unabhängigen und identisch Poisson-verteilten Zufallsgrößen ist. In einem zweiseitigen Test bezüglich des Datensatzes `strahlung` wird die Nullhypothese $\lambda = \lambda_0$ abgelehnt, wenn

$$p := P\left(\left|\frac{1}{n}\sum_{k=0}^{n} X_k - \lambda_0\right| \geq |m - \lambda_0|\right) \leq \alpha, \tag{6.1}$$

wobei $m$ das arithmetische Mittel der gezählten Impulse pro halbe Minute und $\alpha$ das übliche Signifikanzniveau ist. In unserem Beispielfall folgt unter der Nullhypothese die Verteilung von $\sum X_k$ einer Poisson-Verteilung mit Erwartungswert $30 \cdot 7 = 210$, und das arithmetische Mittel der Impulse beträgt $m = 5.93$. Die fragliche Wahrscheinlichkeit errechnet sich zu $p \approx 0.025$ (Aufgabe 1), was wieder zur Ablehnung der Hypothese über die Nullrate von 7 Impulsen pro halbe Minute führt.

Das Problem bei diesem zweiten Test ist allerdings, dass das Vorliegen einer Poisson-Verteilung nicht mehr gewährleistet werden kann, wenn das Zählrohr defekt sein sollte. Insgesamt wäre ein Test günstig, der nicht nur auf die Mittelwerte abzielt, sondern auch die Verteilung der zugrunde liegenden Stichprobe untersucht.

Ein solcher Test ist der $\chi^2$-Anpassungstest, zu dem im Folgenden hingeführt werden soll. Dazu untersuchen wir zunächst die Plausibilität einer Poisson-Verteilung mit Erwartungswert 7 für die erfasste Stichprobe mit Hilfe einer grafischen Darstellung.

**Programmbeispiel 6.2** Wir gehen von einer Poisson-Verteilung mit Erwartungswert 7 aus und vergleichen das vorliegende Säulendiagramm mit dem Häufigkeitsdiagramm, das idealerweise bei 30 Wiederholungen zustandekommt, wenn jede einer solchen Poisson-Verteilung entspricht.

Das „ideale" Häufigkeitsdiagramm bei $n$ Wiederholungen käme dadurch zustande, dass die Häufigkeit $\mathrm{H}(k) := \mathrm{Pois}_\lambda(k) \cdot n$ gegen die Trefferzahl $k$ aufgetragen werden würde. Um einen Vektor mit diesen Häufigkeiten für $k = 0, 1, 2, \ldots, 12$ zu erhalten, geben wir im Skriptfenster ein:

```
ideal <- dpois(seq(0, 12), lambda = 7) * 30
```

Der Buchstabe d in der Funktion dpois() bezieht sich dabei auf das Wort „density" (englisch für *Dichte*), weil man die Einzelwahrscheinlichkeiten bei der Poisson-Verteilung auch als Werte einer diskreten Dichtefunktion ansehen kann. Mit der Funktion seq() (vgl. Programmbeispiel 2.9) erzeugen wir uns einen Vektor entsprechend den Trefferzahlen von 0 bis 12. Um die restlichen Werte der Häufigkeitsverteilung kumulativ zu erfassen, ist schließlich noch der Vektor ideal um eine Koordinate entsprechend den zu $k \geq 13$ gehörigen Häufigkeiten zu ergänzen. Dies geschieht durch

```
ideal <- c(ideal, 30 - sum(ideal))
```

Außerdem erstellen wir uns noch den Vektor gemessen, der die tatsächlichen Häufigkeiten der Impulse enthält. Eine entsprechende Tabelle enthält man durch den Befehl

```
table(strahlung$impulse)
```

(vgl. Programmbeispiel 2.5) mit der Ausgabe

```
 3  4  5  6  7  8 11 12
 3  4  8  4  6  3  1  1
```

Bei den nicht beobachteten Impulszahlen 0, 1, 2, 9, 10 und $\geq 13$ ist jeweils eine Null zu ergänzen:

```
gemessen <- c(0, 0, 0, 3, 4, 8, 4,
   6, 3, 0, 0, 1, 1, 0)
```

Mit dem Befehl c() fügt man wie üblich verschiedene Zahlen zu einem Vektor zusammen, siehe hierzu auch Abschnitt 19.2.1. Das gemeinsame Diagramm wird nun durch folgende R-Befehlssequenz erzeugt

```
namen <- c("0", "1", "2", "3", "4", "5", "6",
           "7", "8", "9", "10", "11", "12", "> 12")
barplot(rbind(gemessen, ideal), names.arg = namen,
   legend = TRUE, beside = TRUE, ylab = "Häufigkeit",
   xlab = "Impulse pro halber Minute")
```

Zuerst erzeugen wir uns ein Objekt, das der Beschriftung der Säulen auf der x-Achse dient. Es enthält die möglichen Anzahlen der Impulse. Das erste Argument der `barplot`-Funktion bezieht sich auf die Impulshäufigkeiten. Da hier tatsächliche und ideale Häufigkeiten gemeinsam gezeichnet werden sollen, müssen diese noch zusammengefügt werden. Dies geschieht mit der Funktion `rbind()`, die die beiden Vektoren in zwei Reihen aneinander fügt (vgl. Abschnitt 21.2.3); das `r` steht dabei für *row*. Mit der Option `beside` wird dafür gesorgt, dass ein zweifaches Säulendiagramm angefertigt wird, in dem auch auf die verschiedenen Bedeutungen der beiden Graustufen verwiesen wird. Durch die Option `legend` wird die Bedeutung der beiden Graustufen rechts oben im Diagramm angezeigt. Das Ergebnis sollte wie in Abb. 6.3 aussehen. Wenn die horizontale Beschriftung nicht vollständig angezeigt wird, so sollten Sie das Grafikfenster mit der Maus in die Breite ziehen.

Ausgehend von der obigen Beschreibung dürfte es dem Leser nicht schwerfallen, auch die einzelnen Säulendiagramme für die beobachteten und „idealen" Häufigkeiten, wie etwa in Abb. 6.1, zu erstellen. Weitere Einzelheiten hierzu findet man in Abschnitt 21.2.1.

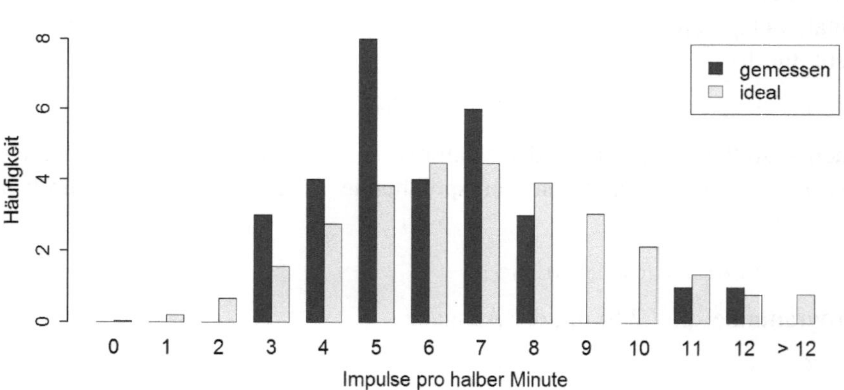


**Abb. 6.3** Gruppiertes Säulendiagramm mit den beobachteten Häufigkeiten der Impulse aus dem Datensatz `strahlung` und den zugehörigen „idealen" Häufigkeiten.

## 6.2 Der $\chi^2$-Test auf spezielle Verteilungsparameter

Wir stellen fest, dass das Säulendiagramm zu den Messwerten in seiner Hauptmasse deutlich links von dem ideal-hypothetischen Säulendiagramm liegt. Das deutet darauf hin, dass die Messwerte einer Verteilung mit niedrigerem Erwartungswert als dem behaupteten entsprechen. Es ergibt sich somit die Frage nach einem quantitativen Kriterium zur Unterscheidung der beiden Säulendiagramme.

### 6.2.1 Die Testgröße $\chi^2$

Als mögliche Kenngröße bietet sich eine gewichtete quadratische Abweichung an.

**Definition 6.2** *Sei $X_0$ eine Zufallsgröße mit einer vermuteten Verteilung $F_0$ und* $\mathbf{X} := (X_1, \ldots, X_n)$ *ein Stichprobenvektor, dessen Koordinaten unabhängige Kopien von $X_0$ sind. Der Wertebereich von $X_0$ sei in paarweise disjunkte Teilmengen $S_k$ ($k = 1, \ldots, r$) zerlegt. Sei $N_k$ die von $\mathbf{X}$ abhängige Anzahl der Beobachtungen (im Sinne einer Zufallsgröße) mit Werten in $S_k$ und $p_k := P(X_0 \in S_k)$. Dann wird die Testgröße $\chi^2$ bzw.* **Chiquadrat** *für die Abweichung zwischen den hypothetischen Häufigkeiten $np_k$ und den Häufigkeiten $N_k$ definiert durch:*

$$\chi^2(\mathbf{X}) := \sum_{k=1}^{r} \frac{(N_k - np_k)^2}{np_k} \tag{6.2}$$

*Einen konkreten Stichprobenwert von $\chi^2$ bezeichnen wir im Folgenden durch*

$$\chi^2(\mathbf{x}) = \sum_{k=1}^{r} \frac{(n_k - np_k)^2}{np_k},$$

*wenn $\mathbf{x}$ eine Realisierung von $\mathbf{X}$ und die $n_k$ die entsprechenden Realisierungen der $N_k$ sind.*

Die $n_k$ können als die zu den Mengen $S_k$ gehörigen „Trefferzahlen" bezeichnet werden. Bei der Bestimmung der Trefferzahlen $n_k$ zu den Mengen $S_k$ spricht man auch von **Gruppierung**.

---

**Programmbeispiel 6.4** Entsprechend der Gruppierung in Abb. 6.3 scheint die Mengenzahl $r = 14$ bei $n = 30$ naheliegend. Die einzelnen Teilmengen sind dabei $S_k = \{k - 1\}$ für $k = 1, \ldots, 13$ und $S_{14} = \{k \in \mathbb{N} | k \geq 13\}$. Die zugehörigen Trefferzahlen sind $n_1 = 0$, $n_2 = 0$, $n_3 = 0$, $n_4 = 3$, $\ldots$, $n_{13} = 1$, $n_{14} = 0$. Die Wahrscheinlichkeiten $p_k$ sind gleich den gemäß der Poisson-Verteilung berechneten $p_k = \text{Pois}_7(k - 1)$ für $k = 1, \ldots, 13$ und $p_{14} = 1 - \sum_{k=1}^{13} p_k$. Um nun die Abweichungsgröße $\chi^2(\mathbf{x})$ zu berechnen, können wir im Anschluss an die oben beschriebene Erzeugung des „doppelten" Säulendiagramms im Skriptfenster einfach den folgenden Code eingeben:

```
chiquadrat <- sum((gemessen - ideal)^2 / ideal)
chiquadrat
```

Zu beachten ist hierbei, dass Formeln in R, in denen Vektoren vorkommen, koordinatenweise ausgewertet werden und dann als Ergebnis ein Vektor derselben Dimension erzeugt wird, vgl. Abschnitt 19.2.1. Im Ausgabefenster erscheint das Ergebnis

```
[1] 14.24171
```

Es stellt sich nun die Frage, ob dieser Wert groß genug ist, um eine signifikante Abweichung von der idealen Verteilung anzuzeigen. Wenn die gemessene Häufigkeitsverteilung gleich der idealen Verteilung wäre, müsste $\chi^2(\mathbf{x}) = 0$ gelten.

## 6.2.2 Ein Grenzwertsatz

Die eben eingeführte Testgröße $\chi^2$ wird durch einen von Karl Pearson im Jahre 1900 hergeleiteten Grenzwertsatz ([4], S. 123–125) besonders relevant. Um diesen Grenzwertsatz formulieren zu können, sei zuerst an die in Abschnitt 3.4.1 definierte $\chi^2$-Verteilung erinnert. Damit in der Bezeichnung keine Konfusion zwischen der Testgröße $\chi^2$ und der gleich benannten Verteilung hervorgerufen wird, wird im Folgenden die Verteilungsfunktion der $\chi^2$-Verteilung mit $n$ Freiheitsgraden in Formeln durch $\mathrm{Chi}_n$ abgekürzt. Seien also $X_1, \ldots, X_n$ voneinander unabhängige, standardnormalverteilte Zufallsgrößen, so ist für $x \geq 0$:

$$\mathrm{Chi}_n(x) := P(X_1^2 + \cdots + X_n^2 \leq x)$$

Aus der Definition der $\chi^2$-Verteilung ergeben sich unmittelbar die beiden folgenden Eigenschaften:

▶ Da für standardnormalverteilte Zufallsgrößen $X$ gilt, dass $\mathrm{E}(X^2) = 1$ und $\mathrm{Var}(X^2) = 2$ (Kap. 3, Aufgabe 3), hat eine $\chi^2$-Verteilung des Freiheitsgrades $n$ den Erwartungswert $n$ und die Varianz $2n$.

▶ Die Summe aus einer $\chi^2$-verteilten Zufallsgröße zum Freiheitsgrad $n$ und einer dazu unabhängigen, ebenfalls $\chi^2$-verteilten Zufallsgröße zum Freiheitsgrad $m$ ist wieder $\chi^2$-verteilt, und zwar zum Freiheitsgrad $n + m$.

### 6.2.2.1 Der Pearsonsche Grenzwertsatz

Der oben bereits angekündigte Grenzwertsatz von Pearson lautet:

**Satz 6.3** *Sei $X_0$ eine Zufallsgröße und $\mathbf{X} := (X_1, \ldots, X_n)$ ein Stichprobenvektor, dessen Koordinaten unabhängige Kopien von $X_0$ sind. Sei ferner $\chi^2(\mathbf{X})$ nach Zerlegung des Wertebereichs von $X_0$ in $r$ disjunkte Teilmengen als Funktion dieser Stichprobe gemäß (6.2) festgelegt. Dann gilt für alle $a > 0$:*

$$P(\chi^2(\mathbf{X}) < a) \to \mathrm{Chi}_{r-1}(a) \quad (n \to \infty)$$

Es gibt verschiedene Beweisvarianten, s. z.B. [2], S. 508–510 und [5], S. 183–186. Das Konvergenzverhalten bei diesem Grenzwertsatz ist genau untersucht worden (s. [2], S. 511), und daraus haben sich die folgenden Faustregeln für eine hinreichend genaue Approximation von

$$P(\chi^2(\mathbf{X}) < a) \approx \mathrm{Chi}_{r-1}(a)$$

ergeben:

▶ Konservativ: Die hypothetische Häufigkeit $np_k$ in jeder Gruppe $S_k$ ist mindestens 10
▶ Üblich: Die Anzahl der Treffer $n_k$ in jeder Gruppe ist mindestens 5
▶ „Notfalls": Die hypothetische Häufigkeit in jeder Gruppe ist gleich groß, und in jeder Gruppe ist mindestens ein Treffer.

## 6.2.3 Durchführung des $\chi^2$-Tests

Aufgrund der eben formulierten Faustregeln ergibt sich die folgende Testmöglichkeit für einen wie oben festgelegten Stichprobenvektor $\mathbf{X}$ auf das Vorliegen einer speziellen Verteilung $F_0$ der Zufallsgröße $X_0$:

1. Zerlege den Wertebereich von $X_0$ in Gruppen $S_k$, so dass eine der Faustregeln erfüllt ist.
2. Berechne den Stichprobenwert $\chi^2(\mathbf{x})$.
3. Lehne die (Null-) Hypothese, dass $X_0$ die Verteilung $F_0$ hat ab, falls

$$p = P(\chi^2(\mathbf{X}) \geq \chi^2(\mathbf{x})) \approx 1 - \mathrm{Chi}_{r-1}(\chi^2(\mathbf{x})) \leq \alpha,$$

wobei $\alpha$ das vorgegebene Signifikanzniveau ist.

Wir wollen nun den Test im Falle der behaupteten Nullrate durchführen.

**Programmbeispiel 6.5** Wir sehen sofort aus Abb. 6.1, dass die dem Säulendiagramm entsprechende Gruppierung keiner der Faustregeln entspricht. Andererseits bietet sich sofort die „übliche" Faustregel an, die zu der folgenden Einteilung führt:

| $S_k$ | $\{\leq 4\}$ | $\{5\}$ | $\{6,7\}$ | $\{\geq 8\}$ |
|---|---|---|---|---|
| $n_k$ | 7 | 8 | 10 | 5 |

Um den Stichprobenwert $\chi^2(\mathbf{x})$ und den Wert von $1 - \mathrm{Chi}_3(a)$ (der Freiheitsgrad ist gleich der Gruppenzahl 4 abzüglich 1) zu bestimmen, berechnen wir zuerst die hypothetischen Häufigkeiten der Werte aus obiger Tabelle. Zur Bestimmung der Wahrscheinlichkeit des Bereichs $\{\leq 4\}$ verwenden wir die Funktion `ppois()` entsprechend der Verteilungsfunktion der Poisson-Verteilung. Analog gehen wir für die Wahrscheinlichkeit des Bereichs $\{\geq 8\}$ vor, wobei wir hier noch mit dem Argument `lower.tail` festlegen, dass die Gegenwahrscheinlichkeit berechnet wird, also die Wahrscheinlichkeit, dass eine Beobachtung größer als 7 ist. Die beiden „Randwahrscheinlichkeiten" fügen wir dann mit den „Punktwahrscheinlichkeiten" zusammen. Die Funktion `dpois()` kennen wir schon aus Programmbeispiel 6.2.

```
t.u    <- ppois(4, lambda = 7, lower.tail = TRUE)
t.o    <- ppois(7, lambda = 7, lower.tail = FALSE)
ideal <- c(t.u, dpois(5, lambda = 7),
 dpois(6, lambda = 7) + dpois(7, lambda = 7), t.o)*30
```

Im nächsten Schritt erstellen wir uns einen Vektor der tatsächlichen Häufigkeiten aus der Tabelle, berechnen $\chi^2$ und den $p$-Wert, für den wir die Funktion `pchisq()` entsprechend der Verteilungsfunktion der $\chi^2$-Verteilung verwenden.

```
gemessen <- c(7, 8, 10, 5)
chi       <- sum((ideal - gemessen)^2 / ideal)
pchisq(chi, df = 4 - 1, lower.tail = FALSE)
```

Für die gesuchte Wahrscheinlichkeit ergibt sich ca. 0.024, die Hypothese einer Poisson-Verteilung mit Erwartungswert 7 kann also nach den üblichen Gepflogenheiten abgelehnt werden. Der kritische Bereich zum 5%-Signifikanzniveau wäre bei dem vorgestellten Test gleich dem Intervall

$$[\mathrm{Chi}_3^{-1}(0.95), \infty) = [7.815, \infty),$$

in dem auch der aktuelle Wert für $\chi^2 = 9.407$ liegt.

Die Hypothese einer Poisson-Verteilung mit Erwartungswert 7 erscheint somit widerlegt. Es bleibt freilich das Problem, ob den Messungen überhaupt eine Poisson-Verteilung zugrundeliegt.

## 6.3 Der $\chi^2$-Test auf eine Verteilungsfamilie

In vielen Anwendungsfällen soll nicht nur auf eine spezifische Verteilung mit vorgegebenen Parametern, sondern allgemeiner auf einen bestimmten Verteilungstyp getestet werden. Damit liegt die der Nullhypothese entsprechende Verteilung nicht vollständig fest. Wie bereits angedeutet könnte man bezweifeln, dass die im Zählrohr registrierten Impulse pro Zeiteinheit (s. z.B. Abb. 6.1) überhaupt Poisson-verteilt sind. Intuitiv würde man wohl so vorgehen, dass man die unbekannten Parameter aus den ermittelten Stichprobenwerten schätzen und dann den $\chi^2$-Test wie oben anwenden würde.

### 6.3.1  Simulation einer Poisson-verteilten Stichprobe

Um die eben angedeutete Vorgehensweise an einem Beispiel zu demonstrieren, wird zuerst gezeigt, wie mit dem R-Commander der Datensatz `strahlung` entsprechend einer Poisson-verteilten Stichprobe (Abb. 6.1) durch Simulation gewonnen worden ist.

**Programmbeispiel 6.6** Im R-Commander sind nacheinander folgende Schritte durchzuführen:

▶ Gehe auf **Verteilungen** $\longrightarrow$ **Diskrete Verteilungen** $\longrightarrow$ **Poissonverteilung** $\longrightarrow$ **Zufallsstichprobe aus einer Poissonverteilung …**

▶ In den entsprechenden Feldern (vgl. Abb. 6.7) müssen passende Eingaben gemacht werden: ein Name für die Datenmatrix (`strahlung.zufall`), das *arithmetische Mittel* (gemeint ist der Erwartungswert, hier 5.5), die Anzahl der Spalten (hier 1) und die Anzahl der Zeilen (hier 30).

▶ Zur Datenmatrix sollen keine weitere Einträge hinzukommen. Löschen Sie also gegebenenfalls gesetzte Häkchen und betätigen Sie dann mit $\boxed{\text{OK}}$.

▶ Durch Anklicken des Befehls $\boxed{\text{Datenmatrix betrachten}}$ können die erzeugten Zufallszahlen (Einträge in der Variablen `obs`) angezeigt werden.

▶ Der Variablenname `obs` kann durch den Befehl $\boxed{\text{Datenmatrix bearbeiten}}$ und anfolgendes Anklicken des grau unterlegten Feldes `obs` durch einen neuen Variablennamen `impulse` ersetzt werden.

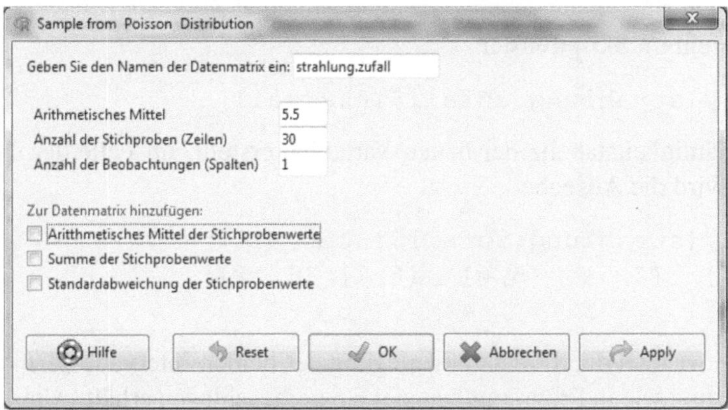


**Abb. 6.7** Dialogfeld zur Erzeugung von Zufallszahlen gemäß einer Poisson-Verteilung.

Die erzeugten Zufallszahlen können nun bezüglich ihrer Häufigkeit in ungefähr gleich mächtige Gruppen aufgeteilt werden.

1. Gehe auf **Datenmanagement** $\longrightarrow$ **Variablen bearbeiten** $\longrightarrow$ **Gruppiere numerische Variable …**

2. Im erscheinenden Dialogfeld (Abb. 6.8) wählen wir unter *Bezeichungen der Faktorstufen* die dritte und unter *Gruppierungsmethode* die zweite Einstellung. Außerdem geben wir rechts oben mit `intervall` einen Namen für die neue Variable ein.
3. Die *Anzahl der Gruppen* sollte so groß werden, dass die Häufigkeit pro Gruppe in etwa gleich 5 ist; 5 Gruppen sind in unserem Falle angemessen, ggf. muss man etwas herumprobieren. Geht man zum Abschluss auf $\boxed{\text{OK}}$ wird die neue Variable erstellt.

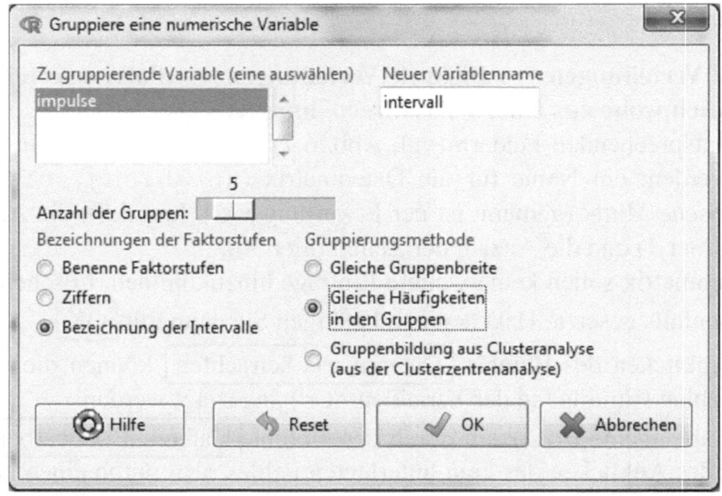


**Abb. 6.8** Dialogfeld zur Erzeugung einer geeigneten Gruppierung von Stichprobenwerten.

Mit dem Befehl im Skriptfenster

```
summary(strahlung.zufall$intervall)
```

wird eine Häufigkeitstabelle der neuen Variablen erstellt. Im Falle der simulierten Stichprobe wird die Ausgabe

```
summary(strahlung.zufall$intervall)
  [3,4]   (4,5]   (5,6]   (6,7]  (7,12]
      7       8       4       6       5
```

erzeugt, aus der man durch Zusammenlegung der beiden Intervalle $(5,6]$ und $(6,7]$ die Gruppierung wie in Programmbeispiel 6.5 vorgeschlagen erhält. Alternativ hätte man auch mit dem R-Commander eine Häufigkeitstabelle erstellen können, siehe hierzu auch Abschnitt 21.1.1. Das arithmetische Mittel der Stichprobenwerte kann mit

```
lambda <- mean(strahlung.zufall$impulse)
```

berechnet werden oder auch über das Menü des R-Commanders (vgl. Abschnitt 21.1.2). Es ergibt sich in unserem Beispiel 5.93. Bei der eigenen Durchführung des

Programmbeispiels erhält man natürlich wegen der zufällig erzeugten Stichprobe andere Werte und damit auch andere Gruppierungen. Für die weiteren Beispiele in diesem Kapitel wollen wir aber die vorliegenden Zufallszahlen aus dem Datensatz strahlung verwenden.

Anschließend könnte man, wie oben beschrieben, einen $\chi^2$-Test auf das Vorliegen einer Poisson-Verteilung zum berechneten Mittelwert $\lambda$ vornehmen. Diese Vorgehensweise wäre allerdings nicht korrekt. Falls Parameter aus einer Stichprobe geschätzt werden, trifft der Grenzwertsatz von Pearson nicht mehr zu. Er ist statt dessen durch einen anderen, allgemeineren Grenzwertsatz zu ersetzen.

### 6.3.2 Der Satz von Fisher-Cramér

Diese Erweiterung des Satzes von Pearson geht auf die beiden prominenten Statistiker Ronald Aylmer Fisher und Harald Cramér (s. [2], S. 511 f.) zurück. Leider sind die Einzelheiten etwas „technisch".

**Satz 6.4** *Wir nehmen an, dass die Koordinaten des Stichprobenvektors* $\mathbf{X} :=$ $(X_1, \ldots, X_n)$ *unabhängige Kopien der Zufallsgröße* $X_0$ *sind und dass die folgenden Voraussetzungen gelten:*

▶ *Die Verteilung von* $X_0$ *hängt von den* $m$ *Parametern* $\lambda_1, \ldots, \lambda_m$ *ab*
▶ *Der Wertebereich von* $X_0$ *wird so partitioniert, dass in jede Teilmenge* $N_k$ *Stichprobenbeobachtungen (im Sinne von Zufallsgrößen) bzw.* $n_k$ *Stichprobenwerte* $(k = 1, \ldots, r)$ *fallen*
▶ *Die Wahrscheinlichkeit, dass* $X_0$ *Werte aus der* $k$-*ten Teilmenge annimmt, sei* $p_k(\lambda_1, \ldots, \lambda_m) > 0$
▶ $\frac{\partial p_k}{\partial \lambda_i}$ *und* $\frac{\partial^2 p_k}{\partial \lambda_i \partial \lambda_j}$ *existieren und sind stetig*
▶ *Der Rang der* $r \times m$-*Matrix* $\left( \frac{\partial p_k}{\partial \lambda_i} \right)$ *ist* $m$.

*Dann existieren für jede Realisierung* $\mathbf{x}$ *von* $\mathbf{X}$ *eindeutig die Schätzwerte* $\hat{\lambda}_1(\mathbf{x}), \ldots,$ $\hat{\lambda}_m(\mathbf{x})$, *welche gemäß der Bedingung*

$$\log L = n_1 \log \left( p_1(\hat{\lambda}_1(\mathbf{x}), \ldots, \hat{\lambda}_m(\mathbf{x})) \right)$$
$$+ \cdots + n_r \log \left( p_r(\hat{\lambda}_1(\mathbf{x}), \ldots, \hat{\lambda}_m(\mathbf{x})) \right) = \max \tag{6.3}$$

*gewonnen werden. Für die entsprechenden Schätzer* $\hat{\lambda}_1(\mathbf{X}), \ldots, \hat{\lambda}_m(\mathbf{X})$ *sei*

$$\chi^2(\mathbf{X}) := \sum_{k=1}^{r} \frac{\left( N_k - np_k(\hat{\lambda}_1(\mathbf{X}), \ldots, \hat{\lambda}_m(\mathbf{X})) \right)^2}{np_k(\hat{\lambda}_1(\mathbf{X}), \ldots, \hat{\lambda}_m(\mathbf{X}))} \tag{6.4}$$

*Dann gilt für positive a die Grenzbeziehung*

$$P(\chi^2(\mathbf{X}) < a) \to \mathrm{Chi}_{r-m-1}(a) \quad (n \to \infty)$$

Ein gut verständlicher, aber recht länglicher Beweis findet sich in [1], S. 426–434.

Die aus der Bedingung (6.3) gewonnenen Schätzwerte unterscheiden sich in der Regel von den „üblichen" Schätzwerten, die über das Maximum-Likelihood-Prinzip aus einer Stichprobe für die Parameter von Verteilungen gewonnen werden. Wir wollen die Schätzwerte gemäß (6.3) im Folgenden als **ML-Schätzwerte nach Gruppierung** bezeichnen und auch eine analoge Bezeichnungsweise für die entsprechenden Schätzer verwenden.

### 6.3.3  Anwendung des Satzes von Fisher-Cramér

Beim Testen auf einen bestimmten Verteilungstyp kann man nun so vorgehen, dass der Stichprobenwert $\chi^2(\mathbf{x})$ zu der Testgröße $\chi^2(\mathbf{X})$ gemäß (6.4) berechnet und anschließend der $p$-Wert entsprechend $P(\chi^2(\mathbf{X}) \geq \chi^2(\mathbf{x}))$ näherungsweise mit Hilfe des Satzes von Fisher-Cramér bestimmt wird. Zur Berechnung von $\chi^2(\mathbf{x})$ ist die Bestimmung der ML-Schätzwerte nach Gruppierung erforderlich. Ein dazu dienendes numerisches Verfahren liegt in R im Paket **maxLik** ([7]) vor. In Abschnitt 18.4 wird der Umgang mit Zusatzpaketen ausführlich thematisiert.

**Programmbeispiel 6.9** Wir wollen zur Demonstration die Stichprobe im Datensatz `strahlung` und die in Programmbeispiel 6.5 betrachtete Gruppierung gemäß

| Intervall | $(-\infty, 4]$ | $(4, 5]$ | $(5, 7]$ | $(7, \infty)$ |
|---|---|---|---|---|
| Treffer | 7 | 8 | 10 | 5 |

wieder aufgreifen. Zuvor jedoch laden wir das bereits installierte Paket **maxLik** mit dem Aufruf

```
library(maxLik)
```

in den Workspace. Nun erstellen wir zwei Vektoren mit den rechten (eingeschlossenen) Seiten und den linken (ausgeschlossenen) Seiten der Gruppierungsintervalle sowie einen Vektor mit den beobachteten Häufigkeiten:

```
b  <- c(4, 5, 7, Inf)
a  <- c(-Inf, 4, 5, 7)
nk <- c(7, 8, 10, 5)
```

Bei unterer und oberer Grenze verwendet man die Zahl `Inf`, gegebenenfalls mit einem negativen Vorzeichen. Wir definieren uns die Funktion `loglik()`, die die ML-Funktion in (6.3) berechnet. Da die Funktion in Bezug auf `lambda` zu maximieren ist, tritt dieser Parameter als einzige Funktionsvariable auf.

```
library(maxLik)
loglik <- function(lambda) {
  diff <- ppois(b,lambda) - ppois(a,lambda)
  ll   <- sum(nk * log(diff))
  ll
}
```

Eine ausführlichere Beschreibung, wie eigene Funktionen in R erstellt werden können, findet man in Abschnitt 18.3.4.

Iterative numerische Verfahren benötigen häufig einen Startwert. Beim aktuellen Maximierungsvorgang kann dieser als das arithmetische Mittel des Stichprobenvektors `strahlung$obs` gewählt werden. Die Berechnung des ML-Schätzwerts nach Gruppierung wird damit durch die folgenden Befehle komplettiert:

```
s   <- mean(strahlung$impulse)
lam <- maxLik(loglik, start = s)
lam
```

Im Ausgabefenster sehen wir:

```
> lam
Maximum Likelihood estimation
Newton-Raphson maximisation, 3 iterations
Return code 1: gradient close to zero
Log-Likelihood: -42.17091 (1 free parameter(s))
Estimate(s): 5.740215
```

Das Objekt `lam` enthält die Ergebnisse des Maximierungsvorgangs. Das Ergebnis der ML-Schätzung wird mit Hilfe des $-Zeichens ausgewählt, ähnlich wie man einzelne Variablen innerhalb von Datensätzen anspricht. Damit können wir dann den $\chi^2$-Test analog zu Programmbeispiel 6.5 zu Ende führen:

```
lambda <- lam$estimate
diff   <- ppois(b,lambda) - ppois(a,lambda)
chi    <- sum((nk - (diff * 30))^2 / (diff * 30))
pchisq(chi, df = 4 - 1 - 1, lower.tail = FALSE)
```

Im durchgerechneten Beispiel ergibt sich ein $p$-Wert von ca. 0.21, die Hypothese des Vorliegens einer Poisson-Verteilung kann also nicht widerlegt werden.

### 6.3.4 $\chi^2$-Test und Normalverteilung

Für Tests auf Normalverteilung ist der $\chi^2$-Anpassungstest leider nicht so gut geeignet. Wie das folgende Beispiel zeigt, kann es vorkommen, dass trotz Vorliegen einer deutlich verschiedenen Verteilung die Hypothese einer Normalverteilung nicht ausgeschlossen wird.

**Programmbeispiel 6.10** Angenommen es liegt eine Stichprobe der Länge 100 aus unabhängigen Kopien einer gleichverteilten Zufallsgröße mit Werten zwischen $-1$ und 1 vor, bei der idealerweise jeweils 10 Treffer in die Intervalle $[-1; -0.8)$, $[-0.8; -0.6)$, ..., $[0.8; 1)$ fallen. In einem ersten Schritt erzeugen wir uns zwei Vektoren `lis` und `res` mit den Intervallgrenzen, analog zum Vorgehen in Programmbeispiel 6.9:

```
lis <- c(-Inf, seq(-0.8, 0.8, 0.2))
res <- c(seq(-0.8, 0.8, 0.2), Inf)
```

Die Trefferzahlen zu jedem der 10 Intervalle betragen genau 10. Den entsprechenden Vektor erstellt man mit dem Befehl

```
nk <- rep(10, 10)
```

Dabei bezieht sich die erste 10 auf den zu wiederholenden Eintrag und die zweite 10 auf die Anzahl der Wiederholungen (weitere Hinweise zu `rep` in Programmbeispiel 10.4). Als nächstes müssen die ML-Schätzungen nach Gruppierung für Erwartungswert und Standardabweichung ermittelt werden. Dies kann mit Hilfe der folgenden Funktion `mali.normal()` geschehen:

```
library(maxLik)
mali.normal <- function(lis, res, nk, mu0, sigma0) {
  # Berechnung der ML-Schätzwerte
  loglik <- function(param) {
    mu    <- param[1]
    sigma <- param[2]
    diff  <- pnorm(res, mu, sigma) -
      pnorm(lis, mu, sigma)
    sum(nk * log(diff))
  }
  # Startwerte für  mu und sigma sind mu0 und sigma0
  param <- maxLik(loglik, start = c(mu0, sigma0))
  # Übergabe des Parametervektors
  param$estimate
}
```

`mali.normal()` liefert als Wert einen Vektor, dessen erste Koordinate der Schätzwert für den Erwartungswert und dessen zweite Koordinate der Schätzwert für die Standardabweichung ist. Die zur Funktionsdefinition gehörende Skriptdatei

`Chi-Quadrat-Normalverteilung.R` befindet sich bei den Buchunterlagen. Hat man die Skriptdatei geladen (mit dem R-Commander unter **Datei** $\longrightarrow$ **Skriptdatei öffnen**), führt man die Funktion aus; die benötigten Argumente sind die beiden Vektoren für die Intervalle, der Zählvektor und geeignete Startwerte für $\mu$ und $\sigma$, im vorliegenden Falle 0 und 0.6. Die Funktion `mali.normal()` kann so für beliebige $\chi^2$-Tests auf Normalverteilung herangezogen und auch mit wenig Aufwand bezüglich anderer Verteilungsfamilien umgeschrieben werden (s. Aufgabe 3).

Der Funktionsaufruf

```
mm <- mali.normal(lis, res, nk, 0, 0.6)
mm
```

führt dann, ausgehend von den Startwerten, die ML-Schätzung durch und gibt den Vektor

```
[1] 1.912631e-10  6.588048e-01
```

aus. Auf die beiden Koordinaten des Vektors `mm` kann durch `mm[1]` bzw. `mm[2]` zugegriffen werden. Abschließend kann der $p$-Wert berechnet werden:

```
# Übergabe der Parameter
mu     <- mm[1]
sigma <- mm[2]
# Berechnung der Testgröße
pk     <- pnorm(res, mu, sigma)- pnorm(lis, mu, sigma)
chisq <- sum((10 - 100 * pk)^2 / (100 * pk))
# Berechnung des $p$-Werts
pchisq(chisq, df = 7, lower.tail=FALSE)
```

Für den $p$-Wert ergibt sich:

```
[1] 0.7755761
```

Dieser sehr hohe $p$-Wert würde eher nahelegen, dass es sich bei der zu untersuchenden Verteilung tatsächlich um eine Normalverteilung handeln würde, obwohl die Daten einer solchen glockenförmigen Verteilung deutlich nicht entsprechen.

Der $\chi^2$-Anpassungstest ist ein ausgezeichnetes Mittel zum Testen auf diskrete und asymmetrische Verteilungen, und er stellt daher auch die theoretische Grundlage für die im folgenden Kapitel vorgestellten Unabhängigkeitstests und Homogenitätstests bei Kontingenztafeln dar. Das Schicksal einer zu geringen Trennschärfe gegenüber der Normalverteilung (und ähnlichen Verteilungen) teilt der $\chi^2$-Test indes mit anderen Anpassungstests, wie z.B. dem Kolmogorov-Smirnov-Test (s. hierzu Aufgabe 4). Speziell der Shapiro-Wilk-Test, der bereits in Abschnitt 3.5.2 vorgestellt worden ist, eignet sich in diesem Spezialfall sehr gut. Wir wollen kurz zeigen, dass dieser Test im vorliegenden Beispiel tatsächlich bessere Ergebnisse liefert.

**Programmbeispiel 6.11** Um einen Datensatz zu gewinnen, der eine Kategorisierung wie in Programmbeispiel 6.10 ergeben würde, erzeugen wir eine der Gleichverteilung folgende, „ideale" Stichprobe der Länge 100 mit Werten im Intervall $[-1; 1]$. Wir unterteilen dazu dieses Intervall in Teilintervalle der Länge 0.02 und gehen davon aus, dass sich die Beobachtung immer in der Mitte des jeweiligen Teilintervalls befindet. Folgender Befehl im Skriptfenster erzeugt den Vektor mit genau diesen Daten:

```
a <- seq(-0.99, 0.99, 0.02)
```

Der Vektor a enthält genau 100 Beobachtungen, die nun mit dem Shapiro-Wilk-Test auf Normalverteilung überprüft werden sollen. In Programmbeispiel 3.14 wurde besprochen, wie man den Test mit dem R-Commander durchführt. Da hier aber kein Datensatz, sondern nur ein Vektor vorliegt, führen wir den Test mit einem Befehl im Skriptfenster durch. Die Funktion lautet `shapiro.test()`, das Argument ist der Vektor mit den Beobachtungen:

```
shapiro.test(a)
```

Die Ausgabe lautet:

```
        Shapiro-Wilk normality test

data:  a
W = 0.9547, p-value = 0.001722
```

Wie es „sein sollte" wird also mit dem Shapiro-Wilk-Test tatsächlich die Hypothese der Normalverteilung für die vorliegende Rechtecksverteilung widerlegt. Eine ausführlichere Übersicht über die verschiedenen Tests auf Normalverteilung und deren Eigenschaften findet man in [6].

## 6.4 Aufgaben

1. (i) Seien $X$ und $Y$ unabhängige, diskrete Zufallsgrößen mit Werten in $\mathbb{N}_0$. Zeigen Sie, dass für $s \in \mathbb{N}_0$

$$P(X+Y = s) = \sum_{t=0}^{s} P(X = t)P(Y = s-t) = \sum_{t=0}^{s} P(X = s-t)P(Y = t)$$

 (ii) Zeigen Sie, dass die Summe von zwei unabhängigen, Poisson-verteilten Zufallsgrößen wieder Poisson-verteilt ist

(iii) Bestimmen Sie für den Datensatz `strahlung` den $p$-Wert gemäß Gleichung (6.1).

2. Simulieren Sie mit Hilfe des R-Commander eine Stichprobe der Länge 50 aus einer Zufallsgröße, die gemäß $B_{20;0.3}$ verteilt ist (vgl. Programmbeispiel 2.5). Gruppieren Sie die Stichprobenwerte zu mindestens 5 Einträgen pro Gruppe und testen Sie die Stichprobe mit Hilfe des $\chi^2$-Tests auf eine Binomialverteilung mit unbekannten Parametern. Hinweis: Wegen der Ballung der Trefferzahlen um den Erwartungswert herum ist die automatische Gruppierung in diesem Fall etwas problematisch. Einen raschen Überblick über die Häufigkeiten der einzelnen Trefferzahlen verschafft man sich aber schnell durch den Befehl

```
table(BinomialSamples$obs)
```

wenn `BinomialSamples$obs` den erzeugten Stichprobenvektor mit den einzelnen Trefferzahlen bezeichnet.

3. Die Cauchy-Verteilung hat die Dichtefunktion

$$f(x) = \frac{a}{\pi(a^2 + (x - b)^2)},$$

wobei $1/(\pi a)$ mit $a > 0$ der maximale Funktionswert und $b$ der Modalwert bzw. Median ist. Erzeugen Sie mit Hilfe des R-Commander eine Stichprobe der Länge 40 aus einer Zufallsgröße, die über $[-1, 1]$ gleichverteilt ist und gruppieren Sie die Stichprobe so, dass genau 5 Treffer pro Gruppe vorliegen. Testen Sie die Stichprobe mit einem $\chi^2$-Test auf
(1) eine Cauchyverteilung mit $b = 0$
(2) auf eine allgemeine Cauchyverteilung.
Hinweis: Modifizieren Sie das Skript in Programmbeispiel 6.10. Die Verteilungsfunktion der Cauchy-Verteilung wird in R durch

```
pcauchy(x, location=b, scale=a)
```

aufgerufen.

4. *Kolmogorov-Smirnov-Test*
Beim Kolmogorov-Smirnov-Test (K.-S.-Test) ist die Testgröße gleich

$$D_n := \sup_{x \in \mathbb{R}} |F(x) - F_{\mathrm{emp}}(x)|,$$

wobei $F_{\mathrm{emp}}$ die empirische Verteilungsfunktion der Stichprobe $(X_1, \ldots, X_n)$ aus unabhängigen und identisch gemäß der Verteilungsfunktion $F$ verteilten Zufallsgrößen ist. $F_{\mathrm{emp}}(x)$ ist definiert als die durch $n$ dividierte Anzahl der Beobachtungswerte in der Stichprobe, die höchstens gleich $x$ sind. Wie Kolmogorov gezeigt hat, ist die Verteilung $Q_n$ von $\sqrt{n}D_n$ unabhängig von der zugrundeliegenden Verteilungsfunktion $F$, falls diese stetig ist. Die Kenntnis von $Q_n$ für kleine $n$ und die Existenz einer Grenzverteilung für $Q_n$ bei $n \to \infty$ ermöglichen einen „verteilungsfreien" Anpassungstest. Die (stetige!) Verteilungsfunktion $F$ muss allerdings einschließlich aller ihrer Parameter exakt in die Nullhypothese

eingehen. Smirnov hat die Betrachtungen auf einen Zweistichproben-Test aus-
gedehnt. Für weitere Einzelheiten s. z.B. [2], S. 459 f. Der R-Befehl für den
K.-S.-Test lautet mit einem konkreten Stichprobenvektor $x$ im Falle der Cauchy-
Verteilung mit $a = 2$ und $b = 0$:

```
ks.test(x, pcauchy, location=0, scale=2)
```

(i) Führen Sie die Aufgabe 3 mit dem K.-S.-Test statt dem $\chi^2$-Test für verschiedene Parameterwerte $a, b$ durch.

(ii) Erzeugen Sie analog zum Beispiel 6.10 einen „idealen" Stichprobenvektor mit
100 äquidistanten Werten zwischen -1 und 1 und führen Sie einen K.-S.-Test
mit $F = \Phi_{0,\sqrt{1/3}}$ durch.

5. Ein üblicher Würfel mit sechs Seiten soll daraufhin überprüft werden, ob es sich
um einen Laplace-Würfel handelt. Bei einem Laplace-Würfel ist die Wahrscheinlichkeit für jede Augenzahl gleich groß, in diesem Fall also 1/6. Dazu wurde der
Würfel 50 Mal geworfen und die oben liegende Augenzahl notiert. Das Ergebnis
findet man in der nachfolgenden Tabelle (entnommen aus [3]):

| Augenzahl | 1 | 2 | 3 | 4 | 5 | 6 |
|---|---|---|---|---|---|---|
| Häufigkeit | 16 | 8 | 10 | 8 | 4 | 4 |

Die Augenzahl 1 wird weit häufiger geworfen als beispielsweise die 5 oder die
6, was den Verdacht nahe legt, dass nicht alle Augenzahlen mit gleicher Wahrscheinlichkeit geworfen werden. Überprüfen Sie mit dem $\chi^2$-Test ob der Würfel
tatsächlich „gezinkt" ist oder nicht.

6. In einem Versuch sollen die Reaktionen von Drosophila-Fliegen auf visuelle Stimuli in einem Drehmomentkompensator untersucht werden. Ein Drehmomentkompensator ist eine Art Flugsimulator für Fliegen. Die Tiere „fliegen" zwar,
sind aber stationär an einer Apparatur befestigt. Durch Änderung des von den
Fliegen wahrgenommenen Panoramas wird eine Eigenbewegung vorgetäuscht
- die Fliege glaubt, sie fliege tatsächlich. Während des „Fluges" erhalten die
Fliegen bestimmte visuelle Stimuli, verbunden mit der Frage, ob die Tiere nach
Wahrnehmung der Stimuli ihre Flugrichtung ändern. Man unterscheidet dabei
die drei Fälle, dass die Flugrichtung nach rechts (R) oder nach links (L) geändert
wird, sowie den Fall, dass keine Änderung der Flugrichtung erfolgt (N).
Bei 36 Versuchen ergab sich 21 Mal eine Änderung nach rechts, 6 Mal eine Änderung nach links und 9 Mal erfolgte keine Änderung der Flugrichtung. Nimmt
man an, dass die Fliege auf die Stimuli nicht adäquat reagiert, wird die Wahrscheinlichkeit für eine der drei Flugrichtungen gleich 1/3 sein. Lässt sich diese
Behauptung mit einem $\chi^2$-Test widerlegen?

7. An der Universität Würzburg soll unter den Studierenden der vier Fakultäten
Mathematik/Informatik, Wirtschaftswissenschaften, Biologie und Jura eine Umfrage durchgeführt werden. Da nicht alle Studierenden befragt werden können,
wird für jeden Fachbereich eine Stichprobe erhoben. Die in jeder Fakultät erho-
bene Studentenzahl entnimmt man unten stehender Tabelle, in der auch die Ge-

samtzahlen aller Studierenden in der jeweiligen Fakultät (für das Wintersemester 2012/13) zu sehen sind.

| Faktultät | Studierende in Stichprobe | Gesamtzahl Studierende |
| --- | --- | --- |
| Mathematik/Informatik | 51 | 1966 |
| Wirtschaftswissenschaften | 75 | 2582 |
| Biologie | 39 | 1392 |
| Jura | 101 | 2213 |

Beurteilen Sie die Stichprobe mit dem $\chi^2$-Test auf „Repräsentativität", d.h. überprüfen Sie, ob die Verteilung auf die einzelnen Fakultäten innerhalb der gesamten Stichprobe signifikant von der tatsächlichen Studentenverteilung abweicht.

# Literatur

1. Cramér, H. (1945). *Mathematical Methods of Statistics*, diverse unveränderte Nachdrucke. Princeton: University Press.
2. Fisz, M. (1989). *Wahrscheinlichkeitsrechnung und mathematische Statistik*, 11. Aufl. VEB Deutscher Verlag der Wissenschaften, Berlin.
3. Hain J. (2011). *Statistik mit R – Grundlagen der Datenanalyse.* RRZN-Handbuch, Leibniz Universität Hannover.
4. Hald, A. (2007). *A History of Parametric Statistical Interference from Bernoulli to Fisher, 1713–1935.* Springer: New York.
5. Krengel, U. (2002). *Einführung in die Wahrscheinlichkeitstheorie und Statistik*, 6. Aufl. Vieweg, Braunschweig/Wiesbaden.
6. Thode, H.C. (2002). *Testing for normality.* Marcel Dekker: New York.
7. Toomet, O und Henningsen, A. (2012). *maxLik: Maximum Likelihood Estimation.* R package version 1.1-2. `http://CRAN.R-project.org/package=maxLik`.

# Kapitel 7
# Unabhängigkeits- und Homogenitätstests

In diesem Kapitel wird der $\chi^2$-Test und der auf R.A. Fisher zurückgehende exakte Test auf Unabhängigkeit von Merkmalen behandelt. Der $\chi^2$-Unabhängigkeitstest basiert direkt auf dem $\chi^2$-Anpassungstest, und die entsprechenden $p$-Werte werden bei Vorliegen „größerer" Fallzahlen näherungsweise berechnet. Dagegen liefert „Fishers exakter Test", der vorzugsweise bei kleineren Trefferzahlen angewendet wird, eine genaue Berechnung der fraglichen Wahrscheinlichkeiten. In Homogenitätstests wird die Verteilungshomogenität bezüglich mehrerer Stichproben untersucht. Auch wenn solche Tests grundsätzlich von Unabhängigkeitstests zu unterscheiden sind, werden wir Versionen kennenlernen, die rechnerisch völlig analog zum $\chi^2$-Test und zu Fishers exaktem Test verlaufen.

## 7.1 Einführendes Beispiel und Darstellungsmöglichkeiten

**Beispiel 7.1** *50 Mathematiklehrer werden nach einem Zufallsprinzip ausgewählt. 32 von diesen Lehrkräften sind männlich, 18 sind weiblich. Von den männlichen Lehrkräften haben 21 das Zweitfach Physik, von den weiblichen 10. Es stellt sich die Frage, ob Geschlecht und Wahl des Zweitfachs voneinander unabhängig sind. Das Ergebnis der Untersuchung kann in einer sogenannten **Kontingenztafel** angezeigt werden:*

**Tabelle 7.1** *Kontingenztafel der Lehrer-Daten aus Beispiel 7.1*

|  |  | Geschlecht | | |
|---|---|---|---|---|
|  |  | *männlich* | *weiblich* | |
| *Zweitfach* | *Physik* | *21* | *10* | *31* |
| | *sonstig* | *11* | *8* | *19* |
| | | *32* | *18* | *50* |

**Programmbeispiel 7.2** Die Kontingenztafel aus Tabelle 7.1 kann mittels des R-Commanders direkt befüllt werden. Allerdings stehen die Daten dann für weitere Anwendungen (z.B. Diagrammerstellung) nicht zur Verfügung. Wir geben daher die Zahlen mit Hilfe von R-Befehlen im Skriptfenster direkt ein. Die Erstellung einer Kontingenztafel mit dem R-Commander wird in Programmbeispiel 7.10 vorgestellt.

```
lehrer <- matrix(c(21, 10, 11, 8), nrow = 2,
  byrow = TRUE)
colnames(lehrer) <- c("m", "w")
rownames(lehrer) <- c("Ph", "sonst")
lehrer
addmargins(prop.table(lehrer) * 100)
```

Kontingenztafeln sind in R typischerweise Matrizen, daher benutzt man die Funktion `matrix()` zum Eingeben der Daten (vgl. Abschnitt 19.2.2). Mit dem Argument `nrow` wird die Anzahl der Zeilen festgelegt und mit `byrow` wird festgelegt, dass die Matrix mit den Elementen des Vektors im ersten Argument zeilenweise gefüllt wird. Würde man den Befehl `byrow` weglassen, stünde die Zahl 10 nicht wie gewollt in der zweiten Spalte der ersten Zeile, sondern in der ersten Spalte der zweiten Zeile. Die Funktionen `colnames()` und `rownames()` erlauben die Zeilen- und Spaltenbeschriftung der Tabelle. In der Ausgabe findet man folgende Anzeige:

```
       m  w
Ph    21 10
sonst 11  8
```

Möchte man sich Prozentwerte bezogen auf alle 50 Beobachtungen anzeigen lassen, verwendet man `prop.table()`. Ergänzt man den Befehl `abline()`, werden die Prozentanteile der Zeilen- und Spaltensummen angezeigt:

```
      m  w Sum
Ph   42 20  62
sonst 22 16  38
Sum  64 36 100
```

### 7.1.1 2 × 2-Kontingenztafeln

Ein Zufallsvektor $(X_0, Y_0)$ entspreche zwei Merkmalen (z.B. „Geschlecht" und „Zweitfach"), die jeweils in den Ausprägungen $x_1, x_2$ (z.B. „männlich", „weiblich") bzw. $y_1, y_2$ (z.B. „Physik", „sonstig") vorliegen. Die Wahrscheinlichkeitsfunktion von $(X_0, Y_0)$ kann gemäß der folgenden Tabelle dargestellt werden:

|            | $X_0 = x_1$ | $X_0 = x_2$ |         |
|------------|-------------|-------------|---------|
| $Y_0 = y_1$ | $p_{11}$   | $p_{12}$    | $q$     |
| $Y_0 = y_2$ | $p_{21}$   | $p_{22}$    | $1 - q$ |
|            | $p$         | $1 - p$     | $1$     |

$$(7.1)$$

Unter der Voraussetzung, dass $X_0$ und $Y_0$ voneinander unabhängig sind, ergibt sich eine Wahrscheinlichkeitsfunktion für $(X_0, Y_0)$ gemäß der folgenden Tabelle:

|            | $X_0 = x_1$ | $X_0 = x_2$    |         |
|------------|-------------|----------------|---------|
| $Y_0 = y_1$ | $pq$       | $(1 - p)q$     | $q$     |
| $Y_0 = y_2$ | $p(1 - q)$ | $(1 - p)(1 - q)$ | $1 - q$ |
|            | $p$         | $1 - p$        | $1$     |

$$(7.2)$$

In diesem Zusammenhang sei auch daran erinnert (Aufgabe 1), dass die Unabhängigkeit zweier Ereignisse $A$ und $B$ äquivalent ist zu

$$\frac{P(A \cap B)}{P(\overline{A} \cap B)} = \frac{P(A \cap \overline{B})}{P(\overline{A} \cap \overline{B})} \text{ bzw. } \frac{P(B|A)}{P(B|\overline{A})} = \frac{P(\overline{B}|A)}{P(\overline{B}|\overline{A})}, \tag{7.3}$$

wobei $\overline{A}$ bzw. $\overline{B}$ das Gegenereignis zu $A$ bzw. $B$ darstellt.

Die mit zwei Ereignissen $A$, $B$ verknüpften Wahrscheinlichkeiten lassen sich in einer Vier-Felder-Tafel gemäß Abb. 7.3 darstellen.

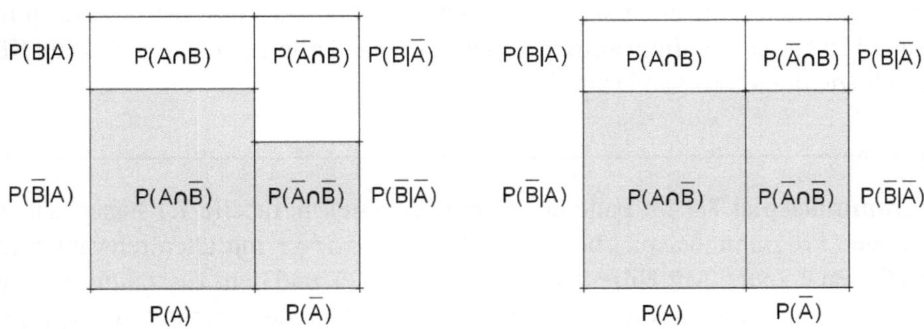


**Abb. 7.3** Vierfelderdiagramm zur Darstellung von Wahrscheinlichkeiten zu zwei Ereignissen (links), Vierfelderdiagramm bei zwei unabhängigen Ereignissen (rechts).

Ausgehend von einem Quadrat der Seitenlänge 1 wird zuerst eine Seite in $P(A)$ und $P(\overline{A})$ geteilt (oder entsprechend mit $P(B)$ und $P(\overline{B})$). Anschließend werden die Rechtecke mit den Seitenlängen $P(A)$ und 1 bzw. $P(\overline{A})$ und 1 jeweils in zwei weitere Rechtecke mit den Flächeninhalten $P(A \cap B)$ usw. aufgeteilt. Die vertikal angeordneten Seitenlängen dieser Rechtecke entsprechen den bedingten Wahrscheinlichkeiten $P(B|A)$ usw. Die beiden Ereignisse sind genau dann voneinander unabhängig, wenn die vier Rechtecke das Einheitsquadrat so aufteilen, dass sowohl die horizontalen wie auch die vertikalen Begrenzungslinien von benachbarten Rechtecken jeweils auf einer gemeinsamen Geraden liegen, so wie im rechten Teil von Abb. 7.3 zu sehen.

Im Folgenden werden wir die Situation betrachten, dass in einer Stichprobe $(X_1, Y_1), \ldots, (X_n, Y_n)$ aus unabhängigen Kopien eines Zufallsvektors $(X_0, Y_0)$ für $k, j = 1, 2$ jeweils registriert wird, wie oft das Ereignis

$$X_i = x_k \wedge Y_i = y_j \quad (i = 1, \ldots, n)$$

eintritt. Die entsprechenden Fallzahlen $N_{kj}$ im Sinne von Zufallsgrößen bzw. ebenso die konkreten Stichprobenwerte $n_{kj}$ können dann in Kontingenztafeln der Form

<table>
<tr><td></td><td>$x_1$</td><td>$x_2$</td><td></td></tr>
<tr><td>$y_1$</td><td>$N_{11}$</td><td>$N_{12}$</td><td>$N_{1+}$</td></tr>
<tr><td>$y_2$</td><td>$N_{21}$</td><td>$N_{22}$</td><td>$N_{2+}$</td></tr>
<tr><td></td><td>$N_{+1}$</td><td>$N_{+2}$</td><td>$n$</td></tr>
</table>

bzw.

<table>
<tr><td></td><td>$x_1$</td><td>$x_2$</td><td></td></tr>
<tr><td>$y_1$</td><td>$n_{11}$</td><td>$n_{12}$</td><td>$n_{1+}$</td></tr>
<tr><td>$y_2$</td><td>$n_{21}$</td><td>$n_{22}$</td><td>$n_{2+}$</td></tr>
<tr><td></td><td>$n_{+1}$</td><td>$n_{+2}$</td><td>$n$</td></tr>
</table>

$$(7.4)$$

dargestellt werden. $N_{1+}$ bezeichnet dabei beispielsweise die Summe aus $N_{11}$ und $N_{12}$.

In einem ersten Abschnitt wollen wir uns mit geeigneten grafischen Darstellungen beschäftigen.

## 7.1.2 Säulendiagramm und Mosaikdiagramm

Eine beliebte Veranschaulichung der relevanten Häufigkeiten bei einer $2 \times 2$-Kontingenztafel ist ein **Säulendiagramm** aus zwei aufeinanderliegenden Teilen, deren Höhen sich wie die jeweiligen Häufigkeiten verhalten.

**Programmbeispiel 7.4** Im Falle der Kontingenztafel in Tabelle 7.1 haben wir im vorherigen Programmbeispiel bereits die Matrix `lehrer` mit allen relevanten Informationen erzeugt. Mit Hilfe von `prop.table()` und dem zusätzlichen Argument 2 erreicht man, dass nur spaltenweise Prozentanteile berechnet werden. Die dadurch erstellte Tabelle `tab` dient als Argument für die `barplot`-Funktion:

```
tab <- prop.table(lehrer, 2)
barplot(tab, xlim = c(0, 3.2), legend = TRUE)
```

Mit `xlim` wird der horizontale Bereich künstlich verlängert, damit die aufgrund des Arguments `legend` erstellte Legende nicht mit den Säulen überlappt. Das Säulendiagramm ist im linken Teil von Abb. 7.5 zu sehen. Die Erstellung von Säulen- bzw. Balkendiagrammen wird in Abschnitt 21.2.3 ausführlich besprochen.

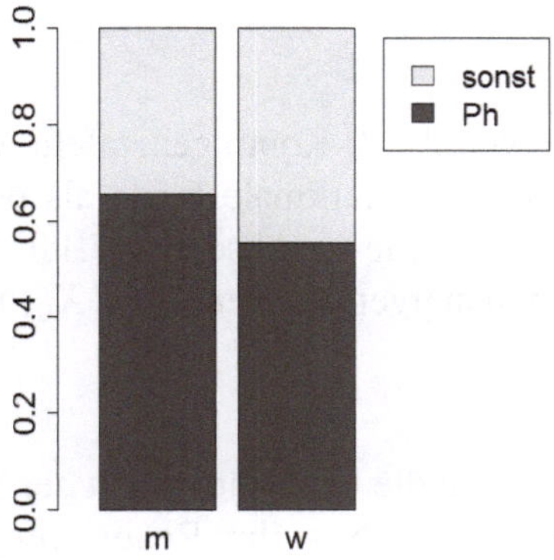
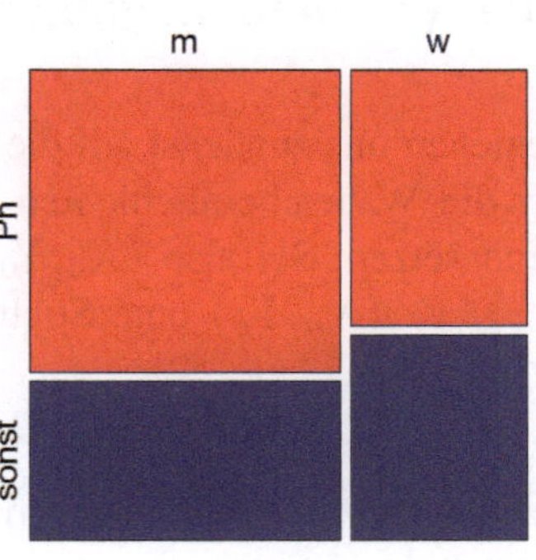


**Abb. 7.5** Grafische Darstellung der Daten in Tabelle 7.1: Säulendiagramm (links) und Mosaikdiagramm (rechts).

Die vertikalen Einträge in dem Säulendiagramm enthalten die Anteile an der jeweiligen Spaltensumme und summieren sich jeweils zu 1. Sie verhalten sich wie die bedingten Wahrscheinlichkeiten in (7.3). Will man dagegen eine grafische Darstellung, die der Vierfeldertafel in Abb. 7.3 entspricht (mit relativen Häufigkeiten statt Wahrscheinlichkeiten), so bietet sich ein sogenanntes **Mosaikdiagamm** an.

**Programmbeispiel 7.6** Der entsprechende R-Code lautet:

```
mosaicplot(t(lehrer), main = "",
  col = c("red", "blue"))
```

Zu beachten ist, dass das Mosaikdiagramm die Zeileneinträge der eingegebenen Datenmatrix vertikal und die Spalteneinträge horizontal darstellt. Um dies zu ändern, wird die Tabelle `lehrer` mit der Funktion `t()` transponiert, d.h. Zeilen und Spalteneinträge werden vertauscht (siehe Abschnitt 19.2.2). Damit erreicht man die gewünschte Darstellung der Daten. Die weiteren verwendeten Argumente sind bereits bekannt (z.B. aus Programmbeispiel 2.5).

Das erzielte Mosaikdiagramm ist im aktuellen Fall im rechten Teil von Abb. 7.5 wiedergegeben. Es stellt sich nun die Frage, ob das nahe genug am Unabhängigkeitsfall aus Abb. 7.3 ist.

## 7.2 Der $\chi^2$-Unabhängigkeitstest

Wir beziehen uns zunächst auf die Untersuchung von $2 \times 2$-Kontingenztafeln, wobei wir die Wahrscheinlichkeiten $p$ bzw. $q$ der beiden Merkmale beide als positiv voraussetzen. Sei also $(X_0, Y_0)$ ein Zufallsvektor wie in Abschnitt 7.1.1 und $(X_1, Y_1), \ldots, (X_n, Y_n)$ eine Stichprobe aus unabhängigen Kopien von $(X_0, Y_0)$. Sei ferner

$$\mathbf{X} := (X_1, \ldots, X_n), \quad \mathbf{Y} := (Y_1, \ldots, Y_n),$$

und seien $\mathbf{x}$ bzw. $\mathbf{y}$ Realisierungen von $\mathbf{X}$ bzw. $\mathbf{Y}$. Um die Unabhängigkeit der beiden Merkmale zu testen, fassen wir die Trefferzahlen $N_{kj}$ bzw. ihre Realisierungen $n_{kj}$ gemäß (7.4) als durch Gruppierung zu 4 Gruppen erzeugt auf. Die zugehörige Wahrscheinlichkeitsfunktion nimmt bei Zugrundelegung der Unabhängigkeitshypothese gemäß (7.2) die Werte $pq$, $(1-p)q$, $p(1-q)$, $(1-p)(1-q)$ an.

Die Parameter $p$ und $q$ können aus der ML-Funktion $L$ nach Gruppierung geschätzt werden, wobei in Analogie zu (6.3)

$$\log L(p, q) = n_{11}(\log p + \log q) + n_{12}(\log(1-p) + \log q) +$$
$$+ n_{21}(\log p + \log(1-q)) + n_{22}(\log(1-p) + \log(1-q)).$$

Aus den beiden Gleichungen

$$\left( \frac{\partial}{\partial p} \log L \right) (\hat{p}(\mathbf{x}, \mathbf{y}), \hat{q}(\mathbf{x}, \mathbf{y})) = 0, \quad \left( \frac{\partial}{\partial q} \log L \right) (\hat{p}(\mathbf{x}, \mathbf{y}), \hat{q}(\mathbf{x}, \mathbf{y})) = 0$$

zur Bestimmung der Schätzwerte $\hat{p}(\mathbf{x}, \mathbf{y})$ und $\hat{q}(\mathbf{x}, \mathbf{y})$ ergibt sich

$$\hat{p}(\mathbf{x}, \mathbf{y}) = \frac{n_{11} + n_{21}}{n}, \quad \hat{q}(\mathbf{x}, \mathbf{y}) = \frac{n_{11} + n_{12}}{n}$$

Für die entsprechenden Schätzer folgt

$$\hat{p}(\mathbf{X}, \mathbf{Y}) = \frac{N_{11} + N_{21}}{n}, \quad \hat{q}(\mathbf{X}, \mathbf{Y}) = \frac{N_{11} + N_{12}}{n}$$

Für den Fall, dass $\hat{p}(\mathbf{X}, \mathbf{Y})$ und $\hat{q}(\mathbf{X}, \mathbf{Y})$ weder die Werte 0 noch 1 annehmen, kann die Testgröße $\chi^2(\mathbf{X}, \mathbf{Y})$ nun wie üblich berechnet werden. Wenn man der Übersichtlichkeit halber $\hat{p}(\mathbf{X}, \mathbf{Y})$ bzw. $\hat{q}(\mathbf{X}, \mathbf{Y})$ durch $\hat{p}$ bzw. $\hat{q}$ abkürzt, ist das Ergebnis:

$$\begin{aligned}
\chi^2(\mathbf{X}, \mathbf{Y}) &:= \frac{(N_{11} - n\hat{p}\,\hat{q})^2}{n\hat{p}\hat{q}} + \frac{(N_{12} - n(1-\hat{p})\hat{q})^2}{n(1-\hat{p})\hat{q}} \\
&\quad + \frac{(N_{21} - n\hat{p}(1-\hat{q}))^2}{n\hat{p}(1-\hat{q})} + \frac{(N_{22} - n(1-\hat{p})(1-\hat{q}))^2}{n(1-\hat{p})(1-\hat{q})} \\
&= \frac{n(N_{11}N_{22} - N_{12}N_{21})^2}{N_{1+}N_{2+}N_{+1}N_{+2}}
\end{aligned} \tag{7.5}$$

Der entsprechende konkrete Stichprobenwert wird mit $\chi^2(\mathbf{x}, \mathbf{y})$ bezeichnet, wenn
$\mathbf{x}$ bzw. $\mathbf{y}$ Realisierungen von $\mathbf{X}$ bzw. $\mathbf{Y}$ sind. In solchen Fällen, wo $\hat{p}(\mathbf{X}, \mathbf{Y})$
oder $\hat{q}(\mathbf{X}, \mathbf{Y})$ bzw. ihre Realisierungen die Werte 0 oder 1 annehmen, setzt man
$\chi^2(\mathbf{X}, \mathbf{Y}) = \infty$ bzw. $\chi^2(\mathbf{x}, \mathbf{y}) = \infty$.

Die Betrachtung der Wahrscheinlichkeiten für das Ereignis $\chi^2(\mathbf{X}, \mathbf{Y}) < a$ für
$a \in \mathbb{R}^+$ beschränkt sich folglich auf solche Situationen, wo sowohl $\hat{p}(\mathbf{X}, \mathbf{Y})$ als
auch $\hat{q}(\mathbf{X}, \mathbf{Y})$ Werte im Intervall $(0, 1)$ annehmen. Der Satz von Fisher-Cramér, der
ja positive Gruppenwahrscheinlichkeiten voraussetzt, kann angewendet werden, mit
der Folge, dass

$$P(\chi^2(\mathbf{X}, \mathbf{Y}) < a) \to \mathrm{Chi}_{4-2-1} \quad (n \to \infty)$$

Es folgt, dass für hinreichend große $n_{kj}$ (also in der Regel für $n_{kj} \geq 5$):

$$P(\chi^2(\mathbf{X}, \mathbf{Y}) \geq \chi^2(\mathbf{x}, \mathbf{y})) \approx 1 - \mathrm{Chi}_1(\chi^2(\mathbf{x}, \mathbf{y}))$$

**Programmbeispiel 7.7** Wir greifen das Beispiel 7.1 auf. Hier ist die übliche Faustregel bezüglich hinreichend großer Zahlen für den $\chi^2$-Test erfüllt. In Programmbeispiel 7.2 wurde bereits die Matrix `lehrer` mit den nötigen Daten erstellt. Die
R-Funktion für den $\chi^2$-Unabhängigkeitstest lautet `chisq.test()`, das Argument
ist die Tabelle mit den Daten:

```
chisq.test(lehrer, correct = FALSE)
```

Die Option `correct = FALSE` bedeutet, dass die sogenannte **Yatesche Stetigkeitskorrektur**, die in Fällen kleiner Zelleneinträge dazu dienen kann, die Approximation durch die $\chi^2$-Verteilung zu verbessern, nicht angewandt wird. Die Ausgabe
liefert folgendes Ergebnis:

```
        Pearson's Chi-squared test

data:  lehrer
X-squared = 0.4958, df = 1, p-value = 0.4814
```

Die Hypothese der Unabhängigkeit von Geschlecht und Fächerwahl kann also nicht
abgelehnt werden.

Die Testgröße $\chi^2$ kann für $2 \times 2$-Kontingenztafeln, bei denen in jeder Zeile wie
auch in jeder Spalte mindestens ein Zellenwert größer als 0 ist, maximal den Wert
$n$ annehmen (Aufgabe 2). Das von Cramér eingeführte **Assoziationsmaß**

$$V := \sqrt{\frac{\chi^2(\mathbf{x}, \mathbf{y})}{n}} \tag{7.6}$$

nimmt daher bei positiven Randzahlen Werte zwischen 0 und 1 an. Diese Kenngröße der deskriptiven Statistik gibt an, wie unabhängig bzw. abhängig die in der Kontingenztafel erfassten Merkmale sind. $V = 0$ entspricht der totalen Unabhängigkeit, während $V = 1$ eine größtmögliche Abhängigkeit bedeutet.

**Programmbeispiel 7.8** Im Falle des obigen Programmbeispiels 7.7 lautet die Testgröße $\chi^2(\mathbf{x}, \mathbf{y}) = 0.4958$ und $n = 50$. Der Befehl `sqrt(0.4958/50)` liefert $V = 0.096$, einen Wert, der nahe bei Null liegt. Dies passt zu dem Ergebnis des obigen $\chi^2$-Tests, in dem die Unabhängigkeit nicht widerlegt werden konnte.

Analog zu $2 \times 2$-Tafeln kann der $\chi^2$-Unabhängigkeitstest auch auf allgemeine $k \times j$-Kontingenztafeln angewandt werden. Allerdings müssen nun $k - 1$ und $j - 1$ Randwahrscheinlichkeiten geschätzt werden (die ML-Schätzwerte nach Gruppierung sind wieder die relativen Häufigkeiten). Daher gilt nun unter der Nullhypothese der Unabhängigkeit der beiden untersuchten Merkmale:

$$P(\chi^2(\mathbf{X}, \mathbf{Y}) \geq \chi^2(\mathbf{x}, \mathbf{y})) \approx 1 - \mathrm{Chi}_{kj-1-(k-1)-(j-1)}(\chi^2(\mathbf{x}, \mathbf{y})) =$$
$$= 1 - \mathrm{Chi}_{(k-1)(j-1)}(\chi^2(\mathbf{x}, \mathbf{y}))$$

Das **Cramérsche V** ist im allgemeinen Falle durch

$$V := \sqrt{\frac{\chi^2(\mathbf{x}, \mathbf{y})}{n(\min(k, j) - 1)}} \tag{7.7}$$

gegeben. Cramérs $V$ ist übrigens nur eines von mehreren Assoziationsmaßen, die mit der Testgröße $\chi^2$ zusammenhängen. Für eine allgemeine Übersicht s. [7], Kap. VII, 3.2.1.

**Beispiel 7.2** *80 Volksschul-Lehrkräfte werden nach einem Zufallsprinzip ausgewählt und anschließend nach ihrem Alter (bis 30, 31 bis 45, über 45) und nach ihrem Interesse (gering, mittel, groß) für Formen des „offenen Unterrichts" befragt. Das Ergebnis ist:*

|               |        | *Alter* | | |
|---------------|--------|---------|---------|---------|
|               |        | *bis 30* | *bis 45* | *über 45* |
|               | *groß* | *10* | *14* | *7* |
| *Interesse*   | *mittel* | *6* | *13* | *9* |
|               | *gering* | *5* | *7* | *9* |

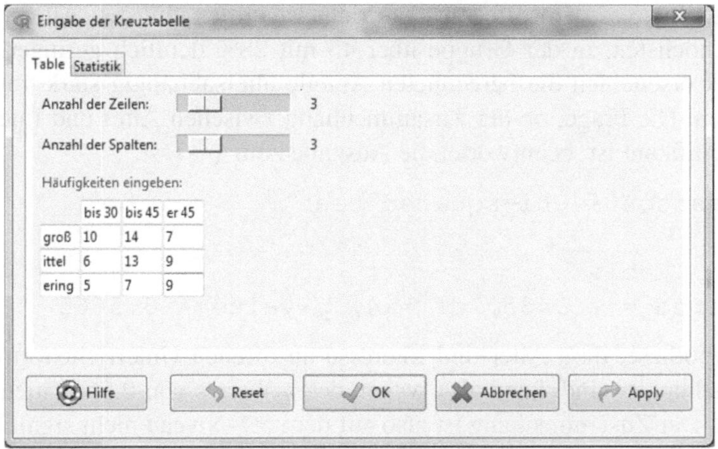


**Abb. 7.9** Eingabefenster für eine Kontingenztafel mit den Daten aus Beispiel 7.2.

**Programmbeispiel 7.10** Anders als im Programmbeispiel 7.2 wollen wir die Daten jetzt nicht über das Skriptfenster eingeben, sondern mit dem R-Commander, da dieser zu Kontingenztafeln umfangreiche Hilfestellungen anbietet.

1. Wir gehen auf **Statistik** $\longrightarrow$ **Kontingenztabellen** $\longrightarrow$ **Analyse einer selbst eingegebenen Kreuztabelle …**
2. Als erstes ändern wir im Dialogfeld (vgl. Abb. 7.9) bei *Anzahl der Zeilen* die Einstellung auf 3; analog gehen wir auch bei *Anzahl der Spalten* vor.
3. Nun können wir in den entsprechenden Feldern die Daten gemäß obiger Tabelle eingeben. Beachten Sie, dass auch die Merkmalausprägungen (z.B. „bis 30", „bis 45", „über 45") eingegeben werden können.
4. Im aktuellen Beispiel interessieren uns vor allem die Anteile für die drei Interessenstufen separat für jede Altersgruppe. Daher gehen wir auf die Kartei „Statistik" und aktivieren unter *Berechne Prozente* nur die Einstellung *Spaltenprozente*.
5. Zur Durchführung des $\chi^2$-Unabhängigkeitstests aktivieren wir noch die Einstellung *Chi-Quadrat-Test auf Unabhängigkeit* (falls nicht schon automatisch eingestellt) und gehen abschließend auf $\boxed{\text{OK}}$ , vgl. Abb. 7.9.

Ein Teil der Ausgabe ist die Tabelle mit den spaltenweisen Prozentwerten:

```
         bis 30  bis 45  über 45
groß       47.6    41.2       28
mittel     28.6    38.2       36
gering     23.8    20.6       36
Total     100.0   100.0      100
```

Das „große" Interesse am offenen Unterricht ist in der jüngsten Altergruppe mit 47.6% am höchsten, in der Gruppe über 45 mit 28% deutlich geringer. Auf den ersten Blick erscheinen die berechneten Anteile altersabhängig stark voneinander abzuweichen. Die Frage, ob der Zusammenhang zwischen Alter und Interesse tatsächlich signifikant ist, beantwortet die Ausgabe zum $\chi^2$-Test:

```
        Pearson's Chi-squared test

 data:   .Table
 X-squared = 2.9485, df = 4, p-value = 0.5665
```

Die Nullhypothese, dass Alter und Interesse an offenen Unterrichtsformen unabhängig voneinander sind, kann also wegen des $p$-Wertes von 0.5665 nicht verworfen werden. Der Zusammenhang ist also auf dem 5%-Niveau nicht signifikant. Das Cramérsche $V$ erhalten wir mit dem Befehl `sqrt(2.9485/(2*80))` mit dem Ergebnis 0.136, passend zur nicht abgelehnten Unabhängigkeitshypothese. Wir sehen an diesem Beispiel, dass man mit vorschnellen Schlüssen aufgrund starker Abweichungen in Kontingenztabellen vorsichtig sein sollte.

## 7.3 Fishers exakter Test

### 7.3.1 Das Chancenverhältnis bei $2 \times 2$-Tafeln

Wir beziehen uns weiter auf die in Abschnitt (7.1.1) beschriebene Situation und die dort eingeführten Bezeichnungen. Seien also $X_0$ und $Y_0$ nicht unbedingt unabhängige, zweiwertige Zufallsgrößen und bezeichne

$$p_{ij} := P(X = x_i, Y = y_j) \quad (i, j = 1, 2)$$

$N_{ij}$ seien die zu diesen Ereignissen gehörigen Fallzahlen in einer Stichprobe aus $n$ unabhängigen, zu $(X_0, Y_0)$ identisch verteilten Zufallsvektoren, und $n_{ij}$ seien die entsprechenden Stichprobenwerte.

Da die $N_{ij}$ den Trefferzahlen bei insgesamt $n$ unabhängigen Versuchen mit jeweils 4 möglichen Versuchsausgängen entsprechen, folgen sie einer Multinomialverteilung. Es gilt also

$$P(N_{11} = n_{11}, N_{12} = n_{12}, N_{21} = n_{21}, N_{22} = n_{22}) =$$

$$= \frac{n!}{n_{11}!n_{12}!n_{21}!n_{22}!} p_{11}^{n_{11}} p_{12}^{n_{12}} p_{21}^{n_{21}} p_{22}^{n_{22}} =: \Pi(n_{11}, n_{12}, n_{21}, n_{22}) \quad (7.8)$$

Die bedingte Wahrscheinlichkeit für die beobachtete Kontingenztafel unter den Bedingungen $N_{11} + N_{12} = n_{1+}$ und $N_{11} + N_{21} = n_{+1}$ errechnet sich zu

$$P(N_{11} = n_{11} | N_{1+} = n_{1+}, N_{+1} = n_{+1}) = \frac{\Pi(n_{11}, n_{12}, n_{21}, n_{22})}{P(N_{1+} = n_{1+}, N_{+1} = n_{+1})} =$$

$$= \frac{\Pi(n_{11}, n_{1+} - n_{11}, n_{+1} - n_{11}, n + n_{11} - n_{1+} - n_{+1})}{P(N_{1+} = n_{1+}, N_{+1} = n_{+1})} =: \Pi(n_{11} | n_{1+}, n_{+1})$$

Man beachte, dass bei Vorgabe von $n_{1+}$ und $n_{+1}$ die Belegung der gesamten Kontingenztafel nur noch von einem Zellenwert – üblicherweise $n_{11}$ – abhängt. Nun ist der Vorfaktor mit den Fakultäten in (7.8) gleich

$$\frac{n!}{n_{11}!(n_{1+} - n_{11})!(n_{+1} - n_{11})!(n + n_{11} - n_{1+} - n_{+1})!} =$$
$$= \binom{n_{1+}}{n_{11}}\binom{n - n_{1+}}{n_{+1} - n_{11}}\binom{n}{n_{1+}} = \binom{n_{+1}}{n_{11}}\binom{n - n_{+1}}{n_{1+} - n_{11}}\binom{n}{n_{+1}}.$$

Damit ergibt sich mit der Abkürzung

$$\rho := \frac{p_{11}p_{22}}{p_{12}p_{21}} = \frac{p_{11}/p_{12}}{p_{21}/p_{22}} = \frac{p_{11}/p_{21}}{p_{12}/p_{22}} \tag{7.9}$$

die Beziehung

$$\begin{aligned}
\Pi(n_{11} | n_{1+}, n_{+1}) &= C \cdot \binom{n_{1+}}{n_{11}}\binom{n - n_{1+}}{n_{+1} - n_{11}}\rho^{n_{11}} \\
&= D \cdot \binom{n_{+1}}{n_{11}}\binom{n - n_{+1}}{n_{1+} - n_{11}}\rho^{n_{11}},
\end{aligned} \tag{7.10}$$

wobei die Terme $C$ bzw. $D$ nicht von $n_{11}$ abhängen. Die in (7.9) definierte Größe $\rho$ wird als das **Chancenverhältnis** (engl. „odds ratio") der in der Kontingenztafel (7.1) ausgedrückten Merkmale bezeichnet. Da bedingte Wahrscheinlichkeiten natürlich ebenfalls der für Wahrscheinlichkeiten üblichen Normierung gehorchen, erhalten wir

$$\begin{aligned}
\Pi(n_{11} | n_{1+}, n_{+1}) &= \frac{\binom{n_{1+}}{n_{11}}\binom{n - n_{1+}}{n_{+1} - n_{11}}\rho^{n_{11}}}{\sum_{j=k_1}^{k_2} \binom{n_{1+}}{j}\binom{n - n_{1+}}{n_{+1} - j}\rho^{j}} \\
&= \frac{\binom{n_{+1}}{n_{11}}\binom{n - n_{+1}}{n_{1+} - n_{11}}\rho^{n_{11}}}{\sum_{j=k_1}^{k_2} \binom{n_{+1}}{j}\binom{n - n_{+1}}{n_{1+} - j}\rho^{j}},
\end{aligned} \tag{7.11}$$

wobei $k_1$ der minimal mögliche und $k_2$ der maximal mögliche Wert der $n_{11}$ ist. Da

$$n_{11} = n_{1+} + n_{+1} - n + n_{22},$$

ist wegen $n_{11} \geq 0$ und $n_{22} \geq 0$ der minimale Wert

$$k_1 = \max(0, n_{1+} + n_{+1} - n)$$

Der maximale Wert für $n_{11}$ ist dagegen der kleinere der beiden $n_{1+}$ und $n_{+1}$, also

$$k_2 = \min(n_{1+}, n_{+1})$$

Die zur Wahrscheinlichkeitsfunktion gemäß (7.11) gehörige Verteilung mit den Parametern $n$, $n_{1+}$ und $n_{+1}$ ist die sogenannte **erweiterte hypergeometrische Verteilung** („extended hypergeometric distribution"), die von R.A. Fisher ([3], s.a. Aufgabe 7) ansatzweise eingeführt und von William L. Harkness 1965 (s. [8], S. 279–282; [6]) so benannt und genauer untersucht worden ist. Der Programmierer des entsprechenden R-Packets **BiasedUrn** ([5]), Agner Fog, hat diese Verteilung (historisch durchaus zutreffend) „Fisher's noncentral hypergeometric distribution" genannt. Wir werden im Folgenden aber bei der bislang üblichen Bezeichnung bleiben.

Im Spezialfall $\rho = 1$, d.h. wenn die beiden Merkmalsvariablen $X_0$ und $Y_0$ voneinander unabhängig sind (vgl. (7.3)), geht die Verteilung gemäß (7.11) über in eine hypergeometrische Verteilung (s. a. Abschnitt 2.2)

$$
\begin{aligned}
\Pi(n_{11}|n_{1+}, n_{+1}) &= \frac{\binom{n_{1+}}{n_{11}} \binom{n - n_{1+}}{n_{+1} - n_{11}}}{\binom{n}{n_{+1}}} \\
&= \frac{\binom{n_{+1}}{n_{11}} \binom{n - n_{+1}}{n_{1+} - n_{11}}}{\binom{n}{n_{1+}}} = H_{n_{+1}, n_{1+}, n - n_{1+}}(n_{11})
\end{aligned}
\tag{7.12}
$$

Oft kann hierfür auch die Darstellung

$$\Pi(n_{11}|n_{1+}, n_{+1}) = \frac{n_{1+}!\, n_{2+}!\, n_{+1}!\, n_{+2}!}{n!\, n_{11}!\, n_{12}!\, n_{21}!\, n_{22}!} \tag{7.13}$$

mit Vorteil verwendet werden (s. Aufgabe 4).

Zum besseren Verständnis betrachten wir im nachfolgenden Programmbeispiel die erweiterte hypergeometrische Verteilung für bestimmte Parameter.

---

**Programmbeispiel 7.11** In R ist, wie bereits oben erwähnt, die erweiterte hypergeometrische Verteilung im Paket **BiasedUrn** implementiert. Das Paket muss zuerst installiert werden (s. Abschnitt 18.4) und kann dann in den Workspace mit dem Befehl

```
library(BiasedUrn)
```

geladen werden (vgl. Programmbeispiel 6.9). Zu beachten ist, dass die Parameter der Wahrscheinlichkeitsfunktion in R anders benannt sind als in (7.11). Bei vorgegebenem $n$ und $\rho$ lautet die R-Funktionsformel für $x = k_1, \ldots, k_2$:

$$\Pi(x|n_{1+}, n_{+1}) = \texttt{dFNCHypergeo}(x, n_{1+}, n - n_{1+}, n_{+1}, \rho)$$

Wir wollen nun für die Daten im späteren Beispiel 7.3, d.h. für $n_{1+} = 8$, $n_{+1} = 10$ und $n = 35$ die Wahrscheinlichkeitspolygone für verschiedene Werte von $\rho$ plotten:

```
x <- seq(0, 8)
plot(x, dFNCHypergeo(x, 8, 35 - 8, 10, 0.5),
  type = "b", col = "green", lwd = 2, pch = 19,
  ylab = "Wahrscheinlichkeit")
lines(x, dFNCHypergeo(x, 8, 35 - 8, 10, 1),
  type = "b", lwd = 2, pch = 19)
lines(x, dFNCHypergeo(x, 8, 35 - 8, 10, 2),
  type = "b", col = "red", lwd = 2, pch = 19)
```

Das Objekt x enthält die späteren Werte auf der x-Achse entsprechend $k_1 = 0$, $k_2 = 8$ und ist erstes Argument der plot-Funktion. Das zweite Argument enthält die Wahrscheinlichkeiten gemäß obiger Formel. Die Option type = "b" bewirkt, dass die Punkte verbunden werden (vgl. Programmbeispiel 1.12), und wegen lwd = 2 werden die Linien doppelt so dick wie normal eingezeichnet. Mit pch vergrößert man die Form der Punkte. Nachdem die Zeichnung für $\rho = 0.5$ erstellt wurde, fügt man die Polygone für $\rho = 1$ und 2 mit der Funktion lines() in das Diagramm ein. Die Argumente werden analog wie in plot() benutzt. Um das Diagramm abzuschließen, wird noch eine Legendenbeschriftung oben rechts mit der Funktion legend() eingefügt:

```
leg.text <- c(expression(paste(rho, " = 0.5")),
  expression(paste(rho, " = 1")),
  expression(paste(rho, " = 2")))
legend("topright", leg.text,
  col = c("green", "black", "red"), lwd = 2)
```

Die verwendeten Befehle sind analog in Programmbeispiel 3.1 eingeführt worden, daher sei für weitere Erklärungen auf dieses Beispiel verwiesen. Das fertige Diagramm ist in Abb. 7.12 zu erkennen.

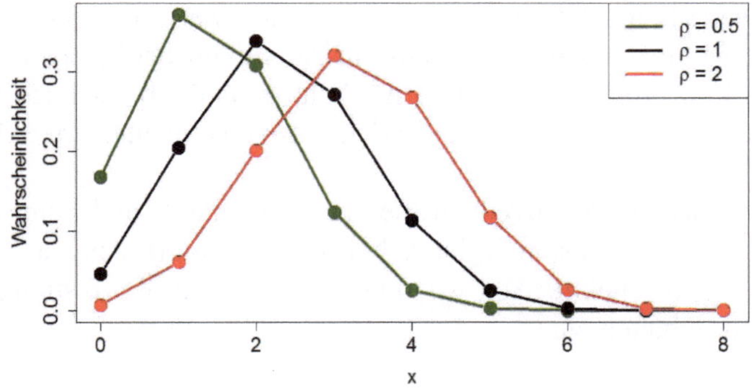


**Abb. 7.12** Wahrscheinlichkeitspolygone zur erweiterten hypergeometrischen Verteilung für $n_{1+} = 8, n_{+1} = 10, n = 35$

Um die erweiterte hypergeometrische Verteilung näher zu untersuchen, setzen wir mit den Bezeichnungen von (7.11) für $x = k_1, k_1 + 1, \ldots, k_2$ und für $\rho > 0$

$$p_x(\rho) := \frac{\alpha_x \rho^x}{\sum_{j=k_1}^{k_2} \alpha_j \rho^j}, \quad \mu(\rho) := \sum_{x=k_1}^{k_2} x p_x(\rho) \tag{7.14}$$

mit

$$\alpha_x := \binom{n_{1+}}{x}\binom{n - n_{1+}}{n_{+1} - x} \text{ bzw. } \alpha_x := \binom{n_{+1}}{x}\binom{n - n_{+1}}{n_{1+} - x}$$

Allgemein nennt man diskrete Verteilungen, die eine auf der Menge $\{k_1, \ldots, k_2\}$ $\subset \mathbb{N}_0 \cup \{\infty\}$ definierte Wahrscheinlichkeitsfunktion $p_x(\rho)$ der Form (7.14) mit beliebigem $\alpha_x > 0$ besitzen, **Potenzreihenverteilungen** (s. [8], S. 70–74). Auch die Binomialverteilung (s. Aufgabe 3) ist eine spezielle Potenzreihenverteilung mit

$$\alpha_x = \binom{n}{x}, \quad \rho = \frac{p}{1-p}$$

Potenzreihenverteilungen haben allgemein „nützliche" Monotonieeigenschaften bezüglich des Parameters $\rho$, wie aus dem Folgenden hervorgeht.

Durch direkte Rechnung (s. Aufgabe 5) erhält man für alle Potenzreihenverteilungen:

$$\rho \frac{d}{d\rho} p_x(\rho) = p_x(\rho)(x - \mu(\rho)) \tag{7.15}$$

Multipliziert man diese Gleichung mit $x$ und summiert über alle $x$ von $k_1$ bis $k_2$, so erhält man

$$\rho \frac{d}{d\rho} \mu(\rho) = \sum_{x=k_1}^{k_2} x^2 p_x(\rho) - \mu^2(\rho)$$

Da die rechte Seite in letzterem Ausdruck gleich der Varianz der betrachteten Wahrscheinlichkeitsverteilung ist, folgt, dass der Erwartungswert $\mu(\rho)$ mit wachsendem Parameter $\rho$ streng monoton zunimmt, falls nur die Varianz der betrachteten Verteilung positiv ist. Letzteres ist immer dann der Fall, wenn die betrachtete Verteilung keiner Einpunktverteilung in $x = k_1$ entspricht, also eine nichtentartete Verteilung ist.

Sei nun die betrachtete Potenzreihenverteilung nichtentartet und $x$ eine natürliche Zahl mit $k_1 < x \leq \mu(\rho)$. Dann ergibt sich aus (7.15) sofort, dass für $y \in \mathbb{N}$ mit $k_1 \leq y < x$ die Wahrscheinlichkeit $p_y(\rho)$ bei wachsendem $\rho > 0$ streng monoton abnimmt. Hieraus erhalten wir

$$\frac{d}{d\rho} \sum_{y<x} p_y(\rho) < 0$$

und damit auch

$$\frac{d}{d\rho} \sum_{y \geq x} p_y(\rho) = \frac{d}{d\rho} \left( 1 - \sum_{y < x} p_y(\rho) \right) > 0$$

In analoger Weise folgt für $x \in \mathbb{N}$ mit $x > \mu(\rho) > k_1$:

$$\frac{d}{d\rho} \sum_{y \geq x} p_y(\rho) > 0.$$

Aus beiden Ungleichungen zusammen erhält man für beliebiges $x \in \{k_1 + 1, \ldots, k_2\}$

$$\frac{d}{d\rho} \sum_{y \geq x} p_y(\rho) > 0 \tag{7.16}$$

Bezüglich der entsprechenden Verteilungsfunktion $F_\rho$ ergibt dies

$$\frac{d}{d\rho} F_\rho(x) < 0 \quad (k_1 \leq x < k_2) \tag{7.17}$$

Insbesondere gelten für die (nichtentartete) erweiterte hypergeometrische Verteilung die Monotonieaussagen (7.16) und (7.17). Zudem haben wir damit auch einen alternativen Beweis für die Monotonieaussage (2.15) bezüglich der binomischen Verteilung gefunden.

Aus (7.15) folgt nun ebenfalls, dass der Maximum-Likelihood-Schätzwert $\hat{\rho}$ für $\rho$ aufgrund der Kontingenztafel (7.4) sich aus der Gleichung

$$\mu(\hat{\rho}) = n_{11} \tag{7.18}$$

errechnet, wenn $\mu(\hat{\rho})$ den entsprechenden Erwartungswert der erweiterten hypergeometrischen Verteilung bezeichnet. In der Regel kann diese Gleichung nur mit numerischen Verfahren näherungsweise gelöst werden. Das Ergebnis für $\hat{\rho}$ liegt meist nahe bei dem sogenannten **Stichproben-Chancenverhältnis**

$$\rho_{\text{st}} := \frac{n_{11}/n_{12}}{n_{21}/n_{22}} = \frac{n_{11} n_{22}}{n_{12} n_{21}}, \tag{7.19}$$

das einen „intuitiven" Schätzwert für $\rho$ liefert und auf elementare Weise bestimmt werden kann.

**Beispiel 7.3** *35 Volksschullehrer wurden im Rahmen einer Voruntersuchung zu einer größeren Studie dahingehend befragt, ob sie regelmäßig mit ihren Schülern Lernstrategien besprechen würden, und ob sie dies nach vorangehender Planung oder ad hoc durchführen würden. Das Ergebnis war:*

***Tabelle 7.13*** *Ergebnisse der Umfrage unter Volksschullehrern zu Lernstrategien.*

|  |  | Planung | | |
|---|---|---|---|---|
|  |  | *ja* | *nein* | |
| *regelmäßig* | *ja* | *1* | *7* | *8* |
|  | *nein* | *9* | *18* | *27* |
|  |  | *10* | *25* | *35* |

Im vorliegenden Fall ist $n_{1+} = 8$, $n_{+1} = 10$, $n = 35$. Unter Voraussetzung der vorliegenden Werte für $n_{1+}$, $n_{+1}$ wäre die bedingte Wahrscheinlichkeitsverteilung für $n_{11}$ in der Kontingenztafel eine erweiterte hypergeometrische Verteilung mit $k_1 = 0$, $k_2 = 8$ und mit unbekanntem $\rho$.

**Programmbeispiel 7.14** Zur Bestimmung des ML-Schätzwerts muss man zuerst das Paket **BiasedUrn** laden, was aber in Programmbeispiel 7.11 schon getan wurde. Die Präzision der ML-Schätzung ist auf $10^{-7}$ voreingestellt. Der Erwartungswert zu einem gegebenen Chancenverhältnis $\rho$ ist gegeben durch die R-Funktionsformel

$$\mu = \mathtt{meanFNCHypergeo}(n_{1+}, n - n_{1+}, n_{+1}, \rho)$$

Der folgende R-Code bestimmt den ML-Schätzwert $\hat{\rho}$ für $\rho$ gemäß der Kontingenztafel (7.13) mit $n_{11} = 1$:

```
f <- function(x) {
  1- meanFNCHypergeo(8, 27, 10, x)
}
rho <- uniroot(f, c(0.1, 0.5), tol = 0.0001)$root
round(rho, 3)
```

Die selbstdefinierte Funktion f ist für das Verfahren zum Lösen der Gleichung $1 - \mathtt{meanFNCHypergeo(8, 27, 10, x)}$ nötig, ähnlich wie in Programmbeispiel 6.9. Die R-Funktion `uniroot()` bestimmt die Nullstelle nach einem modifizierten Bisektionsverfahren, `c(0.1, 0.5)` gibt dabei das Intervall an, in dem nach der Nullstelle gesucht wird. Der Parameter `tol` bezieht sich auf die angestrebte Genauigkeit. Das Ergebnis lautet in unserem Falle $\hat{\rho} = 0.294$ und ist damit deutlich vom Unabhängigkeitsfall $\rho = 1$ entfernt. Ob dieser Unterschied allerdings signifikant ist, können wir hier noch nicht erkennen.

Dieses Ergebnis für $\hat{\rho}$ weicht leicht ab von dem aktuellen Stichproben-Chancenverhältnis $\rho_{\mathrm{st}} = 0.286$ gemäß Gleichung (7.19).

## 7.3.2  *Test auf Unabhängigkeit bei* $2 \times 2$-*Kontingenztafeln*

Wir greifen wieder das Beispiel 7.3 auf. Will man testen, ob Planungsverhalten bezüglich Lernstrategien und Regelmäßigkeit in ihrer Besprechung in Abhängigkeit zueinander stehen, kann man den $\chi^2$-Unabhängigkeitstest nicht mehr anwenden, weil der linke obere Zelleneintrag mit nur einem Treffer deutlich zu schwach besetzt ist. Statt dessen bietet sich **Fishers exakter Test** (engl. „Fisher exact test") auf Unabhängigkeit in seiner zweiseitigen Version an, bei dem sich allerdings leicht unterschiedliche Varianten etabliert haben. Wenn bei gegebener Stichprobenlänge $n$ eine $2 \times 2$-Kontingenztafel mit dem Zelleneintrag $n'_{11}$ und den Randzahlen $n_{1+}$ und $n_{1+}$ beobachtet worden ist, so wird in der in R implementierten Version die Menge $M_{11}$ aller möglichen Zelleneinträge $n_{11}$ bei Vorliegen derselben Randzahlen $n$, $n_{1+}$ und $n_{1+}$ bestimmt, bei denen unter der Voraussetzung der Unabhängigkeit von Spalten- und Zeilenmerkmalen

$$\Pi(n_{11}|n_{1+}, n_{+1}) \leq \Pi(n'_{11}|n_{1+}, n_{+1})$$

$\Pi(n_{11}|n_{1+}, n_{+1})$ entspricht dabei der Wahrscheinlichkeitsfunktion (7.12) der hypergeometrischen Verteilung. Aufgrund der Unimodalität dieser Wahrscheinlichkeitsfunktion lässt sich $M_{11}$ und gleichzeitig

$$p = \sum_{x \in M_{11}} \frac{\binom{n_{1+}}{x}\binom{n-n_{1+}}{n_{+1}-x}}{\binom{n}{n_{+1}}}$$

leicht berechnen. Die Unabhängigkeitshypothese wird verworfen, falls $p$ unter dem vorgegebenen Signifikanzniveau $\alpha$ liegt.

Der kritische Bereich äquivalent zur eben vorgestellten $p$-Wert-Berechnung kann so bestimmt werden, dass eine Menge $Z_{11}$ von Zelleneinträgen $n_{11}$ entsprechend möglichst kleinen bedingten Zellenwahrscheinlichkeiten gesucht wird, für die gilt

$$\sum_{n_{11} \in Z_{11}} \Pi(n_{11}|n_{1+}, n_{+1}) \leq \alpha \quad \text{und}$$

$$\Pi(n_{11}|n_{1+}, n_{+1}) < \Pi(x|n_{1+}, n_{+1}) \quad \forall n_{11} \in Z_{11}, x \in [k_1, k_2] \setminus Z_{11}, \quad (7.20)$$

wobei

$$k_1 = \max(0, n_{1+} + n_{+1} - n), \quad k_2 = \min(n_{1+}, n_{+1})$$

**Programmbeispiel 7.15** Im Beispiel 7.3 „Lernstrategien" können wir die Unabhängigkeit der beiden Merkmale mit Hilfe des R-Commander testen. Wir gehen zunächst wie im Programmbeispiel 7.10 vor und befüllen die Kontingenztafel mit den entsprechenden Daten. Unter *Hypothesentests* deaktivieren wir alle Einstellungen bis auf *Fishers exakter Test* und gehen danach auf $\boxed{\text{OK}}$. Es ergibt sich die folgende Ausgabe:

```
> fisher.test(.Table)

    Fisher's Exact Test for Count Data

data:  .Table
p-value = 0.3905
alternative hypothesis: true odds ratio is [...]
95 percent confidence interval:
 0.005719982 2.923374092
sample estimates:
odds ratio
 0.2944428
```

Die Annahme der Unabhängigkeit kann also trotz des von 1 deutlich verschiedenen ML-Schätzwertes für das Chancenverhältnis $\hat\rho = 0.294$ (auch das leicht berechenbare Stichproben-Chancenverhältnis $\rho_{st} = 2/7 = 0.286$ ist deutlich kleiner als 1) nicht widerlegt werden.

Dies sieht man auch, wenn man den kritischen Bereich zum Signifikanzniveau 0.05 für den vorliegenden Test berechnet. Hierfür bestimmen wir unter Berücksichtigung, dass im aktuellen Falle die hypergeometrische Verteilung Stützstellen zwischen 0 und 8 hat, zuerst alle relevanten Wahrscheinlichkeiten durch

```
dhyper(seq(0, 8), 8, 27, 10)
```

Die Ausgabe ist:

```
4.595442e-02 2.042419e-01 3.386115e-01 2.708892e-01
1.128705e-01 2.462629e-02 2.676771e-03 1.274653e-04
1.911979e-06
```

entsprechend den Werten für $n_{11}$ von 0 bis 8. Hieraus ergibt sich der kritische Bereich $\mathcal{K}_1 = [5,8]$, weil die zu diesem Bereich gehörenden Wahrscheinlichkeiten die kleinsten sind und in ihrer Summe (0.027) noch unter 0.05 liegen. Bereits das Hinzuzählen der nächstgrößeren Wahrscheinlichkeit für $n_{11} = 0$ würde die Summe deutlich über 0.05 anwachsen lassen.

Das 95%-Konfidenzintervall $(a, b)$ berechnet sich beim Fisher-Test in R aufgrund der Monotonieeigenschaften (7.16) bzw. (7.17) in völliger Analogie zu dem Vorgehen bei der Berechnung des Clopper-Pearson-Konfidenzintervalls im Zusammenhang mit der Binomialverteilung (s. Abschnitt 2.4.2) aus den Bedingungen

$$F_a(n_{11} - 1) = 0.975, \quad F_b(n_{11}) = 0.025 \tag{7.21}$$

Dabei sind $n_{11}$ der beobachtete Wert in der linken oberen Zelle der Kontingenztafel und $F_a$ bzw. $F_b$ die der Kontingenztafel entsprechenden Verteilungsfunktionen zur erweiterten hypergeometrischen Verteilung mit den Chancenverhältnissen $a$ bzw. $b$ sind.

Die Tatsache, dass bei Fishers exaktem Test durch das Versuchsergebnis bedingte Wahrscheinlichkeiten betrachtet werden, kann als Stärke wie auch als Schwäche dieses Verfahrens interpretiert werden. Eine Übersicht über die Diskussion gibt [1], S. 95 f.

### 7.3.3  Der erweiterte Fisher-Test als Trendtest

Der Begriff des Chancenverhältnisses bei $2 \times 2$-Kontingenztafeln und die damit verbundene erweiterte hypergeometrische Verteilung ermöglichen es, übrigens ganz gemäß der ursprünglichen Intention von R.A. Fisher, auch Trendtests vorzunehmen.

**Beispiel 7.4** *Um das grundsätzliche Interesse von Lehrkräften für Formen offenen Unterrichts in Abhängigkeit von ihrem Dienstalter (bis 20 Jahre, mehr als 20 Jahre) zu testen, werden insgesamt 192 Lehrerinnen und Lehrer befragt. Das Ergebnis ist:*

|  |  | *Dienstalter* | | |
|---|---|---|---|---|
|  |  | *bis 20 Jahre* | *mehr als 20 Jahre* | |
| *Interesse* | *ja* | *81* | *56* | *137* |
|  | *nein* | *19* | *36* | *55* |
|  |  | *100* | *92* | *192* |

Das Verhältnis zwischen Interesse und keinem Interesse ist bei dienstjüngeren Personen deutlich größer als bei dienstälteren. Dies drückt sich auch im Stichproben-Chancenverhältnis von 2.74 aus. Das (geschätzte wie auch tatsächliche) Chancenverhältnis ist also ein Maß für die sogenannte „statistische Assoziation" der untersuchten Merkmale. Allerdings hat das Chancenverhältnis als Maß den Nachteil der Asymmetrie in der Skala zwischen den Werten von 0 bis 1 (1 entspricht der Unabhängigkeit) und den Werten zwischen 1 und unendlich. Daher betrachtet man oftmals statt des eigentlichen Chancenverhältnisses $\rho$ solche bijektiven Funktionen $f(\rho)$, bei denen der Wert für die Unabhängigkeit zwei symmetrisch liegende Intervalle abgrenzt, beispielsweise

$$f(\rho) = \log(\rho) \in (-\infty, +\infty) \quad \textbf{(logarithmisches Chancenverhältnis)}$$

oder

$$f(\rho) = \frac{\rho - 1}{\rho + 1} =: Q \in (-1, 1) \quad \textbf{(Yulescher Assoziationskoeffizient)} \quad (7.22)$$

In beiden Fällen ist der Wert für die Unabhängigkeit gleich 0, negative bzw. positive Werte entsprechen „negativen" bzw. „positiven" Trends. Bei der Befragung gemäß Beispiel 7.4 ist der Yule-Koeffizient aus der Stichprobe $\hat{Q} \approx 0.46$, sowohl unter Zugrundelegung des oben angegebenen Stichproben-Chancenverhältnisses wie auch des ML-Schätzwerts $\hat{\rho} = 2.73$ (s. Programmbeispiel 7.16). Trotz der Symmetrisierung der Skala ist die Interpretation des logarithmischen Chancenverhältnisses und des Yule-Koeffizienten problematisch und auf Vergleichsfälle derselben Art angewiesen.

Nehmen wir also an, dass in obigem Beispiel aus vergleichbaren Fällen bekannt ist, dass der Yule-Koeffizient größer als 0.2 ist. Es soll nun getestet werden, ob eine solche Asssoziation im aktuellen Fall ebenfalls der Stichprobe zugrundeliegen könnte. Wie bei Hypothesentests üblich, nehmen wir dazu als Nullhypothese das Gegenteil $H_0 : Q \leq 0.2$ an und überprüfen, ob diese zugunsten der einseitigen Alternative $H_1 : Q > 0.2$ verworfen werden kann. Die zur Nullhypothese gehörigen Wahrscheinlichkeiten können analog zum Test auf Unabhängigkeit mit Hilfe der erweiterten hypergeometrischen Verteilung mit Parameter $\rho = 1.5$ (entsprechend $Q = 0.2$) und unter Berücksichtigung des Monotonieverhaltens der Verteilungsfunktionen bezüglich $\rho$ berechnet werden.

**Programmbeispiel 7.16** Ein einseitiger Fisher-Trendtest ist mit den Dialogfeldern des R-Commanders nicht möglich. Aus diesem Grund geben wir die Daten direkt im Skriptfenster ein (vgl. hierzu auch Programmbeispiel 7.2):

```
tab <- matrix(c(81, 56, 19, 36), nrow = 2,
  byrow = TRUE)
```

Die Funktion für den Test lautet `fisher.test()`. Neben den Daten muss mit den zusätzlichen Argumenten `or` (entsprechend dem Chancenverhältnis, die direkte Eingabe des Yule-Koeffizienten ist nicht möglich) und `alternative` festgelegt werden, gegen welche Nullhypothese getestet werden soll:

```
fisher.test(tab, or = 1.5, alternative = "greater")
```

Die Ausgabe lautet:

```
Fisher's Exact Test for Count Data

data:  table
p-value = 0.04801
alternative [...]: odds ratio is greater than 1.5
95 percent confidence interval:
 1.509449      Inf
sample estimates:
odds ratio
  2.725856
```

Die Nullhypothese kann also gerade noch abgelehnt werden.

Zu beachten ist, dass jetzt das 95%-Konfidenzintervall $(a, \infty)$ einseitig beschränkt ist, wobei die linke Schranke $a$ sich aus der Gleichung

$$0.95 = F_a(n_{11} - 1)$$

ergibt.

## 7.3.4 Allgemeine Kontingenztafeln

Wenn zwei Merkmale in mehr als je zwei Ausprägungen erfasst werden, so erhält man, wie bereits im Zusammenhang mit dem $\chi^2$-Unabhängigkeitstest besprochen, eine $k \times j$-Kontingenztafel. Bei Vorgabe von $k-1$ und $j-1$ Randhäufigkeiten lässt sich die bedinge Wahrscheinlichkeit für eine solche allgemeinere Kontingenztafel durch eine mehrdimensionale erweiterte hypergeometrische Verteilung mit insgesamt $(k-1)(j-1)$ verschiedenen Chancenverhältnissen beschreiben (s. [1], S. 55 f.). Entsprechend ließen sich ebensoviele Stichproben-Chancenverhältnisse erfassen, und das entsprechende Tupel könnte die Basis für eine geeignete Testgröße bilden. Es ist aber kaum möglich, einen Vektor von Chancenverhältnissen im Sinne eines Trends zu interpretieren. Dies dürfte der Grund dafür sein, dass in R Fishers exakter Test für allgemeine Kontingenztafeln nur die Nullhypothese der Unabhängigkeit der beiden betrachteten Merkmale betrifft. Unter der Unabhängigkeitsvoraussetzung unterliegen die bedingten Wahrscheinlichkeiten für die speziellen Belegungen der Kontingenztafel einer mehrdimensionalen hypergeometrischen Verteilung.

Das in R implementierte Verfahren verwendet unter der Hypothese der Unabhängigkeit der betrachteten Merkmale als Testgröße die bedingte Wahrscheinlichkeit $p_0$ der beobachteten Kontingenztafel zuzüglich der bedingten Wahrscheinlichkeiten $p_1$ all derjenigen Kontingenztafeln, für die $p_1 \le p_0$ gilt. Die Unabhängigkeitshypothese wird abgelehnt, falls die Summe all dieser Wahrscheinlichkeiten (zugleich der $p$-Wert) maximal 0.05 ist.

**Beispiel 7.5** *Eine Glasbläserei stellt reine Gläser und Buntgläser der Güteklassen A, B und C her. Die mögliche Abhängigkeit von Glastyp und Güteklasse soll anhand von 80 zufällig ausgewählten Gläsern der Tagesproduktion getestet werden. Das Ergebnis ist:*

|  |  | Güteklasse | | | |
| --- | --- | --- | --- | --- | --- |
|  |  | *Güte A* | *Güte B* | *Güte C* | |
| *Glastyp* | *rein* | *19* | *34* | *3* | *56* |
|  | *bunt* | *5* | *14* | *5* | *24* |
|  |  | *24* | *48* | *8* | *80* |

**Programmbeispiel 7.17** Wir geben wie in Programmbeispiel 7.2 die obige Tabelle im R-Commander unter **Statistik $\longrightarrow$ Kontingenztabelle $\longrightarrow$ Analyse einer selbst eingegebenen Kreuztabelle ...** ein und markieren *Fishers exakter Test*. Es ergibt sich:

```
Fisher's Exact Test for Count Data

data:   .Table
```

```
p-value = 0.09954
alternative hypothesis: two.sided
```

Die Unabhängigkeit der Merkmale wird nicht abgelehnt. Da wegen des relativ kleinen $p$-Werts der Verdacht einer Abhängigkeit weiterhin besteht und im vorliegenden Fall die Verhältnisse bei den Güteklassen A und B einigermaßen vergleichbar sind, bietet es sich an, diese beiden Güteklassen zusammenzufassen und einen weiteren Fisher-Test für die nun erhaltene $2 \times 2$-Tafel vorzunehmen:

|  |  | Güteklasse | | |
|---|---|---|---|---|
|  |  | Güte A/B | Güte C | |
| Glastyp | rein | 53 | 3 | 56 |
|  | bunt | 19 | 5 | 24 |
|  |  | 62 | 8 | 80 |

Bei dieser Kontingenztafel fällt auf, dass das Stichproben-Chancenverhältnis klar über 1 liegt: Bei Güte A/B sind die reinen Gläser, bei Güte C dagegen die bunten im Übergewicht. Daher wird nun der Trend entsprechend $H_0 : \rho \leq 1$ mit der Hoffnung auf Ablehnung getestet. Dazu wird zuerst mit Hilfe des R-Commander ein zweiseitiger Fisher-Test durchgeführt und dann die Zeile

```
fisher.test(.Table)
```

umgeändert in

```
fisher.test(.Table, alternative = "greater")
```

Nach Markieren aller relevanten Befehle im Skriptfenster ab

```
.Table <- matrix(c(53, 3, 19, 5), 2, 2, byrow = TRUE)
```

(es ist darauf zu achten, dass wegen des Befehls `remove(.Table)` die ursprüngliche Festlegung der Tabelle nicht mehr gilt) und Ausführung durch die Tastenkombination STRG + R, ergibt sich beim einseitigen Test mit der Alternative $\rho > 1$:

```
> .Table  # Counts
   1  2
1 53  3
2 19  5


> fisher.test(.Table,alternative = "greater")

    Fisher's Exact Test for Count Data

data:  .Table
p-value = 0.04849
alternative [...]: true odds ratio is greater than 1
95 percent confidence interval:
 1.011136     Inf
sample estimates:
```

```
odds ratio
  4.544328
```

Somit ist die Unabhängigkeit abgelehnt. Man sieht, dass die verwendete Klassifikation einen Einfluss auf das Ergebnis haben kann. Beim zweiseitigen Test ist der $p$-Wert übrigens genauso groß wie beim angezeigten einseitigen, weil im aktuellen Fall die der Berechnung des $p$-Werts zugrundeliegende hypergeometrische Verteilung sehr unsymmetrisch ist.

## 7.4 Homogenitätstests

Wir greifen das Beispiel 7.5 wieder auf. In diesem wurden Gläser zufällig ausgewählt und erst dann darauf geachtet, welche Farbe sie haben. Vorstellbar wäre aber auch folgendes Vorgehen gewesen:

**Beispiel 7.6** *Aus der Tagesproduktion werden 80 reine Gläser und 40 bunte Gläser ausgewählt, und anschließend wird deren Güte untersucht. Die zugehörigen Ergebnisse sind im Datensatz* glaeser *gespeichert. Erstellt man mit den Daten eine Kreuztabelle (siehe Abschnitt 21.1.1), ergibt sich:*

|        |        | *Güteklasse* | | | |
|--------|--------|--------|--------|--------|--------|
|        |        | *Güte A* | *Güte B* | *Güte C* | |
| *Glastyp* | *rein* | *25* | *49* | *6* | *80* |
|        | *bunt* | *9* | *19* | *12* | *40* |
|        |        | *34* | *68* | *18* | *120* |

*Angesichts dieses Ergebnisses stellt sich die Frage, ob die Qualität bei den Buntgläsern dieselbe ist wie bei den Reingläsern.*

Viele Nutzer wenden auf solche Beispiele in unreflektierter Weise den $\chi^2$- oder den Fisher-Test auf Unabhängigkeit an, trotz der Verschiedenheit in der Problemstellung. Im eben zitierten Beispiel geht es um die Frage, ob die Wahrscheinlichkeitsverteilung bezüglich der Güte bei beiden Gläsertypen gleich ist, also um einen sogenannten **Homogenitätstest**. Außerdem liegt bei Unabhängigkeitstests der gesamten Kontingenztafel eine bestimmte, durch die Randwahrscheinlichkeiten vorgegebene Multinomialverteilung zugrunde, während im obigen Beispiel für jede einzelne Zeile eine Multinomialverteilung besteht. Unabhängigkeitstests sind Einstichproben-Tests, während Homogenitätstests mehrere Stichproben betreffen. Tatsächlich bleibt es aber, wie wir gleich sehen werden, ohne Konsequenzen, wenn man einen Homogenitätstest mit einem Unabhängigkeitstest verwechselt.

Sei $X$ eine Zufallsgröße mit den Werten $x_1, \ldots, x_j$ und $Y$ eine Zufallsgröße mit den Werten $y_1, \ldots, y_k$. Seien $Y_1, \ldots, Y_k$ Zufallsgrößen, die alle den gemeinsamen Wertebereich $\{x_1, \ldots, x_j\}$ haben und für die gilt:

$$P(Y_i = x_r) = P(X = x_r | Y = y_i) \quad (i = 1, \ldots, k;\, r = 1, \ldots, j)$$

$X$ und $Y$ sind genau dann unabhängig, wenn für alle $r$ die Wahrscheinlichkeit $P(X = x_r | Y = y_i)$ gar nicht von der Bedingung $Y = y_i$ abhängt, was wiederum genau dann der Fall ist, wenn $P(Y_i = x_r)$ für alle $i$ denselben Wert annimmt. In diesem Sinne ist also Homogenität äquivalent zu Unabhängigkeit.

Bei Homogenitätstests werden der Reihe nach Stichproben der Längen $n_1, \ldots,$ $n_k$ bezüglich der eben eingeführten Zufallsgrößen $Y_1, \ldots, Y_k$ durchgeführt. Die gesamte Stichprobenerhebung entspricht dabei unabhängigen Zufallsvektoren $Z_i = (Y_{i1}, \ldots, Y_{in_i})$ für $i = 1, \ldots, k$, wobei die $Y_{il}$ $(l = 1, \ldots, n_i)$ unabhängige Kopien von $Y_i$ sind. Das System aller Zufallsvektoren $Z_i$ bezeichnen wir im Folgenden mit $\mathbf{Z}$, seine Realisierung mit $\mathbf{z}$. Es wird registriert, wie oft die Werte $x_1, \ldots, x_j$ in jeder Stichprobe auftreten. Eine solche Stichprobenerhebung kann dann allgemein in der Form

<table>
<tr><td></td><td>$x_1$</td><td>$x_2$</td><td>$\ldots$</td><td>$x_j$</td><td></td></tr>
<tr><td>$Y_1$</td><td>$N_{11}$</td><td>$N_{12}$</td><td>$\ldots$</td><td>$N_{1j}$</td><td>$n_1$</td></tr>
<tr><td>$Y_2$</td><td>$N_{21}$</td><td>$N_{22}$</td><td>$\ldots$</td><td>$N_{2j}$</td><td>$n_2$</td></tr>
<tr><td>$\vdots$</td><td>$\vdots$</td><td>$\vdots$</td><td>$\vdots$</td><td>$\vdots$</td><td>$\vdots$</td></tr>
<tr><td>$Y_k$</td><td>$N_{k1}$</td><td>$N_{k2}$</td><td>$\ldots$</td><td>$N_{kj}$</td><td>$n_k$</td></tr>
<tr><td></td><td>$M_1$</td><td>$M_2$</td><td>$\ldots$</td><td>$M_j$</td><td>$n$</td></tr>
</table>

bzw.

<table>
<tr><td></td><td>$x_1$</td><td>$x_2$</td><td>$\ldots$</td><td>$x_j$</td><td></td></tr>
<tr><td>$Y_1$</td><td>$n_{11}$</td><td>$n_{12}$</td><td>$\ldots$</td><td>$n_{1j}$</td><td>$n_1$</td></tr>
<tr><td>$Y_2$</td><td>$n_{21}$</td><td>$n_{22}$</td><td>$\ldots$</td><td>$n_{2j}$</td><td>$n_2$</td></tr>
<tr><td>$\vdots$</td><td>$\vdots$</td><td>$\vdots$</td><td>$\vdots$</td><td>$\vdots$</td><td>$\vdots$</td></tr>
<tr><td>$Y_k$</td><td>$n_{k1}$</td><td>$n_{k2}$</td><td>$\ldots$</td><td>$n_{kj}$</td><td>$n_k$</td></tr>
<tr><td></td><td>$m_1$</td><td>$m_2$</td><td>$\ldots$</td><td>$m_j$</td><td>$n$</td></tr>
</table>

dargestellt werden, wobei die $N_{ir}$ bzw $M_r$ als Zufallsgrößen und die $n_{ir}$ bzw. $m_r$ als Realisierungen $(i = 1, \ldots, k;\, r = 1, \ldots, j)$ aufzufassen sind.

Unter der Hypothese der Homogenität gilt für die Trefferzahlen zur Stichprobe aus der Zufallsgröße $Y_i$, dass

$$P(N_{i1} = n_{i1}, N_{i2} = n_{i2}, \ldots, N_{ij} = n_{ij}) = \frac{n_i!}{n_{i1}! \cdots n_{ij}!} p_1^{n_{i1}} \cdots p_j^{n_{ij}},$$

wobei die als positiv vorausgesetzten Trefferwahrscheinlichkeiten $p_1, \ldots, p_j$ für jede dieser Stichproben gleich sind. Die Abweichung der Trefferzahlen von den aus den Randzahlen geschätzten hypothetischen Häufigkeiten wird für die Stichprobe aus der Zufallsgröße $Y_i$ durch

$$\chi_i^2(\mathbf{Z}) = \sum_{r=1}^{j} \frac{(N_{ir} - n_i \hat{p}_r(\mathbf{Z}))^2}{n_i \hat{p}_r(\mathbf{Z})} \quad \text{bzw.} \quad \chi_i^2(\mathbf{z}) = \sum_{r=1}^{j} \frac{(n_{ir} - n_i \hat{p}_r(\mathbf{z}))^2}{n_i \hat{p}_r(\mathbf{z})}$$

$$(7.23)$$

bestimmt, wobei die Schätzer $\hat{p}_r(\mathbf{Z})$ bzw. die Schätzwerte $\hat{p}_r(\mathbf{z})$ durch

$$\hat{p}_r(\mathbf{Z}) = \frac{M_r}{n} \quad \text{bzw.} \quad \hat{p}_r(\mathbf{z}) = \frac{m_r}{n} \quad (r = 1, \ldots, j)$$

gegeben sind. Die Testgröße $\chi^2(\mathbf{Z})$ bzw. ihre Realisierung $\chi^2(\mathbf{z})$ für die gesamte Kontingenztafel errechnet sich zu

$$\chi^2(\mathbf{Z}) = \sum_{i=1}^{k} \chi_i^2(\mathbf{Z}) \quad \text{bzw.} \quad \chi^2(\mathbf{z}) = \sum_{i=1}^{k} \chi_i^2(\mathbf{z}) \tag{7.24}$$

Für den Fall, dass ein $M_r = 0$ bzw. eines der $m_r = 0$ setzen wir $\chi^2(\mathbf{Z}) = \infty$ bzw. $\chi^2(\mathbf{z}) = \infty$.

Tatsächlich gilt der folgende, keinesfalls selbstverständliche, Satz in völliger Analogie zum Unabhängigkeitstest:

**Satz 7.7** *Die Testgröße $\chi^2$ kann im Zusammenhang mit einer $k \times j$-Kontingenztafel auch beim Homogenitätstest so berechnet werden wie beim Unabhängigkeitstest. Sie folgt auch beim Homogenitätstest asymptotisch einer $\chi^2$-Verteilung zum Freiheitsgrad $(k-1)(j-1)$.*

Der Beweis dieses Satzes wird im Folgenden für den Spezialfall einer $2 \times 2$-Kontingenztafel geführt. Der allgemeine Beweis (Hinweise dazu finden sich in [2], S. 446) folgt denselben Prinzipien, verlangt jedoch einen deutlich höheren „technischen" Aufwand.

Sei also die Kontingenztafel in der Form

|        | $x_1$    | $x_2$    |       |       |        | $x_1$    | $x_2$    |       |
|--------|----------|----------|-------|-------|--------|----------|----------|-------|
| $Y_1$  | $N_{11}$ | $N_{12}$ | $n_1$ |       | $Y_1$  | $n_{11}$ | $n_{12}$ | $n_1$ |
| $Y_2$  | $N_{21}$ | $N_{22}$ | $n_2$ | bzw.  | $Y_2$  | $n_{21}$ | $n_{22}$ | $n_2$ |
|        | $M_1$    | $M_2$    | $n$   |       |        | $m_1$    | $m_2$    | $n$   |

$$\tag{7.25}$$

vorgegeben. Sei ferner unter der Hypothese der Homogenität die tatsächliche Trefferwahrscheinlichkeit für $x_1$ gleich $p \in (0,1)$ und für $x_2$ gleich $1-p$.

Zuerst vergewissert man sich durch direkte Rechnung, dass der Wert der Testgröße $\chi^2(\mathbf{x}, \mathbf{y})$ gemäß (7.5) mit $\hat{p}(\mathbf{x}, \mathbf{y}) = m_1/n$ und $\hat{q}(\mathbf{x}, \mathbf{y}) = n_1/n$ identisch zu dem gemäß (7.24) berechneten Term ist.

Bei der Berechnung von $P(\chi^2(\mathbf{Z}) < a)$ mit $a \in \mathbb{R}^+$ muss man nur diejenigen Situationen berücksichtigen, in denen $\chi^2$ endlich ist. Dies bedeutet, dass wir im Folgenden von der Voraussetzung $M_1 > 0$ und $M_2 > 0$ und damit auch für $\hat{p}(\mathbf{Z}) = M_1/n$ von $0 < \hat{p}(\mathbf{Z}) < 1$ ausgehen können.

Die Aussage des obigen Satzes lässt sich unter diesen Voraussetzungen für den Spezialfall von $2 \times 2$-Kontingenztafeln folgendermaßen präzisieren:

**Satz 7.8** *Gelte für Kontingenztafeln (7.25) mit $M_1 > 0$ und $M_2 > 0$, dass für $n \to \infty$ der Quotient $n_1/n$ gegen eine Konstante $s_0$ mit $0 < s_0 < 1$ strebt. Dann gilt für alle $a \in \mathbb{R}^+$:*

$$P(\chi^2(\mathbf{Z}) < a) \to \mathrm{Chi}_1(a)$$

*Beweis:* Im Folgenden lassen wir zur Abkürzung bei den Stichprobenfunktionen $\hat{p}$, $\hat{q}$, $\chi^2$ sowie $\chi_i^2$ das Argument $\mathbf{Z}$ weg. Die Rechnung für die Zeilenwerte (7.23) ergibt:

$$\chi_1^2 = \frac{(N_{11} - n_1\hat{p})^2}{n_1\hat{p}(1-\hat{p})}, \quad \chi_2^2 = \frac{(N_{11} - n_1\hat{p})^2}{n_2\hat{p}(1-\hat{p})},$$

wobei bei $\chi_2^2$ die Beziehung $N_{21} = n\hat{p} - N_{11}$ berücksichtigt worden ist. Dann ist

$$N_{11} - n_1\hat{p} = (N_{11} - n_1 p) + (n_1 p - n_1 \hat{p}) =: S_1 + S_2$$

Sei $(s_n)$ eine Folge reeller Zahlen aus dem Intervall $(0,1)$ mit $s_n \to s_0$, sodass $n_1 = ns_n$. Für $S_2$ ergibt sich:

$$S_2 = n_1 p - n_1 \frac{N_{11} + N_{21}}{n} = s_n(np - N_{11} - N_{21})$$
$$= s_n(n_1 p - N_{11}) + s_n(n_2 p - N_{21})$$

Wir erhalten also

$$N_{11} - n_1\hat{p} = (1 - s_n)(N_{11} - n_1 p) - s_n(N_{21} - n_2 p)$$

Insgesamt folgt unter zusätzlicher Berücksichtigung von $n_2 = (1 - s_n)n$:

$$\chi^2 = \chi_1^2 + \chi_2^2 = \frac{1}{s_n(1 - s_n)n} \frac{p(1 - p)}{\hat{p}(1 - \hat{p})}\left((1 - s_n)T_{1n} - s_n T_{2n}\right)^2,$$

wobei

$$T_{1n} := \frac{N_{11} - n_1 p}{\sqrt{p(1 - p)}}, \quad T_{2n} = \frac{N_{21} - n_2 p}{\sqrt{p(1 - p)}}$$

Zieht man den Vorfaktor $\frac{1}{s_n(1-s_n)n}$ in den quadratischen Term hinein, so erhält man

$$\chi^2 = \frac{p(1 - p)}{\hat{p}(1 - \hat{p})}\left(\sqrt{1 - s_n}\frac{T_{1n}}{\sqrt{n_1}} - \sqrt{s_n}\frac{T_{2n}}{\sqrt{n_2}}\right)^2$$

Es kommt abschließend eine Reihe von Sätzen über Verteilungskonvergenz zum Tragen (s. z.B. [4], S. 219 f.; 279 f.). Aufgrund des Satzes von Moivre-Laplace und der Konvergenz von $s_n$ gegen $s_0$ konvergieren für $n \to \infty$ die Verteilungsfunktionen von

$$U_{1n} := \sqrt{1 - s_n}\frac{T_{1n}}{\sqrt{n_1}} \text{ bzw. } U_{2n} = -\sqrt{s_n}\frac{T_{2n}}{\sqrt{n_2}}$$

gegen

$$\Phi_{0, \sqrt{1 - s_0}} \text{ bzw. } \Phi_{0, \sqrt{s_0}}$$

Da $U_{1n}$ und $U_{2n}$ unabhängig und asymptotisch normalverteilt sind, strebt die Verteilungsfunktion ihrer Summe gegen die Verteilungsfunktion einer Summe von zwei unabhängigen Zufallsgrößen $U_1$ und $U_2$, wobei $U_1$ gemäß $\Phi_{0, \sqrt{1 - s_0}}$ und $U_2$ gemäß $\Phi_{0, \sqrt{s_0}}$ verteilt ist. Da die Summe zweier unabhängiger, normalverteilter Zufallsgrößen wieder normalverteilt ist, folgt schließlich, dass $U_1 + U_2$ standardnormalverteilt sein muss. Wenn $g(x, y)$ eine stetige Funktion in $x, y$ ist, strebt die Verteilungsfunktion von $g(U_{1n}, U_{2n})$ gegen die Verteilungsfunktion von $g(U_1, U_2)$. In unserem Falle ist $g(x, y) = (x + y)^2$. Das bedeutet, dass die Verteilungsfunktion von $(U_{1n} + U_{2n})^2$ gegen die Verteilungsfunktion des Quadrats einer standardnormalverteilten Zufallsgröße strebt. Die zweitgenannte Verteilungsfunktion entspricht bekanntlich einer $\chi^2$-Verteilung zum Freiheitsgrad 1. Da schließlich $\hat{p}$ mit $n \to \infty$

stochastisch gegen $p \in (0,1)$ konvergiert, muss der Quotient $p(1-p)/\hat{p}(1-\hat{p})$ stochastisch gegen 1 konvergieren. Insgesamt folgt, dass die Verteilungsfunktion von $\chi^2$ für $n \to \infty$ (und bei Zunahme von $n_1$ und $n_2$ asymptotisch proportional zu $n$) gegen $\text{Chi}_1$ konvergiert, wie behauptet wurde. $\qquad\square$

Dass es auch mit dem Fisher-Test beim Testen auf Homogenität „gutgeht", ist leichter einzusehen als beim $\chi^2$-Test. Wir beschränken uns der Einfachheit halber wieder auf die $2 \times 2$-Tafel (7.25). Der Unterschied zum Unabhängigkeitstest ist, dass $n_1$ und $n_2$ vorgegeben sind und nur $M_1$ dem Zufall unterliegt. Unter der Homogenitätshypothese sind die Trefferwahrscheinlichkeiten $p$ bzw. $1-p$ für $x_1$ bzw. $x_2$ in den beiden voneinander unabhängigen Stichproben aus $Y_1$ bzw. $Y_2$ gleich. Es ist folglich:

$$P(N_{11} = n_{11}|M_1 = m_1)$$

$$= \frac{\binom{n_1}{n_{11}} p^{n_{11}} (1-p)^{n_1-n_{11}} \binom{n-n_1}{m_1-n_{11}} p^{m_1-n_{11}} (1-p)^{n-n_1-m_1+n_{11}}}{\binom{n}{m_1} p^{m_1} (1-p)^{n-m_1}}$$

$$= \frac{\binom{n_1}{n_{11}} \binom{n-n_1}{m_1-n_{11}}}{\binom{n}{m_1}}$$

Das entspricht genau der hypergeometrischen Verteilung (7.12). Bemerkt sei noch, dass das Chancenverhältnis bei Homogenität ebenso gleich 1 ist wie bei Unabhängigkeit.

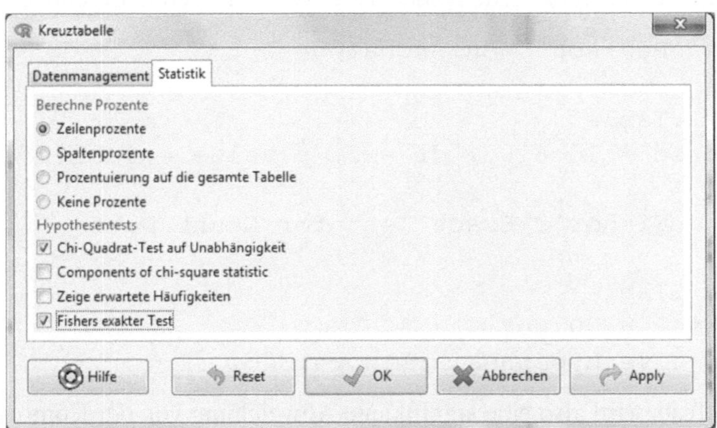


**Abb. 7.18** Dialogfeld zur Berechnung des $\chi^2$-Tests und des exakten Tests nach Fisher für den Datensatz `glaeser`.

**Programmbeispiel 7.19** Da die Daten aus Beispiel 7.6 in Form eines R-Datensatzes vorliegen, müssen wir die einzelnen Zellhäufigkeiten nicht per Hand eingeben. Allerdings muss zuvor noch der Datensatz aktiviert werden. Entweder man klickt dafür auf das Feld neben *Datenmatrix:* oder geht im Menü auf **Datenmanagement**$\longrightarrow$

**Aktive Datenmatrix** $\longrightarrow$ **Auswahl der aktiven Datenmatrix**. In beiden Fällen öffnet sich ein kleines Dialogfeld, in dem der Datensatz `glaeser` ausgewählt werden kann.

1. Die Durchführung von Homogenitätstests entspricht der von Unabhängigkeitstests, wir gehen also im Menü auf **Statistik** $\longrightarrow$ **Kontingenztafeln** $\longrightarrow$ **Kreuztabelle …**
2. Im sich öffnenden Dialogfeld aktivieren wir im Feld *Zeilenvariable* die Variable `glastyp` und im Feld *Spaltenvariable* die `güteklasse`.
3. Ansonsten gehen wir noch auf „Statistik" wie in Abb. 7.18 und aktivieren die Einstellung *Zeilenprozente, Chi-Quadrat-Test auf Unabhängigkeit* und *Fishers exakter Test*. Alle anderen Einstellungen deaktivieren wir und gehen danach auf $\boxed{\text{OK}}$ .

In der Ausgabe erkennen wir unter anderem eine Tabelle mit den Anteilen normiert auf die Zeilensummen:

```
        güteklasse
glastyp    A     B     C Total Count
   bunt 22.5  47.5  30.0   100    40
   rein 31.2  61.3   7.5   100    80
```

Bunte Gläser haben also tendenziell einen höheren Anteil in Güteklasse C als reine Gläser (30% zu 7.5%). Entsprechend sind die Anteile der reinen Gläser in den Güteklassen A und B höher. Die beiden Tests liefern folgende Ergebnisse:

```
        Pearson's Chi-squared test

data:  .Table
X-squared = 10.6103, df = 2, p-value = 0.004966


        Fisher's Exact Test for Count Data

data:  .Table
p-value = 0.007607
alternative hypothesis: two.sided
```

Bei beiden Tests wird also eine signifikante Abweichung von der Homogenitätsannahme konstatiert. Der Glastyp „bunt" scheint eine etwas geringere Güte aufzuweisen als der Glastyp „rein".

## 7.5 Aufgaben

1. Zeigen Sie, dass die Unabhängigkeit zweier Ereignisse $A$ und $B$ äquivalent ist zu den Gleichungen in (7.3).
2. Zeigen Sie, dass $\chi^2(\mathbf{x}, \mathbf{y})$ gemäß Formel (7.5) im Falle $\hat{p}(\mathbf{x}, \mathbf{y}) \in (0,1)$ und $\hat{q}(\mathbf{x}, \mathbf{y}) \in (0,1)$ maximal den Wert $n$ annehmen kann.
3. Zeigen Sie: Die Binomialverteilung $B_{n,p}$ und die Poisson-Verteilung $\mathrm{Pois}(n, \lambda)$ sind Potenzreihenverteilungen.
4. Zeigen Sie die Gültigkeit der Gleichung (7.13).
5. Zeigen Sie die Gültigkeit der Gleichung (7.15) für alle Potenzreihenverteilungen.
6. *Eigenschaften der erweiterten hypergeometrischen Verteilung*
   Sei für $n_1, n_2 \in \mathbb{N}$, $0 \le r \le n_1 + n_2$ sowie $\rho > 0$

$$f_\rho(x, r, n_1, n_2) := \frac{\binom{n_1}{x}\binom{n_2}{r-x}\rho^x}{\sum_{j=k_1}^{k_2} \binom{n_1}{j}\binom{n_2}{r-j}\rho^j},$$

   wobei $k_1 := \max(0, r - n_2)$, $k_2 := \max(r, n_1)$ und $x \in \mathbb{N}_0 \cap [k_1, k_2]$.

   (i) Zeigen Sie:
   $$f_\rho(x, r, n_1, n_2) = f_{1/\rho}(r - x, r, n_2, n_1)$$
   $$f_\rho(x, r, n_1, n_2) = f_\rho(x - 1, r, n_1, n_2)\frac{(n_1 - x + 1)(r - x + 1)\rho}{x(n_2 - r + x)}$$

   (ii) Beweisen Sie, dass die Wahrscheinlichkeitsfunktion der erweiterten hypergeometrischen Verteilung unimodal ist und begründen Sie, dass der Modalwert $m(\rho)$ für $\rho \ne 1$ durch $m(\rho) = [m_1(\rho)]$ gefunden werden kann, wobei $m_1(\rho)$ die kleinere der beiden Nullstellen der Gleichung

   $$\frac{(n_1 - x + 1)(r - x + 1)\rho}{x(n_2 - r + x)} = 1$$

   ist. Berechnen Sie $m_1(\rho)$.

   (iii) Zeigen Sie, dass $m(\rho)$ für $\rho \downarrow 1$ gegen den Modalwert der hypergeometrischen Verteilung strebt.

   (iv) Plotten Sie für $\rho \in [0.5, 2]$ und verschiedene $r, n_1, n_2$ den Erwartungswert $\mu(\rho)$ und die Nullstelle $m_1(\rho)$ sowie die relative Abweichung $(\mu - m_1)/\mu$ zwischen diesen beiden Größen.
   Hinweis: Die Funktion `meanFNCHypergeo(n1, n2, r, x)` kann als Funktion von $x$ für gegebene $n_1, n_2, r$ nur geplottet werden, nachdem sie in eine „vektorisierte" Funktion $g$ umgewandelt worden ist. Dies geschieht durch folgende Befehlssequenz:

```
f <- function(x) meanFNCHypergeo(n1, n2, r, x)
g <- Vectorize(f)
```

7. R.A. Fisher stellt in [3], S. 48 folgendes Problem vor:
   Von insgesamt 30 gleichgeschlechtlichen Zwillingspaaren, bei denen jeweils mindestens ein Zwilling eines Verbrechens überführt wurde, sind 13 eineiig und

17 zweieiig. Die folgende Tabelle gibt an, ob jeweils auch der andere Zwilling straffällig geworden ist.

|          | straffällig | nicht straffällig | gesamt |
|----------|-------------|-------------------|--------|
| eineiig  | 10          | 3                 | 13     |
| zweieiig | 2           | 15                | 17     |
| gesamt   | 12          | 18                | 30     |

(i) Fisher stellt die Frage: „… we need to know with what frequency so large a disproportion would have arisen if the causes leading to conviction had been the same in the two classes of twins." Berechnen Sie zur Beantwortung dieser Frage den $p$-Wert für einen einseitigen Test. (Unter „frequency" versteht Fisher in diesem Zusammenhang eine Wahrscheinlichkeit.)

(ii) Fisher betrachtet in diesem Zusammenhang auch die Hypothese $\rho \leq \rho_0$ für das tatsächliche Chancenverhältnis $\rho$. Bestimmen Sie denjenigen Wert für $\rho_0$, bei dem diese Hypothese auf dem $1\%$ bzw. $5\%$- Signifikanzniveau abgelehnt werden würde.

8. In die Statistikberatung kommt ein Pädagoge, der bei einer Untersuchung zur Vermittlung von Lernstrategien durch Lehrkräfte an Schüler die folgende Ergebnistabelle erhalten hat:

| Vermittlung  | nach Planung und bei Bedarf | nur nach Planung | nur bei Bedarf |
|--------------|-----------------------------|------------------|----------------|
| regelmäßig   | 1                           | 0                | 7              |
| unregelmäßig | 2                           | 2                | 2              |
| keine Angabe | 6                           | 0                | 14             |

Der Pädagoge frägt Sie, welche statistischen Schlüsse man aus dieser Tabelle ziehen könne. Was können Sie ihm anbieten?

9. Bei einer $2 \times 2$-Kontingenztafel gibt es insgesamt $n = 60$ Einträge, wobei $n_{1+} = sn$ Einträge in der ersten Zeile und $n_{+1} = rn$ in der ersten Spalte sind ($r, s$ sind geeignete Bruchzahlen). Es soll die Hypothese der Unabhängigkeit der Zeilen- und Spaltenmerkmale in einem zweiseitigen Fisher-Test getestet werden. Bestimmen Sie für verschiedene $r, s$ kritische Bereiche $\mathcal{K}_1$ (bzw. Nichtablehnungsbereiche $\mathcal{K}_0$) zum Signifikanzniveau $0.05$ (jeweils ausgedrückt durch $n_{11}$) gemäß (7.20). Plotten Sie jeweils die Powerfunktion $(-1, 1) \ni Q \mapsto 1 - P_Q(n_{11} \in \mathcal{K}_0)$ für den Yule-Koeffizienten $Q$. Beachten Sie dabei, analog zu Aufgabe 6, die Notwendigkeit der Vektorisierung.

10. Der Datensatz `titanic` enthält Informationen über Alter und Geschlecht, sowie die Klassenzugehörigkeit aller Passagiere des Dampfschiffes *Titanic*, welches am 14. April 1912 auf seiner Jungfernfahrt mit einem Eisberg kollidierte und danach sank. Die Variable `überlebt` gibt an, ob der Passagier gerettet werden konnte oder nicht.
Gibt es einen Zusammenhang zwischen der Klassenzugehörigkeit der Passagiere und der Tatsache, das Unglück überlebt zu haben? Untersuchen Sie die gleiche Fragestellung auch für das Geschlecht und das Alter der Passagiere. Kodieren Sie dazu das Alter in eine binäre Variable mit allen Beobachtungen bis 14 Jahre

in die Kategorie „Kind" und die restlichen Beboachtungen in die Kategorie „Erwachsener". Für Details zum Umkodieren von Variablen, siehe Abschnitt 20.3.2.
11. Betrachten Sie den Datensatz `sudan`:

  (i) Ist die Zusammensetzung der drei Patientengruppen in der Variable `gruppe` „homogen" bezüglich des Geschlechts?

  (ii) Kodieren Sie die Variable `hämoglobin` in eine binäre Variable um (s. Abschnitt 20.3.2), mit allen Beobachtungen mit einem Wert unter 13 in Gruppe 1 und alle anderen in Gruppe 2. Gibt es einen Zusammenhang zwischen dem Geschlecht und der neu erstellten binären Variablen?

# Literatur


1. Agresti, A. (2002). *Categorical Data Analysis*, 2. Aufl. Hoboken, NJ: Wiley-Interscience
2. Cramér, H. (1945). *Mathematical Methods of Statistics*, diverse unveränderte Nachdrucke. Princeton: University Press.
3. Fisher, R.A. (1935). The Logic of Inductive Inference. *Journal of the Royal Statistical Society* **98**, 39–82.
4. Fisz, M. (1989). *Wahrscheinlichkeitsrechnung und mathematische Statistik*, 11. Aufl. Berlin: VEB Deutscher Verlag der Wissenschaften.
5. Fog A. (2013). *BiasedUrn: Biased Urn model distributions*. R package version 1.05. `http://CRAN.R-project.org/package=BiasedUrn`.
6. Harkness, W.L. (1965). Properties of the Extended Hypergeometric Distribution. *The Annals of Mathematical Statistics* **36**, 938–945.
7. Hartung, J., Elpelt, B. und Klösener, K.-H. (2009). *Statistik: Lehr- und Handbuch der angewandten Statistik*, 15. Aufl. München: Oldenbourg.
8. Johnson, N.L., Kotz, S. und Kemp, A.W. (1992). *Univariate Discrete Distributions*, 2. Aufl. New York: Wiley.

# Teil II
# Statistik in der Praxis

# Kapitel 8
# Erfolgsmessung im Kampagnenmanagement

Im Rahmen dieses Praxis-Teils wollen wir einige reale Anwendungsbeispiele der bisher besprochenen statistischen Methoden vorstellen. Wir möchten hier auch den nicht-mathematischen Kontext, in dem die Methoden eingesetzt werden, jeweils genauer betrachten.

Dabei werden wir uns sprachlich von der üblichen mathematischen Ausdrucksweise etwas entfernen und diese dem entsprechenden Fachgebiet anpassen. Alle relevanten Begriffe werden wir jedoch immer erläutern.

Zu Beginn widmen wir uns einem Thema, das für viele Unternehmen heute von zentraler Wichtigkeit ist, dem Kampagnenmanagement. Wir bedanken uns dazu bei Thomas Mauch für die Mitautorschaft an diesem Kapitel.

## 8.1 Einführung ins Kampagnenmanagement

Unternehmen treten mit ihren Kunden heute über vielfältige Kanäle direkt in Kontakt, Beispiele sind etwa

- ▶ Filialen / betreuende Mitarbeiter
- ▶ Call Center
- ▶ Briefe
- ▶ Rechnungen / Kontoauszüge
- ▶ eMails
- ▶ Geld-Automaten

Diese gehören zu den sogenannten „Below-the-Line"-Ansprachen, bei denen das Unternehmen die angesprochenen Kunden selbst festlegt. Alle weiteren Personen werden von der Ansprache nicht tangiert und nehmen diese nicht wahr. Im Gegensatz dazu gehört z.B. Fernsehwerbung zu den „Above-the-Line "-Ansprachen, da hier das Unternehmen nicht weiß, wen genau es anspricht.

Die gezielte, vom Unternehmen über einen oder mehrere Kontaktkanäle initiierte Ansprache einer festgelegten Personengruppe zu einem Thema wird als **Kampagne** bezeichnet. Zum Beispiel könnte eine Mehrkanalansprache im Bankenumfeld wie folgt ablaufen:

1. Versand eines zentralen Briefes
2. Hinweis an einem Geld-Automaten, wenn der Kunde beispielsweise einen Kontoauszug abholt
3. Anruf durch einen betreuenden Mitarbeiter.

Der Anspruch ist dabei: das richtige Angebot zum richtigen Zeitpunkt über den richtigen Kanal an den richtigen Kunden. Doch zu welchem Thema sollen Angebote gemacht werden? Kampagnen können die unterschiedlichsten Ziele verfolgen, Beispiele sind:

▶ Akquisition: Gewinnung von Neukunden, meist indem diese ein Produkt erwerben
▶ Cross- und Up-Selling: Generierung von Abschlüssen durch Bestandskunden. Bei Verkäufen neuer Produkte an bestehende Kunden z.B. ein Bausparvertrag für einen Kunden, der bisher nur ein Konto hatte, spricht man von **Cross-Selling**, bei Upgrades[1] bestehender Produkte z.B. Wechsel auf ein leistungsfähigeres Kontomodell von **Up-Selling**
▶ Kundenbindung: Verhinderung von Kündigungen
▶ Risikominimierung: Verhinderung von Kreditausfällen, wie wir es in Kapitel 9 genauer beschreiben werden.

Ein wesentlicher Teil des Kampagnenmanagements besteht immer darin zu überprüfen, ob die Kampagnen ihre Ziele erreichen. Wenn man ökonomische Ziele verfolgt, könnte die Fragestellung also lauten: Lohnen sich die Kampagnen und wie kann man diese optimieren?

Das Kampagnenmanagement kann man sich als geschlossen Kreislauf vorstellen:

1. Planung

   ▶ Ableiten von Learnings[2] und Erfahrungswerten aus vergangenen Kampagnen.
   ▶ Festlegung der inhaltlichen und Produktschwerpunkte der nächsten Kampagnen

2. Selektion

   ▶ Auswahl der Kampagnenteilnehmer, häufig unter Einsatz von Scoringmethoden, wie wir sie im Abschnitt 9.2.2 beschreiben werden
   ▶ Einsteuerung der Kunden in die Kanäle und technische Vorbereitung der Kampagnen (z.B. Lieferung der Adressdaten an den Lettershop[3])

3. Durchführung

---

[1] Hochstufung

[2] gewonnene Erkenntnisse

[3] Unternehmen, das den Druck und Versand der Briefe übernimmt

▶ Operative Durchführung der Kampagnen, d.h. echte Kundenansprache, z.B. Versand eines Briefes oder Anruf durch Mitarbeiter

▶ Dabei zeitnahes Tracking[4] der Aktivitäten zur Kundenansprache, d.h. wie viele Kunden werden tatsächlich erreicht?

▶ Ggf. kurzfristige Anpassung der Kampagnen im laufenden Prozess

4. Analyse

▶ Nach dem Ende der Kampagnen standardisierte Erfolgsmessung aller durchgeführten Kampagnen

▶ gegebenenfalls Sonderanalysen zu einzelnen Kampagnen mit speziellen Fragestellungen.

Nach der Analyse beginnt der Kreislauf üblicherweise von vorne, da nun die Erfahrungswerte vorliegen, um mit der Planung neuer Kampagnen zu beginnen.

In diesem Kapitel wollen wir uns mit dem Analyse-Teil des geschlossenen Kreislaufs beschäftigen, d.h. wie der Erfolg von Kampagnen objektiv gemessen wird und insbesondere statistische Verfahren hierzu eingesetzt wird.

Mit einem objektiven Messinstrumentarium können Kampagnen sinnvoll geplant werden. Das Schema der Vorgehensweise ist dabei recht einfach: Erfolgreiche Kampagnen sollte man weiterführen und gegebenenfalls ausweiten, nicht erfolgreiche einstellen oder verbessern sowie natürlich immer neue Ideen umsetzen und testen.

Doch wie wird festgelegt, was eine erfolgreiche Kampagne ist? Dies wollen wir in den nächsten Abschnitten vorstellen. Während die oben beschriebenen generellen Leitlinien in der Praxis von allen Beteiligten mitgetragen werden, scheiden sich bei der genauen Definition von „erfolgreich" durchaus die Geister. Daher ist es unabdingbar, objektive Kriterien festzulegen, die von allen akzeptiert werden.

## 8.2 Messung von Kampagnen

Das wichtigste Werkzeug zur objektiven Messung sind **Kontrollgruppen**. Dabei handelt es sich um Kunden, bei denen eine Ansprache bewusst unterbleibt. Die Messung der Wirkung einer Kampagne auf Abschlüsse oder andere relevante Kennzahlen wird durch Vergleich dieser Kennzahlen zwischen den angesprochenen Kunden (auch **Wirkgruppe** genannt) und der Kontrollgruppe vorgenommen. Damit die Unterschiede zwischen Wirk- und Kontrollgruppe dann auch auf die Kampagne zurückzuführen sind, ist es notwendig, dass die Kunden in der Kontrollgruppe in allen Schritten der Kampagne exakt gleich behandelt werden wie die angesprochenen Kunden und lediglich die Ansprache nicht durchgeführt wird. Zudem ist es erforderlich, dass die Kontrollgruppe **repräsentativ** ist, d.h. ihre Kundenstruktur identisch zu der der Wirkgruppe der Kampagne sein muss. Die einfachste Bestimmungsart für die Kontrollgruppe ist dabei eine zufällige Aufteilung der Gesamtkundenmenge, die

---

[4] Nachverfolgung

für die Kampagne in Frage kommt, in zwei Gruppen vorgegebener Größe. Was geeignete Größen sind, werden wir in Abschnitt 8.5 vorstellen. Die Idee zu Kontrollgruppen ist medizinischen Experimenten entnommen, bei denen eine Gruppe immer ein Placebo, d.h. ein nicht wirksames Medikament erhält, siehe Abschnitt 5.1.

Anhand welcher Kennzahlen vergleicht man nun Kontroll- und Wirkgruppe? Durch eine Kampagne will man üblicherweise die angesprochenen Kunden zu einem gewünschten Verhalten bewegen. Zeigt ein Kunde dieses Verhalten, sprechen wir von einer **Reaktion**. Die Anzahl von Reaktionen im Verhältnis zur Anzahl der angesprochenen Personen wird als **Reaktionsquote** bezeichnet:

$$\text{Reaktionsquote} = \frac{\text{Anzahl Reaktionen}}{\text{Anzahl angesprochene Personen}}$$

Beispiele von Reaktionsquoten in den oben eingeführten Fällen sind etwa:

▶ Akquisition: Neukundenquote
▶ Cross- und Up-Selling: Abschlussquote oder Upgradequote
▶ Kundenbindung: Kündigungsquote
▶ Risikominimierung: Zahlungsverzugsquote.

Der Vergleich von Wirk- und Kontrollgruppe bezüglich der Reaktionsquote wird über eine Differenz vorgenommen:

$$\text{Hebelquote} =$$
$$\text{Reaktionsquote Wirkgruppe} - \text{Reaktionsquote Kontrollgruppe}$$

Die **Hebelquote** beschreibt die durch die Kampagne zusätzlich erfolgten Reaktionen und damit den Effekt der Kampagne. Häufig wird fälschlicherweise allein die Reaktionsquote der Wirkgruppe auf die Kampagne zurückgeführt.

Die Hebelquote lässt sich in unseren Beispielen wie folgt interpretieren:

▶ Akquisition: Zusätzlich gewonnene Neukunden
▶ Cross- und Up-Selling: Zusätzlich generierte Abschlüsse oder Produkt-Upgrades
▶ Kundenbindung: Verhinderte Kündigungen
▶ Risikominimierung: Verhinderte Kreditausfälle

Es ist zu beachten, dass in den Fällen der Kundenbindung und der Risikominimierung eine negative Hebelquote das „gewünschte" Resultat darstellt. Da dann in der Kontrollgruppe mehr Reaktionen stattfinden, hat man die hier ungewünschten Reaktionen verhindert. Man könnte nun die auf Idee kommen in der Definition der Hebelquote den Betrag zu nutzen, um auszugleichen, dass einmal eine positive und einmal eine negative Hebelquote als „erstrebenswert" angesehen wird. Dies ist jedoch keine gute Idee, da es wichtig ist die Richtung des Effektes zu erkennen. Zum Beispiel hat man häufig beim Versuch Kündigungen zu verhindern den Fall, dass man die Kunden durch eine Ansprache darauf aufmerksam macht, dass sie noch einen Vertrag bei einem Unternehmen haben und diesen ja schon lange kündigen wollten. D.h. man erzielt eine höhere Kündigungsquote in der Wirkgruppe und dadurch genau das Gegenteil, von dem was man erreichen wollte. Würde man einen Betrag setzen, könnte man nicht mehr erkennen, ob der Effekt in die richtige Richtung ging oder nicht.

Reaktionen können häufig auch mit einem **Wertbeitrag** (in Euro) versehen werden, z.B.

- ▶ Akquisition: Wert eines Neukunden
- ▶ Cross- und Up-Selling: Wert eines Abschlusses oder Produkt-Upgrades
- ▶ Kundenbindung: Wert eines gehaltenen Kunden
- ▶ Risikominimierung: Gesparte Risikokosten

Der durch die Kampagne erzielte zusätzliche Wertbeitrag läßt sich dann bestimmen durch

$$\text{Hebelbasierter Wertbeitrag} =$$
$$\text{Anzahl Personen Wirkgruppe} * \text{Hebelquote} * \text{Wertbeitrag je Reaktion}$$

Der **hebelbasierte Wertbeitrag** beschreibt die durch die Kampagne zusätzlich erzielten Einnahmen in der Wirkgruppe und ist damit die zentrale ökonomische Größe zur Quantifizierung des Kampagneneffektes.

Um jedoch eine vollständige ökonomische Betrachtung vorzunehmen, müssen die Kosten der Kampagne berücksichtigt werden. Dies kann man über zwei Fragestellungen angehen.

1. Wie viele Euro müssen investiert werden, um eine zusätzliche Reaktion zu erzielen?

$$\text{Cost per Reaction (hebelbasiert)}$$
$$= \frac{\text{Kosten der Kampagne}}{\text{Hebelquote} * \text{Anzahl Personen Wirkgruppe}}$$

Der **Cost per Reaction** (CPR) beschreibt die Kosten einer durch die Kampagne zusätzlich erzielten Reaktion in der Wirkgruppe. Dass diese Reaktion dann mehr wert sein sollte als der CPR, ist natürlich und führt zur zweiten Fragestellung.

2. Wie viele Euro werden je investiertem Euro an Gewinn erzielt?

$$\text{Return on Investment (hebelbasiert)} =$$
$$\frac{\text{hebelbasierter Wertbeitrag} - \text{Kosten der Kampagne}}{\text{Kosten der Kampagne}}$$

Der **Return on Investment** (RoI) beschreibt den Reingewinn je eingesetztem Euro der durch die Kampagne zusätzlich erzielten Reaktionen. Beispiele:

- ▶ RoI $= -100\%$: Totalverlust des Investments
- ▶ RoI $= 0\%$: das Investment wird durch die Kampagne wieder eingespielt (Break-Even)

▶ RoI $= 100\%$: für jeden eingesetzten Euro erhält man einen zusätzlichen Euro

Den RoI kann man als Verzinsung des eingesetzten Kapitals interpretieren. Er ist die entscheidende Größe zur Beantwortung der Frage, ob sich die Kampagne ökonomisch „gelohnt" hat.

Ein Punkt, über den wir etwas hinweg gegangen sind, ist die genaue Abgrenzung der Kampagnenkosten. Hier ist es in der Praxis nicht immer eindeutig, was man an Kosten einer Kampagne zurechnet. Bei einem Brief ist das noch recht eindeutig (Porto, Papierkosten, Kreationskosten etc.). Ruft ein Mitarbeiter einen Kunden an, ist das schon schwieriger, da hier keine „harten" Kosten vorliegen, die nach dem Erhalt einer Rechnung gezahlt werden müssen, sondern die eingesetzte Ressource i.d.R. hauptsächlich die Arbeitszeit des anrufenden Mitarbeiters ist. Diese muss man dann auf einen kalkulatorischen Kostensatz umrechnen, was in der Praxis häufig eine Herausforderung darstellt.

Detaillierte Analysen einzelner Kampagnen benötigen in der Regel Kampagnenmanager, die operativ[5] für die Kampagnen verantwortlich sind. Die Analysen dienen der Optimierung und Weiterentwicklung der Kampagnen. Dem Management werden üblicherweise nicht die Resultate einzelner Kampagnen berichtet, sondern die Performance des gesamten Kampagnenportfolios eines vorgegebenen Zeitraumes. Dies unterstützen die vorgestellten Kennzahlen sehr gut, da man sie über mehrere Kampagnen zusammenfassen kann. Kennzahlen wie die Anzahl der Personen in Kampagnen oder der hebelbasierte Wertbeitrag zweier (oder mehrerer) Kampagnen können direkt aufsummiert werden, bei Kennzahlen wie CPR oder RoI, die durch Quotienten gebildet werden, können jeweils Zähler und Nenner summiert werden. Ein Beispiel für einen solchen Managementbericht mit einer zeitlichen Komponente ist in Abb. 8.1 dargestellt.

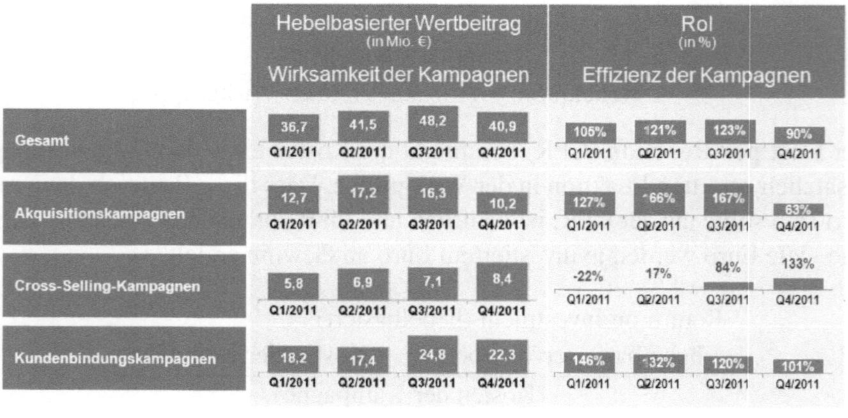

**Abb. 8.1** Managementbericht zur Darstellung aggregierter Kampagnenergebnisse zu verschiedenen Zeitpunkten.

---

[5] für die tatsächliche Umsetzung

## 8.3 Repräsentativität von Kontrollgruppen

Um über die obigen Kennzahlen den Effekt der Kampagnen zu messen, ist es erforderlich, dass der einzige Unterschied zwischen Wirk- und Kontrollgruppe die Ansprache ist. Insbesondere die Kundenstruktur darf sich zwischen beiden Gruppen nicht unterscheiden, da sonst der gemessene Effekt nicht eindeutig der Ansprache zuzuordnen ist. Daher ist es notwendig, dass die Kontrollgruppe die Struktur der Wirkgruppe widerspiegelt. Man spricht auch davon, dass die Kontrollgruppe repräsentativ sein muss.

Um zu untersuchen, ob eine Kampagne diese Voraussetzung erfüllt, werden relevante Merkmale identifiziert und überprüft, ob bezüglich dieser Attribute Wirk- und Kontrollgruppe eine ähnliche Verteilung aufweisen. Eine grafische Darstellung der Repräsentativität bezüglich des Merkmals Alter ist in Abb. 8.2 zu sehen. Stetige Größen werden dazu am besten in Klassen eingeteilt.

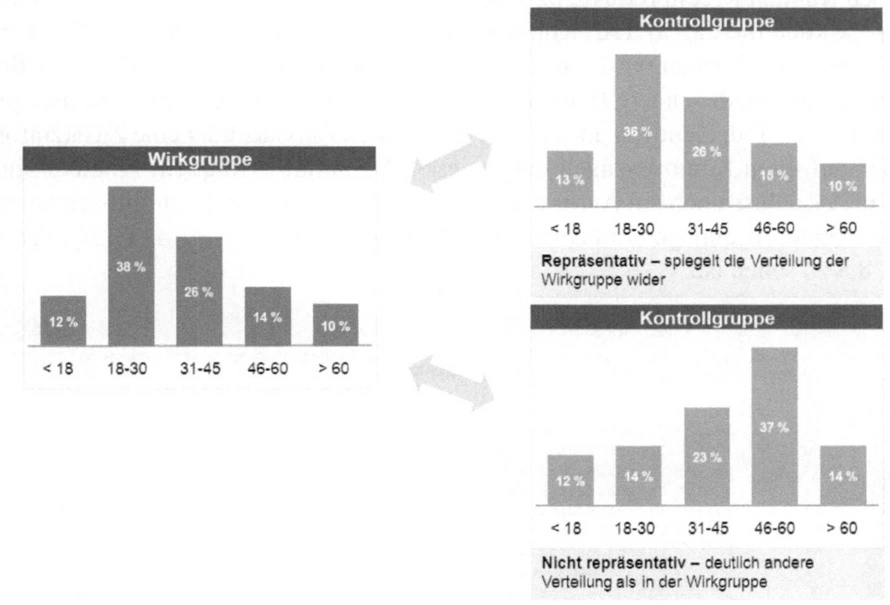


**Abb. 8.2** Grafische Veranschaulichung der Repräsentativität bezüglich des Merkmals Alter.

Während in Abb. 8.2 die Entscheidung jeweils relativ klar ist, ist dies in der Realität weit weniger häufig der Fall. Daher stellt sich die Frage: Wo liegt die Grenze zwischen repräsentativ und nicht repräsentativ? Dies können wir mit Hilfe des in Abschnitt 7.4 vorgestellten $\chi^2$-Homogenitätstestes zum Vergleich der Verteilung des Überprüfungsmerkmals in Wirk- und Kontrollgruppe feststellen.

Die Nullhypothese „Gleiche Merkmalsverteilung in den Gruppen" läßt sich hier wie folgt interpretieren: Die Kontrollgruppe ist repräsentativ.

Die Fehler 1. und 2. Art lassen sich wie folgt beschreiben:

▶ Fehler 1. Art: Eine repräsentative Kontrollgruppe wird als nicht repräsentativ eingestuft und nicht in der Messung verwendet. Dies führt zu unnötig fehlendem Ansprachepotential (der Kontrollgruppe hätte man ja Angebote zukommen lassen können) und damit gegebenenfalls entgangenem Gewinn, sogenannte **Opportunitätskosten**.

▶ Fehler 2. Art: Eine nicht repräsentative Kontrollgruppe wird als repräsentativ eingestuft und in der Messung verwendet. Dies führt zu möglicherweise irreführenden Ergebnissen im Wirk- und Kontrollgruppenvergleich und damit zu Fehlplanungen für die nächsten Kampagnen, die auch entgangenen Gewinn oder unnötige Kosten bedeuten können.

Wir möchten die hier vorgestellten Methoden anhand eines simulierten, jedoch der Realität angelehnten Beispiels aus dem Finanzbereich erläutern.

Durch eine Bank sind die zwei Kampagnen „Angebote für Kunden mit Finanzierungsbedarf" bzw. „Angebote für Kunden mit Anlagewunsch" geplant. Dabei werden den Kunden Kreditprodukte bzw. Sparprodukte angeboten. Bei der ersten Kampagne werden die ca. 50 Tsd. Kunden zunächst durch einen Brief angeschrieben, und nach zwei Wochen wird eine Hälfte der Kunden durch den persönlichen Betreuer angerufen, die andere Hälfte durch ein Call Center. In der zweiten Kampagne werden ca. 20 Tsd. Kunden zunächst auf einen guten Zinssatz über eine Zusatzinformation auf ihren Kontoauszügen hingewiesen. Daraufhin erfolgt ein Emailversand und im Anschluss noch ein Anruf durch das Call Center. Die nötigen Informationen zu den beiden Kampagnen findet man im Datensatz `kampagnenerfolg`, der in Abb. 8.3 zu sehen ist.

| | gruppe | kundennummer | kampagne | kundensegment | kundentyp | sparvolumen |
|---|---|---|---|---|---|---|
| 1 | KG | 100001 | Finanzierungsbedarf | 1: Normalkunde | 2: Filialkunde | e_sehr hoch |
| 2 | KG | 100004 | Finanzierungsbedarf | 3: Geschäftskunde | 2: Filialkunde | d_hoch |
| 3 | KG | 100009 | Finanzierungsbedarf | 1: Normalkunde | 2: Filialkunde | d_hoch |
| 4 | KG | 100016 | Finanzierungsbedarf | 1: Normalkunde | 2: Filialkunde | c_mittel |
| 5 | KG | 100025 | Finanzierungsbedarf | 1: Normalkunde | 3: Mischkunde | c_mittel |
| 6 | KG | 100036 | Finanzierungsbedarf | 1: Normalkunde | 3: Mischkunde | c_mittel |
| 7 | KG | 100049 | Finanzierungsbedarf | 1: Normalkunde | 3: Mischkunde | c_mittel |
| 8 | KG | 100064 | Finanzierungsbedarf | 1: Normalkunde | 3: Mischkunde | a_kein |
| 9 | KG | 100081 | Finanzierungsbedarf | 1: Normalkunde | 3: Mischkunde | c_mittel |
| 10 | KG | 100100 | Finanzierungsbedarf | 1: Normalkunde | 3: Mischkunde | e_sehr hoch |
| 11 | KG | 100121 | Finanzierungsbedarf | 1: Normalkunde | 1: Online-Kunde | a_kein |
| 12 | KG | 100144 | Finanzierungsbedarf | 1: Normalkunde | 2: Filialkunde | a_kein |
| 13 | KG | 100169 | Finanzierungsbedarf | 2: Wohlhabend | 1: Online-Kunde | d_hoch |
| 14 | KG | 100196 | Finanzierungsbedarf | 2: Wohlhabend | 3: Mischkunde | c_mittel |
| 15 | KG | 100225 | Finanzierungsbedarf | 3: Geschäftskunde | 3: Mischkunde | b_gering |
| 16 | KG | 100256 | Finanzierungsbedarf | 2: Wohlhabend | 2: Filialkunde | d_hoch |
| 17 | KG | 100289 | Finanzierungsbedarf | 1: Normalkunde | 3: Mischkunde | d_hoch |
| 18 | KG | 100324 | Finanzierungsbedarf | 1: Normalkunde | 3: Mischkunde | c_mittel |
| 19 | KG | 100361 | Finanzierungsbedarf | 1: Normalkunde | 1: Online-Kunde | d_hoch |
| 20 | KG | 100400 | Finanzierungsbedarf | 1: Normalkunde | 3: Mischkunde | d_hoch |

**Abb. 8.3** Ausschnitt der ersten 20 Beobachtungen des Datensatzes `kampagnenerfolg` geöffnet im R-Commander.

**Programmbeispiel 8.4** Um sich einen Datensatz mit Hilfe des R-Commanders ansehen zu können, muss dieser zuvor als aktive Datenmatrix ausgewählt werden (siehe hierzu Beispiel 1.1 aus Abschnitt 1.1.1). Hat man den Datensatz `kampagnenerfolg` ausgewählt, klickt man im R-Commander unterhalb der Menüleiste auf das Feld `Datenmatrix betrachten`. Es öffnet sich ein neues Fenster, das in Abb. 8.3 zu sehen ist. Die erste Variable (`gruppe`) gibt an, ob der Kunde in der Wirk- oder Kontrollgruppe ist und die zweite Variable (`kundennummer`) erlaubt die eindeutige Identifikation des Kunden. Der Variable `kampagne` entnimmt man, in welcher der beiden Kampagen der Kunde ist, wobei die beiden Kampagnen mit `Finanzierungsbedarf` und `Anlagewunsch` abgekürzt werden.

Neben diesen allgemeinen Angaben, wurden von den beteiligten Kunden weitere Daten erhoben bzw. aus den Datenbanken des Unternehmens mobilisiert:

▶ `kundensegment`: Normalkunde, Wohlhabender oder Geschäftskunde

▶ `kundentyp`: Online-Kunde, Filialkunde oder Mischkunde

▶ `sparvolumen`: 5 Klassen von keinem Sparvolumen bis sehr hohem Sparvolumen

▶ `wertpapiervolumen`: 5 Klassen von keinem Wertpapiervolumen bis sehr hohem Wertpapiervolumen

▶ `kreditvolumen`: 5 Klassen von keinem Kreditvolumen bis sehr hohem Kreditvolumen.

Auf die Bedeutung der beiden Variablen `abschluss` und `wertbeitrag` werden wir in Abschnitt 8.4 noch eingehen. Man erkennt bei genauerem Hinsehen, dass der Datensatz mit 82 051 Beobachtungen relativ umfangreich ist, verglichen mit den Datensätzen aus dem ersten Teil des Buchs. Diese Information erhält man beispielsweise, wenn man nach Aktivieren des Datensatzes einen Blick in das Meldungsfenster wirft. Die große Fallzahl ist aber bewusst gewählt, da Datensätze in der Praxis – vor allem Kundendatensätze – meist sehr viele Fälle enthalten.

Der Umgang mit großen Datensätzen stellt auch häufig eine Herausforderung in der Praxis dar, sowohl methodisch als auch technisch. Für dieses Thema hat sich das Schlagwort **Big Data** etabliert.

Der Datensatz `kampagnenerfolg` enthält die Ergebnisse beider Kampagnen, die nachfolgenden Auswertungen und Berechnungen sollen aber für jede der beiden Kampagnen getrennt durchgeführt werden. Dies ist deutlich weniger umständlich, wenn wir den Datensatz in zwei getrennte Datensätze aufteilen, von denen einer die Daten für Kampagne „Angebote für Kunden mit Finanzierungsbedarf" enthält und der andere die der Kampagne „Angebote für Kunden mit Anlagewunsch". Im folgenden Programmbeispiel wird daher ein neuer Datensatz unter dem Namen `kampagne1` mit den Daten der Kampagne „Angebote für Kunden mit Finanzierungsbedarf" erstellt.

**Programmbeispiel 8.5** Für diese Fallauswahl muss natürlich der Datensatz `kampagnenerfolg` aktiviert sein.

1. Gehe im Menü auf **Datenmanagement** $\longrightarrow$ **Aktive Datenmatrix** $\longrightarrow$ **Teilmenge der aktiven Datenmatrix …**
2. Es öffnet sich ein neues Dialogfeld wie im oberen Teil von Abb. 8.7. Dort gibt man in das Feld unter *Anweisung für die Teilmenge* den Befehl

```
kampagne == "Finanzierungsbedarf"
```

   ein, wobei das doppelte Gleichheitszeichen zwingend notwendig ist.
3. Im Feld darunter geben wir mit `kampagne1` den Namen der neuen Datenmatrix ein und gehen abschließend auf OK .

Mehr Informationen zur Durchführung einer Datenselektion findet man in Abschnitt 20.4.

Nach der Erstellung des neuen Datensatzes `kampagne1` wird dieser automatisch als aktiver Datensatz im R-Commander festgelegt. Alle nachfolgenden Auswertungen werden nur mit diesem Datensatz exemplarisch dargestellt. Für die Kampagne „Angebote für Kunden mit Anlagewunsch" sind die Berechnungsschritte allesamt analog, es werden hier nur die Ergebnisse angegeben. Die Durchführung sei dem Leser als Aufgabe überlassen (vgl. hierzu auch Aufgabe 2).

Zu beiden Kampagnen sind Kontrollgruppen gebildet worden, jedoch ist die Repräsentativität unklar. Diese soll im nächsten Schritt exemplarisch bezüglich eines Merkmals überprüft werden.

**Programmbeispiel 8.6** Wir wollen die Repräsentativität der Gruppen bezogen auf das Sparvolumen prüfen. Dazu soll zum einen eine Kreuztabelle erstellt werden, die die absoluten Häufigkeiten und Prozentwerte bezogen auf die beiden Gruppen anzeigt. Zum anderen soll noch der $\chi^2$-Test durchgeführt werden, vgl. Abschnitt 7.4 für mehr Details.

1. Gehe im Menü auf **Statistik** $\longrightarrow$ **Kontingenztabellen** $\longrightarrow$ **Kreuztabelle …**
2. Im neu erscheinenden Dialogeld wählt man im linken oberen Feld *Zeilenvariable* die Variable `gruppe` und im Feld daneben die Variable `sparvolumen`.
3. Nach Klick auf die Kartei „Statistik" (vgl. Abb. 8.7 unten) aktiviert man unter *Berechne Prozente* die Einstellung *Zeilenprozente* und klickt danach auf OK , da der $\chi^2$-Test bereits automatisch ausgewählt ist.

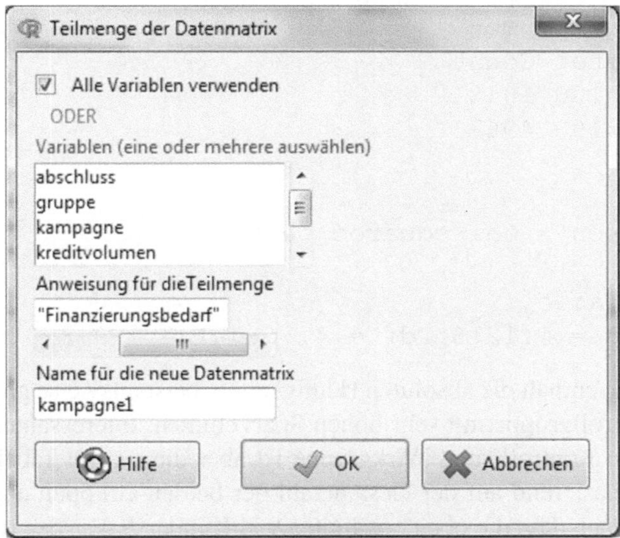

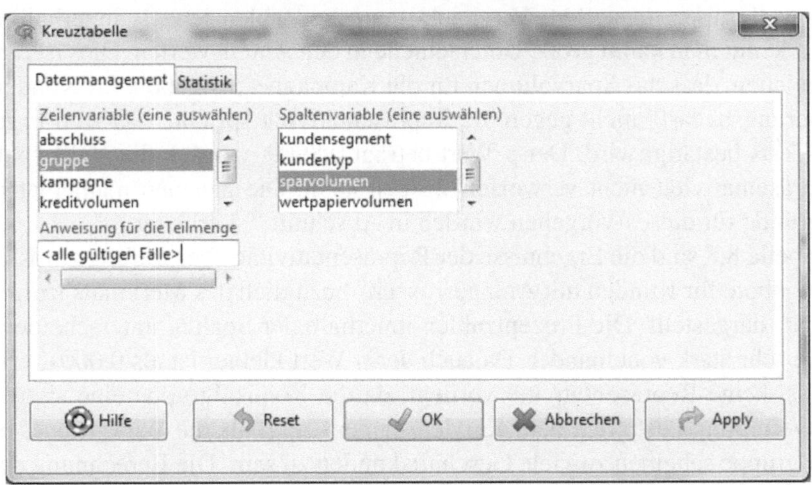

**Abb. 8.7** Dialogfelder zur Auswahl der Daten der Kampagne „Angebote für Kunden mit Finanzierungsbedarf" (oben) und zur Erstellung einer Kreuztabelle mit $\chi^2$-Test für die Variablen `gruppe` und `sparvolumen` (unten).

Im Ausgabefenster wird dann das Ergebnis angezeigt:

```
sparvolumen
gruppe a_kein b_gering c_mittel d_hoch e_sehr hoch
    KG   1297     1484     3647    2799         954
    WG   6282     7150    17741   13693        4807
[...]

sparvolumen
gruppe a_kein b_gering c_mittel d_hoch e_sehr hoch
    KG   12.7     14.6     35.8    27.5         9.4
    WG   12.6     14.4     35.7    27.6         9.7
```

```
        sparvolumen
gruppe Total Count
   KG    100 10181
   WG    100 49673
[...]


Pearson's Chi-squared test

data:   .Table
X-squared = 1.1216, df = 4, p-value = 0.8908
```

Die erste Tabelle enthält die absoluten Häufigkeiten, beispielsweise gibt es 954 Kunden in der Kontrollgruppe mit sehr hohen Sparvolumen. Interessanter für den Vergleich zwischen Kontroll- und Wirkgruppe ist aber die zweite Tabelle, in der die Prozentanteile basierend auf der Gesamtzahl der beiden Gruppen angegeben sind. Darin erkennt man, dass die oben erwähnten 954 Kunden 9.4% der 10 181 Kunden der Kontrollgruppe darstellen. Vergleicht man die Zahlen jeweils innerhalb einer Spalte, erkennt man kaum große Unterschiede in den Anteilswerten. Dies ist ein klares Anzeichen, dass das Sparvolumen für die Kampagne „Angebote für Kunden mit Finanzierungsbedarf" nicht gegen die Repräsentativität spricht, was vom Ergebnis des $\chi^2$-Tests bestätigt wird. Der $p$-Wert beträgt 0.8909, wonach die Nullhypohtese der Repräsentativität nicht verworfen werden kann. Die genauen mathematischen Hintergründe für dieses Vorgehen wurden in Abschnitt 7.4 erläutert.

In Tabelle 8.8 sind die Ergebnisse der Repräsentativitätsüberprüfung zur Kampagne „Angebote für Kunden mit Anlagewunsch" bezüglich des Merkmals `kundensegment` dargestellt. Die Prozentzahlen innerhalb der Spalten unterscheiden sich teilweise sehr stark voneinander. Da auch der $p$-Wert kleiner ist als 0.0001, erkennt man dass, keine Repräsentativität vorliegt, da die Kontrollgruppe eine signifikant andere Verteilung bezüglich dem Kundensegment zeigt als die Wirkgruppe. In der Kontrollgruppe scheinen zu viele Geschäftskunden zu sein. Die Berechnung der Ergebnisse mit dem R-Commander sei dem Leser selbst überlassen (s. Aufgabe 2).

**Tabelle 8.8** Kreuztabelle zum Vergleich von Wirk- und Kontrollgruppe bei der Kampagne „Angebote für Kunden mit Anlagewunsch" bezüglich des Kundensegments.

| | Kundensegment | | | |
| --- | --- | --- | --- | --- |
| | Normalkunden | Wohlhabende | Geschäftskunden | Gesamt |
| Kontrollgruppe | 316 | 264 | 693 | 1 273 |
| | 24.8% | 20.7% | 54.4% | |
| Wirkgruppe | 6 866 | 5 040 | 9 018 | 20 924 |
| | 32.8% | 24.1% | 43.1% | |
| Gesamt | 7 182 | 5 304 | 9 711 | 22 197 |

Die Ergebnisse aller 10 möglichen Tests (5 Merkmale bei 2 Kampagnen) werden in Tabelle 8.9 erfasst und es wird eine automatische Einschätzung gebildet (vgl. hierzu Aufgabe 1 und 2). Die hier angewendete Regel lautet: Falls ein $p$-Wert unter

0.01 liegt, wird der Status der jeweiligen Kontrollgruppe auf „nicht repräsentativ" gesetzt.

**Tabelle 8.9** Übersicht der Ergebnisse zu den $\chi^2$-Tests der Repräsentativitätsüberprüfung mit einer zusammenfassenden Einschätzung.

| | Kampagne | |
| --- | --- | --- |
| Variable | „Finanzierungsbedarf" | „Anlagewunsch" |
| Kundensegment | 0.6947 | $< 0.0001$ |
| Kundentyp | 0.7737 | 0.1927 |
| Sparvolumen | 0.8908 | 0.0711 |
| Wertpapiervolumen | 0.8567 | $< 0.0001$ |
| Kreditvolumen | 0.0911 | 0.5503 |
| Ergebnis | repräsentativ | nicht repräsentativ |

Das multiple Testen wird dabei durch eine Bonferroni-Korrektur je Kampagne berücksichtigt. Bei der Bonferroni-Korrektur, die bereits in Abschnitt 5.5 vorgestellt wurde, handelt es sich um eine Anpassung des Signifikanzniveaus beim multiplen Testen. Werden mehrere Tests gemacht und eine Entscheidung getroffen, wenn einer der Tests ein signifikantes Ergebnis zum Niveau $\alpha$ liefert, testet man in Summe nicht mehr zum Niveau $\alpha$. Dies ergibt sich daraus, dass ja jeder der Tests den Fehler 1. Art mit der Wahrscheinlichkeit $\alpha$ begehen kann. Die Wahrscheinlichkeit für den Fehler 1. Art steigt dann für den gesamten Test, und man kann zeigen, dass sie unter dem Wert $n\alpha$ liegt, wenn $n$ die Anzahl der einzelnen Tests ist, siehe auch Abschnitt 5.5. Um für den gesamten Test wieder ein Signifikanzniveau von $\alpha$ zu haben, nimmt man für die Einzeltests ein Niveau von $\alpha/n$. Dies haben wir im obigen Fall getan, da wir vom Standardniveau 5% ausgegangen sind und bei der Repräsentativitäts-überprüfung einer Kampagne 5 Tests durchgeführt haben. Weitere Informationen zum Umgang mit dem multiplen Testen finden sich in [10], Abschnitt 62.

Als Ergebnis lässt sich festhalten, dass die Kontrollgruppe der Kampagne „Angebote für Kunden mit Finanzierungsbedarf" als repräsentativ bestätigt werden konnte, genauer keine Hinweise gefunden wurden, die gegen die Repräsentativität sprechen. Die Kontrollgruppe von „Angebote für Kunden mit Anlagewunsch" wurde als nicht repräsentativ eingestuft. Dadurch sind alle weiteren auf der Kontrollgruppe basierenden Auswertungen zu dieser Kampagne als nicht valide zu bewerten, da die Hebeleffekte auch durch die unterschiedlichen Kundenstrukturen in den Vergleichsgruppen hervorgerufen sein könnten.

## 8.4  Signifikanz des Hebeleffektes

Die oben beschriebene Überprüfung der Repräsentativität ist eigentlich eine Voranalyse, die am besten bereits bei der Auswahl der Kunden für Wirk- und Kontrollgruppe durchgeführt werden sollte. Das eigentliche Interesse liegt in der Ermittlung des ökonomischen Nutzens der Kampagne. Dazu wird nach der Durchführung der Kampagne festgestellt, welche Kunden in einem vorher festgelegten Zeitraum eine Reaktion gezeigt haben, d.h. in unserem Beispiel einen Abschluss getätigt haben und wie gegebenenfalls der Wertbeitrag der Reaktion (des Abschlusses) ist. Diese Informationen findet man im Datensatz `kampagnenerfolg` bzw. `kampagne1` in den letzten beiden Datenspalten, wie in Abb. 8.3 ganz rechts zu erkennen ist. Die Variable `abschluss` gibt dabei Aufschluss darüber, ob eine Reaktion erfolgt ist. In der Variable `wertbeitrag` ist dann im Falle eines Abschlusses der Wertbeitrag der Reaktion ersichtlich, anderenfalls ein fehlender Wert (`NA`), da hier ja keine Reaktion erfolgte.

Wir wollen nun für die Kampagne „Angebote für Kunden mit Finanzierungsbedarf" die Abschlussquoten zwischen Kontroll- und Wirkgruppe miteinander vergleichen, um so den Hebeleffekt der Kampagne auf eine eventuelle Signifikanz zu prüfen.

---

**Programmbeispiel 8.10** Die Berechnung des Hebeleffekts erfolgt mittels einer Kreuztabelle. Nachfolgendes Vorgehen ist daher analog zu Programmbeispiel 8.6.

1. Gehe im Menü auf **Statistik** $\longrightarrow$ **Kontingenztabellen** $\longrightarrow$ **Kreuztabelle ...**
2. Im neu erscheinenden Dialogeld wählt man im Feld *Zeilenvariable* die Variable `gruppe` und im Feld daneben die Variable `abschluss`.
3. Unter „Statistik" aktiviert man, ähnlich wie im unteren Teil von Abb. 8.7, im Feld unter *Berechne Prozente* die Einstellung *Zeilenprozente*.
4. Im Feld *Hypothesentests* deaktiviert man darunter den *Chi-Quadrat-Test auf Unabhängigkeit* und aktiviert stattdessen die Einstellung *Fishers exakter Test* und klickt auf $\boxed{\text{OK}}$.

---

Die zugehörige Ausgabe lautet:

```
abschluss
gruppe     ja  nein
    KG    196  9985
    WG   1321 48352
[...]


        abschluss
gruppe    ja  nein Total  Count
    KG  1.93 98.07   100  10181
    WG  2.66 97.34   100  49673
[...]


    Fisher's Exact Test for Count Data
```

```
data:  .Table
p-value = 1.071e-05
alternative hypothesis: true odds ratio is not [...]
95 percent confidence interval:
 0.6142583 0.8367458
sample estimates:
odds ratio
 0.7184942
```

Folgende Ergebnisse zeigen sich: In der Wirkgruppe haben 2.66% der Kunden einen Abschluss erzielt, in der Kontrollgrupppe waren dies nur 1.93%. Dies ergibt eine Hebelquote von $0.73\%(= 2.66\% - 1.93\%)$.

Das Verhalten der Kunden unterliegt natürlich zufälligen Schwankungen. Daraus ergibt sich folgendes Problem: Sind die angegebenen Hebelquoten (und die darauf basierenden Kennzahlen) nur aufgrund zufälliger Schwankungen verschieden von 0% oder ist die Abweichung so groß, dass von einem „echten" Effekt der Kampagne gesprochen werden kann?

Eine Lösung bietet hier der Einsatz des in Abschnitt 7.3.2 vorgestellten zweiseitigen Fisher-Testes zum Vergleich der Verteilung der Reaktionsquoten in Wirk- und Kontrollgruppe. Eigentlich ist dieser Test ein Unabhängigkeitstest und wir haben hier nicht den Fall, dass wir zufällig Kunden auswählen und erst dann prüfen, welcher Gruppe sie angehören. Stattdessen haben wir vorgegebene Wirk- und Kontrollgruppengrößen und wollen Reaktionsquoten vergleichen. Dies würde eher zum $\chi^2$-Homogenitätstest führen. Wir haben jedoch zu Beginn von Abschnitt 7.4 gesehen, dass es unerheblich ist, wenn wir hier einen Unabhängigkeitstest verwenden. Für den Fisher-Test spricht in diesem Fall, dass sich Betrachtungen zum Fehler 2. Art leichter anstellen lassen (siehe Abschnitt 8.5).

Die Nullhypothese „Gleiche Reaktionsquoten in Wirk- und Kontrollgruppe" läßt sich hier so interpretieren: Die Kampagne zeigt keinen Effekt.

Die Fehler 1. und 2. Art lassen sich wie folgt beschreiben:

▶ Fehler 1. Art: Die Kampagne wird als erfolgreich erachtet, obwohl sie keine Wirkung besitzt. Dies führt dazu, dass unwirksame Kampagnen weitergeführt werden, d.h. Ressourcen vernichtet werden.

▶ Fehler 2. Art: Bei einer wirksamen Kampagne kommt man zum Schluss, dass diese keine Wirkung hat. Dies führt dazu, dass man eine evtl. wirksame Kampagne nicht mehr durchführt und somit Opportunitätskosten entstehen.

Man verwendet hier den zweiseitigen Fisher-Test, da man mit dem einseitigen Test von vornherein ungewünschte Effekte (z.B. negative Hebelquote beim Cross- und Up-Selling bzw. positive Hebelquote im Kundenbindungsfall) im Modell ausschließen würde. Da diese jedoch in der Realität auftreten, sollte man sich durch den zweiseitigen Test vor diesen doppelt ärgerlichen Fällen (man hat Geld ausgegeben, um ungewünschte Reaktionen zu erzeugen) absichern.

In der Ausgabe zum Programmbeispiel 8.10 sehen wir als letztes Ausgabeelement die Ergebnisse des angeforderten exakten Test nach Fisher. Der $p$-Wert ist mit

$1.071 \cdot 10^{-5}$ kleiner als 0.05, weshalb ein signifikanter Effekt der Kampagne „Angebote für Kunden mit Finanzierungsbedarf" angenommen werden kann. Dies wird auch durch die odds ratio bzw. das zugehörige Konfidenzintervall bestätigt.

Für die Kampagne „Angebote für Kunden mit Anlagewunsch" stellen wir die Ergebnisse wieder nur tabellarisch dar (s. Tabelle 8.11) und überlassen die Durchführung der Analyse mit dem R-Commander wieder dem Leser als Aufgabe 3.

**Tabelle 8.11** Kreuztabelle zur Bestimmung des Hebeleffekts der Kampagne „Angebote für Kunden mit Anlagewunsch".

|  | Abschluss | | |
| --- | --- | --- | --- |
|  | ja | nein | Gesamt |
| Kontrollgruppe | 69 | 1 204 | 1 273 |
|  | 5.4% | 94.6% | |
| Wirkgruppe | 1 215 | 19 709 | 20 924 |
|  | 5.8% | 94.2% | |
| Gesamt | 1 284 | 21 913 | 22 197 |

Der Hebeleffekt dieser Kampagne ist mit 0.4% deutlich geringer. Zudem ist der $p$-Wert des exakten Tests nach Fisher mit 0.6207 größer als 0.05, was darauf schließen lässt, dass die Kampagne keinen signifikanten Effekt erzielt hat.

Um noch genauer die Wirksamkeit der Kampagnen beurteilen zu können, müssen auch die weiteren Kennziffern zur Kampagnenerfolgsmessung aus Abschnitt 8.2 bestimmt werden. Dazu soll in einem ersten Schritt der durchschnittliche Wertbeitrag der Wirkgruppe für die Kampagne „Angebote für Kunden mit Finanzierungsbedarf" berechnet werden, da dies ein wichtiger Parameter für die Berechnung der weiteren Kennziffern ist.

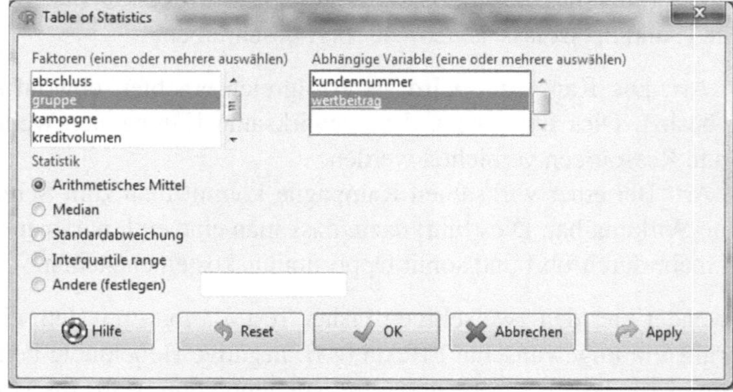

**Abb. 8.12** Dialogfeld zur Berechnung des durchschnittlichen Wertbeitrags für Kontroll- und Wirkgruppe.

**Programmbeispiel 8.13**

1. Gehe im Menü auf **Statistik** $\longrightarrow$ **Deskriptive Statistik** $\longrightarrow$ **Tabelle mit Statistiken ...**
2. Es öffnet sich ein neues Dialogfeld wie in Abb. 8.12 zu sehen. Im linken oberen Feld *Faktoren* wählt man (mit Linksklick) die Variable `gruppe`, um eine getrennte Ergebnisausgabe nach Kontroll- und Wirkgruppe zu erzwingen.
3. Im Feld rechts oben (*Abhängige Variable*) wählt man `wertbeitrag` aus. Danach klickt man auf $\boxed{\text{OK}}$, da per Voreinstellung bereits das arithmetische Mittel ausgegeben wird.

Alternativ kann man sich das arithmetische Mittel des Wertbeitrags beider Gruppen auch über das Menü **Statistik** $\longrightarrow$ **Deskriptive Statistik** $\longrightarrow$ **Zusammenfassungen numerischer Variablen ...** berechnen lassen, siehe Abschnitt 21.1.3.

Im Ausgabefenster wird das Ergebnis dann angezeigt:

```
gruppe
      KG        WG
1454.361 1481.720
```

Der durchschnittliche Wertbeitrag für die Wirkgruppe beträgt als 1 481.72 €. Das Ergebnis für die Kontrollgruppe ist weniger wichtig, da uns aufgrund der in Abschnitt 8.2 eingeführten Kennzahlen nur das Ergebnis der Wirkgruppe für die weiteren Berechnungen interessiert. Wir vernachlässigen dabei den eventuellen Effekt, dass eine Kampagne nicht nur zu mehr Abschlüssen, sondern auch zu höherwertigen führen könnte. Die gesamten Ergebnisse der Erfolgsauswertung der beiden Kampagnen sind in Tabelle 8.14 aufgelistet. Dabei erfolgt hier auch eine Angabe der Kampagnenkosten, die nicht im Datensatz enthalten sind. Zur Berechnung wurden die in Abschnitt 8.2 vorgestellten Formeln verwendet, siehe auch Aufgabe 4.

Wie lassen sich nun die Ergebnisse aus Sicht der Bank interpretieren? Dazu sollten wir uns kurz in Erinnerung rufen, dass es das Ziel der Kampagne ist, den Gewinn zu maximieren.

▶ Die Kampagne „Angebote für Kunden mit Finanzierungsbedarf" hat sich als sehr wirksam (Wertbeitrag) und effizient (RoI) erwiesen. Sie sollte auf jeden Fall weitergeführt werden, evtl. sollte eine Auflagenerhöhung ins Auge gefasst werden, um weitere Ansprachepotentiale zu nutzen. Zu beachten ist dabei jedoch, dass kein unendliches Potential an Kunden zur Verfügung steht. Da man im Idealfall die „geeignetsten" Kunden für die Kampagne bereits ausgewählt hat, ist bei einer Erweiterung der Kampagne damit zu rechnen, dass mit den „neuen" Kunden nicht mehr die gleiche Wirkung erzielt werden kann. Dies ist ein Beispiel für den **abnehmenden Grenznutzen**, der sich in vielen wirtschaftlichen Anwendungen zeigt. Eine relevante Frage, auf die wir hier nicht eingehen können, ist dann natürlich bis zu welcher Auflage eine Ansprache sinnvoll ist.

▶ Die Ergebnisse der Kampagne „Angebote für Kunden mit Anlagewunsch" sind mit Vorsicht zu interpretieren, da die Kontrollgruppe nicht repräsentativ ist. Nach den vorliegenden Zahlen konnte kein signifikanter Effekt festgestellt werden, zudem waren die Kosten höher als der Wertbeitrag. Daher sollte die Kampagne einer Überprüfung unterzogen werden und bei der nächsten Durchführung mit einer repräsentativen Kontrollgruppe noch einmal gemessen werden, um über die endgültige Weiterführung zu entscheiden (siehe hierzu Aufgabe 6). Sollten sich die Ergebnisse bestätigen, ist eine Einstellung zu empfehlen.

**Tabelle 8.14** Zusammenfassung der Ergebnisse der Erfolgsauswertung der beiden Kampagnen.

| | Kampagne | |
| --- | --- | --- |
| | „Finanzierungsbedarf" | „Anlagewunsch" |
| Anzahl Kunden | 49 673 | 20 924 |
| Hebelquote | 0.73% | 0.39% |
| Wertbeitrag je Abschluss | 1 481.72 € | 498.83 € |
| Hebelbasierter Wertbeitrag | 540 410 € | 41 669 € |
| Kosten der Kampagne | 198 298 € | 103 923 € |
| Hebelbasierter CPR | 544 € | 1 285 € |
| Hebelbasierter RoI | 173% | −60% |
| Signifikanz Hebelquote | ja | nein |
| Repräsentativität Kontrollgruppe | ja | nein |

## 8.5 Kontrollgruppengröße

Wie wir gesehen haben, ist die Kontrollgruppe ein entscheidendes Hilfsmittel bei der Messung des Erfolges von Kampagnen. Jedoch haben Kontrollgruppen aus einer vertrieblichen Sicht nicht nur positive Auswirkungen, da Kunden bewusst nicht angesprochen werden und dadurch mögliche Ansprachepotentiale ungenutzt bleiben. Daher hat man das Bestreben, die Kontrollgruppe möglichst klein zu halten. Andererseits sind natürlich die Ergebnisse in Bezug auf Hebel und RoI umso stabiler, je größer die Kontrollgruppe ist. Kontrollgruppen stellen somit ein Investment dar, mit dem man sich Erkenntnisse über den Kampagnenerfolg „kauft". Mit diesem Zielkonflikt wollen wir uns in diesem Abschnitt beschäftigen.

Generell gilt beim Testen und festen Stichprobengrößen immer: Je geringer die Wahrscheinlichkeit des Fehlers 1. Art ist, desto höher ist die Wahrscheinlichkeit des Fehlers 2. Art. Im Standardfall wird die Wahrscheinlichkeit des Fehlers 1. Art fix gewählt (z.B. 5%) und die Wahrscheinlichkeit des Fehlers 2. Art über eine Erhöhung der Größen von Stichproben reduziert.

Wie groß muss also speziell die Kontrollgruppe gewählt werden, um valide Ergebnisse zu erzielen?

Eine Lösung bietet in diesem Fall die **Formel nach Casagrande/Pike/Smith** ([4], Seite 421), die eine Minimalgröße der Kontrollgruppe angibt, unter der „valide" Ergebnisse durch Fishers exakten Test zu erwarten sind. Dabei muss man einige Parameter zur gewünschten Validität vorgeben. Im Detail sind dies

- ▶ $\alpha$: Signifikanzniveau, i.d.R. 5%
- ▶ $\beta$: Akzeptierte Wahrscheinlichkeit für den Fehler 2. Art (z.B. 10%). Dies legt einen Grad der Genauigkeit der Messung der Hebelquote durch die Kontrollgruppe fest.
- ▶ $p_2$: Reaktionsquote in der Kontrollgruppe. Da diese vor Durchführung der Kampagne i.a. nicht bekannt ist, muss sie aus Erfahrungswerten geschätzt werden.
- ▶ $\delta$: Hebelquote, die man zu den oben angegebenen Bedingungen als signifikant identifizieren möchte (i.d.R. das Hebelquotenziel, das man erreichen möchte). Als Reaktionsquote der Wirkgruppe ergibt sich dann $p_1 = p_2 + \delta$. Dies ist der zweite Parameter, der die Genauigkeit festlegt.

Die Formel von Casagrande/Pike/Smith zur Bestimmung der Kontrollgruppengröße $n$ lautet dann:

$$n = \frac{A\left(1 + \sqrt{1 + 4\delta/A}\right)^2}{4\delta^2}, \tag{8.1}$$

wobei

$$A = \left(z_{1-\alpha}\sqrt{(p_1 + p_2)(1 - (p_1 + p_2)/2)} - z_\beta\sqrt{p_1(1 - p_1) + p_2(1 - p_2)}\right)$$

und $z_\alpha$, $z_\beta$ wieder wie in Abschnitt 2.5 die Quantile der Standardnormalverteilung zum Niveau $\alpha$ und $\beta$ bezeichnen (Aufgabe 5). Wir geben diese einfach an, da eine Herleitung der Formel den Rahmen dieser Abhandlung sprengen würde.

Die Formel (8.1) ist i.d.R. sehr konservativ da sie als Annahme enthält, das Kontroll- und Wirkgruppe gleich groß sind. In der Praxis sind jedoch Wirkgruppen üblicherweise deutlich größer.

Durch die Annahme gleicher Kontroll- und Wirkgruppengrößen lässt sich auch eine Verbindung zur erweiterten hypergeometrischen Verteilung aus Abschnitt 7.3 herstellen, die als Verteilungsannahme der Formel (8.1) zugrunde liegt. Mit den obigen Notationen ergibt sich ein Chancenverhältnis aus (7.9) von

$$\rho = \frac{p_1(1 - p_2)}{p_2(1 - p_1)} \tag{8.2}$$

für die erweiterte hypergeometrische Verteilung (7.11). Der Homogenitätsfall $\rho = 1$ entspricht dann $\delta = 0$. Der Fehler 2. Art kann grundsätzlich mit Hilfe der erweiterten hypergeometrischen Verteilung bezüglich $\rho$ gemäß (8.2) exakt berechnet werden. Die Formel (8.1) beruht auf geeigneten Näherungsannahmen.

Detailliertere Analysen zur Bestimmung der Kontrollgruppengröße, die berücksichtigen, dass Wirk- und Kontrollgruppen normalerweise unterschiedlich groß sind, können mit Hilfe umfangreicher Simulationen durchgeführt werden und zu kleineren Kontrollgruppen führen. Diese gehen aber über den Rahmen dieses Buches hinaus. Wir werden jedoch in Teil III einige Beispiele sehen, wie Simulationen in der Praxis eingesetzt werden. Wie schon in Abschnitt 2.6 bemerkt, ist die Bestimmung einer Stichprobengröße wie bei einer Kontrollgruppe ein häufiges Problem in der Statistik. Hierzu sehen wir ein weiteres Beispiel im Kapitel 10, das ebenfalls mit Simulationen gelöst wurde.

Mit den hier beschriebenen Anwendungen statistischer Methoden zur ökonomischen Messung von Kampagnen und der Repräsentativitätsüberprüfung von Kontrollgruppen sind Einsatzmöglichkeiten statistischer Verfahren im Kampagnenmanagement vorgestellt worden. Jedoch gibt es natürlich viele weitere Anwendungen der Statistik im Kampagnenmanagement, von denen zum Abschluß exemplarisch drei genannt seien.

▶ Untersuchung der Veränderungen von Wertbeiträgen durch Kundenansprache ($t$-Test bzw. Varianzanalyse)

▶ Nachweis von Korrelationen zwischen Hebelquote und Marktkonditionen eines Produktes, beispielsweise des Kreditzinses im Vergleich zu den Mitbewerbern (Pearson-Test)

▶ Bestimmung affiner Kunden durch Scoringmethoden zur geeigneten Kundenauswahl (Entscheidungsbäume, Regression, neuronale Netze etc.). Dies werden wir im folgenden Kapitel 9 genauer beleuchten.

## 8.6 Aufgaben

1. Führen Sie mit dem in Programmbeispiel 8.5 erzeugten Datensatz `kampagne1`, der nur die Daten der Kampagne „Angebote für Kunden mit Finanzierungsbedarf" enthält, eine Repräsentativitätsüberprüfung durch. Berechnen Sie dazu den $\chi^2$-Test für alle Messungen, die in Tabelle 8.9 aufgelistet sind.

2. (i) Erstellen Sie einen neuen Datensatz mit Namen `kampagne2`, der aus dem Datensatz `kampagnenerfolg` nur die Beobachtungen der Kampagne „Angebote für Kunden mit Anlagewunsch" enthält.

   (ii) Erstellen Sie gemäß Tabelle 8.8 mit dem R-Commander eine Übersicht über die absoluten Häufigkeiten und Prozentzahlen für die Variable `kundensegment` gruppiert nach Kontroll- und Wirkgruppe.

   (iii) Stellen Sie fest, ob die Kontrollgruppe repräsentativ gewählt ist. Führen Sie dazu den $\chi^2$-Test für alle Messungen aus Tabelle 8.9 durch.

3. Bestimmen Sie mit dem Datensatz `kampagne2` mit Hilfe des R-Commander die Hebelquote der Kampagne und überprüfen Sie mit einem geeigneten Testverfahren ob die Kampagne einen signifikanten Effekt aufweist. Wie lautet ferner der durchschnittliche Wertbeitrag der Kampagne für die Wirkgruppe?

4. (i) Schreiben Sie in R die Funktion `kampagnenerfolgsmessung()`. Diese soll, gegeben die vier Parameter Kundenzahl, Hebelquote, Wertbeitrag je Abschluss und Kosten der Kampagne, die drei in Abschnitt 8.2 definierten Erfolgskennziffern hebelbasierter Wertbeitrag, hebelbasierter CPR und hebelbasierter RoI berechnen und in der Ausgabe anzeigen.

   (ii) Überprüfen Sie mit Hilfe der Funktion aus Teilaufgabe (i) die Angaben aus Tabelle 8.14 für beide Kampagnen.

5. (i) Schreiben Sie eine Funktion mit Namen `n.kontrolle()`, die die Kontrollgruppengröße nach der in Gleichung (8.1) angegebenen Formel berechnet. Die Eingabeparameter sind dabei $\alpha$, $\beta$, $p_2$ und $\delta$.

   (ii) Berechnen Sie für $\alpha = 0.05$, $\beta = 0.1$, $p_2 = 0.35$ und $\delta = 0.01$ die Größe der Kontrollgruppe. Halten Sie die angegebene Kontrollgruppengröße in der Praxis für realisierbar?

6. Die Bank hat die Maßnahme „Angebote für Kunden mit Anlagewunsch" optimiert und die Kampagne erneut durchgeführt. Die Daten zu den Kunden und deren Reaktionen sind im Datensatz `kampagne2.reloaded` enthalten. Überprüfen Sie, ob die Kontrollgruppe nun repräsentativ ist, indem Sie analog zu Tabelle 8.9 mit dem $\chi^2$-Test auf Repräsentativität prüfen. Zu welcher Entscheidung kommen Sie jetzt? Berechnen Sie auch die Erfolgskennziffern aus Tabelle 8.14 und verwenden Sie hierzug die in Aufgabe 4 definierte Funktion `kampagnenerfolgsmessung()`. Wie bewerten Sie den Erfolg der Kampagne nun? Sollte diese weitergeführt werden?

# Literatur


1. Bose, I. und Chen, X. (2009) Quantitative Models for Direct Marketing: A Review from Systems Perspective. European Journal of Operational Research, Vol. 195 , pp. 1-16.

2. Gersten, W. (2005): Zielgruppenselektion für Direktmarketingkampagnen; Peter Lang, Frankfurt am Main.

3. Hansotia, B. und Rukstales, B. (2002) Incremental Value Modeling. Journal of Interactive Marketing, Vol. 16, No. 3, pp. 35-46.

4. Hartung, J., Elpelt, B. und Klösener, K.-H. (2009). Statistik: Lehr- und Handbuch der angewandten Statistik, 15. Auflage. Oldenbourg.

5. Hippner, H. und Wilde, K.D. (Hrsg.) (2006). Grundlagen des CRM - Konzepte und Gestaltung, 2. Auflage. Gabler.

6. Homburg, C. (Hrsg.) (2012). Kundenzufriedenheit - Konzepte, Methoden, Erfahrungen, 8. Auflage. Gabler.

7. Michel, R., Schakenburg, I., von Martens, T. und Hilbert, A. (2011) Effektive Kundenselektion für Vertriebskampagnen auf Basis von Nettoscores - Gelbe Reihe, TU Dresden

8. Prinzie, A. und van den Poel, D. (2005) Constrained Optimization of Data-Mining Problems to Improve Model Performance - A Direct-Marketing Application. Expert Systems with Applications, Vol. 29, pp. 630-640.

9. Radcliffe, N. J. und Simpson, R. (2008) Identifying Who Can Be Saved and Who Will Be Driven Away by Retention Activity. Journal of Telecommunications Management, Vol. 1/2, pp. 168-176.

10. Sachs, L. (2004). Angewandte Statistik, 11. Auflage. Springer.

11.  Töpfer, A. (Hrsg.) (2008). Handbuch Kundenmanagement - Anforderungen, Prozesse, Zufrie-
     denheit, Bindung und Wert von Kunden, 3. Auflage. Springer.

# Kapitel 9
# Präventives Kreditausfallmanagement

In diesem Kapitel beschäftigen wir uns detailliert mit einer der im Kapitel 8 dargestellten Kampagnen. Die hier vorgestellte Kampagne hat zum Ziel Ausfälle von Krediten zu verhindern. Wie die entsprechenden Kunden identifiziert werden und was getan werden kann, um den Ausfall zu vermeiden, wollen wir im Folgenden näher erläutern.

Wir bedanken uns erneut bei Thomas Mauch für die Mitarbeit an der Erstellung dieses Kapitels.

## 9.1 Ziele des präventiven Kreditausfallmanagements

Im Zuge der Folgen der Finanzkrise seit 2008 war aufgrund erhöhter Kurzarbeit und Arbeitslosigkeit damit zu rechnen, dass private Kunden von Banken vermehrt zahlungsunfähig wurden und damit ihre Kreditraten nicht mehr bezahlen konnten. Daher gingen Banken dazu über, **präventives Kreditausfallmanagement** zu betreiben.

Die grundsätzlichen Fragen, die das präventive Kreditausfallmanagement beantworten muss, lauten „Was kann schon präventiv getan werden, damit Kunden erst gar nicht in Liquiditätsprobleme kommen?" und „Wie können gefährdete Kunden identifiziert werden?" Ziel ist dabei zunächst einmal, das Risiko der Zahlungsausfälle zu kontrollieren. Denn jeder Kredit mit Zahlungsverzug schlägt sich in der Bank durch beiseite gelegtes Eigenkapital nieder, mit dem nicht weiter gearbeitet werden kann (sogenannte Risikokosten). Diese Position soll natürlich so gering wie möglich sein. Zudem will man Kundenbeziehungen durch einen Beratungsansatz pflegen und nicht beschädigen.

Die Erreichung dieser Ziele wird durch eine rechtzeitig durchgeführte und gezielte, zunächst telefonische Ansprache der relevanten Kunden umgesetzt.

Die Bank muss bei so einem Vorgehen folgende Dinge beachten:

▶ bereits im Frühstadium agieren, bevor der Kunde in Zahlungsverzug gerät

▶ die Zielgruppe richtig definieren, d.h. Kunden mit einem bevorstehenden Zahlungsverzug sollen angesprochen werden

▶ Qualität von Kontaktdaten wie Telefonnummern ständig verbessern, um den Kunden auch erreichen zu können.

Bei diesem Vorgehen handelt es sich, wie in Kapitel 8 beschrieben, um die Planung und Durchführung einer Kampagne mit dem Kanal Telefon. In diesem Abschnitt möchten wir uns allerdings hauptsächlich darauf konzentrieren, wie die Kunden für die Kampagne selektiert werden und nicht, wie der Erfolg der Kampagne gemessen werden kann.

## 9.2 Identifikation geeigneter Kunden

In einem ersten Schritt möchten wir zeigen, wie man mittels statistischer Methoden Kunden mit einem potentiellen Zahlungsverzug erkennen kann. Eine drohende Zahlungsunfähigkeit zeigt sich üblicherweise durch Frühwarnindikatoren im Vorfeld, schematisch ist das in Abb. 9.1 dargestellt. Diese Indikatoren können durch statistische Methoden ausgewertet und dann zur Auswahl der geeigneten Kunden verwendet werden

Ein erster wichtiger Schritt ist dazu, genau zu definieren, was man eigentlich unter **Zahlungsverzug** bzw. **-ausfall** versteht. Üblicherweise wird dazu eine fixe Anzahl von Tagen festgelegt (z.B. 30). Zahlt der Kunde innerhalb dieser Zeit seine fällige Rate nicht, wird von einem Zahlungsverzug oder einer Delinquenz gesprochen.

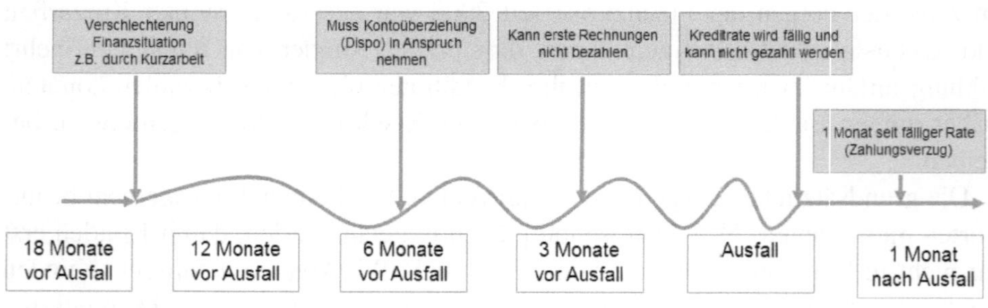


**Abb. 9.1** Schematische Darstellung der Kundenentwicklung zum Zahlungsverzug.

## 9.2.1 Datengrundlage

Aus der Vielzahl an möglichen Daten, die einer Bank über einen Kunden vorliegen können, seien hier exemplarisch einige genannt.

▶ Bankinterne Indikatoren

  – Stammdaten: Dauer der Kundenbeziehung, internes Kundensegment, ...
  – Produktbesitz: Anzahl Verträge, Volumina, Kreditlaufzeit, ...
  – Laufendes Konto: vorhanden (ja/nein), Habenumsätze, Sollumsätze, Überziehungen, ...
  – Bankinterne Scores: Internes Bonitätsrating, Produktaffinitäten, ...

▶ Externe Indikatoren, d.h. Daten, die üblicherweise von einem Dienstleister gekauft werden müssen wie Kreditscores, Informationen zur Kreditaufnahme bei anderen Banken, Bonitätsratings externer Anbieter (z.B. Schufa, Infoscore, Creditreform, ...)

Zusammenfassend gibt es folgende Voraussetzungen für die Entwicklung eines statistischen oder Data Mining-Modells zur Prognose von Zahlungsausfällen:

▶ Definition der relevanten Kundenbasis, z.B. Privat- oder Geschäftskunden
▶ Auswahl der relevanten Kreditprodukte, z.B. Konsumentenkredite oder Baufinanzierungen
▶ Genaue Festlegung des Begriffes „Zahlungsverzug"
▶ Verfügbarkeit historischer Daten von Kunden mit und ohne Zahlungsverzug
▶ Vorhandensein von erklärenden Variablen wie den oben beschriebenen.

Sind diese konzeptionellen Arbeiten erledigt, so ist es im nächsten Schritt das Ziel, einen Datensatz aus den vorliegenden Daten zu erstellen. Ein Beispiel hierfür ist der simulierte Datensatz `kreditscoring`, der in Abb. 9.2 zu sehen ist. Der Datensatz wurde dabei innerhalb des R-Commanders geöffnet, siehe Programmbeispiel 8.4 für nähere Erläuterungen. Der Übersichtlichkeit halber ist der Datensatz sehr knapp gehalten, was die Anzahl der erklärenden Variablen angeht. Reale Datensätze enthalten natürlich wesentlich mehr Informationen, ansonsten ist der vorliegende Datensatz sehr realitätsnah. In diesem Datensatz sind die folgenden Informationen enthalten:

▶ `kundennummer`: Nummer zur eindeutigen Identifikation eines Kunden
▶ `sollzinsen`: Zinsen des letzten Quartals, die in Folge von Überziehungen des Kontos anfielen
▶ `habenumsaetze`: durchschnittliche monatliche Habenumsätze in den letzten sechs Monaten
▶ `anlagevolumen`: Vermögen des Kunden, das in Form von Geldanlagen bei der Bank vorhanden ist
▶ `zinssatz`: aktueller Zinssatz des Kredites
▶ `schufa`: Bonitätsrating des Kunden durch die Schufa (absteigend von A = „sehr gut" bis J = „sehr schlecht")

▶ `ausfall`: liegt bei dem Kunden ein Zahlungsverzug vor (Eintrag 1) oder nicht (Eintrag 0)?

▶ `training`: teilt den Datensatz in Trainings- und Validierungsdaten (mehr dazu in Abschnitt 9.2.2). Hier wurden die Daten so aufgeteilt, dass sich 30 000 Beobachtungen im Trainings- und 10 000 Beobachtungen im Validierungsdatensatz befinden.

kreditscoring

| | kundennummer | sollzinsen | habenumsaetze | anlagevolumen | zinssatz | schufa | ausfall | training |
|---|---|---|---|---|---|---|---|---|
| 1 | 100001 | 0.00 | 4923.72 | 0.00 | 0.09 | H | 0 | ja |
| 2 | 100002 | 0.00 | 3890.62 | 8887.23 | 0.10 | J | 0 | ja |
| 3 | 100003 | 96.48 | 4265.01 | 2189.03 | 0.08 | C | 0 | nein |
| 4 | 100004 | 95.07 | 1021.39 | 0.00 | 0.09 | C | 1 | ja |
| 5 | 100005 | 84.84 | 4066.57 | 0.00 | 0.10 | C | 0 | nein |
| 6 | 100006 | 0.00 | 2855.05 | 7358.05 | 0.11 | E | 0 | nein |
| 7 | 100007 | 52.36 | 1131.12 | 4784.01 | 0.08 | G | 0 | ja |
| 8 | 100008 | 89.95 | 2435.78 | 3514.84 | 0.08 | G | 1 | ja |
| 9 | 100009 | 97.42 | 2210.27 | 533.79 | 0.08 | E | 0 | ja |
| 10 | 100010 | 0.00 | 876.99 | 2048.75 | 0.12 | J | 0 | ja |
| 11 | 100011 | 0.00 | 1407.81 | 3339.07 | 0.10 | D | 0 | nein |
| 12 | 100012 | 87.98 | 3991.49 | 0.00 | 0.10 | I | 1 | ja |
| 13 | 100013 | 64.17 | 839.75 | 4987.21 | 0.09 | D | 1 | nein |
| 14 | 100014 | 23.51 | 2762.54 | 8465.30 | 0.08 | D | 0 | ja |
| 15 | 100015 | 0.00 | 4367.31 | 0.00 | 0.10 | I | 0 | ja |
| 16 | 100016 | 33.40 | 2908.95 | 6800.76 | 0.11 | J | 0 | ja |
| 17 | 100017 | 0.00 | 2825.65 | 534.08 | 0.09 | B | 0 | ja |
| 18 | 100018 | 22.45 | 48.05 | 831.72 | 0.12 | J | 0 | nein |
| 19 | 100019 | 0.00 | 2097.32 | 1673.11 | 0.10 | B | 0 | ja |
| 20 | 100020 | 76.09 | 3109.34 | 0.00 | 0.10 | A | 1 | ja |

**Abb. 9.2** Ausschnitt aus dem Beispieldatensatz `kreditscoring` zur Erstellung eines Prognosemodells zum Zahlungsverzug.

Um sich dem Datensatz zu nähern und ein erstes Gefühl für Zusammenhänge zu erhalten, bieten sich univariate Analysen an, z.B. mittels der in Abschnitt 1.2.3 vorgestellten Boxplots, wie folgendes Programmbeispiel zeigt.

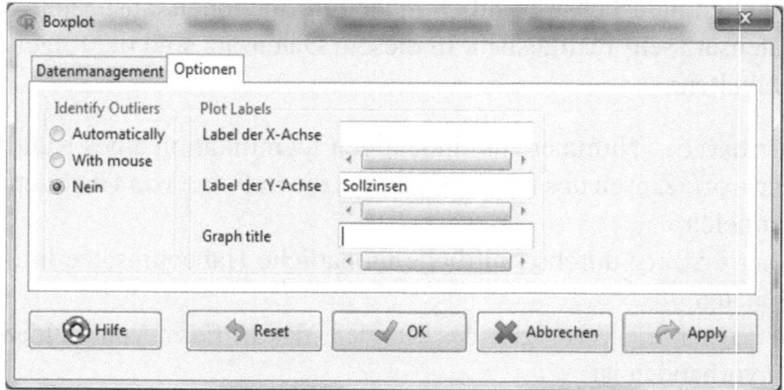


**Abb. 9.3** Dialogfeld zur Erstellung eines Boxplots der Variable `sollzinsen` gruppiert nach der Variablen `ausfall`.

**Programmbeispiel 9.4** Für die Sollzinsen soll ein Boxplot, gruppiert nach den Kunden mit und ohne Zahlungsverzug erstellt werden:

1. Gehe im Menü auf **Grafiken** $\longrightarrow$ **Boxplot ...**
2. Es öffnet sich ein neues Dialogfeld, in dem man die Variable `sollzinsen` auswählt.
3. Dann klickt man auf [ Grafik für die Gruppen ] und wählt im neuen Dialogfeld die Variable `ausfall` aus.
4. Als nächstes geht man auf die Kartei „Optionen" und wählt wie in Abb. 9.3 unter *Identify Outliers* die Einstellung *Nein* aus.
5. Zum Schluss ändert man die Beschriftung der Y-Achse in „Sollzinsen" und löscht die Einträge aus *Label der X-Achse* und *Graph title* und geht dann auf [ OK ] .

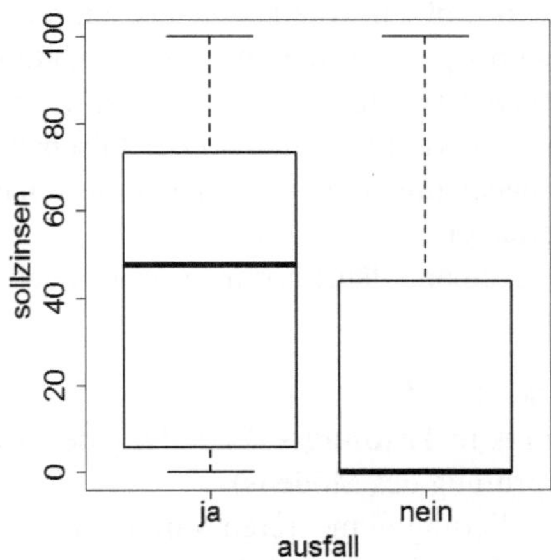

**Abb. 9.5** Boxplot der Variable `sollzinsen` gruppiert nach der Variable `ausfall`.

Innerhalb der R-Umgebung erscheint dann der Boxplot wie in Abb. 9.5. Zum Bearbeiten und Exportieren von Diagrammen, verweisen wir auf die Abschnitte 21.2.2 und 21.2.4. Man erkennt, dass Kunden mit Zahlungsverzug tendenziell höhere Sollzinsen haben. Speziell die jeweiligen Mediane unterscheiden sich deutlich. Jedoch sieht man auch, dass aufgrund der Sollzinsen kein eindeutiger Rückschluss auf den Zahlungsausfall möglich ist.

Um umfassendere Aussagen zu erhalten, sollte man die weiteren Variablen des Datensatzes ins Spiel bringen. Zur Abbildung der Zusammenhänge zwischen den Variablen sind aber multivariate Modelle erforderlich. Ein Beispiel hierfür sind Scorings, die wir im Folgenden vorstellen wollen.

## 9.2.2 Scoring

**Scoring** nennt man ein systematisches Verfahren, künftiges Verhalten von Personen oder Personengruppen, die bestimmte gemeinsame Merkmale (Eigenschaften, Verhaltensweisen) aufweisen, zu **prognostizieren**. Jeder Person wird dabei üblicherweise ein Wert zugeordnet, der ihr künftiges Verhalten beschreiben soll. In unserem Fall wollen wir das künftige Zahlungsverhalten vorhersagen. Hier ist dieser Wert die vorhergesagte Ausfallwahrscheinlichkeit.

Beispiele von gängigen statistischen Scoring-Methoden sind:

▶ Entscheidungsbäume
▶ Neuronale Netze
▶ (Logistische) Regressionen
▶ Diskriminanzanalysen.

Scoringmethoden sind in den letzten Jahren auch in der Presse häufig beschrieben worden, da viele Unternehmen ihr Handeln gegenüber dem Kunden nach Scores ausrichten. Beispielsweise entscheiden Versandhäuser auf der Basis von Scores, ob Kunden per Nachnahme zahlen können oder Vorkasse leisten müssen. Banken entscheiden auf Basis von Scores, ob ein Kunde einen Kredit erhält und wie hoch der Zinsatz ist. Auch wenn Scores gute Verfahren sind, die Unternehmen sehr helfen, werden sie häufig am Beispiel von fehlprognostizierten Einzelfällen negativ dargestellt: „Kunde erhält keinen Kredit, weil er in der falschen Straße wohnt". Wir wollen uns hier etwas genauer mit Scoringmethoden auseinander setzen, um ein differenzierteres Bild zu erhalten.

Eine Modellbildung über Scores läuft normalerweise nach folgenden Schritten ab:

▶ Erstellung Zielgröße und Datenbasis
▶ Trennung des Datensatzes in **Trainings-** (Erstellung des Modells) und **Validierungsdatensatz** (Überprüfung des Modells)
▶ Durchführung der Modellierung in mehreren Varianten
▶ Vergleich der erhaltenen Modelle anhand des Validierungsdatensatzes und Entscheidung für ein Modell.

Schematisch ist dies in Abb. 9.6 dargestellt.

Wichtig ist bei der Modellierung noch, dass man sein Modell nicht zu sehr an die vorhandenen Daten anpasst. Dies wird als **Overfitting** bezeichnet und verhindert die Übertragbarkeit auf neue Fälle.

Bei der Erstellung des Datensatzes sollte auch darauf geachtet werden, ein möglichst aussagekräftiges Bild der gewünschten Kundenmenge zu erhalten und keine Sondereffekte in den Datensatz aufzunehmen. Beispielsweise könnte ein Kreditdatensatz vom Jahresende aufgrund von Weihnachtsgeldzahlungen eine verminderte Anzahl von Kreditausfällen ausweisen. Eine Übertragung der Ergebnisse auf Kreditausfälle im Juli kann dann problematisch sein.

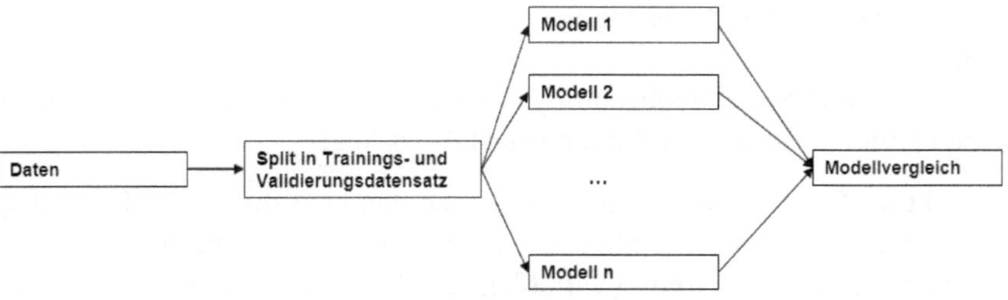


**Abb. 9.6** Schematische Darstellung einer Scoreentwicklung.

## 9.2.3  *Entscheidungsbäume*

Wir möchten das vorliegende Problem der Prognose der Zahlungsausfälle mit Hilfe
von Entscheidungsbäumen lösen. Dazu werden wir diese zunächst etwas genauer
vorstellen.

Das **Entscheidungsbaumverfahren** ist eine Methode, die zur automatischen
Klassifikation von Datenobjekten und damit zur Lösung von Entscheidungsproble-
men dient. Ein Entscheidungsbaum besteht immer aus einem **Wurzelknoten** und
beliebig vielen inneren Knoten sowie mindestens zwei **Blättern** (Knoten ohne weitere Folgeknoten). Dabei repräsentiert jeder Knoten eine logische Regel und jedes
Blatt eine Antwort auf das Entscheidungsproblem.

Die Knoten veranschaulichen damit hierarchisch aufeinanderfolgende Entscheidungen, die die zur Verfügung stehenden Beobachtungen durchlaufen. Wie diese
Knoten bestimmt werden, wollen wir nun genauer beschreiben. Beginnend mit dem
gesamten Datensatz ist es das Ziel, **Splits** des Datensatzes zu bestimmen, so dass
die neu entstehenden Untergruppen in Bezug auf die Zielgröße in sich homogen,
gegenseitig jedoch heterogen sind. Dazu wird eine Variable und ein Splitkriterium
festgelegt. Beispielsweise werden die Beobachtungen getrennt nach Sollzinsen $\geq c$
und Sollzinsen $< c$.

Für den gewählten Split wird die folgende, aus Abschnitt 7.4 bekannte $\chi^2$-
Statistik bestimmt:

$$\chi^2 = \frac{(m_1 - n_1 h)^2}{n_1 h} + \frac{(m_2 - n_2 h)^2}{n_2 h} + \frac{(n_1 - m_1 - n_1(1 - h))^2}{n_1(1 - h)}$$
$$+ \frac{(n_2 - m_2 - n_2(1 - h))^2}{n_2(1 - h)}$$

Dabei sind:

▶ $h$: Anteil der Beobachtungen im Vaterknoten, für die ein Zahlungsausfall vorliegt.

- ▶ $n$, $n_1$, $n_2$: Anzahl der Beobachtungen im Vaterknoten und in den neuen Untergruppen 1 und 2.

- ▶ $m$, $m_1$, $m_2$: Anzahl der Beobachtungen im Vaterknoten und in den neuen Untergruppen 1 und 2, für die ein Zahlungsausfall vorliegt.

Je größer diese Zahl ist, um so mehr unterscheiden sich die neuen Untergruppen bezüglich der Eintrittswahrscheinlichkeit der Zielgröße „Zahlungsausfall".

Unter allen möglichen Splits (Variablen und Trennungsregeln) wird derjenige ausgewählt, für den $\chi^2$ den größten Wert hat und für den der entsprechende $p$-Wert

$$p = 1 - \mathrm{Chi}_1(\chi^2)$$

unter einem vorgegebenen Signifikanzniveau $\alpha$ liegt (signifikanter Split). $\mathrm{Chi}_1$ bezeichnet dabei die $\chi^2$-Verteilung mit einem Freiheitsgrad, siehe Definition 3.12. Damit wird ein $\chi^2$-Unabhängigkeitstest auf einer $2 \times 2$-Kontingenztafel durchgeführt, siehe Abschnitt 7.2.

Dieses Verfahren wird rekursiv fortgesetzt, bis keine signifikanten Splits mehr möglich sind. Bei einem Entscheidungsbaum handelt es sich um ein Beispiel eines sogenannten **Greedy-Algorithmus**, also eines „gierigen" Algorithmus, der versucht in jedem Schritt lokal optimale Entscheidungen zu treffen. Diese isoliert optimalen Entscheidungen müssen in Summe nicht zum optimalen Ergebnis führen. In der Praxis zeigt sich aber, dass dies selten ein Problem darstellt.

Zur tatsächlichen Bestimmung der Bäume ist aufgrund der hohen Anzahl an möglichen Splits (Fluch der Dimension) der Einsatz geeigneter Software mit Algorithmen zur heuristischen Suche notwendig, die auch in R verfügbar sind. Veranschaulichen wir uns dies mit dem Datensatz `kreditscoring`.

**Programmbeispiel 9.7** Die Erstellung des Modells soll nur mit dem Trainingsdatensatz erfolgen. Zu diesem Zweck erzeugen wir uns einen neuen Datensatz, der nur die Daten enthält, die in der Variable `training` die Ausprägung `ja` haben. Wir müssen hierfür eine Fallauswahl und nennen den neuen Datensatz `scoring.training`. Die Filterung kann zum einen über den R-Commander erfolgen (vgl. Abschnitt 20.4) oder direkt mit der Funktion `subset()` im Skriptfenster. Die Variable `ausfall` ist für spätere Berechnungen bewusst als numerische Variable mit den Einträgen 0 und 1 gespeichert. Für die Modellerstellung muss diese Variable aber eine Faktorvariable sein. Daher verwenden wir zuerst die Funktion `factor()` um das Objekt `ausfall.konv` zu erzeugen (vgl. Abschnitt 20.3.1) und hängen dieses mit `data.frame()` an den Datensatz an:

```
scoring.training <- subset(kreditscoring,
  training == "ja")
ausfall.konv      <- factor(scoring.training$ausfall,
  labels = c("nein", "ja"))
scoring.training <- data.frame(scoring.training,
  ausfall.konv)
```

Die Erstellung von Entscheidungsbäumen ist nicht mit den R-Funktionen aus den Basispaketen möglich. Mit dem Kommando

```
library(partykit)
```

laden wir uns deshalb das Zusatzpaket **partykit** ([4]) in den Workspace, welches dazu natürlich vorher installiert werden muss (vgl. Abschnitt 18.4.1).

Im nächsten Schritt verwenden wir die Funktion `ctree()` aus dem neu installierten Paket, um den Entscheidungsbaum aufzustellen. Das erste Argument ist die Modellformel, bei der die konvertierte Variable `ausfall.konv` als Zielgröße auf der linken Seite der Formel steht. Auf der rechten Seite stehen die weiteren Kundendaten, wobei die Reihenfolge keine Rolle spielt. Beide Seiten werden mit einem Tilde-Zeichen voneinander getrennt. Als weiteres Argument muss noch mit `data` der Name des Datensatzes genannt werden.

Das Ergebnis der Rechnung mit `ctree()` speichern wir als Objekt `model.1`, welches wir später noch benötigen werden. Mit der Funktion `plot()` können wir das Ergebnis als Grafik anzeigen lassen.

```
model.1 <- ctree(ausfall ~ sollzinsen + zinssatz +
    habenumsaetze + anlagevolumen + schufa,
    data = scoring.training)
plot(model.1)
```

In Abb. 9.8 ist der Entscheidungsbaum zu sehen.

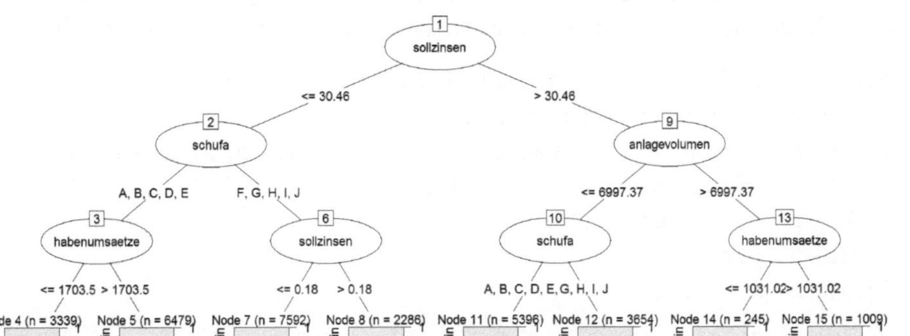


**Abb. 9.8** Diagramm des Entscheidungsbaums von `model.1`.

Im Entscheidungsbaum in Abb. 9.8 ist ganz oben der erste innere Knoten zu sehen, bei dem Kunden mit höchstens 30.46 € Sollzinsen auf den linken und Kunden mit mehr als 30.46 € Sollzinsen auf den rechten Unterknoten aufgeteilt werden. Die Unterteilung in weitere Knoten wird dann mit den anderen Variablen in zwei weitere Unterknoten fortgesetzt. Eine wichtige Frage ist nun, wie hoch die Ausfallwahrscheinlichkeiten für die einzelnen Blätter, d.h. untersten Knoten, des Entscheidungsbaums sind.

**Programmbeispiel 9.9** Die Berechnung der Wahrscheinlichkeiten für einen Kreditausfall führen wir zunächst nur mit den Validierungsdaten durch. Erstellen wir uns dazu analog wie in Programmbeispiel 9.7 einen Teildatensatz mit dem Namen `scoring.valid`, der nur die Kunden der Validierungsgruppe enthält. Als nächstes benötigen wir die Information, in welchem Endkonten sich jeder Kunde befindet, wofür wir die Funktion `predict()` verwenden. Das erste Argument ist der Name unseres Entscheidungsbaums, das Argument `newdata` gibt den Datensatz an und mit dem Argument `type` legt man fest, dass die Knotenzugehörigkeit ausgegeben werden soll. Direkt im Anschluss fügen wir den neu erstellten Vektor an den bisherigen Datensatz an:

```
scoring.valid  <- subset(kreditscoring,
   training == "nein")
knoten.1       <- predict(model.1,
newdata = scoring.valid, type = "node")
scoring.valid  <- data.frame(scoring.valid, knoten.1)
```

Die Ausfallwahrscheinlichkeit ist für jedes Blatt definiert als die Zahl der tatsächlichen Ausfälle des Knotens dividiert durch die Gesamtzahl aller Kunden in dem Knoten. Nachfolgende Befehle errechnen die gesuchten Wahrscheinlichkeiten.

```
knoten.ausfall  <- tapply(scoring.valid$ausfall,
   scoring.valid$knoten.1, sum)
knoten.gesamt   <- table(scoring.valid$knoten.1)
knoten.prognose <- round(knoten.ausfall /
   knoten.gesamt, 3)
knoten.gesamt
knoten.prognose
```

Dadurch, dass Kunden mit Kreditausfall den Eintrag 1 in der Variable `ausfall` haben und alle anderen den Wert 0, kann man zur Berechnung der Anzahl der Ausfälle für jeden Knoten die Funktion `tapply()` zu Hilfe nehmen (s. Abschnitt 21.2.1 für Details). Die Gesamtzahlen aller Kunden pro Knoten erhält man als einfache Häufigkeitstabelle mit der Funktion `table()` (s. Abschnitt 21.2.3). In der Ausgabe sieht man folgendes Ergebnis:

```
> knoten.gesamt

    4     5     7     8    11    12    14    15
 1162  2113  2519   791  1833  1178    71   333
```

```
> knoten.prognose
      4      5      7      8     11     12     14     15
  0.041  0.025  0.061  0.082  0.175  0.234  0.056  0.066
```

Die Spaltennummern in der Ausgabe entsprechen den Nummern der Blätter in Abb.
9.8. Im Knoten 4 befinden sich also im Validierungsdatensatz 1 162 Beobachtungen, die eine Ausfallhäufigkeit von 4.1 % besitzen, die wir als Schätzung für deren
Ausfallwahrscheinlichkeit nehmen (und im Weiteren etwas ungenau auch so nennen). Etwas übersichtlicher sind die Ergebnisse in Tabelle 9.10 zusammengefasst,
in der wir auch die Ergebnisse des Trainigsdatensatzes angeben, die man mit analo-
gen Programmschritten erhält.

**Tabelle 9.10** Übersicht über die Blätter des ersten Entscheidungsbaumes.

| Blattnr. | Kunden (Training) | Ausfall (Training) | Kunden (Validierung) | Ausfall (Validierung) |
|---|---|---|---|---|
| 4 | 3 339 | 3.9% | 1 162 | 4.1% |
| 5 | 6 479 | 1.9% | 2 113 | 2.5% |
| 7 | 7 592 | 5.5% | 2 519 | 6.1% |
| 8 | 2 286 | 9.2% | 791 | 8.2% |
| 11 | 5 396 | 17.9% | 1 833 | 17.5% |
| 12 | 3 654 | 21.6% | 1 178 | 23.4% |
| 14 | 245 | 14.3% | 71 | 5.6% |
| 15 | 1 009 | 4.6% | 333 | 6.6% |

Das Blatt 12 ist dasjenige mit der höchsten prognostizierten Ausfallwahrscheinlichkeit von 23.4% und besteht aus den Kunden, die mehr als 30 € Sollzinsen bezahlen, ein Anlagevolumen von weniger als 7 000 € haben und im Schufa-Score G
oder schlechter sind. Dass bei diesen Kunden ein erhöhtes Risiko besteht, ist aufgrund ihrer ungünstigen Finanzlage intuitiv nachvollziehbar. In Tabelle 9.10 erkennt
man außerdem, dass die Ausfallwahrscheinlichkeiten für den Validierungsdatensatz
nahe denen des Trainingsdatensatzes liegen. Einzig in Knoten 14 haben die Validierungsdaten eine deutlich geringere Ausfallwahrscheinlichkeit als der Trainigsdaten-
satz. Dieses Blatt enthält auch jeweils sehr geringe Kundenmengen, so dass hier ein
Overfitting vorzuliegen scheint.

Es gibt viele Varianten der obigen Methode, diese laufen beispielsweise unter den
Namen CART, CHAID oder C4.5, siehe z.B. [2], Kapitel 20. Sie unterscheiden sich
von der hier beschriebenen Methode z.B. in der heuristischen Suche der „besten"
Trennungsregel oder ersetzen die $\chi^2$-Statistik durch eine andere Kenngröße wie den
**Gini-Index**. Mit den obigen Notationen ist der Gini-Index $I_1$ für das linke Blatt in
unserem Fall definiert als

$$I_1 = 1 - \left(\frac{m_1}{n_1}\right)^2 - \left(\frac{m - m_1}{n - n_1}\right)^2$$

Der Gini-Index ist ein sogenanntes Unreinheitsmaß. Wenn alle Zahlungsausfälle und auch nur diese im linken Blatt liegen, also $m = m_1 = n_1$ gilt, hat der Gini-Index den Wert 0 und man hat eine perfekte Trennung der Zahlungsausfälle und Nicht-Ausfälle. Das Blatt ist dann rein. Der Wert des Gini-Index ist maximal, wenn die identische Verteilung von Zahlungsausfällen im linken Blatt wie im Vaterknoten vorliegt. Das Blatt gilt dann als maximal unrein. Ziel ist es, durch Minimierung des Gini-Index möglichst reine Blätter zu bilden, indem man wie bei der $\chi^2$-Statistik alle möglichen Splits durchprobiert. Analog kann man den Gini-Index $I_2$ für das rechte Blatt berechnen. Für weitere Informationen zu Unreinheitsmaßen verweisen wir auf [8], Abschnitt 7.4.3.

Wir möchten in einem nächsten Beispiel noch auf ein weiteres Problem eingehen: Bei der Konstruktion eines Entscheidungsbaums kann es natürlich passieren, dass je Blatt nur sehr wenige Beobachtungen vorhanden sind (z.B. Blatt 14 unseres Baumes) und damit die Prognose unzuverlässig wird. Daher stellt man üblicherweise Restriktionen an den Baum, die durch den Anwender festzulegende Parameter für den Algorithmus darstellen:

▶ Um einen Split zu erzeugen muss der $p$-Wert zur Teststatistik kleiner als eine vorgegebene Grenze $\alpha$ sein.

▶ Der Baum darf maximal $t$ Ebenen besitzen, wobei der Wurzelknoten als 1. Ebene zählt.

▶ In einem finalen Blatt müssen mindestens $s \cdot 100\%$ der Beobachtungen liegen mit $s \in (0, 1)$.

Sobald eine dieser Bedingungen verletzt ist, wird der entsprechende Knoten nicht weiter gesplittet und das Wachstum in diesem Ast beendet.

**Programmbeispiel 9.11** Wir gehen analog zu Programmbeispiel 9.7 vor, erstellen zuerst aber ein Objekt `setting`, welches die geänderten Einstellungen zur Bestimmung des Baums enthält. Zur Definition der Änderungen verwenden wir die Funktion `ctree_control()`. Im einzelnen verringern wir mit dem Argument `mincriterion` das Signifikanzniveau für einen Split von der Voreinstellung 5 % auf 1 % und mit `minprob` bestimmt man, dass in einem Endkonten mindestens 10 % der Beobachtungen liegen müssen. Mit dem Argument `maxdepth = t` kann man zudem noch festlegen, dass der Baum höchstens in $t$ Ebenen aufgesplittet wird, worauf wir hier aber verzichten. Die neu definierten Modelleinstellungen werden in der Funktion `ctree()` über das Argument `control` eingefügt.

```
setting <- ctree_control(mincriterion = 0.99,
    minprob = 0.1)
model.2 <- ctree(ausfall.konv ~ sollzinsen + schufa +
    habenumsaetze + anlagevolumen + zinssatz,
```

```
   data = scoring.training, control = setting)
plot(model.2)
```

Der resultierende Baum ist in Abb. 9.12 zu sehen. Der erste Split bleibt identisch, jedoch hat man auf der rechten Seite des Baum keine weitere Unterteilung nach dem Anlagevolumen. Ganz ähnlich zu Programmbeispiel 9.7 haben wir erneut die Ausfallwahrscheinlichkeiten von Trainings- und Validierungsdaten gruppiert nach jedem Knoten in Tabelle 9.13 zusammengefasst. Man erkennt, dass hier die Ausfallwahrscheinlichkeiten für beide Datensätze in jedem Knoten nahezu identisch sind.

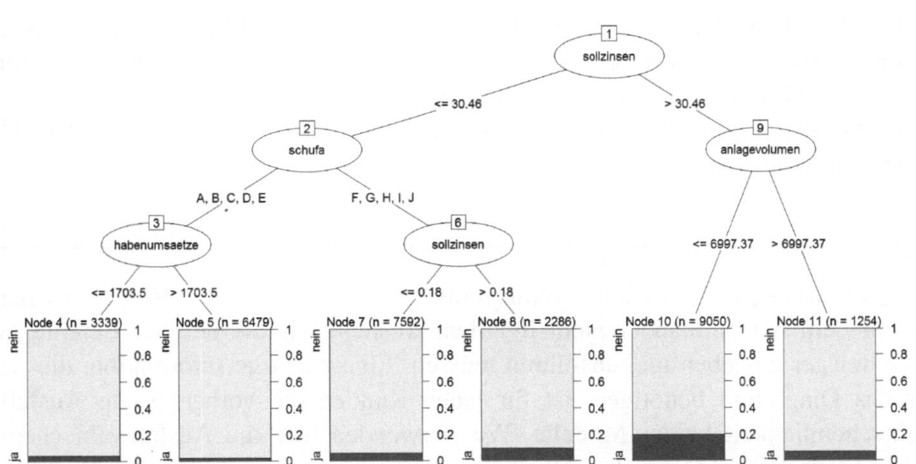

**Abb. 9.12** Diagramm des Entscheidungsbaums von `model.2`.

**Tabelle 9.13** Übersicht über die Variablen und die Blätter des zweiten Entscheidungsbaumes.

| Blattnr. | Kunden (Training) | Ausfall (Training) | Kunden (Validierung) | Ausfall (Validierung) |
|---|---|---|---|---|
| 4 | 3 339 | 3.9% | 1 162 | 4.1% |
| 5 | 6 479 | 1.9% | 2 113 | 2.5% |
| 7 | 7 592 | 5.5% | 2 519 | 6.1% |
| 8 | 2 286 | 9.2% | 791 | 8.2% |
| 10 | 9 050 | 19.4% | 3 011 | 19.8% |
| 11 | 1 254 | 6.5% | 404 | 6.4% |

Nachdem nun verschiedene Entscheidungsbäume erstellt wurden, muss man sich zur weiteren Anwendung für ein Modell entscheiden. Dazu müssen die Bäume analysiert und bezüglich ihrer Prognosequalität verglichen werden. Hierzu gibt es zahllose Methoden, von denen wir eine grafische vorstellen wollen, den **Cumulative Captured Response Chart**. Dieser hat den folgenden Aufbau:

▶ Auf der x-Achse werden die Beobachtungen absteigend sortiert nach der prognostizierten Ausfallwahrscheinlichkeit als Anteil an der Gesamtkundenmenge abgetragen

▶ Auf der y-Achse wird der Anteil der tatsächlich ausgefallenen innerhalb der ersten $x$ Kunden an den insgesamt ausgefallenen Kunden abgetragen

▶ Beispiel: Man hat insgesamt 1 000 Kunden, von denen 50 ausfallen. Sind unter den 100 höchst gescorten Kunden 20 ausgefallen, würde man hier den Punkt $(0.1, 0.4)$ abtragen, da unter den 10% Kunden mit dem höchsten Score 40% der ausgefallenen Kunden zu finden sind

▶ Ein „Zufallsmodell" entspricht dabei der Diagonalen, bei Modellen mit positiver Prognosekraft verläuft der Graph oberhalb der Diagonalen, bei Modellen mit negativer Prognosekraft unterhalb der Diagonalen

▶ Beim Vergleich zweier Modelle ist das Modell mit dem „höheren" Verlauf als besser zu bewerten

---

**Programmbeispiel 9.14** Die Erstellung eines Cumulative Captured Response Chart ist mit dem R-Commander nicht möglich, weshalb wir die nötigen Befehle im Skriptfenster eingeben und ausführen müssen. Eine wichtige Information, die wir für das Diagramm benötigen, ist für jeden Kunden die vorhergesagte Ausfallwahrscheinlichkeit beider Modelle. Wir verwenden hier die Ausfallwahrscheinlichkeit jedes Knotens des Trainingsdatensatzes und fügen diese an den Datensatz `kreditscoring` mit allen Kunden an. Die Ausfallwahrscheinlichkeiten erhält man ganz einfach mit der Funktion `predict()`, die wir schon in den vorherigen Programmbeispielen benutzt haben. Im Unterschied zu dort, lautet hier im Argument `type` der Eintrag `prop`. Es wird ein Objekt erstellt, das aus den beiden Spalten für die Ausfall- und die Gegenwahrscheinlichkeit besteht. Außerdem bewirkt die Funktion `as.data.frame()`, dass das Objekt als Datensatz gespeichert wird, damit wir beim Anhängen der Prognosen an den Datensatz mit dem $-Zeichen nur die Ausfallwahrscheinlichkeit auswählen:

```
prog.1 <- as.data.frame(predict(model.1,
   newdata = kreditscoring, type = "prob"))
prog.2 <- as.data.frame(predict(model.2,
   newdata = kreditscoring, type = "prob"))
kreditscoring <- data.frame(kreditscoring,
   prog.1 = round(prog.1$ja, 3),
   prog.2 = round(prog.2$ja, 3))
```

Zur Erstellung des Diagramms erzeugen wir uns zuerst die beiden Objekte mit den Koordinaten für die x-Achse für beide Prognosemodelle. Dazu benötigen wir sowohl die Gesamtzahl aller Beobachtungen, als auch die kumulierte Anzahl der Beobachtungen für jede Ausfallwahrscheinlichkeit. Die erste Zahl erstellen wir uns durch Berechnung der Länge des Ausfallvektors mit der Funktion `length()`. Die anderen Werte erstellen wir wie folgt: Zuerst berechnet man mit `table()` die Anzahl der Beobachtungen für jede Ausfallwahrscheinlichkeit, sortiert diese dann mit `rev()` in absteigender Reihenfolge und benutzt anschließend die Funktion `cumsum()` zur Berechnung der kumulierten Beobachtungszahlen. Abschießend dividiert man beide Objekte und fügt noch die Zahl 0 als Startwert des Diagramms hinzu:

```
n.ges  <- length(kreditscoring$ausfall)
n.kum1 <- cumsum(rev(table(kreditscoring$prog.1)))
n.kum2 <- cumsum(rev(table(kreditscoring$prog.2)))
x.1    <- c(0, (n.kum1 / n.ges))
x.2    <- c(0, (n.kum2 / n.ges))
```

Die Variablen spricht man dabei an, indem man vor den Variablennamen noch den Namen des Datensatzes und ein \$-Zeichen setzt, vgl. Abschnitt 21.1.2. Um die nächsten Befehle für die y-Achsenwerte möglichst einfach zu halten, erzeugen wir uns einen Teildatensatz, der nur die Beobachtungen der tatsächlich ausgefallenen Kunden enthält. Wir benutzen hier erneut die Funktion `subset()` zur Erstellung einer Teilmenge:

```
kred.aus <- subset(kreditscoring, ausfall == 1)
```

Hat man diesen Teildatensatz erzeugt, kann der Vektor für die Werte der y-Achse erstellt werden. Wir werden dies im Folgenden für beide Prognosemodelle durchführen, wobei anhand der Objektnamen klar wird, um welches Modell es sich handelt. Im ersten Schritt wird ein Objekt erzeugt, das die Anzahl der tatsächlich ausgefallenen Kunden für jede Ausfallwahrscheinlichkeit enthält. Dies erreichen wir wie oben mit der `table`-Funktion, jetzt allerdings beziehen wir uns auf den Teildatensatz `kred.aus`, der nur die ausgefallenen Kunden enthält. Da die Ausfallwahrscheinlichkeiten absteigend sortiert werden sollen, muss erneut die `rev`-Funktion benutzt werden. Danach nutzt man wieder die Funktion `cumsum()` um die kumulierte Summe der ausgefallenen Kunden zu berechnen und teilt diese durch die Gesamtsumme der ausgefallenen Kunden, womit das Objekt für die y-Achse erstellt ist:

```
aus.1 <- rev(table(kred.aus$prog.1))
aus.2 <- rev(table(kred.aus$prog.2))
y.1   <- c(0, (cumsum(aus.1) / sum(aus.1)))
y.2   <- c(0, (cumsum(aus.2) / sum(aus.2)))
```

Nun haben wir alle nötigen Objekte für die gewünschte Kurve:

```
plot(x.1, y.1, type = "l", col = "red",
   xlab = "", ylab = "",
   main = "Prognosevergleich von Baum 1 und Baum 2")
lines(x.2, y.2, type = "l", col = "blue")
abline(0, 1, lty = 2)
```

Mit der Funktion `plot()` und den beiden Vektoren mit den Koordinaten für das Prognosemodell 1 wird die Kurve erstellt. Das Argument `type` legt dabei fest, dass die Punkte miteinander verbunden werden, vgl. Programmbeispiel 2.9. Die Kurve für Prognosemodell 2 wird mit der Funktion `lines()` dem bestehenden Diagramm hinzugefügt, wobei die dabei verwendeten Argumente analog wie in der `plot`-Funktion zu verwenden sind. Für die Erstellung der diagnoalen Linie des Zufallsmodells verwendet man die Funktion `abline()`, vgl. Programmbeispiel 1.12. Das erste Argument ist dabei der Achsenabschnitt, das zweite die Steigung der Geraden. Mit dem Argument `lty` ändert man dabei den Linientyp auf eine gestrichelte Linie (die Voreinstellung ist `lty = 1`).

Zum Schluss fügt man mit der Funktion `legend()` noch eine Legende in die Grafik ein:

```
legend("bottomright", lty = c(1, 1, 2),
   col = c("red", "blue", "black"),
   legend = c("Baum 1", "Baum 2", "Zufallsmodell"))
```

Wo die Legende im Diagramm erscheinen soll, wird mit dem ersten Argument festgelegt, hier also rechts unten. Um die Farben in der Legende zu bestimmen, erstellt man mit `c()` einen Vektor, der die Farben der drei Linien enthält. Analog verfährt man mit den Argumenten `lty` zur Festlegung des Linientyps sowie mit `legend` zur Bestimmung des Legendentextes.

Für unser Beispiel findet man den Cumulative Captured Response Chart in Abb. 9.15. Hier verläuft der Graph des ersten Baumes knapp über dem zweiten, und beide unterscheiden sich deutlich vom Zufallsmodell. Jedoch sind sie auch ein gutes Stück vom optimalen Verlauf entlang der y-Achse und der oberen Begrenzungslinie entfernt.

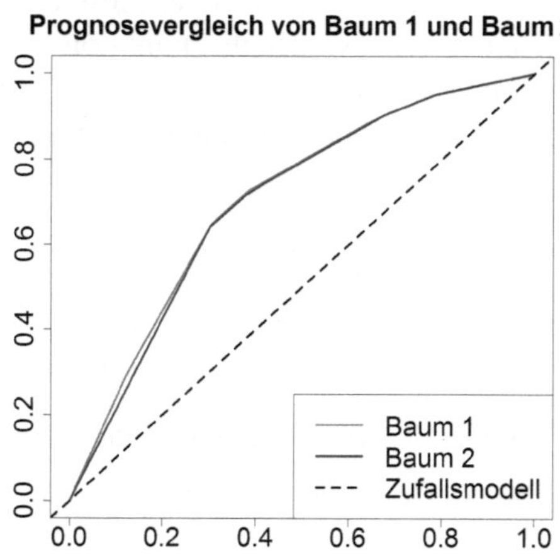


**Abb. 9.15** Cumulative Captured Response Chart zum Vergleich der Entscheidungsbäume.

Neben den statistischen Kenngrößen spielt bei der Auswahl eines Modelles auch immer die Interpretierbarkeit und Vermittelbarkeit eine Rolle. Manchmal entscheidet man sich auch für das statistisch schlechtere Modell, wenn es einfacher und leichter zu interpretieren ist. In unserem Fall ist das erste Modell auf dem Trainingsdatensatz leicht besser. Beide sind übersichtlich und haben nachvollziehbare Entscheidungsregeln. Man würde sich aber für den zweiten Baum entscheiden, da dieser stabilere Ergebnisse im Vergleich mit dem Validierungsdatensatz liefert. „Reale" Bäume sind natürlich bei weitem komplexer.

Entscheidungsbäume haben einige Vorteile, weswegen sie gerne beim Scoring verwendet werden und auch hier dargestellt wurden:

▶ Gute Vermittelbarkeit und gute Interpretierbarkeit
▶ Skalenniveau der Daten irrelevant (nominal, ordinal, stetig)
▶ Robust gegen Ausreißer
▶ Beobachtungen mit fehlenden Werte (Missings) müssen nicht ausgeschlossen werden, sondern können verarbeitet werden, indem man die Missings als zusätzliche Ausprägungen interpretiert
▶ Nicht-lineare Zusammenhänge können abgebildet werden
▶ Interaktionen zwischen den Variablen werden berücksichtigt
▶ Es werden automatisch entscheidende Variablen ausgewählt, eine Vorselektion ist nicht erforderlich

Die Nachteile von Entscheidungsbäumen wollen wir hier aber nicht verschweigen:

▶ Abbildung linearer Zusammenhänge wie in der Regression ist nur durch komplexe Bäume möglich
▶ Kleine Änderungen in den Daten können sehr verschiedene Bäume erzeugen
▶ Ungünstige Splits können nicht mehr rückgängig gemacht werden
▶ Den genauen Einfluss einer Variablen (z.B. doppelte Sollzinsen ergeben eine doppelte Ausfallwahrscheinlichkeit) kann man an den Bäumen nicht nachvollziehen.

Die oben genannten Alternativverfahren wie neuronale Netze oder Regressionen beheben einige dieser Nachteile, allerdings verliert man damit häufig auch die Vorteile. Welches Verfahren man wählt, bleibt meist dem persönlichen Geschmack überlassen. Die Erfahrung zeigt, dass alle Methoden in etwa gleich gute Ergebnisse liefern. Der weit wichtigere Faktor für die Prognosegüte ist die Qualität der zugrunde liegenden Daten.

Ob man mit der Prognosegüte des Modells an sich zufrieden ist, hängt auch davon ab, was man mit den gewonnenen Erkenntnissen anfangen will. Im besten Blatt hat man eine Ausfallquote von $19\%$. Man ist also weit von einer $100\%$-Erkennung der Kreditausfälle entfernt. Startet man eine Aktion für diese Kundengruppe, werden ca. $80\%$ der Kunden zu Unrecht der Maßnahme unterzogen. Dies wird in der Praxis häufig übersehen und führt dann gerade bei automatisierten Entscheidungen auf Basis von Scores zu dem negativen Image, das oben erwähnt wurde. In den abgeleiteten Handlungen sollte die vorhandene Fehlerquote immer beachtet werden. Wie im nächsten Abschnitt beschrieben, wollen wir die Kunden zunächst telefonisch kontaktieren und unsere Entscheidung nach einem persönlichen Gespräch treffen. Damit haben wir der Fehlerquote Rechnung getragen. In solchen Fällen sollte auch immer ein Verhalten definiert werden, falls man eine Fehlklassifikation z.B. in einem Gespräch erkennt.

Hat man sich am Ende für ein Modell entschieden, können die aktuellen Daten der Kunden mobilisiert und für jeden Kunden eine Prognose für einen Zahlungsverzug erstellt werden.

## 9.3 Interaktion mit den Kunden

Mit der Entscheidung für ein Modell, der Durchführung der Prognose und der damit verbundenen Auswahl von Kunden für die telefonische Ansprache im Rahmen der Kampagne ist die eigentliche Arbeit des Statistikers beendet. Jedoch endet an dieser Stelle nicht das präventive Kreditausfallmanagement. Da für den Statistiker auch immer interessant ist, was mit den eigenen Resultaten weiter passiert, wollen wir nun beschreiben, wie eine Bank mit den gewonnenen Erkenntnissen weiter umgehen könnte.

Die Aktionen hängen vom identifizierten Risiko bei den einzelnen Kunden ab.

▶ Kunden mit geringer prognostizierter Ausfallwahrscheinlichkeit:
  Hier sollte man vor allem Resourcen sparen, d.h. nichts unternehmen, gegebenenfalls eine Kreditaufstockung anbieten
▶ Kunden mit mittlerer prognostizierter Ausfallwahrscheinlichkeit:
  Auch hier würden keine präventiven Aktivitäten angestoßen werden, jedoch sollte keine Kreditaufstockung proaktiv angeboten werden
▶ Kunden mit hoher prognostizierter Ausfallwahrscheinlichkeit:
  Hier sollte der Kunde im Rahmen einer Kampagne wie in Kapitel 8 beschrieben proaktiv angesprochen werden, um Klarheit über die Liquidität des Kunden gewinnen. Danach müssen gegebenenfalls Handlungen zur Vermeidung von Risikokosten in Gang gesetzt werden.

Was genau unter einer geringen, mittleren und hohen Ausfallwahrscheinlichkeit zu verstehen ist, ist abhängig vom Modell und den Rahmenbedingungen wie z.B. der zur Verfügung stehenden Ansprachekapazität zu definieren. Wir wollen noch etwas genauer beleuchten, wie das Vorgehen bei den Hochrisiko-Kunden ist, die ja eigentlich für die Bank interessant sind.

Das Ziel der hochsensiblen Kundenansprache ist es, den Kunden zu einem Gespräch mit dem Bankberater einzuladen, um zusammen eine persönliche Einnahmen-Ausgaben-Rechnung durchzuführen, wie man sie aus bekannten Fernsehsendungen wie „Raus aus den Schulden" kennt. In diesem Termin eruiert man gemeinsam mit dem Kunden, ob bei ihm tatsächlich Liquiditätsengpässe vorliegen und erarbeitet Strategien zur Verbesserung der Einnahmen- oder Ausgabensituation.

Hierbei ist natürlich wichtig, dass der Kunde dies als „Hilfe ohne Hintergedanken" wahrnimmt, da er sonst nicht erscheinen wird.

Das Ergebnis der Haushaltsplanung bestimmt das weitere Vorgehen. Die Bank hat u.a. folgende Optionen:

▶ Cross-Selling: Hat der Kunde im Gegensatz zur Prognose eine hohe frei verfügbare Liquidität, können dem Kunden je nach Lebenssituation Vorsorge- oder Anlageprodukte angeboten werden

▶ Liquiditätsplanung: Hat der Kunde eine geringe frei verfügbare Liquidität, so sollte das Verbesserungspotential durch die Liquiditätsplanung aufgezeigt werden. Dazu können Lösungsvorschläge zur Einnahmensteigerung oder Ausgabensenkung vereinbart werden

▶ Produktmodifikation: Falls der Kunde Liquiditätsprobleme hat und eine Erhöhung der Einnahmen und eine Senkung der Ausgaben nicht möglich sind, sollten Optionen wie eine Stundung oder eine Ratenherabsetzung mit einer längeren Laufzeit des Kredites geprüft und angeboten werden.

Im Zentrum steht die Lebenshilfe und Schuldnerberatung. Kann der Kunde dadurch seine finanziellen Probleme in den Griff bekommen, hat die Bank Geld verdient. Dies ist ein schönes Beispiel dafür, dass Gewinnstreben und integres Handeln keine Widersprüche darstellen müssen.

Ob sich auch der für die Bank gewünschte Erfolg in der Reduktion der Risikokosten bzw. dem erhöhten Cross-Selling einstellt, kann mit den in Kapitel 8 vorgestellten Methoden zur Kampagnenerfolgsmessung überprüft werden. Hier ist dann auch wieder die Einrichtung einer Kontrollgruppe von risikoreichen Kunden wichtig, bei denen man nicht versucht, den Zahlungsausfall zu verhindern. Die relevante Kennzahl für den Hebeleffekt sollte dann hier die Ausfallquote sein. Analog zur Verabreichung eines Placebos an einen Kranken, ist allerdings abzuwägen, ob der Erkenntnisgewinn aus der Kontrollgruppe höher zu bewerten ist (im Fall einer nicht erfolgreichen Kampagne würden zahlreiche Bankmitarbeiter ihre Arbeitszeit nicht sinnvoll nutzen) als die zugelassenen Kreditausfälle. Um dies abzumildern, können auch die Kontrollgruppen-Kunden zu einem späteren Zeitpunkt speziell angesprochen werden. Reale Ergebnisse zeigen häufig auch einen Hebeleffekt bezüglich der Abschlussquote, der vorrangig durch die Cross-Selling-Gruppe bewirkt wird.

Das vorliegende Verfahren kann man noch verfeinern, indem man nur Kunden anspricht, bei denen sich ein möglicher Kreditausfall auch verhindern lässt. Wir haben hier ja nur darauf geachtet, ob ein hohes Ausfallrisiko vorliegt. Dieses komplexere Verfahren läuft unter dem Stichwort Nettoscoring und ist z.B. in [6] oder [7] beschrieben.

## Literatur

1. Breiman, L., Friedman, J.H., Olshen, R.A. und Stone, C.J. (1984). Classification and Regression Trees. Chapman & Hall / CRC.

2. Bühl, A. (2010). SPSS 18 - Einführung in die moderne Datenanalyse; 12., aktualisierte Aufl. Pearson Studium.
3. FICO, (2009). Reduce Exposures with Pre-Delinquent Treatments. White Paper 23
4. Hothorn, T. und Zeileis, A. (2013). partykit: A Toolkit for Recursive Partytioning, http://CRAN.R-project.org/package=partykit.
5. Loh, W. und Shih, Y. (1997) Split Selection Methods for Classification Trees. Statistica Sinica 7, Vol. 7, pp. 815 - 840.
6. Michel, R., Schakenburg, I., von Martens, T. und Hilbert, A. (2011) Effektive Kundenselektion für Vertriebskampagnen auf Basis von Nettoscores - Gelbe Reihe, TU Dresden
7. Michel, R., Schakenburg, I. und von Martens, T. (2013) Methods of Variable Pre-Selection for Netscore Modeling - Journal of Research in Interactive Marketing 7, Vol. 4, pp. 257-268
8. Weiß, C. (2007) Datenanalyse und Modellierung mit STATISTICA; 1. Aufl., Oldenbourg.

# Kapitel 10
# Untersuchung der Zahngesundheit der Schüler in Bayern

## 10.1 Problemstellung der Studie

Die Bayerischen Landesarbeitsgemeinschaft Zahngesundheit e.V. (LAGZ) untersucht alle fünf Jahre die Zahngesundheit bayerischer Schulkinder. Für das Jahr 2009 war eine erneute sogenannte **epidemiologische Studie** geplant. Dabei sollten die Altersgruppen der 6/7jährigen, der 12jährigen und der 15jährigen Schüler in Regelschulen (d.h. Grund-, Haupt-, Realschulen und Gymnasien) untersucht werden. Diese Untersuchungen funktionierten praktisch so, dass mehrere Teams von Zahnärzten an ausgewählte Schulen fuhren und dort vorher festgelegte Klassen untersuchten.

Dabei war die Vorgabe der Deutschen Arbeitsgemeinschaft für Jugendzahnpflege e.V. (DAJ), dass eine Stichprobe von 5% der Schüler der jeweiligen Altersgruppe in die Untersuchungen einbezogen werden sollte. Speziell im bevölkerungsreichen Flächenstaat Bayern hätte dies zu einem erheblichen logistischen und finanziellen Aufwand geführt, so dass natürlicherweise die Frage aufkam, ob man die Stichprobe reduzieren könne. Zusätzlich gab es auch die offene Frage, ob die Förderschüler der oben genannten Altersgruppen sowie die 3jährigen in Kindertagesstätten betreuten Kinder in sinnvoller Weise in die Studie aufgenommen werden können.

Die Ziele der im Rahmen der Studie durchgeführten statistischen Untersuchungen waren die folgenden:

▶ Bestimmung einer geeigneten Stichprobengröße zur epidemiologischen Studie in Bayern für die oben genannten sieben Untersuchungsgruppen. Insbesondere sollte untersucht werden, ob von der durch die DAJ vorgegebenen Stichprobengröße von 5% abgewichen werden kann, ohne die statistische Validität der epidemiologischen Studie in Bayern zu gefährden.

▶ Ziehung einer geeigneten repräsentativen Stichprobe für die relevanten Untersuchungsgruppen.

▶ Auswertung der durch die Zahnarztteams erhobenen Daten, um ein Bild der Zahngesundheit der bayerischen Schüler zu erhalten.

Die Ergebnisse und Methoden, die dabei Verwendung fanden, wollen wir in diesem Kapitel vorstellen.

## 10.2  Stichprobenbestimmung

### 10.2.1  Zielgröße DMFT-Wert

Bevor man mit den eigentlichen Untersuchungen beginnen kann, sind wie bei jeder
statistischen Fragestellung zunächst einmal die genauen Ziele und Untersuchungs-
größen festzulegen. Der Begriff „Zahngesundheit" ist sehr vage und bedarf einer
Präzisierung, bevor man zu Aussagen über Stichprobengrößen kommen kann. Diese muss üblicherweise von einem Fachexperten, in diesem Fall einem Zahnmedizi-
ner, vorgenommen werden. Dabei ist es Aufgabe des Statistikers, darauf zu achten,
dass die entsprechenden Angaben dann auch für die weiteren statistischen Aufgaben
genügen.

Hauptuntersuchungsgröße der epidemiologischen Studie ist der **DMFT-Wert**
(Decayed, missing, filled teeth) bzw. der **Milchzahn-dmft-Wert** für die Altersgruppen der 3- und 6/7jährigen. Es wird dabei je Schüler gezählt, wie viele beschädigte,
fehlende oder bereits mit Füllungen versehene Zähne bzw. Milchzähne ein Schüler
im Mund hat. Da Milchzähne bei „kleinen" Kindern vorkommen, wird die entsprechende Zählgröße auch mit Kleinbuchstaben notiert.

Wichtigstes Ziel der epidemiologischen Studie ist ein möglichst genauer Schätzwert des durchschnittlichen DMFT-Wertes der Schüler in Bayern in der entsprechenden Altersgruppe (Populationsmittel).

Dazu soll eine Stichprobe festgelegt und in dieser der Mittelwert der DMFT-
Werte bestimmt werden. Dieser Mittelwert (Stichprobenmittel) ist dann eine Schätzung für den (unbekannten) durchschnittlichen DMFT-Wert *aller* Schüler der entsprechenden Altersgruppe in Bayern.

Durch die Verwendung einer Stichprobe unterliegt man jedoch zufälligen Ein-
flüssen. Die Stichprobe soll dabei so gewählt werden, dass diese zufälligen Einflüsse nur in einem gewissen tolerierten Maß Einfluss auf die Abweichung des
Stichproben- vom Populationsmittel haben. Um dies zu gewährleisten, sind folgende Punkte zu berücksichtigen:

▶ Bestimmung einer geeigneten Größe der Stichprobe
▶ Ziehung der Stichprobe repräsentativ für die Gesamtpopulation.

Für die Bestimmung der Größe werden verschiedene Stichprobenszenarien gerechnet, bei denen jeweils der Schwankungsbereich des Stichprobenmittels in Abhängigkeit von der Stichprobengröße bestimmt wird. Dies erfolgt über die Angabe eines Konfidenzintervalles, in dem mit einer Wahrscheinlichkeit von $95\%$ das
Stichprobenmittel liegen wird. Die Breite dieses Konfidenzintervalles ist dann ein
Maß für die Genauigkeit der Messung. Ähnliche Konzepte wurden bereits in Abschnitt 3.3 unter der Normalverteilungsannahme vorgestellt. Da hier diese Annahme
nicht unbedingt erfüllt ist, werden wir die dabei verwendeten erweiterten mathematischen Details in Abschnitt 10.2.3 beschreiben. In Abschnitt 10.2.5 stellen wir dann
die Ziehungsmethode für die Stichprobe vor.

Zwei Umstände sind zusätzlich noch zu beachten:

▶ **Drop-out**: Für die zahnmedizinische Untersuchung der Jugendlichen muss eine schriftliche Einverständniserklärung der Eltern vorhanden sein. Diese liegt bei einem Teil der Schüler allerdings nicht vor, weil diese vergessen wurde oder man bewusst die Teilnahme an der Studie verweigert hat. Diese Reduktion der Stichprobe bezeichnen wir im Folgenden als Drop-out. Der Drop-out ist ein häufiges Phänomen bei Studien, speziell im schulischen Umfeld und kann zu nicht bestimmbaren Verzerrungen der Ergebnisse führen, die die Validität solcher Studien oft in Frage stellen.

▶ **Alterseinschränkung**: Untersucht werden Jugendliche, die die Klassen 1, 6 und 9 besuchen. Interessiert ist man jedoch an den Ergebnissen der oben aufgeführten Altersgruppen (6/7, 12 bzw. 15 Jahre). Untersucht werden alle Schüler mit Einwilligung, in die Auswertung gehen nur Schüler ein, die auch das entsprechende Alter aufweisen. Diese Reduktion der Stichprobe bezeichnen wir im Folgenden als Alterseinschränkung.

## 10.2.2 Datenbasis

Als Basis für die Größenbestimmung der Stichprobe und die Ziehungen standen EXCEL-Dateien mit relevanten Informationen zu den Schulen und Kindertagesstätten in Bayern zur Verfügung, die vom Bayerischen Landesamt für Statistik bezogen wurden.

Der Zeitstand der Schulinformationen des Datensatzes war der 01.03.2008, d.h. aus dem Schuljahr 2007/08. Für historische Vergleiche standen noch Daten zu den Schuljahren 2006/07 und aus der vorhergehenden epidemiologischen Studie zum Schuljahr 2002/03 zur Verfügung. Zur Verdeutlichung geben wir noch eine Übersicht der vorhandenen Merkmale an, um einen Eindruck zu vermitteln, welche Informationen vorlagen:

▶ Schulnummer zur eindeutigen Identifikation sowie volle Adress-Information

▶ Kennung der Schulart (Grund- und Hauptschule, sowie Realschule, Gymnasium und Förderschule)

▶ Gesamtzahl der Klassen und Schüler sowie die Anzahlen der Klassen und Schüler in den einzelnen Jahrgangsstufen

▶ Regierungsbezirk des Standortes und damit das Merkmal Bezirk mit einer Einteilung in Nord-/ Südbayern nach dem Regierungsbezirk (Nord: Ober-, Mittel-, Unterfranken, Oberpfalz, Süd: Ober-, Niederbayern, Schwaben)

▶ Gemeindeschlüssel der Schule mit dem die Einteilung des Umfelds in Großstadt/sonstige Stadt/Land vorgenommen wurde. Bei Schulen in Städten endet der Gemeindeschlüssel mit '000', als Großstadt zählen München und der Großraum Nürnberg, d.h. Nürnberg, Fürth und Erlagen. In die Kategorie sonstige Stadt fallen beispielsweise Ingolstadt oder Würzburg.

Analoge Datensätze lagen auch zu den Förderschulen und Kindertagesstätten vor. Die beiden Merkmale Bezirk und Umfeld werden später bei der Ziehung der repräsentativen Stichprobe in Abschnitt 10.2.5 wichtig werden.

Ein weiterer Datensatz, der für die Studie eine bedeutende Rolle spielt, besteht in den eigentlichen Auswertungen, also den Erhebungen der DMFT-Werte bei den einzelnen Schülern. Da wir mit diesem viele Beispiele und Aufgaben durchführen werden, wollen wir ihn hier kurz näher beleuchten. Der Datensatz `lagz` enthält die Ergebnisse der letzten Studie aus dem Jahr 2004 sowie die Ergebnisse der Studie von 2009, die zum Zeitpunkt der Studienplanung natürlich noch nicht vorlagen. In Abb. 10.1 sieht man den mit Hilfe des R-Commanders geöffneten Datensatz; die Bedeutung der Variablen im Einzelnen ist:

- ▶ `klasse`: Klasse des untersuchten Kindes („entspricht" Altersgruppe)
- ▶ `m.dmft`: Milchzahn-dmft-Wert
- ▶ `dmft`: DMFT-Wert (bei Kindern mit Milch- *und* bleibenden Zähnen im Gebiss kann bei beiden Variablen ein Wert größer Null stehen)
- ▶ `studienjahr`: 2004 oder 2009
- ▶ `schulart`: Grundschule, Hauptschule, Realschule oder Gymnasium

| | klasse | m.dmft | dmft | studienjahr | schulart |
|---|---|---|---|---|---|
| 1 | 1 | 0 | 0 | 2004 | 1: Grundschule |
| 2 | 1 | 2 | 0 | 2004 | 1: Grundschule |
| 3 | 1 | 7 | 0 | 2004 | 1: Grundschule |
| 4 | 1 | 0 | 0 | 2004 | 1: Grundschule |
| 5 | 1 | 0 | 0 | 2004 | 1: Grundschule |
| 6 | 1 | 0 | 0 | 2004 | 1: Grundschule |
| 7 | 1 | 4 | 0 | 2004 | 1: Grundschule |
| 8 | 1 | 0 | 0 | 2004 | 1: Grundschule |
| 9 | 1 | 8 | 0 | 2004 | 1: Grundschule |
| 10 | 1 | 0 | 0 | 2004 | 1: Grundschule |
| 11 | 1 | 0 | 0 | 2004 | 1: Grundschule |
| 12 | 1 | 0 | 0 | 2004 | 1: Grundschule |
| 13 | 1 | 0 | 0 | 2004 | 1: Grundschule |
| 14 | 1 | 2 | 0 | 2004 | 1: Grundschule |
| 15 | 1 | 0 | 0 | 2004 | 1: Grundschule |
| 16 | 1 | 0 | 0 | 2004 | 1: Grundschule |
| 17 | 1 | 0 | 0 | 2004 | 1: Grundschule |
| 18 | 1 | 0 | 0 | 2004 | 1: Grundschule |
| 19 | 1 | 2 | 0 | 2004 | 1: Grundschule |
| 20 | 1 | 0 | 0 | 2004 | 1: Grundschule |

**Abb. 10.1** Die ersten 20 Beobachtungen des Datensatzes `lagz` geöffnet mit dem R-Commander.

Am Ende von Abschnitt 10.2.1 wurde bereits das Problem mit der Altereinschränkung angesprochen, also dass nur die Jugendlichen mit 6/7, 12 und 15 Jahren für die Studie interessant sind. Im vorliegenden Datensatz `lagz` wird aber nur die Klasse des Kindes angegeben (1, 6 oder 9). Allerdings sind die Daten bereits „bereinigt" in dem Sinne, dass nur für die Studie relevante Jugendliche betrachtet werden.

Wenn wir also im Folgenden im Zusammenhang mit den Daten über „Schüler der 6. Klasse" sprechen, meinen wir damit eigentlich die „12jährigen Schüler der 6. Klasse".

### 10.2.3  Mathematische Methoden

In diesem Abschnitt wollen wir die mathematischen Methoden hinter der Stichprobengrößenbestimmung darlegen und anschließend die konkreten Ergebnisse für die Studie angeben.

Sei $N$ die Anzahl der Schüler einer bestimmten Altersgruppe in Bayern (Größe der Population), und $n \leq N$ die Anzahl der Schüler in der Stichprobe (nach Berücksichtigung von Drop-out und Altersverzerrung). Die DMFT-Werte in der Gesamtpopulation seien durch $x_1, \ldots, x_N$ bezeichnet.

Des Weiteren sei $h_i$, $i \in \{0, 1, 2, \ldots, 28\}$ die relative Häufigkeit des Auftretens des DMFT-Wertes $i$ in der betrachteten Altersgruppe. 28 ist das Maximum, da Schüler in den entsprechenden Altersgruppen maximal 28 Zähne besitzen können. Es gilt dann $\sum_{i=0}^{28} h_i = 1$ und sei $F(x) = \sum_{i \in \{0, \ldots, 28\}, i \leq x} h_i$ die zugehörige empirische Verteilung. Diese Verteilung besitzt den Erwartungswert $\mu = \sum_{i=0}^{28} i h_i$ und die Standardabweichung $\sigma = \sqrt{\sum_{i=0}^{28} i^2 h_i - \mu^2}$, siehe beispielsweise [2], Kapitel 12 und 20.

Zum besseren Verständnis soll die Verteilung des DMFT-Wertes für die 15jährigen in Bayern aus der Studie von 2004 in Form eines Säulendiagramms dargestellt werden.

**Programmbeispiel 10.2** Mit dem R-Commander ist eine Darstellung der Daten in Form eines Säulendiagramms nur mit den absoluten Häufigkeiten möglich, wobei wir aber zuerst die numerische Variable `dmft` in eine Faktorvariable umkodieren müssten, siehe Abschnitt 20.3.2 für Details. Um ein Diagramm mit dem jeweiligen Prozentanteil als Säulenhöhe zu erstellen, müssen die nötigen Befehle in das Skriptfenster direkt eingegeben werden. Zuvor erstellen wir aber noch einen neuen Teildatensatz, der nur die Ergebnisse der 15jährigen aus dem Jahr 2004 enthält, vgl. Abschnitt 20.4.

1. Bei aktiviertem Datensatz `lagz` gehe im Menü auf **Datenmanagement** $\longrightarrow$ **Aktive Datenmatrix** $\longrightarrow$ **Teilmenge der aktiven Datenmatrix ...**
2. Gebe im Feld *Anweisung für die Teilmenge* im neuen Dialogfeld

```
studienjahr == 2004 & klasse == 9
```

ein und im Feld darunter mit `lagz04.kl9` den Namen des neuen Teildatensatzes. Gehe zum Abschluss auf $\boxed{\text{OK}}$ .

Der neue Datensatz `lagz04.kl9` enthält nun noch 1188 Beobachtungen und ist
automatisch im R-Commander aktiviert. Damit kann die gewünschte Grafik erzeugt
werden:

```
dmft.15 <- round(prop.table(
  table(lagz04.kl9$dmft)) * 100, 1)
x.werte <- barplot(dmft.15, ylim = c(0, 45),
  xlab = "DMFT-Wert", ylab = "Relative Häufigkeit",
  main = "Verteilung der DMFT-Werte der 15-jährigen
          in Bayern 2004")
```

Zur Erstellung des Säulendiagramms nutzen wir die Funktion `prop.table()`, die
uns die zu zeichnenden Prozentwerte (auf eine Nachkommastelle gerundet) ausgibt.
Das erste Argument der Funktion `barplot()` sind dann die berechneten Prozentwerte, wobei wir mit dem Argument `ylim` die y-Achse künstlich verlängern. Der
Grund dafür ist, dass wir die Prozentzahlen über jeder Achse als Orientierung einzeichnen möchten und dafür noch etwas Platz im Diagramm benötigen. Aus dem
gleichen Grund übergeben wir auch die Grafik an eine extra Variable (`x.werte`).
Dadurch wird das Säulendiagramm trotzdem erstellt, das neue Objekt enthält nun
aber die Koordinaten der Säulen auf der x-Achse des Diagramms. Diese sind beim
Einfügen der Prozentzahlen in das Diagramm mit der Funktion `text()` sehr hilfreich:

```
text(x.werte, dmft.15 + 1.5,
  labels = paste(dmft.15, "%", sep = ""))
```

Neben den Koordinanten der x-Achse sind im zweiten Argument die Koordinaten
der y-Achse anzugeben. Wir verwenden hier die Prozentwerte und addieren den
Wert 1.5 hinzu, damit die Zahlen etwas über dem Ende der Säulen angezeigt werden.
Außerdem fügen wir den Zahlen noch das Prozentzeichen hinzu und nutzen dafür
die Funktion `paste()` aus, die die Zahlen und das Zeichen % aneinanderfügt. Mit
dem Argument `sep` wird dabei festgelegt, dass kein Leerraum zwischen Zahl und
Prozentzeichen liegen soll. Das fertige Säulendiagramm findet sich in Abb. 10.3.

Dabei ist bemerkenswert, dass mehr als die Hälfte der 15jährigen in Bayern einen
DMFT-Wert $> 0$ haben und damit keine naturgesunden Zähne mehr, sondern bereits
Zähne mit Beschädigungen.

Die Stichprobe $X_1, \ldots, X_n$ der epidemiologischen Studie ergibt sich durch Ziehen ohne Zurücklegen aus der Gesamtpopulation. Die $X_i$ nehmen dabei die DMFT-
Werte der Schüler der Stichprobe an und $\bar{X}_n$ bezeichne das Stichprobenmittel. Da
bei sehr großen Stichproben Ziehen ohne und mit Zurücklegen zu sehr ähnlichen
Ergebnissen führen (s. [6], Abschnitt 13.1) und der mathematische Umgang mit
Ziehen mit Zurücklegen leichter ist, kann man auf die Idee kommen zu vernachässi-
gen, dass ohne Zurücklegen gezogen wird. Allerdings ist zu beachten, dass z.B. bei
den Förderschulen die Gesamtpopulation wesentlich kleiner ist und man hier Szenarien von Stichproben bis zu 20% untersuchen will. Da man sich hier nicht mehr

sicher sein kann, dass es keinen Unterschied zwischen „mit" und „ohne" gibt und man alle Gruppen mit derselben Methode untersuchen will, hat man sich für die Modellierung durch Ziehen ohne Zurücklegen, entschieden.

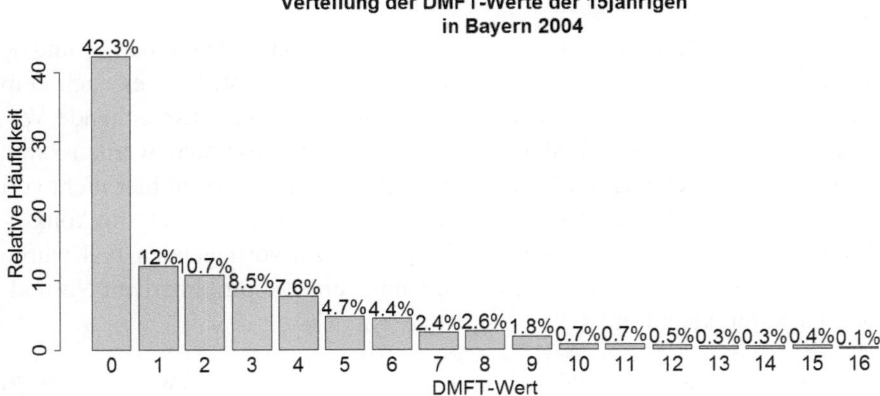


**Abb. 10.3** Einfaches Säulendiagramm der DMFT-Werte der 15jährigen Schüler in Bayern aus dem Studienjahr 2004.

Ziel ist es, Größen $b_1$ und $b_2$ zu bestimmen, für die jeweils

$$P\left(\bar{X}_n < \mu - b_1\right) \leq 0.025 \qquad \text{und} \qquad P\left(\bar{X}_n > \mu + b_2\right) \leq 0.025$$

gilt. Dies sind die 2.5%- und 97.5%-Quantile von $\bar{X}_n$, vgl. Definition 1.5. Dann gilt, dass das Stichprobenmittel $\bar{X}_n$ mit einer Wahrscheinlichkeit von über 95% zwischen $\mu - b_1$ und $\mu + b_2$ liegt, d.h.

$$P(\mu - b_1 \leq \bar{X}_n \leq \mu + b_2) \geq 0.95$$

Damit hat man ein Maß für die Treffgenauigkeit von $\bar{X}_n$ in Bezug auf den Erwartungswert $\mu$ der Verteilung $F$ der DMFT-Werte.

Der Erwartungswert des Stichprobenmittels $\bar{X}_n$ ist auch beim Ziehen ohne Zurücklegen $\mu$ und die Standardabweichung des Stichprobenmittels ist hier

$$\sigma' := \sqrt{\frac{N-n}{N-1} \cdot \frac{\sigma^2}{n}} \tag{10.1}$$

siehe jeweils [6], Abschnitt 13.1. Somit hat die Zufallsvariable

$$Y := \frac{\bar{X}_n - \mu}{\sigma'}$$

den Erwartungswert 0 und die Standardabweichung 1.

Es bezeichnen $q_1$ und $q_2$ das 2.5%- bzw. 97.5%-Quantil der Verteilung von $Y$, d.h.

$$P(Y \leq q_1) \leq 0.025 \qquad \text{und} \qquad P(Y \geq q_2) \leq 0.025$$

Mit Hilfe von $q_1$ und $q_2$ ergeben sich dann $b_1$ und $b_2$ durch

$$b_1 := -q_1 \cdot \sigma' \qquad \text{und} \qquad b_2 := q_2 \cdot \sigma'$$

Kennt man (zumindest approximativ) die Verteilung von $Y$, kann man $q_1$ und $q_2$ bestimmen. Da $Y$ ein standardisiertes arithmetisches Mittel ist, liegt es nach dem zentralen Grenzwertsatz (siehe Bemerkung 3.9) nahe, dass die entsprechende Verteilung von $Y$ durch die (Standard-)Normalverteilung approximiert werden kann, auch wenn die Voraussetzung der Unabhängigkeit der Zufallsgrößen hier nicht voll gegeben ist. Ob jedoch die Approximation durch die Normalverteilung im konkreten Fall ausreichend ist, ist gesondert zu überprüfen. Im vorliegenden Fall wurde dies über Simulationen gemacht. Wird die Annahme einer approximativen Normalverteilung bestätigt, kann mit

$$q_1 = z_{0.025} = -1.95996 \qquad \text{und} \qquad q_2 = z_{0.975} = 1.95996 \qquad (10.2)$$

gerechnet werden. Ist die Approximation nicht ausreichend, müssen $q_1$ und $q_2$ über Simulationen bestimmt werden.

Um die Güte der Approximation der Verteilung von $Y$ durch die Normalverteilung zu untersuchen, werden wir nicht auf theoretische Überlegungen zurückgreifen, sondern uns mit Simulationen behelfen. Eine theoretische Herangehensweise wäre aufgrund des Ziehens ohne Zurücklegen und der extrem unsymmetrischen Verteilungen der DMFT-Werte sehr schwierig. Simulationen dagegen sind gemessen am Rechenaufwand und an der Allgemeinheit in der Erfassung der denkbaren Situationen hier besonders günstig. Wie werden in Teil III noch allgemeiner auf Simulationen eingehen. Für jetzt werden unabhängige Ausprägungen von $Y$ durch den Einsatz von Pseudo-Zufallszahlen simuliert und diese einem Test auf Normalverteilung unterzogen.

Aus der Gesamtpopulation (nach der Verteilung $h$) werden unabhängig voneinander $J$ verschiedene Stichproben $X_1^{(j)}, \ldots, X_n^{(j)}$, $j = 1, \ldots, J$ ohne Zurücklegen (innerhalb einer Stichprobe) gezogen. In den konkreten Simulationen wurde bei allen verschiedenen $n$ die Zahl $J = 1\,000$ gesetzt. Für jede der Stichproben wird das arithmetische Mittel bestimmt und standardisiert:

$$Y^{(j)} := \frac{\bar{X}_n^{(j)} - \mu}{\sigma'} \qquad (10.3)$$

Die $J$ simulierten Zufallsvariablen $Y^{(1)}, \ldots, Y^{(J)}$ dienen dann als Eingabe eines Testes auf Normalverteilung.

---

**Programmbeispiel 10.4** Die Programmierung der eben beschriebenen Simulation der $J$ Zufallsvariablen $Y^{(j)}$ aus Gleichung (10.3) ist in R mit nur wenigen Schritten möglich. Wir schreiben dazu, wie weiter unten zu sehen ist, eine Funktion mit

Namen `sim.stichprobe()`, deren Argumente die Größe der Population $N$, ein Vektor mit den relativen Häufigkeiten $h_i$, die Größe der Stichprobe $n$ und die Anzahl der Wiederholungen $J$ ist.

Im ersten Schritt soll ein Objekt erstellt werden, das alle DMFT-Werte der Gesamtpopulation enthält. Dazu wird zuerst ein Vektor mit den möglichen DMFT-Werten erzeugt (`dmft.werte`). Hierfür wird die Funktion `seq()` benutzt, siehe etwa Programmbeispiel 2.9. Die Elemente `dmft.werte` werden dann mit der Funktion `rep()` so oft wiederholt, wie es Beobachtungen des jeweiligen DMFT-Werts in der Gesamtpopulation gibt (`rep` steht für *repeat*). Das erste Argument der `rep`-Funktion sind die zu wiederholenden Objekte. Das zweite Argument ist ein Vektor der angibt, wie oft das jeweilige Objekt wiederholt werden soll, wobei wir diese Zahlen erhalten durch Multiplikation des Populationsumfangs $N$ mit dem Vektor h, in dem die relativen Häufigkeiten $h_i$ stehen.

Im zweiten Schritt werden Mittelwert (`mu.pop`) und Standardabweichung des Stichprobenmittels (`s.pop.z`) gemäß Formel (10.1) errechnet. Die Bestimmung der Standardabweichung der DMFT-Werte $\sigma$ (`s.pop`) ist dabei nur ein Zwischenschritt.

Im dritten Schritt der Funktion werden die Stichproben $X_1^{(j)}, \ldots, X_n^{(j)}$, $j = 1, \ldots, J$ gezogen und im Objekt X gespeichert. Dazu verwendet man die Funktion `replicate()`, die im Rahmen von Simulationstudien sehr nützlich ist, wenn bestimmte Prozeduren sehr oft wiederholt werden müssen. Im ersten Argument der Funktion steht genau die Anzahl der Wiederholungen, hier also die Zahl $J$, da genau $J$ Stichproben der Länge $n$ gezogen werden sollen. Das zweite Argument ist die zu wiederholende Prozedur. Im vorliegenden Beispiel ist dies die Zufallsziehung, die mit der Funktion `sample()` erfolgt. Diese nimmt aus dem Vektor der DMFT-Werte der Gesamtpopulation (`dmft.pop`) eine Stichprobe vom Umfang $n$ ohne Zurücklegen. Durch das zusätzliche Argument `replace = TRUE` könnte man auch mit Zurücklegen ziehen. Das Argument `prop` gibt die Wahrscheinlichkeit an, mit der jedes der $N$ Elemente der Stichprobe gezogen werden soll. Da hier die Wahrscheinlichkeit für alle Elemente gleich sein soll, erzeugt man sich mit `rep()` einen Vektor der Länge $N$ mit lauter Einträgen $1/N$. Die `replicate`-Funktion gibt die Ergebnisse per Voreinstellung in Form einer Matrix aus, wobei die Ergebnisse einer Wiederholung gemeinsam in einer Spalte angeordnet werden. Das Objekt X ist also eine Matrix mit $n$ Zeilen und $J$ Spalten. Um die Mittelwerte $\bar{X}_n^{(1)}, \ldots, \bar{X}_n^{(J)}$ aus Formel (10.3) zu bestimmen, muss in X für jede Spalte das arithmetische Mittel bestimmt werden. Dies erledigt die Funktion `colMeans()`, die genau wie die in Abschnitt 20.2.2 vorstellte Funktion `rowMeans()` arbeitet, nur eben spaltenweise anstatt zeilenweise. Neben der Berechnung der Mittelwerte, wird gleichzeitig noch die Standardisierung gemäß Formel (10.3) durchgeführt:

```r
sim.stichprobe <- function(N, h, n, J) {
  # Schritt 1
  dmft.werte <- seq(0, length(h) - 1)
  dmft.pop   <- rep(dmft.werte, N * h)
  # Schritt 2
```

```
mu.pop   <- sum(dmft.werte * h)
s.pop    <- sqrt(sum(dmft.werte^2 * h) - mu.pop^2)
s.pop.z  <- sqrt(((N - n) * s.pop^2) /
                ((N - 1) * n))
# Schritt 3
X <- replicate(J, sample(dmft.pop, n,
        prob = rep(1 / N, N)))
(colMeans(X) - mu.pop) / s.pop.z
}
```

Wir werden die Funktion `sim.stichprobe()` in den folgenden Progammbeispielen nutzen, damit uns umfangreiches Programmieren erspart bleibt.

Kommen wir zu unserem eigentlichen Problem zurück, bei dem überprüft werden soll, ob die $J$ simulierten Zufallvariablen $Y^{(1)}, \dots, Y^{(J)}$ durch eine Normalverteilung approximiert werden können. In der Literatur gibt es viele Tests auf Normalverteilung, einer der populärsten ist der Shapiro-Wilk-Test, der in Abschnitt 3.5.2 schon vorgestellt wurde. Aus der Hypothese $H_0$: "Die Daten folgen einer Normalverteilung" wird eine Teststatistik bestimmt und aus dieser ein $p$-Wert abgeleitet, der eine Entscheidung für oder gegen $H_0$ liefert. Wir bezeichnen den so erhaltenen $p$-Wert des Shapiro-Wilk-Tests mit $p_1$.

Um sich nicht auf einen einzigen $p$-Wert stützen zu müssen, kann man, basierend auf der identischen Grundpopulation $x_1, \dots, x_N$, dieses Verfahren nun $L$-mal wiederholen und erhält dadurch $L$ $p$-Werte $p_1, \dots, p_L$, die alle die Hypothese einer zugrunde liegenden Standardnormalverteilung für $Y$ testen. In den konkreten Simulationen wurde $L = 100$ gesetzt. Ordnet man die $p$-Werte $p_{1:L}, \dots, p_{L:L}$ der Größe nach an (vgl. Definition 1.4) und plottet $(l/(L+1), p_{l:L})$ für $l = 1, \dots, L$, so sollten diese Punkte bei erfüllter Nullhypothese (d.h. die Daten folgen einer Normalverteilung) auf der Winkelhalbierenden des ersten Quadranten liegen. Der Hintergrund dazu ist, dass der $p$-Wert unter der Nullhypothese gleichverteilt ist, siehe Bemerkung 3.10. Dies soll anhand von zwei Bespielen demonstriert werden.

**Programmbeispiel 10.5** Gehen wir für ein vereinfachtes Beispiel im Folgenden von einer Population von $N = 1\,000$ aus und nehmen an, dass die Verteilung der DMFT-Werte der aus Programmbeispiel 10.2 entspricht. Außerdem setzen wir $J = 100$ und $L = 100$ und führen folgende Befehle im Skriptfenster aus:

```
h <- round(prop.table(table(lagz04.kl9$dmft)), 3)
N <- 1000
J <- 100
L <- 100
```

Für die Stichprobenziehung müssen die relativen Häufigkeiten zwischen 0 und 1 liegen, weshalb wir hier den mit `prop.table()` erzeugten Vektor anders als in

Programmbeispiel 10.2 nicht mit 100 multiplizieren. In einer ersten Analyse gehen wir von einem Stichprobenumfang von $n = 200$ aus, d.h. 20% der Gesamtpopulation:

```
p.werte <- replicate(L,
   shapiro.test(sim.stichprobe(N, h, 200, J))$p.value)
plot(seq(1, L) / (L + 1), sort(p.werte),
   = 19, xlab = "", ylab = "")
abline(0, 1)
```

Mit der aus Programmbeispiel 10.4 definierten Funktion `sim.stichprobe()` erzeugt man sich die $J$ Zufallsvariablen $Y^{(1)}, \ldots, Y^{(J)}$ und wendet auf diese den Shapiro-Wilk-Test mit der Funktion `shapiro.test()` an. Durch das Hinzufügen von `$p.value` an den Funktionsnamen erreicht man, dass nur der $p$-Wert als Ergebnis gespeichert wird. Die Berechnung wiederholt man ingesamt $L = 100$ mal und benutzt dafür erneut die Funktion `replicate()`. Das Objekt `p.werte` enthält somit die 100 $p$-Werte des Shapiro-Wilk-Tests. Im nächsten Schritt werden diese in ein Diagramm gezeichnet, wobei mit der Funktion `sort()` die Werte vorher der Größe nach sortiert werden. Das Argument `pch = 19` ändert dabei die Form der Punkte (die Voreinstellung lautet `pch = 1`). Zum Schluss wird noch die Winkelhalbierende mit der `abline`-Funktion eingezeichnet. Die fertige Grafik ist auf der linken Seite in Abb. 10.6 zu sehen. Die Anpassung der geordneten $p$-Werte an die Gerade ist dabei sehr gut, weshalb man bei diesen Stichproben von einer Normalverteilung für $Y$ ausgehen kann. Anders hingegen wird die Anpassung wenn wir den Stichprobenumfang verkleinern. Im rechten Teil von Abb. 10.6 ist ein Quantil-Plot zu sehen, bei dem der Stichprobenumfang $n = 10$ betrug und ansonsten die gleichen Einstellungen wie oben benutzt wurden. Hier kann nicht von einer Normalverteilung für $Y$ ausgegangen werden, da die Stichprobe zu klein ist. 1% der Gesamtpopulation reichen in diesem Fall also nicht aus. Zu beachten ist natürlich, dass die Gestalt der Diagramme bei jedem Programmdurchlauf wegen der erzeugten Zufallszahlen etwas anders aussieht. Diese Grafiken entsprechen in ihrer Idee den Normal Probability Plots aus Abschnitt 3.5.1

Bei allen untersuchten Stichprobengrößen im Rahmen der epidemiologischen Studie konnte die Normalverteilungsannahme für $Y$ in den Regelschulen und Kindertagesstätten nicht verworfen werden. Somit kann bei diesen Schularten mit den Quantilen (10.2) gerechnet werden.

Für die Förderschulen ergab sich ein anderes Bild. Hier muss die Normalverteilung für $Y$ in vielen Fällen abgelehnt werden. Der Grund hierfür ist die geringere Anzahl von Schülern in Förderschulen. Dies führt zu einer geringeren Anzahl von Beobachtungen in der Stichprobe, so dass die Approximation durch die Normalverteilung wie vom Zentralen Grenzwertsatz erhofft, noch nicht ausreichend ist (siehe hierzu auch Aufgabe 2).

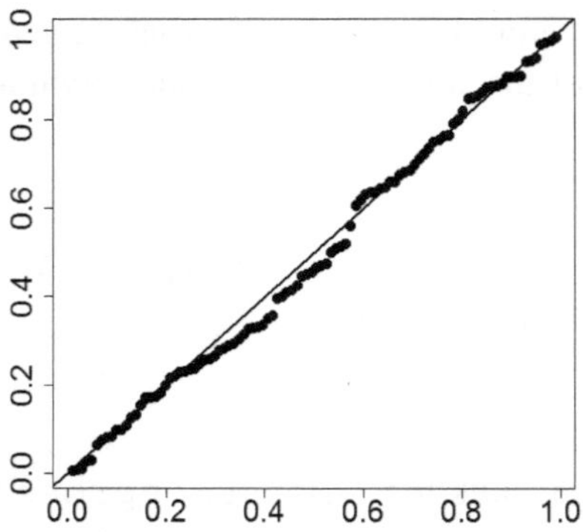 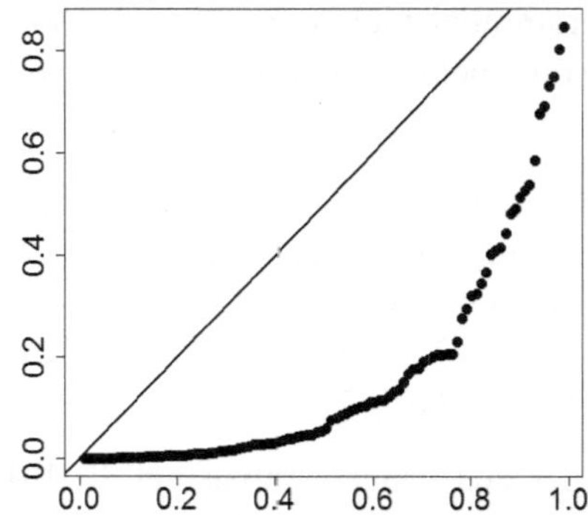

**Abb. 10.6** Plot, der die Annahme der Normalverteilung von $Y$ bestätigt (links) und verwirft (rechts).

Grundsätzlich könnten $q_1$ und $q_2$ exakt berechnet werden. Der Rechenaufwand ist aber sehr hoch, weswegen für die Förderschulen erneut Simulationen zur Berechnung verwendet werden. Diese werden im Folgenden kurz beschrieben.

Analog zur Überprüfung der Normalverteilung beginnt man mit der fixen Grundpopulation $x_1, \dots, x_N$. Erneut werden unabhängig voneinander Stichproben ohne Zurücklegen (innerhalb der Stichprobe) gezogen, die in derselben Größenordnung liegen sollten wie vorher, z.B. $J \cdot L$ Stück.

Es werden wieder die Größen

$$Y^{(m)} := \frac{\bar{X}_n^{(m)} - \mu}{\sigma'}, \qquad m = 1, \dots, JL$$

bestimmt. Von diesen Werten werden die empirischen $2,5\%$- und $97,5\%$-Quantile bestimmt. Diese Quantile schätzen dann $q_1$ und $q_2$.

 ────────────────────────────────────────────────────

**Programmbeispiel 10.7** Gehen wir in einem Beispiel wieder von $N = 1\,000$, $J = 100$, $L = 100$ und der DMFT-Verteilung wie in Programmbeispiel 10.5 aus. Falls die Werte in R noch nicht zugewiesen wurden, muss dies noch geschehen (siehe oben). Für die Bestimmung der Quantile basierend auf den Größen $Y^{(m)}$ können wir wieder auf die Funktion `sim.stichprobe()` zugreifen. Dies soll einmal für $n = 200$ und einmal für $n = 10$ duchgeführt werden. Außerdem lassen wir uns noch mit der Funktion `qnorm()` die theoretischen Quantile der Normalverteilung zum Vergleich ausgeben:

```
quantile(sim.stichprobe(N, h, 200, J * L),
   probs = c(0.025, 0.975))
quantile(sim.stichprobe(N, h, 10, J * L),
   probs = c(0.025, 0.975))
qnorm(c(0.025, 0.975))
```

Die Funktion `quantile()` berechnet die emprischen Quantile eines Vektors, der in diesem Fall aus den $JL = 10\,000$ generierten Werten von $Y^{(m)}$ besteht. Um nur die gewünschten 2.5%- und 97.5%-Quantile anzuzeigen wird das Argument `probs` verwendet. Natürlich variieren die Quantile mit jedem Aufruf des Befehls leicht, in unserem Fall ergibt sich im Fall von $n = 200$ ein Intervall von $(-1.936, 2.052)$ und für $n = 10$ ein Intervall von $(-1.703, 2.143)$. Trotzdem ist zu erkennen, dass die empirischen Quantile für den Aufruf mit $n = 200$ deutlich näher an den Quantilen von $\pm 1.960$ der Normalverteilung liegen, als die empirischen Quantile für $n = 10$.

Die Ergebnisse aus obigem Programmbeispiel zeigten sich auch bei den Simulationen der Studie, nämlich dass die empirischen Quantile immer näher an die Quantile der Normalverteilung (10.2) rücken, wenn die Stichprobengröße $n$ erhöht wird. In den Ergebnissen der Größenbestimmungen wurden für die Förderschulen immer die nach der obigen Methode bestimmten Quantile verwendet. Für Kindertagesstätten und Regelschulen wurden die Quantile der Normalverteilung aus (10.2) benutzt. Wir haben hier ein erstes Beispiel für den Einsatz von Simulationen bei der Bearbeitung statistischer Problemstellungen gesehen. Mit dieser Thematik werden wir uns noch ausführlicher in Teil III befassen.

### 10.2.4 Ergebnisse der Größenbestimmung

Um die in Abschnitt 10.2.3 beschriebenen Methoden einsetzen zu können, müssen zwei Parameter, die Anzahl der Schüler $N$ und die Verteilung $F$ der DMFT-Werte, konkretisiert werden. Da diese aber erst nach Erhebung der Studie vorliegen, müssen Prognosen zu deren ungefährer Größenordnung abgegeben werden. Diese „Die Katze beißt sich in den Schwanz"-Situation (im englischen **catch 22 problem** nach einem bekannten Buch) hat man häufig bei der Bestimmung von Stichprobengrößen.

Der erste Parameter ist die Anzahl $N$ der Schüler einer bestimmten Altersgruppe. Hier wurden die Daten des Landesamtes für Statistik verwendet, um eine Schätzung der Schülerzahlen im Jahr der Untersuchung (2009) abzugeben. Dabei wurden zusätzlich Erfahrungswerte aus der letzten Erhebung von 2004, heranzogen, um den Effekt der Alterseinschränkung und des Drop-outs abzuschätzen.

Der zweite Parameter ist die Verteilung $F$ der DMFT-Werte in der jeweiligen Altersgruppe und Schulart. Hier wurden die Ergebnisse der letzten epidemiologischen Untersuchung von 2004 heranzogen und als Verteilung in der Gesamtpopulation unterstellt.

Für die Regelschulen und Kindertagsstätten wurden Szenarien für Stichproben von 0.5%, 1%, 2%, 3%, 4% und 5% der Gesamtpopulation berechnet. Für die Förderschulen wurden zusätzlich Stichprobengrößen von 7.5%, 10%, 12.5%, 15%, 17.5% und 20% untersucht. Für die Frage, ob das Stichprobenmittel annähernd normalverteilt ist, ist natürlich die absolute Größe der Stichprobe wichtig. Dass man in Prozenten denkt, hängt von den Zielen der Studie ab, bei denen ein festes Kriteriums (nämlich 5% der Gesamtpopulation) durch die DAJ vorgegeben ist. Um zu entscheiden, wie weit man davon weg ist, hilft die Absolutzahl weniger, man sieht es in Prozent besser.

Ein Beispiel der Ergebnisse für die 6. Klassen der Regelschulen findet sich in Abb. 10.8. Hier erhält man eine Übersicht über die Meßgenauigkeit in Abhängigkeit der zu untersuchenden Anzahl Schulen. Mit der Anzahl „einzubestellender" Kinder meinen wir die Anzahl, die für die Untersuchung vorgesehen werden sollen, damit nach Berücksichtigung von Drop-out und Alterseinschränkung genügend Kinder zur Auswertung zur Verfügung stehen. Es liegt nun in der Abwägung des Studienorganisators, welche Meßgenauigkeit er sich mit den Kosten für die Schulbesuche „erkaufen" möchte. Aus statistischer Sicht lässt sich sagen, dass diese Genauigkeit über 2% der Gesamtpopulation nur langsam steigt.

| | | Regelschulen | | | | | |
|---|---|---|---|---|---|---|---|
| Jahrgangsstufe | | 6 | | | | | |
| Anzahl Schüler in Bayern | | 128.000 | | | | | |
| davon im korrekten Alter | in % | 73,1% | | | | | |
| (1. Kl 6/7 Jahre, 6.Kl. 12 Jahre, 9. Kl. 15 Jahre) | absolut | 33.568 | | | | | |
| Stichprobengröße | | 0,5% | 1% | 2% | 3% | 4% | 5% |
| Kinder im richtigen Alter in der Stichprobe | | 468 | 936 | 1.871 | 2.807 | 3.743 | 4.678 |
| Zu untersuchende Kinder | | 640 | 1.280 | 2.560 | 3.840 | 5.120 | 6.400 |
| Drop-out-Faktor | | 20,9% | | | | | |
| Einzubestellende Kinder | absolut | 809 | 1.618 | 3.236 | 4.855 | 6.473 | 8.091 |
| | in % | 0,63% | 1,26% | 2,53% | 3,79% | 5,06% | 6,32% |
| Anzahl aufzusuchender Schulen | | 16 | 35 | 69 | 104 | 139 | 173 |
| Genauigkeit des Mittelwertes der DMF-T-Werte (Breite des 95%-Konfidenzintervalles: b2-b1) | | 0,331 | 0,233 | 0,164 | 0,133 | 0,115 | 0,102 |
| Genauigkeit des Mittelwertes der DMF-T-Werte (Symmetrische Abweichung vom Mittelwert) | | ± 0,165 | ± 0,117 | ± 0,082 | ± 0,067 | ± 0,057 | ± 0,051 |

**Abb. 10.8** Detailübersicht der Größenuntersuchungen für die Regelschulen am Beispiel der 6. Klassen.

Daher ergab sich als geeignete Stichprobengröße für die Regelschulen ein Wert von 2% der Schüler.

Unter Berücksichtigung von Drop-out und Alterseinschränkung führen die Überlegungen der zu untersuchenden Stichprobengröße und den daraufhin aufzusuchenden Schulen im Detail zu folgenden prozentualen Stichprobengrößen und Anzahlen von Schulen

► Regelschulen 1. Klasse: ca. 2.3%, d.h. 69 Schulen
► Regelschulen 6. Klasse: ca. 2.5%, d.h. 69 Schulen
► Regelschulen 9. Klasse: ca. 3.3%, d.h. 98 Schulen
► Förderschulen 1. Klasse: ca. 19.7%, d.h. 105 Schulen
► Förderschulen 6. Klasse: ca. 22.1%, d.h. 79 Schulen
► Förderschulen 9. Klasse: ca. 32.7%, d.h. 115 Schulen
► Kindertagesstätten: ca. 0.6%, d.h. 43 Kindertagesstätten

Mit den empfohlenen Stichprobengrößen lässt sich bis auf eine Ausnahme eine Genauigkeit des Stichprobenmittels von $\pm\,0.15$ oder weniger im Modell erreichen. Bei der 9. Klasse der Förderschulen erreicht man eine modellhafte Genauigkeit von $\pm\,0.22$.

Da auf Basis der Ergebnisse der hier vorliegenden statistischen Untersuchungen eine Einbeziehung der Förderschulen und Kindertagesstätten zu einem deutlich erhöhten finanziellen Aufwand geführt hätte, wurde seitens der LAGZ beschlossen, diese beiden Schularten nicht im Rahmen der epidemiologischen Studie 2009, sondern innerhalb einer eigenen Studie zu einem späteren Zeitpunkt gesondert zu untersuchen und bei den Regelschulen auf die empfohlenen Größen zu gehen.

### 10.2.5 Stichprobenziehung

Um die Repräsentativität der gezogenen Stichprobe möglichst hoch zu halten, wurde eine zwei- bzw. dreifach geschichtete Stichprobenziehung vorgenommen, damit nach soziogeografischen Merkmalen ein repräsentatives Bild der entsprechenden Alters-/Schulgruppe in Bayern erhalten wird.

Die Schichtungen wurden über die Merkmale Bezirk (Nord-/Südbayern) und Umfeld (Großstadt/sonstige Stadt/Land) realisiert. Zusätzlich wurde die Schulart (Haupt-/Realschule/Gymnasien) bei den Stichproben für 6. und 9. Klassen berücksichtigt.

Für eine feste Kombination von Ausprägungen der Merkmale (z.B. Hauptschulen auf dem Land in Südbayern) wurde anhand der Häufigkeit dieser Merkmale in der Gesamtpopulation und der gewünschten Stichprobengröße die Anzahl der einzubestellenden Schüler bestimmt.

Bei der konkreten Durchführung der Studie werden an jeder Schule zwei Klassen (sofern nicht nur eine vorhanden) durch einen Zahnarzt untersucht. Unter dieser Rahmenbedingung kann für jede Schule dieser Kombination an Merkmalsausprägungen der mögliche Beitrag an Schülern zur Studie bestimmt werden. Mittelt man diesen über alle Schulen dieser Ausprägungen, kann damit der durchschnittliche Beitrag einer solchen Schule bestimmt werden und dadurch auch die benötigte Anzahl an Schulen mit diesen Ausprägungen.

Führt man dies für jede Kombinationsmöglichkeit der Schichtungsmerkmale durch, erhält man die Gesamtzahl der zu untersuchenden Schulen.

Um die Repräsentativität der endgültig gezogenen Stichproben zu illustrieren, geben wir die Verteilung der relevanten Merkmale in der tatsächlich gezogenen Stichprobe und Gesamtpopulation für die 1. Klasse an.

Insgesamt wurden 69 Schulen mit 2 583 für die Untersuchung vorzusehenden Schülern ausgewählt, d.h. 2.3% der Gesamtpopulation. Mit diesen Werten lässt sich wie bereits in Abschnitt 8.3 bei der Untersuchung der Repräsentativität von Kontrollgruppen vorgestellt, ein $\chi^2$-Homogenitätstest durchführen, um die Strukturgleichheit der Stichprobe zur Gesamtpopulation zu untersuchen. Der $p$-Wert des $\chi^2$-Testes beträgt hier 0.9988 und bestätigt die Repräsentativität der Stichprobenziehung. Analoge Werte ergaben sich auch für die Stichproben der 6. und 9. Klasse, wobei hier noch aus Kostengründen an so vielen Schulen wie aus Sicht der Repräsentativität vertrebar, sowohl die 6. also auch die 9. Klasse untersucht wurde.

**Tabelle 10.9** Vergleich der prozentualen Schüleranteile der gezogenen Stichprobe für die Studie in 2009 mit den Anteilen der Gesamtpopulation der Schüler in Bayern geschichtet nach den beiden Merkmalen Umfeld und Bezirk. Die zeilen- oder spaltenweise aufaddierten Zahlen ergeben nicht immer exakt die Gesamtwerte in der betreffenden Zeile oder Spalte. Dies ist auf Rundungseffekte zurückzuführen.

|  |  | Umfeld | | | |
|---|---|---|---|---|---|
|  |  | Land | Großstadt | Sonstige Stadt | Gesamt |
| Nord | Population | 30.4% | 5.1% | 5.4% | 40.8% |
|  | Stichprobe | 30.1% | 5.2% | 5.4% | 40.7% |
| Süd | Population | 45.4% | 8.3% | 5.5% | 59.2% |
|  | Stichprobe | 45.7% | 8.3% | 5.4% | 59.3% |
| Gesamt | Population | 75.8% | 13.3% | 10.8% | 100% |
|  | Stichprobe | 75.7% | 13.4% | 10.8% | 100% |

Wenn jedoch Drop-out und Alterseinschränkung innerhalb dieser soziogeografischen Merkmale unterschiedlich ausgeprägt sind (z.B. könnte der Drop-out in Südbayern wesentlich höher sein als in Nordbayern), kann die tatsächlich für die Auswertung untersuchte Gruppe der Jugendlichen kein repräsentatives Abbild der entsprechenden Alters-/Schulgruppe in ganz Bayern sein.

In einem Zwischenstadium wurde daher eine Überprüfung der Repräsentativität zur Gesamtpopulation auf Basis der erhobenen Daten bezüglich der obigen Merkmale durchgeführt. Da sich hier aufgrund des Drop-outs Verschiebungen beim gymnasialen Anteil in der Stichprobe zeigten, konnte durch eine nachträgliche Selektion weiterer Gymnasien einem Effekt des Drop-outs zumindest im Sinne der oben beschriebenen Merkmale Bezirk, Umfeld und Schulart entgegengewirkt werden.

## 10.3 Stichprobenauswertung

### 10.3.1 Drop-out-Werte

Der erste Schritt nach der Erhebung der epidemiologischen Daten durch die Zahnarztteams war die Auswertung der Drop-outs. Eine Übersicht der Ergebnisse findet sich in Tabelle 10.10.

Die Ergebnisse zeigen einen teilweise deutlich höheren Drop-out als in der entsprechenden Studie 2004. Besonders auffällig ist dieser bei den 9. Klassen, bei denen mehr als Hälfte der Schüler nicht an der Studie teilgenommen haben. Dieser hohe Drop-out führt natürlich zu berechtigten Zweifeln an der Validität der Studie, da dies Verzerrungen der Stichprobe nach sich ziehen kann. Durch die oben beschriebene Überprüfung der tatsächlichen Stichprobe nach den drei Standardmerkmalen und der Nachziehung von Gymnasien wurde sicher gestellt, dass die Stichprobe bezüglich dieser Merkmale nicht verzerrt ist. Jedoch ist es z.B. möglich, dass innerhalb einer untersuchten Klasse tendenziell die Schüler mit gesunden Zähnen die Untersuchung eher an sich durchführen ließen. Daher ist der Einfluß des Drop-outs auf die Studienergebnisse kaum abschätzbar, da ja über die nicht-teilnehmenden Schüler keine Daten vorliegen und somit auch keine Vergleiche zu den teilnehmenden Schüler gemacht werden können.

Als Ergebnis daraus sollte jedoch für die nächste Studie die Kommunikation an die Schulen und Schüler verbessert werden, z.B. durch ein unterstützendes Schreiben des Ministeriums, das um die Teilnahme an der Studie bittet.

**Tabelle 10.10** Übersicht der Anteile der Schüler, die die Teilnahme an der Studie 2009 ablehnten nach Jahrgangsstufe, Schulart und geografischem Umfeld.

|  |  | Land | Sonstige Stadt | Großstadt | Gesamt |
|---|---|---|---|---|---|
| 1. Klasse | Grundschule | 13% | 19% | 25% | 15% |
|  | Zum Vergleich 2004 |  |  |  | 12% |
| 6. Klasse | Hauptschule | 44% | 47% | 39% | 44% |
|  | Realschule | 38% | 30% | 24% | 35% |
|  | Gymnasium | 44% | 45% | 40% | 43% |
|  | Gesamt | 42% | 42% | 35% | 41% |
|  | Zum Vergleich 2004 |  |  |  | 21% |
| 9. Klasse | Hauptschule | 50% | 57% | 53% | 51% |
|  | Realschule | 50% | 67% | 48% | 53% |
|  | Gymnasium | 56% | 51% | 54% | 55% |
|  | Gesamt | 52% | 58% | 52% | 53% |
|  | Zum Vergleich 2004 |  |  |  | 39% |

## 10.3.2  Historischer Vergleich der DMFT-Werte

Eine der spannendsten Fragen, die sich bei der Auswertung der Studienergebnisse natürlich stellt, ist ob sich Unterschiede in der Zahngesundheit zu der Studie fünf Jahre zuvor ergeben. Dieser Frage möchten wir in diesem Abschnitt nachgehen.

Zunächst sehen wir uns die DMFT-Werte der 6/7jährigen im Zeitvergleich an. Für eine grafische Darstellung der Daten soll zuerst ein Boxplot des Milchzahndmft-Werts gruppiert nach beiden Studienjahren erstellt werden.

**Programmbeispiel 10.11** Vor der eigentlichen Erstellung müssen wir aus dem ursprünglichen Datensatz `lagz` die relevanten Daten herausfiltern:

1. Aktiviere den Datensatz `lazg` und wähle nur die Beobachtungen der ersten Klasse aus. Dies geht im Menü unter **Datenmanagement** $\longrightarrow$ **Aktive Datenmatrix** $\longrightarrow$ **Teilmenge der aktiven Datenmatrix ...** Die Auswahl hierzu lautet

```
klasse == 1
```

   Den neuen Datensatz bezeichnen wir mit `lagz.kl1`. Für Details zur Fallauswahl mit dem R-Commander siehe Programmbeispiel 10.2 in diesem Kapitel.

2. Nachdem `lagz.kl1` erstellt und aktiviert wurde, muss die Variable `studienjahr` in eine Faktorvariable umgewandelt werden (siehe Abschnitt 20.3.1), da ein Boxplot gruppiert nach einer numerischen Variablen mit dem R-Commander nicht möglich ist. Dazu geht man auf **Datenmanagement** $\longrightarrow$ **Variablen bearbeiten** $\longrightarrow$ **Konvertiere numerische Variablen in Faktoren ...** Im erscheinenden Menüfeld wählt man auf der linken Seite das Studienjahr aus und aktivert zudem noch unter *Faktorstufen* die Einstellung *Verwende Ziffern*. Damit werden die beiden Jahreszahlen automatisch als Labels für die Faktorstufen übernommen. Danach geht man auf $\boxed{\text{OK}}$ und bestätigt bei der darauffolgenden Warnmeldung, ob die bestehende Variable überschrieben werden soll, mit $\boxed{\text{Ja}}$.

3. Nun kann der gruppierte Boxplot analog zu Programmbeispiel 9.4 erstellt werden.

---

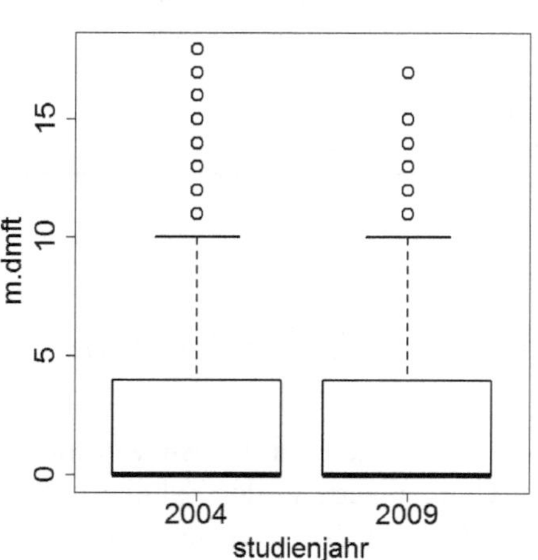

Abb. 10.12 Boxplot des Milchzahn-dmft-Werts für die 6/7jährigen gruppiert nach dem Studienjahr.

Der Boxplot in Abb. 10.12 zeigt uns eine generelle Schwäche dieses grafischen Hilfsmittels. Da die DMFT-Werte ganze Zahlen sind, sind auch die Quantile und der Median in der Regel ganze Zahlen, d.h. die strukturgebenden Elemente der Boxplots sind in diesem Fall ganzzahlig. Dadurch wird es grafisch erschwert, vor allem kleinere Unterschiede durch den Vergleich von Boxplots zu erkennen. Für unsere Zwecke besser geeignet sind daher Säulendiagramme der DMFT-Werte, die wie die Boxplots nach den beiden Studienjahren gruppiert sind.

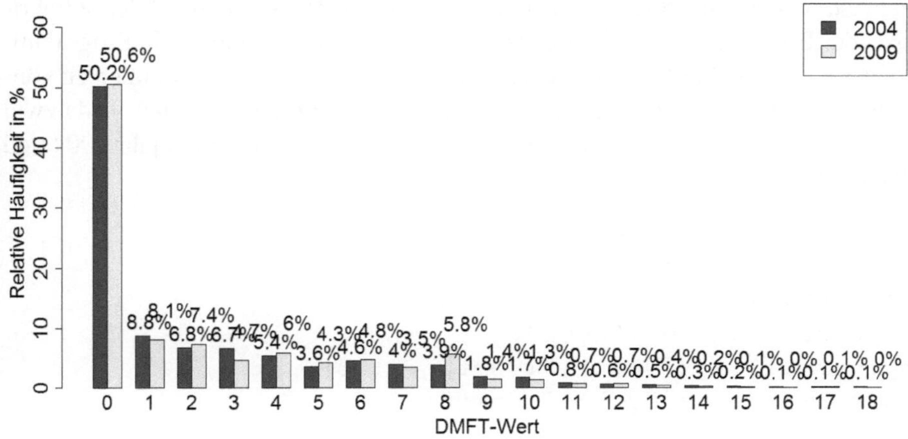



**Abb. 10.13** Gruppiertes Säulendiagramm der Milchzahn-dmft-Werte der 6/7jährigen Schüler in Bayern aus dem Studienjahren 2004 und 2009.

In Abb. 10.13 ist das gruppierte Säulendiagramm für den Milchzahn-dmft-Wert der 6/7jährigen zu sehen. Die Erstellung mit R verläuft ganz ähnlich zur Programmbeispiel 6.2, weshalb wir auf eine genaue Beschreibung verzichten und auf Aufgabe 3 verweisen.

Die Säulendiagramme sind für unsere Zwecke etwas besser geeignet, auch wenn aufgrund der vielen Säulen die Darstellung manchmal etwas unübersichtlich wird. Bei den 6/7jährigen zeigen beide Grafiken keine deutlichen Unterschiede, d.h. die Zahngesundheit hat sich in fünf Jahren nicht wesentlich geändert.

Über die grafischen Auswertungen hinaus, sehen wir uns noch weitere quantitative Größen an. Dazu betrachten wir zum einen den Mittelwert des Milchzahn-dmft-Werts jeweils für beide Studienjahre. Zum anderen wollen wir auch die zugehörigen 95%-Konfidenzintervalle berechnen, die eine Einschätzung der Meßgenauigkeit geben, wie in Abschnitt 10.2.1 beschrieben.

---

**Programmbeispiel 10.14** Um die gruppierten Mittelwerte zu erstellen, muss erneut der Datensatz `lagz.k11` aktivert sein.

1. Gehe im Menü auf **Statistik** $\longrightarrow$ **Deskriptiv Statistik** $\longrightarrow$ **Tabelle mit Statistiken ...**
2. Im sich öffnenden Dialogfeld aktiviert man unter *Faktoren* die Variable `studienjahr` und im Feld *Abhängige Variable* die Variable `m.dmft`. Nach Klick auf OK erhält man folgende Ausgabe:

```
studienjahr
    2004      2009
2.348705 2.337824
```

Man erkennt also, dass der mittlere dmft-Wert im Jahr 2009 minimal kleiner geworden ist, was ein Hinweis auf eine leicht verbesserte Zahngesundheit der 6/7jährigen ist. Zur Berechnung von Konfidenzintervallen greifen wir auf die in Programmbeispiel 3.6 erstellte Funktion `mw.normal()` zurück. Um diese anwenden zu können, müssen zuvor mit der `subset`-Funktion (vgl. Programmbeispiel 9.14) zwei Datensätze erstellt werden, die jeweils nur die Daten aus dem Studienjahr 2004 und 2009 enthalten:

```
lagz.04.kl1 <- subset(lagz.kl1,
   studienjahr == "2004")
lagz.09.kl1 <- subset(lagz.kl1,
   studienjahr == "2009")
mw.normal(lagz.04.kl1$m.dmft, 0.05)
mw.normal(lagz.09.kl1$m.dmft, 0.05)
```

Das Konfidenzintervall von 2004 lautet (2.2024, 2.4950), das Intervall aus Studienjahr 2009 ist (2.1954, 2.4802). Anhand der Tatsache, dass sich diese beiden Intervalle deutlich überlappen, kann man die natürliche Frage, ob sich die Mittelwerte signifikant unterscheiden mit „nein" beantworten. Der Vollständigkeit halber soll aber trotzdem noch der in Abschnitt 5.3 vorgestellte $t$-Test durchgeführt werden. Über die Annahme normalverteilter Daten muss man sich aufgrund der Stichprobengröße (Bemerkung 5.6) und der Ergebnisse aus Abschnitt 10.2.3 keine Gedanken machen.

**Programmbeispiel 10.15** Bevor wir entscheiden können, ob wir den $t$-Test oder den Welch-Test durchführen, muss noch überprüft werden, ob gleiche Varianzen für beide Stichproben angenommen werden können. Dies geschieht mit dem Levene-Test:

1. Aktiviere den Datensatz `lagz.kl1` und gehe im Menü auf **Statistik** $\longrightarrow$ **Varianzen** $\longrightarrow$ **Levene-Test ...**
2. Es öffnet sich ein neues Dialogfeld wie im oberen Teil von Abb. 10.16, unter *Faktoren* wählen wir das `studienjahr` und unter *Abhängige Variable* die Variable `m.dmft`.
3. Danach ändert man bei *Center* die Einstellung auf *arithmetisches Mittel* und geht auf OK .

Die Ausgabe des Levene-Tests lautet:

```
Levene's Test for Homogeneity of Variance [...]
        Df F value Pr(>F)
group    1  0.0149  0.903
      3858
```

Wegen dem $p$-Wert von 0.903 können wir die Nullhypothese gleicher Varianzen nicht ablehnen und somit den $t$-Test anstele des Welch-Tests durchführen (siehe Abschnitt 5.3 für mehr Details):

1. Gehe im Menü auf **Statistik** $\longrightarrow$ **Mittelwerte vergleichen** $\longrightarrow$ **T-Test für unabhängige Stichproben ...**
2. Im sich öffnenden Dialogfeld wie in Abb. 10.16 unten, aktivieren wir unter *Abhängige Variablen* die Variable m.dmft.
3. Da, wie oben gezeigt, die Varianzen als gleich angenommen werden können, aktivieren wir noch im Feld *Von gleichen Varianzen ausgehen?* die Einstellung *Ja* und gehen auf $\boxed{\text{OK}}$.

Im Aufgabefenster erscheint Folgendes:

```
    Two Sample t-test

data:  m.dmft by studienjahr
t = 0.1045, df = 3858, p-value = 0.9168
alternative hypothesis: true difference in [...]
95 percent confidence interval:
 -0.1932381  0.2149997
sample estimates:
mean in group 2004 mean in group 2009
          2.348705           2.337824
```

Der $p$-Wert liegt somit bei 0.9168, d.h. es sind wenig überraschend nach den Voranalysen für die 6/7jährigen keine signifikanten Änderungen bei der aktuellen Studie im Vergleich zu 2004 feststellbar.

Als letzte Bemerkung zu dieser Schülergruppe möchten wir noch feststellen, dass die Konfidenzintervalle hier (und bei den folgenden Gruppen) auch die in Abschnitt 10.2.4 vorhergesagte Meßgenauigkeit von $\pm 0, 15$ an den realen Daten bestätigen.

Die zeitliche Entwicklung der 12- und 15jährigen haben wir in Tabelle 10.19 zusammengefasst. Die Mittelwerte bei den 12jährigen Schülern liegen schon etwas weiter auseinander, was auch im Boxplot auf der linken Seite von Abb. 10.17 zu erkennen ist. Trotzdem gibt es laut $t$-Test auch hier keine signifikanten Unterschiede zwischen den beiden Studienjahren. Jedoch ist der $p$-Wert mit 0.1154 deutlich niedriger. Derartige Werte werden in der Literatur manchmal als "schwach signifikant" bezeichnet. Im zugehörigen Säulendiagramm in Abb. 10.18 oben sind schon Veränderungen zu erkennen, was die Anteile der DMFT-Werte für beide Studien betrifft, insbesondere was den DMFT-Wert 0 angeht. Jedoch sind diese Veränderungen noch nicht signifikant. Für die Erstellung dieser beiden Diagramme verweisen wir auf Aufgabe 4.

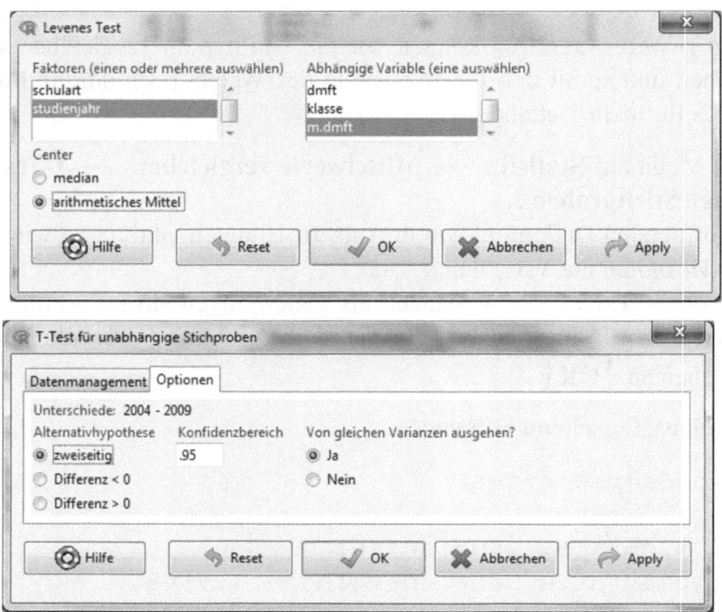

**Abb. 10.16** Dialogfelder zur Berechnung des Levene-Tests (oben) und des $t$-Test für unabhängige Stichproben (unten).

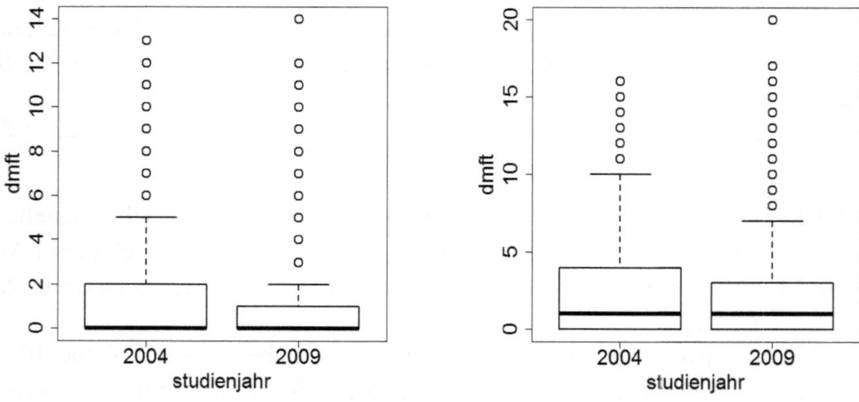

**Abb. 10.17** Boxplots der DMFT-Werte für die 12jährigen (links) und die 15jährigen (rechts) jeweils gruppiert nach dem Studienjahr.

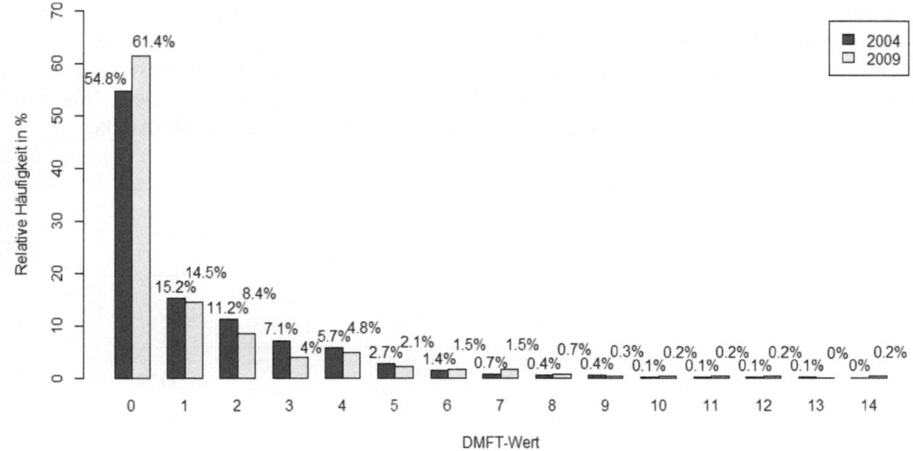

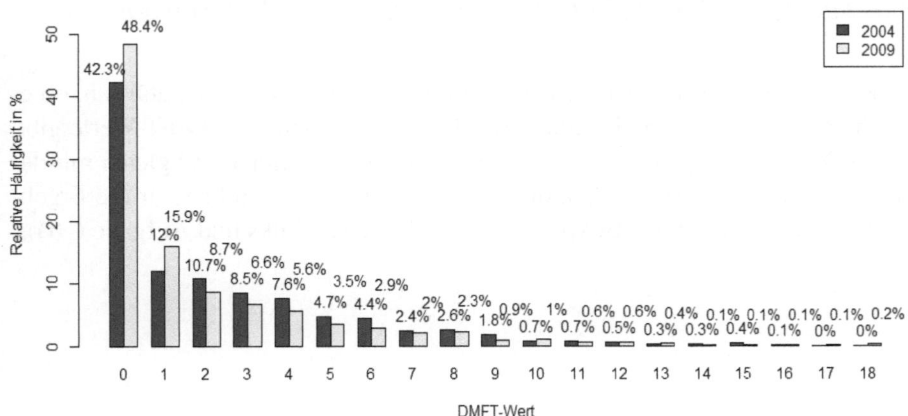

**Abb. 10.18** Gruppiertes Säulendiagramm der DMFT-Werte der 12jährigen (oben) und der 15jährigen Schüler (unten) in Bayern aus dem Studienjahren 2004 und 2009.

Bei der Gruppe der 15jährigen sind die Mittelwerte noch weiter auseinander (s. Tabelle 10.19, unterer Teil). In diesem Fall ist der Unterschied sogar signifikant ($p$-Wert: 0.001), d.h. eine signifikante Verminderung des DMFT-Wertes bei der aktuellen Studie konnte im Vergleich zu 2004 festgestellt werden. Während sich bei den anderen Altersgruppen keine Unterschiede zu der Studie aus 2004 festgestellt werden konnten, hat sich also bei den 15jährigen die Zahngesundheit in den letzten fünf Jahren verbessert. Diese Änderungen sind auch deutlich im Säulendiagramm im unteren Teil von Abb. 10.18 zu sehen. Der Anteil der 15jährigen mit einem DMFT-Wert von 0 und hier auch von 1 ist im Jahr 2009 deutlich höher als in 2004 (s. Aufgabe 5).

**Tabelle 10.19** Vergleich der Ergebnisse der Studien aus den Jahren 2004 und 2009. Abgebildet sind das 95%-Konfidenzintervall (ausgehend von normalverteilten Daten mit unbekannter Stichprobenvarianz) sowie das arithmetische Mittel. Der $p$-Wert für die 12jährigen ist der des $t$-Tests wegen gegebener Varianzhomogenität ($p$-Wert des Levene-Tests: 0.9888). Der $p$-Wert für die 15jährigen ist der des Welch-Tests, da der Levene-Test Varianzheterogenität feststellte ($p$-Wert:0.0168).

| | | Kennziffer | | | |
|---|---|---|---|---|---|
| | | Untere Grenze | Mittelwert | Obere Grenze | $p$-Wert |
| DMFT 12jährige | 2004 | 1.1134 | 1.2016 | 1.2897 | 0.1162 |
| | 2009 | 1.0049 | 1.0984 | 1.1919 | |
| DMFT 15jährige | 2004 | 2.1281 | 2.2980 | 2.4679 | 0.0009 |
| | 2009 | 1.7556 | 1.9089 | 2.0622 | |

### 10.3.3  Vergleich der DMFT-Werte zwischen den Schularten

Eine andere Frage, die sich bei der Auswertung der Studie stellt, ist natürlich, ob es Unterschiede zwischen den einzelnen Schularten bezüglich der DMFT-Werte gibt. Da es bei den 6- und 7jährigen nur eine Schulart gibt, beginnen wir gleich mit der Untersuchung der 12jährigen. Analog zum Abschnitt 10.3.2 stellen wir die Ergebnisse zunächst in Form eines Boxplots dar (s. Abb. 10.20 links und Aufgabe 6 (i)).

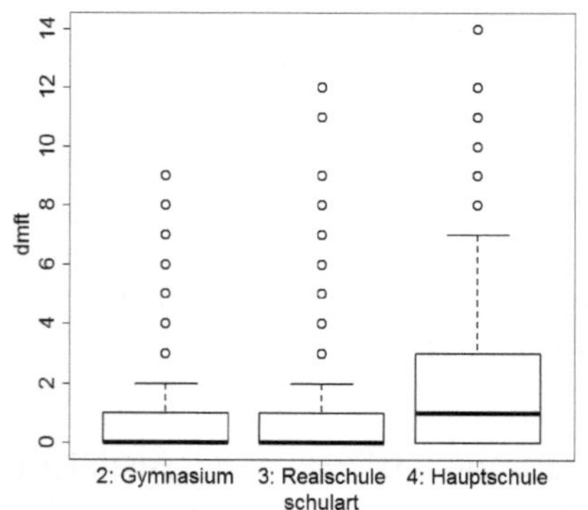
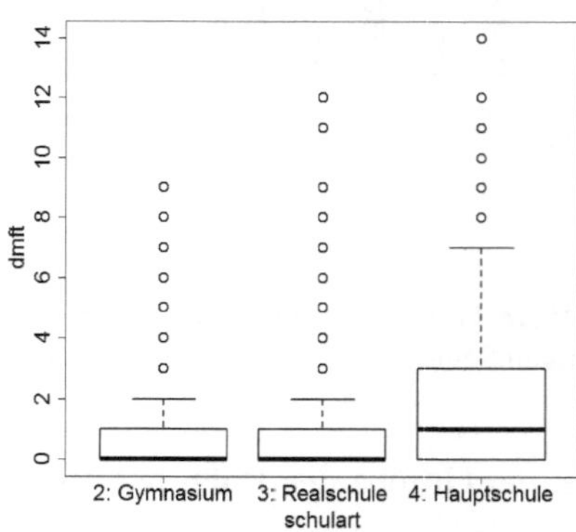

**Abb. 10.20** Boxplots der DMFT-Werte für die 12jährigen (links) und die 15jährigen (rechts) gruppiert nach der Schulart.

Die Boxplots lassen bereits vermuten, dass sich zumindest die Hauptschule bezüglich des DMFT-Wertes von den anderen Schularten unterscheidet. Dies wird auch im zugehörigen Säulendiagramm im oberen Teil von Abb. 10.21 angedeutet. Genauer sehen wir das noch in den quantitativen Angaben zu Mittelwerten und Konfidenzintervallen wie in Tabelle 10.23, in der im oberen Teil die Ergebnisse der 12jährigen zu finden sind (siehe Aufgabe 6 (iii)).

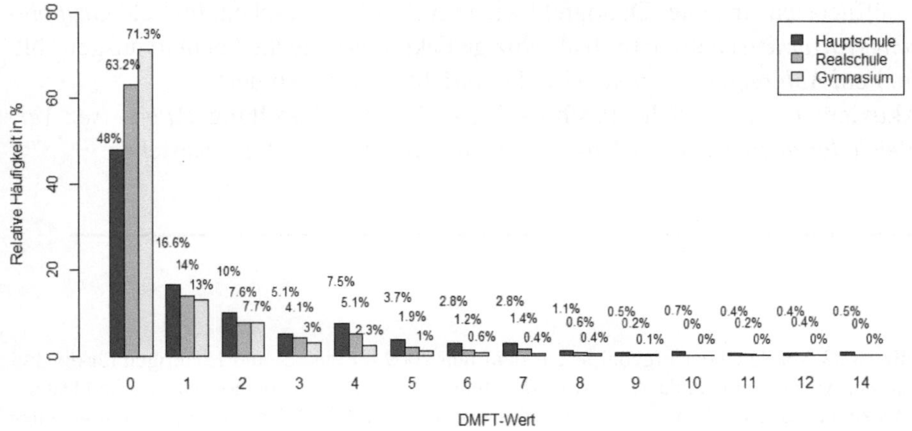

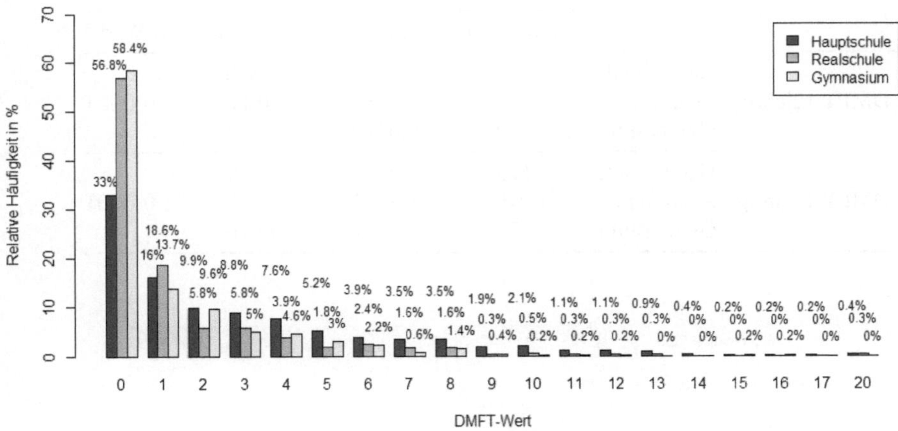

**Abb. 10.21** Nach Schularten gruppierte Säulendiagramme der DMFT-Werte der 12jährigen (oben) und der 15jährigen Schüler (unten) in Bayern für das Studienjahren 2009.

Da nun mehr als zwei Mittelwerte aus Stichproben verglichen werden sollen, ist der $t$-Test nicht mehr anwendbar. Die Frage nach den signifikanten Unterschieden zwischen den Mittelwerten kann stattdessen durch die in Abschnitt 5.5 kurz vorgestellte Varianzanalyse beantwortet werden.

**Programmbeispiel 10.22** Für die Durchfürung der Varianzanalyse muss der Datensatz `lagz.09.k16` aktiviert sein.

1. Gehe im Menü auf **Statistik** $\longrightarrow$ **Mittelwerte vergleichen** $\longrightarrow$ **Einfaktorielle Varianzanalyse**.

2. Es öffnet sich ein neues Dialogfeld wie in Abb. 10.24 zu sehen. Im Feld *Gruppie-rungsvariable* ist automatisch als einzige Faktorvariable die Schulart ausgewählt. Im Feld *Abhängige Variable* wird die Variable `dmft` aktiviert.
3. Aktiviere für zusätzliche Posthoc-Vergleiche die Einstellung *Paarweiser Vergleich der arithmetischen Mittelwerte* mit einen Klick auf das Kästchen.

**Tabelle 10.23** Vergleich der Ergebnisse aus dem Jahr 2009 für die 12- und 15jährigen für die drei Schularten. Abgebildet sind das 95%-Konfidenzintervall (ausgehend von normalverteilten Daten mit unbekannter Stichprobenvarianz) sowie das arithmetische Mittel. Der $p$-Wert ist vom globalen Test der einfaktoriellen Varianzanalyse.

|  |  | Kennziffer | | | |
| --- | --- | --- | --- | --- | --- |
|  |  | Untere Grenze | Mittelwert | Obere Grenze | $p$-Wert |
|  | Hauptschule | 1.5165 | 1.7233 | 1.9300 | |
| DMFT 12jährige | Realschule | 0.8596 | 1.0288 | 1.1980 | $< 0.0001$ |
|  | Gymnasium | 0.5320 | 0.6310 | 0.7299 | |
|  | Hauptschule | 2.6231 | 2.9235 | 3.2239 | |
| DMFT 15jährige | Realschule | 1.0791 | 1.3220 | 1.5649 | $< 0.0001$ |
|  | Gymnasium | 1.0725 | 1.2671 | 1.4616 | |

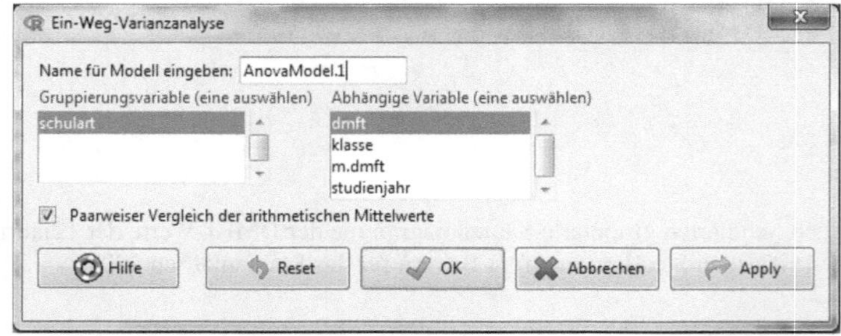


**Abb. 10.24** Dialofeld zur Berechnung einer einfaktoriellen Varianzanalyse mit dem Datensatz `lagz.09.kl6`, der Gruppierungsvariable `schulart` und der abhängigen Variable `dmft`.

Die Ausgabe im R-Commander ist etwas ausführlicher. Interessant ist für uns zunächst das erste Element der Ausgabe, nämlich folgende Tabelle:

```
            Df Sum Sq Mean Sq F value Pr(>F)
schulart     2    376  188.15   50.01 <2e-16 ***
Residuals 1745   6565    3.76
---
Signif. codes:  0 '***' 0.001 '**' 0.01 [...]
```

In dieser ist oben rechts der $p$-Wert der Varianzanalyse enthalten, der kleiner ist als $2 \cdot 10^{-16}$ und somit weit unter 0.05, d.h. es gibt signifikante Unterscheide zwischen den Schularten.

Die naheliegende Frage, welche der Schularten sich denn signifikant voneinander unterscheiden, wird in der gleichen Ausgabe mit einem speziellen Test, dem sogenannten **Tukey-Test** beantwortet. Diesen kann man sich grob als $t$-Test für alle paarweisen Kombinationen aus Schularten vorstellen. Jedoch wird hier bei der Bestimmung der $p$-Werte der Effekt des multiplen Testens berücksichtigt, siehe auch Abschnitt 5.5. Auf die Details des Tukey-Tests können wir hier nicht näher eingehen und verweisen stattdessen auf die entsprechende Literatur, beispielsweise [1], Kapitel 5.1. Die Ergebnisse des Tukey-Tests findet man in der zweiten Tabelle der Ausgabe wieder, die wir hier nur verkürzt abbilden:

```
Linear Hypotheses:
                                                   Pr(>|t|)
3: Realschule - 2: Gymnasium == 0   [...]   0.00154
4: Hauptschule - 2: Gymnasium == 0   [...]   < 1e-04
4: Hauptschule - 3: Realschule == 0   [...]   < 1e-04
```

Der Tukey-Test zeigt, dass alle paarweisen Vergleiche signifikant sind. Beispielsweise beträgt der $p$-Wert für den Vergleich von Realschule und Gymnasium 0.00154. Die Tatsache, dass sich alle Schularten signifikant unterscheiden, wird auch durch die Konfidenzintervalle in Tabelle 10.23 nahe gelegt, die jeweils keinen Schnitt miteinander haben. Der Rest der Ausgabe besteht noch aus weiteren Tabellen und einem Diagramm. Diese sind aber für unsere Zwecke nicht wichtig, daher gehen wir nicht näher darauf ein. Aufgrund der hohen Signifikanzen wäre man übrigens auch zu denselben Schlusßfolgerungen gekommen, wenn man wie in Abschnitt 5.5 beschrieben statt der Varianzanalyse und dem Tukey-Test drei $t$-Tests zusammen mit einer Bonferroni-Korrektur durchgeführt hätte. Mit dieser Methode kommt man allerdings nicht weiter, wenn die Signifikanzen nicht so deutlich sind.

Plakativ dargestellt könnte man nun sagen, dass bei den 12jährigen Schülern Gymnasiasten bessere Zähne haben als Realschüler und diese wiederum bessere Zähne als die Hauptschüler. Solche verkürzten Darstellungen widerstreben normalerweise einem Statistiker, der sich gerne immer noch ein Hintertürchen offen lässt. Beispielsweise bedeutet das Wort „signifikant" ja, dass man sich auch irren kann. In der Realität sind solche Verkürzungen häufig nicht zu vermeiden, insbesondere wenn man Ergebnisse vermitteln möchte und dazu Aufmerksamkeit erregen muss. Dennoch sollte man sich davor hüten statistische Zusammenhänge mit kausalen Zusammenhängen zu verwechseln. Ein Fehlschluss könnte sein, dass man Hauptschulen abschaffen sollte, da sie ja zu schlechten Zähnen bei den Schülern führen. Was hier noch offensichtlich nach einer Fehldeutung von Ursache und Wirkung aussieht, ist in vielen anderen Fällen nicht mehr so einfach zu erkennen. In der Realität wurde tatsächlich ein Programm zur Verbesserung der Zahngesundheit an Hauptschulen durch die LAGZ ins Leben gerufen.

Sehen wir uns zum Schluss noch den Vergleich der Schularten bei den 15jährigen an. Die grafische Analyse in Form von Boxplots bzw. gruppiertem Säulendiagramm findet man in Abb. 10.20 rechts, bzw. in Abb. 10.21 unten. Die Mittelwerte und Konfidenzintervalle für die drei Schularten sind im unteren Teil von Tabelle 10.23 abgebildet, für die Analyse der Daten verweisen wir auf Aufgabe 7. Die Werte aus der Tabelle lassen auch für den Vergleich bei den 15jährigen Unterschiede vermuten, was durch den sehr kleinen $p$-Wert der Varianzanalyse bestätigt wird. Ein Tukey-Test zeigt, dass sich Gymnasien und Realschulen signifikant von den Hauptschulen unterscheiden ($p$-Wert jeweils $< 10^{-5}$), jedoch gibt es keine signifikanten Unterschiede zwischen Realschulen und Gymnasien ($p$-Wert: 0.956). Verkürzt ausgedrückt haben also auch hier Hauptschüler die schlechteren Zähne.

## 10.4 Weitere statistische Untersuchungen

Die im Rahmen der Studie vorgenommenen statistischen Untersuchungen gingen noch über die hier vorgestellten Elemente hinaus. Wir möchten diese nicht betrachteten Teile noch kurz erwähnen, ohne jedoch ins Detail zu gehen:

▶ In der original bestimmten Stichprobe haben sich einige Schulen geweigert an der Studie teilzunehmen, d.h. man hatte eine Art Drop-out der Schulen. Da man dies jedoch rechtzeitig wusste, konnte man Ersatzschulen bestimmen, die im Sinne der oben beschriebenen Merkmale ähnlich zu den verweigernden Schulen waren und diese in die Stichprobe einbeziehen.

▶ Die Untersuchungen wurden an den Schulen von mehreren Zahnärzteteams durchgeführt. Hier stellt sich natürlich die Frage, ob alle Zahnärzte gleich gut in der korrekten Erkennung des DMFT-Wertes sind. Um das zu überprüfen, wurden einmal vor und einmal nach der Studie die Zahnärzteteams zur sogenannten **Kalibrierungssitzung** versammelt, und gemeinsam wurde eine geringe Anzahl von Schülern unter Bestimmung des DMFT-Wertes untersucht, und die Ergebnisse der einzelnen Zahnärzte miteinander verglichen. Dies führt zur Bestimmung des $\kappa$-Wertes, der ein Maß für die Übereinstimmung der Untersucher darstellt und zur methodischen Absicherung der Studie bestimmt wurde. Genaueres zum $\kappa$-Wert findet sich beispielsweise in [5], Abschnitt 463. In diesem Fall konnte gezeigt werden, dass die einzelnen Zahnärzte in der Bestimmung der DMFT-Werte hinreichend genau übereinstimmten.

## 10.5 Aufgaben

1. Erstellen Sie in Anlehnung an Abb. 10.3 ein einfaches Säulendiagramm für die Verteilung der DMFT-Werte der 12jährigen und ein Säulendiagramm für die Verteilung des Milchzahn-dmft-Werts für die 6/7jährigen jeweils für das Studienjahr 2004.
2. Einige der für die damalige Studie durchgeführen Berechnungen sollen mit Hilfe der in Programmbeispiel 10.4 erstellen Funktion `sim.stichprobe()` nach-

vollzogen werden. Für die folgenden Simulationen gilt stets $J = 500$ und $L = 100$.

(i) Bei der Untersuchung der Förderschulen der 12jährigen Schüler wurde die Verteilung des DMFT-Werts der 12jährigen Regelschüler von 2004 zugrunde gelegt und mit $N = 4000$ gerechnet. Kann man bei einem Stichprobenumfang von 1.5% der Gesamtpopulation von normalverteilten $Y^{(j)}$ ausgehen? Was ist, wenn sich der Stichprobenumfang auf 15% der Gesamtpopulation erhöht?

(ii) Wie am Ende von Abschnitt 10.2.3 ging man bei Förderschulen nicht von der Normalverteilung aus. Berechnen Sie unter dieser Annahme das empirische 2.5%- und 97.5%-Quantil für die 15jährigen Förderschüler. Gehen Sie von einer Gesamtpopulation von $N = 4200$ aus und nehmen Sie die Verteilung der 15jährigen Regelschüler aus dem Jahr 2004 als Verteilungsannahme für die DMFT-Werte. Berechnen Sie die Quantile für einen Stichprobenumfang von 7.5% der Gesamtpopulation, d.h. $n = 315$.

**Achtung:** Die Simulationen können – je nach Rechnerleistung – einige Minuten in Anspruch nehmen. Sollten Sie die gestartete Simulation abbrechen wollen, drücken Sie die ESC-Taste. Allerdings funktioniert dies nicht, wenn Sie den Befehl im Skriptfenster des R-Commander ausführen, sondern nur wenn Sie den Befehl in die gewöhnliche R-Konsole eingeben.

3. Erstellen Sie ein Säulendiagramm des dmft-Werts für die 6/7jährigen gruppiert nach dem Studienjahr (vgl. Abb. 10.13). Erzeugen Sie sich dazu im ersten Schritt mit den Funktionen `table()` und `prop.table()` ein Objekt, welches die nötigen Prozentwerte enthält und erstellen damit ein Säulendiagramm. Fügen Sie zum Abschluss mit der Funktion `text()` die Dateneinträge im Diagramm hinzu.

4. Vergleichen Sie den DMFT-Wert der 12jährigen zwischen den beiden Studienjahren 2004 und 2009:

(i) Erstellen Sie dazu zuerst einen gruppierten Boxplot (s. Abb. 10.12) und ein gruppiertes Säulendiagramm (s. Abb. 10.13) für einen grafischen Überblick. Berechnen Sie danach die Mittelwerte beider Gruppen mit zugehörigen 95%-Konfidenzintervallen.

(ii) Prüfen Sie vor Durchführung eines Signifikanztests zum Vergleich beider Gruppen, ob die Varianzen in beiden Stichproben als gleich angenommen werden können. Testen Sie danach mit dem geeigneten Verfahren, ob sich der DMFT-Wert zwischen beiden Studienjahren signifikant geändert hat.

(iii) Führen Sie im Anschluss die gleiche Analyse noch mit dem Milchzahn-dmft-Wert für die Gruppe der 12jährigen durch. Gibt es hier signifikante Unterschiede zwischen 2004 und 2009? Überlegen Sie sich auch, wie der Milchzahn-dmft-Wert hier zu interpretieren ist und warum die fachliche Aussagekraft des Wertes zur Mundgesundheit bei dieser Gruppe begrenzt ist.

5. Führen Sie eine historische Analyse der DMFT-Werte für die 15jährigen Schüler durch und untersuchen Sie die Frage ob sich eine Änderung im DMFT-Wert von

der Studie in 2004 zur Studie in 2009 ergeben hat. Verwenden Sie dabei die gleichen Auswertungsmethoden wie in Aufgabe 4.

6. Vervollständigen Sie die Analysen für den Vergleich der Schularten bei den 12jährigen von 2009:

   (i) Erzeugen Sie einen gruppierten Boxplot für den DMFT-Wert. Erstellen Sie hierzu einen Teildatensatz, der nur die Ergebnisse der 12jährigen Schüler aus 2009 enthält. Überschreiben Sie danach die Variable `schulart` unter Verwendung der Funktion `factor()` mit sich selbst, weil sonst die leere Kategorie `1: Grundschule` im Boxplot erscheint.

   (ii) Erstellen Sie ein gruppiertes Säulendiagramm für den DMFT-Wert.

   (iii) Berechnen Sie die in Tabelle 10.23 angegeben Kennziffern arithmetisches Mittel und 95%-Konfidenzintervall.

7. Vergleichen Sie den DMFT-Wert der 15jährigen von 2009 zwischen den Schularten:

   (i) Erstellen Sie für die grafische Analyse sowohl einen gruppierten Boxplot als auch ein gruppiertes Säulendiagramm.

   (ii) Berechnen Sie für jede Schulart das arithmetische Mittel und das 95%-Konfidenzintervall.

   (iii) Führen Sie eine Varianzanalyse durch und verwenden Sie im Falle eines signifikanten Ergebnisses den Tukey-Test für paarweise Einzelvergleiche zwischen den Schularten.

8. Gibt es für das Studienjahr 2004 signifikante Unterschiede zwischen den Schularten bezüglich des DMFT-Werts für die 12- bzw. 15jährigen? Verwenden Sie zur Untersuchung dieser Fragen die in Aufgabe 7 benutzten Analysewerkzeuge.

## Literatur


1. Falk. M, Becker, R. und Marohn, F. (2004). *Angewandte Statistik.* Springer, Berlin-Heidelberg.
2. Henze, N. (2012). *Stochastik für Einsteiger.* Vieweg + Teubner, Wiesbaden.
3. Krämer, N. (2005). Zahngesundheit bayerischer Schulkinder 2004. Bayerische Landesarbeitsgemeinschaft Zahngesundheit e.V. (LAGZ)
4. Krämer, N., Michel, R., Englert, S., Petschelt, A. und Frankenberger, R. (2011). Zahngesundheit bayerischer Schulkinder 2009. Oralprophylaxe & Kinderzahnheilkunde 33 (2)
5. Sachs, L. (2004). Angewandte Statistik, 11. Auflage. Springer.
6. Schira, J. (2005). Statistische Methoden der VWL und BWL, 2. Auflage. Pearson-Verlag.

# Teil III
# Statistik mittels Simulationen

# Kapitel 11
# Computerintensive Statistik

Im ersten Teil des Buchs wurden ausführlich statistische Methoden, insbesondere Signifikanztests und Konfidenzintervalle, und deren mathematische Hintergründe besprochen. Bei gewissen Fragestellungen wird man aber mit den dort vorgestellten Verfahren keine zufriedenstellende Antwort mehr finden. In Kapitel 10 haben wir bereits im Rahmen einer geplanten Stichprobenziehung erkannt, dass für ein einfaches Problem – nämlich die Bestimmung eines Konfidenzintervalls für einen Punktschätzer ohne Kenntnis der genauen Verteilung – eine Lösung nicht ohne weiteres anzugeben ist. Um dennoch eine Antwort zu finden, hat man dort eine computerintensive Simulation durchgeführt, um eine hinreichend genaue Annäherung an die Lösung zu erhalten.

In diesem Teil des Buchs werden einige Verfahren zur Lösung statistischer Probleme mit Hilfe von Simulationen präsentiert. Solche Methoden sind in der angewandten Statistik von großer Bedeutung, denn Problemstellungen müssen nicht allzu komplex sein, um an die Grenzen der analytischen Lösbarkeit zu stoßen. Wir werden ebenso kurz auf die dahinter liegende mathematische Idee der Verfahren eingehen und R-Beispiele für statistische Simulationen besprechen. Es wird deutlich werden, dass die Exaktheit einer Lösung vom Simulationsaufwand abhängt und dass man sich somit genauere Lösungen mit längerer Rechenlaufzeit „erkaufen" kann.

Beginnen werden wir dieses Kapitel mit dem bekannten Beispiel zur Berechnung der Kreiszahl $\pi$ (Abschnitt 11.1.1) und dem damit eng verwandten Problem der Berechnung von Integralen (Abschnitt 11.1.2). Im Rahmen von finanzmathematischen Problemstellungen kommen statistische Simulationen oft zur Verwendung, daher gehen wir in Abschnitt 11.1.3 ausführlich auf diesen Themenkomplex ein. In Abschnitt 11.2 stellen wir vor, wie das Prinzip der **Monte-Carlo-Simulation** auf konkrete statistische Fragestellungen angewendet werden kann, was uns zum **Bootstrap-Verfahren** führt.

# 11.1 Monte-Carlo-Verfahren

Ganz allgemein spricht man von **Monte-Carlo-Verfahren,** wenn statistische Experimente wiederholt simuliert und die Ergebnisse dieser Experimente analysiert werden. Dabei spielen stets Zufallszahlen eine grundlegende Rolle, die vom Computer generiert werden. Mit Hilfe dieser Zufallszahlen werden verschiedene Szenarien eines Experiments simuliert. Es gibt zwei Hauptgründe für die Durchführung von Monte-Carlo-Verfahren:

- Die Simulation von Experimenten ist in sehr vielen Fällen weitaus einfacher, weniger zeitaufwändig, kostengünstiger oder ungefährlicher, als die Durchführung eines realen Experiments. Monte-Carlo-Methoden werden beispielsweise zur Simulation von Erdbeben oder anderen Naturkatastrophen verwendet, hier wäre eine reale Simulation mitunter sehr fahrlässig. Ganz abgesehen davon, dass solche Ereignisse nicht ohne weiteres herbeigeführt werden können. Aber auch in der Finanzwelt kommen Monte-Carlo-Methoden oft zum Einsatz zur Bestimmung des Preises von Finanzderivaten. Da die Preise zwar zu Beginn eines Zeitintervalls bestimmt werden müssen, der Preis aber von der Marktsituation am Ende des Intervalls abhängt, sind Simulationsmethoden teilweise unvermeidlich um zu verlässlichen Ergebnissen zu kommen. In Abschnitt 11.1.3 werden wir solche Methoden genauer kennen lernen.
- Viele Probleme in der Mathematik oder auch in anderen Bereichen sind analytisch entweder nicht mit vertretbarem Aufwand oder überhaupt nicht lösbar. Die Zahl $\pi$ ist beispielsweise eine irrationale Zahl; es gibt keine Möglichkeit sie als Quotient von ganzen Zahlen zu schreiben. Darüber hinaus gibt es viele Integrale, deren Bestimmung nicht in einer expliziten Form möglich ist und die nur mittels numerischer Methoden bestimmt werden können (man denke hier nur an die Dichte $\Phi$ der Standardnormalverteilung, vgl. Aufg. 4). Wir gehen in Abschnitt 11.1.2 genauer darauf ein.

Eine Eigenschaft, die allen Monte-Carlo-Verfahren zu Grunde liegt, ist die Tatsache, dass die gefunden Ergebnisse mit steigender Anzahl an Wiederholungen der Simulation immer genauer werden. Auch wenn die Simulationen teilweise sehr rechenaufwändig sind, liegt darin die Stärke des Verfahrens, da man sich beliebig weit der exakten Lösung des Problems annähern kann, was wir an den späteren Beispielen sehen werden. Vor allem im Zuge rasant wachsender Leistungsvermögen moderner Compuersysteme ist dies ein weiterer Grund für die zunehmende Nützlichkeit von Computersimulationen.

Monte-Carlo-Verfahren wurden während der Zeit des Zweiten Weltkriegs erstmals verwendet. In den Forschungslaboren von Los Alamos in den USA wurden Kernspaltungsprozesse untersucht. Da diese Prozesse stochastischer Natur sind und eine Vielzahl von Einflussfaktoren dabei eine Rolle spielen, war eine analytische Berechnung dieser Vorgänge nicht möglich. Die Durchführung von realen Kernspaltungsprozessen war aber zu gefährlich, da das Risiko zu hoch war, eine nukleare Kettenreaktion auszulösen. Aus diesem Grund versuchten die beiden Wissenschaftler Stanislaw Ulam und John von Neumann die Flugbahn von Neutronen empirisch durch wiederholte Zufallsexperimente zu bestimmen, womit die Monte-Carlo-Idee geboren war. Obwohl das gleiche Prinzip bereits zuvor von dem Physier Enrico Fermi verwendet wurde, geht die Namensschöpfung **Monte-Carlo-Methode** dennoch auf Ulam und von Neumann zurück, die dabei an die gleichnamige Spielbank in der monegassischen Stadt Monte-Carlo dachten. Ein Roulette-Spiel kann nämlich auch als ein simpler Zufallsgenerator für die Zahlen von 0 bis 36 interpretiert werden und zufällig generierte Zahlen sind die Basis jeder Monte-Carlo-Simulation, wie wir später noch sehen werden.

## 11.1.1 Berechnung der Kreiszahl $\pi$

Getreu seinem Namen, können wir die *Kreiszahl* $\pi$ berechnen, indem wir den Flächeninhalt eines Kreises mit Radius $r$ bestimmen. Laut der bekannten Formel gilt dann $r^2\pi$ für die Fläche. Setzen wir $r = 1$ und betrachten damit den Einheitskreis, dann ist der Flächeninhalt genau die Größe, die wir bestimmen möchten. Stellen wir uns den Einheitskreis um den Nullpunkt eines kartesischen Koordinatensystems vor und betrachten nur den Viertelkreis im ersten Quadranten. Dazu definieren wir die Funktion $f : [0, 1] \to [0, 1]$ mit

$$f(x) = \sqrt{1 - x^2} \tag{11.1}$$

Im linken Teil von Abbildung 11.2 ist der Funktionsgraph von $f$ zu sehen. Wie man diesen mit R erzeugt, sehen wir im nächsten in Programmbeispiel.

---

**Programmbeispiel 11.1** Um die Funktionswerte zu zeichnen, erstellen wir uns zuerst ein Objekt mit Werten für $x \in [0, 1]$. Dazu verwenden wir die Funktion `seq()`, die eine Zahlenfolge erstellt, wobei das erste Argument der Anfangs- und das zweite Argument der Endpunkt der Folge ist. Im dritten Argument wird die Schrittweite festgelegt; wir wählen hier 0.01, d.h. im Objekt x wird die Zahlenfolge $0, 0.01, 0.02, \ldots$ gespeichert. Die Funktionswerte speichern wir im Objekt y, indem wir die Funktionsvorschrift aus (11.1) auf x anwenden:

```
x <- seq(0, 1, 0.01)
y <- sqrt(1 - x^2)
```

Hierbei nutzt man die vektorielle Arbeitsweise von R aus, d.h. die Berechnungsformel wird komponentenweise durchgeführt (vgl. Abschnitt 19.2.1). Nun können wir mit der Funktion `plot()` die Funktionswerte gegen die Ausgangswerte zeichnen:

```
plot(x, y, type = "l", xlab = "", ylab = "")
```

Mit dem Argument `type` legt man fest, dass die einzelnen Punkte verbunden werden (`l` steht für *line*).

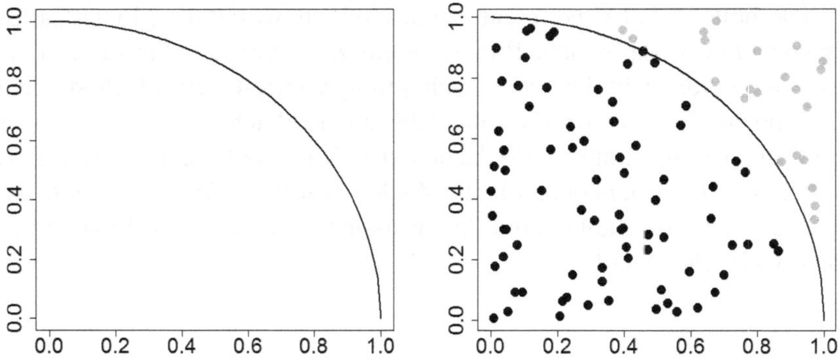

**Abb. 11.2** Links: Funktionsgraph aus (11.1). Rechts: Viertelkreis, der mit 100 Punktepaaren „beschossen" wurde zur Approximation von $\pi$. Die Punktepaare bestehen aus insgesamt 200 voneinander unabhängigen auf $(0, 1)$ gleichverteilten Zufallszahlen.

Das Diagramm im linken Teil von Abbildung 11.2 wird angezeigt. Die Fläche unterhalb der Kreislinie beträgt offenbar genau $\frac{\pi}{4}$, d.h.

$$\int_0^1 \sqrt{1 - x^2}\, dx = \frac{\pi}{4} \tag{11.2}$$

Wie man das Integral einer Funktion mittels einer Monte-Carlo-Simulation berechnet, besprechen wir ausführlicher in Abschnitt 11.1.2. Wir möchten zur Lösung unseres Problems etwas heuristischer vorgehen und stellen uns dazu vor, dass wir sehr viele Punkte zufällig auf das Quadrat $[0, 1] \times [0, 1]$ „schießen". Für jeden Punkt wird dann überprüft, ob dieser innerhalb des Viertelkreises liegt oder nicht. Ist dies der Fall, betrachten wir den Punkt als „Treffer", anderenfalls ist er „kein Treffer".

Um etwas formaler zu werden, gehen wir von insgesamt $N$ Punkten aus, die zufällig in das Einheitsquadrat fallen. Liegen $t$ Treffer vor, dann würde man für sehr hohes $N$ erwarten, dass

$$\frac{t}{N} = \frac{\text{Anzahl „Treffer"}}{\text{Anzahl „Schüsse"}} \approx \frac{\text{Fläche Viertelkreis}}{\text{Fläche Einheitsquadrat}} = \frac{\pi}{4}$$

Die relative Häufigkeit $\frac{t}{N}$ ist quasi eine Schätzung für die Wahrscheinlichkeit, dass ein Punktepaar unterhalb der Kreislinie liegt und damit auch eine Schätzung für den Wert $\frac{\pi}{4}$. Durch Multiplikation mit 4 erhält man dann eine Annäherung an die Kreiszahl $\pi$. Aufgrund des erläuterten Vorgehens nennt man diese Art von Monte-Carlo-Simulation auch **hit-or-miss Methode**.

Bevor wir diese Methode mittels R durchführen, bleibt noch die Frage, wie man die Schüsse erzeugt. In Programmbeispiel 2.5 in Kapitel 2 haben wir bereits Zufallszahlen mit Hilfe von R generiert. Im Gegensatz zum dortigen Beispiel sollen die

Zufallszahlen jetzt keiner Binomialverteilung, sondern einer Gleichverteilung folgen. In Bemerkung 3.10 in Kapitel 3 wurde die Gleichverteilung bereits vorgestellt, dort allerdings nur auf dem Intervall $(0, 1)$, was wir jetzt allgemeiner formulieren.

**Definition 11.1** *Sei* $a, b \in \mathbb{R}$ *mit* $a < b$. *Eine stetige Zufallsvariable* $X$ *folgt einer* ***Gleichverteilung auf*** $(a, b)$, *i.Z.* $X \sim U(a, b)$, *wenn* $X$ *die Dichtefunktion*

$$h_{a,b}(x) := \frac{1}{b-a} 1_{(a,b)}(x) = \begin{cases} \frac{1}{b-a}, & \text{für } a < x < b \\ 0, & \text{sonst} \end{cases}$$

*für* $x \in \mathbb{R}$ *besitzt.* $1_{(a,b)}(x)$ *ist dabei die schon in Abschnitt 1.2.2 definierte Indikatorfunktion.*

Bei einer Gleichverteilung auf dem Intervall $(a, b)$ ist die Dichte also konstant, d.h. die Wahrscheinlichkeit, dass sich die Zufallsvariable in einem gewissen Teilintervall realisiert, ist für alle Teilintervalle von $(a, b)$ gleich, falls die Intervalle die gleiche Länge besitzen.

Kommen wir wieder zurück zur Frage, wie Punkte mit Hilfe des Zufalls in das Einheitsquadrat gelegt werden können. Da die Lage der Punkte durch ihre kartesischen Koordinaten bestimmt wird, erzeugt man sich $N$ unabhängige Koordinatenpaare $(x_1, y_1), \ldots, (x_N, y_N)$, bestehend aus insgesamt $2N$ voneinander unabhängig generierten, auf dem Intervall $(0, 1)$ gleichverteilten Zufallszahlen.

Um zufällige Zahlen zu erzeugen, die einer Binomialverteilung (vgl. Programmbeispiel 2.5) folgen, könnte man beispielsweise jedes Mal ein Urnenexperiment durchführen. Ganz abgesehen davon, dass dies natürlich keine zufriedenstellende Lösung darstellt, stellt sich die Frage, wie man generell Zufallszahlen erzeugen kann, die einer stetigen Verteilung folgen? Und wie kann man diese Arbeit den Computer übernehmen lassen? Die einfache Antwort darauf ist, dass der Computer natürlich keine *echten* Zufallszahlen erzeugen kann, da dieser kein Zufallsexperiment durchführen, sondern nur Befehle verarbeiten kann. Stattdessen erzeugt der Computer „Zufallszahlen", die nach einem bestimmten Algorithmus berechnet werden. Daher spricht man auch von sogenannten **Pseudozufallszahlen**, da diese Zahlen im Grunde deterministisch und nicht zufällig sind. Für uns erscheinen diese Zahlen aber zufällig, daher ist deren Verwendung für uns akzeptabel. In [8], Kapitel 1 erfährt man beispielsweise mehr über die Erzeugung von Pseudozufallszahlen. Wir gehen aber hier und im Folgenden nicht weiter darauf ein und nehmen an, dass die erzeugten Zahlen tatsächlich zufällig sind.

**Programmbeispiel 11.3** Wir schreiben für unsere Problemstellung eine eigene Funktion, die uns zum einen, wie oben beschrieben, eine Näherung für $\pi$ ausgibt und zum anderen ein Diagramm mit den in der Simulation erzeugten Punkten. Die Funktion hat den Namen `pi.sim()`, wir empfehlen dem Leser einen Blick in Abschnitt 18.3.3 für eine genaue Einführung in das Erstellen eigener Funktionen.

Zuerst erzeugt man sich mit der Funktion `runif()` zwei Vektoren mit jeweils $N$ auf $(0, 1)$ gleichverteilten Zufallszahlen. Da in der Funktion `runif()` per Voreinstellung $a = 0$ und $b = 1$ gelten, muss hier nur die Länge des Vektors als Argument eingegeben werden. Im nächsten Schritt überprüft man, ob der Punkt ein „Treffer" ist oder nicht. Dafür macht man eine logische Abfrage und prüft, ob $y_i \leq f(x_i)$. Das Ergebnis dieser Abfrage wird im Objekt `check` gespeichert. Es sind immer $N$ Einträge, je nach dem ob es ein Treffer ist (`TRUE`) oder nicht (`FALSE`), siehe Abschnitt 20.4 für eine Übersicht über logische Abfragen und logische Operatoren. Im Diagramm sollen alle Punkte innerhalb des Viertelkreises mit schwarzer und alle anderen Punkte mit grauer Farbe gezeichnet werden. Wir erstellen uns für diesen Zweck einen Vektor (`c.vec`) mit $N$ Einträgen. Mit der Funktion `ifelse()` überprüfen wir jeden einzelnen Eintrag des vorher erstellen Objekts `check`. Ist die Beobachtung ein Treffer, steht dort der Eintrag `TRUE`. In diesem Fall erhält das neue Objekt `c.vec` den Eintrag `"black"`. Liegt kein Treffer vor, lautet der Eintrag `"grey"`. Das Objekt wird nun in der `plot`-Funktion zur Bestimmung der Farben benötigt. Um zur Orientierung noch die Kreislinie einzuzeichnen, verwenden wir die Funktion `lines()`, die in ein bereits existierendes Diagramm eine Kurve einzeichnet. Die Erstellung ist analog zu den Befehlen in Programmbeispiel 11.1. Im letzten Schritt berechnen wir noch den Quotienten aus Trefferzahl und $N$. Die Trefferzahl erhält man dabei einfach als Summe des Objekts `check`. Dieses enthält ja nur die logischen Werte `TRUE` und `FALSE`, mit denen man auch gewöhnlich rechnen kann. Dabei wird `TRUE` als die Zahl 1 interpretiert und `FALSE` steht für 0.

```r
pi.sim <- function(N) {
  x.z   <- runif(N)
  y.z   <- runif(N)
  check <- y.z <= sqrt(1 - x.z^2)
  c.vec <- ifelse(check, "black", "grey")
  plot(x.z, y.z, pch = 19, xlab = "", ylab = "",
    col = c.vec)
  x     <- seq(0, 1, 0.01)
  y     <- sqrt(1 - x^2)
  lines(x, y)
  4 * (sum(check) / N)
}
```

Lässt man die Simulation mit dem Befehl

```r
pi.sim(100)
```

für $N = 100$ Wiederholungen durchlaufen, ergibt sich das Diagramm wie im rechten Teil von Abbildung 11.2. Im Ausgabefenster wird 3.12 als Näherung von $\pi$ angezeigt. Natürlich ergeben sich beim erneuten Ausführen des Programms andere Ergebnisse, da die Zufallszahlen jedes Mal neu generiert werden.

Ganz allgemein lässt sich sagen, dass R für die Durchführung von Zufallsprozessen im Rahmen von Monte-Carlo-Simulationen wie geschaffen ist. Im obigen Programmbeispiel wurde dies bei der Funktion `ifelse()` deutlich: Anstatt eine Programmschleife erstellen zu müssen, die die logische Abfrage für jede Komponente des Vektors ausführt, nutzt man die vektorwertige Arbeitsweise von R zur Durchführung der Aufgabe. Darüber hinaus gibt es viele nützliche Funktionen, wie z.B. `replicate()`, die Prozeduren beliebig oft wiederholen, was ja gerade bei Monte-Carlo-Simulationen erforderlich ist, vgl. die Programmbeispiele 10.4 und 11.15.

In Tabelle 11.4 sind die Ergebnisse der Funktion `pi.sim()` für verschiedene Werte von $N$ angegeben. Man erkennt schon für dieses Programmbeispiel eine zentrale Eigenschaft aller Monte-Carlo-Simulationen: Mit steigender Zahl von $N$ lässt sich die Genauigkeit des Ergebnisses beliebig steigern. Man sieht schon ab Wiederholungszahlen von $N = 10\,000$ eine passable Annäherung an das tatsächliche Ergebnis.

**Tabelle 11.4** Ergebnisse der Funktion `pi.sim()` als Annäherung an die Kreiszahl $\pi$ für steigende Werte von $N$ und tatsächliches Ergebnis ganz unten.

| $N$ | $4\frac{t}{N}$ als Annäherung an $\pi$ | Laufzeit (in Sekunden) |
|---|---|---|
| 100 | 3.12 | 0.02 |
| 1 000 | 3.156 | 0.03 |
| 10 000 | 3.148 | 0.38 |
| 100 000 | 3.14072 | 3.65 |
| 1 000 000 | 3.142032 | 36.85 |
| 10 000 000 | 3.141825 | 364.57 |
| „∞" | 3.141593 | |

Die höhere Genauigkeit der Ergebnisse für große $N$ hat natürlich ihren Preis. Die Laufzeit der Programme erhöht sich mit steigendem $N$, was in der letzten Spalte von Tabelle 11.4 deutlich wird. Der Anstieg ist in etwa linear, d.h. mit einer Verzehnfachung von $N$ verzehnfacht sich auch die Berechnungsdauer der Funktion. Gemessen wurde die Laufzeit mit der Funktion `system.time()`. Wir verweisen auf [7], Kapitel 5 für nähere Informationen zur Verwendung dieser Funktion. Allerdings sei hier noch erwähnt, dass die langen Laufzeiten der Funktion `pi.sim()` hauptsächlich wegen des Diagramms zustande kommen, welches innerhalb der Funktion mit `plot()` erzeugt wird. Vor allem für sehr viele einzeichnende Punkte dauert die Erstellung einer Grafik sehr lange. Würde man auf diesen Teil der Funktion verzichten und nur eine Annäherung an $\pi$ bestimmen, wäre die Laufzeit bei den hohen Werten für $N$ wesentlich kürzer (um mehr als das Fünfzigfache).

### 11.1.2 Berechung von bestimmten Integralen

Betrachten wir die Funktion $g : \mathbb{R} \to \mathbb{R}$ mit der Funktionsvorschrift

$$g(x) = \cos^2 x = \cos(x) \cdot \cos(x)$$

In Abbildung 11.5 ist der Funktionsgraph für das Intervall $[0, \pi]$ zu sehen. Wir interessieren uns für den Flächeninhalt der grau eingefärbten Fläche, d.h. wir wollen

$$\int_0^\pi \cos^2 x \, dx \tag{11.3}$$

bestimmen.

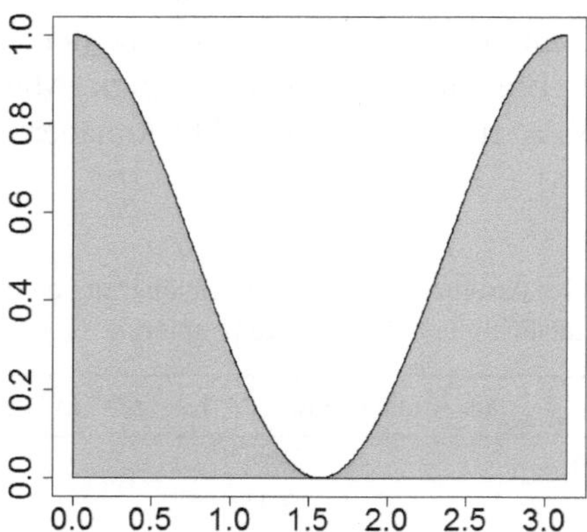

**Abb. 11.5** Graph der Funktion $\cos^2 x$ für den Wertebereich $[0, \pi]$. Die grau eingefärbte Fläche entspricht dem Integral in (11.3).

**Programmbeispiel 11.6** Zur Erzeugung des Diagramms in Abbildung 11.5, zeichnen wir zuerst die Funktion $g(x) = \cos^2 x$. Die Befehle sind analog zu denen in Programmbeispiel 11.1.

```
x <- seq(0, pi, 0.01)
y <- cos(x)^2
plot(x, y, type = "l", xlab = "", ylab = "")
```

Nun sollen die Bereiche unterhalb des Graphen grau eingezeichnet werden. Hierfür dient die Funktion `polygon()`, die einen Polygonzug in das Diagramm einzeichnet.

```
polygon(c(0, x, pi), c(0, y, 0), col = "grey")
```

Die ersten beiden Argumente sind die Koordinaten der x- und y-Achse, in diesem Befehl beginnt der Polygonzug also im Ursprung (Koordinaten $(0,0)$). Danach „wandert" Polygonzug an der Kurve entlang bis zum Punkt ganz rechts oben. Um den entstandenen Bereich abzuschließen, lautet die letzte Koordinate $(\pi, 0)$, d.h. es wird ein senkrechter Strich von $(\pi, 1)$ zu $(\pi, 0)$ eingezeichnet. Damit ist der entstandene Bereich abgeschlossen und wird dem Eintrag des Arguments `col` entsprechend gefärbt.

Natürlich kann man das Problem wieder mit der hit-or-miss Methode aus Abschnitt 11.1.1 lösen. Dazu müsste man $N$ Punkte in das Rechteck $[0, \pi] \times [0, 1]$ legen und die Zahl der Punkte unterhalb der Kurve durch $N$ dividieren (Aufgabe 2). Wir möchten aber in diesem Abschnitt eine neue Methode besprechen, mit der das Integral einer Funktion weit weniger umständlich berechnet werden kann. Der mathematische Kniff, den wir dazu anwenden werden, beruht auf dem **starken Gesetz der großen Zahlen**.

**Satz 11.2 (Starkes Gesetz der großen Zahlen)** *Sei $X_1, X_2, \ldots$ eine Folge von unabhängigen und identisch verteilten Zufallsvariablen mit* $\mathrm{E}(X_i) = \mu < \infty$. *Dann gilt:*

$$P\left(\left\{\lim_{n\to\infty} \frac{1}{n} \sum_{i=1}^{n} X_i = \mu\right\}\right) = 1$$

*Man nennt diesen Zusammenhang P-**fast sichere Konvergenz** und schreibt dafür*

$$\frac{1}{n} \sum_{i=1}^{n} X_i \underset{n\to\infty}{\longrightarrow} \mu \quad P\text{-f.s.}$$

Für einen Beweis des Satzes verweisen wir den Leser auf [4], Kapitel 5.

Veranschaulichen wir uns den Begriff der $P$-fast sicheren Konvergenz und vergleichen ihn mit der **Konvergenz in Wahrscheinlichkeit**, die sich aus dem **schwachen Gesetz der großen Zahlen** ergibt. Die Aussage lautet, dass für $\varepsilon > 0$

$$P\left(\left|\frac{1}{n} \sum_{i=1}^{n} X_i - \mu\right| \geq \varepsilon\right) \underset{n\to\infty}{\longrightarrow} 0$$

gilt. Man sagt auch, dass das arithmetische Mittel **stochastisch gegen $\mu$ konvergiert** (vgl. Bemerkung 2.7 (ii)). Das schwache Gesetz der großen Zahlen sagt also, dass Abweichungen des arithmetischen Mittels vom Erwartungswert nur mit einer kleinen Wahrscheinlichkeit auftreten. Das starke Gesetzt besagt darüber hinaus, dass diese Abweichungen mit wachsendem Stichprobenumfang $n$ verschwinden. Die $P$-fast sichere Konvergenz impliziert also die stochastische Konvergenz.

Um das starke Gesetz der großen Zahlen anzuwenden, gehen wir ganz allgemein für $-\infty < a < b < \infty$ davon aus, dass eine Funktion $g : [a, b] \to \mathbb{R}$ gegeben ist. Zur Bestimmung von $\int_a^b g(x)\, dx$ erzeugen wir uns $N$ unabhängige, auf dem Intervall $(a, b)$ gleichverteilte Zufallszahlen $x_1, \ldots, x_N$. Erinnern wir uns an Definition 11.1, laut der für die Dichte $h_{a,b}$ gilt, dass $h_{a,b}(x) = \frac{1}{b-a} 1_{(a,b)}(x)$. Nach dem Gesetz der großen Zahlen gilt also für große $N$ und $X \sim (a, b)$:

$$\frac{1}{N} \sum_{i=1}^{N} g(x_i) \approx \mathrm{E}\left(g(X)\right) = \int_{-\infty}^{\infty} g(x) h_{a,b}(x)\, dx$$

$$= \frac{1}{b-a} \int_a^b g(x)\, dx$$

und damit

$$\int_a^b g(x)\,dx \approx (b-a)\frac{1}{N}\sum_{i=1}^{N} g(x_i) \tag{11.4}$$

Für die Monte-Carlo-Simulation erzeugen wir uns also $N$ gleichverteilte Zufallszahlen, wenden auf diese die Funktionsvorschrift an und bilden das arithmetische Mittel. Multipliziert mit einem entsprechenden Vorfaktor ist dies eine Annäherung an das gesuchte Integral. Diese Methode wird manchmal auch als **crude Monte-Carlo-Methode** bezeichnet. In R ist diese Simulation sehr einfach umzusetzen.

**Tabelle 11.7** Ergebnisse zur Berechnung des Integrals in (11.3) und der tatsächliche Wert $\pi/2$ ganz unten.

| $N$ | Annäherungen an $\int_0^\pi \cos^2 x\,dx$ | Laufzeit (in Sekunden) |
|---|---|---|
| 100 | 1.722747 | < 0.01 |
| 1 000 | 1.611674 | < 0.01 |
| 10 000 | 1.568966 | < 0.01 |
| 100 000 | 1.569389 | 0.02 |
| 1 000 000 | 1.577428 | 0.08 |
| 10 000 000 | 1.572012 | 0.75 |
| „∞" | 1.570796 | |

**Programmbeispiel 11.8** Zum Erzeugen von Zufallszahlen, die auf dem Intervall $(0,\pi)$ gleichverteilt sind, muss man in der Funktion `runif()` neben dem Wert für $N$ noch als weitere Argumente die Intervallgrenzen eingeben. Im gleichen Schritt werden auch die Funktionswerte $g(x_i), i = 1, \ldots, N$, berechnet. Danach bestimmt man wie in (11.4) das arithmetische Mittel und multipliziert das Ergebnis mit $\pi$. Nachfolgende Befehle berechnen eine Näherung für $N = 10\,000$ und geben als Orientierung noch den tatsächlichen Wert des Integrals in (11.3) von $\frac{\pi}{2}$ aus.

```
g.x <- cos(runif(10000, 0, pi))^2
pi * mean(g.x)
pi / 2
```

Laut Ausgabe ergibt sich ein Wert von 1.568966, in Tabelle 11.7 werden die Ergebnisse für verschiedene Werte von $N$ angegeben.

Einen Vorteil der crude Monte-Carlo-Methode im Vergleich zur hit-or-miss Methode wird im Programmbeispiel sofort offensichtlich: man braucht für die Simulation nur die Hälfte an Zufallszahlen zu erzeugen. Das macht zum einen das Programmieren leichter, ist aber auch rechentechnisch etwas effizienter. Die Laufzeiten in Tabelle 11.4 sind natürlich nicht mit denen aus Tabelle 11.7 für die Berechnung des Integrals zu vergleichen, da im ersten Fall die Funktion noch ein Diagramm erstellt hat, was sehr zeitintensiv war. Allerdings sind bei der crude Methode die Laufzeiten geringer als bei der hit-or-miss Methode (vgl. Aufgabe 2).

### 11.1.3 Monte-Carlo in der Finanzwelt

Auch an Finanzmärkten und in der Finanzmathematik werden Monte-Carlo-Methoden oft verwendet, beispielsweise zur Bepreisung von Finanztiteln. Wir stellen in diesem Abschnitt vor, wie man am Aktienmarkt den Preis eines ganz speziellen Finanzderivats bestimmen kann, nämlich den Preis einer Option.

**Definition 11.3** *Eine **Kaufoption** gibt dem Inhaber der Option das Recht, ein zugrunde liegendes Produkt zu einem späteren Zeitpunkt zu einem vorher festgelegten Preis vom Verkäufer der Option zu kaufen. Das gehandelte Produkt nennt man **Basiswert**; meist sind dies Aktien, Devisen oder andere Güter wie Rohstoffe und Gold. Den zuvor festgelegten Preis nennt man **Ausübungspreis**, der Zeitpunkt, in dem die Option ausgeübt wird, heißt **Ausübungszeitpunkt**. Eine **Verkaufsoption** ist dagegen ein Finanzkontrakt, bei dem der Inhaber der Option das Recht erwirbt, ein Produkt zu einem späteren Zeitpunkt zu einem festgelegten Preis zu verkaufen.*

*Man unterscheidet im Optionshandel zwischen **Europäischen** und **Amerikanischen Optionen**. Bei Europäischen Optionen kann die Option nur zu einem vorher festgelegten **Fälligkeitszeitpunkt** ausgeübt werden, im Gegensatz zu einer Amerikanischen Option, die zu einem beliebigen Zeitpunkt zwischen Beginn der Option und Fälligkeitszeitpunkt ausgeübt werden kann.*

*Optionen zählen zu den sogenannten **Termingeschäften**, bei denen ein **Käufer** die Option von einem **Verkäufer** (auch Stillhalter) erwirbt. Das Wort Option rührt daher, dass der Käufer der Option zwar das Recht, aber nicht die Pflicht hat, die Option auszuüben.*

Die Bewertung von Amerikanischen Optionen ist weitaus komplexer als die Bewertung von Europäischen Optionen, was die Charakteristika beider Finanzderivate in Definition 11.3 schon erahnen lassen. Wir beschränken uns im Folgenden deshalb nur auf die Untersuchung von Europäischen Optionen, d.h. wir gehen von einem Fälligkeitszeitpunkt $T > 0$ aus, an dem die Option ausgeübt werden kann oder nicht (z.B. $T = 1$ Jahr).

**Beispiel 11.4** *Kauf- und Verkaufsoptionen sind an Finanzmärkten sehr häufig gehandelte Produkte, hier zwei Beispiele:*

*(i) Eine Fluggesellschaft weiß, dass Sie in einem Jahr eine große Menge Kerosin kaufen muss. Je nach Kurs des Rohölpreises (der Preis für Kerosin ist sehr eng an den Rohölpreis gekoppelt), kann dies für die Fluggesellschaft sehr teuer werden. Aus diesem Grund möchte sie sich gegen zu hohe Ölpreise absichern und erwirbt deshalb die Option, in einem Jahr 10 000 Gallonen (eine Gallone sind etwa 160 Liter) zu einem Preis von 105 US Dollar je Gallone vom einem Stillhalter zu*

*kaufen. Ziel der Fluggesellschaft ist es hierbei, sich gegen einen starken Preis-*
*anstieg des Rohöls abzusichern. Liegt nach einem Jahr der Ölpreis nämlich über*
*105 $, übt die Gesellschaft ihre Kaufoption aus und erwirbt das Rohöl zu einem*
*billigeren Preis als am Markt. Ist der Preis aber unter 105 $, lässt die Flugge-*
*sellschaft ihre Kaufoption verfallen und erwirbt das Rohöl direkt am Markt für*
*den günstigeren Preis.*

*(ii) Anders herum können auch Verkaufsoptionen für Marktteilnehmer attraktiv sein.*
*Nehmen wir z.B. an, das Unternehmen A besitzt Aktienanteile vom Unternehmen*
*B, dessen Aktienkurs im Moment bei 52 € liegt. Firma A weiß, dass es in drei*
*Monaten eine größere Investition tätigen muss und die dafür nötigen Mittel durch*
*den Verkauf der Aktien von Unternehmen B generieren möchte. Allerdings weiß*
*das Unternehmen auch, dass der Aktienkurs von B mindestens 50 € betragen*
*muss, anderenfalls ist der Erlös aus dem Verkauf der Aktien nicht hoch genug, die*
*Investitionen zu decken. Zur Absicherung erwirbt Firma A eine Verkaufsoption,*
*bei der es nach drei Monaten die Aktien von Firma B zum Preis von 50 € and*
*den Stillhalter verkaufen darf. Sinkt der Kurs von Unternehmen B unter 50 €,*
*wird die Option ausgeübt, Firma A hat dann trotzdem genügend Mittel für seine*
*Investition. Liegt der Kurs darüber, wird die Option natürlich nicht ausgeübt, da*
*das Unternehmen die Aktien von Firma B auch für mehr Geld verkaufen kann.*

Die Idee von Optionen ist also, sich gegen das Risiko einer ungünstigen Markt-
entwicklung abzusichern. Beispielsweise kann man sich auf diese Weise auch gegen
Währungsrisiken absichern, die sich durch unerwartete Änderungen von Wechsel-
kursen ergeben. Es gibt darüber hinaus noch viele andere Situationen, in denen Optionen für Marktteilnehmer attraktiv sein können, siehe [3], Kapitel 1 für weitere
Beispiele. Unter anderem nutzen Spekulanten diese Investitionsmöglichkeit, weshalb Optionen und ähnliche Finanzderivate in der Vergangenheit in Hinblick auf die
Finanzkrise in Verruf geraten sind.

Abgesehen davon hat in beiden Fällen, also bei einer Kauf- bzw. einer Verkaufsoption, der Käufer der Option zum Fälligkeitszeitpunkt das Recht die Option auszuüben oder nicht. Aus finanzmathematischer Sicht stellt sich somit die Frage, was
dieses Recht kostet. Den Preis der Option kann man sich aber auch noch auf andere
Weise motivieren, nämlich mit dem Blick auf die Gegenseite, also den Verkäufer
der Option. In Beispiel 11.4 (i) muss der Verkäufer der Option im Falle einer Op-
tionsausübung die versprochnen Gallonen Kerosin liefern. Steigt der Kerosinpreis
nicht über 105 Dollar, wird die Option nicht ausgeübt; der Verkäufer hätte mit dem
Verkauf der Option einen Gewinn gemacht. Steigt der Preis des Rohöhls aber so
stark an, dass die Option ausgeübt wird, muss der Verkäufer das Kerosin liefern und
läuft dabei Gefahr, ein Verlustgeschäft zu machen. Der Verkäufer einer Option hat
also immer ein Risiko, nämlich für den Fall dass die Option tatsächlich ausgeübt
wird. Wie viel dieses Risiko wert ist, entspricht genau dem Wert der Option.

Ein zentrales Prinzip in der Finanzmathematik ist das **risikoneutrale Bewertungsprinzip** zur Bestimmung eines Preises. Die Anwendung dieses Prinzips hat
zur Folge, dass der ermittelte Preis für alle Marktteilnehmer *fair* ist, d.h. keiner kann
durch gewisse Kauf- und Verkaufsstrategien einen Vorteil aus dem Preis ziehen. In
der Theorie der risikoneutralen Bewertung geht man immer davon aus, dass Markt-

teilnehmer zu einem Zinssatz $r > 0$ Geld am Kapitalmarkt anlegen oder zum gleichen Zinssatz Geld aufnehmen können. Da der Zinssatz $r$ in vielen Modellen keinen zufälligen Schwankungen unterliegt, spricht man auch vom **risikolosen Zinssatz**. In der Praxis werden oft die Zinsen von Staatsanleihen für $r$ verwendet (s. [3], Kapitel 4). Das risikoneutrale Bewertungsprinzip für ein Finanzprodukt lautet:

Berechne den diskontierten Erwartungswert
der Auszahlungsfunktion des Finanzprodukts[1]

Den Begriff **diskontiert** müssen wir etwas genauer erläutern. Angenommen, wir besitzen $100\,€$ und legen das Geld zu einen Zinssatz von $2\,\%$, d.h. $r = 0.02$ an. Nach einem Jahr ($T = 1$) bekommen wir $e^{rT} \cdot 100 = e^{0.02} \cdot 100 = 102.02\,€$ ausgezahlt. Dabei sind wir von einer **stetigen Verzinsung** unseres Kapitals ausgegangen, was in theoretischen Modellen oft gemacht wird. Anschaulich gesprochen wird für beliebig kleine Zeiträume das angelegte Kapital verzinst. Durch die Verzinsung an unendlich vielen Zeitpunkten entsteht als Grenzwert des Aufzinsungsfaktors die Exponentialfunktion, vgl. [9], Kapitel 2 für mathematische Details. Umgekehrt kann es aber auch sein, dass zum Endzeitpunkt $T = 1$ ein sicherer Zahlungsstrom von $100\,€$ vorliegt. Finanzmathematisch ist interessant zu wissen, was dieser Zahlungsstrom zum heutigen Zeitpunkt $T = 0$ wert ist. Um diesen zu bestimmen, müssen wir den Zahlungsstrom nicht *aufzinsen*, sondern genau das Gegenteil tun, nämlich die Zahlung **abzinsen**, diesen Vorgang bezeichnet man auch als **diskontieren**. Bezogen auf das Beispiel beträgt der diskontierte Wert von $100\,€$ etwa $e^{-rT} \cdot 100 = 98.02\,€$. Eine zukünftige Zahlung von $100\,€$ ist heute also ca. $98\,€$ wert. Die Diskontierung erreicht man durch Voranstellen eines Minus-Zeichens in den Exponenten – auch daran erkennt man, dass Diskontieren genau das Gegenteil von Verzinsen darstellt.

Betrachten wir eine europäische Kaufoption zum Fälligkeitszeitpunkt $T$. Wir gehen davon aus, dass der Basiswert eine Aktie ist, deren Kurs zum Zeitpunkt $t \in [0, T]$ mit $S_t$ bezeichnet wird. Beträgt der Ausübungspreis $K$, dann lautet die Auszahlungsfunktion

$$\max\{S_T - K, 0\} =: (S_T - K)^+ \tag{11.5}$$

Der Aktienkurs zum Fälligkeitszeitpunkt ist $S_T$; liegt dieser über dem Ausübungspreis $K$, übt der Halter der Option sein Recht aus, die Aktie zum Preis $K$ zu kaufen. Durch sofortigen Wiederverkauf der Aktie zum eigentlichen Wert $S_T$ entsteht daraus der unmittelbare Gewinn von $S_T - K$ pro Aktie. Falls die Aktie unter dem Ausübungspreis liegt, wird Option nicht ausgeübt. Da keine Transaktion durchgeführt wird, liegt der Gewinn bei Null. Der Wert der Option zum Zeitpunkt 0, bezeichnet mit $C_0$, ist laut obigem Prinzip also gegeben durch

$$C_0 = e^{-rT} \mathrm{E}\left((S_T - K)^+\right)$$

Ziel ist die Bestimmung von $C_0$, aber wie kann uns die Monte-Carlo-Methode hier helfen? Die Antwort lautet, dass wir uns sehr viele Marktszenarien zum End-

---

[1] Korrekterweise muss der Erwartungswert bezüglich des risikoneutralen Wahrscheinlichkeitsmaßes berechnet werden. Was dies bedeutet, erfährt man beispielsweise in [1], Kapitel 4.

zeitpunkt $T$ simulieren und auf Basis dieser Ergebnisse den Preis der Option approximativ bestimmen können. Wir nehmen dazu an, dass der Aktienkurs zum Endzeitpunkt $T$ eine Realisation der folgenden Zufallsvariable ist:

$$S_T = S_0 e^{(r - \frac{1}{2}\sigma^2)T + \sigma W_T} \tag{11.6}$$

Der Parameter $S_0$ ist dabei der (bekannte) Kurs der Aktie zum Zeitpunkt 0, $r$ der Zinssatz und $\sigma > 0$ bezeichnet die **Volatilität** des Wertpapiers. Der Wert $\sigma$ ist ein Maß für das Schwankungspotential der Aktie, vergleichbar mit der Standardabweichung einer Stichprobe. Je größer $\sigma$, desto höher ist die Wahrscheinlichkeit für extreme Aktienentwicklungen. In der Praxis ist $\sigma$ unbekannt und muss daher geschätzt werden, was beispielsweise in [3], Kapitel 22 vorgestellt wird. Für unserer Zwecke genügt es aber, einen beliebigen Wert für $\sigma$ festzulegen. Alle diese Parameter werden als feste, d.h. nicht-zufällige Zahlen angesehen. Der Zufall „steckt" einzig in der Variable $W_T$, die als normalverteilte Zufallsvariable mit Erwartungswert 0 und Varianz $T$ modelliert wird, d.h. $W_T \sim N(0, \sqrt{T})$. Geht man von dem Modell in (11.6) aus, spricht man auch von einer **geometrischen Brownschen Bewegung**, dem der Aktienkurs folgt. Diese Annahme ist in der Finanzmathematik von zentraler Bedeutung, für weitere mathematische Details verweisen wir den interessierten Leser auf [8], Kapitel 5.

Angenommen, wir haben uns $N$ Marktendzustände $S_T^1, \ldots, S_T^N$ erzeugt, dann gilt offenbar:

$$\hat{C}_0 = e^{-rT} \frac{1}{N} \sum_{i=1}^{N} (S_T^i - K)^+ \approx e^{-rT} \mathrm{E}\left((S_T - K)^+\right) = C_0 \tag{11.7}$$

Das diskontierte arithmetische Mittel der $N$ Auszahlungsfunktionen ist also eine Annäherung an den fairen Preis der Kaufoption. Wir wollen dies im nachfolgenden Programmbeispiel mit R vorführen.

**Programmbeispiel 11.9** Gehen wir von der in Beispiel 11.4 (i) vorgestellten Kaufoption aus, wobei wir der Einfachheit halber nur mit einer Gallone rechnen. Der Rohölpreis zum Zeitpunkt 0 betrage $S_0 = 100$, die weiteren Parameter waren dort gegeben durch $K = 105$ und $T = 1$. Außerdem nehmen wir einen risikolosen Zinssatz von $r = 0.05$ an und für die Volatilität des Ölpreises gelte $\sigma = 0.3$:

```
S.0    <- 100
K      <- 105
T      <- 1
r      <- 0.05
sigma  <- 0.3
```

Zur Generierung der $N$ Marktszenarien benutzen wir die Funktion `endkurs()`, die gemäß (11.6) wie folgt definiert ist:

```
endkurs <- function(N, S, sigma, r, T){
  W <- rnorm(N, sd = sqrt(T))
  S * exp((r - (sigma^2 / 2)) * T + sigma * W)
}
```

Das Ergebnis der Funktion sind $N$ Realisationen der in (11.6) angegebenen Zufallsvariablen. Nach Erzeugung der Werte $S_T^1, \ldots, S_T^N$ berechnen wir im Objekt `auszahlung` die Auszahlungsfunktion aus (11.5). Mit der Funktion `pmax()` wird dabei komponentenweise das Maximum berechnet, wobei wir uns mit der Funktion `numeric()` einen Vektor erstellen, der genauso viele Nullen enthält, wie im Argument angegeben. Im abschließenden Schritt wird der Näherungswert für den Optionspreis gemäß (11.7) berechnet.

```
N           <- 100000
kurse       <- endkurs(N, S.0, sigma, r, T)
auszahlung  <- pmax(kurse - K, numeric(N))
exp(-r * T) * mean(auszahlung)
```

Für $N = 100\,000$ ergibt sich ein Ergebnis von $\hat{C}_0 = 11.94189$.

**Tabelle 11.10** Ergebnisse zur Berechnung des Werts der Kaufoption gemäß (11.7) für die Parameter $S_0 = 100$, $K = 105$, $\sigma = 0.3$ und $r = 0.05$.

| $N$ | Annäherungen an $C_0$ | Laufzeit (in Sekunden) |
|---:|---:|---:|
| 100 | 13.30333 | < 0.01 |
| 1 000 | 12.16388 | < 0.01 |
| 10 000 | 11.68176 | < 0.01 |
| 100 000 | 11.94189 | 0.04 |
| 1 000 000 | 11.99350 | 0.25 |
| 10 000 000 | 11.96472 | 2.16 |
| „∞" | 11.97688 | |

In Tabelle 11.10 haben wir die Ergebnisse für $\hat{C}_0$ für unterschiedliche $N$ aufgelistet. Darüber hinaus steht in der untersten Zeile noch der tatsächliche Wert der Option, der sich durch die Formel

$$C_0 = S_0 \Phi(d_+) - Ke^{-rT}\Phi(d_-) \tag{11.8}$$

berechnen lässt, wobei

$$d_+ := \frac{\log(S_0/K) + (r + \sigma^2/2)T}{\sigma\sqrt{T}} \quad \text{und} \quad d_- := d_+ - \sigma\sqrt{T} \tag{11.9}$$

Die Formel in (11.8) ist die berühmte **Black-Scholes-Formel** zur Optionspreisbewertung. Es ist zu erkennen, dass ab einer Simulationszahl von $N = 100\,000$ bereits sehr gute Annäherungen an den tatsächlichen Preis erzielt werden können, wobei bei erneuter Ausführung der Befehle die Ergebnisse leicht schwanken. Die vorgestellte Monte-Carlo-Simulationsmethode kann ebenso zur Bewertung einer Verkaufsoption verwendet werden (Aufgabe 5).

Natürlich benötigt man für die Bepreisung relativ einfacher Finanztitel wie der europäischen Option im Grunde keine Monte-Carlo-Simulation, da der Preis mit einer Formel leicht zu bestimmen ist. Uns ging es in diesem Abschnitt lediglich darum, das Prinzip an einem möglichst einfachen Beispiel zu erläutern. Aber schon bei leicht komplexeren Finanzderivaten, wie einer Amerikanischen Option, gibt es keine explizite Formel zur Bewertung (vgl. [1], Kapitel 6). In der Praxis kommen daher häufig Monte-Carlo Simulationen zum Einsatz. Ein weiteres Beispiel sind sogenannte exotische Optionen, wie die Asiatische Option (Aufgabe 6).

## 11.2 Bootstrap – Der Münchhausen-Trick in der Statistik

Eine Bootstrap Simulation kann als eine Art Spezialfall einer Monte-Carlo-Simulation interpretiert werden. Im Folgenden wollen wir die Idee anhand des fiktiven Beispieldatensatzes `yoga` kennenlernen. Der Datensatz enthält den systolischen Blutdruck von 14 Personen vor und nach einer Yoga-Übung und darüber hinaus noch die Paardifferenz zwischen der Messung vor und nach der Übung. Die mit den Daten verbundene Fragestellung lautet, ob die Yoga-Übung einen Einfluss auf den Blutdruck hat. Erstellen wir uns für einen besseren Überblick deskriptive Statistiken mit dem R-Commander, vgl. Abschnitt 21.1.2.

**Programmbeispiel 11.11** Um die Berechnungen durchführen zu können, muss der Datensatz `yoga` natürlich im R-Commander aktiviert sein.

1. Gehe im Menü auf **Statistik** ⟶ **Deskriptive Statistik** ⟶ **Zusammenfassungen numerischer Variablen ...**
2. Im neuen Dialogfeld aktivieren wir im oberen Feld die Variable `differenz` und deaktivieren dann unter „Statistik" die Einstellung *Interquartile Range*. Zum Abschluss klicken wir noch auf ⏹OK⏹.

Wir erhalten folgende Ausgabe:

```
      mean         sd   0%     25%  50%     75% 100%    n
 -3.571429  23.73156  -60  -13.75   -5   13.75   30   14
```

Seien $D_1, \ldots, D_n$ die Differenzen zwischen dem Blutdruck vorher und dem Blutdruck nachher und $\mu = \mathrm{E}(D)$ der Erwartungswert für die wahre (unbekannte) Differenz. Aus Abschnitt 3.2 ist bekannt, dass

$$\bar{D}_n = \frac{1}{n} \sum_{i=1}^{n} D_i$$

ein erwartungstreuer Schätzer für $\mu$ ist. Beim Vorliegen der Stichprobe $d_1, \ldots, d_{14}$ als Realisationen der Zufallsvariablen $D_1, \ldots, D_{14}$ gilt also

$$\bar{d}_{14} := \frac{1}{14} \sum_{i=1}^{14} d_i = -3.57 \approx \mu$$

Erinnern wir uns an die eingangs gestellte Frage nach dem Einfluss von Yoga auf den Blutdruck. Gilt $\mu = 0$, dann hat Yoga offenbar keinen Einfluss auf den Blutdruck. Da hier nun aber das arithmetische Mittel $\bar{d}_{14}$ von 0 abweicht, fragt man sich, ob dies schon bedeutet, dass $\mu \neq 0$ ist, also dass Yoga einen (in diesem Fall offenbar senkenden) Einfluss auf den Blutdruck hat.

Um dies zu beantworten, müssen wir die Schwankungen berücksichtigen, die durch die zufällige Auswahl der vorliegenden 14 Probanden ins Spiel kommen. Gesucht ist daher eine Zahl $\varepsilon > 0$, so dass das wahre $\mu$ mit einer hohen Wahrscheinlichkeit im Intervall

$$C := (\bar{d}_{14} - \varepsilon, \bar{d}_{14} + \varepsilon) \tag{11.10}$$

liegt. Es soll also gelten:

$$P_\mu (\mu \in C) \geq 1 - \alpha \tag{11.11}$$

mit einem $\alpha \in (0, 1)$, wobei man hier typischerweise $\alpha = 0.05$ wählt. Hat man ein solches $\varepsilon$ bestimmt und gilt dann $0 \notin C$, würde man in Zweifel ziehen, dass tatsächlich $\mu = 0$ gilt. Die zentrale Frage im Folgenden wird sein, wie man das $\varepsilon$ bestimmt, damit (11.11) erfüllt ist.

### 11.2.1 Der klassische Lösungsansatz

Geht man davon aus, dass die Zufallsvariablen $D_i$ normalverteilt sind gemäß $N(\mu, \sigma)$, können die Erkenntnisse aus Kapitel 3 zur Lösung des Problems angewendet werden. Laut Abschnitt 3.3.2 gilt nämlich, dass mit der empirischen Standardabweichung $S_n$ der Quotient

$$T(D_1, \ldots, D_n) := \frac{\bar{D}_n - \mu}{S_n / \sqrt{n}} \tag{11.12}$$

$t$-verteilt ist mit $n - 1$ Freiheitsgraden. Ausgehend von der Stichprobe $d_1, \ldots, d_{14}$ und von $\alpha = 0.05$, ergibt sich für das Intervall aus (11.10) dann

$$C = \left( \bar{d}_{14} + t_{13;0.025} \frac{s_{14}}{\sqrt{14}}, \bar{d}_{14} + t_{13;0.975} \frac{s_{14}}{\sqrt{14}} \right) \tag{11.13}$$

wobei $t_{13;0.975}$ das Quantil der $t$-Verteilung mit 13 Freiheitsgraden an der Stelle 0.975 ist. Dieses Intervall ist das schon bekannte **Konfidenzintervall** für den Mittelwert $\mu$ bei unbekannter Standardabweichung. In Abschnitt 3.3.2 wurde bei der unteren Intervallgrenze das 2.5 %-Quantil durch das mit -1 multiplizierte 97.5 %-Quantil ersetzt, da wegen der Symmetrie der $t$-Verteilung gilt, dass $t_{n,\alpha} = -t_{n,1-\alpha}$. In Programmbeispiel 3.6 wurde dort die R-Funktion `mw.normal()` erstellt, mit deren Hilfe man das Konfidenzintervall bestimmen kann. Mit den Werten für $\bar{d}_{14} = -3.57$ und $s_{14} = 23.73$ aus Programmbeispiel 11.11, ergibt sich ein Konfidenzintervall von $C = (-17.27, 10.13)$ und damit $0 \in C$. Es ist also nicht auszuschließen, dass Yoga keinen Einfluss auf den Blutdruck besitzt, was man alternativ auch mit dem Einstichproben $t$-Test hätte zeigen können (Aufgabe 8).

### 11.2.2 Der Bootstrap-Ansatz

Was aber, wenn die Daten keiner Normalverteilung folgen? Bei den vorliegenden `yoga`-Daten ist die Annahme der Normalverteilung zwar nicht grob verletzt (Aufgabe 7), allerdings darf diese wegen dem geringen Stichprobenumfang von $n = 14$ zumindest bezweifelt werden. Sind die Zufallsvariablen $D_1, \ldots, D_{14}$ nicht mehr normalverteilt, ist auch der Quotient $T(D_1, \ldots, D_n)$ aus (11.12) nicht mehr länger $t$-verteilt. Aus diesem Grund ist auch das Konfidenzintervall aus (11.13) nicht mehr zu verwenden, weil die Quantile der $t$-Verteilung dann nicht mehr gewährleisten, dass die Bedingung aus (11.11) erfüllt ist.

Um trotzdem mittels eines Konfidenzintervalls zu beantworten, ob $\mu \neq 0$ gilt, muss die Verteilung von $T(D_1, \ldots, D_n)$ auf einem anderen Weg geschätzt werden. Eine Möglichkeit stellt die sogenannte Bootstrap-Methode dar, die sich in zwei Teile gliedern lässt [2].

1. Zur Lösung des Problems gehen wir von $n$ Zufallsvariablen $X_1, \ldots, X_n$ aus, die die Verteilungsfunktion $F$ besitzen. Da $F$ aber unbekannt ist, ist die vorliegende Stichprobe $x_1, \ldots, x_n$ die beste Information über $F$, die verfügbar ist. Die Bootstrap-Idee besteht nun darin, die Verteilungsfunktion $F$ zu ersetzen durch die empirische Verteilungsfunktion

$$\hat{F}_n(t) := \frac{1}{n} \sum_{i=1}^{n} 1_{(-\infty,t]}(x_i), \quad t \in \mathbb{R}, \tag{11.14}$$

wobei $1_A(x)$ die aus Abschnitt 1.2.2 bekannte Indikatorfunktion ist. Die Verteilung $\hat{F}_n$ nennt man dann **Bootstrap-Verteilung**. Anschaulich gesprochen ersetzt man die Gesamtpopulation, die alle vorhandenen Werte $X_i$ enthält („wahre

---

[2] Es gibt natürlich auch Testverfahren, die auf die Normalverteilungsannahme verzichten, mit denen ebenfalls eine Beantwortung obiger Frage möglich ist. Dazu gehören der Vorzeichen-Test und der Vorzeichen-Rangtest von Wilcoxon, die wir aber nicht im Detail vorstellen möchten (s. z.B. [6], Kapitel 3 und 6)

Welt"), durch die Stichprobe $X_1, \ldots, X_n$ („Bootstrap-Welt") und interpretiert diese als Ersatz für die nicht verfügbare Gesamtpopulation. Kann man davon ausgehen, dass die vorliegende Stichprobe die wahre Welt gut repräsentiert, ist dies eine nachvollziehbare Vereinfachung. Im oberen Teil von Abbildung 11.12 ist dies schematisch dargestellt.

2. Die Bootstrap-Verteilung ist nun bekannt, allerdings interessiert uns eigentlich die Verteilung einer Teststatistik. Man könnte versuchen die Verteilung von $T$ analytisch zu bestimmen, wird dies in den meisten Fällen aber nicht schaffen. Um die Verteilung basierend auf $\hat{F}_n$ zu berechnen, muss man sogenannte **Bootstrap-Stichproben** $X_1^*, \ldots, X_n^*$ erzeugen, die man durch zufälliges Ziehen mit Zurücklegen aus der ursprünglichen Stichprobe $X_1, \ldots, X_n$ erhält. Dafür müssen aber alle $n^n$ möglichen Kombinationen gezogen und mit diesen die Teststatistik $T(X_1^*, \ldots, X_n^*)$ berechnet werden, was sehr leicht eine astronomisch hohe Zahl werden kann, womit der Rechenaufwand ins Unermessliche steigt. Daher bedient man sich wieder der Monte-Carlo-Methode und wiederholt die zufällige Ziehung der Bootstrap-Stichproben $N$ Mal, wobei $N$ sehr hoch, z.B. 100 000 ist. Dadurch erhält man eine empirische Approximation an die Verteilung der Teststatistik, wie im unteren Teil von Abbildung 11.12 zu sehen.

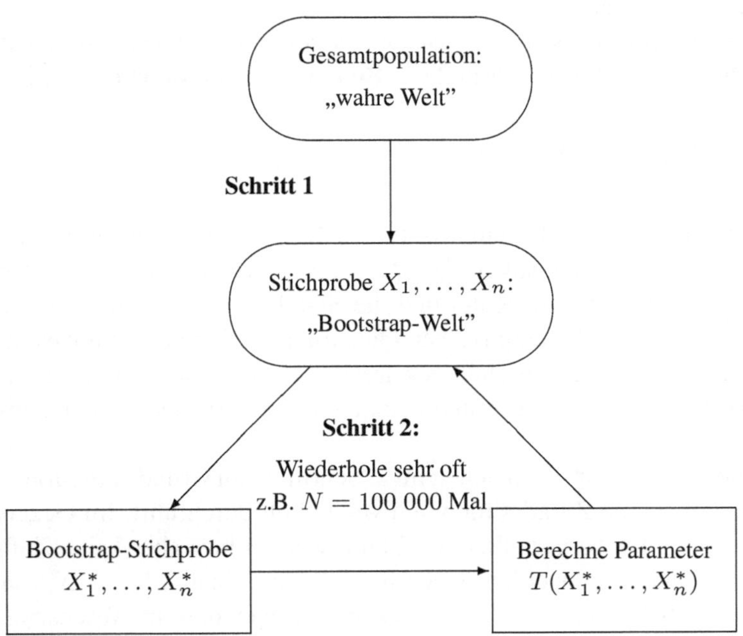


**Abb. 11.12** Schematische Darstellung des Bootstrap-Ansatzes. Oben: Im ersten Schritt wird die vorliegende Stichprobe mit der Gesamtpopulation gleichgesetzt. Unten: Von der nun entstandenen „Bootstrap-Welt" werden im zweiten Schritt $N$ Bootstrap-Stichproben durch Ziehen *mit* Zurücklegen gezogen und die Teststatistik berechnet.

Die Motivation für das Vorgehen in Schritt 1 liegt auf der Hand: Die Verteilung $\hat{F}_n$ ist bekannt, man kann mit dieser also wahrscheinlichkeitstheoretische Berechnungen durchführen. Die mathematische Begründung für dieses Vorgehen liefert der **Satz von Glivenko-Cantelli**:

**Satz 11.5 (Glivenko-Cantelli)** *Sei $X_1, X_2, \ldots$ eine Folge von unabhängigen und identisch verteilten Zufallsvariablen mit Verteilungsfunktion $F$. Dann gilt mit der Definition aus (11.14):*

$$\sup_{t \in \mathbb{R}} |\hat{F}_n(t) - F(t)| \underset{n \to \infty}{\longrightarrow} 0 \quad P\text{-}f.s.$$

Der Satz von Glivenko-Cantelli besagt also, dass die empirische Verteilungsfunktion gegen die zugrunde liegende Verteilungsfunktion konvergiert. Einen Beweis für diese Aussage findet man beispielsweise in [4], Kapitel 5.

Da beim Bootstrap-Ansatz die Bootstrap-Welt mit der wahren Welt gleichgesetzt wird, kann man somit auch Aussagen über die Gesamtpopulation machen, und das, obwohl die Hauptinformation, also die Verteilung der Gesamtpopulation, unbekannt ist! Man zieht sich somit an seinen eigenen Stiefeln aus dem Sumpf (= Informationsmangel) heraus, daher hat die Bootstrap-Methode (englisch für *Stiefelschlaufen*) auch ihren Namen. Dieses Bild geht auf die Geschichte des berühmten Lügenbarons Münchhausen zurück, der sich, laut eigener Aussage, an seinem eigenen Schopf aus dem Sumpf gezogen hat.

Da man nun weiß, wie sich die Teststatistik zumindest annähernd verhält, kann man nach Durchführung von Schritt 2 das **Bootstrap-Konfidenzintervall**

$$C_{\text{boot}} = \left( \bar{X}_n - |q_{T;0.025}| \frac{S_n}{\sqrt{n}}, \bar{X}_n + |q_{T;0.975}| \frac{S_n}{\sqrt{n}} \right)$$

berechnen, wobei $q_{T;0.025}$ das empirische 2.5 %-Quantil ist, das sich aus den $N$ zufällig generierten Teststatistiken $T(X_1^*, \ldots, X_n^*)$ ergibt. Wie üblich stehen $\bar{X}_n$ und $S_n$ für das arithmetische Mittel und die Standardabweichung (vgl. Abschnitt 3.2). Da die Vorzeichen der empirischen Quantile im Allgemeinen unbekannt sind, müssen wir mit den Betragsstrichen gewährleisten, dass vom Mittelwert $\bar{X}_n$ beim linken Intervallende eine negative und beim rechten Intervallende ein positive Zahl hinzuaddiert wird.

Das wiederholte Stichprobenziehen im 2. Schritt ist im Grunde ein Monte-Carlo-Verfahren, da man eine Zufallssimulation wiederholt durchführt. Im Gegensatz zu den in Abschnitt 11.1 vorgestellten Verfahren werden hier aber keine Zufallszahlen simuliert, sondern es werden wiederholte Stichproben $X_1^*, \ldots, X_n^*$ aus einer ursprünglichen Stichprobe $X_1, \ldots, X_n$ gezogen. Wegen diesem Wesenszug spricht man beim Bootstrap-Verfahren auch von einem **Resampling-Verfahren** (vgl. [5], Kapitel 8).

Kommen wir zurück zu unserem Ausgangsproblem und wenden das eben vorgestellte Verfahren auf die `yoga`-Daten an. Die Stichprobe $D_1, \ldots, D_{14}$ wird zur Bootstrap-Welt. Die empirische Verteilungsfunktion $\hat{F}_{14}$, basierend auf den Realisationen $d_1, \ldots, d_{14}$ (vgl. Abbildung 11.14 links), wird zur Bootstrap-Verteilung.

**Programmbeispiel 11.13** Der Datensatz `yoga` enthält die Variable `differenz`, die für uns die Stichprobe $d_1, \ldots, d_{14}$ darstellt. Die Berechnung der empirischen Verteilungsfunktion ist in R sehr einfach, nämlich über die Funktion `ecdf()`. Als Argument genügen die Daten, die wir mit Datensatzname, `$`-Zeichen und Variablenname ansprechen (vgl. hierzu auch Abschnitt 1.2.1). Um die Verteilungsfunktion zu zeichnen, dient uns die `plot`-Funktion:

```
plot(ecdf(yoga$differenz),
    main = "Verteilung der Yoga-Daten")
```

Im linken Teil von Abbildung 11.14 ist das Ergebnis zu sehen.

Bezeichne $D_1^*, \ldots, D_{14}^*$ eine Bootstrap-Stichprobe, die also durch zufälliges Ziehen mit Zurücklegen aus $D_1, \ldots, D_{14}$ entsteht. Sei $\bar{D}_{14}^*$ das zugehörige arithmetische Mittel und $S_{14}^*$ die empirische Standardabweichung. Die Teststatistik basierend auf der Bootstrap-Stichprobe ist definiert als

$$\widetilde{T}(D_1^*, \ldots, D_{14}^*) = \frac{\bar{D}_{14}^* - \hat{\mu}}{S_{14}^*/\sqrt{14}}, \tag{11.15}$$

wobei $\hat{\mu} = \bar{D}_{14}$ der *wahre* Mittelwert der ursprünglichen Stichprobe und damit gemäß unserer Annahme der wahre Mittelwert der Bootstrap-Welt ist. Wir erwarten nun, dass die Bootstrap-Werte die wahre Welt annähernd simulieren, d.h. für $t \in \mathbb{R}$ gilt:

$$P\left(T(D_1, \ldots, D_{14}) \le t\right) \approx P\left(\widetilde{T}(D_1^*, \ldots, D_{14}^*) \le t\right) \tag{11.16}$$

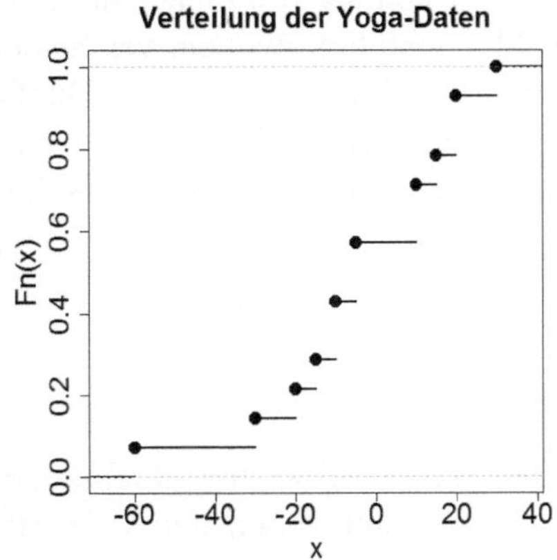
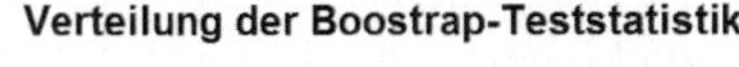
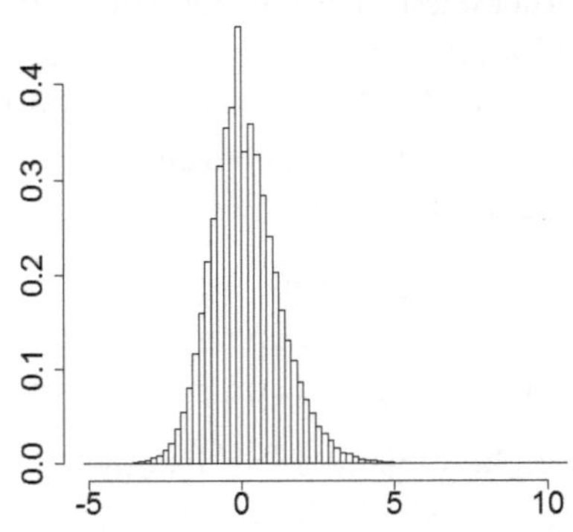


**Abb. 11.14** Links: Empirische Verteilungsfunktion der Variable `differenz` aus dem Datensatz `yoga`. Rechts: Histogramm der Verteilung der Teststatistik $\widetilde{T}(D_1^*, \ldots, D_{14}^*)$ basierend auf $N = 100\,000$ Ziehungen.

Den obigen Überlegungen folgend wollen wir die Verteilung für $\widetilde{T}(D_1^*, \ldots, D_{14}^*)$ nur approximativ bestimmen durch Ziehung von $N$ Bootstrap-Stichproben. Bezeichnen wir mit $\widetilde{T}_i(D_1^*, \ldots, D_{14}^*)$, $i = 1, \ldots, N$, die aus den $N$ Ziehungen berechneten Teststatistiken und mit $G_N^*$ die zugehörige empirische Verteilungsfunktion, d.h.

$$G_N^*(t) = \frac{1}{N} \sum_{i=1}^{N} 1_{(-\infty,t]}\big(\widetilde{T}_i(D_1^*, \ldots, D_{14}^*)\big)$$

Dann gilt für großes N, dass

$$P\big(\widetilde{T}(D_1^*, \ldots, D_{14}^*) \leq t\big) \approx G_N^*(t) \qquad (11.17)$$

Die beiden Gleichungen (11.16) und (11.17) verdeutlichen nochmals, dass man bei der Bootstrap-Idee zwei verschiedene Annäherungen betrachtet. Die erste Approximation in (11.16) ist die Annäherung an die reale Welt durch die Bootstrap-Verteilung, deren Qualität hauptsächlich vom Stichprobenumfang $n$ abhängt. Die zweite Approximation in (11.17) ist die durch die Monte-Carlo-Simulation errechnete Annäherung an die Bootstrap-Verteilung. Kann man oftmals die Qualität der ersten Annäherung nicht mehr verbessern, da die Erhebung weiterer Daten nicht mehr möglich, sehr umständlich oder teuer ist, lässt sich die Qualität der zweiten Annäherung natürlich durch einen höheren Wert von $N$ beliebig steigern.

Führen wir die Bootstrap-Idee nun also mit den `yoga`-Daten in R durch:

**Programmbeispiel 11.15** Wir wählen für das Beispiel $N = 100\,000$ als Anzahl der wiederholten Stichprobenziehungen aus der Originalstichprobe $d_1, \ldots, d_{14}$. Mit der Funktion `sample()` steht für die zufällige Stichprobenziehung eine einfache Funktion zur Verfügung. Das erste Argument ist dabei die Gesamtpopulation, mit dem Zusatzargument `replace` ändern wir die Voreinstellung von Ziehen ohne auf mit Zurücklegen. Da wir die Zufallsziehung $N$ Mal ausführen wollen, verwenden wir die Funktion `replicate()`, die sehr nützlich ist bei der wiederholten Durchführung von Zufallsexperimenten. Im ersten Argument steht die Anzahl der Wiederholungen, im zweiten Argument die Prozedur, die wiederholt werden muss, hier also die Zufallsziehung.

```
N    <- 100000
boot <- replicate(N,
    sample(yoga$diff, replace = TRUE))
```

Das erstellte Objekt `boot` ist eine Matrix mit den 100 000 Bootstrap-Stichproben $d_1^*, \ldots, d_{14}^*$, jede Stichprobe in einer eigenen Spalte. Zur Berechnung der $N$ Teststatistiken $\widetilde{T}_i$ werden die Werte für $\bar{d}_{14}^*$ und $s_{14}^*$ in einem separaten Schritt berechnet. Für das arithmetische Mittel wird die Funktion `colMeans()` verwendet, die für jede Spalte von `mu.boot` den Mittelwert errechnet. Das Gegenstück dieser Funktion ist `rowMeans()`, die in Abschnitt 20.2.2 vorgestellt wird und den zeilenweisen Mittelwert berechnet. Um die empirische Standardabweichung zu bestimmen, können wir nicht auf eine ähnlich spezielle Funktion zurückgreifen. Eine Verallgemeinerung der zeilen- und spaltenweisen Anwendung von Funktionen wird aber mit der `apply`-Funktion in R zur Verfügung gestellt. Das erste Argument von `apply()` ist das Objekt, hier also die Matrix `boot` mit den Bootstrap-Stichproben. Das zweite Argument ist die Zahl 2, womit die nachfolgende Berechnung *spaltenweise* ausgeführt wird. Steht hier die Zahl 1, wird die Rechenoperation für jede Zeile angewendet. Das letzte Argument ist dann die zu verwendende Funktion selbst, in diesem Fall `sd` als Abkürzung für *standard deviation*. Sind alle benötigten Parameter definiert, können die $N$ Teststatistiken schließlich gemäß (11.15) bestimmt werden:

```
mu       <- mean(yoga$diff)
n        <- length(yoga$diff)
mu.boot  <- colMeans(boot)
s.boot   <- apply(boot, 2, sd)
T.boot   <- (mu.boot - mu) / (s.boot / sqrt(n))
```

Das Objekt `T.boot` enthält die $N$ Werte für $\widetilde{T}$ und ist damit die empirische Annäherung an die Bootstrap-Verteilung. Zur Visualisierung der Verteilung lassen wir uns mit der Funktion `hist()` ein Histogramm des Objekts anzeigen. Als zusätzliche Argumente verwenden wir `breaks` um die Bandbreite zu verringern und `freq`, damit nicht die Häufigkeiten jedes Intervalls auf der y-Achse abgebildet werden. Um das Bootstrap-Konfidenzintervall berechnen zu können, benötigen wir die emprischen 2.5 %- und 97.5 %-Quantile, welche wir mit der Funktion `quantile()` ausgeben lassen.

```
hist(T.boot, breaks = 75, freq = FALSE,
  xlab = "", ylab = "",
  main = "Verteilung der Boostrap-Teststatistik")
quantile(T.boot, prob = c(0.025, 0.975))
```

Das Histogramm ist im rechten Teil von Abbildung 11.14 zu sehen. Man erkennt, dass die Verteilung leicht asymmetrisch ist, weshalb wir das Konfidenzintervall in (11.13) verwenden, dass sowohl 2.5 %- als auch 97.5 %-Quantil enthält. Laut Ausgabefenster gilt $q_{T;0.025} = -1.877312$ und $q_{T;0.975} = 2.557012$, wobei die Werte bei erneuter Durchführung der Befehle wie immer leicht schwanken können.

Für das gesuchte Bootstrap-Konfidenzintervall gilt nun

$$C_{\text{boot}} = \left( \bar{x}_n - |q_{T;0.025}| \frac{s_n}{\sqrt{n}}, \bar{x}_n + |q_{T;0.975}| \frac{s_n}{\sqrt{n}} \right)$$

$$= \left( -3.57 - 1.88 \cdot \frac{23.73}{\sqrt{14}}, -3.57 + 2.56 \cdot \frac{23.73}{\sqrt{14}} \right)$$

$$= (-15.48, 12.65)$$

und damit $0 \in C_{\text{boot}}$. Auch wenn wir die Annahme normalverteilter Daten fallen lassen, können wir nicht ausschließen, dass $\mu = 0$ ist, d.h. dass Yoga keinen Einfluss

auf den Blutdruck besitzt. Im Vergleich zum klassischen Intervall unter der Normal-
verteilungssannahme ist dieses etwa genauso breit, jedoch um ca. zwei Einheiten
leicht nach rechts verschoben.

Die Bootstrap-Idee findet nicht nur bei Einstichprobenproblemen wie im vorliegenden Fall Anwendung, sondern ist ein weit verbreitetes Verfahren in der angewandten Statistik. Man kann die oben vorgestellten Prinzipien leicht auch auf Zwei-
stichprobenprobleme anwenden, wie sie in Kapitel 5 vorgestellt werden (Aufgabe
9). Im nächsten Kapitel wird außerdem noch ein weiteres Anwendungsbeispiel für
das Bootstrap-Verfahren im Rahmen eines Lernexperimentes besprochen.

## 11.3  Aufgaben

1. Approximieren Sie das Integral aus (11.2) und damit die Zahl $\pi$ mit der crude
   Monte-Carlo-Methode aus Abschnitt 11.1.2 für verschiedene $N$. Vergleichen Sie
   die Genauigkeit der Ergebnisse mit denen aus Tabelle 11.4.
2. Bestimmen Sie mit der hit-or-miss Methode aus Abschnitt 11.1.1 das Integral
   aus (11.3) für verschiedene $N$. Vergleichen Sie die Genauigkeit der Ergebnisse mit denen aus Tabelle 11.7. Untersuchen Sie auch die Laufzeiten der beiden
   Unterschiedlichen Methoden mit der Funktion `system.time()`.
3. Bestimmen Sie den Wert der beiden Integrale

$$\int_0^{10} \frac{x^4}{x^5 + 25}\, dx \quad \text{und} \quad \int_0^{\pi} \sin^2\left(\pi \cos(2x)\right) \cos^2 x\, dx$$

   jeweils mit der hit-or-miss und der crude Monte-Carlo-Methode für verschiedene Werte von $N$. Erstellen Sie zuvor die Funktionsgraphen in den jeweiligen
   Wertebereichen.
4. Betrachten Sie die Funktion

$$f(x) = e^{-\frac{x^2}{2}}$$

   für die $\Phi(x) = \frac{1}{2\pi} f(x)$, wobei $\Phi$ die Dichtefunktion der Standardnormalverteilung ist. Das Integral von $f$ ist nicht in expliziter Form lösbar, weil sich keine Stammfunktion für $f$ angeben lässt. Bestimmen Sie mit einer Monte-Carlo-
   Simulation folgendes Intergral:

$$\int_{-2}^{2} e^{-\frac{x^2}{2}}\, dx$$

   Vergleichen Sie Ihr Ergebnis mit dem „tatsächlichen" Wert des Integrals (Hinweis: Verteilungsfunktion der Standardnormalverteilung, $\Phi$).
5. Die Auszahlungsfunktion einer Europäischen Verkaufsoption lautet

$$\min\{K - S_T, 0\}$$

Bestimmen Sie analog zu Programmbeispiel 11.9 den Preis einer Europäischen Verkaufsoption mit Ausübungspreis $K = 107$. Erzeugen Sie sich dabei zuerst $N$ Werte für die Aktie $S_T$ und berechnen dann das arithmetische Mittel der diskontierten Auszahlungsfunktion. Die benötigten Parameter sollten dabei $T = 1$, $S_0 = 100$, $r = 0.05$ und $\sigma = 0.3$ sein. Berechnen Sie den Preis für verschiedene Werte von $N$ und vergleichen diese mit dem tatsächlichen Preis, der sich aus der Formel

$$P_0 = Ke^{-rT}\Phi(-d_-) - S_0\Phi(-d_+)$$

ergibt, wobei $d_-$ und $d_+$ in (11.9) definiert sind.

6. Bei einer **Asiatischen Option** wird nicht überprüft, ob der *Endkurs* $S_T$ einer Aktie über oder unterhalb des Ausübungspreises $K$ liegt, sondern ob das für das *arithmetische Mittel* der Aktienkurse des gesamten Beobachtungszeitraums gilt. Angenommen, man betrachtet innerhalb des Zeitraums $T$ genau $d$ Zeitpunkte (z.B. Tagesschlusskurse), an denen der Aktienkurs gemessen wird, d.h. es liegen die Kurse $S_1, \dots, S_d = S_T$ vor. Für eine Asiatische Verkaufsoption ergibt sich dann die Auszahlungsfunktion

$$\left(\bar{S}_{T,d} - K\right)^+ = \left(\frac{1}{d}\sum_{i=1}^{d} S_i - K\right)^+$$

Mit der Funktion `verlauf.aktie()` wird ein zufälliger Aktienverlauf simuliert und der Wert der Aktie an allen $d$ Zeitpunkten ausgegeben:

```r
verlauf.aktie <- function(S, sigma, r, d, T){
  X <- cumsum(rnorm(d * T))
  k <- seq(1 / d, T, 1 / d)
  S * exp((r  - (sigma^2 / 2)) * k +
    (sigma / sqrt(d * T)) * X)
}
```

Die Argumente von `verlauf.aktie()` sind der Anfangskurs $S_0$, die Volatilität $\sigma$, der risikolose Zinssatz $r$, die Anzahl der Zeitpunkte $d$ und der Zeitraum $T$. Mit dem Aufruf von

```r
plot(verlauf.aktie(100, 0.1, 0.2, 250, 1),
  type = "l")
```

wird ein Diagramm mit dem Kursverlauf erstellt für die Parameter $S_0 = 100$, $\sigma = 0.2$, $r = 0.05$, $d = 250$ und $T = 1$. Berechnen Sie für diese Werte den Preis einer Asiatischen Verkaufsoption zum Ausübungspreis $K = 105$ basierend auf einer Monte-Carlo-Simulation mit mindestens $N = 10\ 000$ Wiederholungen. Wie lautet der Preis für die zugehörige Verkaufsoption mit den gleichen Parametern?

7. Überprüfen Sie, ob die Normalverteilungsannahme für die Variable `differenz` aus dem Datensatz `yoga` gerechtfertigt ist. Betrachten Sie dazu als grafisches Hilfsmittel einen Boxplot (vgl. Abschnitt 1.2.3) und führen Sie außerdem noch

den Shapiro-Wilk-Test auf Normalverteilung durch (siehe Abschnitt 3.5.2 für Details).

8. Berechnen Sie das Konfidenzintervall aus (11.13) mit Hilfe der in Programmbeispiel 3.6 erstellten Funktion `mw.normal()`. Bestimmen Sie außerdem den p-Wert zur Nullhypothese $\mu = 0$ (vgl. Abschnitt 3.3.2).

9. Im Datensatz `bienen` aus Beispiel 5.1, wird die Honigmenge zwischen zwei Bienenvölkern miteinander verglichen. Wenden Sie den Bootstrap-Ansatz an, um ein Konfidenzintervall für den Vergleich der beiden unabhängigen Stichproben zu berechnen (vgl. Abschnitt 5.3).

# Literatur


1. Bingham N.H. und Kiesel, R. (2004). *Risk-Neutral Valuation*, Springer, London.
2. Efron B. und Tibshirani, R.J. (1998). *An Introduction to the Bootstrap*. Chapman & Hall, New York.
3. Hull, J. (2012). *Optionen, Futures und andere Derivate*, Pearson, München.
4. Klenke, A. (2013). *Wahrscheinlichkeitstheorie*, Springer, Berlin.
5. Kroese, D.P, Taimre, T. und Zdravko I.B. (2011). *Handbook of Monte Carlo Methods*. Springer, John Wiley & Sons, Inc., Hoboken, New Jersey.
6. Lehmann, E.L. und Romano, J.P. (2005). *Testing Statistical Hypotheses*, Springer, New York.
7. Ligges, U. (2008). *Programmieren mit R*, Springer, Heidelberg.
8. Shonkwiler, R.W. und Mendivil F. (2009). *Explorations in Monte Carlo Methods*. Springer, Dordrecht.
9. Tietze, J. (2010). *Einführung in die Finanzmathematik*, Vieweg + Teubner, Wiesbaden.

# Kapitel 12
# Zuckerbrot oder Peitsche?
# Drosophila Larven und Bootstrap

Eine der schönsten Seiten an der Arbeit eines Statistikers ist es, dass man mit sehr vielen unterschiedlichen Fachrichtungen und Themen in Berührung kommt. Speziell Biologen und Mediziner sind Gruppen, die man häufig in ihrer Arbeit unterstützen kann.

Wir möchten in diesem Kapitel eine computerintensive Anwendung statistischer Methoden bei der Untersuchung von Fruchtfliegenlarven (Drosophila melanogaster) beschreiben. In einem konkreten Experiment zum Lernverhalten von Fruchtfliegenlarven wurden unterschiedlich trainierte Larven zu Pärchen zusammengefasst, um durch den Vergleich der Pärchen den Lernerfolg zu bestimmen. Die Biologen standen vor dem Problem, ob die Zusammenfassung der Pärchen die Schlussfolgerungen aus ihren Experimenten unzulässig beeinflusst hat.

Wir werden in diesem Kapitel den dahinterliegenden Versuchsaufbau genau beschreiben und die angewandten statistischen Methoden, die auf den in Kapitel 11 vorgestellten Bootstrap-Trick zurückgreifen, sowie die Ergebnisse der Analysen darstellen.

## 12.1 Biologische Hintergründe

Ziel des biologischen Experimentes war es herauszufinden, ob Drosophila Larven die Verknüpfung eines Geruches mit einem Geschmack, ähnlich wie ein **Pavlovscher Hund**, lernen können.

In Abb. 12.1 und 12.2 sind eine schematische Darstellung der Drosophila Larve, sowie eine mikroskopische Aufnahme eines Larvenkopfes dargestellt. Drosophila Larven werden von Biologen gerne studiert, da sie genetisch karthografiert und leicht zu züchten sind. Von solchen sogenannten Modellorganismen erhofft man sich Rückschlüsse auf andere Tiere und evtl. den Menschen. Diese Übertragbarkeit von Ergebnissen ist jedoch natürlich nicht immer gegeben.

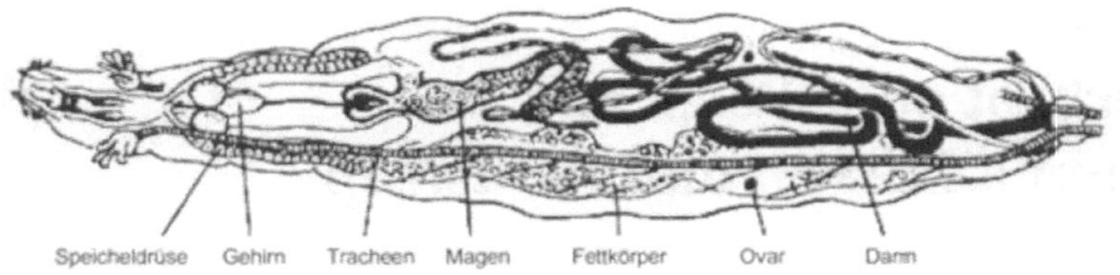


**Abb. 12.1** Schematische Darstellung der Drosophila Larve.

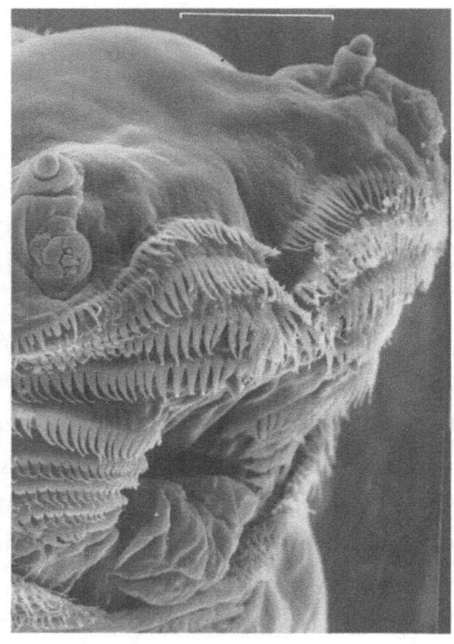

**Abb. 12.2** Elektronenmikroskopische Aufnahme eines Larvenkopfes (Skalierbalken = $20\mu m$).

Wie kann man nun im Versuch überprüfen, ob Fruchtfliegenlarven durch die gleichzeitige Gabe eines Duftes und eines Geschmackes eine Verknüpfung dieser Reize erlernen?

Man benutzt dazu die zwei verschiedenen Gerüche Amylazetat (AM) und 1-Oktanol (OCT) und vier verschieden schmeckende Umgebungen. Bei diesen handelt es sich um Fruchtzucker (FRU) als süße, Natriumchlorid (NaCl) als salzige und Quinin (QUI) als bittere sowie eine neutrale Umgebung (PURE).

In der Fruchtzucker-Umgebung (FRU) fühlen sich die Larven üblicherweise sehr wohl, NaCl- und QUI-Umgebungen werden von ihnen gemieden.

Eine Larve wird zuerst einem Geruch (z. B. AM) in einer bestimmten Umgebung (z. B. FRU) ausgesetzt, danach dem anderen Geruch (z. B. OCT) in der neutralen Umgebung (PURE). Dies wird dreimal wiederholt und stellt die Lernphase im Experiment dar.

Für die Testphase wird das Tier in eine neutrale Umgebung gebracht, in der an verschiedenen Orten die beiden Gerüche vorhanden sind. Wenn das Tier etwas gelernt hat und den Geruch („Welcher Duft ist das?") mit den Umgebungen aus der Lernphase in Verbindung bringt, sollte sich das im Verhalten des Tieres zeigen („Was tun? Weglaufen? Hinlaufen?"). Man beobachtet dazu einfach, wohin das Tier sich bewegt: läuft es z.B. zum AM, weil es hofft dort Fruchtzucker zu finden?

Für einen Zeitraum von 5 Minuten notiert man alle 20 Sekunden, ob sich die Larve in der neutralen, der AM- oder der OCT-Zone befindet. Schematisch ist das in Abb. 12.3 dargestellt.

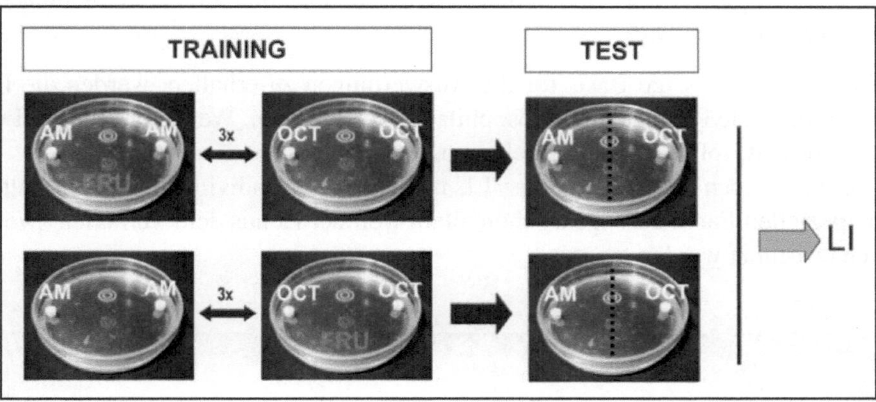


**Abb. 12.3** Schematische Darstellung des Versuchaufbaus.

Die Lernexperimente werden konkret in Petrischalen durchgeführt, deren Boden mit Agarose beschichtet ist. Die Agarose kann durch Zugabe von Fruchtzucker zu einer „Belohnung" oder durch Zugabe großer Mengen Salz oder Quinin zu einer „Bestrafung" gemacht werden.

Die erhobenen Daten werden in folgendem **Präferenzwert** zusammen gefasst:

$$\text{PREF} = \frac{\text{Beobachtungen in AM} - \text{Beobachtungen in OCT}}{\text{Gesamtanzahl Beobachtungen}} \in [-1, 1]$$

Die Extremfälle der PREF-Werte lassen sich dabei wie folgt interpretieren:

▶ PREF $= 1$: Das Tier war immer auf der AM-Seite.
▶ PREF $= -1$: Das Tier war immer auf der OCT-Seite.
▶ PREF $= 0$: Das Tier war gleich häufig auf der AM- und der OCT-Seite.

Um auszuschließen, dass AM einfach angeborenerweise bevorzugt wird, muss ein zweites Versuchstier genau umgekehrt trainiert werden, d.h. die Rollen von AM und OCT werden vertauscht. Für dieses wird auch der PREF-Wert bestimmt. Diese beiden experimentellen Gruppen werden **reziproke** Gruppen genannt und im Folgenden mit R1 und R2 bezeichnet. Dieses Vorgehen folgt somit einer Variante des Kontrollgruppenkonzeptes, beschrieben in Kapitel 8.

Mit den beiden PREF-Werten kann man nun die zentrale Größe zur Messung des Lernens der Tiere, den **Learning Index (LI)**, definieren:

$$LI = \frac{1}{2}\left(PREF_1 - PREF_2\right) \in [-1, 1]$$

Die Extremfälle haben dabei folgende Interpretationen:

- ► $LI = 1$: positiver Lerneffekt, die Larven bevorzugen den mit dem Geschmacks-stoff verbundenen Duft
- ► $LI = 0$: kein Lerneffekt,
- ► $LI = -1$: negativer Lerneffekt, die Larven vermeiden den mit dem Geschmacks-stoff verbundenen Duft.

Um eine zuverlässige Basis für die Auswertungen zu erhalten, werden die LIs natürlich für viele Pärchen von Drosophila Larven erhoben. Wenn der erhoffte Lerneffekt vorliegt, sollte sich im Mittel ein positiver LI ergeben.

Wichtig ist noch festzuhalten, dass LIs nichts über das individuelle Lernverhalten einer speziellen Larve aussagen, schon allein weil der LI aus dem Verhalten zweier Larven errechnet werden muss.

| | pref.qui.tier1 | pref.qui.tier2 | pref.nacl.tier1 | pref.nacl.tier2 | pref.fru.tier1 | pref.fru.tier2 |
|---|---|---|---|---|---|---|
| 1 | 1.000 | 0.667 | 1.000 | -0.067 | 1.000 | -0.667 |
| 2 | 0.000 | 0.400 | 0.933 | 0.067 | 0.933 | -0.867 |
| 3 | 0.000 | 0.933 | 0.733 | 0.533 | 1.000 | -0.267 |
| 4 | 1.000 | 0.933 | 0.533 | -1.000 | 0.733 | 0.467 |
| 5 | 0.333 | -0.133 | 0.733 | 0.800 | 0.733 | -0.267 |
| 6 | 0.267 | 1.000 | 0.733 | 0.733 | 0.867 | -1.000 |
| 7 | 0.733 | -0.600 | -0.267 | 1.000 | -0.533 | 0.000 |
| 8 | 0.267 | 0.733 | 0.267 | -0.067 | 0.000 | -0.933 |
| 9 | 0.067 | 1.000 | -0.800 | 0.200 | 0.867 | 1.000 |
| 10 | 0.200 | 0.933 | -0.667 | 0.467 | 0.133 | 0.000 |
| 11 | 0.600 | 0.333 | -1.000 | 0.800 | 0.867 | -0.200 |
| 12 | 1.000 | 1.000 | 0.267 | 0.800 | 0.933 | 0.200 |
| 13 | -1.000 | 1.000 | 1.000 | 0.933 | 1.000 | -0.933 |
| 14 | 0.267 | 0.867 | 0.000 | 0.400 | 0.800 | 0.533 |
| 15 | 0.800 | 1.000 | 0.467 | 1.000 | 0.800 | 0.867 |
| 16 | 0.867 | -1.000 | -0.400 | 0.333 | 0.800 | 0.600 |
| 17 | 0.000 | 1.000 | 0.800 | 0.467 | 0.800 | 0.333 |
| 18 | -1.000 | 0.133 | -0.667 | 0.400 | 0.533 | -0.067 |
| 19 | 0.933 | -0.333 | -0.733 | -0.267 | 0.867 | 0.133 |
| 20 | 0.000 | -0.667 | -0.267 | 0.400 | 0.133 | 0.067 |

**Abb. 12.4** Die ersten 15 Beobachtungen des Datensatzes `zuckerbrot` geöffnet im R-Commander.

Am Ende dieses Abschnitts, wollen wir noch auf den Datensatz `zuckerbrot` eingehen, der die Echtdaten zu dem oben beschriebenen Experiment enthält. In Abb. 12.4 sehen wir die Daten im Ansichtsfenster des R-Commander geöffnet. Die Daten enthalten nur die PREF-Werte für den entsprechenden Versuchsteil, wobei anhand des Suffixes 1 bzw. 2 zu erkennen ist, ob es sich um das Tier aus Gruppe R1 oder R2 handelt. Die Daten der Variable `pref.fru.tier1` sind also beispielsweise die PREF-Werte der Versuchstiere, die der Fruchtzucker-Umgebung (FRU) ausgesetzt waren. Wir wollen kurz zeigen, wie mit Hilfe des R-Commanders der Learning-Index für die Daten berechnet werden kann. Mehr Informationen zum Berechnen von neuen Variablen findet man in Abschnitt 20.2.2.

**Programmbeispiel 12.5** Zur Berechnung des LI beispielsweise für die Fruchtzucker-Umgebung muss der Datensatz `zuckerbrot` natürlich aktiviert sein.

1. Gehe im Menü auf **Datenmanagement** $\longrightarrow$ **Variable bearbeiten** $\longrightarrow$ **Erzeuge neue Variable ...**.
2. Im sich öffnenden Dialogfeld gibt man im Feld *Neuer Variablenname* den Namen `li.fru` für die neue Variable ein.
3. Gebe zur Berechnung des Mittelwerts unter *Anweisung für Berechnung* den Befehl

```
rowMeans(cbind(pref.fru.tier1, pref.fru.tier2))
```

ein. Die Funktion `rowMeans()` (vgl. Abschnitt 20.2.2) berechnet dabei zeilenweise Mittelwerte. Da diese nur auf Matrizen bzw. Datensätze angewendet werden kann, müssen die beiden Variablen mit der Funktion `cbind()` spaltenweise zu einem gemeinsamen Objekt zusammengefügt werden. Die Variablennamen können bei der Eingabe auch mit einem Doppelklick in der Auswahl im linken oberen Feld festgelegt werden. Nach Klick auf $\boxed{\text{OK}}$ wird die neue Variable dem Datensatz am Ende hinzugefügt.

Für die Berechnung der LI-Werte bei den anderen beiden Umgebungen verweisen wir auf Aufgabe 1.

## 12.2 Statistische Fragestellung

In den konkreten Experimenten zur Bestimmung eines LI wurden zwei jeweils umgekehrt trainierte Tiere direkt hintereinander untersucht. Dennoch ist die Pärchenbildung in gewisser Weise willkürlich, da die Versuchstiere auch im Experiment nichts miteinander zu tun haben. Genauso gut könnte man eigentlich eine andere Pärchenbildung als die des Versuchs betrachten.

Damit stellt sich die Frage, ob die Definition des LI sinnvoll ist und der LI eine vernünftige Kennziffer für weitere statistische Untersuchungen ist. Oder anders ausgedrückt: Kann der Experimentator durch eine besondere Pärchenbildung die statistischen Analysen signifikant beeinflussen ?

Zur Verdeutlichung des Problems stellen wir ein einfaches Beispiel dar. Wir nehmen an, dass die PREF-Werte wie in Tabelle 12.6 vorliegen und die jeweils untereinander stehenden Pärchen zusammen gefasst werden:

Bei dieser Messung der LI-Werte wären Mittelwert, empirischer Median und Varianz jeweils 0. D.h. hier würde der Biologe zum Schluss kommen, dass kein Lernverhalten vorliegt und auch keine Schwankungen im Lernverhalten erkennbar sind.

**Tabelle 12.6** Beispiel zur Bestimmung des LI.

| Gruppe R1 | $-1$ | 0 | 1 | 1 |
|---|---|---|---|---|
| Gruppe R2 | $-1$ | 0 | 1 | 1 |
| LI-Werte | 0 | 0 | 0 | 0 |

Wir vertauschen nun in Tabelle 12.7 bei den PREF-Werten der Gruppe R2 die Reihenfolge, d.h. wir fassen die Versuchstiere anders zu Pärchen zusammen und bestimmen erneut die LI-Werte.

**Tabelle 12.7** Beispiel zur Bestimmung des LI mit vertauschter Pärchenbildung.

| Gruppe R1 | $-1$ | 0 | 1 | 1 |
|---|---|---|---|---|
| Gruppe R2 | 1 | $-1$ | 1 | 0 |
| LI-Werte | $-1$ | $\frac{1}{2}$ | 0 | $\frac{1}{2}$ |

Diesmal haben sie Mittelwert 0, empirischem Median $\frac{1}{4}$ und empirische Varianz $\frac{1}{2}$. Der Mittelwert würde wieder kein Lernverhalten signalisieren, aber der Median würde jetzt ein Lernverhalten nahe legen und die Varianz auf Schwankungen im Lernverhalten hindeuten.

I.A. gilt, dass der Mittelwert immer gleich bleibt, der empirische Median und die empirische Varianz sich aber offensichtlich mit der Wahl der Pärchen ändern. Somit kann man sich fragen: Sind die Änderungen bei empirischem Median und empirischer Varianz signifikant, d.h. beeinflusst die Wahl der Pärchen den Ausgang statistischer Analysen signifikant ?

Diese Frage zu klären ist für die weiteren Untersuchungen und die Validität der Ergebnisse wichtig, da man sich ja auf eine Pärchenbildung festlegen muss. Die aus der Sicht der Experimentatoren präferierte ist dabei natürlich, die Paare aus den zeitlich nebeneinander liegenden Versuchstieren zu bilden. Diese Pärchenbildung bezeichnen wir als **originale Pärchenbildung**.

## 12.3 Anwendung des Bootstrap

Zur Beantwortung der oben gestellten Frage setzen wir eine Variante des in Abschnitt 11.2 beschriebenen Bootstrap-Verfahrens ein, welches wir im Folgenden darstellen.

Wir betrachten zunächst eine feste Pärchenbildung und nehmen an, dass die LI-Werte $x_1, \ldots, x_n$ als Realisationen der unabhängigen und identisch verteilten Zufallsvariablen $X_1, \ldots, X_n$ vorliegen. Zu diesen können wir die empirische Varianz

$$s_n^2 = s_n^2(x_1, \ldots, x_n) = \frac{1}{n-1} \sum_{i=1}^{n} (x_i - \bar{x}_n)^2$$

mit dem empirischen Stichprobenmittel $\bar{x}_n = \frac{1}{n}\sum_{i=1}^{n} x_i$ bestimmen.

Diese ist eine (Punkt-)Schätzung für die wahre zugrunde liegende (aber unbekannte) Varianz der Daten, siehe hierzu Abschnitt 3.2. Die Situation ist im oberen Teil von Abb. 12.8 dargestellt: der graue Punkt symbolisiert die wahre Varianz, der schwarze Punkt ist die Punktschätzung für die Varianz.

Wir wollen nun ein Konfidenzintervall für die Varianz finden, d.h. ein Intervall, das mit hoher Wahrscheinlichkeit ($\geq 95\%$) die wirkliche Varianz enthält. Die Schwierigkeit, die wir dabei haben liegt darin, dass die zugrunde liegende Verteilung der Daten unbekannt ist.

Die Lösungsidee besteht darin anzunehmen, dass die empirische Verteilungsfunktion die tatsächliche ist („Bootstrap-Welt") und sich eine neue Stichprobe durch die empirische Verteilungsfunktion zu erzeugen. In Abschnitt 11.2.2 wurde diese Idee bereits ausführlicher erläutert und auch auf die mathematischen Hintergründe eingegangen.

Dies bedeutet also, wir ziehen mit Zurücklegen $n$ Werte aus der originalen Stichprobe $x_1, \ldots, x_n$ und erhalten so eine neue Stichprobe $x_1^*, \ldots, x_n^*$. In dieser können ursprüngliche Werte mehrfach auftreten. Die neue Stichprobe, die sogenannte **Bootstrap-Stichprobe** simuliert die Originalstichprobe. Deshalb ist die empirische Varianz der Bootstrap-Stichprobe ebenfalls eine Schätzung der unbekannten Varianz. In Abb. 12.8 wird im zweiten Teilbild von oben die Varianz der ersten Bootstrap-Stichprobe ebenfalls duch einen schwarzen Punkt symbolisiert.

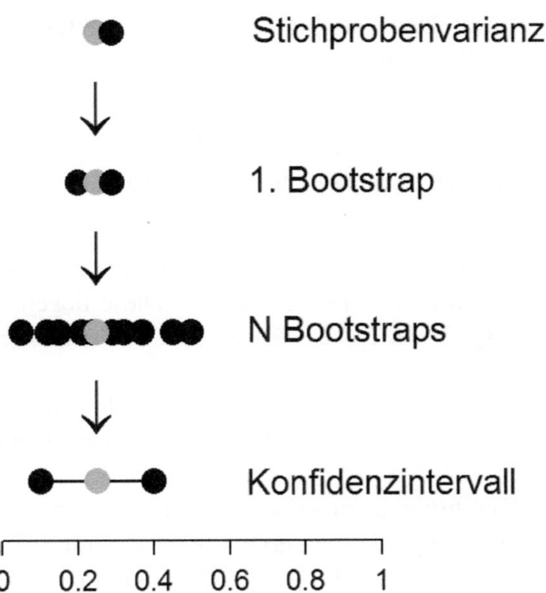


**Abb. 12.8** Schaubild zur Visualisierung der Idee des Bootstrap-Verfahrens. Im Teilbild ganz oben ist die Punktschätzung für die Varianz einer festen Pärchenbildung und wahre Varianz (grau) zu sehen. Darunter dann zusätzlich noch die Schätzung aus der ersten Bootstrap-Stichprobe. Nach Ziehen von $N$ Bootstrap-Stichproben ergibt sich das nächste Teilbild darunter. Ganz unten wurde aus den Schätzungen ein approximatives Konfidenzintervall für die grau gefärbte wahre Varianz gebildet.

Das oben beschriebene Verfahren wiederholen wir $N$ Mal und erhalten somit $N$ Schätzungen für die Varianz, siehe Abb. 12.8 im dritten Teilbild von oben.

Von diesen $N$ Schätzungen bestimmen wir 2.5%- und 97.5%-Quantil (vgl. Abschnitt 1.2.1) und erhalten damit ein (approximatives) Konfidenzintervall zum Niveau 95%, wie im unteren Teil von Abb. 12.8[1].

Natürlich sollte $N$ sehr hoch sein, damit die Resultate verlässlich sind (z.B. $N > 10\,000$). Je höher $N$ ist, desto größer ist auch der Rechenaufwand. Die konkrete Berechnung eines Konfidenzintervalles mithilfe des Computers kann, je nach Rechnerleistung, mehrere Minuten dauern.

Genau das gleiche Verfahren wendet man beim Median an, um auch für diesen ein approximatives 95%-Konfidenzintervall zu erhalten. Allerdings sind hier noch einige technische Feinheiten zu beachten, auf die wir hier nicht eingehen möchten. Diese erhöhen jedoch den Rechenaufwand zusätzlich (bis zu einer Stunde für ein Intervall).

Wir sind nun also in der Lage ein Konfidenzintervall für den Median und ein Konfidenzintervall für die Varianz der Originalpärchenbildung bestimmen. Mit R ist dies in wenigen Programmierschritten möglich. Um die Rechendauer etwas geringer zu halten, führen wir die Berechnung im nachfolgenden Beispiel mit einer kleineren Anzahl an Wiederholungen durch ($N = 1\,000$).

---

**Programmbeispiel 12.9** Das in Abb. 12.8 beschriebene Vorgehen soll mit der in Programmbeispiel 12.5 erstellten Variable `li.fru` durchgeführt werden. Dies erreicht man mit folgenden Befehlen:

```
daten <- na.omit(zuckerbrot$li.fru)
boot  <- replicate(1000,
   var(sample(daten, replace = TRUE)))
quantile(boot, prob = c(0.025, 0.975))
```

Vor den Berechnungen, muss die Variable `li.fru` mit der Funktion `na.omit()` noch von fehlenden Werten (`NA`) bereinigt werden. Diese liegen vor, weil es 120 Beobachtungen für die QUI-Werte, 122 für die NaCL-Werte aber nur 115 FRU-Werte gibt. Da alle aber in einem Datensatz gespeichert sind, werden die Zeilen, die bei QUI und FRU leer sind, in R automatisch mit fehlenden Werten aufgefüllt. Diese machen dann bei der Auswertung Probleme, wenn man sie nicht explizit ausschließt.

Zum wiederholten Durchführen der selben Rechenprozedur, in diesem Fall dem Ziehen der $N$ Bootstrap-Stichproben, ist erneut die Funktion `replicate()` ein nützliches Werkzeug, vgl. Abschnitt 11.1.1 und Programmbeispiel 10.4. Im ersten Argument der Funktion steht die Anzahl der Wiederholungen, im zweiten Argument die durchzuführenden Rechenschritte. Zum Ziehen mit Zurücklegen, verwen-

---

[1] Die obige Vorgehensweise ist eigentlich nicht korrekt beschrieben, die echte Berechnung der Konfidenzgrenzen ist leicht anders. Jedoch zeigen sich in der Praxis kaum Unterschiede zwischen den Methoden, so dass wir hier nur die leicht nachzuvollziehende beschreiben.

det man die Funktion `sample()`, siehe Programmbeispiel 11.15. Mit dem Argument `replace` legt man dabei fest, dass mit Zurücklegen gezogen wird, anstatt dem standardmäßigen Ziehen ohne Zurücklegen. Da hier kein Argument für die Länge des zu ziehenden Zufallsvektors angegeben ist, wird per Voreinstellung die Länge des Vektors im ersten Argument verwendet. Vom neu erstellten Zuvallsvektor wird dann noch die Varianz berechnet und im Objekt `boot` gespeichert. Dieses enthält dann genau $N = 1\,000$ Werte mit den empirischen Varianzen der Bootstrap-Stichproben. Mit der Funktion `quantile()` lässt man sich die gewünschten Quantile dieses Vektors berechnen. In unserem Fall lauet die Ausgabe

```
     2.5%      97.5%
0.1055174 0.1694309
```

Das 95% Bootstrap-Konfidenzintervall ist also etwa $(0.106, 0.169)$. Man beachte, dass die Zahlen bei jedem neuen Durchlauf der obigen Befehle natürlich leicht schwanken.

---

Wir betrachten als nächstes eine zweite (zufällige) Pärchenbildung, indem wir die zweiten PREF-Werte, d.h. die PREF-Werte der Gruppe R2 zufällig permutieren und damit neue, hypothetische Pärchen bilden. Für diese Pärchenbildung können wir mit der Bootstrap-Methode ebenfalls ein Konfidenzintervall für die Varianz bzw. ein Konfidenzintervall für den Median bestimmen.

Überlappen diese Intervalle nicht mit denen der originalen Pärchenbildung, hat man signifikante Unterschiede bei Varianz bzw. Median durch die Permutation erhalten, wie dies beispielsweise im oberen Teil von Abb. 12.10 dargestellt ist.

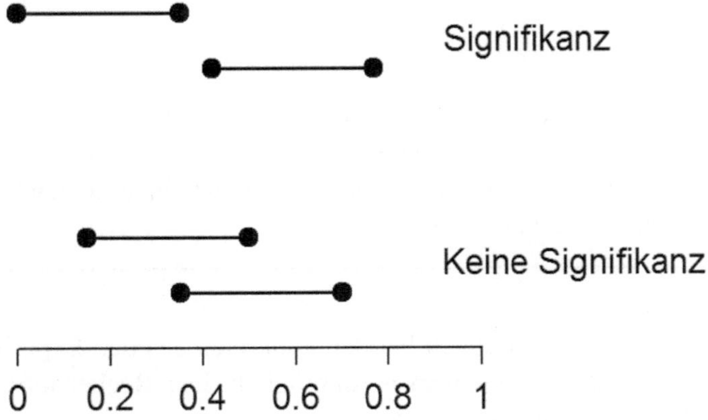


**Abb. 12.10** Nicht überlappende Konfidenzintervalle (oben) und überlappende Konfidenzintervalle (unten) für zwei verschiedene Pärchenbildungen. Die Intervalle im oberen Teil sprechen für signifikante Unterschiede zwischen den beiden Varianzen, im unteren Teil spricht nichts dagegen, dass beide Varianzen gleich sind.

Gibt es Überlappungen wie im unteren Teil der Abb. 12.10, so hat man keine signifikanten Unterschiede. Dies bedeutet natürlich nicht automatisch, dass Varianz bzw. Median gleich sind. Dennoch kann man unter dieser nicht verworfenen Hypothese zunächst weiter arbeiten, da man ja keine Gegenargumente gefunden hat.

**Programmbeispiel 12.11** Wir wollen nun ein Bootstrap-Konfidenzintervall mit einer zufälligen Pärchenbildung berechnen. Um das Beispiel so allgemein wie möglich zu halten, schreiben wir dazu eine eigene Funktion `bootstrap.var()`:

```
bootstrap.var <- function(v1, v2, N) {
  v1 <- na.omit(v1)
  v2 <- na.omit(v2)
  li <- rowMeans(cbind(v1, sample(v2)))
  re <- replicate(N, var(sample(li, replace = TRUE)))
  quantile(re, prob = c(0.025, 0.975))
}
```

Die beiden ersten Argumente `v1` und `v2` sind die PREF-Werte für eine bestimmte Umgebung. Zuerst entfernt man mit `na.omit()` die fehlenden Werte und berechnet dann wie in Programmbeispiel 12.5 mit `rowMeans()` die LI-Werte. Die Permuation der Gruppe R2 erreicht man dabei ganz einfach mit der `sample`-Funktion ohne Angabe weiterer Argumente. Die Berechnung der Varianzen der Bootstrap-Stichproben ist identisch zu Programmbeispiel 12.9, genauso wie die Berechnung des 95%-Konfidenzintervalls.

Zum Durchführen der Funktion mit den FRU-Werten genügt folgender Aufruf:

```
bootstrap.var(zuckerbrot$pref.fru.tier1,
    zuckerbrot$pref.fru.tier2, 1000)
```

worauf in der Ausgabe das Intervall

```
     2.5%      97.5%
0.1032423 0.1593666
```

angezeigt wird. Dieses ist ähnlich zum Intervall $(0.106, 0.169)$ in Programmbeispiel 12.9, insbesondere überschneiden sich beide Intervalle. Dies ist kein Zufall, wie wir später noch sehen werden. Natürlich können die Zahlen beim erneuten Durchlaufen des Programms voneinander abweichen.

Alle denkbaren Pärchenbildungen bei den konkreten aus den Experimenten erhaltenen Datensätzen durchzurechnen ist unmöglich. Der Rechenaufwand würde leicht mehrere Millionen Jahre betragen.

Deshalb wurden immer 100 zufällige Pärchenbildungen ausgewählt und die Konfidenzintervalle von Varianz und Median mit denen der originalen Pärchenbildung verglichen. Im Prinzip handelt es sich um eine wiederholte Anwendung der Monte-Carlo-Methode zur Lösung des vorliegenden Problems.

Sieht man dann an den Ergebnissen, dass die zufälligen Pärchenbildungen Konfidenzintervalle produzieren, die mit denen der originalen Pärchenbildung überlappen, hat man eine statistische Begründung mit der originalen Pärchenbildung fortzufahren und das Konzept des Learning Index (LI) bestätigt.

## 12.4 Simulationsergebnisse

Wir wollen die Ergebnisse der Simulationsstudie beispielhaft nachvollziehen, indem wir eigene Ergebnisse berechnen. Um den Rechenaufwand aber geringer zu halten, verwenden wir deutlich geringere Werte für $N$, als in der ursprünglichen Analyse. Unter den oben beschriebenen Rahmenbedingungen würde nämlich bei sehr großen $N$ ($> 100\ 000$) sehr leicht ein Rechenaufwand von mehreren Stunden oder sogar Tagen entstehen.

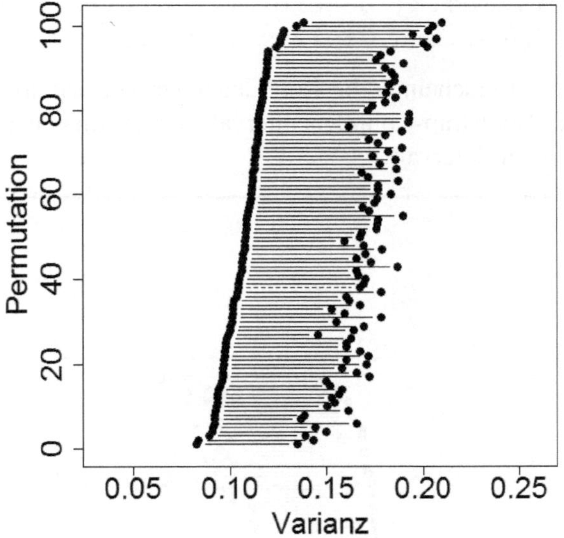

**Abb. 12.12** Konfidenzintervalle für die Varianzen der FRU-Werte basierend jeweils auf $N = 1\ 000$. Das gestrichelte Intervall ist dabei das Bootstrap-Konfidenzintervall für die originale Pärchenbildung.

**Programmbeispiel 12.13** Die Programmierschritte zur Erstellung von Konfidenzintervallen wie in Abb. 12.10 sind etwas umfangreicher. Aus diesem Grund stellen wir in der Skriptdatei `Bootstrap-Zuckerbrot.R` eine Funktion zur Verfügung, die für uns alle nötigen Schritte automatisch durchführt. Die Funktion trägt den Namen `bootstrap.var.grafik()`. Um sie benutzen zu können, muss die Skriptdatei zuvor aber noch in den Workspace geladen werden, was mit der Funktion `source()` geschieht, vgl. Programmbeispiel 11.9. Wir gehen dabei davon aus, dass sich die Skriptdatei im Ordner C:\R-Buch befindet:

```
source("C:\\R-Buch\\Bootstrap-Zuckerbrot.R")
```

Nach der Ausführung ist obige Funktion verfügbar, wobei die Verwendung des doppelten Backslashs (\\) zwingend notwendig ist. Wegen der erwähnten Komplexität verzichten wir auf weitere Erläuterungen zur ihrer Arbeitsweise. Die ersten beiden Argumente sind die beiden Variablen der PREF-Werte, wobei hier auch fehlende Werte vorhanden sein können. Das dritte Argument ist die Anzahl der Bootstrapwiederholungen $N$, das vierte und letzte Argument die Anzahl der Pärchenbildungen (Permutationen).

Wir möchten nun die 95%-Bootstrap-Konfidenzintervalle der originalen Pärchenbildung zusammen mit 100 zufällig ausgewählten anderen Pärchenbildungen für die FRU-Werte erstellen. Der Wert für $N$ soll dabei 1 000 betragen. Dazu gibt man folgenden Befehl ein:

```
bootstrap.var.grafik(zuckerbrot$pref.fru.tier1,
    zuckerbrot$pref.fru.tier2, 1000, 100)
```

Nach kurzer Rechenzeit erscheinen die Konfidenzintervalle wie in Abb. 12.12 im Ausgabefenster. Das Bootstrap-Konfidenzintervall der originalen Pärchenbildung ist immer das gestrichelte Intervall.

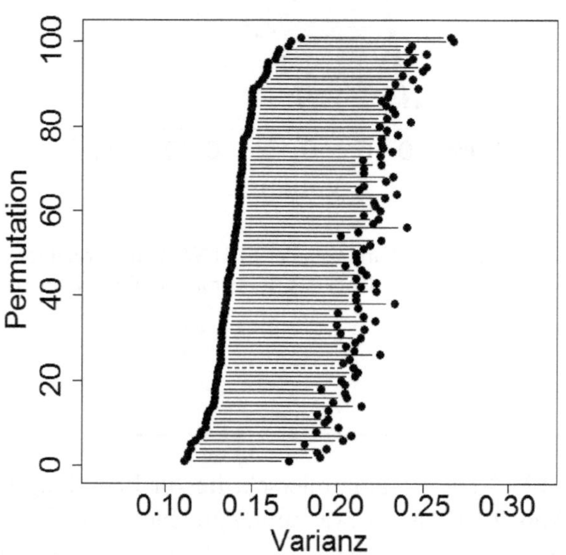

**Abb. 12.14** Konfidenzintervalle für die Varianzen der QUI-Werte basierend auf $N = 1\,000$. Das gestrichelte Intervall ist dabei das Bootstrap-Konfidenzintervall für die originale Pärchenbildung.

Die Ergebnisse für die QUI- und NaCl-Werte sind sehr ähnlich zu denen der FRU-Werte, wie man in den Abb. 12.14 und 12.15 sehen kann. Auf die Erstellung der beiden Diagramme verzichten wir hier und verweisen auf Aufgabe 3.

Erwähnt sei an dieser Stelle noch, dass in der originalen Simulationsstudie jeweils der Wert auf $N = 200\,000$ gesetzt wurde.

In den Abb. 12.16 und 12.17 findet man analog die Vergleiche für die Konfidenzintervalle der Mediane für die drei Datensätze. Auch hier stellt die gestrichelte Linie wieder die originale Pärchenbildung dar. Zur Reduktion der Rechenzeit bei der etwas komplexeren Bestimmung der Median-Konfidenzintervalle wurde hier in der originalen Analyse $N$ auf 20 000 herabgesetzt, was jedoch immer noch eine Laufzeit von zwei Wochen nach sich zog.

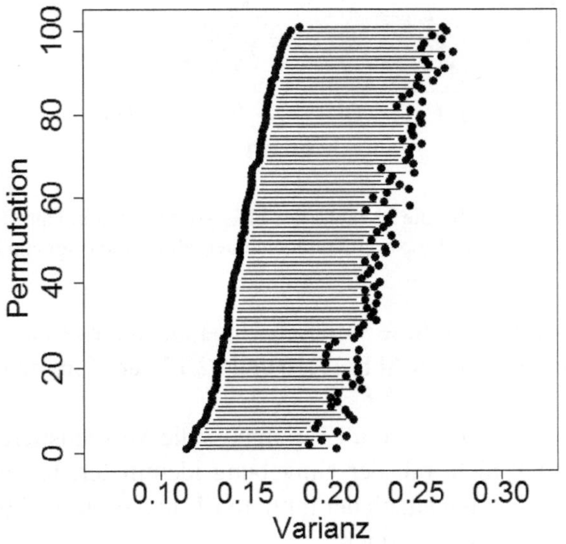


**Abb. 12.15** Konfidenzintervalle für die Varianzen der NaCl-Werte basierend jeweils auf $N = 1\,000$. Das gestrichelte Intervall ist dabei das Bootstrap-Konfidenzintervall für die originale Pärchenbildung.

## 12.5 Biologische Resultate

Was bedeuten nun die Abb. 12.12 bis 12.17 für die ursprüngliche Fragestellung? Bei den vorliegenden Daten wurden keine signifikanten Unterschiede durch verschiedene Pärchenbildungen festgestellt, sowohl für die Varianz als auch den Median.

Dies zeigt sich dadurch, dass die Konfidenzintervalle aller untersuchter Pärchenbildungen deutliche Überlappungen aufweisen. Damit ist die originale Pärchenbildung wie erhofft eine sinnvolle Basis für weitere statistische Untersuchungen.

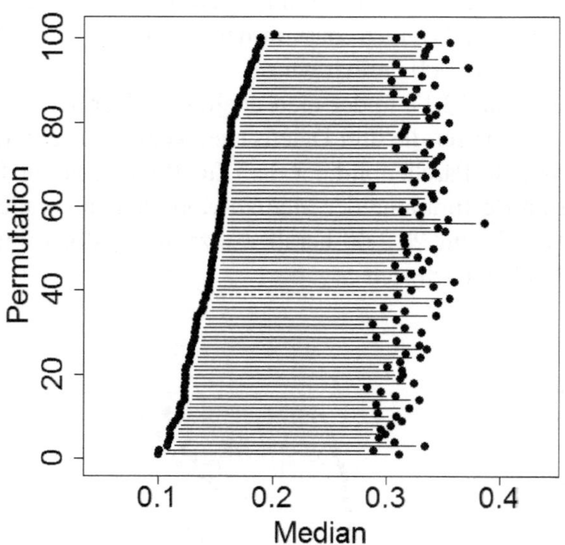

**Abb. 12.16** Konfidenzintervalle für die Mediane der FRU-Werte basierend auf $N = 20\,000$. Das gestrichelte Intervall ist dabei das Bootstrap-Konfidenzintervall für die originale Pärchenbildung.

Welche Ergebnisse liefern diese weiteren Untersuchungen? Das wichtigste Ergebnis können wir bereits an den Abb. 12.16 und 12.17 den Konfidenzintervallen zu den Medianen ablesen.

Wie wir uns erinnern, bedeutet ein LI = 0, dass die Versuchstiere nichts gelernt haben, d.h. den Geruch nicht mit der Umgebung identifiziert haben. Für die drei Datensätze sieht man sich nun an, ob der mittlere LI (in diesem Fall bestimmt durch den Median) signifikant von 0 abweicht.

In Abb. 12.16 zum FRU-Datensatz sieht man, dass 0 in keinem der Konfidenzintervalle enthalten ist, d.h. eine „Belohnung" verbinden die Larven mit dem Geruch.

In Abb. 12.17 zum NaCl- und QUI-Datensatz erkennt man, dass die 0 in sehr vielen Konfidenzintervallen liegt. Bei NaCl ist das bei allen Konfidenzintervallen der Fall. Bei QUI scheinen die Intervalle von 0 weg verschoben zu sein, auch wenn die 0 noch in vielen Intervallen liegt. Damit können wir die Hypothese „mittlerer LI = 0", also kein Lerneffekt, nicht verwerfen. D.h. bei „Bestrafungen" kann kein Lerneffekt festgestellt werden, auch wenn bei Quinin zumindest eine Tendenz zu bestehen scheint.

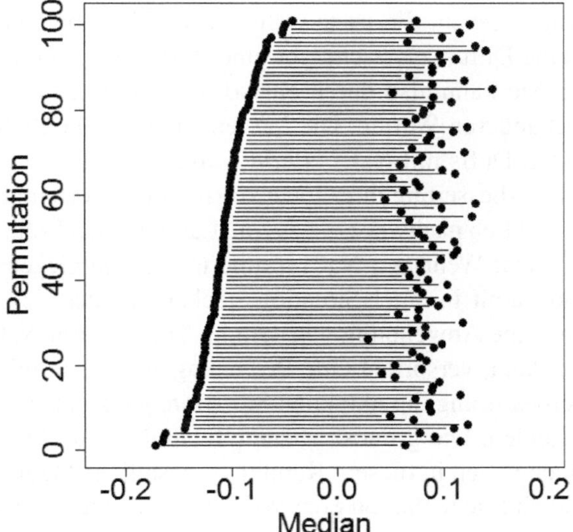

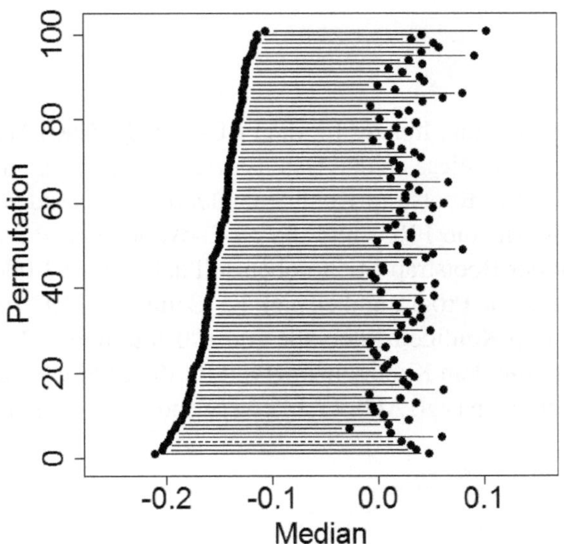

**Abb. 12.17** Konfidenzintervalle für die Mediane der NaCl-Werte (oben) und der QUI-Werte (unten) basierend auf $N = 20\,000$. Das gestrichelte Intervall ist dabei das Bootstrap-Konfidenzintervall für die originale Pärchenbildung.

Tatsächlich ist das Verhalten jedoch noch komplexer. Für uns Menschen ist es selbstverständlich, dass wir in einer gegebenen Situation das Verhalten zeigen, welches uns einen Nutzen bringt. Wie sieht das bei der Larve im Experiment aus? Wenn die Larve aktuell keinen Zucker hat, verspricht die Annäherung an einen vorher mit

Zucker verknüpften Duft Gewinn, also die Verbesserung der eigenen Situation. Hingegen kann sich nach NaCl-Training keine Verbesserung der Situation der Larve durch eine Bewegung ergeben. Sie ist ja während des Tests bereits in einem neutralen Bereich, der eine Duft „verspricht" ihr eine Bestrafung, der andere Duft eine neutrale Umgebung. Sie kann also durch eine Bevorzugung des „sicheren" Dufts nichts gewinnen. Mit anderen Worten: Die Larven haben womöglich sehr wohl die Verknüpfung des einen Dufts mit NaCl erlernt, zeigen aber kein gelerntes Verhalten da es ihnen keine Verbesserung ihrer Lage verspricht. In weiteren Experimenten konnte man dann tatsächlich nachweisen, dass die Larven einen Lerneffekt mit NaCl und auch mit QUI haben: Wenn mit NaCl trainierte Tiere in Gegenwart von NaCl getestet werden, und damit in einer Situation stecken aus der sie zu flüchten bestrebt sind, zeigen sie eine Abwendung von dem im Training mit NaCl verknüpften Duft. Dann, und nur dann, verspricht eine Bewegung zum nicht mit NaCl verbundenen Duft einer Verbesserung der aktuellen Situation; ganz entsprechendes wurde auch für Quinin gefunden. Die grundsätzlichen Techniken zur Auswertung dieser Experimente entsprechen den in diesem Kapitel vorgestellten Methoden. In diesem Sinn scheinen also auch Fliegenlarven eine Vorstellung von den Konsequenzen des eigenen Verhaltens zu haben.

## 12.6 Aufgaben

1. Berechnen Sie die Learning Indizes für die FRU- und die NaCl-Werte der Originalstichprobe und fügen diese an den Datensatz `zuckerbrot` an.
2. Berechnen Sie ein 95%-Bootstrap-Konfidenzintervall basierend auf der originalen Pärchenbildung für die FRU- und die NaCl-Werte (vgl. Programmbeispiel 12.9). Die Anzahl der Bootstrap-Stichproben soll dabei $N = 1\,000$ betragen.
3. Erstellen Sie analog zu Programmbeispiel 12.13 für die FRU- und die NaCl-Werte 95%-Bootstrap-Konfidenzintervalle von 100 zufälligen Pärchenbildungen und zeichnen diese mit dem Konfidenzintervall für die originale Paarung zusammen in ein Diagramm ein (vgl. Abb. 12.14). Verwenden Sie auch hier $N = 1\,000$ als Parameter.

## Literatur

1. Gerber, B., Wegener, S. und Hendel, T. (2007). Riechen, Schmecken, Lernen: Verhaltensneurogenetik der Drosophila-Larve. *Neuroforum* 13, 79-92
2. Hendel, T., Michels, B., Neuser, K., Schipanski, A., Kaun, K., Sokolowski, M. B., Marohn, F., Michel, R., Heisenberg, M., Gerber und B. (2005). The carrot, not the stick: Appetitive rather than aversive gustatory stimuli support associative olfactory learning in individually assayed Drosophila larvae. *Journal of Comparative Physiology (A)* 191, 265-279

# Teil IV
# Statistik als Projekt im Unterricht

# Kapitel 13
# Kann man Münzen fälschen?

Den nächsten Teil des Buches möchten wir der konkreten Einbettung der Statistik in den Schulunterricht widmen. Dabei geht es uns weniger um einen Wissenstransfer im Rahmen des Regelunterrichts. Stattdessen wollen wir Möglichkeiten aufzeigen, wie man Schülern im Rahmen von Unterrichtsprojekten Interesse für Statistik vermitteln kann. Dabei werden wir vorzugsweise solche Projekte vorstellen, die bereits mit Schülern durchgeführt wurden, meist im Rahmen der Schülerprojekttage Mathematik an der Universität Würzburg.

Die vorgestellten Projektideen sind allerdings auch für den Unterricht in Statistik an Hochschulen geeignet und es dürfte darüber hinaus auch allgemeines Interesse bestehen, da sie vielfältige Aspekte statistischen Arbeitens in Gebieten wie Biologie, Medizin oder Wirtschaftswissenschaften aufzeigen.

Auch wenn die Projekte in einem konkreten Ablauf beschrieben sowie die aus unserer Sicht notwendigen Voraussetzungen und inhaltlichen Ziele aufgeführt werden, soll dies nur als Richtschnur dienen. Unser primäres Anliegen ist, den Lehrenden zu eigenständigen Unterrichtsideen hinzuführen.

Als Anregung sehen wir grundsätzlich mehrere Möglichkeiten der Einbettung:

- Regulärer Unterricht
- Intensivierungen
- Spezielle Projekttage
- Freiwillige Arbeitsgruppen zum Thema Mathematik bzw. Statistik
- Schullandheimaufenthalte
- P- oder W-Seminare.

Aus unserer Sicht ist es empfehlenswert, dass den Schülern auf spielerische Art und Weise statistisches Wissen vermittelt wird. Ebenso sollte darauf Wert gelegt werden, dass es sich um ein Gruppenerlebnis handelt, um Teamfähigkeit und Zusammenarbeit unter den Schülern zu fördern.

Das erste Projekt, das wir vorstellen wollen, wurde im Rahmen der Schülerprojekttage Mathematik 2003 an der Universität Würzburg durchgeführt. Wir bedanken uns bei Patricia Bocaneci, Udo Samaruga, Benedikt Vormwald, Rebekka Schäfer,

Lisa Büttner und Daniel Hauck, die sich mit Begeisterung dem Thema „Münzfälschung" gewidmet haben.

## 13.1 Themenstellung

In vielen Lehrbüchern mit Aufgaben zur Statistik finden sich Formulierung wie „Eine Münze mit einer Wahrscheinlichkeit $p > 0$ Kopf zu erhalten, wird geworfen…" in [3] oder „Man nehme an, eine Münze habe die Wahrscheinlichkeit 0.7, dass Kopf geworfen wird…" aus [2].

Eine selten gestellte, aber eigentlich sehr natürliche Frage ist die folgende: Gibt es solche Münzen überhaupt? Oder hat jede Münze die Wahrscheinlichkeit 0.5, dass beim Wurf Kopf erscheint, ist also eine **faire** oder **Laplace-Münze**? Wir werden uns im Laufe unserer Ausführungen auf das Ergebnis „Kopf" beschränken. Genauso gut könnte man „Zahl" wählen.

Aus der obigen Frage ergeben sich die nächsten Überlegungen: wie können wir gegebenenfalls Münzen beeinflussen, dass sie andere Wahrscheinlichkeiten als die faire, d.h. Laplace-Wahrscheinlichkeit, für Kopf haben und damit „fälschen"? Und wie können wir überhaupt überprüfen, welche Wahrscheinlichkeit eine Münze hat, Kopf zu werfen?

Kurzum lässt sich das Thema knapp so beschreiben: *Kann man Münzen fälschen?*

## 13.2 Erwartungshorizont und Vorkenntnisse

In diesem Abschnitt soll kurz beschrieben werden, was wir von den Schülern am Ende des Projektes an Ergebnissen erwarten, damit die oben gestellte Frage beantwortet werden kann.

Die Schüler sollen zunächst einmal Münzen mit Hilfe des in Abschnitt 13.5 beschriebenen Materials konstruieren, von denen sie glauben, dass sie nicht die Wahrscheinlichkeit 0.5 für den Wurf von Kopf haben. Anschließend sollen die Schüler Überlegungen anstellen, wie man die Münzen auf ihre Wahrscheinlichkeit für Kopf überprüfen kann. Mit Hilfe der gefundenen Methoden werden die konstruierten Münzen im Anschluss getestet. Dazu sind Experimentalreihen mit vielen Münzwürfen erforderlich. Ein wichtiges Element dieser Experimentalreihen stellt die Wurftechnik dar. Die Schüler sollen zwei Wurftechniken eruieren, das gewöhnliche „Flippen" mit dem Daumen und das „Spinnen" auf dem Tisch. Nachdem die konstruierten Münzen getestet wurden, bei denen es tatsächlich möglich sein kann, „unfaire" zu finden, kann man noch Euro-Münzen mit verschiedenen länderspezifischen Rückseiten testen. Hier sollte sich ergeben, dass beim Flippen keine Abweichung von der Kopf-Wahrscheinlichkeit 0.5 festgestellt werden kann, beim Spinnen jedoch schon.

Wir wollen kurz darauf eingehen, welche Vorkenntnisse die Schüler zur erfolgreichen Bearbeitung des Projektes mitbringen sollten. In seiner vollen Form, die wir zunächst beschreiben werden, ist das Projekt für Schüler der Oberstufe geeignet, die bereits grundlegende Kenntnisse zur Stochastik haben. Folgende mathematische Elemente werden im Laufe des Projektes von Bedeutung sein:

▶ Urnenmodelle (insbesondere mit Zurücklegen)
▶ Laplace-Annahme
▶ Binomialverteilung
▶ Unterschied von relativer Häufigkeit und Wahrscheinlichkeit
▶ Konfidenzintervalle
▶ Aufbau von statistischen Tests (insbesondere Fehler 1. Art und Fehler 2. Art).

Im Prinzip können alle Elemente auch im Laufe des Projektes mit den Schülern entwickelt werden, jedoch bedeutet das einen höheren Zeitaufwand und längere Exkurse von der eigentlichen Aufgabenstellung. Daher sollten aus unserer Sicht Urnenmodelle und Binomialverteilung als bekannt voraus gesetzt werden. Die anderen Punkte lassen sich auch sehr gut gemeinsam im Projekt einführen.

Von diesem Projekt sind viele Varianten denkbar, die auch mit geringeren Vorkenntnissen für untere Jahrgangsstufen interessant sind. Diese werden wir in Abschnitt 13.4 vorstellen.

## 13.3 Projektablauf

Als nächstes wollen wir einen möglichen konkreten Ablauf mit den einzelnen Teilschritten und Teilaufgaben beschreiben. Als Beispiele dienen uns dabei die realen Ergebnisse von den Schülerprojekttagen.

Beginnen kann man das Projekt, indem man den Schülern Karton- oder Plastikmünzen zur Verfügung stellt, die diese mittels Beilagscheiben so verändern sollten, dass sich beim Werfen unter möglichst gleichen Bedingungen keine Laplace-Münzen ergeben. Mögliche Beispiele für solche konstruierten Münzen sind in Abb. 13.1 zu sehen. Auf diese werden wir im weiteren Verlauf zurück kommen. Von den Schülern erhielten sie die Namen „Krone", „Mickey Mouse" und „Spiegelei".

Anschließend stellt sich natürlich die Frage, ob die gebastelten Münzen Laplace-Münzen sind oder nicht. Dazu beginnen die Schüler vermutlich von selbst, die Münzen zu werfen und das Ergebnis „Kopf" zu zählen. In diesen spielerischen Experimenten ergeben sich von selbst einige Parameter der Versuchsanordnung, z.B.

▶ Wurftechnik: Flippen, Spinnen wie in Abb. 13.2 oder auch andere.
▶ genaue Rahmenbedingungen: wie hoch flippt man die Münze? Fängt man sie wieder auf oder lässt man sie auf den Boden fallen? Wird sie umgekehrt auf der anderen Handfläche abgelegt? Auf welcher Unterlage wird die Münze „gespinnt"? Wird sie aufgesetzt oder geworfen?
▶ Anzahl der Würfe

► Einer oder mehrere Werfer?

**Abb. 13.1** Beispiele der durch die Schüler im ersten Projektschritt erstellten Münzen: Krone, Mickey Mouse und Spiegelei.

Wichtig ist hier nun der Übergang von einem spielerischen Experimentieren zu einer strukturierten Versuchsanordnung. Mögliche Festlegungen sind z.B.

► Feste Wurftechnik für eine Versuchsreihe, für verschiedene Wurftechniken gibt es unterschiedliche Versuchsreihen
► Beim Flippen Auffangen in der Hand (ohne Ablage auf der anderen Handfläche) und Festlegung einer Mindestwurfhöhe (20 cm)
► Beim Spinnen Auflage auf einem Tisch und die Münze muss mindestens 10 Umdrehungen machen, bevor sie fällt
► Jeder der Projektbeteiligten wirft jede Münze 30mal, die Ergebnisse werden zusammen gezählt, um sie vom Faktor des Werfers unabhängiger zu machen.

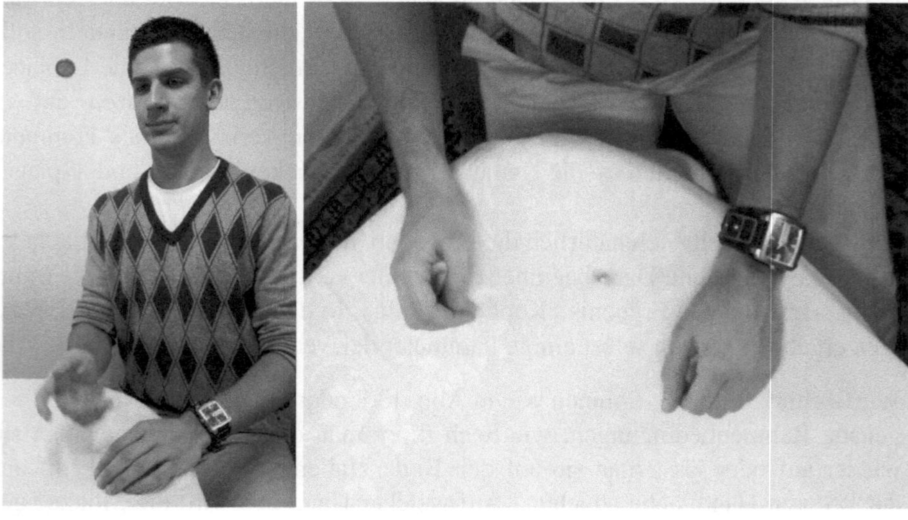

**Abb. 13.2** Durchführung der konkreten Wurfexperimente durch einen Schüler (hier mit Euro-Münzen), links Flippen, rechts Spinnen.

Bei den konkreten experimentellen Durchführungen sollten sich die Schüler in Zweier-Teams aufteilen. Ein Schüler macht die Münzwürfe, ein Schüler protokolliert die Ergebnisse zur späteren Auswertung. Für diese Experimente sollte natürlich genügend Zeit eingeplant werden, gegebenenfalls kann die Versuchsanzahl je Schüler etwas reduziert werden, um Zeit zu sparen.

Am Ende sollten die Ergebnisse wie in Tabelle 13.3 erfasst und dargestellt werden. Bei diesen Resultaten wurden die Münzen geflippt.

**Tabelle 13.3** Ergebnisse der Wurfexperimente zu den selbst erstellten Münzen mit Flipp-Technik im Beispielprojekt.

|  |  | Daniel | Udo | Bene | Rebekka | Lisa | Patricia | Gesamt |
|---|---|---|---|---|---|---|---|---|
| Münze 1: Krone | Kopf | 13 | 19 | 15 | 16 | 16 | 21 | 100 |
|  | Zahl | 17 | 11 | 15 | 14 | 14 | 9 | 80 |
|  | Gesamt | 30 | 30 | 30 | 30 | 30 | 30 | 180 |
| Münze 2: Mickey Mouse | Kopf | 14 | 11 | 14 | 20 | 14 | 13 | 86 |
|  | Zahl | 16 | 19 | 16 | 10 | 16 | 17 | 94 |
|  | Gesamt | 30 | 30 | 30 | 30 | 30 | 30 | 180 |
| Münze 3: Spiegelei | Kopf | 18 | 19 | 19 | 18 | 18 | 23 | 115 |
|  | Zahl | 12 | 11 | 11 | 12 | 12 | 7 | 65 |
|  | Gesamt | 30 | 30 | 30 | 30 | 30 | 30 | 180 |

Die nächste Frage ist natürlich die nach der Interpretation der Ergebnisse. Kann man auf dieser Basis nun sagen, welche Münzen Laplace-Münzen sind und welche nicht? In der daraus folgenden Diskussion, werden üblicherweise aus dem Bauch heraus Kriterien genannt, ab welcher Abweichung von der idealen 50%:50%-Verteilung man nicht mehr von einer Laplace-Münzen sprechen kann. Hier ist es wichtig, die Schüler zunächst kreativ sein zu lassen, dann aber auf den folgenden Gedankengang zu führen:

▶ Um herauszufinden, ob die beobachteten Ergebnisse einen dazu bringen eine bestimmte Münze als „Laplace" zu kategorisieren, ist es wichtig zu ermitteln, wie sich eine echte Laplace-Münze verhält.

▶ Dazu könnte man eine Laplace-Münze, von der man diese Eigenschaft sicher weiß, nehmen und mit ihr die Experimente durchführen.

▶ Jedoch hat man das Problem, dass man erst einmal von keiner Münze sicher weiß, ob sie eine Laplace-Münze ist. Man versucht ja gerade zu ermitteln, ob man Laplace-Münzen vorliegen hat.

▶ Um aus diesem Dilemma zu kommen, sollte man sich überlegen, wie sich eine ideale Laplace-Münze theoretisch verhält.

Dies führt dazu, dass man sich mit wahrscheinlichkeitstheoretischen Überlegungen beschäftigen muss, die sich auf die Urnenmodelle des Ziehens mit Zurücklegen und die Binomialverteilung stützen. Falls diese nicht bekannt sind, sollten sie hier erklärt werden (siehe Kapitel 2), was jedoch recht viel Zeit in Anspruch nehmen kann.

Zentraler Kern für das Projekt, abgeleitet aus der Binomialverteilung, ist die Überlegung, dass eine Laplace-Münze bei $n$ Würfen mit der Wahrscheinlichkeit $B_{n,0.5}(\{m\}) = \binom{n}{m} 0.5^n$ $m$-mal „Kopf" wirft.

Diese Wahrscheinlichkeiten kann man für verschiedene $m$ in einem Diagramm auftragen. Eigentlich handelt es sich dabei um ein Punktdiagramm, um es jedoch anschaulich zu gestalten, kann man wie in Abb. 13.5 die Punkte zu einer stetigen Funktion ergänzen.

---

**Programmbeispiel 13.4** Zur Erstellung des Diagramms erzeugen wir uns zuerst die beiden Vektoren für die x- und die y-Achse. Die x-Werte bestehen aus einer einfachen Zahlenfolge, die man mit der Funktion `seq()` erzeugt. Die beiden Argumente sind dabei Start- und Endwert der Folge, vgl. Programmbeispiel 2.9. Für die y-Werte verwendet man die Funktion `dbinom()` zur Bestimmung der Trefferwahrscheinlichkeit $B_{n,0.5}(\{m\})$. Um die Punkte miteinander zu verbinden, benutzt man die `plot`-Funktion und das Argument `type` mit der Einstellung `l` (l steht für *line*).

```
x <- seq(50, 130)
y <- dbinom(x, size = 180, prob = 0.5)
plot(x, y, type = "l", xlab = "Anzahl Treffer",
   ylab = "Wahrscheinlichkeit")
```

Das Diagramm ist im linken Teil von Abb. 13.5 zu sehen.

---

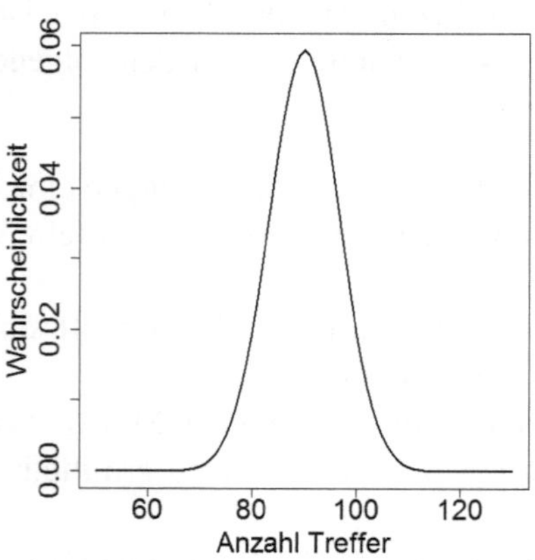
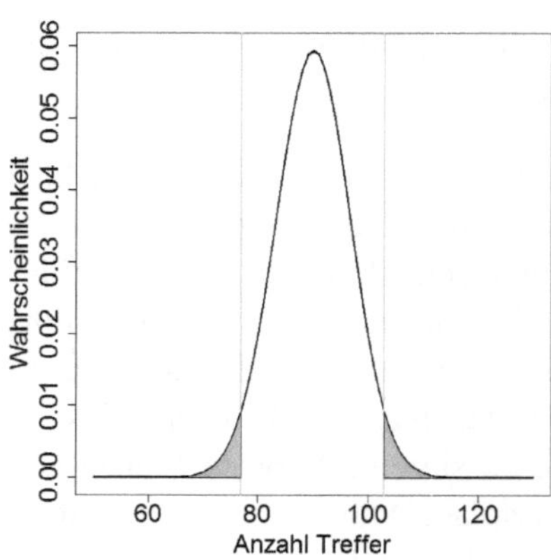

**Abb. 13.5** Links: Darstellung der Binomialverteilung bei Laplace-Annahme mit $n = 180$, wobei die Wahrscheinlichkeiten für die Trefferzahlen miteinander verbunden wurden. Rechts: Die zusätzlich grau schraffierten Bereiche sind die kritischen Bereiche für eine zweiseitige Nullhypothese auf dem 5%-Signifikanzniveau. Der untere Grenzwert ist 77, der obere 103.

Ziel ist es als nächstes einen Bereich zu definieren, in dem eine Laplace-Münze sehr wahrscheinlich ihre Ergebnisse liefern wird. Um diesen Toleranzbereich für die

Schüler intuitiv zu bestimmen, beginnt man die Einzelwahrscheinlichkeiten vom Fall $m = 90$ ausgehend in beide Richtungen aufzusummieren, bis die Gesamtwahrscheinlichkeit 95% überschritten ist. Diese 95% bilden eine Art Industriestandard, der üblicherweise als „sehr wahrscheinlich" angesehen wird. So erhält man die Grenzwerte des Toleranzbereichs 77 und 103. Den Bereich ausserhalb dieser Werte bezeichnet man als kritischen Bereich. Ist die erhaltene Zahl an Kopfwürfen ausserhalb dieser Grenzen, entscheidet man sich dagegen, dass es sich um eine Laplace-Münze handelt. Hierbei handelt es sich um nichts weiter als die Quantile der Binomialverteilung, siehe Bemerkung 2.17. Falls Quantile den Schülern ein Begriff sind, kann auch hierüber argumentiert werden bzw. mit den in Kapitel 2 vorgestellten Methoden über die verschiedenen Konfidenzintervalle, insbesondere Satz 2.16.

Die konkreten Berechnungen kann man dabei von den Schülern durch Tafelwerke, den Taschenrechner oder Programme wie EXCEL oder R durchführen lassen. Wir zeigen im folgenden Programmbeispiel, wie dies mit einfachen Schritten in R gelöst werden.

**Programmbeispiel 13.6** Um die Berechnungen so allgemein wie möglich zu halten, schreiben wir eine eigene Funktion mit Namen `krit.werte.binomial()`, die uns die kritischen Werte, gegeben eine Versuchslänge $n$, eine Trefferwahrscheinlichkeit $p$ und ein Fehlerniveau $\alpha$ ausgibt. Siehe Abschnitt 18.3.4 für Details zur Erstellung eigener Funktionen in R. Wir geben folgenden Befehl ins Skriptfenster ein:

```
krit.werte.binomial <- function(n, p, alpha) {
   grenze.u <- qbinom(alpha/2, n, p)
   grenze.o <- qbinom(1 - alpha/2, n, p)
   c(grenze.u, grenze.o)
}
```

Die Argumente der Funktion sind die drei Parameter $n$, $p$ und $\alpha$. Mit der Funktion `qbinom()` wird die Berechnung der kritischen Werte sehr einfach, da diese die Quantile der Binomialverteilung berechnen kann, die genau die gesuchten kritischen Werte darstellen. Um für unser Beispiel mit $n = 180$, $p = 0.5$ und $\alpha = 0.05$ die kritischen Werte zu berechnen, führen wir folgenden Befehl im Skriptfenster aus:

```
krit.werte.binomial(180, 0.5, 0.05)
```

In der Ausgabe erscheinen die beiden oben erwähnten kritischen Werte 77 und 103. Um die Ergebnisse grafisch darzustellen, wollen wir das Diagramm aus Programmbeispiel 13.4 um die kritischen Werte in Form von zusätzlichen vertikalen Linien ergänzen. Dazu erweitern wir den R-Code aus dem obigen Beispiel und fügen nach der `plot`-Funktion noch folgende Befehle aus:

```
abline(v = 77, col = "grey")
abline(v = 103, col = "grey")
```

Mit der Funktion `abline()` (vgl. Programmbeispiel 1.12) werden zusätzlich vertikale Linien in grauer Farbe auf Höhe der beiden kritischen Werte 77 und 103 eingefügt.

Um die Bereiche unterhalb der Kurve links und rechts der kritischen Werte grau zu färben, dient uns die Funktion `polygon()`. Diese zeichnet einen Polygonzug in ein Diagramm und färbt den dadurch entstandenen Bereich in einer gewünschten Farbe. Die ersten beiden Argumente sind die Vektoren, in denen sich die Koordinaten der Eckpunkte des Polygonzugs für die x- und die y-Achse befinden:

```
polygon(c(seq(50, 77), 77),
   c(dbinom(seq(50, 77), size = 180, prob = 0.5), 0),
   col = "grey")
polygon(c(103, seq(103, 130)),
   c(0, dbinom(seq(103, 130),
   size = 180, prob = 0.5)), col = "grey")
```

Die x-Koordinate ist also 50, die y-Koordinate ist der Wert $B_{180,0.5}(\{50\})$, also die Wahrscheinlichkeit bei 180 Versuchen 50 Mal Kopf zu werfen. Da diese Wahrscheinlichkeit sehr klein ist (etwa $6.7 \cdot 10^{-10}$) startet der Polygonzug also ungefähr auf der x-Achse im Punkt 50. Danach „wandert" der Zug entlang der Kurve bis zum Punkt 77 auf der x-Achse. Der letzte Punkt hat die Koordinaten $(77, 0)$, d.h. das Gebilde wird mit diesem letzten Element durch eine Verbindung zum Ausgangspunkt „abgeschlossen". Zusammen mit der x-Achse ist eine geschlossene Fläche entstanden, die mit dem Argument `col` grau eingefärbt wird. Analog werden die Befehle für den oberen kritischen Bereich verwendet. Das fertige Diagramm ist dann in Abb. 13.5 rechts zu sehen.

Wichtig ist anschließend, mit den Schülern zu besprechen, dass in solchen Entscheidungen zwangsläufig Fehler enthalten sind, siehe auch Abschnitt 2.7.1. Dies wird am besten anhand der klassischen Darstellung von Fehler 1. und 2. Art über Tabelle 13.7 klar.

**Tabelle 13.7** Mögliche Szenarien bei einer Testentscheidung

|                  | Entscheidung für $H_0$ | Entscheidung gegen $H_0$ |
|------------------|------------------------|--------------------------|
| $H_0$ wahr       | korrekt                | Fehler 1. Art            |
| $H_0$ nicht wahr | Fehler 2. Art          | korrekt                  |

$H_0$ ist hierbei die Nullhypothese, dass es sich um eine Laplace-Münze handelt, die Gegenhypothese $H_1$, dass es sich nicht um eine Laplace-Münze handelt.

Der Fehler 1. Art lautet bekanntermaßen: Wir lehnen eine richtige Hypothese $H_0$ ab und entscheiden uns fälschlicherweise für $H_1$. In unserem Fall haben wir eine Laplace-Münze mit Kopfwürfen im kritischen Bereich und diese damit als Nicht-Laplace-Münze eingestuft. Aufgrund des Testaufbaus hat dieser Fehler eine Wahrscheinlichkeit von maximal 5%. Der Fehler zweiter Art ist hingegen: Wir erkennen die Hypothese $H_0$ fälschlicherweise als richtig an. Wir haben eine Nicht-Laplace-Münze, die in unserem Toleranzbereich Kopfwürfe erzielt hat, als Laplace-Münze eingestuft.

Die Wahrscheinlichkeit für den Fehler 2. Art ist üblicherweise nicht allgemein zu bestimmen. Falls das entsprechende Wissen bei den Schülern vorhanden ist, kann man für spezielle Gegenhypothesen (z.B. $p = 0.6, 0.7, 0.8$ und $0.9$) an dieser Stelle die Wahrscheinlichkeit des Fehlers 2. Art

$$P_p(77 \leq X \leq 103) = P_p(X \leq 103) - P_p(X \leq 76)$$

auf zwei Arten ausrechnen:

(i) Unter Verwendung der exakten Wahrscheinlichkeiten der Binomialverteilung.
(ii) Unter Verwendung des Satzes von Moivre-Laplace (Satz 2.18), laut dem die Binomialverteilung für große $n$ durch die Normalverteilung approximiert werden kann.

Es bleibt dabei aber festzuhalten, dass die Wahrscheinlichkeit des Fehlers 2. Art über eine Vergrößerung der Versuchsanzahl gesenkt werden kann. Als Ergebnis zu den in Tabelle 13.3 dargestellten Ergebnissen mit Flipptechnik lässt sich konstatieren, dass wir uns bei der Spiegelei-Münze gegen die Laplace-Annahme entscheiden würden, die anderen beiden würden wir als Laplace-Münzen akzeptieren.

Als nächstes sollte eine zweite Versuchsreihe gestartet werden, um den Einfluss der Wurftechniken auf die Laplace-Eigenschaft zu prüfen. Bei den Ergebnissen in Tabelle 13.8 wurde die jeweilige Münze gespinnt.

**Tabelle 13.8** Ergebnisse der Wurfexperimente zu den selbst erstellten Münzen mit Spinntechnik im Beispielprojekt.

| | | Daniel | Udo | Bene | Rebekka | Lisa | Patricia | Gesamt |
|---|---|---|---|---|---|---|---|---|
| | Kopf | 15 | 13 | 16 | 13 | 22 | 15 | 94 |
| Münze 1: Krone | Zahl | 15 | 17 | 14 | 17 | 8 | 15 | 86 |
| | Gesamt | 30 | 30 | 30 | 30 | 30 | 30 | 180 |
| | Kopf | 18 | 16 | 22 | 17 | 14 | 13 | 110 |
| Münze 2: Mickey Mouse | Zahl | 12 | 14 | 8 | 13 | 16 | 17 | 70 |
| | Gesamt | 30 | 30 | 30 | 30 | 30 | 30 | 180 |
| | Kopf | 11 | 9 | 12 | 10 | 9 | 12 | 63 |
| Münze 3: Spiegelei | Zahl | 19 | 21 | 18 | 20 | 21 | 18 | 117 |
| | Gesamt | 30 | 30 | 30 | 30 | 30 | 30 | 180 |

Als Resultat dieser weiteren Experimente ist festzuhalten, dass man nun auch bei der Mickey Mouse-Münze von der Laplace-Annahme Abstand nimmt. Die Wurftechnik hat auf diese Münze also einen Einfluss. Grundsätzlich hat man damit die Ausgangsfrage des Projektes „Kann man Münzen fälschen?" mit ja beantwortet. Jedoch handelt es sich bei den untersuchten Objekten um selbst erstellte Münzen.

Mit der entwickelten Testmethode ist man aber natürlich auch in der Lage offiziell geprägte Münzen auf ihre Laplace-Eigenschaft zu testen und die Frage zu klären, ob es hier Nicht-Laplace-Münzen gibt. In [1] wird beispielsweise beschrieben, dass die belgische 1-Euro-Münze unter dem Verdacht steht, keine Laplace-Münze zu sein. Es bietet sich an, verschiedene 1-Euro-Münzen mit unterschiedlichen Länderrückseiten zu überprüfen. Auch hier sollte man wieder das „Flippen" gegen das „Spinnen" testen. Die Ergebnisse für Euromünzen aus sechs verschiedenen Ländern finden sich in Tabelle 13.9.

**Tabelle 13.9** Ergebnisse der Wurfexperimente mit sechs verschiedenen 1-Euromünzen.

|         |        | Belgien | Deutschland | Frankreich | Italien | Österreich | Spanien |
|---------|--------|---------|-------------|------------|---------|------------|---------|
| Flippen | Kopf   | 93      | 77          | 92         | 80      | 81         | 97      |
|         | Zahl   | 87      | 103         | 88         | 100     | 99         | 83      |
|         | Gesamt | 180     | 180         | 180        | 180     | 180        | 180     |
| Spinnen | Kopf   | 94      | 77          | 111        | 90      | 75         | 80      |
|         | Zahl   | 86      | 103         | 69         | 90      | 105        | 100     |
|         | Gesamt | 180     | 180         | 180        | 180     | 180        | 180     |

Die Ergebnisse beim Flippen liegen im oben definierten Toleranzbereich, so dass man keiner Münze die Laplace-Eigenschaft absprechen kann. Beim Spinnen jedoch sind der österreichische und der französische Euro auffällig, so dass man bei diesen die Laplace-Eigenschaft verwirft. Der belgische Euro hingegen bleibt unauffällig. Insgesamt scheint also die Wurftechnik ein entscheidender Faktor zu sein, ob echte Münzen gefälscht sein können.

**Tabelle 13.10** Möglicher Ablaufplan für das Münzprojekt.

| Nr. | Schritt | Zeit |
|-----|---------|------|
| 1  | Erklärung Aufgabenstellung des Projektes und organisatorischer Ablauf | 20 min. |
| 2  | Basteln eigener Münzen | 45 min. |
| 3  | Festlegung Parameter für Versuchsreihen | 30 min. |
| 4  | Durchführung Experimente mit eigenen Münzen | 60 min. |
| 5  | Herleitung Toleranzbereich (bei bekannter Binomialverteilung) | 60 min. |
| 6  | Interpretation der Ergebnisse | 20 min. |
| 7  | Erklärung weitere Aufgabe mit Euromünzen | 15 min. |
| 8  | Durchführung Experimente mit Euromünzen | 60 min. |
| 9  | Interpretation der Ergebnisse | 20 min. |
| 10 | Zusammenfassung der gesamten Projektergebnisse | 20 min. |
| Gesamt | | 350 min. |

An dieser Stelle ist allerdings noch ein Hinweis erforderlich, um auf einen Angriffspunkte der verwendeten Methode hinzuweisen: Eigentlich hat man nur nachgewiesen, dass die konkret vorliegende 1-Euro-Münze die Laplace-Eigenschaft hat oder nicht. Eine generelle Aussage über den „deutschen Euro" ist das noch nicht. Um zu einer solchen zu kommen, sollte man mehrere 1-Euro-Münzen aus demselben Land in die Versuche einbeziehen. Beispielsweise könnte man sechs Euro-Münzen aus jedem Land nehmen und von jedem Werfer mit jeder Münze 5 Würfe durchführen lassen. Damit hätte man insgesamt wieder 180 Würfe und sowohl den Faktor Werfer als auch den Faktor konkrete Münze berücksichtigt.

Zum Abschluss möchten wir in Tabelle 13.10 noch einen kurzen Überblick über die einzelnen Abläufe des Projektes sowie eine grobe Zeitschätzung geben. Diese soll nur als Richtschnur dienen, der genaue Ablauf für eine konkrete Klasse kann nur durch die entsprechende Lehrkraft bestimmt werden.

## 13.4 Varianten

Von dem in Abschnitt 13.3 beschriebenen Projektablauf sind zahllose Varianten denkbar, insbesondere wenn die verfügbare Zeit nicht ausreicht oder auch mehr Zeit zur Verfügung steht.

Zentraler Kern des Ablaufs sind die Herleitung des Tests einer Laplace-Münze und die konkrete Durchführung von Wurfexperimenten. Mögliche Änderungen sind aus unserer Sicht:

▶ Das Weglassen der Experimente zu den Euromünzen oder das Selbstherstellen von Münzen und die dazugehörigen Tests.

▶ Änderungen der Wurfanzahl und der Anzahl getester Münzen, um sich einem gegebenen Zeitrahmen anzupassen.

▶ Untersuchung, wie viele Münzwürfe sinnvoll sind nach den in Abschnitt 2.6 vorgestellten Methoden.

▶ Untersuchungen durchführen, ob zwei Schüler durch ihre Würfe das Ergebnis beeinflussen können, d.h. überprüfen, ob Wurfexperimente mit ein- und derselben Münze, die von zwei Schülern durchgeführt werden, einmal die Münze als Laplace und einmal als Nicht-Laplace ausweisen.

▶ Den Schülern die Aufgabe stellen, wie man analog ein Verfahren entwickeln kann, um zu überprüfen, ob Würfel gezinkt sind, d.h. keine Laplace-Würfel darstellen. Zusätzlich kann man Überlegungen anstellen, wie man die Würfel physisch verändern kann, um Nicht-Laplace-Wahrscheinlichkeiten zu erhalten.

▶ Schreiben einer Funktion in R, `fehler2.binomialtest()`, die den Fehler 2. Art für den zweiseitigen Binomialtest unter Verwendung der exakten Wahrscheinlichkeiten berechnet. Die Argumente der Funktion sollten dabei der Stichprobenumfang $n$, die echte Wahrscheinlichkeit $p$ und das Fehlerniveau $\alpha$ sein.

▶ Bestimmung einer geeigneten Wurfzahl analog der in Abschnitt 2.6 vorgestellten Methode.

Für Schüler aus der Mittelstufe muss man zwangsläufig den theoretischen Teil und die Herleitung des Toleranzbereichs entschärfen. Hier kann man je nach Wissensstand die konkrete Berechnung weglassen und rein über die Abb. 13.5 argumentieren. Die Ergebnisse der Bestimmung der Toleranzgrenzen sollte man dann einfach nennen.

Für Schüler der Unterstufe verzichtet man ganz auf den kritischen Bereich und sollte stattdessen verstärkt mit Methoden der Visualisierung arbeiten. Beispielsweise kann man Säulendiagramme anfertigen, in denen die Trefferzahlen für verschiedene Münztypen nebeneinandergestellt werden.

Das Thema hat auch viele Anknüpfungspunkte für fächerübergreifende Koope-
rationen. Als mögliche Beispiele seien genannt:

▶ Erklärung der physikalischen Hintergründe von Nicht-Laplace-Münzen (z.B.
  durch veränderten Schwerpunkt oder die Hinweise aus [1]) in Kooperation mit
  dem Fach Physik
▶ Studium des englischen Textes [1], Kapitel 4 und 5, zum belgischen Euro in
  Kooperation mit dem Fach Englisch
▶ Darstellung der Geschichte der Münzerei und der Entwicklung von Währungen
  mit dem Fach Geschichte und / oder Wirtschaft
▶ Die Darstellung der europäischen Integration am Beispiel des Euro und der Euromünzen, ebenfalls mit dem Fach Geschichte und / oder Wirtschaft.

All diese Punkte sind am besten in Zusammenarbeit mit den entsprechenden Kollegen aus den anderen Fächern zu entwickeln. Eine ausführliche Darstellung der
Einzelheiten würde den Rahmen dieser Abhandlung sprengen. Uns ist es hier wichtig Ideen zu geben, die dann in der Praxis weiterentwickelt und umgesetzt werden
können.

## 13.5  Materialien

Zum Abschluss wollen wir noch eine Zusammenfassung der benötigen Materialien
geben, die vor der Durchführung des Projektes organisiert werden sollten.

▶ Materialen zum Selbstbasteln von Münzen, darunter

  – Karton- oder Plastikmünzen
  – Beilagscheiben
  – Klebstoff

▶ Dokumentationsmaterial (Papier, Stifte)
▶ Euromünzen aus verschiedenen Ländern, am besten mehrere Münzen aus jedem
  Land.

Folgende Materialien können den Ablauf sehr unterstützen, sind aber nicht unbedingt notwendig:

▶ Zählautomaten
▶ Tafelwerke zur Binomialverteilung
▶ Rechner mit EXCEL- oder R-Installation.

## Literatur

1. Gelmen, A. und Nolan, D. (2002) You can load a dice, but you can't bias a coin. The American
   Statistician Vol. 56, pp. 308 - 311.

2. Ross, S.M. (2000) Introduction to probability models, 7. Auflage. Harcourt.
3. Woodroofe, M. (1975) Probability with applications. McGraw-Hill.

# Kapitel 14
# David oder Goliath – Welche Ameisen sind bessere Erntehelfer?

Das nächste Projekt, das wir präsentieren wollen, wurde im Rahmen der Schülerprojekttage Mathematik 2005 an der Universität Würzburg durchgeführt. Wir bedanken uns bei Michael Fischer, Tobias Helbig, Andreas Hock, Stefanie Ott, Dagmar Scharnagel, Barbara Schlögl und Alexander Zschiesche für die engagierte Teilnahme an dem Projekt. Des Weiteren bedanken wir uns bei Daniel Hofmann und Diana Tichy vom Lehrstuhl für mathematische Statistik für die Betreuung der Schülergruppe sowie bei Christina Zube und Nicole Saverschek vom Lehrstuhl für Zoologie II für die interessante Projektidee und die Unterstützung bei den biologischen Experimenten.

## 14.1 Hintergründe und Themenstellung

**Blattschneiderameisen** sind die am weitesten verbreiteten Pflanzenfresser in Mittel- und Südamerika. Sie haben diesen Namen erhalten, da sie üblicherweise Blätter sammeln, die sie mittels ihrer Mundwerkzeuge klein schneiden und auf bis zu 100m langen Erntestraßen zurück ins Nest tragen. Das Besondere an diesen Ameisen ist, dass sie die gesammelten Blätter nicht direkt als Nahrung benutzen, sondern sie zerkauen und als Substrat verwenden, um darauf einen speziellen Pilz zu züchten. Dieser Pilz aus der Gattung der Egerlingsschirmlinge stellt dann eine Nahrungsquelle dar. Dabei leben die Larven ausschließlich von den sogenannten Hyphen, d.h. Fäden mit denen sich der Pilz im umgebenden Material verankert und die reich an Aminosäuren und Kohlenhydraten sind. Die ausgewachsenen Tiere decken dagegen nur einen geringen Teil ihres Energiebedarfs mit den gezüchteten Pilzen. Bei diesem Phänomen handelt es sich um eine Symbiose zwischen Ameisen und Pilz. Der Vorteil der Ameisen in dieser Symbiose ist wie oben beschrieben die Nutzung des Pilzes als Nahrung. Aber auch der Pilz hat viele Vorteile von der gemeinsamen Existenz. So versorgen die Ameisen den Pilz mit Nährstoffen, gewährleisten optimale Wachstumsbedingungen in den riesigen unterirdischen Gärten und helfen bei der Verbreitung des Pilzes.

Der Pilzanbau ist dabei so organisiert, dass jeder einzelne Schritt von einer unterschiedlichen Kaste ausgeführt wird. Den größten Teil der Erntearbeit leisten die sogenannten **Media-Arbeiterinnen**. Vom bestehenden Straßennetz ausgehend durchsuchen Kundschafter (sogenannte Scouts) das Gelände nach neuen Futterquellen. Ist eine Quelle von Blättern entdeckt worden, rekrutieren sie weitere Media-Arbeiterinnen aus dem Nest, und diese legen eine Duftspur, um weitere Kastenmitglieder über den Fund zu informieren. Dadurch bildet sich schnell eine Ameisenstraße, auf der die Blätter ins Nest transportiert werden. Zum Schneiden der Blätter halten sich die Tiere mit ihren Hinterbeinen am Blattrand fest und schneiden mit ihren kräftigen Mundwerkzeugen Stücke aus den Blättern. Der Bedarf einer Kolonie ist dabei vergleichbar dem einer ausgewachsenen Kuh, siehe [3]. Dieser enorme „Hunger" führt auch dazu, dass einige Blattschneiderarten zu den schlimmsten Ernteschädlingen in Süd- und Mittelamerika gehören. Daher ist die Untersuchung des Ernteverhaltens der Blattschneiderameisen auch von großem wirtschaftlichem Interesse und ein sehr aktives Forschungsbiet der Biologie.

Abb. 14.1 zeigt die Ameisen beim Transport der Blattstücke in Aktion.

**Abb. 14.1** Blattschneiderameisen, die Blattstücke in ihr Nest transportieren.

Die Organisation des Ameisenstaates und die soziale Interaktion der Tiere sind dabei von besonderem Interesse, da diese immer noch nicht vollständig erforscht sind. Wir wollen durch das Projekt ein Element des Organisationsverhalten näher beleuchten. So hängt Versorgung des Ameisennestes mit Nahrung stark davon ab, wie effektiv die blattsammelnden Media-Arbeiterinnen sind. Konkret wollen wir untersuchen, ob schwerere Ameisen auch die effizienteren Ernter sind. Aufgrund ihres Körperbaus können sie zwar größere Blattsegmente tragen, sind aber dadurch langsamer als kleinere Ameisen, die kleinere Blattsegmente tragen, dafür aber häufiger unterwegs sein können. Es ist also im Rahmen des Projektes die Frage zu klären, ob schwere oder leichte Ameisen die besseren Erntehelfer sind.

## 14.2 Erwartungshorizont und Vorkenntnisse

Wir wollen nun etwas genauer beleuchten, was wir von den Schülern im Rahmen des Projektes an Ergebnissen erwarten. Zunächst einmal ist die Aufgabe, die bewußt etwas vage gestellte Ausgangsfrage zu präzisieren. Dazu gehört als erstes eine Kennzahl zu entwickeln, die die Ernteleistung einer einzelnen Ameise misst. Als weiterer Punkt ist eine Definition anzugeben, wann eine Ameise eigentlich als schwer betrachtet wird. Kern ist dann die Erstellung eines Datensatzes mit Messungen an realen Ameisen und von diesen transportierten Blättern. Wenn sich die Erhebung des Datensatzes zu aufwändig ist, kann dieser auch einfach vorgegeben werden. Dieser Datensatz soll dann mit geeigneten statistischen Verfahren ausgewertet werden, um wissenschaftlich fundiert die zentrale Frage des Projektes beantworten zu können. Als Gesamtergebnis ergibt sich dann im Normalfall, dass die schwereren Ameisen die effizienteren Erntehelfer sind.

Wir wollen noch kurz darauf eingehen, welche Vorkenntnisse die Schüler zur Bearbeitung des Projektes mitbringen sollten. In seiner vollen Form, die wir zunächst beschreiben werden, ist das Projekt für Schüler der Oberstufe geeignet, die bereits grundlegende Kenntnisse zur Stochastik haben. Die folgenden mathematischen Elemente werden im Laufe des Projektes von Bedeutung sein:

▶ Lokationsmaße wie Mittelwert und Median
▶ Streuungsmaße wie Standardabweichung und Standardfehler
▶ grafische Hilfsmittel wie Boxplots
▶ Normalverteilung
▶ Konfidenzintervalle
▶ genereller Aufbau von statistischen Tests, insbesondere Fehler 1. und 2. Art
▶ $t$-Test

Im Prinzip können alle Elemente auch im Laufe des Projektes mit den Schülern entwickelt werden, jedoch bedeutet das einen höheren Zeitaufwand und längere Exkurse von der eigentlichen Aufgabenstellung. Daher sollten aus unserer Sicht Lokations- und Streuungsmaß e mindestens als bekannt voraus gesetzt werden. Nützlich können auch biologische Vorkenntnisse über Ameisen und die Funktionsweisen von Ameisenstaaten sein. Dieses Wissen ist aber keine essentielle Voraussetzung und kann auch im Laufe des Projektes erarbeitet werden.

## 14.3 Projektablauf

In diesem Abschnitt wollen wir einen möglichen konkreten Ablauf mit den einzelnen Teilschritten und Teilaufgaben beschreiben. Dabei orientieren wir uns natürlich an dem originalen Projekt aus dem Jahr 2005.

Beginnen kann man, indem man sich zunächst mit den Blattschneiderameisen vertraut macht. Dies sollte in Kooperation mit dem Biologieunterricht erfolgen, indem ein Biologielehrer die Spezies präsentiert, ein Schüler ein im vorhinein vorbereitetes Referat hält oder man sich gemeinsam durch eine Literatur- oder Internetrecherche in das Thema einarbeitet. Geeignete Referenzen finden sich dazu im Literaturverzeichnis am Ende dieses Kapitels. Zu beachten ist, dass diese größtenteils in englischer Sprache verfasst sind, so dass sich gegebenenfalls auch eine Kooperation mit dem Englisch-Unterricht anbietet.

Ist dieser Schritt erledigt, sollte man sich zusammen mit den Schülern in einem Brainstorming überlegen, was nun genau zur Beantwortung der Projektfragestellung erforderlich ist. Dabei sollten folgende Gedanken zentral sein:

 (i)  Wie misst man die Leistungsfähigkeit einer Ameise?
(ii)  Wann spricht man von einer schweren Ameise?

Zunächst sollte man sich mit dem Punkt (i) beschäftigen. Eine sinnvolle Lösung für die Leistungskennziffer stellt das im Folgenden beschriebene Vorgehen dar. Man beobachtet über einen gewissen Zeitraum eine Ameise, die ein Blatt transportiert, und misst anschließend die folgenden Daten:

▶ $m_B$ die Masse des transportierten Blattes
▶ $s$ die Wegstrecke, die die Ameise beim Transport zurückgelegt hat
▶ $t$ die für den Transport benötigte Zeit

Diese Elemente kann man in folgender Kenngröße zusammen fassen, die wir **Effizienz** einer Ameise nennen:

$$E = \frac{m_B s}{t}$$

In der Effizienz ist somit berücksichtigt, wie schwer die von der Ameise transportierten Blätter sind und wie schnell diese beim Transport ist. Die Einheiten können hierbei vernachlässigt werden, da nur Vergleichswerte benötigt werden. Physikalisch interpretiert stellt die Größe $E$ nichts anderes als den Impuls des Blattes dar.

Anschließend kann man sich der Frage (ii) zuwenden: Wann ist eine Ameise schwer? Eine geeignete Kennziffer hierzu ist aus biologischer Sicht die Masse $m_A$ der Ameise. Diese sollte zusammen mit den drei obigen Größen in den realen Experimenten ermittelt werden. Danach ist aber noch eine Unterscheidung in leicht und schwer bezüglich der Masse zu treffen. Hier gibt es grundsätzlich zwei Vorgehensweisen:

1. Einteilung in „leicht" und „schwer" durch einen fest vorgegebenen Schwellwert bezüglich der Masse. Diesen Schwellwert müsste man durch weitere Recherche oder einen Fachexperten ermitteln lassen.
2. Einteilung der gemessenen Ameisen über den Median der Massen in „leichte" und „schwere" Ameisen.

Wir bevorzugen die zweite Variante, da sie aus den erhobenen Daten selbst kommt und nicht an Erkenntnissen außerhalb des Experiments hängt. Zudem besteht bei der ersten Variante die Gefahr, dass bei konkreten Experimenten die beiden Gruppen deutliche Unterschiede in den Anzahlen aufweisen können. Im Zweifelsfall kann man die Entscheidung, welche Variante man bevorzugt, auch von einer Untersuchung der empirischen Verteilung der Massen abhängig machen.

Wichtig ist, den Schülern bewusst zu machen, dass vor der konkreten Durchführung eines Experimentes die genaue Fragestellung und daraus folgend das Design des Experiments festgelegt werden muss. Hier zielen wir auf den Vergleich der Effizienz zweier Gruppen ab, was zu einem $t$-Test führen wird. Außerdem sollte klar gestellt werden, dass trotz genauer Planung dennoch die Ergebnisse durch viele Faktoren beeinflusst werden, die man gegebenenfalls nicht unter Kontrolle hat. Überlegungen, welche Faktoren die konkreten Messungen beeinflussen können, sollten als nächstes erfolgen. Hierzu gehören beispielsweise

- Ungenauigkeiten beim Wiegen und Messen
- Motivation der einzelnen Ameisen zum Blatttransport
- Verkehrsdichte der Ameisen auf dem Pfad (Rush-hour)

Man wird es also bei der Auswertung mit zufälligen Schwankungen zu tun haben, die den Einsatz statistischer Methoden erfordern. In diesem Zusammenhang wird man sich die Frage stellen, wie hoch die Zahl der zu beobachtenden Ameisen sein muss, um auf ein valides Ergebnis zu kommen. Hier empfehlen wir eine pragmatische Vorgehensweise, indem so viele Ameisen wie zeitlich möglich gemessen werden sollten, da entsprechende Bestimmungen mit Hilfe mathematischer Methoden sehr umfangreich sein können (siehe z.B. Kapitel 10).

Als nächstes stehen die konkreten Messungen an. Diese wurden im Rahmen der Schülerprojekttage in Kooperation mit Biologen durchgeführt, die die hierfür erforderliche Ausrüstung zur Verfügung stellen konnten. Sind die Materialien entweder nicht vorhanden oder das Messen zu aufwändig, kann dieser Schritt auch übersprungen werden und den Schülern direkt der unten beschriebene Datensatz `ameisen` zur Verfügung gestellt werden. Hinweise zu den benötigten Materialien finden sich in Abschnitt 14.5. Vorhanden war eine Ameisenkolonie, die über einen 2m langen Pfad Blattsegmente aus einer Quelle in ihr Nest trug, um damit den Pilz zu kultivieren, der als Nahrungsspender dient. Zu sehen ist der entsprechende Aufbau in den Abb. 14.2 bis 14.4.

**Abb. 14.2** Die Blattquelle, von der aus die Blattsegmente ins Nest transportiert werden müssen.

**Abb. 14.3** Der Ameisenpfad, der Nest und Blattquelle verbindet.

Die konkrete Messung wird so durchgeführt, dass ein Schüler eine feste Ameise beobachtet und die Zeit stoppt (auf Zehntelsekunden genau), die für 1 m Strecke benötigt wird. Zur Unterstützung gibt es entsprechende Markierungen auf dem Pfad. Danach wird die Ameise samt Blatt mit Hilfe von Pinzetten eingefangen. Die Ameise wird in ein kleines Gefäß gesteckt, siehe Abb. 14.4 rechts, um sie anschließend auf Zehntel mg genau wiegen zu können. Ebenso genau wird das transportierte Blattsegment gewogen. Danach kann die Ameise wieder auf den Pfad gesetzt werden. Hierbei gibt es natürlich eine geringe Wahrscheinlichkeit, dass diese Ameise noch einmal beobachtet und gemessen wird und damit die Unabhängigkeit der Daten einschränkt. Aufgrund der Vielzahl an Ameisen auf dem Pfad vernachlässigen wir jedoch diesen Effekt. Am besten teilen sich die Schüler in Zweier-Teams auf, bei denen sich die Teammitglieder gegenseitig unterstützen und so Messfehler reduzieren.

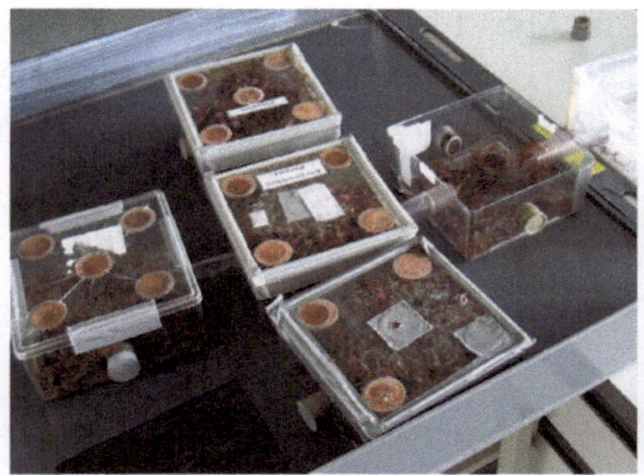 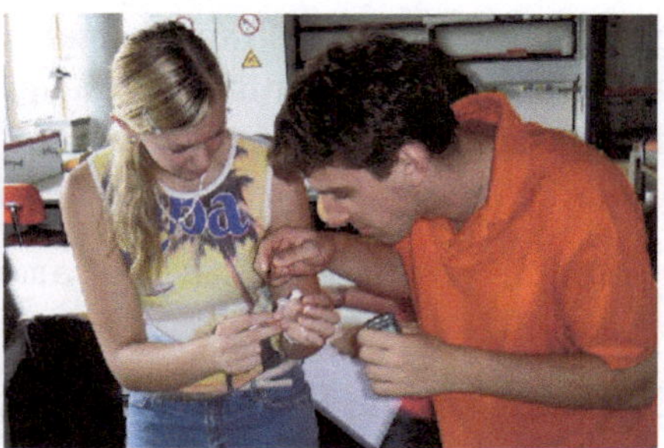

**Abb. 14.4** Links: Das Ameisennest, in dem die Ameisen den Pilz kultivieren. Rechts: Eine Blattschneiderameise wird für die folgende Gewichtsmessung eingesammelt.

Auf diese Weise konnten Messungen bei 148 Tieren der speziellen Gattung Atta colombica vorgenommen werden, die im Datensatz `ameisen` zu finden sind. Ein Ausschnitt der Daten ist in Abb. 14.6 zu sehen.

Bei der eigentlichen Erhebung werden den Schülern viele Dinge bewußt werden, denen man häufig beim Datensammeln begegnet. Zunächst einmal, dass Datenerhebung eine anstrengende und teilweise mühselige Arbeit sein kann. Dann dass häufig die Messungen am Anfang noch nicht klappen und die Ergebnisse der ersten Ameisen nicht brauchbar sind. Man benötigt normalerweise ein paar Versuche, um in eine Routine zu kommen und nach gleichen Bedingungen zu messen. Zudem sollte man sich nicht nur auf langsame und dadurch meist schwerere Ameisen konzentrieren, obwohl die Versuchung groß ist, da diese leichter zu beobachten sind. Auch braucht es eine gewisse Zeit, bis sich auf dem Pfad eine stabile Ameisenstraße gebildet hat und die Duftspur allen Ameisen bekannt ist. Man sollte daher nicht unbedingt die ersten Ameisen, die die Blattquelle entdeckt haben zur Messung nehmen, sondern etwas warten.

Mit dem Beginn der Datenauswertung, die idealerweise wieder gemeinsam im Team gemacht wird (Abb. 14.9), steht man vor zwei Aufgaben:

▶ Einteilung der Ameisen in schwer und leicht
▶ Anschließender Vergleich der beiden Gruppen bezüglich der Effizienz

**Programmbeispiel 14.5** Wir wollen nun zeigen, wie man die oben erläuterte Einteilung der Ameisen in leichte und schwere Tiere anhand des Medians der Massen der Ameisen in R vornimmt. Im gleichen Programmbeispiel wollen wir dann in einem weiteren Schritt auch die aus den Messungen abgeleitete Effizienz -Kennziffer bestimmen. Der Median der Ameisenmassen beträgt 6.0, was man mit Hilfe des R-Commanders leicht in Erfahrung bringen kann (vgl. Programmbeispiel 1.15). Mit dem Befehl `median()` setzen wir die Einteilung wie folgt um:

1. Bei aktiviertem Datensatz `ameisen` geht man im Menü auf **Datenmanagement** $\longrightarrow$ **Variablen bearbeiten** $\longrightarrow$ **Recodiere Variablen ...**

2. Es öffnet sich ein neues Dialogfeld wie in Abb. 14.7 oben. Wir aktivieren im linken oberen Feld die Variable `masse.ameise`, da diese Variable umkodiert werden soll und geben im Feld *Neuer Variablenname* den Namen `gruppe` für die neu zu erstellende Variable ein.
3. In das Feld *Eingabe der Rekodierungsanweisung* geben wir Folgendes ein:

```
median(ameisen$masse.ameise):hi = "schwer"
else                               = "leicht"
```

Damit werden alle Beobachtungen größer gleich dem Median in die Kategorie „schwer" und alle anderen Beobachtungen in die Kategorie „leicht" umkodiert (s. Programmbeispiel 2.1 für weitere Details). Anschließend geht man auf $\boxed{\text{OK}}$.

Nach der Gruppeneinteilung der Ameisen benötigen wir auch noch die Effizienz jeder Ameise, die wir nach obiger Formel mit dem R-Commander bestimmen wollen (vgl. hierzu Abschnitt 20.2.2):

1. Gehe im Menü auf **Datenmanagement** $\longrightarrow$ **Variablen bearbeiten** $\longrightarrow$ **Erzeuge neue Variable ...**
2. Im sich neu öffnenden Dialogfeld (vgl. unterer Teil von Abb. 14.7) gibt man im Feld links unten den neuen Variablennamen `effizienz` ein und im Feld rechts daneben die Berechnungsvorschrift gemäß der Formel:

```
(masse.blatt * strecke) / zeit
```

Bestätigt man mit $\boxed{\text{OK}}$, wird die neue Variable erstellt und an den Datensatz angefügt.

| | strecke | masse.ameise | zeit | masse.blatt |
|---|---|---|---|---|
| 1 | 100 | 10.6 | 54.0 | 31.1 |
| 2 | 100 | 5.8 | 55.0 | 17.8 |
| 3 | 100 | 6.0 | 43.7 | 18.2 |
| 4 | 100 | 6.5 | 50.2 | 15.3 |
| 5 | 100 | 3.1 | 82.7 | 3.6 |
| 6 | 100 | 4.4 | 51.3 | 8.2 |
| 7 | 100 | 5.2 | 48.6 | 16.2 |
| 8 | 100 | 8.6 | 73.6 | 21.1 |
| 9 | 100 | 4.8 | 54.0 | 21.8 |
| 10 | 100 | 6.1 | 53.6 | 10.7 |
| 11 | 100 | 6.4 | 44.3 | 19.6 |
| 12 | 100 | 8.2 | 101.3 | 16.6 |
| 13 | 100 | 6.0 | 55.7 | 7.4 |
| 14 | 100 | 16.3 | 76.2 | 11.3 |
| 15 | 100 | 6.5 | 106.4 | 20.6 |
| 16 | 100 | 4.0 | 67.4 | 10.8 |
| 17 | 100 | 5.6 | 59.6 | 10.4 |
| 18 | 100 | 4.2 | 67.3 | 12.4 |
| 19 | 100 | 5.5 | 51.4 | 10.2 |
| 20 | 100 | 5.3 | 114.3 | 8.8 |

**Abb. 14.6** Die ersten 20 Beobachtungen des Datensatzes `ameisen` geöffnet mit dem R-Commander.

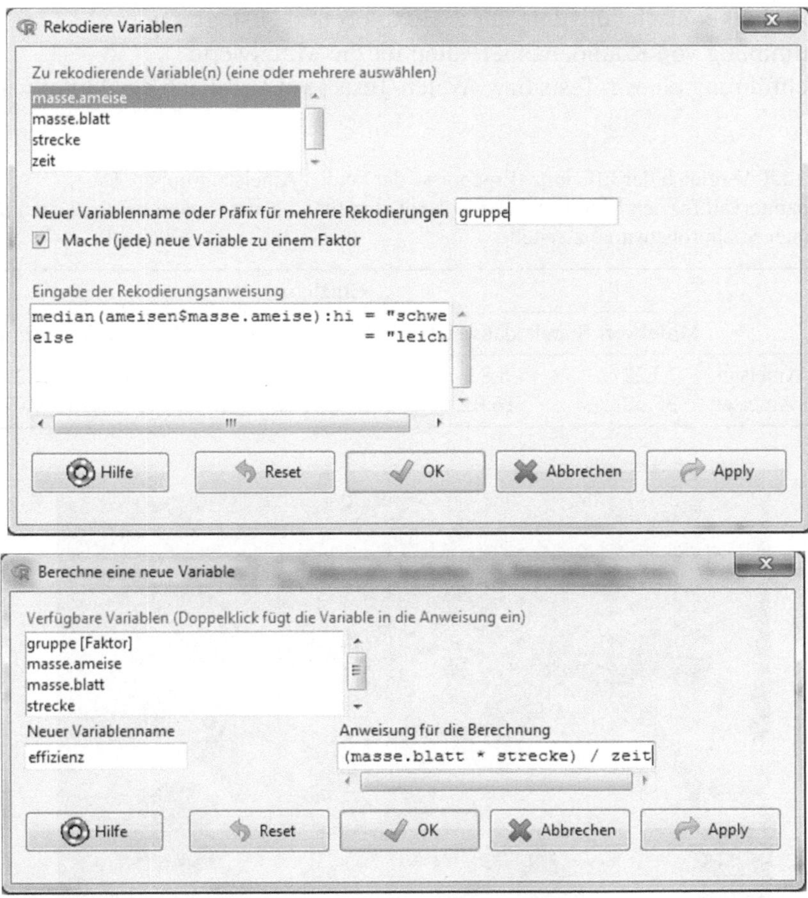

**Abb. 14.7** Dialogfelder zur Erstellung der Gruppierungsvariable `gruppe` (oben) und zur Berechnung der Variable `effizienz` (unten) für den Datesatz `ameisen`.

Nach Einteilung in schwer und leicht liegen zwei Gruppen mit 78 und 70 Ameisen vor, was man leicht mit einer Häufigkeitstabelle herausfindet (vgl. Abschnitt 21.1.1). Die Gruppen haben verschiedene Anzahlen, da es einige Ameisen gibt, deren Masse genau dem Median entspricht und die den schweren zugeordnet wurden.

Es bietet sich für einen ersten Überblick an, aus den Effizienzwerten für beide Gruppen jeweils den Mittelwert, die Standardabweichung und den Stichprobenumfang zu bestimmen, siehe Tabelle 14.8. Für die weiteren Schritte geben wir bereits auch die 95%-Konfidenzintervalle für den Mittelwert unter der Voraussetzung normalverteilter Daten an. Diese sollen allerdings zuerst weggelassen werden.

Die Ergebnisse werden Diskussionen auslösen, ob die beobachteten Unterschiede bereits ausreichen, um zu sagen, dass schwerere Ameisen effizienter sind. Resultat der Diskussionen sollte der Konsens sein, dass man statistische Untersuchungen benötigt, um dies festzustellen. Im Grunde hat man nun die gleiche Testsituation wie im historischen Vergleich der DMFT-Werte in Abschnitt 10.3.2, die man mit denselben Methoden angeht. Dazu gehören:

▶ Grafische Veranschaulichung durch Boxplots und Histogramme
▶ Bestimmung von Konfidenzintervallen für die Mittelwerte
▶ Durchführung eines $t$-Tests bzw. Welch-Tests zum Vergleich der Mittelwerte

**Tabelle 14.8** Vergleich der Effizienz -Ergebnisse der beiden Ameisengruppen. Das Konfidenzintervall für den Mittelwert wurde dabei ausgehend von normalverteilten Daten mit unbekannter Stichprobenvarianz erstellt.

| | Effizienz | | | |
|---|---|---|---|---|
| | Mittelwert | Standardabweichung | Stichprobenumfang | 95%-Konfidenzintervall |
| leichte Ameisen | 19.22 | 8.82 | 70 | [17.16, 21.29] |
| schwere Ameisen | 35.52 | 16.01 | 78 | [31.96, 39.07] |

**Abb. 14.9** Die Schüler bei der Auswertung der erhobenen Daten.

Diese Methoden haben wir schon besprochen, z.B. in Abschnitt 10.3.2. Es sollte bei der Erarbeitung mit den Schülern darauf geachtet werden, dass, analog wie in Abschnitt 13.3, die allgemeinen Testgrundlagen wie Nullhypothese, Alternativhypothese, Fehler 1. und 2. Art allgemein angesprochen und in die vorliegende Testsituation übersetzt werden:

▶ Nullhypothese: Die mittleren Effizienzen sind in beiden Gruppen gleich
▶ Alternativhypothese: Die mittleren Effizienzen sind in beiden Gruppen nicht gleich
▶ Fehler 1. Art: Die mittleren Effizienzen sind tatsächlich gleich, man entscheidet sich jedoch dafür dass sie nicht gleich sind
▶ Fehler 2. Art: Die mittleren Effizienzen sind nicht gleich, man lehnt dies jedoch ab

Wie man den $t$-Test bzw. Welch-Test, der üblicherweise kein Thema des Schulunterrichts ist, schülergerecht einführen kann, wollen wir im Folgenden kurz aufzeigen. Da man sich bei den vorliegenden Fallzahlen keine Gedanken bezüglich der Normalverteilung bei der Anwendung des $t$-Testes machen muss, siehe Bemerkung 5.6, sollte man im Rahmen des Projektes diese Voraussetzung weglassen. Zudem sollte man mit der Normalverteilungsnäherung der Teststatistik arbeiten, um didaktisch zu vereinfachen. Eine vollständige Behandlung des $t$-Tests (Ein-/Zweistichproben, $t$-Verteilung, ...) ist hier ausgeschlossen.

1. Falls bei den Schülern noch nicht bekannt, müssen Normalverteilung, erwartungstreue Schätzer für Erwartungswert und Varianz (d.h. das Stichprobenmittel und die übliche Stichprobenvarianz $s_n$ aus Definition 1.7) eingeführt werden. Diese Lerninhalte sind derzeit in den Gymnasiallehrplänen üblicherweise nicht verpflichtend, sind jedoch vielen Schulbüchern vorhanden, siehe z.B. Kapitel 11 und 15 in [1].

2. Es soll nun die Nullhypothese $\mu_X = \mu_Y$ getestet werden. Welche Testgröße bietet sich an? Es liegt natürlich nahe $\overline{X}_n - \overline{Y}_m$ zu verwenden. Es ergibt sich aber die Schwierigkeit, dass die Verteilung dieser Testgröße unbekannt ist, wenn man nicht die Verteilung der betrachteten Zufallsgrößen kennt. Das bedeutet, dass man normalerweise nicht erkennen kann, ob der errechnete Werte nun weit genug von 0 entfernt ist, um die Hypothese anzulehen.

3. Mitteilung an die Schüler: Die entsprechende standardisierte Testgröße ist bei großen Fallzahlen mit guter Näherung auch dann normalverteilt, wenn die unbekannten Varianzen von $X$ und $Y$ durch die entsprechenden Stichprobenvarianzen ersetzt werden. Damit folgt die Einführung der Testgröße aus (5.6), allerdings mit dem in Bemerkung 5.5 genannten Nenner (Welch-Test), da die Varianzhomogenität nicht vorausgesetzt werden kann. Diese Testgröße sollte dann $z$ genannt werden. Zur Vereinfachung arbeitet man hier weiter mit der Normalverteilung anstatt der $t$-Verteilung als Verteilung von $z$.

An den konkreten Daten ausgeführt ergibt der Welch-Test $z = -7.7723$ und einen $p$-Wert von $7.772 \cdot 10^{-15}$ unter der Normalverteilungsannahme von $z$. Wenn man den Welch-Test in R durchführt (siehe Programmbeispiel 5.4, allerdings unter Anklicken, dass man nicht von gleichen Varianzen ausgeht), liefert dieser mit der eigentlich korrekten $t$-Verteilung den $p$-Wert $2.698 \cdot 10^{-12}$. In beiden Fällen ist jedoch die Nullhypothese deutlich abgelehnt, und man hat hoch signifikant bewiesen, dass schwerere Ameisen effizienter ernten. Dies ist natürlich bereits aufgrund der Konfidenzintervalle aus Tabelle 14.8 zu vermuten. Allerdings ist zu beachten, dass die Wahrscheinlichkeit unter der Nullhypothese, dass beide Intervalle den Mittelwert enthalten bei $0.95^2 = 0.9025$ liegt und man hierdurch keinen Vergleich auf dem 95%-Konfidenzniveau hat. Grafisch verdeutlicht wird der Unterschied auch im linken Teil von Abb. 14.10 anhand von Boxplots.

In der Natur beobachtet man allerdings, dass vorwiegend kleinere Ameisen zum Blättertransport eingesetzt werden, die nach unseren Berechnungen weniger effizient sind. Dies ist überraschend, da durch die Evolution normalerweise die effizienteste Lösung gewählt wird. Warum dies so ist, ist jedoch ein Problem, das zunächst nicht mit Hilfe der Statistik angegangen werden kann, sondern das Fachwissen eines Biologen benötigt. Hier scheinen noch andere Erwägungen eine Rolle zu spielen als die reine Ernteeffizienz im oben definierten Sinne. Bspw. dass kleinere Ameisen möglicherweise bessere Fluchtmöglichkeitne bei Gefahr haben und schwerere Ameisen im Nest zur Verteidigung benötigt werden. Ggf. hat auch die Effizienz - Kenngröße auch noch nicht alle relevanten Einflussfaktoren für die Leistungsfähigkeit abgebildet. Dies kann man als Beispiel dafür nehmen, dass jede beantwortete wissenschaftliche Frage i.d.R. weitere Fragen aufwirft.

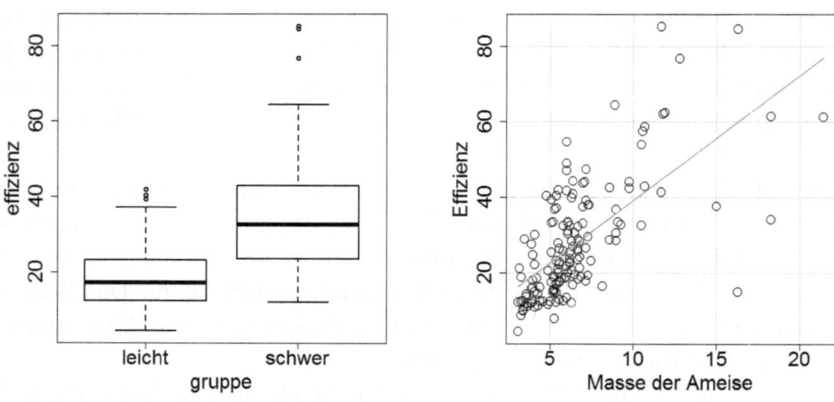

**Abb. 14.10** Boxplot der Ameiseneffizienz nach Gewichtsgruppen (links) Scatterplot der Ameisenmasse und der Effizienz mit Kleinste-Quadrate-Linie (rechts).

Zum Abschluss unserer Darstellungen des Ablaufs möchten wir in Tabelle 14.11 noch einen kurzen Überblick über die einzelnen Teilschritte sowie eine grobe Zeitschätzung geben.

**Tabelle 14.11** Möglicher Ablaufplan für das Ameisenprojekt.

| Nr. | Schritt | Zeit |
|---|---|---|
| 1 | Erklärung Aufgabenstellung des Projektes und organisatorischer Ablauf | 20 min. |
| 2 | Vorstellung biologischer Hintergründe zu Blattschneiderameisen | 30 min. |
| 3 | Übersetzung der Fragestellung in ein Experimentaldesign und mathematische Größen | 120 min. |
| 4 | Durchführung der konkreten Messungen | 180 min. |
| 5 | Erste Auswertung mittels beschreibender Statistiken | 30 min. |
| 6 | Herleitung mathematischer Methoden zur Datenauswertung | 120 min. |
| 7 | Erstellung von Grafiken, Bestimmung der Konfidenzintervalle und $t$-Test | 60 min. |
| 8 | Interpretation der Ergebnisse | 20 min. |
| 9 | Zusammenfassung der gesamten Projektergebnisse | 20 min. |
| | Gesamt | 600 min. |

## 14.4 Varianten

Der in Abschnitt 14.3 beschriebene Projektablauf stellt natürlich nur eine Möglichkeit der Durchführung dar. Insbesondere hat man bei der Auswahl der Untersu-
chungsmethodik ein weiteres Verfahren zur Verfügung. Betrachtet man die Masse
der Ameisen als erklärende und die Effizienz als abhängige Variable, kann man
auch eine Regression durchführen. Da wir in Kapitel 4 diese inklusive der Durchführung in R vorgestellt haben und in Kapitel 17 auch die Einführung im Unterricht
ansprechen werden, wollen wir uns hier mit einer kurzen Angabe der Ergebnisse
begnügen.

**Programmbeispiel 14.12** Den Scatterplot für die Masse der Ameisen und der Effizienz erstellt man analog wie in Programmbeispiel 4.1 gezeigt mit dem R-Commander unter **Grafiken**⟶ **Streudiagramm ....** In Abb. 14.10 ist im rechten Teil das
Diagramm mit der Regressionsgeraden zu sehen. Man erkennt an den Datenpunk-
ten und der Steigung der Geraden einen positiven Zusammenhang zwischen beiden
Messungen, d.h. eine hohe Masse geht tendenziell auch mit einer erhöhten Effizienz
der Ameise einher.

Um die Stärke des linearen Zusammenhangs zu quantifizieren, wird noch der $r^2$-
Wert berechnet, dessen Bedeutung in Bemerkung 4.4 erläutert wurde. Dafür geht
man auf **Statistik** ⟶ **Regressionsmodelle** ⟶ **Lineare Regression ...**, um das
Regressionsmodell festzulegen (vgl. Programmbeispiel 4.6). *Abhängige Variable* ist
`effizienz`, *unabhängige Variable* ist `masse.ameise`. Laut Ergebnis im Ausgabefenster, welches wir hier nicht anzeigen, beträgt der $r^2$-Wert 0.4337, was auf
einen postiven Zusammenhang hinweist, wenn auch keinen besonders starken.

Es gäbe durchaus gute statistisch motivierte Gründe die Regression dem $t$-Test
bzw. Welch-Test bei der Auswertung der Daten vorzuziehen. Insbesondere kann
man dann auf die Kategorisierung der Ameisenmassen verzichten, die auch einen
gewissen Einfluss auf die Resultate hat. Zudem bräuchten dann von den Schülern
nicht zwangsläufig Ameisen aller Massen beobachten werden. Wir haben uns jedoch
aus zwei Gründen für den $t$-Test als Hauptmethode entschieden:

▶ Die $t$-Test-Methode ist robuster gegenüber einzelnen Beobachtungen. Bei der
Regression würde schon eine Ameise mit sehr großer Masse genügen, um die
Lage der Regressionsgerade entscheidend zu beeinflussen.

▶ Im Vergleich zur Regression sehen wir den $t$-Test im Rahmen des Projektes als
einfacher schülergerecht vermittelbar an.

Welche Auswertungsmethode in einem konkreten Projekt bevorzugt wird, ist
auch von den Schülern und deren Vorwissen abhängig und natürlich dem Lehrenden
überlassen.

Neben dem Wechsel der Auswertungsmethoden wollen wir einige der aus unserer Sicht weiteren sinnvollen Varianten noch kurz aufführen. Zentraler Kern des Ablaufs sind die Erhebung des Datensatzes durch konkrete Messungen an den Ameisen und die Einführung und Anwendung des $t$-Tests bzw. der Regression. Mögliche Änderungen sind beispielsweise:

▶ Falls aus Zeit- und / oder Materialgründen die Messungen nicht machbar sind, kann man den Schülern auch nach einer Beschreibung des Experimentes den Datensatz zur Verfügung stellen und mit der Datenauswertung beginnen. Dies nimmt dem Projekt allerdings einige relevante Aspekte.

▶ Die Fragestellung mit Hilfe eines nicht-parametrischen Testes wie dem Wilcoxon-Test (s. Abschnitt 5.4) beantworten.

▶ Erweiterung der Tests von dem hier vorgestellten beidseitigen $t$-Test auf eine einseitige Fragestellung.

▶ Abhängig vom gewählten Testverfahren Überlegungen durchführen, wie viele Ameisen man mindestens messen muss, um valide Ergebnisse zu erhalten.

▶ Weitere biologisch relevante Fragestellungen untersuchen wie z.B.

  – Erhöht sich die Geschwindigkeit der Ameisen mit zunehmender Körpergröße und abnehmender Blattgröße?
  – Sind die Ameisen effizient in der Wahl ihrer Ladungsgröße? Hier könnte man experimentell bei einem Teil der Tiere die von der Ameise selbstgewählten Fragmente manipulieren, z.B. vorsichtig ein Stück abschneiden oder ankleben. Danach vergleicht man über einen $t$-Test die mittlere Effizienz der beiden Gruppen.

Für Schüler aus unteren Jahrgangsstufen muss man den theoretischen Teil entschärfen und auf den Einsatz des $t$-Tests verzichten. Stattdessen sollte man hier mehr Gewicht auf die grafischen Auswertungen mittels Boxplots und Histogrammen legen. Die Messungen sind jedoch auch in unteren Jahrgangsstufen machbar, allerdings benötigen die Schüler hier natürlich mehr Betreuung und Hilfestellung.

Das Thema sollte sinnvollerweise in Kooperation mit dem Biologieunterricht durchgeführt werden, wozu man sich die Unterstützung der entsprechenden Kollegen sichern sollte. Insbesondere bei der Einführung und den experimentellen Messungen wird das Know-how der Kollegen unersetzlich sein. Zudem können gegebenenfalls auch Biologie-Stunden für das Projekt verwendet werden und für mehr zeitliche Flexibilität sorgen, um einen Ausflug an eine biologische Fakultät einer Universität oder eine vergleichbare Einrichtung mit den experimentellen Voraussetzungen zu organisieren.

## 14.5 Materialien

Während beim Münzprojekt in Kapitel 13 die benötigten Materialen relativ einfach zu beschaffen waren, sieht es hier deutlich anders aus. Die Infrastruktur in Form einer Ameisenbahn mit Blattquelle, Nest, Pfad und Blattschneiderameisen sowie entsprechenden Waagen zum Wiegen der Blätter und Ameisen dürfte an den wenigsten Schulen direkt vorhanden sein. Stattdessen sollte man versuchen in Kontakt mit einer Universität (z.B. der Julius Maximilians Universität Würzburg, Biozentrum, Lehrstuhl für Verhaltensphysiologie und Soziobiologie (Zoologie II)) oder einem Zoo (z.B. Hamburg, Berlin, München, Krefeld, … ) zu treten, die diese Voraussetzungen oder zumindest eine Kolonie Blattschneiderameisen haben und anzufragen, ob man diese für ein Schulprojekt nutzen darf. Es gibt auch die Möglichkeit Blattschneiderameisen im Internet für dreistellige Beträge zu kaufen, jedoch gilt die Haltung besonders für Anfänger als komplex.

Mit etwas handwerklichem Geschick und Aufwand kann man die Ameisenanlage selbst erstellen. Dazu benötigt man zunächst Plastikwannen, in denen die Ameisen die Blätter schneiden können. Die Wannen müssen „ausbruchssicher" mit Parafinöl eingeschmiert sein. Die Brücken und Rampen kann man aus Holzlatten basteln. Auch hier gilt: Diese müssen ausbruchssicher durch Klebeband auf der Unterseite gemacht werden, das dann mit Parafinöl bestrichen wird. Orientieren kann man sich bei der Herstellung an den Abb. 14.2 bis 14.4. Als Blätter eignen sich am besten Brombeer- bzw. Ligusterblätter, die Experimente gelingen aber auch mit Apfel- und Kirschbaumblättern. Zudem benötigt man Federstahlpinzetten, kleine Reaktionsgefäße mit Sicherheitsverschluss, um Ameisen und Blätter zum Wiegen transportieren zu können, sowie eine auf mg genaue Feinwaage. Will man die Anlage als Teil des Projektes selbst erstellen, so reicht der in Tabelle 14.11 beschriebene Zeitablauf bei weitem nicht aus. Dann kann man das Projekt fast nur in freiwilligen Arbeitsgruppen durchführen, die sich über einen längeren Zeitraum regelmäßig treffen.

Für die Datenauswertungen hingegen reichen Standard-Materialien wie

▶ Rechner mit EXCEL und R-Installation
▶ Dokumentationsmaterial (Papier, Stifte)

## Literatur


1. Barth, F. und Haller, H., (1998) Stochastik-Leistungskurs. Oldenbourg-Verlag, München, 12. Auflage.
2. Burd, M. (1996) Foraging performance by Atta colombica, a leaf-cutting ant, *American Naturalist* **148**, Nr. 4, 597-612.
3. Cherrett, J.M. (1989). Leaf-cutting ants. In: *Tropical Rain Forest Ecosystems*, Lieth H., Werger, M.J.A. (Hrsg.). Elsevier Amsterdam, 473-488.
4. Hölldobler, B. und Wilson, E.O. (2001) Ameisen - Die Entdeckung einer faszinierenden Welt. Piper.
5. Hölldobler, B. und Wilson, E.O. (2011) Blattschneiderameisen - der perfekte Superorganismus. Springer.
6. Roces, F. (1990) Leaf-cutting ants cut fragment sizes in relation to the distance from the nest, *Anim. Behav.* **40**, 1181-1183
7. Roces, F. und Nunez, J.A. (1993) Information about food quality influences load-size selection in recruited leaf-cutting ants, *Anim. Behav* **45**, 135-143
8. Roces, F. und Hölldobler, B. (1994) Leaf density and a trade-off between load-size selection and recruitment behavior in the ant Atta cephalotes, *Oecologia* **97**, 1-8

9. Röschard, J. (2002). Cutter, carriers and bucket brigades - Foraging decisions in the grass-cutting ant Atta vollenweideri. Dissertation am Lehrstuhl Zoologie II der Universität Würzburg, Deutschland

10. Röschard, J. und Roces, F. (2002) The effect of load length, width and mass on transport rate in the grass-cutting ant Atta vollenweideri. *Oecologia* **131**, 319-324.

11. Röschard, J. und Roces, F. (2003) Cutters, carriers and transport chains: Distance-dependent foraging strategies in the grass-cutting ant Atta vollenweideri. *Ins. Soc* **50**, 237-244

12. Saverschek, N. (2010). The influence of the symbiotic fungus on foraging decisions in leaf-cutting ants - Individual behavior and collective patterns. Dissertation am Lehrstuhl Zoologie II der Universität Würzburg, Deutschland

13. Weber, N.A. (1972) Gardening Ants: The Attines. The American Philosophical Society, Philadelphia

14. Wirth, R., Herz, H., Ryel, R.J., Beyschlag, W. und Hölldobler, B. (2002): *Herbivory of leaf-cutting ants - A case study on Atta colombica in the tropical rainforest of Panama* Ecological Studies, Vol. 164. Springer.

# Kapitel 15
# Die Menge macht das Gift? – Auswirkungen von Tabak- und Alkoholkonsum auf Speiseröhrenkrebs

Das nächste Projekt beschäftigt sich primär mit der Analyse eines Datensatzes aus dem medizinischen Bereich. Es wurde im Rahmen der Schülerprojekttage Mathematik 2007 an der Universität Würzburg durchgeführt. Wir bedanken uns bei Katharina Mölter, Karina Firmbach, Louisa Anschütz, Jana Kiesel, Matthias Vogel, Julian Schuhmann und Jakob Karolus, die sich voller Elan der Analyse der Krebsdaten gewidmet haben.

## 15.1 Themenstellung

Krebs ist die zweithäufigste Todesursache in Deutschland[1], in den USA sogar die häufigste Todesursache für unter 85jährige, siehe [6]. Das Risiko, an Krebs zu erkranken, hängt stark von Herkunft, Alter, Lebensweise und Umweltfaktoren ab. Die Heilungschancen sind dagegen vom Krebstyp und der Art der Behandlung abhängig. Speziell Alkohol- und Tabakkonsum sind wichtige Faktoren in der Entstehung und dem Verlauf von Krebserkrankungen.

Wir wollen in diesem Projekt anhand eines realen Datensatzes eine Untersuchung des Einflusses von Alkohol- und Tabakkonsum auf eine spezielle Form des Krebses, des **Speiseröhrenkrebes** und noch genauer des Plattenepithelkarzinoms, durchführen. Dabei werden wir insbesondere untersuchen, welche Einwirkung der Alkohol- und Tabakkonsum auf die Schwere des Krankheitsverlaufes hat. Wir werden uns dabei nicht mit der Frage beschäftigen, ob der Alkohol- und Tabakkonsum das Krebsrisiko erhöht, sondern nur, ob die Krankheit durch erhöhten Konsum schwerer verläuft, wenn sie einmal aufgetreten ist.

Kurzum lässt sich das Thema so beschreiben: *Die Menge macht das Gift - Führt starkes Rauchen und Trinken zu schwererem Speiseröhrenkrebs?*

---

[1] Aktuelle Zahlen hierzu findet man auf den Internetseiten des Statistischen Bundesamtes: www.destatis.de/DE/ZahlenFakten/GesellschaftStaat/Gesundheit/Gesundheit.html

## 15.2 Erwartungshorizont und Vorkenntnisse

Während bei den beiden vorherigen Projekten die Erzeugung eines Datensatzes durch die Schüler im Vordergrund stand, ist hier die Transformation und Anpassung eines gegebenen Datensatzes an die zu untersuchende Fragestellung von großer Bedeutung.

Zunächst sollen sich die Schüler in den vorgegebenen Datensatz einarbeiten und aus diesem Datensatz Kenngrößen ableiten, mit denen man erfassen kann, was starkes Rauchen und Trinken bedeutet. Außerdem soll geklärt werden, was genau unter „Schwere" einer Speiseröhrenkrebserkrankung zu verstehen ist. Wenn diese Festlegungen vorgenommen sind, ist es das Ziel mit dem Datensatz explorative Analysen durchzuführen und danach die obige Frage mit Hilfe von statistischen Tests zu klären. Dabei wird sich in Teilen ein Zusammenhang zwischen dem Alkohol- und Tabakkonsum und dem Krankheitsverlauf ergeben.

In seiner vollen Form, die wir zunächst beschreiben werden, ist das Projekt für Schüler der Oberstufe geeignet, die bereits grundlegende Kenntnisse zur Stochastik haben. Folgende mathematische Elemente werden im Laufe des Projektes von Bedeutung sein:

▶ Kreuztabellen und entsprechende grafische Veranschaulichungen

▶ Aufbau von statistischen Tests (insbesondere Fehler 1. Art und Fehler 2. Art sowie der $p$-Wert)

▶ $\chi^2$-Test

Im Prinzip können alle Elemente auch im Laufe des Projektes mit den Schülern entwickelt werden, jedoch bedeutet das gegebenenfalls einen höheren Zeitaufwand und längere Exkurse von der eigentlichen Aufgabenstellung. Insbesondere der $\chi^2$-Test, der kein üblicher Bestandteil des Schulunterrichts ist, läßt sich aber sehr gut gemeinsam im Projekt einführen, was wir später auch beschreiben werden.

## 15.3 Projektablauf

Zu Beginn sollte man den Schülern wichtige, allgemeine Informationen zur Speiseröhrenkrebserkrankung, zu deren Verlauf und Heilungschancen geben. Dabei sind u.a. erwähnenswert:

▶ Es gibt zwei Typen: das Plattenepithelkarzinom, welches den Hauptteil der Erkrankungen ausmacht, und das Adenokarzinom.

▶ Die genaue Ursache für den Speiseröhrenkrebs ist bislang unbekannt.

▶ Er kommt häufiger im fernen Osten als in Europa vor.

▶ Vermutet wird, dass dies an den Ess- und Trinkgewohnheiten liegt. Beispielsweise wird Tee in Ostasien viel heißer getrunken, und es kommt häufiger zu Verbrennungen der Speiseröhre, die dann Tumore verursachen.

▶ Fettreiche Nahrung, Alkoholkonsum und Rauchen sollen das Risiko erhöhen, Speiseröhrenkrebs zu bekommen.

▶ Selbst bemerken kann man den Krebs etwa an einem brennenden Gefühl beim Schlucken von Essen.

▶ Medizinisch feststellen kann man den Tumor nur im Rahmen einer endoskopischen Untersuchung mit Probenentnahme, unter dem Mikroskop kann man dann den Tumortyp bestimmen.

▶ Die Behandlungsmöglichkeiten sind Operation, Bestrahlungstherapie und Verabreichung von Medikamenten.

▶ Die Aussicht auf vollständige Heilung von Speiseröhrenkrebs ist gewöhnlich gering, kann aber verbessert werden, je früher der Krebs erkannt wird.

▶ Die 5-Jahre-Überlebensrate für alle Stadien liegt bei $5 - 10\%$, ist also recht niedrig.

Am einfachsten können diese Tatsachen in Kooperation mit dem Biologieunterricht und durch den entsprechenden Kollegen oder im Rahmen eines Referates durch einen Schüler vermittelt werden.

Anschließend kann man mit den Schülern ein erstes Brainstorming durchführen, bei dem man in offener Diskussion überlegt, welche Daten man erheben sollte, wenn man in einer Untersuchung den Einfluss von Alkohol- und Tabakkonsum auf den Krankheitsverlauf betrachten möchte. Dabei sollten folgende Elemente angesprochen werden:

▶ Wie misst man Alkoholkonsum?
▶ Wie misst man Tabakkonsum?
▶ Wie misst man die Schwere eines Krankheitsverlaufes?
▶ Wie kann man real entsprechende Daten erheben?

Im nächsten Schritt präsentiert man den Schülern einen realen Datensatz[2], der detaillierte Patienteninformationen von ungefähr 1500 Betroffenen aus einer Klinik in Tokio enthält. Anhand dieses Datensatzes kann man nun darstellen, wie in der Realität solche Untersuchungen angegangen werden.

 ────────────────────────────────────────────────

**Programmbeispiel 15.1**
Der Datensatz `krebsdaten` (vgl. Abb. 15.2) beinhaltet folgende Variablen:

▶ `id`: Identifikationsnummer des Patienten
▶ `geschlecht`: „männlich" oder „weiblich"
▶ `alter`: Alter des Patienten
▶ `menge.alkohol`: die Menge des pro Woche konsumierten Alkohols in g
▶ `jahre.raucher`: Anzahl Jahre, die der Patient raucht
▶ `metastasen`: Art der Metastasen, die sich gebildet haben („einfach" oder „mehrfach")
▶ `tumordiff`: Die Zelldifferenzierung des Tumors, die unterteilt wird in

─────────────────────────

[2] Wir bedanken uns bei Diana Tichy und Oka Daiji für die Bereitstellung der Daten.

- „gut": Die Zellen sind noch relativ gut differenziert und erfüllen ihre Aufgaben in Ansätzen, d.h. sie teilen sich nicht völlig unkontrolliert
- „schlecht": Die Zellen sind nicht mehr differenziert, wodurch die Wachstumskontrolle fehlt und der Tumor stark wuchert
- „moderat": beschreibt eine Zwischenstufe von gut und schlecht
- „unbekannt": die Tumorzellen können nicht zugeordnet werden

▶ `tumorstadium`: Das Stadium des Tumors, definiert durch die Tiefe des Tumors im Gewebe („pt0" = gering bis „pt4" = tief)

▶ `lymphmetastase`: Die Existenz von Krebszellen im Lymphsystem („ja" und „nein")

Dabei beschreiben die letzten vier Variablen die Schwere der Erkrankung aus verschiedenen Gesichtspunkten. Hier gibt es also nicht eine eindeutige Definition von Schwere der Krankheit. Dies ist bei den folgenden Auswertungen zu berücksichtigen.

| | id | geschlecht | alter | menge.alkohol | jahre.raucher | metastasen | tumordiff | tumorstadium | lymphmetastase |
|---|---|---|---|---|---|---|---|---|---|
| 1 | 1 | männlich | 77 | 12.0 | 55 | einfach | moderat | pT2 | nein |
| 2 | 2 | männlich | 57 | 0.0 | 20 | einfach | moderat | pT3 | ja |
| 3 | 3 | männlich | 71 | 0.0 | 31 | mehrfach | gut | pT3 | ja |
| 4 | 4 | männlich | 58 | 131.0 | 38 | einfach | gut | pT4 | ja |
| 5 | 5 | männlich | 46 | 0.0 | 0 | einfach | gut | pT3 | nein |
| 6 | 6 | männlich | 64 | 81.0 | 45 | einfach | moderat | pT4 | ja |
| 7 | 7 | männlich | 68 | 270.0 | 46 | einfach | schlecht | pT3 | ja |
| 8 | 8 | weiblich | 54 | 0.0 | 0 | einfach | gut | pT1 | nein |
| 9 | 9 | männlich | 45 | 104.0 | 23 | mehrfach | moderat | pT2 | ja |
| 10 | 10 | weiblich | 68 | 54.0 | 28 | einfach | gut | pT3 | ja |
| 11 | 11 | männlich | 70 | 27.0 | 51 | einfach | schlecht | pT4 | ja |
| 12 | 12 | männlich | 52 | 141.0 | 31 | einfach | gut | pT3 | ja |
| 13 | 13 | männlich | 56 | 0.0 | 36 | einfach | moderat | pT4 | ja |
| 14 | 14 | männlich | 71 | 270.0 | 43 | einfach | gut | pT3 | ja |
| 15 | 15 | weiblich | 72 | 0.0 | 0 | einfach | gut | pT3 | nein |
| 16 | 16 | weiblich | 63 | 0.0 | 24 | einfach | moderat | pT3 | ja |
| 17 | 17 | männlich | 65 | 27.0 | 45 | einfach | moderat | pT3 | nein |
| 18 | 18 | männlich | 57 | 24.0 | 38 | einfach | moderat | pT4 | ja |
| 19 | 19 | weiblich | 63 | 0.0 | 0 | einfach | moderat | pT3 | ja |
| 20 | 20 | männlich | 79 | 27.0 | 42 | einfach | Unknown | pT3 | nein |

**Abb. 15.2** Die ersten 20 Beobachtungen des Datensatzes `krebsdaten` geöffnet mit dem R-Commander.

An dieser Stelle bietet es sich an, die im Brainstorming angedachten Größen mit den im Datensatz vorhandenen zu vergleichen. Dabei wird man sicher feststellen, dass man an einige Variablen nicht gedacht hat, andererseits aber auch, dass man Größen gefunden hat, die sinnvoller Weise eigentlich im Datensatz dabei sein sollten. Zu sehen ist beispielsweise, dass Alkohol- und Tabakkonsum auf unterschiedlichen Skalen gemessen werden. Beim Alkoholkonsum wird die regelmäßig konsumierte Menge betrachtet, die Trinkervergangenheit spielt hier keine Rolle. Im Gegensatz dazu wird beim Tabakkonsum nur auf die Jahre des Rauchens Wert gelegt, die Anzahl gerauchter Zigaretten pro Woche wird hier nicht erhoben. Diese

Erhebungen sind mit Sicherheit kritisch zu hinterfragen. So ist es beim Tabakkonsum eher üblich in sogenannten **Packungsjahren** zu rechnen, d.h. Anzahl der Jahre Rauchervergangenheit, multipliziert mit der Anzahl gerauchter Packungen pro Tag, siehe [2], S.371 oder [3]. Unser Datensatz enthält allerdings nur den ersten Faktor dieser Kenngröße. Diese Tatsache kann man benutzen, um auf unterschiedliche Studiendesigns hinzuwiesen. Im Idealfall kann man das Studiendesign und die erhobenen Daten selbst bestimmen. In der Realität hat man aber wie hier häufiger den Fall, dass gewisse Rahmenbedingungen und Erhebungsgrößen vorgegeben sind, die man nicht oder nur mit sehr hohen Kosten anpassen kann. Dann geht es wie im Folgenden darum, aus den vorgegebenen Daten das Bestmögliche herauszuholen. Hier handelt es sich zudem um eine **retrospektive Studie** und um keine echte Zufallsauswahl aus einer Gesamtpopulation.

Ein weiterer wichtiger Punkt ist hier die Zuverlässigkeit der durch die Patienten gemachten persönlichen Angaben. Während die Daten zur Schwere der Krankheit durch den behandelnden Arzt erhoben worden sind und damit zuverlässig sein sollten, beruhen die Daten zum Alkohol- und Tabakkonsum auf persönlichen Einschätzungen der Patienten und sind damit kritisch zu betrachten. Insbesondere ist die konsumierte Menge Alkohol pro Woche schon mit erheblichen Einschätzungsproblemen auf Seiten des Patienten verbunden. Man versuche nur einmal für sich selbst diesen Wert zu schätzen. Wir möchten diese Problematik der Selbsteinschätzung im nächsten Beispiel kurz an einem offensichtlichen Problem bei der Angabe des Rauchverhaltens verdeutlichen.

---

**Programmbeispiel 15.3** Neben ihrem Alter haben die Patienten auch gesagt, seit wie vielen Jahren sie rauchen. Durch die Differenzbildung zwischen dem Alter und den Jahren des Rauchens kann man also feststellen, in welchem Alter die Patienten anfingen zu rauchen. Wir berechnen dazu eine neue Variable und Erstellen von dieser eine deskriptive Statistik zur Übersicht (vgl. Abschnitt 20.2.2).

1. Bei aktiviertem Datensatz `krebsdaten` gehen wir im Menü auf **Datenmanagement** ⟶ **Variablen bearbeiten** ⟶ **Erzeuge neue Variable ...**
2. Im neuen Dialogfeld geben wir `diff.raucher` unter *Neuer Variablenname* ein und im Feld *Anweisung für die Berechnung* die Formel

   ```
   alter - jahre.raucher
   ```

   Bestätigt man mit ⌷OK⌷, wird die neue Variable erstellt.
3. Für eine deskriptive Statistik geht man als nächstes im Menü auf **Statistik** ⟶ **Deskriptive Statistik** ⟶ **Zusammenfassungen numerischer Variablen ...**
4. Im sich öffnenden Dialogfeld aktiviert man die neue Variable `diff.raucher` und geht auf ⌷OK⌷.

---

Im Ausgabefenster wird dann Folgendes angezeigt:

```
    mean         sd  0% 25% 50% 75% 100%      n NA
 28.70534 16.49477 -20  19  20  33   87  1517  2
```

Man erkennt hier, dass der kleinste Wert -20 beträgt, was natürlich keine korrekte Eingabe sein kann, da der Patient nicht schon vor seiner Geburt geraucht haben kann. Negative Werte bei der Variable `diff.rauchen` sind natürlich sofort als Fehler (entweder Fehlangabe des Patienten oder fehlerhafter Eintrag bei der Datenerhebung) in den Daten zu erkennen. Doch bei etwas genauerer Betrachtung der Daten (z.B. mit einem Histogramm, vgl. Abschnitt 1.2.2) erkennt man, dass es auch Patienten gibt, die laut Daten schon im Kleinkindalter das Rauchen angefangen haben. Da es sich auch hier sehr wahrscheinlich um Fehler handelt, werden wir vor der eigentlichen Analyse des Datensatzes alle Patienten von der Studie ausschließen, die angeblich mit weniger als 10 Jahren das Rauchen angefangen haben.

**Programmbeispiel 15.4**

1. Gehe im Menü auf **Datenmanagement** $\longrightarrow$ **Aktive Datenmatrix**$\longrightarrow$ **Teilmenge der aktiven Datenmatrix ...** Der Datensatz `krebsdaten` muss dafür natürlich aktiviert sein.
2. Im neuen Dialogfeld geben wir im Auswahlfeld *Anweisung für die Teilmenge* den Befehl

```
diff.raucher >= 10
```

ein und unter *Name für die neue Datenmatrix* mit `krebsdaten.teil` den Namen für den neuen Teildatensatz ein und gehen auf OK.

Siehe Abschnitt 20.4 für weitere Informationen zur Fallauswahl mit dem R-Commander.

Laut Meldungsfenster enthält der neue Datensatz nur noch 1510 Beobachtungen; 7 Patienten hatten bei Variable `diff.raucher` einen Wert kleiner 10, die restlichen beiden Patienten sind die mit einem fehlenden Wert (NA), was in der Ausgabe zu Programmbeispiel 15.3 zu erkennen ist.

Im obigen Beispiel waren die Fehlangaben noch recht offensichtlich, es steht zu vermuten, dass insbesondere bei den Fragen zur Selbsteinschätzung weitere problematische Angaben vorhanden sind, die nicht so leicht identifiziert werden können.

Bevor wir mit den eigentlichen Untersuchungen am Datensatz beginnen können, bleibt noch ein Schritt übrig, der große Auswirkungen auf die verwendeten Methoden haben wird. Wir werden die Angaben der Patienten zu Alkohol- und Tabakkonsum in einer binären Variablen zusammenfassen, indem wir die Patienten in „starke Konsumenten" und „schwache Konsumenten" unterteilen. Dies hat zwei entscheidende Vorteile:

▶ Aufgrund der oben beschriebenen Unzuverlässigkeit der Selbsteinschätzungen enthalten die Originalangaben eine höhere Varianz; die Einschätzung, ob jemand stark oder weniger stark konsumiert, dürfte hingegen treffgenauer sein

▶ Wir können durch diese Kategorisierung Methoden wie den $\chi^2$-Test anwenden, die sich im Rahmen des Projektes einführen lassen.

Man hat nun gewisse Freiheitsgrade in der Definiton von stark und schwach. Eine Möglichkeit sind von Experten festgelegte Grenzen. Eine gängige Einteilung ist etwa:

▶ Ein schwacher Konsument nimmt weniger als 168 g Alkohol pro Woche zu sich (Männer) bzw. 84 g (Frauen) (entspricht etwa zwei Flaschen Bier am Tag für Männer und einer für Frauen) und hat weniger als 30 Jahre Rauchervergangenheit.

▶ Ein starker Konsument hingegen erfüllt eine der beiden Bedingungen nicht, d.h. er hat 30 Jahre oder länger geraucht und/oder nimmt 168 g bzw. 84 g Alkohol (je nach Geschlecht) oder mehr pro Woche zu sich.

Die Grenzen zum Alkoholkonsum sind dabei in [5] dargestellt, in [2], S. 869 findet sich eine leicht andere Definition. Etwas schwieriger ist die Bestimmung der Grenze für den Tabakkonsum, da wie oben beschrieben Grenzen in der Literatur eher in der Einheit Packungsjahre angegeben werden. Hier reichen als riskant befundene Schwellenwerte von 15 ([3]), über 20 ([1]) bis 40 Packungsjahren ([2], S. 371). In [4] wird davon gesprochen, dass 25 Zigaretten pro Tag, also etwas mehr als eine Packung am Tag, über einen längeren Zeitraum einem riskanten Konsum entsprechen. Wenn wir uns an den 40 Packungsjahren von [2] als Schwelle orientieren, entspräche dies einer Rauchervergangenheit von ca. 30 Jahren, wie oben verwendet.

Die Alternative zu solchen harten Grenzen wären datengetriebene Grenzen, wie wir sie im Ameisenprojekt im Kapitel 14 angewendet haben. Beispielsweise könnte man den Median der Jahre Rauchervergangenheit und den Median der Menge Alkohol pro Woche bestimmen und einen starken Konsumenten dadurch definieren, dass er über einem der beiden Mediane liegt. Ist dies nicht der Fall, kann man von einem schwachen Konsumenten sprechen.

Ebenso hat man Freiheiten bei der Verknüpfung der beiden Schwellen. Hier genügt es, einen der beiden Schwellwerte zu überschreiten, um als starker Konsument zu gelten. Man könnte genauso definieren, das man für das starke Konsumverhalten über beiden Schwellwerten liegen muss.

Allein durch diese Festlegungen beeinflusst man natürlich den Ausgang der Untersuchungen. Im weiteren Verlauf werden wir das oben beschriebene Expertenkriterium verwenden, um zwischen starken und schwachen Konsumenten zu unterscheiden. Die Untersuchungen bezüglich anderer Einteilungen werden wir am Ende dieses Abschnitts und in 15.4 kurz ansprechen. Es bleibt festzuhalten: Sollten die Berechnungen bezüglich verschiedener Einteilungen zu ähnlichen Ergebnissen führen, hätte man ein stabiles Ergebnis für den Zusammenhang zwischen den Konsumvariablen und dem Krankheitsverlauf gefunden. Sollten sich jedoch grundlegend andere Resultate ergeben, hängt die Interpretation stark von den verwendeten Definitonen ab, und dies müsste in den Studienergebnissen berücksichtigt werden. Man

hat also entscheidende Schwellwerte des Konsums in Bezug auf den Speiseröhrenkrebs gefunden.

Wir wollen nun kurz beschreiben, wie man die Einteilung in starke und schwache
Konsumenten im R-Datensatz durchführt.

**Programmbeispiel 15.5** Zur Erstellung einer neuen Variablen, die die Patienten in
starke und schwache Konsumenten einteilt, gehen wir in zwei Schritten vor.

(i) Zuerst erstellen wir uns für den Alkohol- und den Tabakkonsum zwei Variablen,
   die jeweils die Werte 0 und 1 annehmen. Der Eintrag 1 steht dabei für einen
   Alkoholkonsum von weniger als 168 g bei Männern / 84 g bei Frauen bzw. für
   eine Rauchervergangenheit von weniger als 30 Jahren.

(ii) Da bei einem schwachen Konsumenten beide Bedingungen gleichzeitig gelten müssen, berechnet man das Produkt aus beiden Variablen. Durch die 0-1-
   Kodierung enthält die neue Variable dann den Wert 1 für schwache Konsumenten
   und den Wert 0 für starke Konsumenten.

Kodieren wir also die beiden Variablen aus Schritt (i) um. Da der Tabakkonsum nicht vom Geschlecht abhängt, kann man hierfür das übliche Recodierungs-
Dialogfeld des R-Commanders benutzen (s. Abschnitt 20.3.2 für mehr Details).

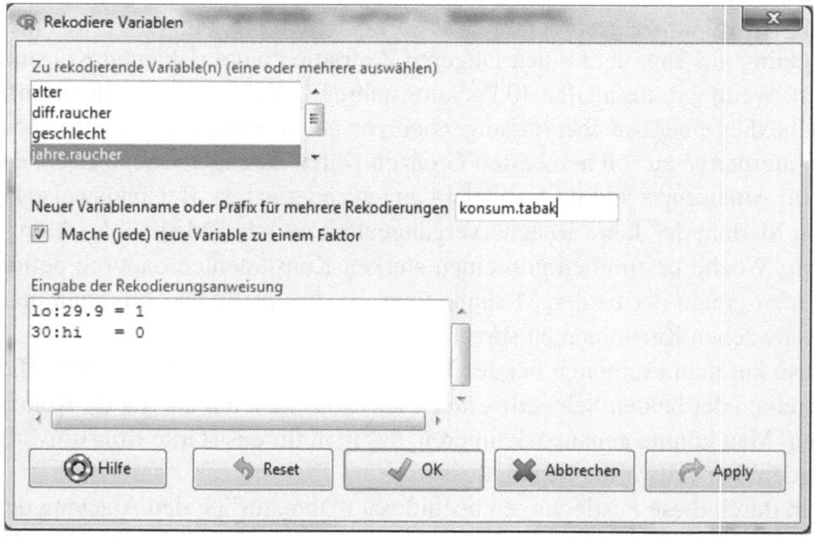


**Abb. 15.6** Dialogfeld zur Umkodierung der Variable `jahre.raucher` in eine 0-1-Variable.

1. Wir gehen im Menü auf **Datenmanagement**⟶ **Variablen bearbeiten** ⟶ **Rekodiere Variablen ...**
2. Im neuen Dialogfeld (vgl. Abb. 15.6) aktivieren wir im linken oberen Feld die
   Variable `jahre.raucher` und schreiben in das Feld rechts darunter den Namen `konsum.tabak` als neuen Variablennamen.

3. Nach Eingabe der Umkodierungsvorschrift

```
lo:29.9 = 1
30:hi   = 0
```

deaktivieren wir noch die Einstellung *Mache (jede) neue Variable zu einem Faktor*. Dadurch bleibt die neu erstellte Variable numerischen Typs, was für die Berechnung des Produkts weiter unten zwingend nötig ist. Zum Schluss bestätigt man mit OK .

Die Umkodierung des Alkoholkonsums ist mit obigem Dialogfeld nicht mehr möglich, da die Kodierung noch an eine weitere Bedingung, nämlich an das Geschlecht der Patienten geknüpft ist. Am einfachsten ist es, wenn man die nötigen Befehle direkt im Skriptfenster ausführt. Dafür geben wir zuerst jeweils für die männlichen und die weiblichen Patienten die Bedingungen dafür ein, einen schwachen Alkoholkonsum aufzuweisen. Wir benutzen die in Abschnitt 20.4 besprochenen logischen Verknüpfungsoperatoren zwischen zwei Auswahlbedingungen:

```
bed.m <- krebsdaten.teil$geschlecht == "männlich" &
    krebsdaten.teil$menge.alkohol < 168
bed.f <- krebsdaten.teil$geschlecht == "weiblich" &
    krebsdaten.teil$menge.alkohol < 84
```

Bei der Angabe einer Bedingung durchläuft R jede Zeile des Datensatzes und überprüft, ob die angegebene Bedingung erfüllt ist oder nicht. Für jede Zeile wird dann entweder der Wert `TRUE` oder der Wert `FALSE` ausgegeben, je nachdem ob die Bedigung erfüllt ist oder nicht. Im Objekt `bed.m` steht also der Wert `TRUE`, wenn die Beobachtung ein Mann ist und weniger als 168 g Alkohol konsumiert. Patienten mit schwachem Alkoholkonsum sind also Beobachtungen, die entweder im Objekt `bed.m` oder im Objekt `bed.f` den Eintrag `TRUE` besitzen.

Die ODER-Verknüpfung wird durch das Zeichen | symbolisiert (vgl. Tabelle 20.11); diese wird im ersten Argument der Funktion `ifelse()` verwendet, die wir bereits in Programmbeispiel 11.3 in Abschnitt 11.1.1 kennen gelernt haben. Damit wird der Wert 1 ausgegeben, wenn es sich um einen schwachen Alkoholkonsumenten handelt, ansonsten der Wert 0:

```
krebsdaten.teil$konsum.alkohol <-
    ifelse(bed.m | bed.f, 1, 0)
```

Man beachte, dass, genau wie für die Variable `jahre.raucher`, fehlende Werte in der Variable `menge.alkohol` bei den obigen Rechenschritten erhalten bleiben, d.h. man muss diese Beobachtungen nicht separat behandeln.

Hat man die beiden Variablen `konsum.tabak` und `konsum.alkohol` erstellt, erzeugt man sich ähnlich wie in Programmbeispiel 15.3 die neue Variable `konsument` gemäß der Berechnungsformel

```
konsum.alkohol * konsum.tabak
```

Die neu erzeugte Variable ist eine numerische Variable mit den Ausprägungen 0 und 1. Für die späteren Analysen muss diese aber als Faktorvariable vorliegen, weshalb wir sie nun in einen Faktor umwandeln wollen (s. hierzu auch Abschnitt 20.3.1).

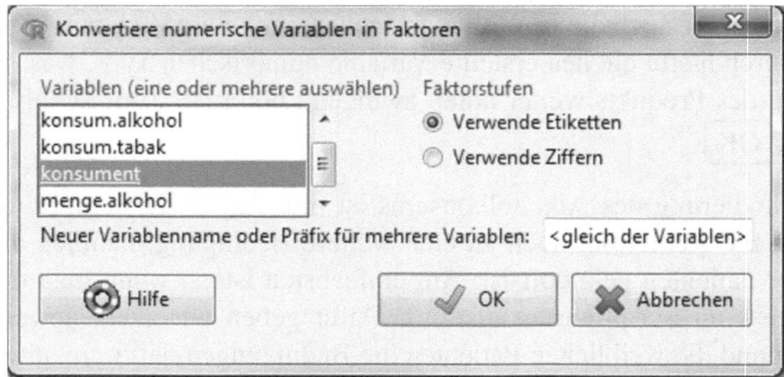


**Abb. 15.7** Dialogfeld zur Umwandlung der 0-1-Variablen `konsum` in eine Faktorvariable.

1. Gehe im Menü auf **Datenmanagement** $\longrightarrow$ **Variablen bearbeiten** $\longrightarrow$ **Konvertiere numerische Variablen in Faktoren ...**
2. Im sich öffnenden Dialogfeld wie in Abb. 15.7 aktiviert man `konsument` und geht auf $\boxed{\text{OK}}$. Da wir das Feld *Neuer Variablenname* unverändert gelassen haben, überschreiben wir die ausgewählte Variable. Aus diesem Grund werden wir vor diesem Schritt vom R-Commander nochmals gefragt, ob dies wirklich unsere Intention ist, was wir hier mit $\boxed{\text{Ja}}$ bestätigen. An dieser Stelle sei aber angemerkt, dass wir das Überschreiben einer Variablen aufgrund der fehlenden Nachvollziehbarkeit bei späteren Auswertungen im Normalfall nicht empfehlen.
3. Im nächsten Dialogfeld geben wir die Labels für die beiden Faktorstufen ein. Für den Wert 0 geben wir „stark" ein und für den Wert 1 „schwach" und bestätigen mit $\boxed{\text{OK}}$.

Nach Abschluss der Kodierung erstellen wir noch eine Häufigkeitstabelle der Variablen `konsument`, siehe hierzu auch Abschnitt 21.1.1:

1. Wähle folgendes Menü: **Statistik** $\longrightarrow$ **Deskriptive Statistik** $\longrightarrow$ **Häufigkeitsverteilung ...**
2. Im nächsten Dialogfeld wählt man die Variable `konsument` aus und geht auf $\boxed{\text{OK}}$.

Laut Ausgabe sind 407 schwache und 1 087 starke Konsumenten im Datensatz. Die zugehörigen Prozentanteile stehen darunter:

```
> .Table  # counts for konsument

  stark schwach
   1087     407
> round(100*.Table/sum(.Table), 2)  # [...]

  stark schwach
  72.76   27.24
```

Es bleiben also noch 16 Patienten, die aufgrund fehlender Werte nicht eingeteilt werden können. Diese werden von R bei den folgenden Auswertungen automatisch nicht berücksichtigt.

Da nun die Datengrundlage erstellt und bereinigt ist, kann man mit den eigentlichen Auswertungen beginnen. Zuerst erstellen wir uns gruppierte Säulendiagramme mit den relativen Häufigkeiten bezogen jeweils auf schwache und starke Konsumenten, vgl. Abschnitt 21.2.3 für mehr Details zu diesem Diagrammtyp. Ausführlich über die grafische und deskriptive Darstellung dieser Art von Daten wird auch in Kapitel 7 berichtet.

---

**Programmbeispiel 15.8** Wie unter anderem in Abschnitt 21.2.3 erwähnt, kann man nicht den R-Commander zur Erstellung von Säulendiagrammen dieses Typs verwenden. Wir geben die nötigen Befehle daher im Skriptfenster ein:

```
tab <- table(krebsdaten.teil$tumordiff,
   krebsdaten.teil$konsument)
barplot(prop.table(tab, 2) * 100, xlim = c(0, 3),
   legend = TRUE, main = "Tumordifferenzierung")
```

Im ersten Schritt wird mit der Funktion `table()` eine Häufigkeitstabelle für die Variablen `tumordiff` und `konsument` erstellt. Von diesen absoluten Häufigkeiten berechnet man dann mit `prop.table()` relative Häufigkeiten und erstellt auf Basis dieser Zahlen mit der Funktion `barplot()` ein Säulendiagramm, wie in Abb. 15.9 oben rechts zu sehen ist. Die Erstellung der anderen dort gezeigten Diagramme verläuft vollkommen analog zum eben gezeigten. Natürlich würde es sich hier auch anbieten, Kreuztabellen mit den absoluten und relativen Häufigkeiten ausgeben zu lassen. Darauf verzichten wir aber an dieser Stelle, da dies später in Programmbeispiel 15.12 nachgeholt wird.

---

Betrachtet man die einzelnen Diagramme in Abb. 15.9 sieht man, dass es Unterschiede im Krankheitsbild zwischen den starken und schwachen Konsumenten gibt. Jedoch sind diese nicht so ausgeprägt, wie man dies im ersten Moment vielleicht erwartet hätte. Am deutlichsten sind diese bei den Lymphmetastasen zu erkennen.

An dieser Stelle sollte man mit den Schülern in eine Diskussion einsteigen, ob man aus den Ergebnissen bereits Schlussfolgerungen ziehen kann. Die Meinungen werden hier vermutlich sehr unterschiedlich sein. Wichtig ist jetzt die Schüler auf den Gedanken zu bringen, dass man objektive Kriterien benötigt, um diese Frage zu klären. Dies führt zum $\chi^2$-Test, den wir in Kapitel 7.4 eingeführt haben und dessen Grundlagen zusammen mit der grundlegenden Testtheorie man nun mit den Schülern besprechen sollte.

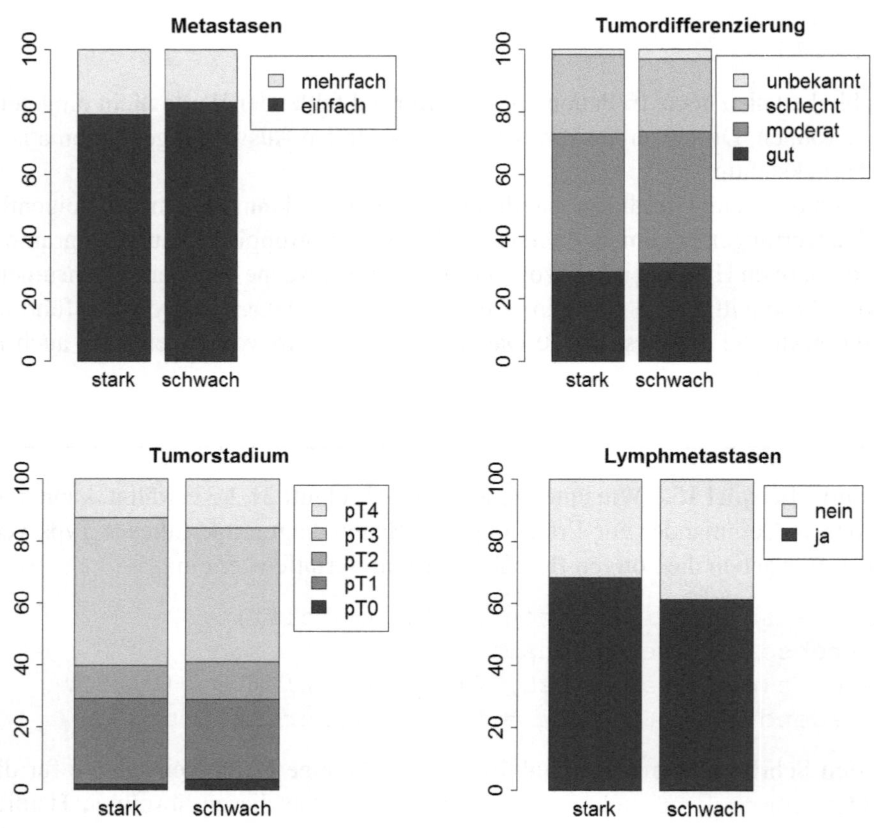

**Abb. 15.9** Säulendiagramme zur Untersuchung des Zusammenhangs zwischen dem Alkohol- bzw. Tabakkonsum und dem Auftreten von Metastasen (oben links), der Tumordifferenzierung (oben rechts), dem Tumorstadium (unten links) und dem Auftreten von Lymphmetastasen (unten rechts).

Wir schlagen vor, die Einführung anhand des konkreten Beispiels, dem Konsumverhalten und den Lymphmetastasen machen. Dazu sollte man die Kreuztabelle wie in Tabelle 15.10 angeben.

**Tabelle 15.10** Kreuztabelle zur beispielhaften Einführung des $\chi^2$-Test.

|  | Lymphmetastasen | | |
|---|---|---|---|
|  | ja | nein | Gesamt |
| Schwache Konsumenten | $n_{A,B}$ | $n_{A',B}$ | $n_B$ |
| Starke Konsumenten | $n_{A,B'}$ | $n_{A',B'}$ | $n_{B'}$ |
| Gesamt | $n_A$ | $n_{A'}$ | $n$ |

Man kann nun in folgenden Schritten vorgehen:

1. Man nehme an, die Wahrscheinlichkeit für Lymphmetastasen sei durch P(A)=p und die für schwache Konsumenten durch P(B)=q gegeben. Dann kann man die Vierfeldertafel 15.10 unter der Voraussetzung der Unabhängigkeit mit den entsprechenden Wahrscheinlichkeiten anstatt der Fallzahlen ausfüllen lassen, siehe auch Abschnitt 7.1.1.

2. Man nimmt die real vorliegenden relativen Häufigkeiten $h_n(A)$ und $h_n(B)$ und betrachtet diese als Wahrscheinlichkeiten. Dies ist (zumindest bei großen Fallzahlen, wie im aktuellen Beispiel) eine naheliegende Annahme. Mit diesen Werten füllt man die „ideale" Vierfeldertafel in Analogie zum 1. Schritt mit konkreten Zahlen aus.

3. Man überlegt, welche möglichen Maße für die Abweichung zwischen den tatsächlich beobachteten Häufigkeiten in der Vierfeldertafel aus Tabelle 15.10 und den „idealen" relativen Häufigkeiten aus Schritt 2 vorstellbar sind, z.B. die quadratische Abweichung

$$\left(n_{A,B} - \frac{n_A \cdot n_B}{n}\right)^2 + \left(n_{A',B} - \frac{n_{A'} \cdot n_B}{n}\right)^2$$
$$+ \left(n_{A,B'} - \frac{n_A \cdot n_{B'}}{n}\right)^2 + \left(n_{A',B'} - \frac{n_{A'} \cdot n_{B'}}{n}\right)^2$$

4. Man gibt das spezifische Maß

$$T = \frac{\left(n_{A,B} - \frac{n_A \cdot n_B}{n}\right)^2}{\frac{n_A \cdot n_B}{n}} + \frac{\left(n_{A',B} - \frac{n_{A'} \cdot n_B}{n}\right)^2}{\frac{n_{A'} \cdot n_B}{n}}$$
$$+ \frac{\left(n_{A,B'} - \frac{n_A \cdot n_{B'}}{n}\right)^2}{\frac{n_A \cdot n_{B'}}{n}} + \frac{\left(n_{A',B'} - \frac{n_{A'} \cdot n_{B'}}{n}\right)^2}{\frac{n_{A'} \cdot n_{B'}}{n}}$$

zusammen mit der Tatsache an, dass dieses approximativ einer bestimmten Verteilung, der $\chi^2$-Verteilung folgt, siehe auch Kapitel 7.4. Diese Verteilung kann man anhand geeigneter Plots der Verteilungs- oder Dichtefunktionen noch genauer darstellten, siehe z.B. Abb. 3.10.

5. Nun konstruiert man einen Signifikanztest mit der Testgröße $T$. Dies wird motiviert über die Fragestellung, ab wann die Hypothese der Unabhängigkeit abgelehnt wird. Mit dem $(1 - \alpha)$-Quantil $\chi^2_{1;1-\alpha}$ der $\chi^2$-Verteilung mit einem Freiheitsgrad, erfolgt die Festlegung des kritischen Bereichs

$$\mathcal{K} = [\chi^2_{1;1-\alpha}, \infty)$$

Die Freiheitsgrade sind dabei abhängig von der Anzahl der Ausprägungen der beteiligten Variablen.

6. Jetzt werden wieder die Begriffe Fehler 1. und 2. Art eingeführt, sowie der $p$-Wert, da dieser von R bei den konkreten Berechnungen angegeben wird. Zudem sollte man auch wieder auf das übliche $\alpha$-Niveau von 5% hinweisen.

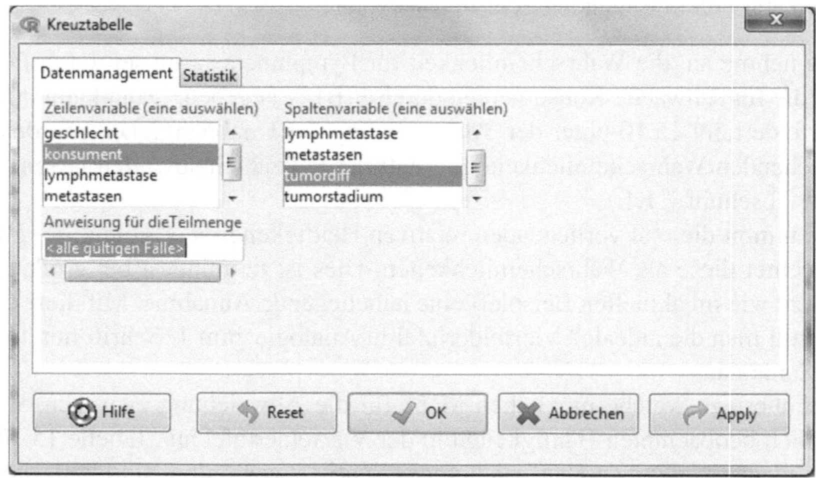


**Abb. 15.11** Dialogfeld zur Berechnung des $\chi^2$-Tests für die Tumordifferentiation und den Alkohol- und Tabakkonsum.

**Programmbeispiel 15.12** Wir möchten in diesem Programmbeispiel den $\chi^2$-Test beispielhaft an der Tumordifferentiation vorstellen.

1. Gehe im Menü auf **Statistik** $\longrightarrow$ **Kontingenztabellen** $\longrightarrow$ **Kreuztabelle ...**
2. Es öffnet sich ein neues Dialogfeld wie in Abb. 15.11 zu sehen. Dort aktivieren wir im Feld *Zeilenvariable* links oben die Variable `konsum` und im Feld daneben die Variable `tumordiff`.
3. Um auch eine Tabelle mit relativen Häufigkeiten anzeigen zu lassen, geht man auf „Statistik” und aktiviert unter *Berechne Prozente* die Einstellung *Zeilenprozente* und geht zum Schluss auf $\boxed{\text{OK}}$.

Die Ergebnisse (Häufigkeitstabellen und $\chi^2$-Test) werden im Ausgabefenster angezeigt:

```
> .Table
         tumordiff
konsument gut moderat schlecht unbekannt
    stark    311      481       277        18
    schwach 128      172        95        12


> rowPercents(.Table) # Row Percentages
             tumordiff
konsument   gut moderat schlecht unbekannt Total Count
    stark   28.6    44.3     25.5       1.7   100  1087
    schwach 31.4    42.3     23.3       2.9   100   407


> .Test <- chisq.test(.Table, correct=FALSE)

> .Test


        Pearson's Chi-squared test

data:  .Table
X-squared = 4.0892, df = 3, p-value = 0.252
```

Die Berechnung der Testergebnisse für die anderen drei Variablen verläuft ganz analog, weshalb wir diese dem Leser als Aufgabe überlassen. Wie man an dem $p$-Wert erkennt, ist dieser mit 0.252 größer als 0.05, es liegt also kein signifikanter Zusammenhang zwischen der Tumordifferentiation und dem Alkohol- und Tabakkonsum vor. Führt man den $\chi^2$-Test für die drei anderen Variablen `metastasen`, `tumorstadium` und `lymphmetastase` durch, ergibt sich nur bei dem Auftreten von Lymphmetastasen ein signifikantes Ergebnis ($p = 0.0114$). Somit liegt bei einer der 4 Variablen zur Krankheitsschwere ein signifkanter Einfluss des Alkohol- und Tabakkonsums vor. Ist man im Rahmen der Untersuchungen hauptsächlich daran interessiert nachzuweisen, dass Alkohol- und Tabakkonsum in irgendeiner Form einen Einfluß auf die Schwere der Krebserkrankung hat, würde es einem genügen, wenn bei mindestens einer der vier Variablen die Unabhängigkeitshypothese abgelehnt wird. Daher muss man in diesem Fall auch noch Effekte multiplen Testens beachten, siehe Abschnitt 5.5 und 8.3. Aber auch nach einer Bonferroni-Korrektur bleiben die Signifikanzen gleich.

Man erkennt an den Tabellen, dass starker Konsum die Schwere der Krankheit erhöht. Obwohl diese Einflüsse existieren, ist ihre Stärke allerdings weniger ausgeprägt als man vermuten könnte. So liegt beispielsweise der Anteil an Lymphmetastasen bei den starken Konsumenten bei $68\%$ und damit nur etwa $7\%$-Punkte über dem der schwachen Konsumenten, die zu rund $61\%$ Lymphmetastasen ausbilden.

Würde man wie oben als Alternative vorgeschlagen, eine Einteilung in starke und schwache Konsumenten jeweils über den Median vollziehen (54 g Alkohol pro Woche, unabhängig vom Geschlecht und 37 Jahre Rauchervergangenheit) und bei starken Konsumenten festlegen, dass diese über beiden Medianen liegen, so würde man sehen, dass zusätzlich die Tumordifferenzierung und die Metastasenbildung schwach signifikant beeinflusst würden. Nimmt man stattdessen das oder-Kriterium wäre die Metastasen-Bildung signifikant beeinflusst, die Tumordifferenzierung jedoch nicht. Die konkrete Durchführung der Berechnungen sei dem Leser als Aufgabe überlassen. Diese Tatsachen zeigen aber, dass hier durchaus andere Schwellenwerte als die aus der Literatur abgeleiteten entscheidend für den Krankheitsverlauf sein können.

Einen ganz simplen Zusammenhang, dass bei geringem Konsum auch die Krankheit immer leicht verläuft, gibt es leider nicht. Es scheinen noch viele weitere Faktoren, die in der Untersuchung nicht betrachtet wurden, einen Einfluss auf den Krankheitsverlauf zu haben. Diese zu ermitteln ist allerdings Aufgabe eines Mediziners, die Arbeit des Statistikers würde sich daran anschließen.

Zu beachten ist auch noch, dass man den gemeinsamen Einfluss des Alkohol- und Tabakkonsums untersucht hat. Es ist ja auch denkbar, dass nur einer der beiden einen Einfluss auf den Krankheitsverlauf hat. Dies zu untersuchen ist eine mögliche Variante, siehe Abschnitt 15.4.

Zum Abschluss lohnt es sich noch kurz mit den Schülern zu diskutieren, wie übertragbar die gefundenen Ergebnisse sind. Man hat Patienten einer Klinik in Tokio untersucht, insbesondere da die Krankheit in Ostasien wesentlich verbreiteter ist. Kann man diese Ergebnisse ohne weiteres auf Patienten in Deutschland oder der ganzen Welt übertragen? Diese Frage wird man mit den Schülern nicht beantworten können, man kann jedoch das Bewusstsein für die vorhandenen Probleme schärfen.

In Tabelle 15.13 möchten wir noch einen kurzen Überblick über die einzelnen Abläufe des Projektes, sowie eine grobe Zeitschätzung geben.

**Tabelle 15.13** Ablaufplan für das Krebsdatenprojekt.

| Nr. | Schritt | Zeit |
|---|---|---|
| 1 | Erklärung Aufgabenstellung des Projektes und organisatorischer Ablauf | 30 min. |
| 2 | Informationen zu Speiseröhrenkrebs | 30 min. |
| 3 | Brainstorming zu relevanten Daten | 15 min. |
| 4 | Vorstellung des Datensatzes | 15 min. |
| 5 | Bereinigung des Datensatzes | 30 min. |
| 6 | Definition starke und schwache Konsumenten | 30 min. |
| 7 | Explorative Analysen | 45 min. |
| 8 | Einführung $\chi^2$-Unabhängigkeitstest | 45 min. |
| 9 | Durchführung $\chi^2$-Unabhängigkeitstest | 30 min. |
| 10 | Interpretation der Ergebnisse | 30 min. |
| | Gesamt | 300 min. |

## 15.4 Varianten

Von dem in Abschnitt 15.3 beschriebenen Projektablauf sind zahllose Varianten denkbar, insbesondere wenn die verfügbare Zeit nicht ausreicht oder mehr Zeit zur Verfügung steht. Einige der Möglichkeiten wollen wir hier ansprechen.

▶ Wie schon oben beschrieben können verschiedene Definitionen zur Einteilung in starke und schwache Konsumenten vorgenommen werden. Entweder kann eine der alternativen Definitionen verwendet oder die Klasse kann in zwei oder mehrere Teams aufgeteilt werden. Jedes Team führt dann die Untersuchungen mit einer jeweils anderen Definition von „stark" und „schwach" durch. Folgende Möglichkeiten wären vorstellbar:

— Man findet durch eine Internetrecherche heraus, welche weiteren vorgeschlagenen Einteilungen in „starke" und „schwache" Alkohol- und Tabakkonsumenten es gibt. Man wählt eine Definition aus, die bei den vorhandenen Daten angewendet werden kann, und führt die obigen Untersuchungen durch. Dann vergleicht man, ob sich unterschiedliche Endergebnisse mit unterschiedlichen Interpretationen ergeben. Wenn ja, sollte man sich überlegen, wie die bisherigen Ergebnisse und die der einzelnen Gruppen zu bewerten sind.

— Man nimmt die Einteilung in „starke" und „schwache" Alkohol- und Tabakkonsumenten über die im Text vorgeschlagene Methode mit Hilfe des Medians vor (d.h. als starker Konsument gilt jemand, der eine längere Rauchervergangenheit hat als der Median des Datensatzes oder der mehr Alkohol pro Woche konsumiert als der Median des Datensatzes). Anschließend führt man die obigen Untersuchungen analog durch. Ebenso kann man die Resultate prüfen, wenn man als starker Konsument über beiden Medianen liegen muss. Die Ergebnisse sind in Abschnitt 15.3 bereits grob angesprochen worden.

— Man überlegt oder recherchiert eine Definition, die die Patienten nur bezüglich des Alkoholkonsums in starke und schwache Konsumenten einteilt und untersucht den alleinigen Einfluss des Alkoholkonsums auf den Krankheitsverlauf. Man kann zudem analog vorgehen, um den Einfluss des Tabakkonsums zu untersuchen. Die Frage ist, ob die bisherige Betrachtung, bei der beide Rauschmittel gemeinsam betrachtet wurden, relevante Erkenntnisse überdeckt hat?

▶ Man untersucht, ob das Geschlecht des Patienten einen Einfluss auf den Krankheitsverlauf hat.

▶ Man überlegt sich weitere Fragestellungen und Zusammenhänge, die man mittels eines $\chi^2$-Tests an dem Datensatz untersuchen kann und führt diese durch. Beispielsweise: Gibt es einen Zusammenhang zwischen dem Alkohol- und dem Tabakkonsum? Was wäre bei der Interpretation der Ergebnisse hier zu beachten?

▶ Bei jüngeren Schülern muss man die Herleitung des $\chi^2$-Tests und seine Anwendung weglassen. Hier sollte man sich bei der Auswertung auf Häufigkeitstabellen und Diagramme konzentrieren.

Natürlicherweise sollte man das Thema in Kooperation mit dem Biologieunterricht durchführen. Insbesondere könnte zur inhaltlichen Einführung eine Stunde des Biologieunterrichtes durch den entsprechenden Kollegen dem Thema Krebs aus biologischer Sicht gewidmet werden, mit einem Fokus auf die spezielle Form des Speiseröhrenkrebses.

Die Materialen für dieses Projekt sind recht übersichtlich. Es genügen aus unserer Sicht

▶ Rechner mit EXCEL und R-Installation
▶ Dokumentationsmaterial (Papier, Stifte)

## Literatur

1. Bryant, A., Cerfolio, R.J. (2007) Differences in epidemiology, histology, and survival between cigarette smokers and never-smokers who develop non-small cell lung cancer. *Chest.* **132**(1), S. 185-192.
2. Herold, G., (2009) Innere Medizin. Herold.
3. Janjigian, Y.Y., McDonnell, K., Kris, M.G., Shen, R,. Sima, C.S., Bach, P.B., Rizvi, N.A. und Riely, G.J. (2010) Pack Years of Cigarette Smoking as a Prognostic Factor in Patients with Stage IIIB/IV Non-Small Cell Lung Cancer, *Cancer* **116**(3), S. 670-675.
4. Mannino, D.M. (2011) Cigarette smoking and other risk factors for lung cancer, *UptoDate*, Topic 4640, Version 25.0
5. Schütze, M., Boeing, H., Pischon, T., Rehm, J., Kehoe, T., Gmel, G., Olsen, A., Tjønneland, A.M., Dahm, C.C., Overvad, K., Clavel-Chapelon, F., Boutron-Ruault, M.-C., Trichopoulou, A., Benetou, V., Zylis, D., Kaaks, R., Rohrmann, S., Palli, D., Berrino, F., Tumino, R., Vineis, P., Rodriguez, L., Agudo, A., Sannchez, M.-J., Dorronsoro, M., Chirlaque, M.-D., Barricarte, A., Peeters, P.H., van Gils, C.H., Khaw, K.-T., Wareham, N., Allen, N.E., Key, T.J., Boffetta, P., Slimani, N., Jenab, M., Romaguera, D., Wark, P.-A., Riboli, E. und Bergmann, M. M., (2011) Alcohol attributable burden of incidence of cancer in eight European countries based on results from prospective cohort study, *British Medical Journal* **342**, d1584
6. Wolin, K.Y., Colditz, G.A. (2013) Cancer prevention, *UptoDate*, Topic 6893, Version 41.0

# Kapitel 16
# Topmanagergehälter im Vergleich – Wer „verdient" sein Geld wirklich?

Die vielseitige Anwendbarkeit der Statistik im Unterricht möchten wir in diesem Abschnitt anhand eines weiteren Schülerprojektes zeigen, das diesmal aus dem Bereich der Wirtschaftswissenschaften kommt. Es wurde im Jahr 2009 im Rahmen der Schülerprojekttage Mathematik an der Universität Würzburg durchgeführt. Wir bedanken uns bei Maria-Lena Göbel, Susanne Will, Rebecca Weidner, Lukas Stark, Felix Keidel und Konrad Winkel für die engagierte Teilnahme an dem Projekt.

## 16.1 Hintergründe und Themenstellung

In den letzten Jahren war die Finanzkrise mit der Insolvenz von Banken, dem Absturz von Börsen und schweren Rezessionen in vielen Ländern sowie der Krise des Euro eines der beherrschenden Themen. Für viele Menschen gibt es eine Personengruppe, die eine besondere Schuld an dieser Krise trägt: die Manager. Dies zeigt sich beispielsweise an der Aussage von Peter Struck (SPD): "Diese Herren haben getan als spielten sie ein gewaltiges Monopoly."[1] In der Tat hatten sich die Gehälter der Manager in den vergangen Jahren so stark erhöht, dass diese von vielen als „soziales Übel"[2] (Jean-Claude Juncker, damaliger Vorsitzender der Euro-Gruppe) wahrgenommen wurden. Zur Verdeutlichung einige Beispiele von Managerverdiensten aus dem Jahr 2007[3]:

- ▶ Wendelin Wiedeking (Porsche): 72.6 Mio. €
- ▶ Joseph Ackermann (Deutsche Bank): 13.8 Mio. €
- ▶ Dieter Zetsche (Daimler): 9.6 Mio. €

---

[1] http://www.focus.de/finanzen/boerse/finanzkrise/managergehaelter-staatlich-verfuegte-bescheidenheit_aid_341393.html

[2] http://www.faz.net/aktuell/wirtschaft/wirtschaftspolitik/goldene-handschlaege-eu-debattiert-ueber-hohe-managergehaelter-1549258.html

[3] http://www2.wiwi.hu-berlin.de/institute/im/_html/mm%20Studie%202007%20Heft%20Juni%202008.pdf

Im Rahmen des Projektes soll keine Grundsatzdiskussion über die absolute Höhe der Gehälter und die damit verbundene Lücke zum normalen Arbeitnehmer geführt werden. Auch wollen wir die Gründe für die Finanzkrise und Wege aus der Krise nicht erörtern.

Stattdessen interessieren uns andere Aspekte. Wir wollen überprüfen, ob die Gehälter in Relation zu der Entwicklung der geführten Unternehmen stehen und die Manager ihr Geld tatsächlich durch Leistung verdient haben. Wir wollen also Antworten finden auf Fragen wie:

▶ Haben erfolgreiche Manager auch wirklich ein höheres Gehalt?
▶ In welchen Unternehmen haben die Manager ihr Gehalt auch wirklich verdient und in welchen nicht?
▶ Waren manche Manager vielleicht sogar unterbezahlt?

## 16.2 Erwartungshorizont und Vorkenntnisse

Um die oben gestellten Fragen beantworten zu können, erwarten wir von den Schülern, dass sie Antworten auf folgende Fragen finden:

▶ Wie setzt sich ein Managergehalt zusammen?
▶ Wie misst man den Erfolg eines Unternehmens?
▶ Wie bringt man Managergehalt und Unternehmenserfolg in Verbindung?

Hierzu sollen insbesondere Kennzahlen zur Bestimmung des Unternehmenserfolges besprochen werden. Der Zusammenhang soll durch Korrelationsanalysen (grafisch und rechnerisch) untersucht werden. Im Laufe des Projektes werden folgende statistische Elemente zum Einsatz kommen:

▶ Histogramme
▶ Scatterplots
▶ Mittelwerte / Mediane
▶ Korrelation

Alle diese Elemente können im Laufe des Projektes eingeführt werden. Damit sind die Ansprüche an Vorkenntnisse geringer als bei den zuvor beschriebenen Projekten. Auch steht wie in Kapitel 15 nicht die selbständige Erstellung eines Datensatzes im Vordergrund, sondern die Bearbeitung eines gegebenen Datensatzes zur Beantwortung der Projektfragestellung.

## 16.3 Projektablauf

Das Projekt beginnt mit der Besprechung von Zeitungsartikeln oder mit dem gemeinsamen Anschauen von Nachrichtensendungen, die sich mit der Thematik der Managergehälter beschäftigen. Dadurch sollen die Schüler sogleich auf eine wichtige Fragegestellung geführt werden, nämlich, wie sich ein Managergehalt eigentlich zusammensetzt. Ein Managergehalt besteht üblicherweise aus zwei Komponenten:

▶ **Fixer Anteil (ca. 35%):** Dieser besteht aus dem Festgehalt, Pensionszahlungen und Nebenleistungen und ist vertraglich von Anfang an festgelegt. Solch ein Bestandteil ist ein Anreiz neue hoch qualifizierte Mitarbeiter zu gewinnen, stellt aber für einen Manager keine Motivation dar in einem schon bestehenden Arbeitsverhältnis besondere Leistungen zu erbringen.

▶ **Variabler Anteil (ca. 65%):** Dieser Anteil besteht aus Bonuszahlungen und aktienbasierten Zahlungen, z.B. über Optionsscheine. Er stellt einen hohen Leistungsanreiz dar, da er je nach Erfolg und Aktivität variieren können. Der Nachteil besteht allerdings darin, dass diese Boni häufig zu kurzfristigem Denken verleiten und die langfristigen Wirkungen von Managemententscheidungen auf ein Unternehmen in den Hintergrund rücken.

Für die Bemessung des Unternehmenserfolges sind folgende Kennzahlen gängig, die man z.B. im Rahmen eines Arbeitsblattes besprechen kann:

▶ **Umsatz:** Dieser stellt die in einem fixen Zeitraum vorhandenen Einnahmen eines Unternehmens dar. Dabei handelt es sich nicht um den Gewinn.

▶ **EBIT (Earnings Before Interest and Taxes):** Dieser stellt den Umsatz vermindert um die Kosten des operativen Geschäfts (wie Mitarbeitergehälter, Produktionskosten, Mieten etc.) dar. Nicht beinhaltet in den Kosten sind Zinsen auf geliehenes Kapital und Steuern. Der EBIT ist eine zentrale Größe in der Bemessung des Erfolges von Unternehmen und kann auch über verschiedene Branchen hinweg zum Vergleich verwendet werden.

▶ **ROIC (Return on Invested Capital):** Dieser ist definiert als

$$\frac{\mathrm{EBIT}(1 - \mathrm{Steuersatz})}{\mathrm{Investiertes\ Kapital}}$$

und stellt analog zu dem in Abschnitt 8.2 definierten RoI eine Verzinsung des eingesetzten Kapitals dar.

▶ **TSR (Total Shareholder Return, Aktienrendite):**

$$\frac{(\mathrm{Endaktienkurs} - \mathrm{Anfangsaktienkurs}) + \mathrm{Dividenden}}{\mathrm{Anfangsaktienkurs}}$$

Die einzelnen Bestandteile sind dabei über einen festen Zeitraum, beispielsweise ein Jahr, zu betrachten. Der TSR ist stark abhängig von spekulativen Entwicklungen an den Börsen und kein nachhaltiges Erfolgskriterium, da es dazu verleitet den Aktienkurs kurzfristig in Höhe zu treiben, indem man z.B. einen Stellenabbau ankündigt. Dennoch hängen viele Managerboni von dieser Erfolgsgröße ab, was bei Unternehmen zu sehr kurzsichtigen Entscheidungen führte, die auch als ein Auslöser der Finanzkrise gesehen werden.

Nach diesen theoretischen Einführungen sollte die Vorstellung der Datensätze, die die oben beschriebenen Kennzahlen für reale Personen und Unternehmen enthalten, erfolgen. Diese kann man entweder in EXCEL oder in R einführen.

| | Unternehmen | gehalt.fix.06 | gehalt.variabel.06 | gehalt.fix.07 | gehalt.variabel.07 |
|---|---|---|---|---|---|
| 1 | Adidas | 5871.00 | 2643.00 | 1598.00 | 3555.00 |
| 2 | Adidas | 1677.00 | 1037.00 | 826.00 | 1337.00 |
| 3 | Adidas | 1506.00 | 1260.00 | 792.00 | 1360.00 |
| 4 | Adidas | 3174.00 | 510.00 | 836.00 | 1910.00 |
| 5 | BASF | 2081.00 | 2891.00 | 1747.00 | 3972.00 |
| 6 | BASF | 1001.00 | 1921.00 | 985.00 | 2641.00 |
| 7 | BASF | 1284.00 | 1446.00 | 1289.00 | 1986.00 |
| 8 | BASF | 1934.00 | 1232.00 | 2152.00 | 1986.00 |
| 9 | BASF | 1212.00 | 1446.00 | 1301.00 | 1986.00 |
| 10 | BASF | 1268.00 | 1423.00 | 1298.00 | 1986.00 |
| 11 | BASF | 1414.00 | 1414.00 | 1071.00 | 1658.00 |
| 12 | BASF | 1205.00 | 1446.00 | 1273.00 | 1986.00 |
| 13 | BASF | 1230.00 | 1446.00 | 1250.00 | 1986.00 |
| 14 | Bayer | 1520.93 | 1793.00 | 1125.10 | 2468.05 |
| 15 | Bayer | 2415.57 | 1217.00 | 1352.83 | 1582.95 |
| 16 | Bayer | 2338.42 | 879.15 | 865.61 | 1384.40 |
| 17 | Bayer | 847.14 | 974.00 | 839.69 | 1272.36 |
| 18 | BMW | 843.71 | 3387.90 | 1164.51 | 4708.80 |
| 19 | BMW | 204.01 | 784.80 | 724.58 | 2394.90 |
| 20 | BMW | 475.99 | 1818.30 | 473.13 | 1818.30 |

**Abb. 16.1** Die ersten 20 Beobachtungen des Datensatzes managergehaelter geöffnet mit dem R-Commander.

**Programmbeispiel 16.2** Die zur Verfügung stehenden Datensätze stammen aus den Jahren 2006 und 2007[4]. Der Datensatz managergehaelter beinhaltet Managervergütungen aller Vorstandsmanager (insgesamt 143) der 23 ausgewählten DAX30-Unternehmen, wobei die Einheit Tausend Euro beträgt. Dabei wurden Banken mangels Daten ausgenommen. Um in die Analyse aufgenommen zu werden, mussten die Manager sowohl 2006 als auch 2007 im Unternehmen beschäftigt gewesen sein. Für Manager, die nicht über die vollen zwei Jahre im Unternehmen waren, weil diese z.B. erst Mitte 2006 eingestellt wurden, wurde das Gehalt linear auf ein volles Jahr hochgerechnet. Im Datensatz unternehmenserfolg liegen Daten zur Beschreibung des Erfolges der Unternehmen nach den obigen Kennzahlen vor. Die Einheit von Umsatz und EBIT beträgt dabei Millionen Euro. Um die beiden Datensätze in Verbindung zu bringen, müssen die folgenden beiden Programmschritte durchgeführt werden:

---

[4] Wir bedanken uns bei Stephanie Linder für die Bereitstellung der im Rahmen ihrer Diplomarbeit erhobenen Daten.

(i) Die Gehälter der Manager müssen für jedes Unternehmen zusammengefasst werden. Dazu werden für jedes Unternehmen die Werte der einzelnen Manager gemittelt.

(ii) Um Gehälter und Unternehmenskennziffern in Zusammenhang zu bringen, werden die in (i) berechneten komprimierten Daten und der Datensatz `unternehmenserfolg` zusammengefügt.

Für Punkt (i) werfen wir zuerst mit dem R-Commander einen Blick auf den Datensatz, wie in Abb. 16.1 (siehe Abschnitt 20.2 zur Durchführung dieses Schritts). Die ungleichen Beobachtungszahlen für jedes Unternehmen ergeben sich einfach daraus, dass die Anzahl der Vorstände nicht in allen Konzernen gleich sind. Um dies zu vereinheitlichen und jedes Unternehmen nur durch einen Wert darzustellen, müssen wir eine zusammenfassende Statistik für jede Gehaltskomponente errechnen. Dies bezeichnet man auch als **Aggregation** von Daten, als Statistik wählen wir hier das arithmetische Mittel, obwohl hier auch der Median durchaus gerechtfertigt wäre, siehe Abschnitt 16.4.

1. Aktiviere den Datensatz `managergehaelter` und gehe im Menü auf **Datenmanagement** $\longrightarrow$ **Aktive Datenmatrix** $\longrightarrow$ **Aggregate variables in active data set ...**
2. Ein Dialogfeld wie in Abb. 16.3 öffnet sich, in dem wir im rechten oberen Feld *Name for aggregated data set* den Namen `manager.agg` als neuen Datensatznamen eingeben.
3. Im Feld *Variables to aggregate* wählt man die vier Gehälter-Variablen aus, für die der aggregierte Mittelwert berechnet werden soll. Die Auswahl von mehr als einer Variablen geht dabei entweder mit gedrückter Maustaste („drag & drop") oder durch Anklicken der gewünschen Variablen bei gleichzeitig gedrückter STRG-Taste. Das Unternehmen ist bereits automatisch im Feld *Aggregate by* als Gruppierungsvariable festgelegt.
4. Unter *Statistik* könnte man noch eine andere Berechnungsmethode zur Komprimierung der Daten auswählen, beispielsweise den Median. Wir belassen es aber bei der Voreinstellung und gehen zum Abschluss auf OK .

Nach Durchführung der Rechnung wird der neue Datensatz `manager.agg` automatisch aktiviert. Wie man leicht nachprüft enthält dieser für jedes Unternehmen jetzt nur noch eine Beobachtung. Im nächsten Schritt müssen wir die beiden Datensätze `manager.agg` und `unternehmenserfolg` zusammenfügen, damit eine Analyse der obigen Fragestellungen möglich wird. Das Zusammenfügen von Daten nennt man, in Anlehnung an den englischen Begriff, **Mergen** von Daten. Im Menü des R-Commanders steht diese Funktion unter **Datenmanagement** $\longrightarrow$ **Merge data sets ...** dem Nutzer zur Verfügung. Allerdings ist das dazugehörige Dialogfeld nicht sehr flexibel, weshalb wir zum Verschmelzen der beiden Datensätze auf die Funktion `merge()` zurückgreifen und den zugehörigen Befehl direkt im Skriptfenster eingeben und ausführen. Er lautet:

```
daten.manager <- merge(manager.agg,
    unternehmenserfolg, by = "Unternehmen")
```

Die ersten beiden Argumente sind dabei die Datensatznamen. Mit dem Argument `by` gibt man in Anführungszeichen die sogenannte **Schlüsselvariable** an. Damit werden die Beobachtungen spaltenweise zusammengefügt, die in beiden Datensätzen die gleiche Ausprägung für die Schlüsselvariable besitzen. Natürlich muss man vorher beachten, dass die Variable in beiden Datensätzen exakt gleich heißt. Das Ergebnis ist nun der Datensatz `daten.manager`, der sowohl die Gehälter als auch die Unternehmenskennziffern aus den Jahren 2006 und 2007 enthält.

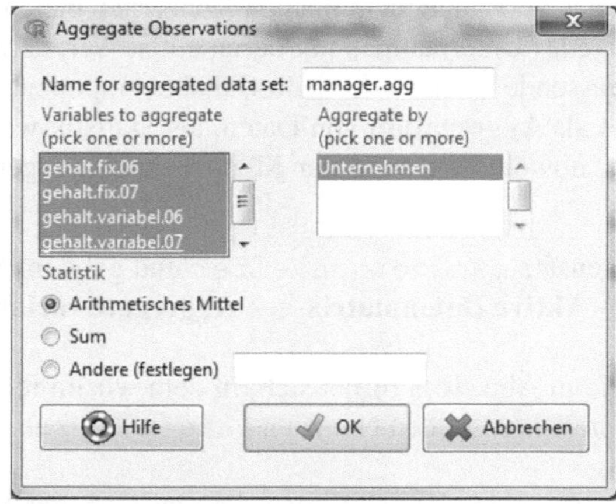

**Abb. 16.3** Dialogfeld zur Berechnung Mittelwerts der Managergehälter aggregiert nach dem Unternehmen.

Es gilt als nächstes sich die Daten gemeinsam mit den Schülern zu veranschaulichen. Dies sollte am einfachsten in kleinen Gruppen erfolgen, die gemeinsam am Rechner arbeiten. Am besten erstellt man Histogramme oder Säulendiagramme, die man in EXCEL oder auch R einfach erzeugen kann.

**Abb. 16.4** Die Schüler bei der Auswertung der Daten.

**Programmbeispiel 16.5** Zur grafischen Veranschaulichung der Daten verwenden wir beispielhaft die beiden Kennziffern EBIT und ROIC aus dem Jahr 2007. Bei der Visualisierung der anderen Messwerte geht man analog vor. Uns stehen für diese Aufgabe zwei geeignete grafische Hilfsmittel zur Verfügung. Zum einen kann man die Daten mit einem Säulendiagramm darstellen, wie dies bereits in Abschnitt 10.2.3 besprochen wurde. Dabei würden auf der x-Achse die Unternehmen abgetragen werden, was bei insgesamt 23 Unternehmen schnell unübersichtlich werden kann. Aus diesem Grund werden wir die Daten mit einem Histogramm veranschaulichen. Damit erhält man ebenso gut einen schnellen Blick auf die Verteilung der Daten und auch Informationen über mögliche Ausreißer in den Daten, die ein Anzeichen für Fehler sein können. Darüber hinaus lassen sich Histogramme mit dem R-Commander sehr einfach erstellen, siehe Abschnitt 1.2.2 für mehr Details zu diesem Thema.

1. Aktiviere den Datensatz `daten.manager` und gehe im Menü auf **Grafiken** $\longrightarrow$ **Histogramm ...**
2. Im neuen Dialogfeld wählen wir die Variable `ebit.07` aus, geben im Feld *Anzahl der Gruppen* die Zahl 10 ein, um eine geringere Bandbreite einzustellen als per Voreinstellung und gehen auf OK .
3. Zwar wird das Histogramm bereits im Grafikfenster angezeigt, wir fügen aber im zugehörigen Befehl im Skriptfenster noch das Argument

```
xlab = "EBIT 2007"
```

um die Beschriftung der x-Achse passender zu gestalten (s. Abschnitt 21.2.2). Nach erneutem Ausführen des Befehls, wird das Histogramm wie im linken Teil von Abb. 16.6 im Ausgabefenster angezeigt.

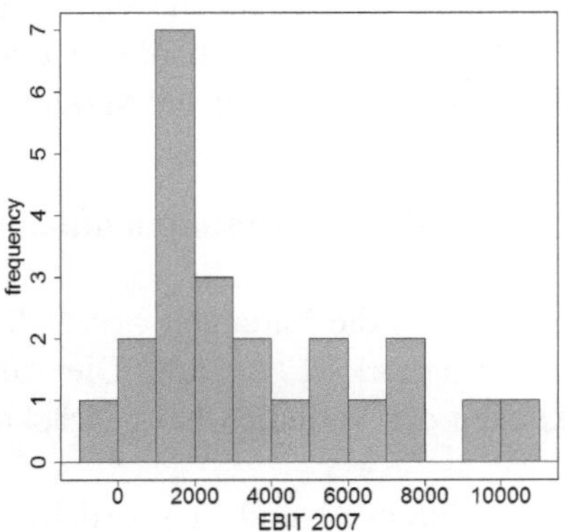


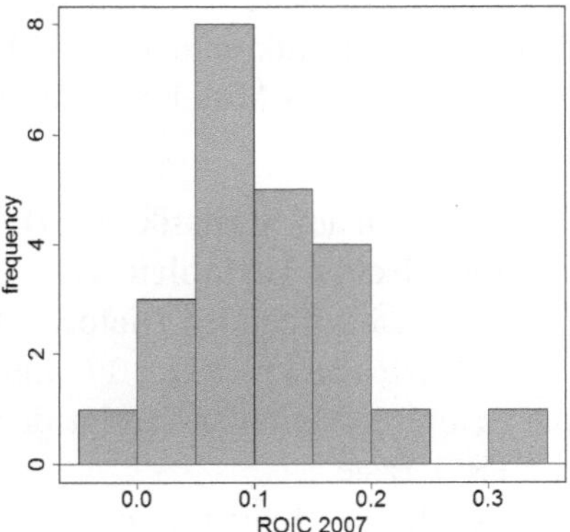


**Abb. 16.6** Histogramm für die Variablen `ebit.07` (links) und `roic.07` (rechts) aus dem Datensatz `daten.manager` mit jeweils konstanter Klassenbreite.

Man erkennt, dass sich der EBIT bei den meisten Unternehmen im Bereich von 0 bis 4 000, also von 0 bis 4 Mrd. Euro bewegt. Ein Konzern (Infineon) hat einen negativen EBIT, also einen Verlust aufzuweisen, einige Unternehmen befinden sich auch überhalb von 4 Mrd. Euro. Es ist hier kein auffällig großer bzw. kleiner Wert zu erkennen, der auf einen Fehler in den Daten hinweisen würde. Auch der ROIC aus dem Jahr 2007 im rechten Teil der Abb. 16.6, der analog wie der EBIT im obigen Programmbeispiel erstellt wird, lässt keine Rückschlüsse auf Fehler in den Daten zu.

Neben Histogrammen sollte man sich deskriptive Statistiken ausgeben lassen für ein besseres Verständnis der Daten.

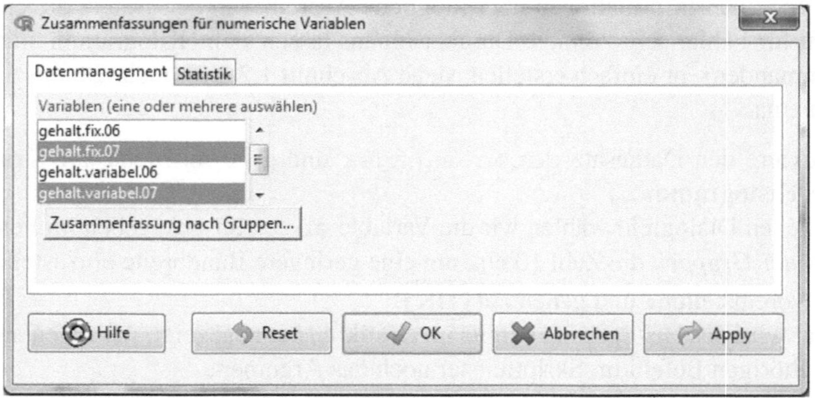

**Abb. 16.7** Dialogfeld zur Erstellung einfacher deskriptiver Statistiken für die Variablen `ebit.07`, `roic.07`, `gehalt.fix.07` und `gehalt.variabel.07` aus dem Datensatz `daten.manager`.

**Programmbeispiel 16.8** Wir beschränken uns im nächsten Programmbeispiel bei den Unternehmenskennziffern wieder nur auf den EBIT und den ROIC von 2007. Bei den Managergehältern führen wir die Berechnung beispielhaft mit dem fixen und dem variablen Einkommen von 2007 durch. Als deskriptive Statistiken wollen wir hier arithmetisches Mittel, Standardabweichung sowie Minimum und Maximum berechnen.

1. Gehe im Menü auf **Statistik** $\longrightarrow$ **Deskriptive Statistik** $\longrightarrow$ **Zusammenfassungen numerischer Variablen ...**
2. Wähle im sich öffnenden Dialogfeld (vgl. Abb. 16.7) die Variablen `ebit.07`, `roic.07`, `gehalt.fix.07` und `gehalt.variabel.07` aus. Die Auswahl mehrerer Variablen erfolgt durch Anklicken der Variablen bei gedrückter der STRG-Taste.
3. Nach Klick auf „Statistik" erkennt man, dass Mittelwert und Standardabweichung schon automatisch aktiviert sind, ebenso wie der Interquartile Range, den

wir deaktivieren. Nach Klick auf $\boxed{\text{OK}}$ werden die Statistiken im Ausgabefenster angezeigt, wobei das 0%-Quantil natürlich das Minimum und das 100%-Quantil das Maximum der Daten darstellt. In Tabelle 16.9 sind diese aufgelistet. Bei den Ergebnissen zur Standardabweichung werden die Zahlen im wissenschaftlichen Format angegeben. Die Zahl `3.008400e+03` muss man lesen als $3.0084 \cdot 10^3 = 3\,008.4$.

**Tabelle 16.9** Übersicht der deskriptiven Statistiken der beiden Unternehmenskennziffern EBIT und ROIC sowie von Fixgehalt und variablem Gehalt der Manager aus dem Jahr 2007 aus dem Datensatz `daten.manager`.

| | Kennziffer | | | |
| --- | --- | --- | --- | --- |
| | Mittelwert | Standardabweichung | Minimum | Maximum |
| EBIT 2007 in Mio. € | 3 698.82 | 3 008.40 | -184.00 | 10 860.00 |
| ROIC 2007 in Mio. € | 0.1055 | 0.0736 | -0.0348 | 0.3028 |
| Fixgehalt 2007 in Tsd. € | 1 151.53 | 379.45 | 677.42 | 1 878.43 |
| Variables Gehalt 2007 in Tsd. € | 2 153.37 | 766.50 | 279.13 | 3 279.77 |

Als Erkenntnis aus diesen ersten Analysen und den Diskussionen mit den Schülern sollte folgen, dass man nicht die Gehälter an sich mit den Unternehmenszahlen vergleichen sollte, sondern die Veränderung der Gehälter von einem Jahr auf das andere. Ebenso sollte man bei den Unternehmensgrößen die Entwicklung von einem Jahr auf das andere betrachten. Zudem sollte man besprechen, dass die Berechnung der Gehaltsmittelwerte bei den Aggregationen auf die Unternehmen in Programmbeispiel 16.2 sehr stark von Ausreißern beeinflusst sein kann. Eine Möglichkeit dem entgegen zu wirken bestünde darin, statt des Mittelwerts den Median als robusteres Lokationsmaß zu verwenden, siehe Abschnitt 16.4. Wir belassen es hier aber der Einfachheit halber beim Mittelwert und berechnen im nächsten Programmbeispiel die Entwicklung der Gehälter und der Unternehmenszahlen.

**Programmbeispiel 16.10** Da wir diese beiden Kenngrößen auch in den weiteren Beispielen des Kapitels verwenden möchten, berechnen wir die Entwicklung des EBIT und des fixen und variablen Gehalts in Form einer neuen Variablen, siehe Programmbeispiel 14.5 oder Abschnitt 20.2.2 für mehr Details. Die Analyse weiterer Unternehmenkennzahlen erfolgt analog. Um die prozentuale Veränderung der Zahlen von 2006 auf 2007 zu berechnen, bilden wir zuerst die Differenz der Werte von 2007 und 2006 und dividieren diese Zahl dann durch den Absolutwert von 2006.

1. Gehe bei aktiviertem Datensatz `daten.manager` auf **Datenmanagement** $\longrightarrow$ **Variablen bearbeiten** $\longrightarrow$ **Erzeuge neue Variable ...**

2. Für die Berechnung der prozentualen Veränderung des fixen Gehaltanteils gibt man im Dialogfeld im Feld *Neuer Variablenname* den Namen `ebit.proz` ein.

3. Im Feld *Anweisung für die Berechnung* geben wir den Befehl

```
(ebit.07 - ebit.06) / abs(ebit.06)
```

ein, wobei die beiden Variablen durch Doppelklick aus dem rechten oberen Feld ausgewählt werden können. Mit der Funktion `abs()` gehen wir auf Fälle ein, in denen ein Vorzeichenwechsel von 2006 auf 2007 stattgefunden hat. Bei den Gehältern ist dies zwar nicht der Fall, aber bei den Unternehmenskennziffern, unter anderem beim EBIT -Wert, kann dies vorkommen. Danach schließen wir die Berechnung mit Klick auf OK ab.

An den Datensatz wurde die neue Variable angehängt. Analog verfährt man mit fixem und variablem Gehalt, womit man die beiden Variablen `variabel.proz` und `fix.proz` erhält.

Nach Erstellung der Variable `ebit.proz` bemerkt man mit einem Blick in den Datensatz oder durch Erstellung von deskriptiven Statistiken, dass ein Unternehmen (Infineon) einen extremen Wert von -8.36 besitzt. Der Rückgang des Gewinns um 836 % lässt sich leicht dadurch erklären, dass das Unternehmen in 2006 einen leichten Gewinn und ein Jahr später einen Verlust erzielte. Aufgrund dieses auffällig niedrigen Werts wurde die dazugehörige Beobachtung von den weiteren Analysen ausgeschlossen. Dies erscheint gerechtfertigt, da ein extremer Ausreißer das Ergebnis stark verzerren kann. Darüber hinaus ist der Ausschluss anzuraten, da man trotz eines derart starken Gewinnrückgangs nicht von einem negativem Gehalt ausgehen kann. An dieser Stelle bietet sich auch eine Diskussion über die Zulässigkeit solcher Ausschlüsse an. Ebenso sollte man auf die Möglichkeit des Manipulierens von Ergebnissen und die Ausrichtung auf vorgefasste Meinungen hinweisen.

**Programmbeispiel 16.11** Um die extreme Beobachtung auszuschließen, lassen wir nur Beobachtungen mit einer ROIC-Änderung größer als -2 zu. Für Details zur Datenselektion siehe Abschnitt 20.4.

1. Gehe im Menü auf **Datenmanagement** ⟶ **Aktive Datenmatrix** ⟶ **Teilmenge der aktiven Datenmatrix ...**

2. Im neuen Dialogfeld geben wir unter *Anweisung für die Teilmengen* den Aufruf

```
ebit.proz > -2
```

ein und benennen unter *Name für die neue Datenmatrix* den neuen Datensatz mit den reduzierten Originaldaten mit `daten.manager.red`. Zum Abschluss gehen wir auf OK .

Die beiden Größen Gehaltsentwicklung der Manager und Entwicklung der Unternehmenszahlen sollten nun gemeinsam untersucht werden, am besten wieder grafisch über Scatterplots, die bereits in Abschnitt 1.1 ausführlich besprochen wurden.

**Programmbeispiel 16.12** Wir möchten zwei Scatterplots erzeugen, indem wir jeweils die Entwicklung der Fixgehälter und der Boni gegen die EBIT -Entwicklung plotten. Konkret kann man in R wie folgt vorgehen.

1. Gehe auf **Grafiken** $\longrightarrow$ **Streudiagramm ...**
2. Im sich neu öffnenden Dialogfeld wählen wir für die *X-Variable* die Variable `fix.proz` und für die *Y-Variable* den Eintrag `ebit.proz`.
3. Nach Klick auf die Kartei „Optionen", deaktivieren wir unter *Plot Options* alle Voreinstellungen und aktivieren bei *Bestimmen der Punkte* die Einstellung *Interactively with mouse*. Damit sind wir nach Erstellung des Plots in der Lage, einzelne Datenpunkte besser zu identifizieren.
4. Bei *Label der X-* bzw. *Y-Achse* geben wir „Fixgehalt" bzw. „EBIT " ein, den Eintrag in *Graph title* entfernen wir und gehen danach auf $\boxed{\text{OK}}$.
5. Bevor sich das Diagramm im Grafikfenster öffnet, müssen wir in einem weiteren Dialogfeld erneut auf $\boxed{\text{OK}}$ gehen. Geht man mit der Maus jetzt in das Diagrammfenster, ändert sich der Mauszeiger in ein Kreuzzeichen. Mit Linksklick auf einen Datenpunkt bekommt man die Beobachtungsnummer im zugrundeliegenden Datensatz angezeigt. Im zugehörigen Scatterplot im linken Teil von Abb. 16.13 haben wir einige Datenpunkte wie beschrieben markiert. Möchte man keine weiteren Punkte mehr kennzeichnen, klickt man mit rechts auf die Grafik und wählt im erscheinenden Menü die Einstellung **Stopp**.

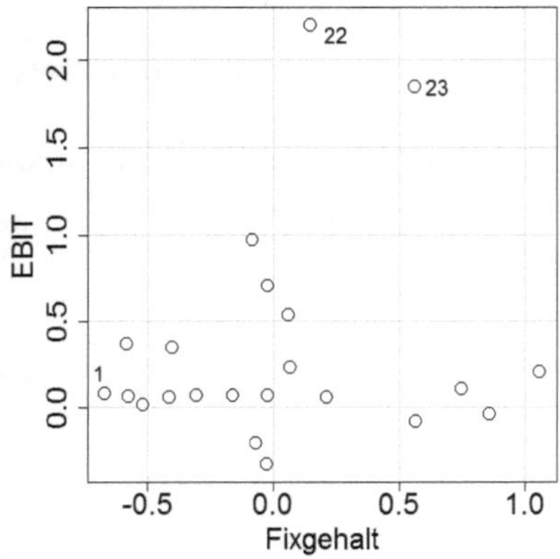
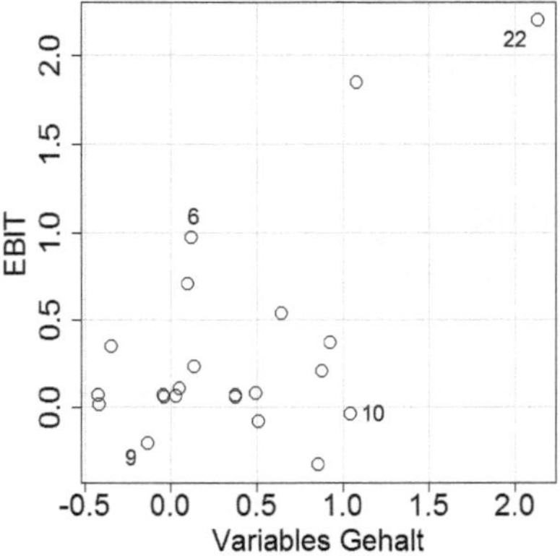

**Abb. 16.13** Scatterplot für die prozentuale Änderung des Fixgehalts (links) und variablen Gehalts (rechts) gegen die prozentuale Änderung des EBIT -Werts.

Bei einem Scatterplot mit der Änderung des variablen Gehalts gegen die Änderung des EBIT ergibt sich das Diagramm in Abb. 16.13 rechts. Man geht bei der Erstellung und der Markierung einzelner Diagrammpunkte analog wie in Programmbeispiel 16.12 beschrieben vor.

Grundsätzlich gibt es bei den Plots drei Fälle, die sich ergeben können:

► Positive Entwicklung, d.h. mit einem gesteigerten Gehalt eines Managers steigt auch der EBIT eines Unternehmens.
► Negative Entwicklung, d.h. obwohl das Gehalt eines Managers steigt, sinkt der EBIT eines Unternehmens.
► kein Zusammenhang erkennbar.

Bei den Schülern werden sich nun Diskussionen entwickeln, welche Zusammenhänge bei den Grafiken jetzt zu erkennen sind. Ziel sollte es sein das Verständnis zu wecken, dass ein objektives Kriterium in Form einer Kennzahl zu entwickeln ist, welche die Grafiken zusammen fasst und eine Einschätzung gibt, in welchem der drei Fälle man sich befindet.

Die Kennzahl, die sich hier am besten eignet, ist die Korrelation (siehe Abschnitt 4.2.1)

$$r := \frac{\sum_{i=1}^{n}(x_i - \bar{x}_n)(y_i - \bar{y}_n)}{\sqrt{\sum_{i=1}^{n}(x_i - \bar{x}_n)^2 \cdot \sum_{i=1}^{n}(y_i - \bar{y}_n)^2}} \tag{16.1}$$

Dabei seien $x_1, \ldots, x_n$ die Entwicklungen der Managergehälter und $y_1, \ldots, y_n$ die Entwicklungen einer Unternehmenskennzahl. Man sollte mit den Schülern besprechen, warum diese Kennzahl in der Lage ist, den (linearen) Zusammenhang zwischen zwei Größen zu erfassen. Zudem ist wichtig, dass diese Kennzahl immer zwischen $-1$ und $1$ liegt, auch wenn dies auf den ersten Blick nicht erkennbar ist. Die drei Extremfälle $r = 0$, $r = 1$ und $r = -1$ sollten natürlich auch angesprochen werden.

**Programmbeispiel 16.14** Wir wollen als nächstes zu den oben stehenden Scatterplots die dazugehörigen Korrelationen ausrechnen.

1. Gehe im Menü auf **Statistik** ⟶ **Deskriptive Statistik** ⟶ **Korrelationsmatrix ...**
2. Es öffnet sich ein neues Dialogfeld wie in Abb. 16.15. Dort wählt man im oberen Feld die drei Variablen `fix.proz`, `variabel.proz` und `roic.proz` aus und geht auf OK .

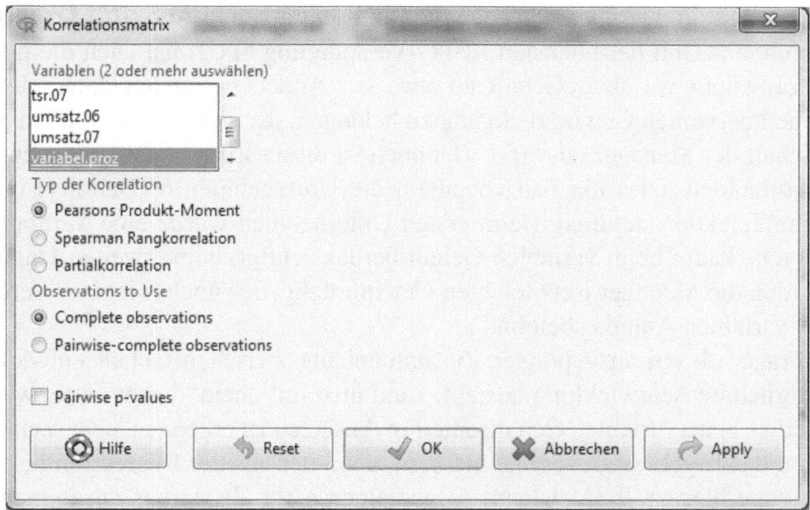

**Abb. 16.15** Dialogfeld zur Berechnung des Korrelationskoeffizienten für die Variablen
`ebit.proz`, `fix.proz` und `variabel.proz` und aus dem Datensatz `daten.manager`.


Im Ausgabefenster bekommt man Folgendes angezeigt:

```
                  ebit.proz   fix.proz variabel.proz
ebit.proz         1.0000000 0.1441947     0.5786515
fix.proz          0.1441947 1.0000000     0.3819301
variabel.proz     0.5786515 0.3819301     1.0000000
```

Die Ausgabe der Korrelationskoeffizienten erfolgt im R-Commander immer in Form
einer Matrix. Wichtig für uns sind nur die Ergebnisse in der ersten Zeile, die anderen
Zeilen enthalten lediglich den Zusammenhang zwischen der Entwicklung fixer und
variabler Gehaltsbestandteile als Zusatzinformation, was für uns hier von geringem
Interesse ist. Zum einen erkennt man, dass der Zusammenhang zwischen dem EBIT
und dem Fixgehalt mit einer Korrelation von ca. 0.14 leicht positiv, aber doch nahe
0 ist. Die Korrelation zwischen EBIT und dem variablen Gehalt ist mit 0.58 deutlich
höher.

Mit den Scatterplots und den Korrelationen haben die Schüler nun die Werkzeu-
ge, um die ursprüngliche Frage des Projektes, ob erfolgreiche Manager auch mehr
verdienen, zu beantworten. Die Korrelation sagt, dass der lineare Zusammenhang
zwischen dem Fixgehalt und dem EBIT nur sehr gering ist. Sieht man zudem von
den beiden oben gelegenen Unternehmen 22 (TUI) und 23 (Volkswagen) ab, bei
denen eine hohe EBIT -Steigerung mit einer geringen Gehaltsänderung einhergin-
gen, erkennt man in Abb. 16.13 links keinen augenscheinlichen Zusammenhang. So
hat sich beispielsweise bei Unternehmen 20 (Siemens) das Fixgehalt von 2006 auf
2007 mehr als verdoppelt, bei Unternehmen 1 (Adidas) hat sich das Fixgehalt mehr
als halbiert – und das bei annähernd gleicher Gewinnentwicklung. Eine Änderung
des Fixgehalts für Manager scheint nicht mit einer Erhöhung des Unternehmensge-
winnes einher zu gehen. Die Korrelation zwischen variablem Gehalt und EBIT ist
dagegen mit 0.58 schon höher, der Zusammenhang zwischen beiden Werten scheint

hier stärker zu sein. Dies belegen auch die Beobachtungen in Abb. 16.13 rechts, das Unternehmen 22 mit der höchsten EBIT -Veränderung (TUI) hat auch die höchste Veränderung beim variablen Gehalt aufzuweisen. Anders herum hat Unternehmen 9 (Deutsche Post) einen Gewinnrückgang zu beklagen, der sich auch durch ein geringeres Gehalt der Manager auswirkt. Dennoch ist dieser Zusammenhang auch nicht immer vorhanden. Dies machen vor allem die Unternehmen 6 (Daimler) und 10 (Deutsche Telekom) deutlich. Beim ersten Unternehmen wurde eine Verdopplung des Gewinns kaum beim variablen Gehalt berücksichtigt, beim zweiten Unternehmen wurden die Manager trotz leichten Gewinnrückgangs noch mit einer Verdopplung des variablen Anteils „belohnt".

Die Frage, ob ein ausgeprägter Zusammenhang zwischen Gehaltsentwicklung und Unternehmensentwicklung besteht, kann also mit „nein" beantwortet werden. Zwar ist dies beim variablen Gehaltsanteil in Ansätzen zu erkennen, aber nicht stark genug um das Ergebnis zu verallgemeinern, denn der aus der Regression bekannte $r^2$-Wert wäre hier ca. 0.34, was im Allgemeinen nicht als starker Zusammenhang gewertet wird (siehe Abschnitt 4.5). Zudem wäre der Zusammenhang mit einem $r^2$-Wert von ca. 0.07 deutlich geringer, würde man Unternehmen 22 weglassen. An diesem Beispiel und der Abb. 16.13 kann man auch schön erkennen, dass eine einzelne Beobachtung eine (leichte) Korrelation vortäuschen kann.

Das im Gefühl der Bevölkerung vorhandene Misstrauen bezüglich der Leistungsbezogenheit der Gehälter ist durchaus gerechtfertigt. Managergehälter scheinen von anderen Faktoren beeinflusst zu sein als der Entwicklung des Unternehmens und damit der Leistung der Manager.

Zum Abschluss unserer Darstellungen des Ablaufs möchten wir in Tabelle 16.16 noch einen kurzen Überblick über die einzelnen Teilschritte sowie eine grobe Zeitschätzung geben.

**Tabelle 16.16** Möglicher Ablaufplan für das Managerprojekt.

| Nr. | Schritt | Zeit |
| --- | --- | --- |
| 1 | Einführung in das Thema (Zeitungsberichte, Fernsehreportagen) | 30 min. |
| 2 | Darstellung Bestandteile Managerhälter | 15 min. |
| 3 | Kennzahlen Unternehmenserfolg | 30 min. |
| 4 | Einführung Datensatz und erste Transformationen | 45 min. |
| 5 | Erstellung univariater Plots | 30 min. |
| 6 | Interpretation der Ergebnisse | 15 min. |
| 7 | Erzeugung von Scatterplots | 30 min. |
| 8 | Einführung der Korrelation | 45 min. |
| 9 | Interpretation der Ergebnisse | 15 min. |
| | Gesamt | 255 min. |

## 16.4 Varianten

Einige der aus unserer Sicht sinnvollen Varianten zum Projektablauf wollen wir hier ansprechen.

▶ Um Zeit bei der Vorbereitung der Datensätze zu sparen, kann man den Schülern auch sofort den Datensatz `daten.manager`, wie er in Programmbeispiel 16.2 erstellt wurde, präsentieren und kurz darauf eingehen, wie dieser zustande gekommen ist.

▶ Wie oben bereits erwähnt, kann man in Programmbeispiel 16.2 bei der Aggregation der Vergütungsparameter des Datensatzes `managergehaelter` den Median anstelle des Mittelwertes als zusammenfassende Statistik verwenden. Dazu wählt man im Dialogfeld, wie in Abb. 16.3 zu sehen, unter *Statistik* die Einstellung *Andere (festlegen)* und gibt im freien Feld daneben den Befehl `median` ein. Im Anschluss daran erstellt man zwei neue Variablen, in denen die prozentuale Veränderung der fixen und variablen Gehälter von 2006 auf 2007 angegeben ist. Danach überprüft man analog zu Programmbeispiel 16.12, ob ein Zusammenhang zwischen den beiden Variablen und der EBIT -Änderung besteht und berechnet darüber hinaus noch die zugehörigen Korrelationkoeffizienten als Entscheidungshilfe.

▶ Man berechnet das Gesamtgehalt der Manager aus den Jahren 2006 und 2007 als Summe der beiden Gehaltskomponenten. Bei der Aggregation des Gesamtgehalts über die Unternehmen verwendet man dann den Median oder den Mittelwert als komprimierende Statistik und untersucht anschließend wieder den Zusammenhang der Gesamtgehaltsänderung mit den Änderungen der Unternehmenskennziffern EBIT, ROIC und TSR.

▶ Zusätzlich oder als Hausaufgabe stellt man den Schülern die im Datensatz `vorstandsgehaelter` vorhandenen Gesamtvergütungen der Vorstände der DAX30-Unternehmen für die Jahre 2009 bis 2011 und Angaben über Umsatz und EBIT der Unternehmen für den gleichen Zeitraum[5] zur Verfügung. Diese sollen dann mit den im Kapitel vorgestellten Methoden erneut den Zusammenhang zwischen Gehalts- und Unternehmensentwicklung untersuchen. Besonderes Augenmerk sollte hier darauf gelegt werden, ob sich die Ergebnisse aus den Jahren 2006 und 2007 bestätigen oder ob aus der Finanzkrise „gelernt" wurde.

▶ Im Rahmen einer Internetrecherche können die Schüler versuchen, an aktuellste Informationen von Manager- bzw. Vorstandsgehältern und Unternehmenserfolgszahlen der DAX30-Konzerne zu gelangen und den Zusammenhang dieser Größen zu untersuchen.

---

[5] Für die Deutsche Bank und die Commerzbank wird für den gesamten Zeitraum kein Umsatz angegeben. Für HeidelbergCement fehlen Daten für 2009, da der Konzern erst 2010 in den DAX-30 aufgenommen wurde.
Quellen:
http://www.faz.net/aktuell/wirtschaft/unternehmen/managergehaelter-dax-vorstaende-verdienen-wieder-wie-vor-der-krise-11491.html
http://de.statista.com/statistik/daten/studie/75495/umfrage/umsaetze-der-dax-konzerne/
http://www.ey.com/DE/de/About-us/Publikationen_Studien_2011

► Eine Erweiterung stellen auch mögliche Signifikanzanalysen der Korrelationen dar. Dazu muss man wie in den Kapiteln 13 und 14 das Thema Hypothesentests einführen und dann mittels des Pearson-Testes die Hypothese $r = 0$ überprüfen, vgl. [1], Kapitel 8. Dies erweitert das Projekt natürlich sowohl inhaltlich als auch zeitlich deutlich.

Es bietet sich an, das Thema in Kooperation mit dem Wirtschaftsunterricht durchführen. Speziell der Teil der Einführung der Unternehmenskennzahlen könnte z.B. im Rahmen einer Stunde des Wirtschaftsunterrichtes durch den entsprechenden Kollegen erfolgen.

Analog zum Krebsdaten-Projekt in Kapitel 15 sind die Materialen für dieses Projekt wieder recht einfach. Es genügen aus unserer Sicht erneut

► Rechner mit EXCEL oder R-Installation
► Dokumentationsmaterial (Papier, Stifte)

## Literatur

1. Hellbrück, R.P. (2011). *Angewandte Statistik mit R*, Gabler, Wiesbaden.

# Kapitel 17
# Blätter und Blattformen

Die Idee zu den im Folgenden vorgestellten Aktivitäten entstand im Rahmen der Lehrerfortbildung, die die Grundlage für dieses Buch bildet. Blätter und Blattformen geben Anlass zu einer Vielzahl von statistisch interessanten Problemstellungen. Insofern bietet die folgende Darstellung nur einen exemplarischen Ausschnitt aus den vorhandenen Möglichkeiten. In diesem Sinne sollen im vorliegenden Kapitel auch eher wichtige Hintergrundinformationen und Anregungen zu Projektaktivitäten als fertige Projektabläufe dargelegt werden.

## 17.1 Sachzusammenhänge und Themenstellung

Bei der vorliegenden Untersuchung soll es um Blattformen bei Buchen (Abb. 17.1) gehen.

### 17.1.1 Biologische Basisinformationen zu Blättern

Blätter haben im Wesentlichen drei Funktionen: Durch die Verdunstung von Wasser über die Blätter wird eine wünschenswerte Kühlwirkung erreicht. Außerdem wird durch die Verdunstung ein Unterdruck erzeugt, der nach gängiger Lehrmeinung die wichtigste Ursache dafür ist, dass Wasser und darin gelöste anorganische Stoffe von den Wurzeln bis zu den Spitzen des Baumes gelangen können. Zum dritten sind Blätter die Träger der **Photosynthese**, bei der aus anorganischen Stoffen, insbesondere aus Kohlendioxid, das vorzugsweise über die Blätter aufgenommen wird, organische Verbindungen, wie z.B. Zucker, gebildet werden. Der Wassertransport und der damit verbundene Transport von anorganischen wie organischen Nährstoffen geschieht durch **Leitbündel**, welche wiederum als Bestandteile **Phloem** (Bast) und **Xylem** (Holzporen) enthalten. Während das Phloem für den Transport der in Wasser gelösten Stoffe von oben nach unten verantwortlich ist, findet durch das

Xylem der Wasserfluss von den Wurzeln zu den Blattspitzen statt. Die physikalisch-chemischen Einzelheiten dieser Transportprozesse sind nach wie vor Gegenstand der Forschung.

**Abb. 17.1** Frische Buchenblätter

Blätter sind also wichtige Komponenten eines hochkomplexen Regelungssystems. Flächeninhalt, Dicke und Masse von Blättern hängen von vielen Gegebenheiten ab: Bodenbeschaffenheit, Tag- und Nachttemperatur, Luftfeuchtigkeit, Regenmengen. Es ist sogar anzunehmen, dass bei ein und demselben Baum die einzelnen Blätter abhängig von der Lichtexposition an unterschiedlichen Stellen unterschiedliche Beschaffenheit haben können.

Jedes Blatt besteht aus einem Stiel und der sogenannten **Spreite**, wie in der Fachsprache die eigentliche Blattfläche bezeichnet wird. Die Hauptader eines Blatts wird als **Mittelrippe** bezeichnet. Die Stelle, an der der Blattstiel in die Mittelrippe übergeht, heißt **Spreitengrund**, die entgegengesetzte äußerste Stelle die **Spreitenspitze**.

Genaue Darstellungen zu diesen biologischen Sachverhalten finden sich in jedem Botanik-Lehrbuch auf Hochschul-Niveau, s. z.B. [2].

### 17.1.2  Blattfläche

Eine der vorrangigen Fragestellungen, die sich hinsichtlich der Themenstellung „Blattformen" ergeben, bezieht sich auf den Flächeninhalt von Blättern. Es scheint naheliegend, dass das Produkt aus der maximalen Längen- und Breitenausdehnung $l \cdot b$ als „grobes" Maß für die Blattfläche dienen kann. Im Folgenden wird gezeigt, dass tatsächlich unter plausiblen, recht allgemeinen Modellannahmen eine direkte Proportionalität zwischen Blattfläche und $l \cdot b$ besteht. Statistische Zielsetzung wird dann sein, diese Proportionalität im Rahmen der biologisch bedingten Schwankungen auch empirisch nachzuweisen und zu zeigen, dass die Proportionalitätskonstante eine für die jeweilige Baumart spezifische Größe ist.

Es erscheint plausibel, dass Blattumrisse mit Hilfe von stückweise glatten Kurven $\Gamma$ im $\mathbb{R}^2$ modelliert werden können, wobei die Mittelrippe des Blatts als mit der $x$-Achse zusammenfallend angenommen werden kann. Stellen wir uns vor, dass $\Gamma$

gegen den Uhrzeigersinn vom Startpunkt $(l, 0)$ $(l > 0)$ aus durchlaufen wird. $\Gamma$ soll dabei aus zwei Teilen bestehen, $\Gamma_1$ oberhalb und $\Gamma_2$ unterhalb der $x$-Achse. Es wird angenommen, dass

$$\Gamma_1 = \{(x_1(t), y_1(t)) | t \in [0, 1]\}, \quad \Gamma_2 = \{(x_2(t), y_2(t)) | t \in [0, 1]\},$$

wobei für $k = 1, 2$ die stetig differenzierbaren und injektiven Funktionen $(x_k, y_k)$ : $[0, 1] \to \mathbb{R}^2$ die folgenden Eigenschaften haben:

$$y_k(0) = y_k(1) = 0, x_1(0) = x_2(1) = l, x_1(1) = x_2(0) = 0,$$
$$y_1(t) > 0, y_2(t) < 0 \quad (t \in (0, 1))$$

Bezeichnet $A_1$ den Inhalt des oberen und $A_2$ den des unteren Teils der Blattfläche, so gilt (s. z.B. [1], S. 386):

$$A_k = - \int_0^1 y_k(t) x_k'(t) dt = \int_0^1 y_k'(t) x_k(t) dt \quad (k = 1, 2) \qquad (17.1)$$

Innerhalb einer Baumsorte ist es vernünftig, von einem „Idealtyp" des Blattumrisses auszugehen und anzunehmen, dass die einzelnen Blätter aus diesem durch affine Transformationen hervorgehen, insbesondere orthogonalen Affinitäten

$$\mathbb{R}^2 \ni (x, y) \mapsto (x, by) \in \mathbb{R}^2, \quad \mathbb{R}^2 \ni (x, y) \mapsto (lx, y) \in \mathbb{R}^2 \quad (l, b > 0)$$

mit der $x$- bzw. $y$-Achse als Affinitätsachse und Scherungen

$$\mathbb{R}^2 \ni (x, y) \mapsto (x + cy, y) \in \mathbb{R}^2 \quad (c \in \mathbb{R})$$

mit der $x$-Achse als Scherachse. Wir betrachten daher die auf dem kompakten Intervall $[0, 1]$ stetig differenzierbaren Funktionen $f, g$ mit den Eigenschaften $f(0) = 1$, $f(1) = 0$, $g(0) = g(1) = 0$, $\max_{t \in [0,1]} g(t) = 1$, $(f(t_1), g(t_1)) \neq (f(t_2), g(t_2))$ für alle $t_1 \neq t_2 \in [0, 1]$. „Idealerweise" wird man ferner die Symmetrie der Blattspreite bezüglich der Mittelrippe (also der $x$-Achse) annehmen. Den eigentlichen Blattumriss erhalten wir dann durch

$$(x_1(t), y_1(t)) := (lf(t) + c_1 g(t), b_1 g(t)),$$
$$(x_2(t), y_2(t)) := (lf(1 - t) + c_2 g(1 - t), -b_2 g(1 - t)),$$

wobei $l, b_1, b_2 > 0$ und $c_1, c_2 \in \mathbb{R}$ beliebige „Formparameter" sind (vgl. Abb. 17.2).
   Mit der Bezeichnung

$$A_0 := - \int_0^1 g(t) f'(t) dt$$

berechnet sich die obere Blattfläche $A_1$ dann zu

$$A_1 = -\int_0^1 b_1 g(t)(lf'(t) + c_1 g'(t))dt =$$

$$= -lb_1 \int_0^1 g(t)f'(t)dt - \frac{b_1 c_1}{2} \int_0^1 \frac{d}{dt}(g(t))^2 dt =$$

$$= lb_1 A_0 - \frac{b_1 c_1}{2}[(g(1))^2 - (g(0))^2] = lb_1 A_0$$

In analoger Weise folgt für die untere Blattfläche

$$A_2 = lb_2 A_0,$$

sodass die gesamte Blattfläche $A$ sich zu

$$A = l(b_1 + b_2)A_0$$

bestimmen lässt. Gemäß des vorgeschlagenen Modells ist also die Blattfläche proportional zu dem Produkt aus Spreitenlänge und maximaler Spreitenbreite. Da allerdings von Baumart zu Baumart verschiedene Grundformen für die Blätter bestehen, sollte die Proportionalitätskonstante $A_0$, die gewissermaßen einer „Idealfläche" entspricht, ebenfalls artspezifisch verschieden ausfallen.

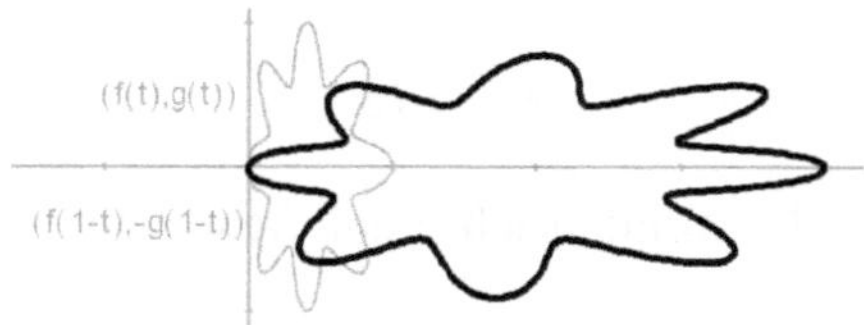


**Abb. 17.2** „Grundform" (schwach gezeichnet, links) und affine Transformation der Grundform eines Blatts. In diesem Beispiel sind $f(t) = (0.4\cos(t)(1 + 0.25\cos(8t)) + 0.5)^{1.3}$, $g(t) = \sin(t)(1 + 0.25\cos(8t))/1.25$, $l = 4$, $b_1 = 0.77$, $b_2 = 0.9$, $c_1 = 0.42$, $c_2 = -0.1$.

### 17.1.3 Lineare Modelle ohne Interzeptparameter

Die vorgestellten Untersuchungen basieren wesentlich auf linearen Modellen der Form

$$Y = cX + \epsilon, \tag{17.2}$$

wobei der Zufallsvektor $(X, \epsilon)$ eine Dichte hat; nur der Steigungsparameter $c$ ist zu schätzen. Beispielsweise ist $X$ die gemessene Länge und $Y$ die gemessene Breite eines Blatts, wobei angenommen wird, dass bis auf „Störungen", die durch Messfehler und biologische Schwankungen bedingt sind, die Länge direkt proportional zur Breite ist. Im Rahmen der anfallenden Probleme kann über den „Störterm" $\epsilon$ oft nur die Annahme gemacht werden, dass für alle relevanten $x$ aus dem Wertebereich von $X$ die bedingte Erwartung

$$\mathrm{E}(\epsilon|X=x) := \int_{-\infty}^{\infty} z f_{\epsilon|X=x}(z)dz = 0 \tag{17.3}$$

ist. Die bedingte Dichtefunktion ist dabei gemäß der Erläuterung in Abschnitt 4.4 definiert. Die Bedingung (17.3) garantiert, wie wir gleich sehen werden, immerhin die Erwartungstreue des Steigungsschätzers.

Sei $(X_1, Y_1), \ldots, (X_n, Y_n)$ eine Stichprobe aus unabhängigen Kopien des Zufallsvektors $(X, Y)$ gemäß (17.2) und $\mathbf{X} := (X_1, \ldots, X_n)$, $\mathbf{Y} := (Y_1, \ldots, Y_n)$. Mit $\mathbf{x} := (x_1, \ldots, x_n)$ bzw. $\mathbf{y} := (y_1, \ldots, y_n)$ bezeichnen wir Realisierungen von $\mathbf{X}$ bzw. $\mathbf{Y}$. Der kleinste-Quadrate-Schätzer für die Steigung wird analog zum Standardmodell (siehe 4.6, Aufgabe 15) bestimmt und ist

$$\hat{c}(\mathbf{X}, \mathbf{Y}) = \frac{\sum_{i=1}^{n} X_i Y_i}{\sum_{i=1}^{n} X_i^2} \tag{17.4}$$

Dass $\hat{c}(\mathbf{X}, \mathbf{Y})$ unter der Voraussetzung (17.3) erwartungstreu ist, kann man ebenso einsehen, wie im Abschnitt 4.4 über zufälliges Design beschrieben.

Das **(Pearsonsche) Bestimmtheitsmaß** $r^2$ wird nun gemäß

$$r^2 = 1 - \frac{\mathrm{RSS}}{\sum_{i=1}^{n}(y_i - \overline{y})^2} \tag{17.5}$$

berechnet, wobei RSS die **residual sum of squares** bezeichnet. Im Falle eines fehlenden Interzeptparameters gilt

$$\mathrm{RSS} = \sum_{i=1}^{n}(y_i - \hat{c}(\mathbf{x}, \mathbf{y})x_i)^2,$$

wenn $\hat{c}(\mathbf{x}, \mathbf{y})$ der erhaltene Schätzwert für die Steigung ist.

Um die Erwartungstreue des Schätzers

$$S^2(\mathbf{X}, \mathbf{Y}) := \frac{\sum_{i=1}^{n}(Y_i - \hat{c}(\mathbf{X}, \mathbf{Y})X_i)^2}{n-1}$$

(man beachte den Nenner $n - 1$ entsprechend der jetzt als einzigem Parameter zu schätzenden Steigung) für die Fehlervarianz zu begründen, muss man die zusätzliche Forderung aufstellen, dass

$$\mathrm{Var}(\epsilon|X=x) = \mathrm{Var}(\epsilon) =: \sigma^2 \tag{17.6}$$

für alle relevanten Werte $x$ von $X$ ist. In einem ersten Schritt zeigt man dann, analog zum Vorgehen in 4.6, Aufgabe 15, dass

$$\mathrm{E}(S^2(\mathbf{X}, \mathbf{Y})|X_1 = x_1, \ldots, X_n = x_n) = \sigma^2 \tag{17.7}$$

In einem zweiten Schritt geht man dann wie beim oben diskutierten Steigungsschätzer vor.

Wenn schließlich noch vorausgesetzt werden kann, dass der Störterm $\epsilon$ unabhängig zu $X$ ist und außerdem normalverteilt mit Erwartungswert 0 und Varianz $\sigma^2$, so gilt

$$\frac{\hat{c}(\mathbf{X},\mathbf{Y})-c}{S_{\hat{c}}(\mathbf{X},\mathbf{Y})} \sim t_{n-1}, \quad S_{\hat{c}}^2(\mathbf{X},\mathbf{Y}) := \frac{\sum_{i=1}^{n}(Y_i - \hat{c}(\mathbf{X},\mathbf{Y})X_i)^2}{(n-1)\sum_{i=1}^{n}X_i^2} \tag{17.8}$$

Der Beweis ist mit den in Abschnitt 4.4 vorgestellten Ideen zu führen.

### 17.1.4  Mögliche Fragestellungen und Vorkenntnisse

Bei den im Folgenden vorgestellten – eher als exemplarisch zu verstehenden – Unterrichtsaktivitäten sollen aus statistischer Sicht die folgenden Fragen geklärt werden:

▶ Kann man Aussagen über den Zusammenhang zwischen Länge und Breite von Blättern machen?
▶ Welche spezifischen Größen sind geeignet, um die Blätter verschiedener Baumtypen voneinander zu trennen?
▶ Wie lässt sich ein Maß für den Flächeninhalt einer Blattspreite finden?
▶ Welche baumartspezifischen Gegebenheiten sind dabei zu berücksichtigen?

Die angesprochenen Fragen lassen sich bereits mit Mitteln der deskriptiven Statistik bearbeiten, insbesondere:

▶ Boxplots
▶ Säulendiagramme
▶ Scatterplots und KQ-Ausgleichsgeraden

Bei quantitativer statistischer Untersuchung kommen noch dazu:

▶ lineare Regression und Korrelation
▶ t-Verteilung der Steigungsschätzer

Die meisten dieser Methoden sind nicht Gegenstand des Stochastikunterrichts an Schulen und müssen entweder während eines Projekts erarbeitet werden – falls dieses eine längere Zeitspanne umfasst – oder schon vorher im Rahmen der Projektvorbereitung behandelt worden sein. Allerdings sind sie alle durch den R-Commander zugänglich. Natürlich muss auch das Vorgehen bei der Datenerfassung geklärt werden.

## 17.1.5 „Technische" Voraussetzungen

Will man sich speziell einer Untersuchung von Blattformen widmen, so ist es unumgänglich, mit gut getrockneten Blättern zu arbeiten, um insbesondere von verschiedenen Standorten herrührende Unterschiede im Wassergehalt zu eliminieren. Nur auf diese Weise sind zuverlässige Massenbestimmungen möglich. Im vorliegenden Fall wurden die Blätter im Spätherbst gesammelt und mehrere Wochen lang getrocknet (s. Abb. 17.3).

**Abb. 17.3** Getrocknete Buchenblätter von zwei verschiedenen Buchen. Die Blätter der kleineren Buche (links) sind im Durchschnitt kleiner und unterscheiden sich auch von denen der größeren Buche durch den Quotienten Länge/Breite.

Zur Massenbestimmung benötigt man eine Analysenwaage, die mindestens auf Centigramm, besser noch auf Milligramm genau wiegt. Für Bestimmungen der Flächendichte ist eine Schablone mit verschieden großen Rechtecksformen und ein Papiermesser nützlich (s. Abb. 17.11).

## 17.2 Hinweise zu möglichen Projektaktivitäten

Nehmen wir an, dass eine Projektgruppe die in Abschnitt 17.1.4 formulierten Fragen zur Bearbeitung ausgewählt hat. Falls man sich nicht vertieft dem Thema „Modellierung von Blattkonturen" widmen will (s. hierzu Abschnitt 17.1.2), muss ggf. die Mitteilung erfolgen, dass die Spreitenfläche mit guter Plausibilität proportional zum Produkt aus Spreitenlänge und maximaler Spreitenbreite ist.

### 17.2.1 Zusammenhang zwischen Länge und Breite

Nehmen wir an, dass Blätter von einem Baum (im Beispielfall ist es eine Buche) gesammelt und bezüglich Länge und maximaler Breite auf mm genau gemessen und in einer zweispaltigen Datenmatrix eingetragen worden sind. Eine naheliegende

Vermutung ist, dass Länge und Breite zueinander proportional sind. Dass eine solche Proportionalität durch grafische Darstellung genauer untersucht werden kann, ist bekannt. Mit dem R-Commander kann ein Streudiagramm angefertigt werden (s. Programmbeispiel 1.4). Im Beispielfall ergeben sich die Darstellungen in Abb. 17.4.

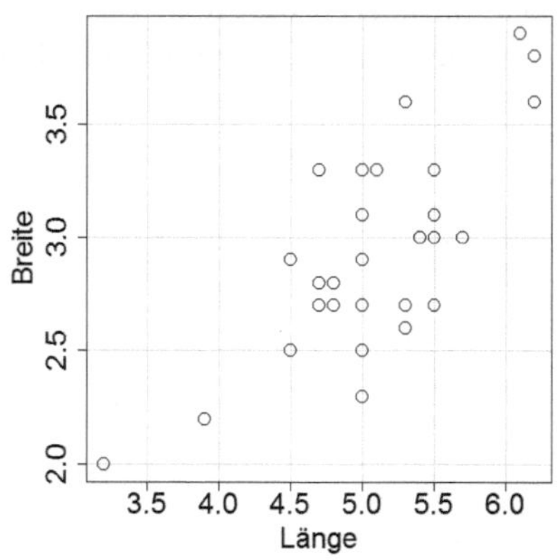
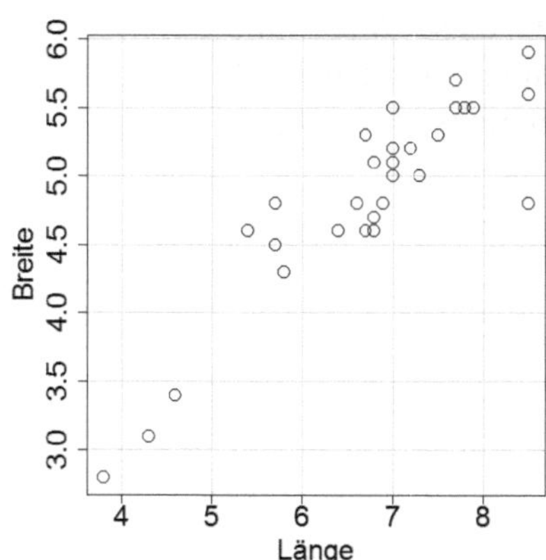

**Abb. 17.4** Messergebnisse zu Länge und Breite von Blättern der ersten Buche aus Datensatz `buche1` (links) und der zweiten Buche aus Datensatz `buche2`.

Wegen der großen Streuung werden Schüler die Annahme einer direkten Proportionalität verwerfen. Andererseits zeigt sich ein klarer Trend dahingehend, dass größere Längen auch mit größeren Breiten verbunden sind, also eine statistische Abhängigkeit besteht.

Das vorliegende Beispiel eignet sich gut zur Einführung in Sachverhalte der linearen Regression mit zufälligem Design. Die teilweise große Streuung der Breiten zu denselben Längen ist nicht Messfehlern geschuldet (so wie bei einschlägigen Beispielen aus der Physik), sondern biologisch bedingten Schwankungen. Inwiefern auf die verschiedenen Aspekte der linearen Regression eingegangen werden kann, bleibt der zur Verfügung stehenden Zeit überlassen. Auf jeden Fall wird man aber zumindest in das Prinzip der Methode der kleinsten Quadrate einführen können und die berechnete Ausgleichsgerade mit einer „frei Hand" angelegten Ausgleichsgeraden vergleichen, die durch den Koordinatenursprung verläuft (Länge = 0 entspricht Breite = 0). Eine gewisse „Steigerung" kann durch die Betrachtung des (Pearsonschen) Bestimmtheitsmaßes $r^2$ erreicht werden. Die Bedeutung von $r^2$ kann man qualitativ anhand von Diagrammen, wie Abb. 4.5, erläutern.

**Programmbeispiel 17.5** Angenommen, wir haben die Datenmatrix `buche1` mit den beiden Spalten `Laenge` und `Breite` vorliegen. Mit Hilfe des R-Commander wird über die Auswahl **Statistik** $\longrightarrow$ **Regressionsmodelle** $\longrightarrow$ **Lineare Regression** ein Regressionsmodell mit `Laenge` als unabhängiger und `Breite` als abhängiger Variablen erzeugt. In Abschnitt 4.5 wird dies im Detail beschrieben. Im Skriptfenster erscheint:

```
RegModel.1 <- lm(Breite~Laenge, data=buche1)
```

Um ein lineares Modell ohne konstanten Term zu erhalten, wird dieser Befehl modifiziert in

```
RegModel.1 <- lm(Breite~0+Laenge, data=buche1)
```

Mit diesem Befehl und einem weiteren Aufruf von `summary(RegModel.1)` erhalten wir eine Ausgabe, aus der unter anderem der Steigungsschätzwert 0.57946 hervorgeht. Der vom R-Commander für $r^2$ berechnete Wert ist für uns nicht geeignet, weil er von der Voreinstellung des Wertes 0 für das arithmetische Mittel der Beobachtungswerte der abhängigen Variablen (hier der Breite) ausgeht. Mit den Befehlen

```
l   <- buche1$Laenge
b   <- buche1$Breite
m   <- mean(b)
RSS <- sum((0.57946 * l - b)^2)
RR  <- 1 - RSS / sum((b - m)^2)
RR
```

ergibt sich ein Wert für $r^2$ gemäß (17.5) von ca. 0.55, was bereits einer relativ „guten" Korrelation (wie zu erwarten) entspricht.

## 17.2.2 Der Quotient Länge/Breite als typspezifischer Parameter?

Eine naheliegende Vermutung wäre, dass der Quotient $L/B$ aus Spreitenlänge und Spreitenbreite Hinweise auf den Baumtyp geben könnte. Dazu dürfen sich allerdings bei verschiedenen Bäumen derselben Art für diesen Quotienten nicht Werte ergeben, die erheblich voneinander abweichen. Wir wollen dieses Problem näher an den entsprechenden Daten aus `buche1` und `buche2` (s. Abb. 17.4) beleuchten, indem wir Boxplots, Säulendiagramme und einen $t$-Test anwenden.

**Programmbeispiel 17.6** In einem ersten Schritt müssen die Längen- und Breitendaten aus beiden Datensätzen `buche1` und `buche2` so vereinigt werden, dass ein Datensatz `buche12` mit vier Variablen L1, B1, L2 und B2 entsteht. Wir verwenden zum Zusammenfügen der beiden Datensätze die Funktion `data.frame()` (vgl. Abschnitt 19.2.3) und danach noch die Funktion `names()` um die Variablennamen anzupassen.

```
buche12        <- data.frame(buche1, buche2)
names(buche12) <- c("L1","B1","L2","B2")
```

Mit dem R-Commander können daraufhin der neu geschaffene Datensatz ausgewählt und zwei neue Variablen Q1 und Q2 erzeugt werden, indem man unter **Datenmanagement** $\longrightarrow$ **Variablen bearbeiten** $\longrightarrow$ **Erzeuge neue Variable** im Feld *Anweisung für die Berechnung* die Formel B1/L1 bzw. B2/L2 eingibt (siehe hierzu Abschnitt 20.2.2 für mehr Details). Die nebeneinander gestellten Boxplots für Q1 und Q2 (siehe Abb. 17.7) erhalten wir mit

```
boxplot(buche12$Q1, buche12$Q2,
    names = c("Quotient1", "Quotient2"))
```

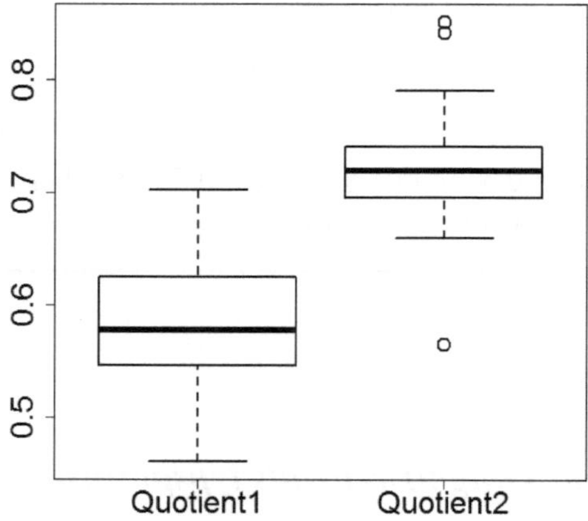


**Abb. 17.7** Boxplots mit den Quotienten aus Breite und Länge bei den beiden Buchen.

Bereits aus den beiden Boxplots geht hervor, dass es offenbar große Unterschiede in den Quotienten aus Breite und Länge bei den beiden Buchen gibt.

**Programmbeispiel 17.8** Die Unterschiede können auch in einem Säulendiagramm dargestellt werden. Um dieses zu erzeugen, müssen die beiden Datenvektoren Q1 und Q2 in Intervalle gruppiert werden. In unserem Fall bieten sich gleich lange Intervalle an, die allerdings den gesamten Wertebereich von Q1 und Q2 überdecken müssen. Ein Vektor ig mit den zugehörigen Intervallgrenzen wird erzeugt durch

```
a1 <- min(buche12$Q1)
a2 <- min(buche12$Q2)
a  <- min(a1,a2)
b1 <- max(buche12$Q1)
```

```
b2 <- max(buche12$Q2)
b  <- max(b1,b2)
d  <- (b - a) / 6
ig <- a + seq(0, 6) * d
```

Jedem Wert von Q1 wird dann durch den Befehl

```
cut(buche12$Q1, ig, right = TRUE,
  include.lowest = TRUE)
```

das zugehörige, linksoffene und rechtsabgeschlossene Intervall zugeordnet. Die Funktion cut() teilt einen Vektor in verschiedene Intervalle und wurde bereits im Programmbeispiel 6.6 in Abschnitt 6.3.1 verwendet; dort allerdings nur indirekt mit Hilfe des R-Commanders. Damit auch der kleinste Wert des Datenvektors im ersten Intervall liegt, wird die Option include.lowest = TRUE beigefügt. Die zu jedem Intervall gehörigen Häufigkeiten werden mit der Funktion summary() durch

```
int1 <- summary(cut(buche12$Q1, ig, right = TRUE,
  include.lowest = TRUE))
int2 <- summary(cut(buche12$Q2, ig, right = TRUE,
  include.lowest = TRUE))
```

ermittelt. Im vorliegenden Falle erhält man nach Aufruf von int1 und int2 die Ergebnisse:

```
> int1
 [0.46,0.525]  (0.525,0.591]  (0.591,0.656]
            5             13              8
(0.656,0.721]  (0.721,0.787]  (0.787,0.852]
            4              0              0
> int2
 [0.46,0.525]  (0.525,0.591]  (0.591,0.656]
            0              1              0
(0.656,0.721]  (0.721,0.787]  (0.787,0.852]
           15             10              4
```

Das Säulendiagramm (vgl. Abb. 17.9) erhält man schließlich durch das folgende Skript:

```
balken <- rbind(int1, int2)
barplot(balken, beside = TRUE, xlab = "Intervalle",
  ylab = "Häufigkeit", legend = c("buche1", "buche2"))
```

In Abschnitt 21.2 wird die Erstellung von Säulendiagrammen genauer erläutert.

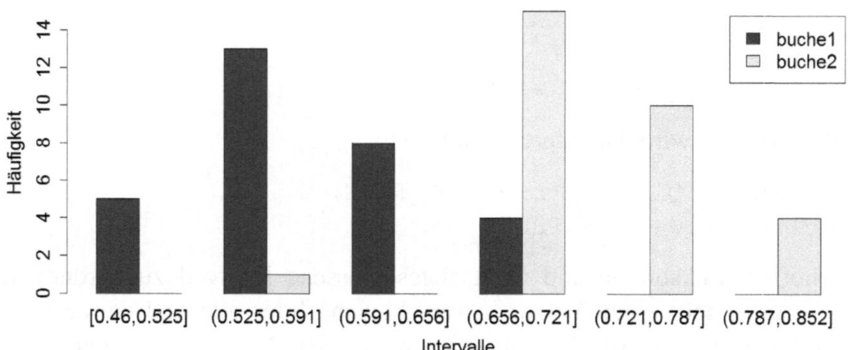

**Abb. 17.9** Säulendiagramm mit den Häufigkeiten der Quotienten aus Breite und Länge bei den zwei Buchen.

Aus diesem Säulendiagramm geht noch eindrücklicher der Unterschied zwischen den Quotienten bei den beiden Buchen hervor.

Um eine quantitative Untersuchung vorzunehmen, können wir die Tatsache verwenden, dass für den Steigungsschätzer $\hat{c}$ zu einer Stichprobe, die dem linearen Modell $B = cL + \epsilon$ folgt, der Term $\frac{\hat{c}-c}{S_{\hat{c}}}$ einer $t$-Verteilung zum Freiheitsgrad $n-1$ folgt, falls man die hierfür erforderlichen Annahmen (s. Abschnitt 17.1.3) als plausibel betrachtet. Diese sind beim häufigen Vorkommen von Normalverteilungen in biologischen Zusammenhängen aber naheliegend. Wir bestimmen bei beiden Buchen das jeweilige 97.5%-Konfidenzintervall für die Steigung $c$. Da $t_{29}(t) = 0.9875$ für $t = 2.363846$ ist und die $t$-Verteilung eine symmetrische Dichtefunktion bezüglich des Koordinatenursprungs hat, erhält man das jeweilige Konfidenzintervall durch $(\hat{c} - S_{\hat{c}}t, \hat{c} + S_{\hat{c}}t)$, wenn $\hat{c}$ der Schätzer für die Steigung und $S_{\hat{c}}$ der zugehörige Standardfehler ist. Überlappen sich die zu beiden Buchen gehörigen Konfidenzintervalle $I$ und $J$ nicht, so können wir von signifikant verschiedenen Steigungen und damit verschiedenen Quotienten aus Breite und Länge in folgendem Sinn ausgehen: Die Nullhypothese ist die eines gleichen Steigungsparameters $c$ bei beiden Buchen. Falls $I \cap J = \emptyset$, folgt für den Steigungsparameter $c$, dass $I \not\ni c$ oder $J \not\ni c$. Mithin ist

$$P(I \cap J = \emptyset) \leq P(I \not\ni c) + P(J \not\ni c) = 0.05$$

Haben die aus beiden Stichproben gewonnenen 97.5%-Konfidenzintervalle einen leeren Durchschnitt, so kann zum 5%-Signifikanziveau die Nullhypothese abgelehnt werden.

**Programmbeispiel 17.10** Wie schon bekannt (Programmbeispiel 17.5), ermitteln wir mit Hilfe des R-Commander die Schätzwerte für Steigung und Standardfehler der Steigung bei beiden Buchen. Es ergeben sich die Werte 0.57946 und 0.01099 bzw. 0.714990 und 0.009987. Ebenfalls mit dem R-Commander berechnen wir unter **Verteilungen** $\longrightarrow$ **Stetige Verteilungen** $\longrightarrow$ $t$-**Verteilung** $\longrightarrow$ **Quantile der**

*t*-**Verteilung** den oben definierten Wert $t$ zu 2.363846 (im Auswahlfenster „untere Grenze" markieren!) Wir erhalten damit die beiden Konfidenzintervalle durch:

```
0.57946 + 0.01099 * c(-2.363846, 2.363846)
0.71499 + 0.009987* c(-2.363846, 2.363846)
```

mit dem Ergebnis

```
[1]  0.5534813 0.6054387
[1]  0.6913823 0.7385977
```

Tatsächlich überlappen sich beide Konfidenzintervalle nicht.

### 17.2.3 *Von der Flächendichte zur Untersuchung des Zusammenhangs zwischen Blattfläche und Länge · Breite*

Wir kommen nun zu der wichtigen Frage, ob sich tatsächlich die Existenz einer baumartabhängigen Konstante $A_0$ bestätigen lässt, sodass die Fläche eines Blattes (bis auf statistische Schwankungen) sich aus dem Produkt seiner Länge und Breite sowie dieser Konstante ergibt.

Die Masse $m$ jedes Blatts ist durch die Formel

$$m = A \cdot \tau$$

gegeben, wobei $\tau$ die von Blatt zu Blatt – zumindest leicht – verschiedene **Flächendichte** und $A$ die Spreitenfläche ist. Um jeweils die Flächendichte zu bestimmen, wird aus einem Blatt ein $6\mathrm{cm}^2$ großes rechteckiges Flächenstück mit Hilfe einer Schablone mit einem Papiermesser ausgeschnitten und auf 0.1 Centigramm genau gewogen (s. Abb. 17.11).

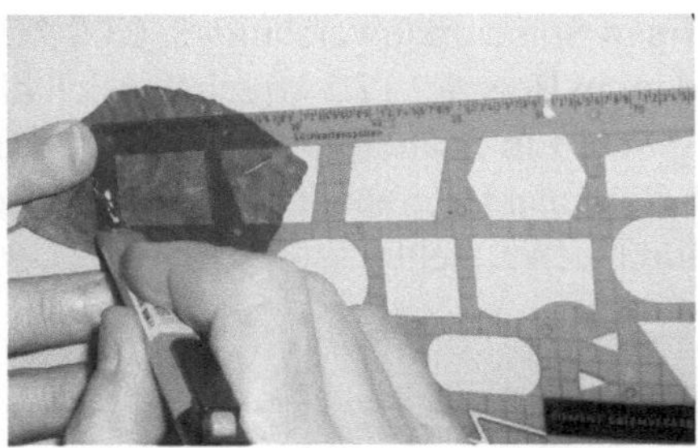

**Abb. 17.11** Ausschneiden eines Blattstücks mit einem Papiermesser.

Wir legen für die Spreitenfläche den bereits diskutierten Ansatz

$$A = A_0 \cdot l \cdot b$$

zugrunde. In der biologischen Realität wird allerdings $A_0$ gewissen Schwankungen $\epsilon_0$ ausgesetzt sein, und die gemessene Masse $M$, die gemessene Länge $L$ und Breite $B$ sowie die wie oben bestimmte Flächendichte $T$ (jeweils betrachtet als Zufallsgrößen und daher mit Großbuchstaben bezeichnet) werden Messfehlern $\epsilon_M$, $\epsilon_L$, $\epsilon_B$, $\epsilon_T$ unterworfen sein, sodass sich die Gleichung

$$M - \epsilon_M = (A_0 + \epsilon_0)(L - \epsilon_L)(B - \epsilon_B)(T - \epsilon_T)$$

ergibt. Es ist plausibel anzunehmen, dass die Erwartungswerte von $\epsilon_0$, $\epsilon_M$, $\epsilon_L$, $\epsilon_B$, $\epsilon_T$ jeweils 0 sind und dass die Menge dieser Zufallsgrößen zusammen mit den Zufallsgrößen $L$, $B$, $T$ unabhängig ist. Unter dieser Annahme folgt mit der Abkürzung $P = L \cdot B \cdot T$ das stochastische Modell

$$M = A_0 \cdot P + \epsilon, \tag{17.9}$$

wobei $\epsilon$ ein Schwankungsterm mit der Eigenschaft $\mathrm{E}(\epsilon | P = p) = 0$ für alle möglichen Werte $p$ des Produktes $P$ ist.

---

**Programmbeispiel 17.12** Da sich für das oben beschriebene Ausschneiden der Rechtecksfläche nicht jedes Blatt eignet, kommen auf diese Weise im Umfang reduzierte Stichproben von 10 Blättern der `buche1` und 24 Blättern der `buche2` mit Messungen bezüglich ihrer Länge, Breite (jeweils in cm), Masse (in cg) und Rechtecksmasse (in cg) zustande. Die zugehörigen Datensätze heißen `buche1a` und `buche2a`. Mit Hilfe des R-Commander lässt sich wie in Programmbeispiel 17.6 eine neue Variable `Produkt` erzeugen, indem man im Feld *Anweisung für die Berechnung* die Formel

```
(Laenge * Breite * RMasse) / 6
```

eingibt. Analog zum Programmbeispiel 17.5 lässt sich das lineare Modell (17.9) bezüglich der Abhängigkeit der Masse vom Produkt untersuchen. Wir erhalten für die Steigungen der Regressionsgeraden bei beiden Buchen die Werte 0.632644 bzw. 0.632572 mit den jeweiligen Standardabweichungen 0.004628 bzw. 0.008765. Mit einem Skript analog zu dem in Beispiel 17.5 errechnen sich die Bestimmtheitsmaße $r^2 = 0.994$ bzw. $r^2 = 0.861$. Ein Scatterplot für die Paare (Produkt, Masse) kann wie bekannt mit dem R-Commander erzeugt werden. Die Regressionsgerade (mit Achsabschnitt 0) kann durch den Befehl

```
curve(0.632644 * x, from = min(buche1a$Produkt),
   to = max(buche1a$Produkt), add = TRUE)
```

hinzugefügt werden, vgl. Programmbeispiel 3.1 für weitere Erklärungen zur Funktion `curve()`. Die Scatterplots sind in Abb. 17.13 zu erkennen.

---

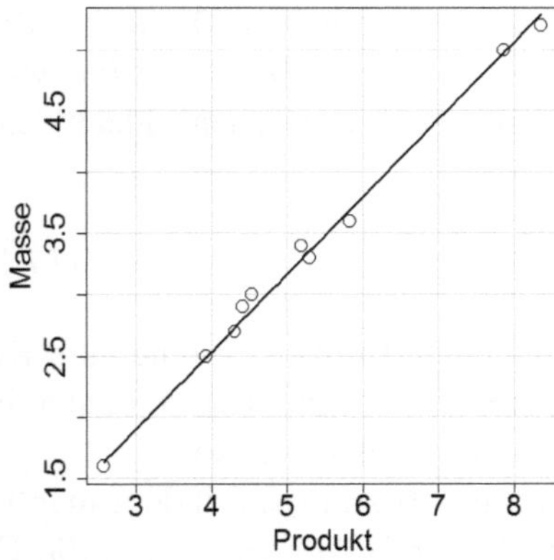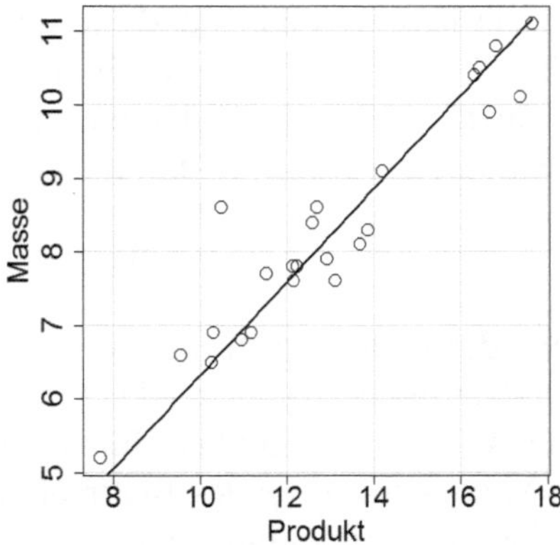

**Abb. 17.13** Zusammenhang zwischen Blattmasse und Produkt aus Länge, Breite und Dichte bei `buche1` (links) und `buche2` (rechts).

Aus der obigen Untersuchung ergibt sich ein guter Anhaltspunkt für die Hypothese einer festen „Grundfläche" bei Buchenblättern mit dem geschätzten Betrag $A_0^* = 0.63 \mathrm{cm}^2$.

Bei der praktischen Durchführung bietet es sich an, verschiedene Gruppen mit den Blättern verschiedener Baumtypen zu befassen und auf diese Weise eine Tabelle der einzelnen, baumartabhängigen „Urflächen" erstellen zu lassen.

### 17.2.4 Weitere Problemstellungen

#### Kurven im $\mathbb{R}^2$

Ganz ohne Statistik gibt das Blattprojekt bereits mannigfaltige Anlässe zur anwendungsbezogenen Behandlung von Kurven im $\mathbb{R}^2$. Auch die Integralformeln (17.1) lassen sich mit den in der gymnasialen Oberstufe geläufigen Mitteln gut begründen.

#### Blattdicke

Ein Blatt der Fläche $A$ und der Dicke $d$ hat das Volumen $V = Ad$. Volumendichte $\rho = m/V$ ($m$ die Masse) und Flächendichte $\tau = m/A$ hängen demnach gemäß $\rho = \tau/d$ zusammen.

Die arithmetischen Mittel der Flächendichten aus den Stichproben von Buche 1 und Buche 2 haben praktisch die gleichen Werte von ca. $0.35$ cg/cm$^2$ bzw. $0.365$ cg/cm$^2$. Da die Blattgrößen bei Buche 1 (bis auf wenige Ausnahmen) deutlich kleiner sind als bei Buche 2, weist dies unter der Annahme der Homogenität von $\rho$ (die bei getrocknetem Material sehr plausibel ist) auf eine von der Blattgröße weitgehend unabhängige Dicke hin.

Genauer lässt sich die Blattdicke folgendermaßen untersuchen: Da für ein Blatt mit Länge $l$ und Breite $b$ im „Idealfall" gilt, dass $m = \rho V = \rho A d = \rho A_0 d l b$, wobei $A_0$ der in 17.1.2 besprochenen und in 17.2.3 statistisch erwiesenen „Idealfläche" entspricht, bietet es sich an, das lineare Modell

$$M = c \cdot (L \cdot B) + \epsilon \tag{17.10}$$

aufgrund der vorhandenen Stichproben zu untersuchen. Ergibt sich eine gute Korrelation (was bei den vorliegenden Stichproben übrigens der Fall ist), so deutet dies auf eine „konstante" Blattdicke hin, da im Idealfall $c = \rho A_0 d$ sein sollte.

Die Volumendichte $\rho$ des Blattmaterials kann man bestimmen, indem man mit Hilfe eines Überlaufgefäßes das Volumen $V$ mehrerer Blätter misst und die Gesamtmasse $m$ dieser Blätter durch $V$ dividiert. Die „konstante" Dicke kann dann schließlich durch $d^* = c^*/(\rho A_0^*)$ abgeschätzt werden, wobei $c^*$ der Schätzwert für die Steigung im linearen Modell (17.10) und $A_0^*$ der Schätzwert für die Grundfläche der Blätter gemäß Abschnitt 17.2.3 ist.

### Frische Blätter

Sämtliche Untersuchungen können natürlich auch mit frischen Blättern durchgeführt werden. Parameter, wie die Flächendichte sind jetzt vermutlich standortabhängig. Zu erwarten wäre allerdings, dass die „Idealfläche" $A_0$ nach wie vor eine, allerdings von Baumart zu Baumart verschiedene, Invariante bildet.

### Wasserspeicherung

Aus dem Unterschied zwischen den Massen von frischen und getrockneten Blättern lässt sich der Wasseranteil ermitteln. Ist dieser (im Rahmen biologischer Schwankungen) proportional zur Blattfläche? Bestehen typische Unterschiede zwischen einzelnen Baumarten?

## Literatur


1. Hildebrandt, St. (2003). *Analysis 2*. Berlin Heidelberg: Springer-Verlag.
2. Strasburger, E. und Sitte, P. (Hrsg.) (2002). *Lehrbuch der Botanik für Hochschulen*, 35. Aufl. Heidelberg: Spektrum-Verlag.

# Teil V
# Statistik für Einsteiger mit R und R-Commander

# Kapitel 18
# Grundlagen von R

## 18.1 Was ist R?

Der Begriff „R" ist eine Abkürzung für **The R Project for Statistical Computing**. Darin sind eigentlich zwei verschiedene Bedeutungen verborgen. Zum einen ist R das, als was es von den meisten seiner Nutzer gesehen wird, nämlich eine Software zur Analyse und grafischen Darstellung von Daten. Zum anderen ist R eine frei verfügbare Programmiersprache zur Durchführung von Berechnungen und Analysen. Wer also innerhalb der Programmumgebung Daten statistisch auswertet, verwendet dafür zwar die *Software* R, aber auch die *Programmiersprache* R.

Da die statistischen Verfahren von R in diesem Buch im Vordergund stehen, werden wir auf die Möglichkeiten der Programmierung nur sehr kurz eingehen und verweisen hierzu stattdessen auf [3].

### 18.1.1 Kurze Entstehungsgeschichte

R entstand zu Beginn der Neunziger Jahre, als die beiden „Schöpfer" des Programms, Ross Ihaka und Robert Gentleman von der Universität Auckland (Neuseeland) zu Lehrzwecken ein Programm schrieben, dass sehr stark an das kommerzielle Programm S angelehnt war. In der wissenschaftlichen Welt wurde die Idee der beiden mit großer Begeisterung aufgenommen, woraufhin sich das sogenannte **R Development Core Team**, auch **R Core Team** genannt, bildete. Dieses existiert bis heute und verwaltet das Programm. Die erste vollständige Version 1.0.0 erschien im Jahr 2000 und stand allen interessierten Nutzern frei zur Verfügung. Das Programm wurde seitdem stetig weiterentwickelt und verbessert, mittlerweile ist Version 3.0.3 die aktuellste Version (Stand: März 2013).

### *18.1.2  Warum R?*

Der größte Vorteil von R gegenüber anderen Statistik-Paketen ist die Transparenz
des Programms. Jeder Nutzer hat die Möglichkeit, kostenlos auf das Programm zu-
zugreifen und damit zu arbeiten. Darüber hinaus kann man den gesamten Quellcode
des Programms einsehen und somit alle durchgeführten Berechnungen selbst nachvollziehen, da R eine **Open-Source Software** ist. Kommerzielle Statistikprogram-
me (wie z.B. SPSS, SAS oder Statistica) erlauben solche Tranzparenz nicht. Ein
weiterer Vorteil ist die enorm große Nutzergemeinde von R, die das Programm ständig weiterentwickelt und neue Berechnungsverfahren oft innerhalb von sehr kurzer
Zeit in R zur Verfügung stellt. Vor allem in der wissenschaftlichen Welt ist dies ein
entscheidender Vorteil gegenüber kommerziellen Programmen. Aber auch in Unternehmen der freien Wirtschaft wird das Programm in der jüngsten Vergangenheit
immer häufiger benutzt.

Als Nachteil des Programms wird oft angeführt, dass R eine Kommandozeilen-
basierte Sprache ist. Damit meint man, dass die Befehle direkt per Tastatur an
den Computer übermittelt werden müssen. R-Neulinge müssen diese Sprache erst
einmal lernen, was vergleichbar ist mit dem Erlernen einer Fremdsprache. Einige
Statistik-Programmpakete, wie z.B. SPSS, umgehen das Problem durch eine grafische Oberfläche, mit deren Hilfe die Befehle nicht mehr auswendig gelernt werden
müssen, sondern nur noch angeklickt werden müssen. Dies stellt für Neueinsteiger
meist eine unschätzbare Hilfe dar. Genau aus dem Grund wurde der **R-Commander**
entwickelt, eine grafische Oberfläche für die Arbeit mit R. Damit fällt der Einstieg in
R deutlich leichter, was wir in Kapitel 19.3 sehen werden, in dem die Arbeitsweise
des R-Commanders genauer besprochen wird.

## 18.2  Installation von R

R in der Basisversion zu installieren ist sehr einfach. Alles was man dazu braucht, ist
ein Rechner mit Zugang zum Internet. In den folgenden Unterabschnitten wird die
Installation des Programms für verschiedene Betriebssysteme kurz erläutert, wobei
wir besonders auf Windows eingehen.

### *18.2.1  Installation auf Windows-Rechnern*

Die Installation besteht aus zwei Schritten: Zuerst wird die Installationsdatei von
den Servern der R-Gemeinde heruntergeladen. Danach wird die Datei auf dem
Rechner ausgeführt und das Programm installiert. Wir führen die beiden Schritte
nun beispielhaft durch, der erfahrene Windows-Nutzer sollte mit der Installation
keine Probleme haben. Für eine sehr detaillierte Beschreibung der Installation verweisen wir auf [2], Kapitel 1.

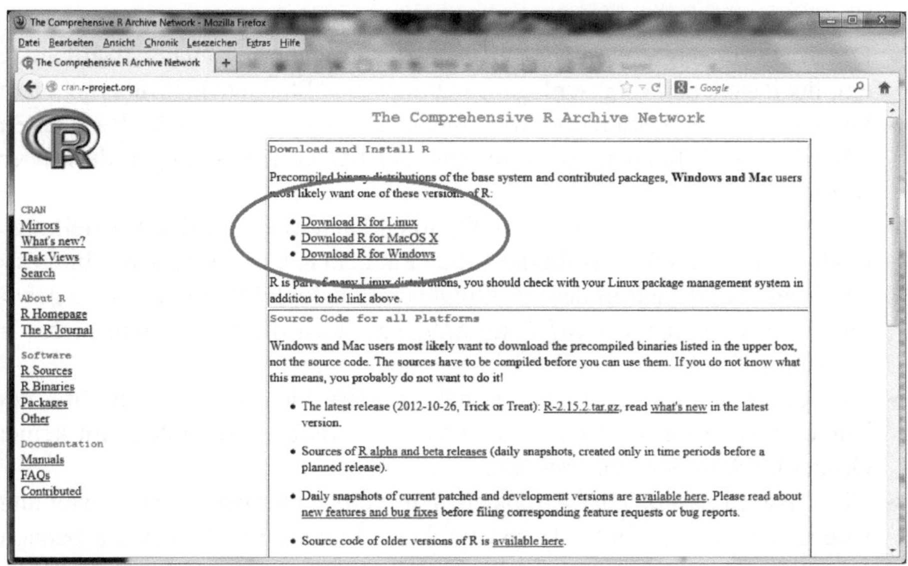

**Abb. 18.1** Webseite von R zur Installation des Programms.

Die Installationsdatei erhält man auf der Homepage von R unter

```
http://www.r-project.org/
```

Die Startseite ist sehr übersichtlich gehalten, siehe Abb. 18.1. Im oberen Teil der Seite wählt man im markierten Bereich unter *Download and Install R* den Link für das Betriebssystem seiner Wahl aus, in unserem Fall Windows. Danach klickt man auf den obersten Link *base* und auf der sich neu öffnenden Seite auf den Link *Download R x.y.z for Windows*, wobei *x.y.z* die aktuellste Versionsnummer ist. Es öffnet sich ein neues Fenster zum Download der Installationsdatei, man klicke hier auf Datei speichern, woraufhin die Datei auf dem Rechner gespeichert wird. Damit wäre der erste Teil der Installation geschafft.

Nun muss die heruntergeladene Datei noch ausgeführt werden. Dazu geht man in den Ordner, in dem die Datei gespeichert wurde (bei den meisten Rechnern ist dies der Ordner **Downloads**) und öffnet die Datei mit einem Doppelklick. Die nächsten Schritte fassen wir nachfolgend kurz zusammen:

1. Nach Öffnen der Installationsdatei erscheint ein neues Dialogfeld mit einer Sicherheitswarnung. Haben Sie die Datei unter dem oben genannten Link heruntergeladen, können Sie hier bedenkenlos auf Ausführen gehen.
2. Im nächsten Dialogfeld wird die Sprache festgelegt, belassen Sie hier die Einstellung auf *Deutsch* und gehen Sie auf OK.
3. Nun öffnet sich der Setup-Assistent, in dem Sie immer mit Klick auf Weiter > zum nächsten Installationsschritt gelangen und mit < Zurück zum Schritt davor. Genauso können Sie mit Klick auf Abbrechen die Installation zu jedem Zeitpunkt beenden. Der Setup-Assistent beinhaltet die folgenden Schritte:

▶ Ein Dialogfeld, in dem der Lizenztext angezeigt wird.

▶ Die Auswahl des Zielordners, in dem die Dateien gespeichert werden. Es empfiehlt sich, den vorgeschlagenen Ordner- und Pfadnamen zu übernehmem.

▶ Die Auswahl der Installationskomponenten. Je nach dem, ob der Rechner ein 32- oder 64-bit Rechner ist, kann eine der beiden Einstellungen deaktiviert werden.

▶ Die Änderung von Startoptionen. Optional kann man hier den Darstellungs-modus von R ändern, was für die Arbeit mit dem R-Commander von Interesse ist. Dazu ändert man in den nachfolgenden Dialogfeldern unter *Anzeigemo-dus* die Einstellung von *MDI* auf *SDI*, vgl. auch die Bemerkung hierzu in Abschnitt 19.3.2.

▶ Die Auswahl eines Startmenü-Ordners. Ändern Sie – falls gewünscht – den Namen des Ordners oder aktivieren Sie die Option ganz unten, um keinen Ordner im Startmenü zu erstellen.

▶ Die Auswahl zusätzlicher Aufgaben. Wir bleiben hier bei der Voreinstellung, womit automatisch ein Desktopsymbol erstellt wird, mit dem sich R bequem öffnen lässt.

▶ Das Beenden des Setup-Assistenten. Nach Klick auf ⌈ Fertigstellen ⌋ wird das Programm mit oben gewählten Einstellungen installiert.

Nach Abschluss der Installation erscheint auf dem Desktop ein neues Symbol (blaues „R"), mit dem das Programm geöffnet werden kann. Die gespeicherte In-stallationsdatei wird nicht mehr benötigt und kann gelöscht werden.

## 18.2.2 *Installation mit anderen Betriebssystemen*

Auch für Mac-Rechner gibt es eine Version von R. Man wählt hier beim Download der Installationsdatei auf der Homepage von R einfach die Einstellung *Download R for MacOS X* (vgl. Abb. 18.1). Die Installation verläuft dann im Wesentlichen analog zu den oben präsentierten Schritten für Windows-Rechner. Wir überspringen diesen Teil und verweisen den interessierten Leser für nähere Informationen auf [4], Kapitel 2.

Die R-Beispiele des vorliegenden Buches wurden stets mit Windows-Rechnern erstellt. Die R-Befehle sind für Mac-Nutzer aber natürlich identisch. Auch der R-Commander sieht bei MacOS-Systemen sehr ähnlich aus.

Als dritte Möglichkeit steht R auch auch noch Linux-Nutzern zur Verfügung. Für eine ausführliche Installationsbeschreibung für dieses Betriebssystem sei auf [3], Anhang A verwiesen.

### *18.2.3 Update von R*

Ein großer Vorteil von R ist die oben erwähnte Tatsache, dass das Programm von seinen Nutzern ständig angepasst und verbessert wird. Die Weiterentwicklung besteht zum einen im Form von neuen Programmversionen, z.B. die Programmversion 3.0.1 im Vergleich zur Version 3.0.0. Bei einer Nutzung von R im Rahmen der üblichen statistischen Verfahren, wie sie hier vorgestellt werden, genügt aber eine einmalig installierte Version des Programms. Für die fortgeschrittenere Verwendung der Software werden hingegen häufig Zusatzpakete (siehe Abschnitt 18.4) benötigt. Es kann dann vorkommen, dass das Paket für eine neuere Version von R geschrieben wurde, als die Version, die aktuell auf dem Rechner installiert ist. Es wird dann zumeist eine Warnmeldung angezeigt. Um das Problem zu beheben, sollte man R aktualisieren.

Die einfachste Möglichkeit, besteht dabei in der Deinstallation der alten und der Neuinstallation der aktuellen Version nach dem in Abschnitt 18.2.1 angegebenen Vorgehen. Wir verzichten hier auf ein ausführlicheres Beispiel und verweisen auf [2], Kapitel 1 für mehr Details.

## 18.3 Erste Schritte mit R

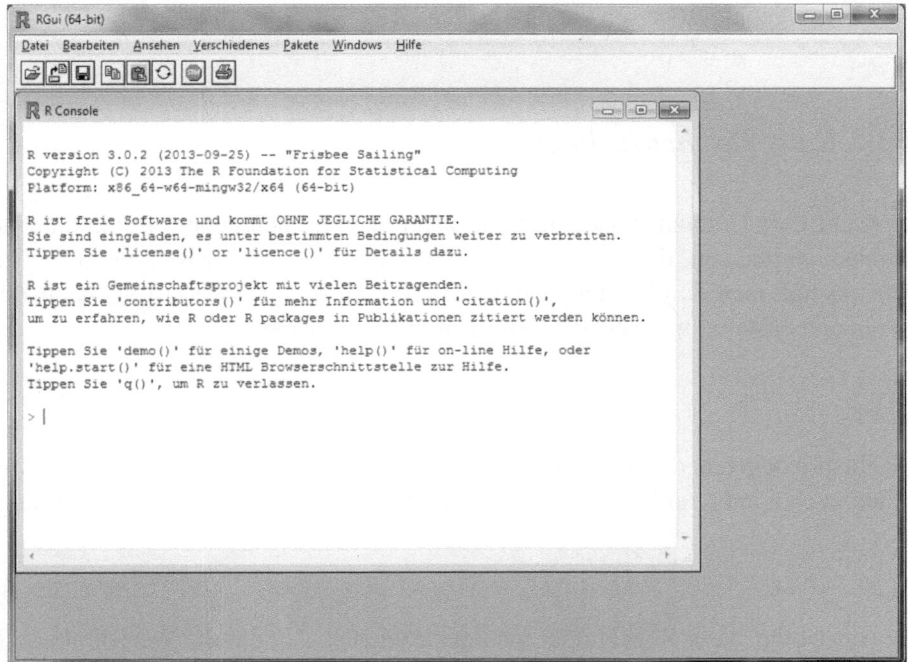

**Abb. 18.2** Die R-Konsole unmittelbar nach Programmstart.

Öffnen wir das Programm, erscheint die sogenannte **R-Konsole**, wie in Abb. 18.2 zu sehen. Nach jedem Neustart von R werden in der R-Konsole zuerst einige allgemeine Informationen zum Programm gegeben. Darunter findet man eine Zeile, die mit dem Zeichen > in roter Farbe beginnt. Dieses Symbol bezeichnet man als **Prompt** (englisch für *Eingabeaufforderung*). Die Anzeige des Promt signalisiert immer, dass der R-Prozessor für die Befehlseingabe bereit ist. Ganz zu Beginn der Zeile befindet sich aktuell auch der Cursor, den man an dem senkrechten roten Strich erkennt.

Die R-Konsole erscheint für den ungeübten Nutzer auf den ersten Blick sehr spartanisch aufgebaut. In der Menüleiste ganz oben kann man zwar einige Einstellungen des Programms auswählen, allerdings wird man vergeblich nach Menüpunkten wie **Statistiken berechnen** oder **Diagramme erstellen** suchen. Dies liegt daran, dass R keine grafische Oberfläche zur Durchführung von beispielsweise statistischen Auswertungsverfahren besitzt. Ein Problem, welches der R-Commander zu beheben versucht, wie wir in späteren Abschnitten noch genauer sehen werden.

In seiner Basisversion versteht R daher nur Befehle, die wir direkt in die Kommandozeile eingeben. Dafür benutzt man die Tastatur und schließt Befehle mit der ENTER-Taste ab. Je nach Aufruf wird dann entweder ein Ergebnis in der Konsole angezeigt oder der Promt springt auf die nächste Zeile und wartet auf weitere Kommandos. Bevor wir darüber sprechen, wie man Funktionen in R verwendet (Abschnitt 18.3.3) und eigene Funktionen erstellen kann (Abschnitt 18.3.4), klären wir zuerst die Grundfunktionen des Programms, nämlich wie man einfache arithmetische Berechnungen mit der Konsole durchführt (Abschnitt 18.3.1) und Variablen ein Rechenergebnis zuweisen kann (Abschnitt 18.3.2).

### 18.3.1  R als Taschenrechner

Wer R auf dem Computer installiert hat, kann den Taschenrechner in die unterste Schublade verbannen, denn mit dem Programm können sämtliche arithmetischen Rechenoperationen durchgeführt werden. Gibt man beispielsweise folgenden Befehl ein und bestätigt mit ENTER, erscheint in der Konsole:

```
> 1 + 2 - 3 * 4 / 5
[1] 0.6
```

Dies entspricht genau dem Ergebnis der Rechnung $1 + 2 - 3 \cdot 4/5$, wobei R stets die Rechenregel „Punkt vor Strich" beachtet. Natürlich haben Klammern in R Vorrang:

```
> (1 + (2 - 3) * 4) / 5
[1] -0.6
```

Eine Ausnahme dieser Regel bildet das Potenzzeichen „^"; nur der Wert direkt nach dem Zeichen wird als Exponent verwendet.

```
> 2^2 * 3
[1] 12
```

```
> 2^(2 * 3)
[1] 64
```

Der Eintrag [1] vor dem Rechenergebnis ist eine Art laufende Nummerierung der Ausgabeobjekte und dient vor allem bei längeren Ausgaben, die über mehrere Zeilen gehen, als Orientierung. Steht z.B. vor der zweiten Zeile in der Ausgabe das Zeichen [15], so bedeutet das, dass der Wert ganz links in der Zeile der 15. Eintrag der Ausgabe ist. Aus dem Grund steht oben [1] weil die Ausgabe nur aus einer Zeile, sogar nur aus einer Zahl, besteht.

Unvollständige Befehle erkennt man in R daran, dass bei der Bestätigung der ENTER-Taste die Eingabeaufforderung zwar um eine Zeile nach unten springt, allerdings nicht das Symbol >, sondern das +-Zeichen angezeigt wird. Das bedeutet, dass der Befehl noch nicht abgeschlossen ist. Gründe hierfür können beispielsweise sein, dass die Argumente einer Funktion noch nicht vollständig angegeben wurden, dass eine geöffnete Klammer nicht wieder geschlossen wurde oder – wie im nächsten Aufruf – dass nach einem Rechenzeichen kein Wert angegeben wird.

```
> 0.5 * 10 -
+ 15
[1] -10
```

Bei obigem Befehl erscheint eine Zeilenunterbrechung wenig sinnvoll. Bei sehr langen Befehlen ist dies aber durchaus zu empfehlen, um den Code übersichtlicher zu halten. Will man eine nicht vollständige Berechnung abbrechen, benutzt man die ESC-Taste. Der Cursor springt dann auch eine Zeile tiefer und es wird automatisch wieder der Promt angezeigt.

Auch die Eingabe von mehr als nur einer Rechnung pro Zeile ist möglich, indem ein Semikolon (;) verwendet wird:

```
> 2 * 3; 4 / 5
[1] 6
[1] 0.8
```

Zur besseren Lesbarkeit von Befehlen wird empfohlen, zwischen den Eingaben immer ein Leerzeichen Platz zu lassen. Mit dem #-Zeichen kann man in der Befehlszeile einen Kommentar einfügen, da alles nach # Zeichen vom Programm nicht als Befehl interpretiert wird. Vor allem bei sehr umfangreichen Berechnungen erhöht dies ebenfalls die Lesbarkeit von Befehlen, was wir durch nachfolgenden Programmcode verdeutlichen:

```
> 4/3-1      # Leerzeichen erleichtern die Übersicht
[1] 0.3333333
> 4 / 3 - 1  # So sehen Befehle "schöner" aus
[1] 0.3333333
```

## *18.3.2 Zuweisungen*

Um Ergebnisse von Berechnungen für spätere Zwecke noch verfügbar zu haben, kann man diese in Form eines Objekts speichern. Dazu verwendet man den **Zuweisungspfeil** <-, der sich aus einem Kleiner- und einen Minus-Zeichen zusammensetzt. Nachdem man den Befehl

```
> a <- 3 * 7 / 2 - 20 + 5 * 2.5
```

aufruft, wird das Ergebnis der Berechnung dem Objekt a zugewiesen. Außerdem wird bei einer Zuweisung das Ergebnis nicht in der Konsole angezeigt, sondern es erscheint eine neue Eingabezeile. Zur Ausgabe der Ergebnisses ruft man das Objekt a auf und bestätigt mit ENTER:

```
> a
[1] 3
```

Vor allem wenn man Datensätze in R importiert, wird die Möglichkeit der Zuweisung sehr nützlich werden, da wir den Datensätzen Namen geben möchten (s. Abschnitt 20.1). Auch für komplexere Berechnungen ist die Verwendung dieses Prinzips beinahe unumgänglich.

Setzt man um den Aufruf runde Klammern, wird das Ergebnis übrigens gespeichert und trotzdem in der Konsole angezeigt:

```
> (b <- 1 / 3 - 9 / 5)
[1] -1.466667
```

Bei Zuweisungen muss man außerdem folgende Regeln beachten:

1. Zwischen den beiden Zuweisungszeichen < und - darf kein Leerzeichen sein. Anderenfalls erkennt R den Befehl nicht als Zuweisung.
2. Objektnamen dürfen keine Leerzeichen enthalten und nur aus Buchstaben, Ziffern und Punkten bestehen. Zulässig sind auch Unterstrich (_) und Punkt (.), andere Sonderzeichen (&, %, $, ...) hingegen nicht. Umlaute und das Zeichen ß sind ebenfalls möglich.
3. Bei der Zuweisung ist Groß- und Kleinschreibung wichtig, da R **case sensitive** ist, d.h. zwischen Groß- und Kleinbuchstaben unterscheidet. Dies kann zu Fehlermeldungen führen, wie folgendes Beispiel verdeutlicht:

```
> a
[1] 3
> A
Fehler: Objekt 'A' nicht gefunden
```

4. Anstelle des Zeichens <- kann auch ein Gleichheitszeichen (=) für die Zuweisung benutzt werden.

### 18.3.3  Funktionen in R

Der Begriff der **Funktion** ist in R allgegenwärtig, alle Arten von Berechnungen werden in R über Funktionen zur Verfügung gestellt. Der allgemeine Aufbau einer Funktion ist in R immer

```
funktionsname(argument1, argument2, ...)
```

Eine Funktion besteht also immer aus ihrem Namen und einem oder mehreren **Funktionsargumenten**, die in runden Klammern nach dem Namen angegeben und mit Kommata voneinander getrennt werden. Die Anzahl der Argumente ist von Funktion zu Funktion verschieden. Für einfachere Funktionen genügt ein Argument, in manchen Fällen muss sogar gar kein Argument nach dem Funktionsnamen angegeben werden.

Beispiele für ganz elementare Funktionen sind die Wurzelfunktion `sqrt()`, die Exponentialfunktion `exp()` oder die natürliche Logarithmusfunktion `log()`:

```
> sqrt(25); exp(1); log(sqrt(100))
[1] 5
[1] 2.718282
[1] 2.302585
```

Derartige Funktionen benötigen nur ein Argument für die Berechnung. Anhand des letzten Befehls erkennt man, dass Funktionen in R auch verschachtelt ausgeführt werden können. Wie oben schon erwähnt, werden alle Berechnungen in R über Funktionen zur Verfügung gestellt, auch die arithmetischen Operationen können als Funktionen geschrieben werden. Beispielsweise ergeben die Befehle

```
> 1 + 2; "+"(1, 2)
[1] 3
[1] 3
```

das gleiche Ergebnis. Die Addition kann also auch als Funktion `"+"()` interpretiert werden, mit den beiden Summanden als Argumente.

Elementare Funktionen gibt es in R sehr viele, wir gehen aber nicht auf alle im Detail ein. In Tabelle 18.3, die wir aus [2], Kapitel 1 übernommen haben, findet man eine Übersicht der wichtigsten Funktionen.

Zum Ende des Abschnitts sei noch erwähnt, dass R auch die Kreiszahl $\pi$ kennt:

```
> pi; cos(pi); sin(pi / 4)
[1] 3.141593
[1] -1
[1] 0.7071068
```

Darüber hinaus kann auch mit komplexen Zahlen gerechnet werden, da R auch die imaginäre Einheit $i$ erkennt:

```
> (5 + 2i) * (2 - 1i)
[1] 12-1i
```

```
> (-4 - 5i) + (3 + 2i)
[1] -1-3i
```

**Tabelle 18.3** Grundlegende mathematische Funktionen in R.

| Funktion | Bedeutung |
| --- | --- |
| `sqrt()` | Quadratwurzel |
| `abs()` | Absolutbetrag |
| `round()` | Runden (auf nächste ganze Zahl) |
| `floor()`, `ceiling()` | Auf- und Abrunden |
| `log()` | Natürlicher Logarithmus (zur Basis $e$) |
| `log2()`, `log10()` | Logarithmus zur Basis 2 bzw. zur Basis 10 |
| `exp()` | Exponentialfunktion |
| `factorial()` | Fakultät |
| `choose(n, k)` | Binomialkoeffizient $\binom{n}{k}$ |
| `sin()`, `cos()`, `tan()` | Sinus-, Kosinus-, Tangensfunktion |
| `asin()`, `acos()`, `atan()` | Arcussinus-, Arcuskosinus-, Arcustangensfunktion |

### 18.3.4 Eigene Funktionen schreiben

Neben der Verwendung von R-internen Funktionen, kann man Funktionen auch
selbst erstellen und somit genau an seine individuellen Bedürfnisse anpassen. Die
allgemeine Syntax dazu sieht folgendermaßen aus:

```
funktionsname <- function(arg1, arg2, ...) {
  # "Body" der Funktion:
  # Definition der Rechen- und Programmschritte
}
```

Zum Aufruf der Funktion gibt man dann

```
funktionsname(arg1, arg2, ...)
```

in die Konsole ein und die Funktion wird mit den spezifizierten Argumenten ausgeführt.

Um das Prinzip etwas deutlicher zu machen, soll in einem kleinen Beispiel der
**body mass index (BMI)** einer Person berechnet werden. Der BMI berechnet sich
mit der Formel

$$\text{BMI} = \frac{\text{Gewicht in kg}}{(\text{Größe in m})^2}$$

Wir definieren uns für dafür die Funktion `berechne.bmi()`, die genau diese
Berechnung durchführt:

```
> berechne.bmi <- function(gewicht, groesse) {
+   round(gewicht / (groesse)^2, 2)
+ }
```

Die Funktion besteht aus zwei Argumenten, dem Gewicht und der Größe, welche in den runden Klammern nach dem Aufruf von `function` stehen. In der zweiten Programmzeile wird dann die obige Formel angegeben, wobei wir mit der Funktion `round()` das Ergebnis auf zwei Nachkommastellen runden.

Gibt man die Befehle zur Definition der Funktion wie oben in die Konsole ein, muss man bei einem (Tipp-)Fehler den kompletten Befehl von neuem eingeben, was vor allem bei sehr umfangreichen Funktionen umständlich ist. Wir empfehlen daher mit dem Skriptfenster von R zu arbeiten, mit dem Befehle gespeichert werden können und dann für spätere R-Sitzungen noch zur Verfügung stehen. In Abschnitt 19.1.2 wird dieses Thema ausführlicher besprochen.

Um nun den BMI einer Person zu berechnen, die 68 kg schwer und 178 cm groß ist, gibt man Folgendes ein:

```
> berechne.bmi(68, 1.78)
[1] 21.46
```

Der BMI beträgt also etwa 21.46 kg/m$^2$.

Wie im Beispiel schon angedeutet, können Funktionen sehr vielfältige Aufgaben durchführen. In den vorderen Kapiteln des Buchs, vor allen in den Teilen II bis IV, haben wir davon manchmal Gebrauch gemacht. Die meisten statistischen Verfahren sind allerdings entweder direkt mit dem R-Commander oder über R verfügbar. Für sehr viel detailliertere Informationen zum Erstellen eigener Funktionen in R verweisen wir auf [3], Kapitel 4 und die Aufgaben am Ende des Kapitels.


## 18.4 Zusatzpakete

Alle Berechnungen in R werden über die Benutzung von Funktionen durchgeführt, alle Funktionen werden in R über **Pakete** zur Verfügung gestellt. Nach dem Start von R können für Berechnungen die Funktionen aus den sogenannten **Basispaketen** benutzt werden. Mit den Funktionen daraus lassen sich bereits viele statistische Berechnungen sowie Datentransformationen bewerkstelligen.

Etwas kompliziertere Berechnungs- und Auswertungsmethoden werden in R über **Zusatzpakete** dem Nutzer zugänglich gemacht, die nach dem Start von R noch nicht verwendbar sind. Dies kann aber während einer R-Sitzung jederzeit nachgeholt werden. Was zuerst vielleicht umständlich wirkt, ist aber ein großer Vorteil von R, denn neu entwickelte Auswertungsverfahren stehen meist innerhalb von nur kurzer Zeit in Form eines Zusatzpakets zur Verfügung.

Das wichtigste Zusatzpaket ist für uns das Paket **Rcmdr**, mit dem der R-Commander installiert und verwendet werden kann. Vor der eigentlichen Installation des R-Commanders (s. Abschnitt 19.3.1) werden wir aber besprechen, wie man allgemein in R Zusatzpakete installiert (Abschnitt 18.4.1) und diese dann lädt, um deren Inhalt verwenden zu können (Abschnitt 18.4.2).

## 18.4.1 Pakete installieren

Mit dem Aufruf von

```
> library()
```

kann man sich eine Liste aller bereits verfügbarer Pakete auf dem Computer anzeigen lassen.

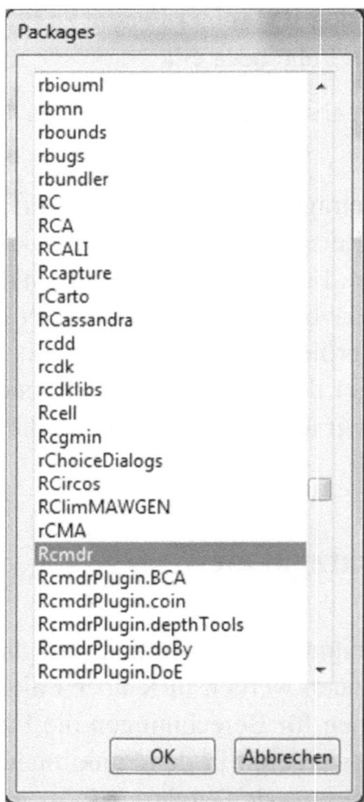

**Abb. 18.4** Links: Dialogfeld zur Auswahl eines Spielgelservers. Rechts: Übersicht verfügbarer Zusatzpakete.

Es öffnet sich dann in der R-Umgebung ein neues Fenster, dass die Pakete mit einer kurzen Beschreibung auflistet. Möchte man ein Paket verwenden, welches darunter nicht aufgeführt ist, muss es zuerst installiert werden. Dazu benötigt man eine aktive Internetverbindung und geht im Menü auf **Pakete** ⟶ **Installiere Paket(e) ...**; es öffnet sich, wie im linken Teil von Abb. 18.4, ein neues Dialogfeld, in dem man einen Spiegelserver festlegt. Dabei handelt es sich um einen Server, auf dem die nötigen Dateien gespeichert sind. Es empfiehlt sich, einen Server auszuwählen, der nahe zum eigenen Standort liegt. Im Anschluss wird eine Liste aller verfügbaren Zusatzpakete angezeigt (vgl. Abb. 18.4 rechts). Wir möchten die Installation beispielhaft mit dem Paket **Rcmdr** durchführen. Scrollen wir im Dialogfeld also (weit) nach unten, wählen das Paket aus und bestätigen mit $\boxed{\text{OK}}$. Das Paket installiert sich nun selbstständig in R, wobei gegebenenfalls auch noch andere benötigte Pakete installiert werden. Nach Abschluss der Installation erhalten wir in der Ausgabe unter anderem die Meldung, dass das Paket erfolgreich installiert wurde. Mit der Eingabe des Befehls

```
> install.packages("Rcmdr")
```

in die Konsole hätte man das gleiche Ergebnis erhalten.

### 18.4.2 Pakete laden

Nach der Installation des Zusatzpakets stehen die darin enthaltenen Funktionen aber noch nicht in R zur Verfügung. Dafür muss das Paket zuvor aber noch geladen werden. Dies erreicht man im Menü unter **Pakete** $\longrightarrow$ **Lade Paket ...**, worauf ein Dialogfeld mit einer Liste erscheint, die alle auf dem Rechner installierten Pakete enthält. Wir wählen das oben installierte Paket **Rcmdr** aus und gehen auf $\boxed{\text{OK}}$; das Paket ist jetzt geladen und kann verwendet werden. Im Fall von **Rcmdr** öffnet sich direkt die Oberfläche des R-Commanders. Wird das Paket zum ersten Mal geladen, müssen noch weitere Schritte durchgefürt werden, für die wir auf Abschnitt 19.3.1 verweisen.

Übrigens kann man Pakete auch mit einem einfachen Befehl laden, nämlich durch Eingabe von

```
> library(Rcmdr)
```

Das Laden der benötigten Zusatzpakete muss allerdings bei jeder R-Sitzung neu durchgeführt werden.

Um sich eine kurze Information über das Paket mit allen darin enthaltenen Funktionen und Datensätzen anzuzeigen, genügt der Aufruf von

```
> library(help = "Rcmdr")
```

und es öffnet sich ein neues Fenster in R, wie in Abb. 18.5.

### 18.4.3 Pakete updaten

Da R ständig weiterentwickelt wird, ändern sich auch die Zusatzpakete. Eine Weiterentwicklung eines solchen Pakets kann die Behebung von Programmierfehlern oder die Erweiterung der Funktionalität des Pakets bedeuten. Zur Aktivierung der Änderungen auf dem eigenen Rechner, muss das entsprechende Paket aktualisiert werden. Dazu geht man im Menü auf **Pakete** $\longrightarrow$ **Aktualisiere Pakete ...** und muss, falls dies noch nicht geschehen ist, wie in Abschnitt 18.4.1 einen Spiegelserver auswählen. Danach erscheint eine Liste, in der man die zu aktualisierenden Pakete auswählt. Alternativ kann man auch den R-Befehl

```
> update.packages("paketname")
Update (y/N/c)?
```

verwenden, wobei man hier mit der Eingabe von y in die Konsole das Update noch
bestätigen muss. Möchte man das Programm R updaten (s. Abschnitt 18.2.3), empfiehlt sich eine Deinstallation der veralteten Version und eine Neuinstallation der
aktuellen Version. Dabei gehen die innerhalb der veralteten Version installierten Zusatzpakete nicht verloren. Hat man die neue Version installiert, sollten alle bereits
installierten Pakete aktualisiert werden, was man mit

```
> update.packages(ask = FALSE)
```

erreicht. Das Argument ask bewirkt dabei, dass man nicht für jedes Paket das Update mit y bestätigen muss. Für mehr Details zum Umgang mit Paketen verweisen
wir auf [2], Kapitel 1.

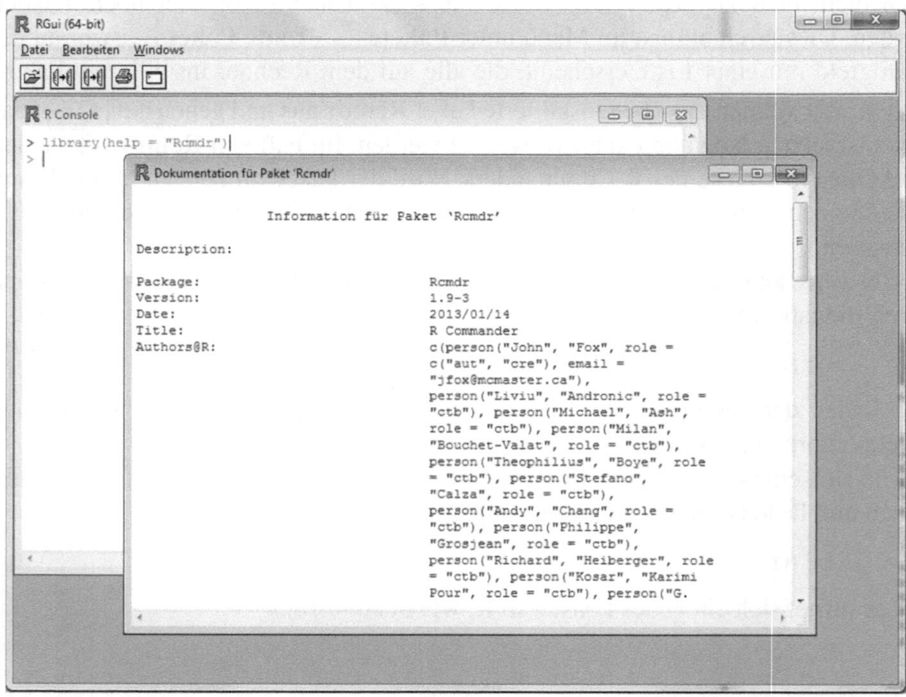

**Abb. 18.5** In der R-Umgebung geöffnetes Hilfefenster zum Paket **Rcmdr**.

## 18.5  Das Hilfesystem von R

Gerade für R-Anfänger ist es zu Beginn herausfordernd, mit dem Programm vertraut
zu werden. Bei einzelnen Analyseschritten erhält man beim Ausführen der Befehle
oftmals eine Fehlermeldung anstatt des gewünschten Ergebnisses, ohne jedoch zu

wissen, wo genau der Fehler liegt. Noch frustrierender kann es sein, wenn man für bestimmte Rechenschritte gar nicht weiß, welche Funktionen wie benutzt werden. Kurzum: Will man sich R aneignen, werden Fragen zum Programm zwangsläufig auftauchen. Genauso werden Fehlermeldungen nicht zu vermeiden sein, was selbst erfahrenen R-Nutzern immer wieder passiert.

Um das Programm R herum hat sich ein sehr umfangreiches Angebot an Hilfsmöglichkeiten entwickelt, einige solcher Möglichkeiten wollen wir nun kurz vorstellen. Für eine lesenswerte Übersicht zu diesem Thema verweisen wir auf [3], Kapitel 2 und auch auf [4], Kapitel 3.

### 18.5.1  Allgemeine Hilfe

Der schnellste Weg Hilfe zu erhalten, ist über das Menü der R-Konsole. Unter **Hilfe** $\longrightarrow$ **Handbücher (PDF)** findet man eine Auswahl an Dokumenten für verschiedene Frage- und Problemstellungen, beispielsweise den Datenimport.

Über das Hilfe-Menü kann man auch auf die FAQ von R zugreifen, wo die häufigsten von Nutzern gestellten Fragen und deren Antworten zu sehen sind.

Man beachte, dass diese Dokumente oder die FAQ sehr allgemein gehalten sind und man unter Umständen sein konkret vorliegendes Problem damit nicht lösen kann. Die PDF-Dokumente kann man daher idealerweise als eine Art Vertiefungslektüre ansehen. Wenn man ohnehin weiß, dass ein Datenimport durchzuführen sein wird, kann man sich zuvor schon informieren, um Fehlermeldungen präventiv zu vermeiden. Für den Fall von spezielleren Problemen dienen die Informationen in den nachfolgenden Abschnitten.

### 18.5.2  Hilfe zu Funktionen

Möchte man eine Funktion anwenden, kann sich aber nicht mehr an die genaue Verwendung erinnern, gibt man den Funktionsnamen mit einen vorangestellten Fragezeichen in die Konsole ein:

```
> ?mean
```

Nach Aufruf öffnet sich das interne Hilfesystem von R im Fenster des Standard-Internetbrowsers, wie in Abb. 18.6 zu sehen. Dort erhält man dann genauere Informationen zur korrekten Benutzung der Funktion in einer Dokumentation. Voraussetzung dafür ist allerdings, dass man noch den richtigen Namen der Funktion kennt.

Hat man den Namen nur noch vage in Erinnerung, hilft oft die Eingabe nur eines Teils des Namens mit zwei ? davor, wie im nächsten Aufruf.

```
> ??mea
```

Daraufhin weden alle Hilfeseiten nach Funktionen durchsucht, die das angegebene Textstück enthalten. Die Ergebnisse werden dann wieder in einem separaten Reiter des Browsers angezeigt.

Ein weiterer nützlicher Aspekt des internen Hilfesystems sind die Verlinkungen zu anderen Funktionen. Dadurch bekommt man einen noch besseren Überblick über ähnliche Funktionen.

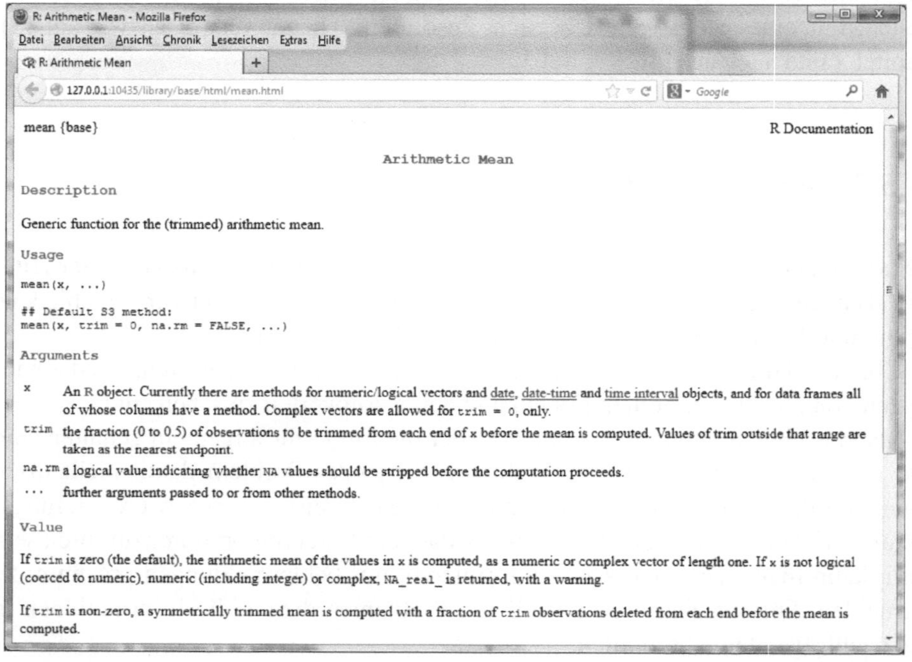

**Abb. 18.6** Hilfefenster für die Funktion `mean()`, geöffnet in einem Webbrowser.

### 18.5.3  Online-Hilfe und weitere Hilfen

Die oben angesprochenen Hilfeseiten haben einen ganz eigenen, sachlichen Stil. Auf eine didaktisch saubere Darstellung eines Problems wird dabei nur sehr wenig Wert gelegt, der Leser erhält nur das Nötigste an Information. Gerade für R-Neulinge sind die Hilfeseiten zu Beginn nur mit viel Ausdauer hilfreich, auch wenn man mit etwas Übung die präzise Darstellung der Informationen durchaus zu schätzen weiß.

Bei der Online-Suche nach R-Problemen mit den gängigen Suchmaschinen wird man ebenso schnell fündig. Der Vorteil hierbei ist, dass man weder den Namen noch einen Ausschnitt der Funktion kennen muss, sondern nur das Problem beschreiben kann. Ein Nachteil ist, dass der Großteil der R-Community über englischsprachige Internet-Foren miteinander kommuniziert (siehe auch die Mailing-Listen unten).

Daher kann es sein, dass man mit einer englischen Sucheingabe erfolgreicher ist als mit einer Suche auf Deutsch.

Ein schier unerschöpfliches Repertoire von Problemen und deren Lösungen findet man über die **Mailinglisten** von R[1]. Das sind Fragen, die von R-Nutzern an andere R-Nutzer gestellt wurden. Neben der Möglichkeit, diese Listen zu durchsuchen – die meisten Probleme haben andere User in der Vergangenheit in ähnlicher Form schon an die R-Community gestellt – hat man darüber hinaus selbst die Möglichkeit, sein Problem den R-Nutzern zu präsentieren. Für nähere Informationen hierzu verweisen wir den Leser auf [3], Kapitel 2. Einen Überblick über spezielle R-Suchmaschinen erhält man in [4], Kapitel 3.

Nachdem wir im vorliegenden Kapitel die wichtigsten Grundlagen der Software vorgestellt haben, möchten wir zur besseren Übersicht eine Zusammenfassung der neu eingeführten R-Funktionen geben, wie in Tabelle 18.7 zu sehen. Auch in den weiteren Kapiteln in diesem Buchteil werden solche Übersichtstabellen zu sehen sein.

**Tabelle 18.7** Zusammenfassung der neu eingeführten R-Funktionen und Befehle aus Kapitel 18.

| Funktion | Beschreibung |
| --- | --- |
| +, -, *, / | Additions-, Subtraktions, Multiplikations- und Divisionszeichen. |
| ^ | Potenzzeichen. |
| # | Beginn eines Kommentars. |
| a <- 2 | Weist dem Objekt a den Wert 2 zu. |
| pi, i | Kreiszahl $\pi$ und Imaginäre Einheit $i$. |
| function() | Erstellt eine selbst definierte Funktion. |
| ?mean | Öffnet die R-interne Hilfeseite zur Funktion mean(). |
| ??mea | Zeigt alle R-internen Hilfeseiten an, in denen „mea" vorkommt. |
| library() | Listet alle auf dem Rechner installierten Zusatzpakete auf. |
| install.packages(Rcmdr") | Installiert das Paket **Rcmdr** von einem Spiegelserver. |
| library(Rcmdr) | Lädt das Paket **Rcmdr**. |
| library(help = Rcmdr") | Öffnet eine Hilfeseite zum Paket **Rcmdr**. |
| update.packages(Rcmdr") | Aktualisiert das Paket **Rcmdr**. |

## 18.6 Aufgaben

0. Installieren Sie R auf Ihrem Rechner.

1. Betrachten Sie die **logistische Funktion**

$$f_{a,b,c}(x) = \frac{a}{1 + be^{-c \cdot x}}, \quad a, b, c \in (0, \infty)$$

---

[1] erreichbar unter http://www.r-project.org/mail.html

Schreiben Sie eine Funktion mit Namen `logistisch()`, die bei gegebenen Parametern $a$, $b$, $c$ und $x$, Funktionswerte von $f_{a,b,c}(x)$ berechnet. Wie lautet der Funktionswert von $f_{10,0.5,1}$ and der Stelle 0?

2. Sei $x > 0$ ein beliebiger Geldbetrag, der zum Zinsatz $r > 0$ für eine Dauer von $n$ Zeiteinheiten (z.B. Jahren) angelegt wird. Am Ende der Laufzeit hat das angelegte Geld also einen Wert von $x \cdot (1 + r)^n$.

   (i) Schreiben Sie in R die Funktion `zinseszins()`, die den Wert von $x$ für gegebene Parameter $r$ und $n$ berechnet.

   (ii) Was ist der Wert von 1000 € nach 10 Zeiteinheiten, gegeben einem Zinsatz von 5 % ($r = 0.05$)? Was ist das Geld bei gleichen Bedingungen nach 100 Zeiteinheiten wert?

3. Was macht die Funktion `atan()` in R? Finden Sie dies mittels der internen R-Hilfe heraus.

4. Mit der Funktion `print()` kann man sich Ergebnisse in der R-Konsole anzeigen lassen. Finden Sie heraus, wie dabei das zusätzliche Argument `digits` verwendet werden kann und probieren Sie dies mit einem selbstgewählten Beispiel aus.

5. Lassen Sie sich in R folgende Berechnungen anzeigen:

```
> 10 %% 3
[1] 1
> 10 %/% 3
[1] 3
```

Finden Sie heraus, wofür die beiden Operatoren `%%` und `%/%` stehen.

6. Installieren Sie das Zusatzpaket **Rcmdr** auf Ihrem Computer.

7. Installieren und laden Sie das Zusatzpaket **RQuantLib** auf Ihrem Computer. Was beinhaltet das Paket? Lassen Sie sich eine Übersichtsseite mit allen darin enthaltenen Funktionen anzeigen.

## Literatur


1. Fox, J. (2005). The R Commander: A Basic Statistics Graphical User Interface to R. *Journal of Statistical Software*, **14**, 1-42.
2. Hain, J. (2011). *Statistik mit R – Grundlagen der Datenanalyse*. RRZN-Handbuch, Leibniz Universität Hannover.
3. Ligges U. (2008). *Programmieren mit R*, Springer, Heidelberg.
4. Luhmann C. (2011). *R für Einsteiger*, Beltz-Verlag, Weinheim.

# Kapitel 19
# Arbeiten mit R

Nach der Installation des Programmes und den ersten zaghaften Schritten stellt sich dem Nutzer schnell die Frage: Wie arbeitet man am einfachsten und effzientesten mit R? Wir wollen im vorliegenden Kapitel versuchen, erste Antworten auf diese Frage zu geben, indem wir zuerst die verschiedenen Programmkomponenten und deren Zusammenspiel miteinander erläutern (Abschnitt 19.1). Der Begriff des Objektes ist bei der Arbeit mit R omnipräsent. Ein gewisses Grundwissen über die wichtigsten Objekttypen von R ist daher unumgänglich zum Verständnis der Arbeits- und Funktionsweise des Programms (Abschnitt 19.2). Der R-Commander ist die im vorherigen Kapitel schon mehrfach erwähnte grafische Oberfläche, die die Arbeit mit R wesentlich erleichtern soll. Da der R-Commander darüber hinaus in diesem Buch eine zentrale Stellung einnimmt, geben wir in Abschnitt 19.3 eine erste Einführung in seine Funktionsweise.

## 19.1 Der Aufbau von R

R besteht aus zwei wesentlichen Komponenten, die wir im Folgenden kurz vorstellen. Die erste Komponente ist der Workspace, der alle in der R-Konsole erstellten Objekte enthält (Abschnitt 19.1.1). Als zweites sind Skriptdateien von zentraler Bedeutung, mit denen R-Befehle strukuriert und gespeichert werden können (Abschnitt 19.1.2).

### 19.1.1 Der Workspace

Während einer R-Sitzung werden per Zuweisung meist viele Objekte erstellt. Diese werden im sogenannten **Workspace** gespeichert. Man kann sich den Workspace wie einen großen Behälter vorstellen, in dem Objekte abgelegt werden. Welche Objekte sich aktuell im Workspace befinden, erfährt man mit der Funktion `ls()`. Hat man alle im vorherigen Kapitel vorgestellten Programmschritte ebenso durchgeführt, erhält man folgende R-Ausgabe:

```
> ls()
[1] "a"    "b"    "berechne.bmi"
```

Wir haben also bis jetzt die beiden Objekte a und b erstellt, sowie die Funktion berechne.bmi() aus Abschnitt 18.3.4. Zum Löschen von Objekten aus dem Workspace benötigt man die Funktion rm() (*remove*), bei der als Argument das zu löschende Objekt steht. Das Kommando

```
> rm(b)
```

löscht das Objekt b aus dem Workspace, was man leicht mit der Funktion ls() nachprüft. Bei mehr als einem zu löschenden Objekt werden die einzelnen Argumente von rm() mit Kommata voneinander getrennt.

Schließt man R (siehe unten), werden die Objekte im Workspace nicht automatisch gespeichert. Am einfachsten speichert man den aktuellen Workspace, wenn man in der R-Konsole im Menü auf **Datei** $\longrightarrow$ **Sichere Workspace ...** geht. Es öffnet sich dann ein Dialogfeld, in dem man einen Speicherort auswählt. Nehmen wir beispielsweise an, dass der Workspace im Pfad **C:\R-Buch** unter dem Namen ErsterVersuch.RData gespeichert werden soll. Dafür öffnet man den entsprechenden Ordner, der – falls noch nicht existierend – auch innerhalb des Dialogfelds neu erstellt werden kann. Danach gibt man im Feld *Dateiname* den Namen für den Workspace an. Die Workspace-Datei hat die Endung .RData, die beim Speichern mit angegeben werden sollte. Falls die Datei noch nicht exisiert, wird sie neu erstellt, anderenfalls überschrieben. Geht man auf [ Speichern ], wird der Vorgang abgeschlossen; es erscheint dann folgender Befehl in der Konsole:

```
> save.image(file="C:\\R-Buch\\ErsterVersuch.RData")
```

Wie man sieht, hätte man unter Verwendung der Funktion save.image() den Befehl auch direkt eingeben können, wobei zu beachten ist, dass ein doppelter Backslash (\\) zwischen den Ordnernamen stehen muss.

Die Objekte sind nun gespeichert und für spätere Verwendungen verfügbar. Einen Workspace zu speichern ist vor allem dann vorteilhaft, wenn mehrere Objekte (z.B. Datensätze) für verschiedene Analysen oft gebraucht werden. Sind diese alle in einem Workspace gespeichert, kann dieser, beispielsweise nach Neustart des Programms, über das Menü mit **Datei** $\longrightarrow$ **Lade Workspace ...** in den aktiven Workspace geladen werden. Führt man den Schritt mit der gerade eben erstellten Datei ErsterVersuch.RData durch, erscheint nach Abschluss der Code

```
> load(file = "C:\\R-Buch\\ErsterVersuch.RData")
```

in der Konsole, den man natürlich auch wieder in die Konsole direkt eingeben kann. Als weitere Möglichkeit kann man auch in den Ordner gehen, in dem der Workspace gespeichert ist und ihn dann mit Doppelklick öffnen. Egal ob R bereits geöffnet ist oder nicht, es öffnet sich dann eine neue Version des Programms mit den Objekten im Workspace.

Eine Warnung sei an dieser Stelle noch gegeben. Lädt man mit der Funktion `load()` neue Objekte in einen bereits geöffneten Workspace, werden gleichnamige Objekte ohne Nachfrage überschrieben. Dies kann unter Umständen sehr ärgerlich sein, wenn die Objekte mit gleichem Namen nicht den selben Inhalt haben. Das überschriebene Objekt kann dann nicht mehr in seinen „ursprünglichen" Zustand zurückversetzt werden, die alte Information bleibt verloren. Vor allem Windows-Nutzer sind es gewohnt, vor Schritten wie Löschen oder Ersetzen von Dateien nochmals vom System gefragt zu werden, ob der Schritt wirklich gewünscht ist. In R ist dies nicht der Fall, weshalb man stets beim Überschreiben von Objekten Vorsicht walten lassen und daher Sicherungskopien erstellen sollte.

### 19.1.2 Das Skriptfenster

Bisher haben wir alle Befehle direkt in die R-Konsole eingegeben. Wenn Befehle häufig verwendet werden, kann dies sehr mühsam sein, vor allem weil sie bei jeder R-Sitzung wieder komplett neu eingegeben werden müssen. Außerdem hat man so keine Dokumentationsmöglichkeit der eigenen Arbeitsschritte, da beim Schließen von R die Befehle nicht mehr verfügbar sind. Abhilfe schafft hier das sogenannte **Skriptfenster**. Geht man im Menü auf **Datei** $\longrightarrow$ **Neues Skript**, öffnet sich innerhalb der R-Umgebung ein neues Fenster ohne Inhalt, das Skriptfenster. In Abb. 19.1 ist ein geöffnetes Skriptfenster zu sehen.

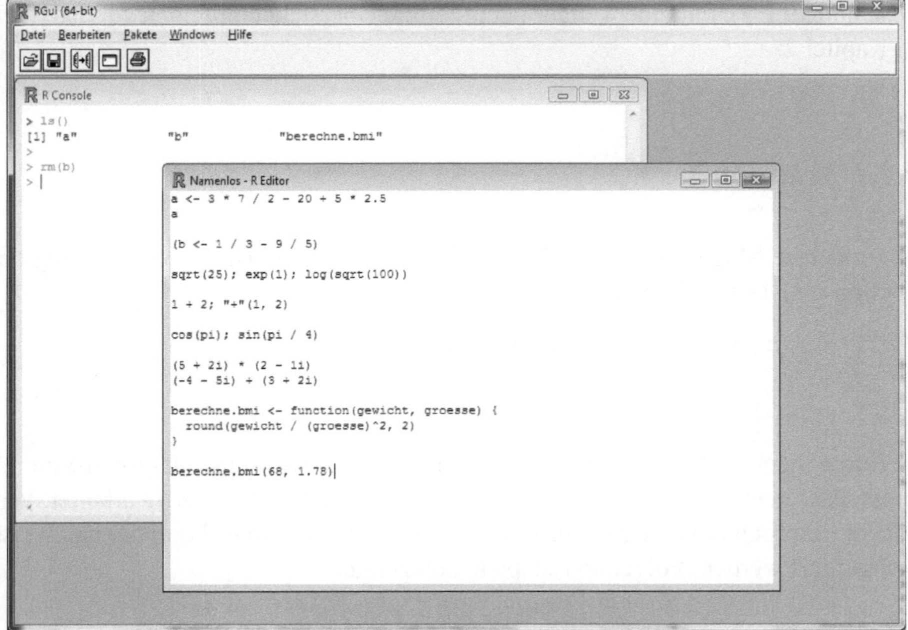

**Abb. 19.1** Geöffnete R-Skriptdatei mit einigen Befehlen.

In die Skriptdatei können R-Befehle eingegeben und auch gespeichert werden, wenn man bei aktiviertem Fenster auf **Datei** $\longrightarrow$ **Speichern unter ...** geht und in dem sich neu öffnenden Dialogfeld einen gewünschten Speicherort auswählt. Die Dateiendung lautet .R, was man beim Speichern mit eingeben sollte.

Eine erstellte Skriptdatei kann auch außerhalb von R in einem gewöhnlichen Text-Editor geöffnet und bearbeitet werden. Der Vorteil der Datei liegt aber darin, dass diese innerhalb von R geöffnet werden kann und man die Möglichkeit hat, direkt mit R zu kommunizieren. Sollen Befehle aus einer Skriptdatei ausgeführt werden, markiert man die entsprechenden Bereiche mit der Maus und drückt dann die Tastenkombination STRG + R. Daraufhin wird der Befehl in der Konsole ausgeführt, bleibt aber in der Skriptdatei erhalten. Erfahrene Programmierer nutzen den Vorteil der direkten Kommunikation mit R und arbeiten ausschließlich mit Skriptdateien in R. Die Befehle werden also nicht mehr in der Konsole eingegeben sondern in einer Skriptdatei.

## 19.2 Objekte

In Abschnitt 18.3.2 haben wir bereits mit Zuweisungen gearbeitet und dabei Rechenergebnisse in einem neuen Objekt gespeichert. Dies wollen wir nun erneut aufgreifen und die Eigenschaften von solchen Objekten genauer beschreiben. Da es in R sehr viele Objektarten gibt, werden wir nur auf die für uns wichtigsten eingehen, nämlich Vektoren (Abschnitt 19.2.1), Matrizen (Abschnitt 19.2.2) und Datensätze (Abschnitt 19.2.3). Für eine weitaus detailliertere Übersicht empfehlen wir das Buch [1], Kapitel 2.

### *19.2.1 Vektoren*

Die einfachste Möglichkeit einen **Vektor** in R zu erstellen, ist die Verwendung der Funktion c() (als Abkürzung von *concatenate*):

```
> v <- c(64.3, 102.7, 87.2, 51.1, 58.9)
> v
[1]   64.3 102.7  87.2  51.1  58.9
```

Die Komponenten, die den Vektor bilden sollen, werden jeweils mit einem Komma voneinander getrent. Vektoren sind *die* Objekte in R, da R *vektorwertig* arbeitet. Vereinfacht gesprochen heißt das, dass Rechenoperationen immer komponentenweise durchgeführt werden. Folgende Beispiele belegen dies:

```
> v * 2; v + 2; round(sqrt(v), 2)
[1] 128.6 205.4 174.4 102.2 117.8
[1]  66.3 104.7  89.2  53.1  60.9
[1]  8.02 10.13  9.34  7.15  7.67
```

Multipliziert man den Vektor mit der Zahl 2, wie im ersten Beispiel, wird die Multiplikation für jede einzelne Komponente ausgeführt. Gleiches gilt natürlich auch für andere arithmetische Operationen, wie die Addition im zweiten Beispiel. Auch Funktionen wie die Wurzelfunktion `sqrt()` werden komponentenweise auf jedes Element des Vektors angewandt. Natürlich sind hier wieder Verschachtelungen von Funktionen möglich, was wir im letzten Beispiel sehen, bei der wir das Ergebnis mit der `round`-Funktion auf zwei Nachkommastellen runden. Die Funktion `c()` ist eine sehr häufig gebrauchte Funktion, auch aus dem Grund, dass in vielen Funktionen die Argumente als Vektoren übergeben werden müssen. Daher begegnet uns die Funktion in den vorderen Teilen des Buchs immer wieder.

Darüber hinaus ist R auch in der Lage eine arithmetische Operation durchzuführen, die für jede Komponente des Vektors variiert. Möchte man, dass vom Objekt `v` in jeder Komponente eine andere Zahl subtrahiert wird, erzeugt man sich einen weiteren Vektor mit den entsprechenden Einträgen und führt im Anschluss die Subtraktion durch.

```
> u <- c(1, 3, 2, 9, 10)
> v - u
[1] 63.3 99.7 85.2 42.1 48.9
```

Haben die beiden Vektoren nicht die gleiche Länge, wird der kürzere von beiden verlängert und zwar beginnend mit den ersten Werten, bis die Dimensionen wieder übereinstimmen. In solchen Fällen wird in der Ausgabe auch eine Warnmeldung angezeigt (s. Aufgabe 2).

**Faktoren**

Wie man sich leicht vorstellen kann, stellt ein Vektor in den später noch zu besprechenden Datensätzen (Abschnitt 19.2.3) eine Variable dar, d.h. die Information einer Messung für alle Beobachtungen (s. Abschnitt 1.1.1). Der Vektor `v` könnte beispielsweise das Gewicht von Patienten eines medizinischen Datensatzes sein.

Allerdings gibt es neben numerischen Variablen auch kategoriale Variablen (vgl. Abschnitt 1.1.2). Beobachtungen dieses Datentyps werden in R üblicherweise als **Faktoren** gespeichert. Betrachten wir neben dem Gewicht der Patienten im Vektor `v` noch den Vektor `g`, in dem das Geschlecht aufgezeichnet ist. Dabei steht der Eintrag 1 für weibliche und der Eintrag 2 für männliche Patienten:

```
> g <- c(1, 2, 2, 1, 1)
```

Der obige Vektor ist natürlich immer noch eine numerische Variable, die im nächsten Schritt in einen Faktor umgewandelt werden muss. Dazu dient die Funktion `factor()`.

```
> gen <- factor(g,
+ labels = c("weiblich", "männlich"))
> gen
[1] weiblich männlich männlich weiblich weiblich
```

```
Levels: weiblich männlich
```

Mit dem Argument `labels` können wir Namen für die einzelnen Kategorien vergeben. Dabei muss man die Reihenfolge der numerischen Werte im Originalvektor beachten.

Für bestimmte Analyseverfahren (z.B. den Vergleich einer metrischen Variablen bezüglich den Ausprägungen einer kategorialen Variablen) müssen die kategorialen Variablen Faktoren sein. Importiert man Daten aus einem externen Format (z.B. `txt` oder `csv`) in R (s. Abschnitt 20.1), werden kategoriale Variablen in den meisten aber Fällen automatisch erkannt und als Faktoren definiert.

Wir wollen es mit dieser kurzen Einführung zu Faktoren bewenden lassen. Ausführlichere Informationen zu diesem Thema erhält man beispielsweise in [3], Kapitel 2.

### 19.2.2 Matrizen

Eine **Matrix** ist im Grunde genommen ein zweidimensionaler Vektor, der nur numerische Einträge enthält. Möchte man beispielsweise die Matrix

$$M = \begin{pmatrix} 1 & 3 & 5 \\ 2 & 4 & 6 \end{pmatrix}$$

erstellen, benutzt man die Funktion `matrix()` mit einem Vektor, der die gewünschten Elemente enthält:

```
> M <- matrix(c(1, 2, 3, 4, 5, 6), ncol = 3)
> M
     [,1] [,2] [,3]
[1,]    1    3    5
[2,]    2    4    6
```

Mit dem Argument `ncol` legt man die Anzahl der Spalten (englisch *columns*) fest, wobei man hier auch alternativ mit dem Argument `nrow = 2` die Anzahl der Zeilen (englisch *rows*) hätte angeben können. Die Matrix wird hier spaltenweise mit den angegebenen Einträgen aufgefüllt. Mit dem zusätzlichen Argument `byrow = TRUE` hätte man erreicht, dass die Matrix zeilenweise gefüllt wird.

Trotz ihrer Vielfalt, wollen wir uns hier nicht in die Details der Matrixalgebra vertiefen und verweisen stattdessen auf [3], Kapitel 2. Erwähnt sei hier nur die Tatsache, dass auch die Matrizenrechnung für jede einzelne Komponente der Matrix durchgeführt wird:

```
> round((M / 2)^2, 0)
     [,1] [,2] [,3]
[1,]    0    2    6
[2,]    1    4    9
```

Außerdem erwähnen wir hier mit `t()` zum Transponieren und `solve()` zur Berechnung der Inversen die beiden wichtigsten Funktionen der Matrizenrechnung neben der Matrixmultiplikation, für die das Zeichen `%*%` benutzt wird. In nachfolgenden Beispiel berechnen wir die Inverse des Produkts aus $M$ und seiner Transponierten:

```
> solve(M %*% t(M))
          [,1]       [,2]
[1,]  2.333333 -1.833333
[2,] -1.833333  1.458333
```

### 19.2.3 Datensätze

Datensätze sind die zentrale Objektklasse, mir der wir in R arbeiten werden. Alle Beispieldatensätze des vorliegenden Buchs sind von diesem Objekttyp. Ganz allgemein gesprochen bestehen Datensätze aus Variablen, die alle die gleiche Länge haben, nämlich die Anzahl der Beobachtungen. In R bestehen Datensätze in der Regel aus Vektoren und Faktoren und können daher, im Gegensatz zu Matrizen, auch nicht-numerische Einträge aufweisen.

Normalerweise erstellt R beim Importieren von Rohdatensätzen automatisch einen Datensatz, so dass die folgenden Schritte für uns weniger wichtig sind. Trotzdem wollen wir kurz darauf eingehen. Um aus Vektoren und/oder Faktoren einen Datensatz zu erstellen, verwenden wir stets die Funktion `data.frame()`. Für ein Beispiel fügen wir die in Abschnitt 19.2.1 erstellten Objekte `v` und `gen` zu einem Datensatz zusammen. Dabei ist `v` ein Vektor mit dem Gewicht der Beobachtungen und `gen` ein Faktor mit dem zugehörigen Geschlecht. Den neu erstellten Datensatz nennen wir `testdaten`:

```
> testdaten <- data.frame(gewicht = v,
+ geschlecht = gen)
> testdaten
  gewicht geschlecht
1    64.3    weiblich
2   102.7    männlich
3    87.2    männlich
4    51.1    weiblich
5    58.9    weiblich
```

Bei der Funktion `data.frame()` werden als Argumente die aneinanderzufügenden Objekte aufgelistet, jeweils mit einem Komma voneinander getrennt. Die Argumente können dabei sowohl Vektoren und Faktoren, als auch Datensätze selbst sein. Im erstellten Datensatz erkennt man zum einen die fortlaufende Nummer ganz links, die automatisch erstellt wird und zum anderen die Variablennamen in der obersten Zeile der Ausgabe. Optional kann man Namen vor dem Objekt mit einem Gleichheitszeichen einfügen, damit die Variablennamen nicht wie die Objektnamen lauten.

Bei sehr langen Datensätzen kann man die komplette Ausgabe des Datensatzes unterdrücken, indem man sich mit der Funktion `head()` und dem Datensatznamen als Argument nur die ersten sechs Beobachtungen des Datensatzes anzeigen lässt.

Wir werden in Kapitel 20 noch ausführlicher auf diesen Objektyp sowie seine Eigenschaften und Bearbeitungsmöglichkeiten eingehen.

## 19.3 Der R-Commander

Der R-Commander ist eine grafische Oberfläche, mit der viele Prozeduren im Rahmen einer statistischen Analyse der Daten ausgeführt werden können. Will man beispielsweise von einer metrischen Variablen in einem Datensatz deskriptive Statistiken wie Mittelwert und Standardabweichung erstellen, klickt man sich durch ein Menü und wählt dann in einem Dialogfeld die Variablen und weitere gewünschte Optionen aus. Das hat den großen Vorteil, dass der eigentliche R-Befehl nun nicht mehr in der Konsole eingegeben werden muss (und somit auch nicht mehr gekannt werden muss).

Daher ist der R-Commander vor allem für Einsteiger in das Programm geeignet, die langsam an R herangeführt werden möchten. Die Befehle erscheinen dann trotzdem noch in einem Skriptfenster, deshalb wird man bei wiederholter Benutzung mit dem Programm vertraut. Aber auch Umsteiger von anderen Statistikprogrammen wie z.B. SPSS oder Statistica, bei denen man ebenso mit einer grafischen Oberfläche arbeiten kann, können den R-Commander für erste Schritte mit R benutzen.

Alle folgenden Themen des R-Einführungsteils, sowie die Programmbeispiele in den vorderen Teilen des Buchs werden mit dem R-Commander bearbeitet. Dabei wird stets versucht, die grafische Oberfläche des R-Commanders zu nutzen um die Analyseschritte durchzuführen. Falls dies nicht möglich ist, wie etwa bei komplizierteren Berechnungen oder bei Simulationen, werden die originalen R-Befehle verwendet, die dann im Skriptfenster des R-Commanders eingegeben und ausgeführt werden können. Im Grunde können aber alle Programmbeispiele mit geöffnetem R-Commander bearbeitet werden, sei es durch menügesteuerte oder im Skriptfenster eingegebene Kommandos.

### 19.3.1 Installation und Öffnen des R-Commanders

Die Installation des R-Commanders gliedert sich in folgende Einzelschritte:

▶ Der R-Commander wird über das Paket **Rcmdr** ([2]) zur Verfügung gestellt. Ist es noch nicht installiert, muss dies noch getan werden, beispielsweise mit dem Aufruf von `install.packages("Rcmdr")` in der Konsole (siehe Abschnitt 18.4.1).

▶ Nach der Installation muss das Paket geladen werden (siehe Abschnitt 18.4.2 für Details), was durch den Aufruf von `library(Rcmdr)` erfolgt. Dieser Schritt muss bei jedem Neustart von R wiederholt werden, der R-Commander öffnet sich nicht automatisch.

▶ Wird das Paket zum ersten Mal geladen, erfolgt die Frage, ob noch weitere Pakete installiert werden dürfen, was man mit [Ja] bestätigt. Dies ist notwendig, da der R-Commander bei der Berechnung von Ergebnissen auf andere Zusatzpakete zugreift, die zuvor natürlich installiert sein müssen. Im nächsten Schritt muss festgelegt werden, wie die Installation der Pakete vonstattengehen soll. Wir empfehlen die vorgegebene Einstellung *CRAN*, bei der auf die Pakete online zugegriffen wird. Die Installation kann etwas Zeit in Anspruch nehmen, da unter Umständen viele Pakete installiert werden müssen.

▶ Nach Abschluss der Installation öffnet sich der R-Commander (vgl. Abb. 19.2) als ein separates Fenster. Dabei muss R immer geöffnet bleiben, d.h. schließt man R, schließt sich automatisch auch der R-Commander.

▶ Schließt man nur den R-Commander (s. Abschnitt 19.3.4) und möchte ihn während der laufenden R-Sitzung wieder öffnen, gibt man `Commander()` in die Konsole ein.

## 19.3.2 Aufbau und Funktionsweise

### Menüleiste

Im Gegensatz zur Menüleiste der R-Konsole (vgl. Abb. 18.2) ist die Menüleiste des R-Commanders deutlich umfangreicher. Vor allem kann man dort viele Optionen zur direkten Datenauswertung finden (**Statistik**, **Grafiken**, etc.). Jede einzelne Funktion der Menüleiste vorzustellen wäre viel zu umfangreich, wir gehen im Buch auf entsprechende Möglichkeiten ein, wenn diese gerade benötigt werden. Auf die Felder [Datenmatrix bearbeiten] und [Datenmatrix betrachten] unterhalb der Menüleiste, werden wir in späteren Kapiteln ausführlicher zu sprechen kommen (vgl. Abschnitt 20.2).

### Skriptfenster

Das Skriptfenster befindet sich im oberen Teil des Fensters und ist aktiviert, wenn die Kartei „R Script" aktiviert ist. In Abschnitt 19.1.2 haben wir bereits über das R-interne Skriptfenster gesprochen. Das Skriptfenster im R-Commander kann vollkommen analog verwendet werden, d.h. die Befehle können im Fenster eingegeben und mit der Tastenkombination STRG + R nach vorherigem Markieren ausgeführt werden. Alternativ geht man mit der Maus auf den Befehl und nach Rechtsklick auf **Befehl ausführen**. Die entsprechende Ausgabe wird dann im Ausgabefenster des R-Commanders angezeigt (siehe unten). Wie in Abb. 19.2 zu sehen, wurde im Skriptfenster der Vektor v aus Abschnitt 19.2.1 erstellt. Anschließend lässt man sich

mit der Funktion `mean()` das arithmetische Mittel der Einträge von `v` anzeigen.
Das Ergebnis (72.64) wird dann im Ausgabefenster angezeigt.

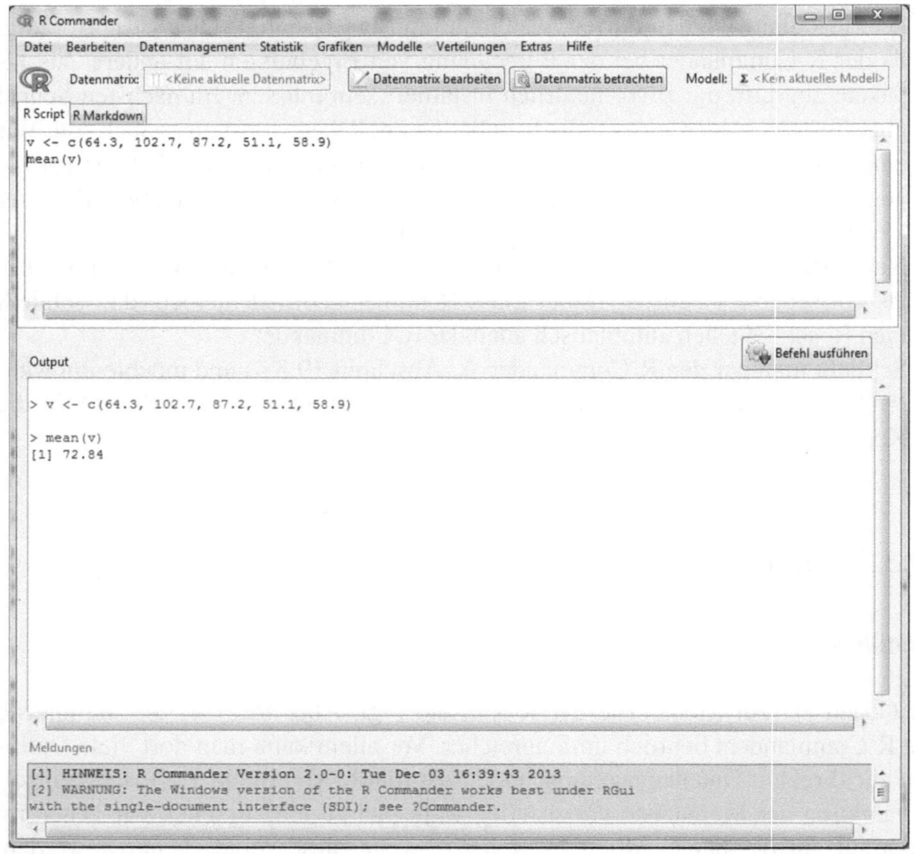


**Abb. 19.2** Das Fenster des R-Commanders nach dem Öffnen und der Eingabe von ersten
Befehlen im Skriptfenster.

Wie oben schon erwähnt, gehen wir sowohl für den Rest des Kapitels als auch für
die vorherigen Teile des Buchs davon aus, dass alle Arbeitsschritte bei geöffnetem
R-Commander durchgeführt werden. Wir unterscheiden hierbei zwischen Operationen, die mittels den Optionen der grafischen Oberfläche ausgeführt werden und
zwischen Befehlen, die nicht mit Hilfe des R-Commanders durchführbar sind. In
solchen Fällen nehmen wir an, dass die entsprechenden Befehle im Skriptfenster
eingegeben und ausgeführt werden, womit bei der Notation der Befehle auf das >-
Zeichen verzichtet wird, welches bisher mit angezeigt wurde, wenn der Befehl in
der normalen R-Konsole eingegeben wurde. Die Kommandos, die in Abb. 19.2 zu
sehen sind, werden also wie folgt dargestellt:

```
v <- c(64.3, 102.7, 87.2, 51.1, 58.9)
mean(v)
```

Selbstverständlich kann man auch alle Arbeitsschritte, die mit dem R-Commander durchführbar sind, in Form eines oder mehrerer R-Befehle eigenhändig ins Skriptfenster schreiben und dann ausführen. Wir wählen aber üblicherweise den etwas „bequemeren" Weg über die grafische Oberfläche.

Aktiviert man die zweite Kartei „R Markdown" neben dem Skriptfenster, kann man dort ebenfalls R-Befehle eingeben. Über diese Kartei hat man die Möglichkeit, einen Bericht von ausgewählten Befehlen in Form einer HTML-Datei zu erstellen. Für unserer Zwecke ist das aber nicht von Interesse, daher verzichten wir im Folgenden auf weitere Bemerkungen zu dieser Möglichkeit.

**Ausgabefenster**

Das Ausgabefenster oder Outputfenster kann man sich wie die gewöhnliche Ausgabe in der R-Konsole vorstellen. Ergebnisse von Berechnungen oder Analysen (z.B. deskriptive Statistiken oder Testergebnisse) werden in diesem Fenster angezeigt. Der einzige Unterschied im Vergleich zur R-Konsole besteht darin, dass in das Ausgabefenster keine R-Befehle direkt eingegeben werden können. Dafür steht das oben beschriebene Skriptfenster zur Verfügung.

**Meldungsfenster**

Im Meldungsfenster werden allgemeine Hinweise angezeigt. Je nach Art, wird die Meldung in unterschiedlichen Farben angegeben. So sind Fehlermeldungen rot, Warnmeldungen werden in grüner und allgemeine Hinweise in blauer Farbe angezeigt. Die jeweils aktuellste Meldung wird stets ganz unten angegeben, die vorherigen Meldungen stehen darüber und können durch Herauf- oder Herunter-Scrollen des Fensters sichtbar gemacht werden.

Nach dem Start fällt eine Warnmeldung im Meldungsfenster auf, nach der der R-Commander am besten unter der Einstellung SDI läuft (`R Commander works best under [...] (SDI)`). Diese Einstellung legt den Darstellungsmodus von R fest, wobei der Modus SDI bedeutet, dass jede Programmkomponente (z.B. Skriptfenster oder Grafikfenster) als separates Fenster angezeigt wird. Die Voreinstellung bei der Standard-Installation ist aber MDI („M" steht für *multiple*), bei der nur ein R-Fenster geöffnet ist und alle Komponenten innerhalb dieses Fensters ausgeführt werden. Man kann die Einstellung von MDI auf SDI beispielsweise bei der Installation des Programms ändern, siehe hierfür Abschnitt 18.2.1. Der MDI-Modus führt aber zu keiner Beeinträchtigung der Funktionsweise des R-Commanders, daher ignorieren wir die Warnmeldung. Möchte man den Modus im laufenden Betrieb von R ändern, findet man in [3], Anhang A nähere Informationen.

### 19.3.3 Laden und Speichern

Das Speichern/Öffnen von Skriptdateien läuft im R-Commander ganz ähnlich wie in R selbst, man geht hierzu im Menü auf **Datei ⟶ Skriptdatei öffnen/speichern unter ...** und wählt dann im neuen Dialogfeld den Ordner zum Speichern/Öffnen der Skriptdatei. Zu beachten ist, dass beim Öffnen einer Skriptdatei alle bisherigen Befehle im Skriptfenster gelöscht werden, was zuvor aber noch bestätigt werden muss.

Hat man innerhalb des R-Commanders Objekte, wie z.B. Datensätze, erstellt und möchte diese in einem Workspace speichern, geht man im Menü auf **Datei ⟶ Datendatei speichern unter ...**. Das Laden eines Workspace in den R-Commander geht über das Menü **Datenmanagement ⟶ Lade Datendatei ...**. Die Objekte im Workspace sollten aber alles Datensätze sein, ansonsten können sie innerhalb des R-Commanders nicht für weitere Analysen ausgewählt werden. Wie man einzelne Rohdatendateien (z.B. EXCEL-Tabellen) in den R-Commander importiert, werden wir in Abschnitt 20.1.2 erfahren.

### 19.3.4 Schließen des R-Commanders

Um den R-Commander zu schließen geht man im Menü auf **Datei ⟶ Beenden ⟶ des Commanders (und Rs)** und wählt eine der beiden Menüpunkte aus je nach dem, ob nur der R-Commander oder R komplett geschlossen werden soll.

Bevor sich das Programm jedoch schließt, öffnet sich ein neues Dialogfeld, in dem man sein Vorhaben nochmals mit Klick auf $\boxed{\text{OK}}$ bestätigen muss. Danach kann man in zwei weiteren Schritten sowohl die Skriptdatei, als auch die Ausgabedatei speichern. Geht man in den Feldern auf $\boxed{\text{Ja}}$, kann man den Speicherort der Datei wählen. Geht man auf $\boxed{\text{Nein}}$, wird der Schritt übersprungen. Die Skriptdatei wird wie gewohnt als Datei mit der Endung `.R` gespeichert. Die Ausgabedatei wird als `txt`-Datei gespeichert und enthält den kompletten Inhalt des Ausgabefensters. Allerdings erscheint keine Meldung, ob der aktuelle Workspace gespeichert werden soll, auch nicht wenn man sowohl R-Commander als auch R schließt.

Tabelle 19.3 fasst die neu eingeführten R-Befehle des Kapitels nochmals zusammen.

## 19.4 Aufgaben

Verwenden Sie zur Bearbeitung der Aufgaben das Skriptfenster des R-Commanders und geben Sie dort die entsprechenden Befehle ein. Geben Sie vor jeder Aufgabe mit dem #- Zeichen einen Kommentar ein, der die Aufgabennummer an-

gibt. Speichern Sie nach Abschluss der Aufgaben die Skriptdatei unter dem Namen
`uebungsaufgaben.R` ab.

1. (i) Was machen die beiden Funktionen `seq()` und `rep()`? Verwenden Sie dazu
   die R-interne Hilfe, indem sie ein ?-Symbol vor den Funktionsnamen setzen
   und dies in der Konsole ausführen (siehe Abschnitt 18.5.2).

   (ii) Erstellen Sie folgende Vektoren, einmal mit und einmal ohne Verwendung der
   Funktionen `seq()` und `rep()`:
   - $d = (1, 2, 3, 4, 5)$
   - $e = (-0.2, -0.1, 0, 0.1, 0.2)$
   - $f = (1, 1, 1, 1, 2, 2, 2, 2)$
   - $g = (3, 4, 3, 4, 3, 4)$

2. Betrachten Sie den in Abschnitt 19.2.1 erstellten Vektor v. Was passiert, wenn
   Sie folgende Berechnung durchführen:

   ```
   v - c(1, 2)
   ```

   Versuchen Sie danach das Ergebnis des Aufrufs

   ```
   f * c(1, 2)
   ```

   mit dem in Aufgabe 1 erstellten Vektor f vorherzusagen und überprüfen Sie im
   Anschluss Ihre Prognose.

3. (i) Erstellen Sie das Objekt `d.log`, das von jedem Eintrag des in Aufgabe 1
   erstellten Vektors d den natürlichen Logarithmuswert enthält.

   (ii) Berechnen Sie von allen Komponenten des Vektors e aus Aufgabe 1 den
   Wert der Kosinusfunktion und speichern den neuen Vektor unter dem Namen
   `e.cos` ab.

4. Betrachten Sie das lineare Gleichungsystem

$$-x_1 + \frac{1}{2}x_2 + 3x_3 = 2.5$$

$$-2x_1 - \frac{1}{3}x_2 + 2x_3 = \frac{5}{3}$$

$$-1.25x_1 - 2.5x_2 - 3x_3 = -3$$

   (i) Formulieren Sie das Gleichungssystem in der allgemeinen Form

$$Ax = b,$$

   wobei $A \in \mathbb{R}^{3\times 3}$ eine Matrix, $x = (x_1, x_2, x_3)^\top$ der Vektor der drei Unbekannten und $b \in \mathbb{R}^3$ ist.

   (ii) Mit der in Abschnitt 19.2.2 vorgestellten Funktion `solve()` können auch
   lineare Gleichungssysteme gelöst werden. Finden Sie mit der R-Hilfe heraus,
   wie dies funktioniert und bestimmen Sie die Lösung des obigen Systems.

5. Speichern Sie nur den in Abschnitt 19.2.3 erstellen Datensatz `testdaten` in
   einer `RData`-Datei mit Namen `erster_datensatz` in einem Ordner Ihrer
   Wahl ab.

6. Speichern Sie alle in den Aufgaben 1 und 3 erstellten Objekte in einem separaten
   Workspace ab.

**Tabelle 19.3** Zusammenfassung der neu eingeführten R-Funktionen und Befehle aus Kapitel 19.

| Funktion | Beschreibung |
| --- | --- |
| `ls()` | Listet alle im Workspace vorhandenen Objekte auf. |
| `rm()` | Löscht Objekte aus dem Workspace. |
| `save.image()` | Speichert alle Objekte im Workspace in einer `RData`-Datei. |
| `load()` | Lädt eine `RData`-Datei in den Workspace. |
| `c()` | Fügt mehrere Objekte zu einem Vektor zusammen. |
| `factor()` | Wandelt einen (numerischen) Vektor in einen Faktor um. |
| `matrix()` | Erstellt eine Matrix. |
| `t()` | Transponiert einen Vektor, einen Datensatz oder eine Matrix. |
| `solve()` | Berechnet die Inverse einer Matrix. |
| `%*%` | Matrixmultiplikationszeichen. |
| `data.frame()` | Erstellt aus mehreren Vektoren und/oder Faktoren einen Datensatz. |
| `Commander()` | Öffnet in der laufenden R-Sitzung den zuvor geschlossenen R-Commander wieder. |

# Literatur


1. Crawley, M. J. (2007). *The R Book*, Wiley, Chichester.
2. Fox, J. (2005). The R Commander: A Basic Statistics Graphical User Interface to R. *Journal of Statistical Software*, **14**, 1-42.
3. Ligges U. (2008). *Programmieren mit R*, Springer, Heidelberg.

# Kapitel 20
# Datenmanagement

Vor den eigentlichen Auswertungsschritten einer statistischen Analyse müssen die vorhandenen Daten in vielen Fällen noch modifziert oder transformiert werden. In die dafür erforderlichen R-Kenntnisse wollen wir in diesem Kapitel einen Einblick geben. Die Inhalte zum Thema Datenmanagement umfassen an erster Stelle den Import der Rohdaten in das Programm selbst (Abschnitt 20.1). Im Anschluss daran steht dem Nutzer eine Vielzahl an Möglichkeiten zur Verfügung mit den Datensätzen zu operieren. Dabei können beispielsweise neue Variablen erstellt werden, die sich einerseits aus Berechnungen mit den bereits vorhandenen Daten ergeben (Abschnitt 20.2) oder andererseits durch Umwandlung des Datenformats oder Kodierung von Variablen des Datensatzes entstehen (Abschnitt 20.3). Darüber hinaus können für einige Analysen nur gewisse Teilmengen des Datensatzes von Interesse sein, die vorher noch entsprechend selektiert werden müssen (Abschnitt 20.4).

Der in Abschnitt 19.3 vorgestellte R-Commander soll bei der Beschreibung der Arbeitsschritte stets im Vordergrund stehen. Es wird also zuerst gezeigt, wie das Problem mittels des R-Commanders gelöst werden kann. Ist dies nicht möglich oder gibt es eine einfache Möglichkeit mit einer R-Funktion, gehen wir darauf ebenfalls ein. Natürlich kann im vorliegenden Kapitel nicht auf alle Aspekte des Datenmanagements eingegangen werden. Deshalb verweisen wir auf [5] oder [1], in denen man auch über die hier vorgestellten Inhalte hinaus Lesenswertes findet.

Bedanken möchten wir uns bei Hassan Humeida, der uns den Datensatz zur Verfügung gestellt hat, den wir in diesem Kapitel verwenden werden.

## 20.1 Datenimport und Datenexport

In Abschnitt 19.2.3 wurde bereits vorgestellt, wie man Vektoren und Faktoren, die sich bereits im Workspace befinden, mit der Funktion `data.frame()` zu einem Datensatz vereinen kann. Wir besprechen nun, wie man Daten auch direkt „per Hand" mit der Tastatur eingeben kann oder Rohdaten, die bereits in elektronischer Form vorliegen, importieren kann.

### 20.1.1 Dateneingabe

Die einfachste Methode zur Erstellung eines Datensatzes besteht darin, einen neu-
en, leeren Datensatz zu öffnen und dort die Einträge mit der Tastatur einzugeben.
Dazu kann man im Menü des R-Commanders auf **Datenmanagement** $\longrightarrow$ **Neue
Datenmatrix …** gehen. Es erscheint ein Dialogfeld, in welchem man einen Namen für den zu erstellenden Datensatz eingibt. Wir tragen hier `neue.daten` ein
und bestätigen mit $\boxed{\text{OK}}$. Danach öffnet sich in der R-Konsole ein neues Dialogfeld, der sogenannte **Dateneditor**. In Abb. 20.1 ist ein leerer Dateneditor zu sehen.
Hier können wir Daten mit der Tastatur eingeben und auch, mit Klick auf das Va-
riablenfeld, den Namen und den Objekttyp ändern. Schließt man den Dateneditor
mit Klick auf das Kreuz rechts oben, werden alle Änderungen übernommen und
im Datensatz `neue.daten` gespeichert. Im Anschluss daran wechselt man wieder
in den R-Commander, der neu erstellte Datensatz ist dann automatisch der aktive
Datensatz.

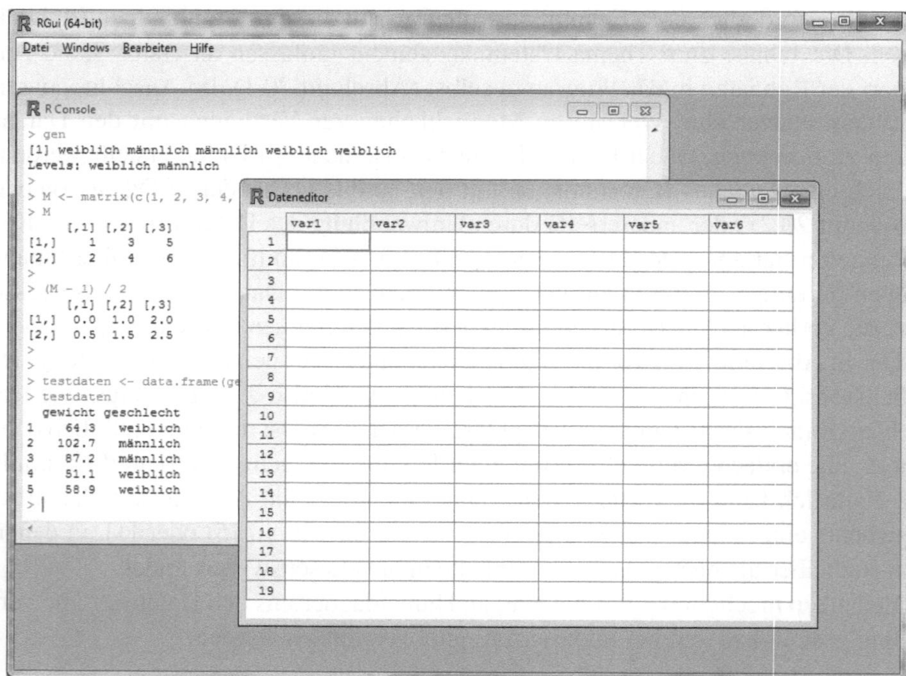

**Abb. 20.1** Leere Datendatei geöffnet in der R-Umgebung.

## 20.1.2 Datenimport

Wie man einen Workspace in R bzw. im R-Commander lädt, haben wir bereits in den Abschnitten 19.1.1 bzw. 19.3.3 kennengelernt. Nehmen wir nun den in der Praxis wohl häufigsten Fall an, dass die Daten zwar schon in elektronischer Form vorliegen, aber in einem anderen Rohdatenformat. Beim **Importieren** von Daten aus Fremdformaten unterschieden wir zwischen drei Fällen:

(i) Die Daten sind in einem ASCII[1]-Format gespeichert, was zum Bespiel bei Dateien mit der Endung `.txt` oder `.csv` der Fall ist.

(ii) Die Daten sind in einer EXCEL-Tabelle gespeichert, haben also das Format `.xls` oder `.xlsx`.

(iii) Die Daten liegen im Format eines anderen Statistik-Programms vor, beispielsweise SPSS, SAS oder Stata.

Wir verzichten auf die Vorstellung des Datenimports mittels Befehlseingaben in der Konsole und verweisen den interessierten Leser auf [3], Kapitel 3 für Details. Stattdessen machen wir die Durchführung der Arbeitsschritte mit dem R-Commander, da dies deutlich komfortabler ist. Außerdem stellen wir hier nur die beiden Punkte (i) und (ii) vor und verweisen für den Import von Daten aus Punkt (iii) auf [4], Kapitel 6.

Der Rohdatensatz, den wir hier behandeln, heißt `sudan` und liegt sowohl im `csv`- als auch im `xlsx`-Format vor. Die Daten stammen von einer Feldstudie aus dem Jahr 2009 aus dem Sudan, in der das Auftreten und die Wechselwirkung der beiden Krankheiten Malaria und Diabetes untersucht wurde. Für alle weiteren Programmbeispiele in diesem und im nächsten Kapitel verwenden wir `sudan` als Beispieldatensatz.

```
sudan.csv - Editor
Datei  Bearbeiten  Format  Ansicht  ?
gruppe;geschlecht;alter;größe;gewicht;temperatur;puls;systolisch;diastolisch;hämoglobin;leukozyten
;parasitämie;blutglukose;diabetes.jahre;diabetes.familie;tabletten.tag;dauer.malaria
Diabetes & Malaria;männlich;28;171;58;37;72;115;55;13,7;5100;102;368;;ja;0;2
Diabetes & Malaria;weiblich;80;162;53;36;84;140;80;12,2;5200;78;330;30;ja;0;2
Diabetes & Malaria;männlich;66;163;73;37,5;82;152;67;13,4;4400;960;275;21;ja;0;2
Diabetes & Malaria;männlich;53;183;84;37;78;145;63;13;4600;625;111;7;ja;2;3
Diabetes & Malaria;weiblich;61;165;62;37,5;82;145;54;13;4100;1137;284;10;ja;0;7
Diabetes & Malaria;männlich;36;179;69;37;85;110;56;15;3400;415;175;6;ja;1;3
Diabetes & Malaria;weiblich;74;172;66;37;76;172;66;13;4600;638;124;6;ja;0;3
Diabetes & Malaria;männlich;50;187;82;37;72;126;55;11,4;3500;524;164;4;ja;1;3
Diabetes & Malaria;männlich;49;183;63;37;68;144;49;14;3600;351;161;4;ja;1;4
Diabetes & Malaria;männlich;62;171;62;37;72;140;80;13;4800;96;108;5;ja;1;2
Diabetes & Malaria;weiblich;41;162;60;36,5;66;165;67;11,4;3600;108;118;5;ja;0;2
Diabetes & Malaria;weiblich;44;167;64;37;72;152;66;12,4;6000;90;274;10;ja;2;1
Diabetes & Malaria;weiblich;45;164;51;36,5;74;164;59;11;7100;142;205;;ja;2;3
Diabetes & Malaria;männlich;50;189;75;36,7;69;175;67;13,4;6800;136;158;8;ja;2;3
Diabetes & Malaria;weiblich;45;171;67;37;86;120;60;12,4;4400;132;116;9;ja;2;4
Diabetes & Malaria;männlich;56;180;75;37;68;169;72;13,2;4600;138;209;11;ja;0;3
Diabetes & Malaria;männlich;64;168;65;37;68;170;66;9;6200;186;320;10;ja;0;2
```

**Abb. 20.2** Der Rohdatensatz `sudan.csv` geöffnet mit dem Windows-Editor.

Vor dem Import sollte man sich die Daten stets in ihrer unsprünglichen Form ansehen, wie z.B. in Abb. 20.2, bei der die Datei mit dem üblichen Text-Editor geöffnet wurde. Wir bemerken, dass in der ersten (umgebrochenen) Zeile des Datensatzes die

---

[1] Die Abkürzung ASCII steht für **American Standard Code for Information Interchange** und stellt eine weit verbreitete Zeichenkodierung dar.

Variablennamen stehen. Außerdem sind die einzelnen Einträge mit einem Semikolon voneinander getrennt und das Dezimalzeichen ist als Komma dargestellt. Diese Informationen müssen wir jetzt beim Datenimport im Hinterkopf behalten.

1. Gehe im Menü auf **Datenmanagement** $\longrightarrow$ **Importiere Daten** $\longrightarrow$ **from text file, clipboard or URL ...**
2. Es öffnet sich ein neues Dialogfeld wie in Abb. 20.3, in dem weitere Einstellungen zu wählen sind. Im oberen linken Feld geben wir mit sudan den Namen des Datensatzes ein.
3. Befinden sich in der ersten Zeile im Rohdatensatz nicht die Variablennamen, muss man das Häckchen bei *Datei enthält Variablennamen* entfernen. R gibt in diesem Fall automatisch Variablennamen vor, die im Nachhinein noch geändert werden können (Abschnitt 20.2.3).
4. Im Feld *Zeichen für fehlenden Wert* löschen wir die Voreinstellung „NA" heraus und lassen das Feld komplett frei. Dadurch werden alle Dateneinträge, die in der Rohdatei leer gelassen sind, als fehlende Werte erkannt.
5. Bei *Datenfeldtrennzeichen* ändern wir die Einstellung auf *Anderes* und geben im Feld rechts daneben ein Semikolon ein.
6. Zum Schluss ändern wir noch unter *Dezimaltrennzeichen* die Einstellung auf *Komma [,]* und gehen auf OK .
7. Es öffnet sich ein Dialogfeld, in dem man den gewünschten Speicherort des Datensatzes bestimmt und die Datei öffnet.

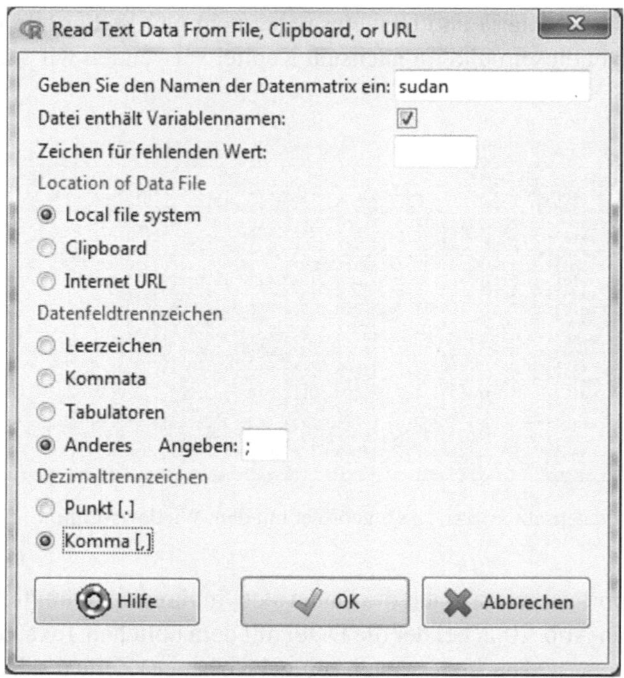


**Abb. 20.3** Dialogfeld zum Import des csv-Datensatzes sudan.

Nach erfolgreichen Import der Daten erhält man im Meldungsfenster einen Hinweis, über wie viele Zeilen und Spalten der Datensatz verfügt. In unserem Fall sind es 330 Zeilen und 17 Spalten, der Datensatz weist also 330 Beobachtungen und 17 Variablen auf. Außerdem bemerkt man im Feld neben *Datenmatrix:*, welches sich unterhalb der Menüleiste ganz oben befindet, dass dort der Name des importierten Datensatzes angezeigt wird. Hier wird immer der sogenannte **aktive Datensatz** angezeigt, also der Datensatz, mit dem Berechnungen durchgeführt werden. Hat man einen Workspace geladen, in dem mehrere Datensätze enthalten sind und möchte man Operationen mit einem anderen Datensatz durchführen, muss der Datensatz zuvor aktiviert werden. Dazu klickt man das Feld, in dem die aktuelle Datenmatrix angezeigt wird, mit links an und wählt im darauf erscheinenden Dialogfeld den gewünschten Datensatz aus. Da wir hier und im Folgenden nur mit einem Datensatz arbeiten, betrifft uns dies vorerst nicht. Die Beispieldatensätze, die im Buch verwendet werden, befinden sich aber in einem gemeinsamen Workspace. Will man hier also ein Beispiel mit einem anderen Datensatz durchgehen, muss dieser zuvor aktiviert werden.

Ein Vorteil des R-Commanders ist die Tatsache, dass EXCEL-Tabellen ohne Probleme importiert werden können. Die Datei `sudan.xlsx`, welche wir als Beispiel verwenden, enthält die selben Rohdaten wie die gleichnamige `csv`-Tabelle.

1. Gehe im Menü auf **Datenmanagement** $\longrightarrow$ **Importiere Daten** $\longrightarrow$ **aus Excel-, Access- oder dBase-Dateien ...**
2. In folgenden Dialogfeld gibt man den Namen `sudan` ein und bestätigt mit $\boxed{\text{OK}}$. Hat man obiges Programmbeispiel zuvor durchgeführt, muss man in einem nächsten Dialogfeld auf $\boxed{\text{Ja}}$ gehen, um die alten Daten zu überschreiben.
3. Im nächsten Dialogfeld sucht man den Speicherort der Datei aus, wird aber den Datensatz zunächst nicht angezeigt bekommen. Grund dafür ist die Einstellung „MS Excel file" ganz rechts unten, die bewirkt, dass nur Dateien mit der Endung `.xls` angezeigt werden. Klickt man auf das Feld, kann man in einem Drop-Down-Menü die Einstellung auf „MS Excel 2007 file" ändern. Nun wird die Datei `sudan.xlsx` angezeigt und kann ausgewählt werden.

Natürlich wird die gerade eingelesene Datei als aktive Datenmatrix festgelegt.

### 20.1.3 Datenexport

Neben dem Speichern eines kompletten Workspace mit mehreren Daten (vgl. Abschnitt 19.3.3), können auch einzelne Datensätze in Fremdformate **exportiert** werden. Dafür speichern wir zu Übungszwecken den Datensatz `sudan` als eine `txt`-Datei ab, obwohl die Daten Datensatz schon als `csv`-Datei existieren.

1. Gehe im Menü auf **Datenmanagement** $\longrightarrow$ **Aktive Datenmatrix** $\longrightarrow$ **Exportiere aktive Datenmatrix ...**
2. Im nun erscheinenden Dialogfeld (siehe Abb. 20.4) kann man die gewünschten Einstellungen wählen. Wir deaktivieren die Einstellungen *Write row names* und

*Quotes around character values*, um zu vermeiden, dass eine separate Spalte mit einer Zeilennummer exportiert wird und dass die Texteintrage von Faktorvariablen in Anführungszeichen gesetzt werden.

3. Im Feld *Fehlende Werte* löschen wir die Voreinstellung „NA" und lassen das Feld komplett frei. Dadurch wird bei fehlenden Werten auf einen Dateneintrag verzichtet.

4. Unter *Datenfeldtrennzeichen* kann man das gewünschte Zeichen festlegen. Wir wählen hier die Einstellung *Kommata*. Das Dezimaltrennzeichen ist in jedem Fall ein Punkt.

5. Geht man auf $\boxed{\text{OK}}$, kann man den Speicherort auswählen und den Dateinamen eingeben. Wir nennen die Datei `patientenexport.txt` und bestätigen unsere Eingabe, womit der Datenexport abeschlossen ist.

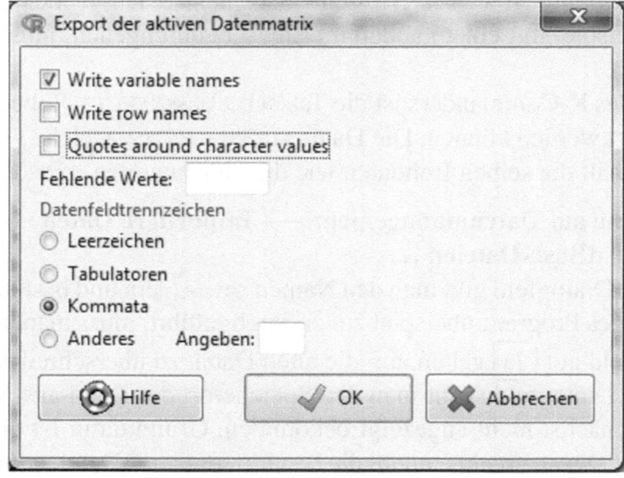


**Abb. 20.4** Dialogfeld zum Export des Datensatzes `sudan`.

Die exportierte Datei können wir nun mit einem gewöhnlichen Text-Editor öffnen. Man erkennt in der ersten Zeile die Variablennamen sowie das Datentrennzeichen (,) und das Dezimaltrennzeichen (.). Die Wahl eines Kommas als Dezimaltrennzeichen, ist mit den Dialogfeldern des R-Commander nicht möglich. In solchen Fällen ist anzuraten mit den Funktionen `write.table()` oder `write.csv2()` zu arbeiten und die nötigen Befehle selbst im Skriptfenster einzugeben, für Details hierzu, siehe [3], Kapitel 3.

Wählt man übrigens das Menüfeld **Datenmanagement $\longrightarrow$ Aktive Datenmatrix $\longrightarrow$ Speichere aktive Datendatei ...**, wird nur der aktive Datensatz mit der Endung `.RData` gespeichert.

## 20.2 Daten bearbeiten

### *20.2.1 Eine schnelle Übersicht*

Nach dem Import sollte man vor den nächsten Analyseschritten den Datensatz etwas genauer betrachten, um zum einen eventuelle Fehler bei der Übertragung feststellen zu können und zum anderen, um sich einen Überblick über den Datensatz und die Variablen darin zu verschaffen. Am einfachsten ist sicher ein Klick auf das Feld Datenmatrix betrachten unterhalb der Menüleiste des R-Commanders. Die Daten werden dann in einem separaten Fenster angezeigt, wie in Abb. 20.5 zu sehen. Dort erkennt man am schnellsten, ob die ursprüngliche Struktur der Rohdaten, z.B. die Anzahl der Variablen, beim Importieren übernommen wurde. Natürlich können mit Klick auf Datenmatrix bearbeiten die Einträge im Datensatz in der R-Umgebung geändert werden. Beim Blick auf die Daten erkennt man außerdem in der ersten Beobachtung der Variablen `diabetes.jahre` den Eintrag `NA`. Dieser Eintrag ist das Zeichen für einen **fehlenden Wert** (`NA` steht für *not available*), manchmal auch als **missing** bezeichnet. Fehlende Werte liegen oftmals in Datensätzen vor, wenn die entsprechenden Daten nicht vorhanden oder verloren gegangen sind. Manchmal sind Einträge aber per se fehlende Werte, beispielsweise in der Variable `diabetes.jahre`, die angibt, wie lange der Patient schon an Diabetes leidet. Bei den Patienten, die nicht an der Krankheit leiden, steht hier natürlich ein fehlender Wert. Bei Faktor-Variablen steht bei fehlenden Werten der Eintrag <NA>.

| | gruppe | geschlecht | alter | größe | gewicht | temperatur | puls | systolisch | diastolisch | hämoglobin | leukozyten | parasitämie |
|---|---|---|---|---|---|---|---|---|---|---|---|---|
| 1 | Diabetes & Malaria | männlich | 28 | 171 | 58 | 37.0 | 72 | 115 | 55 | 13.7 | 5100 | 102 |
| 2 | Diabetes & Malaria | weiblich | 80 | 162 | 53 | 36.0 | 84 | 140 | 80 | 12.2 | 5200 | 78 |
| 3 | Diabetes & Malaria | männlich | 66 | 163 | 73 | 37.5 | 82 | 152 | 67 | 13.4 | 4400 | 960 |
| 4 | Diabetes & Malaria | männlich | 53 | 183 | 84 | 37.0 | 78 | 145 | 63 | 13.0 | 4600 | 625 |
| 5 | Diabetes & Malaria | weiblich | 61 | 165 | 62 | 37.5 | 82 | 145 | 54 | 13.0 | 4100 | 1137 |
| 6 | Diabetes & Malaria | männlich | 36 | 179 | 69 | 37.0 | 85 | 110 | 56 | 15.0 | 3400 | 415 |
| 7 | Diabetes & Malaria | weiblich | 74 | 172 | 66 | 37.0 | 76 | 172 | 66 | 13.0 | 4600 | 638 |
| 8 | Diabetes & Malaria | männlich | 50 | 187 | 82 | 37.0 | 72 | 126 | 55 | 11.4 | 3500 | 524 |
| 9 | Diabetes & Malaria | männlich | 49 | 183 | 63 | 37.0 | 68 | 144 | 49 | 14.0 | 3600 | 851 |
| 10 | Diabetes & Malaria | männlich | 62 | 171 | 62 | 37.0 | 72 | 140 | 80 | 13.0 | 4800 | 96 |
| 11 | Diabetes & Malaria | weiblich | 41 | 162 | 60 | 36.5 | 66 | 165 | 67 | 11.4 | 3600 | 108 |
| 12 | Diabetes & Malaria | weiblich | 44 | 167 | 64 | 37.0 | 72 | 152 | 66 | 12.4 | 6000 | 90 |
| 13 | Diabetes & Malaria | weiblich | 45 | 164 | 51 | 36.5 | 74 | 164 | 59 | 11.0 | 7100 | 142 |
| 14 | Diabetes & Malaria | männlich | 50 | 189 | 75 | 36.7 | 69 | 175 | 67 | 13.4 | 6800 | 136 |
| 15 | Diabetes & Malaria | weiblich | 45 | 171 | 67 | 37.0 | 86 | 120 | 60 | 12.4 | 4400 | 132 |
| 16 | Diabetes & Malaria | männlich | 56 | 180 | 75 | 37.0 | 68 | 169 | 72 | 13.2 | 4600 | 138 |
| 17 | Diabetes & Malaria | männlich | 64 | 168 | 65 | 37.0 | 68 | 170 | 66 | 9.0 | 6200 | 186 |
| 18 | Diabetes & Malaria | weiblich | 52 | 169 | 65 | 37.0 | 82 | 120 | 53 | 13.4 | 4700 | 94 |
| 19 | Diabetes & Malaria | weiblich | 66 | 164 | 62 | 37.0 | 68 | 172 | 67 | 12.4 | 6200 | 124 |
| 20 | Diabetes & Malaria | weiblich | 55 | 164 | 59 | 37.0 | 82 | 168 | 72 | 14.7 | 6000 | 180 |

**Abb. 20.5** Der Datensatz `sudan` geöffnet mit dem R-Commander.

Eine hilfreiche Funktion in diesem Zusammenhang ist `str()` (Abkürzung für *structure*), die man direkt im Skriptfenster eingibt, da eine vergleichbare Option mit dem R-Commander nicht zur Verfügung steht. Nach Aufruf von

```
str(sudan)
```

erhält man in der Ausgabe (hier nicht angezeigt) eine Kurzübersicht über alle im Datensatz enthaltenen Variablen und deren Datentyp. Rechts neben dem Namen steht dabei als wichtigste Information der Datentyp, wobei `Factor` natürlich für

eine Faktorvariable steht und die beiden Typen `num` (*numeric*) und `int` (*integer*)
metrische Variablen kennzeichnen.

## 20.2.2 Berechnung neuer Variablen

Oftmals erfolgt die Auswertung einer Variablen nicht mit den importierten Original-
Variablen, sondern mit einer aus den vorhandenen Daten neu berechneten Variablen.
Angenommen, wir sind im Datensatz `sudan` am body mass index (BMI) der Pati-
enten interessiert, der sich mit der Formel

$$\text{BMI} = \frac{\text{Gewicht in kg}}{(\text{Größe in m})^2}.$$

berechnen lässt. Auch dafür können wir den R-Commander benutzen.

1. Ist der Datensatz aktiviert findet man die Option unter **Datenmanagement** $\longrightarrow$
   **Variablen bearbeiten** $\longrightarrow$ **Erzeuge neue Variable ...**
2. Man sieht als nächstes ein Dialogfeld wie in Abb. 20.6, in dem unter *Neuer Variablenname* der neue Name, also `bmi` eingetragen wird.
3. In das Feld *Anweisung für Berechnung* gibt man obige Formel für die Berechnung ein, mit den aus Abschnitt 18.3.1 bekannten Rechenregeln:

```
gewicht / (größe / 100)^2
```

Die Variablennamen können durch einen Doppelklick in der Auswahl oben links
in die Formel geholt werden. Nach Klick auf OK , wird die neue Variable erstellt, was auch durch eine Nachricht im Meldungfenster angezeigt wird.

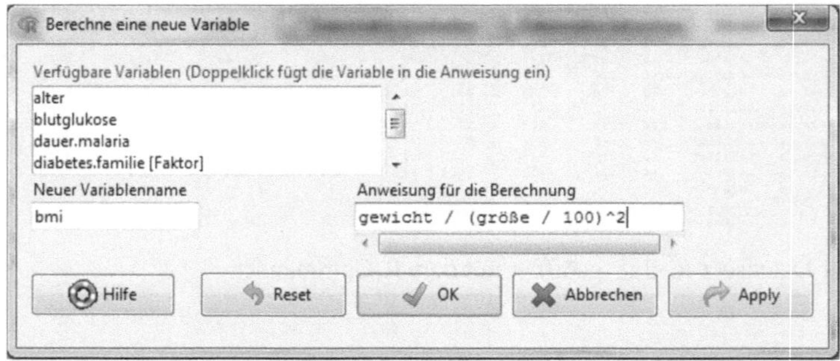


**Abb. 20.6** Dialogfeld zur Berechnung der Variable `bmi` aus dem Datensatz `sudan`.

Wie man im Skriptfenster erkennen kann, verwendet der R-Commander bei der
Erstellung von neuen Variablen die Funktion `with()`. Wir werden auf die Arbeits-
weise der Funktion aber nicht näher eingehen und verweisen stattdessen für mehr
Details auf [2], Kapitel 2.

Neben einfachen arithmetischen Operationen können auch Funktionen zum Erstellen neuer Variablen verwendet werden. Die beiden Variablen `systolisch` bzw. `diastolisch` enthalten den systolischen bzw. diastolischen Blutdruck der Patienten. Für die Auswertung soll aber der Mittelwert der beiden Messungen verwendet werden. Dafür dient die Funktion `rowMeans()`, bei der man die etwas ungewöhnliche Schreibweise mit Groß- und Kleinbuchstaben beachte. Wie diese korrekt verwendet wird, sehen wir im nächsten Programmbeispiel:

1. Öffne wie oben angeben das Dialogfeld zur Erzeugung einer neuen Variablen und gebe den Namen `blutdruck.mittel` als neuen Variablennamen ein.
2. Intuitiv würde man erwarten, dass `mean(systolisch, diastolisch)` als Formel in der Berechnungsanweisung angegeben werden kann, was aber hier nur eine Fehlermeldung generieren würde. Stattdessen gibt man den Befehl

```
rowMeans(data.frame(systolisch, diastolisch))
```

ein. Das Argument von `rowMeans()` muss ein Datensatz sein, weshalb man die beiden Variablen mit der Funktion `data.frame()` zu einem Datensatz zusammenfügt. Damit wird nun für jede Zeile (englisch *row*) der Mittelwert berechnet und als neue Variable an die Daten angehängt.

Eine andere beliebte Funktion zum Berechnen neuer Variablen ist `rowSums()`, die die Summe der angegebenen Variablen für jede Beobachtung berechnet. Deutlich vielfältiger, aber auch etwas komplizierter, ist die Funktion `apply()` zur Berechnung neuer Variablen. Dem interessierten Leser empfehlen wir [3], Kapitel 2 für mehr Details hierzu.

### 20.2.3 Umbenennen und Löschen von Variablen

Bevor wir demonstrieren, wie man eine Variable umbenennen oder löschen kann, erzeugen wir uns eine Kopie des Datensatzes und führen die Schritte mit der Kopie aus, damit im Originaldatensatz alle Variablen erhalten bleiben. Dazu rufen wir den Befehl

```
sudan.kopie <- sudan
```

auf, der den Datensatz `sudan.kopie` erstellt, und legen diesen als aktiven Datensatz im R-Commander fest. Im nachfolgenden Beispiel behandeln wir Umbenennen und Löschen von Variablen in einem Schritt:

1. Gehe im Menü auf **Datenmanagement** $\longrightarrow$ **Variablen bearbeiten**.

   (i) Zum Umbenennen von Variablen gehe noch auf **Variablen umbenennen ...**. Es öffnet sich ein Dialogfeld, in dem eine oder auch mehrere Variablen ausgewählt werden können. Nach Auswahl und Klick auf $\boxed{\text{OK}}$ kann man im nächsten Dialogfeld die neuen Variablennamen eingeben. Im linken Teil von

Abb. 20.7 nennen wir die Variablen `geschlecht` in `sex` und `gruppe` in `group` um.

(ii) Will man Variablen löschen, geht man auf **Lösche Variablen aus aktiver Datenmatrix ...**. Im erscheinenden Dialogfeld kann man eine oder mehrere Variablen zum Löschen markieren und danach auf $\boxed{\text{OK}}$ gehen. In Abb. 20.7 rechts findet man das Dialogfeld zum Löschen der drei Variablen `alter`, `blutglukose` und `bmi`.

2. Mit einem letzten Klick auf $\boxed{\text{OK}}$ wird die Umbenennung bzw. der Löschvorgang bestätigt und durchgeführt.

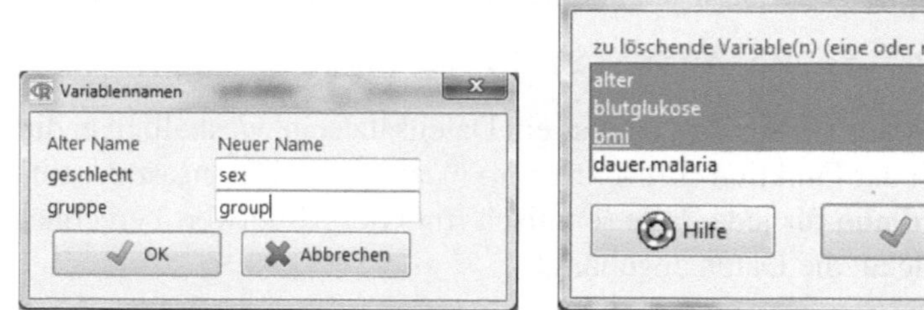


**Abb. 20.7** Dialogfeld zum Umbenennen (links) und zum Löschen von Variablen (rechts).

## 20.3  Variablen konvertieren und umkodieren

### 20.3.1  Vektoren in Faktoren konvertieren

Die Variable `tabletten.tag` enthält die Anzahl der Tabletten, die der Patient pro Tag einnimmt. Betrachtet man die Variable, beispielsweise mit der Funktion `str()`, findet man heraus, dass es sich um eine numerische Variable handelt, also um einen Vektor. Interpretiert man die Variable aber als Gruppierungsvariable, weil man z.B. den Hämoglobinwert der Patienten mit einer Tablette am Tag mit dem der Patienten mit zwei Tabletten am Tag usw. vergleichen will, sollte die Variable besser als Faktor vorliegen. Wie man einen Vektor in einen Faktor konvertiert, haben wir bereits in Abschnitt 19.2.1 besprochen, nämlich mit der Funktion `factor()`. Daher verzichten wir auf nähere Erläuterungen zur Verwendung der Funktion und stellen die Lösung gleich mit dem R-Commander vor.

1. Aktiviere den Datensatz `sudan` und gehe auf **Datenmanagement** $\longrightarrow$ **Variablen bearbeiten** $\longrightarrow$ **Konvertiere numerische Variablen in Faktoren ...**
2. Im neuen Dialogfeld (Abb. 20.8 links) wählt man im Auswahlfeld links oben die Variable `tabletten.tag` und gibt in das Feld unten rechts den Namen

der neuen Variablen `tab.konv` ein. Lässt man dieses Feld unverändert, werden die Einträge der zu konvertierenden Variablen überschrieben, was wir nicht empfehlen, da die ursprüngliche Information dann nicht mehr zugänglich ist.

3. Nach Klick auf OK müssen im nächsten Dialogfeld die Namen (Labels) für die Kategorien angegeben werden, was im rechten Teil von Abb. 20.8 zu sehen ist. Wir wählen hier „keine" für den Wert 0, „eine" für den Wert 1, usw. Nach Klick auf OK wird die Konvertierung vorgenommen.

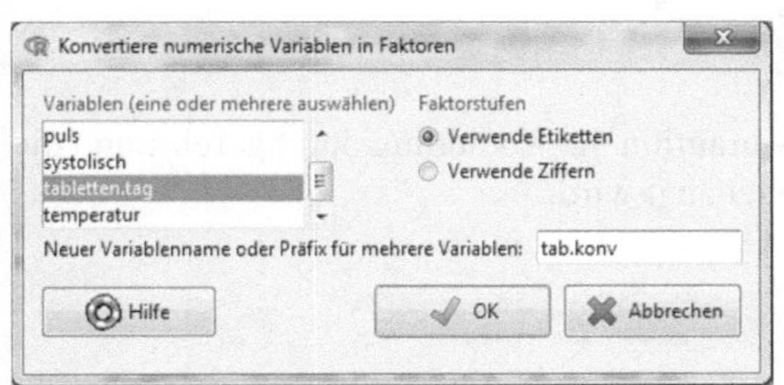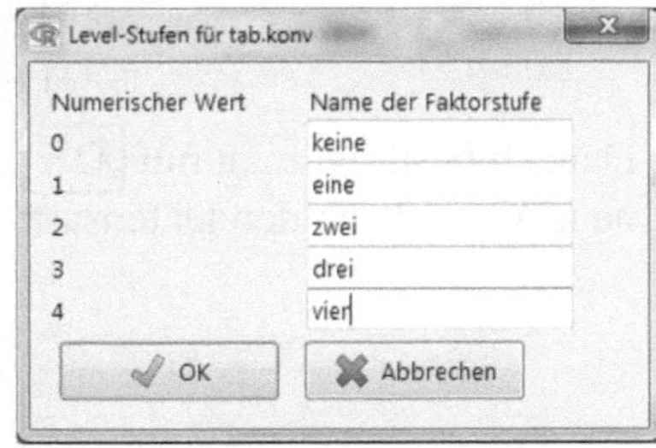

**Abb. 20.8** Links: Dialogfeld zum Konvertieren der Variable `tabletten.tag` in die Variable `tab.konv`. Rechts: Dialogfeld zur Bestimmung von Labels für die konvertierte Variable.

### 20.3.2 Umkodierung von Variablen

Unter einer Umkodierung einer Variablen versteht man zum einen die Einteilung der Ausprägungen einer metrischen Variablen in verschiedene Kategorien. Diesen Vorgang bezeichnet man auch als **Kategorisierung**. Ausgedrückt in R-Objekttypen wird also ein neuer Faktor erstellt, basierend auf den Werten eines Vektors. Zum anderen kann eine Umkodierung die Zusammenlegung von Kategorien einer kategorialen Variablen in eine weitere kategoriale Variable bedeuten. In dem Fall liegt also schon ein Faktor vor und es wird eine weitere Faktor-Variable erzeugt. Beide Möglichkeiten sollen hier mit Hilfe des R-Commanders vorgestellt werden.

Die Kodierung mittels Befehlen in der R-Konsole ist weniger eingängig, hauptsächlich da keine eigene Funktion aus den Basispaketen von R zur Verfügung gestellt wird. Interessierte Leser verweisen wir auf [3], Kapitel 4 für mehr Informationen.

Betrachten wir für ein Beispiel die Variable `bmi`, die wir in Abschnitt 20.2.2 erstellt haben. Wir möchten eine neue Variable mit Namen `bmi.kodiert` nach folgender Kodierungsvorschrift erstellen:

$$\texttt{bmi.kodiert} = \begin{cases} \text{„normal"} & \text{, falls } \texttt{bmi} < 25 \\ \text{„fettleibig"} & \text{, falls } 25 \leq \texttt{bmi} < 30 \\ \text{„adipös"} & \text{, falls } \texttt{bmi} \geq 30 \end{cases}$$

Die Umkodierung erfolgt mit dem R-Commander in folgenden Schritten:

1. Gehe bei aktiviertem Datensatz `sudan` im Menü auf **Datenmanagement** $\longrightarrow$
   **Variablen bearbeiten** $\longrightarrow$ **Rekodiere Variablen ...**
2. Zuerst aktivieren wir im neuen Dialogfeld (Abb. 20.9) im Feld unter *Zu reko-
   dierende Variable(n)* die Variable `bmi` und geben darunter im freien Feld ganz
   rechts mit `bmi.kodiert` den Namen für die neu zu erstellende Variable ein.
3. In das Feld *Eingabe der Rekodierungsanweisung* geben wir die folgende Kodierungsvorschrift ein:

```
lo:24.99999 = "normal"
25:29.99999 = "fettleibig"
30:hi       = "adipös"
```

Danach bestätigt man mit $\boxed{\text{OK}}$, woraufhin die Kodierung durchgeführt und die
neue Variable an den Datensatz angehängt wird.

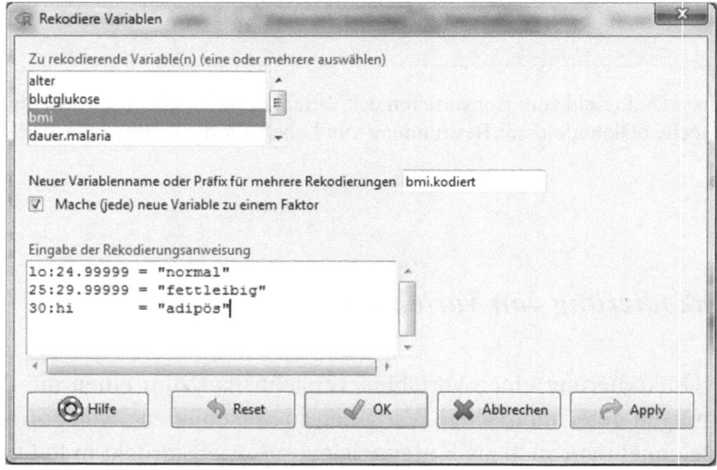


**Abb. 20.9** Dialogfeld zur Umkodierung der Variable `bmi` in die Variable `bmi.kodiert`.

Auf die Kodierungsvorschrift sollten wir etwas genauer eingehen. In der ersten
Zeile sprechen wir alle Beobachtungen mit einem BMI kleiner als 25 an, indem
wir ein Intervall festlegen, welches vom kleinsten Wert (`lo` steht für *lowest*) bis
zum Wert 24.99999 geht. Da man nicht direkt den Ausdruck „kleiner 25" eingeben kann, müssen wir den größtmöglichen Wert des Intervalls angeben und da die
Variable `bmi` fünf Nachkommastellen aufweist, müssen diese auch korrekterweise
angegeben werden. Die anderen Kodierungen sind dann analog zur ersten, wobei
wir beim letzten Aufruf bis zum höchsten Wert (`hi` steht für *highest*) gehen. Nach
Abschluss der Kodierung empfiehlt es sich stets, das Ergebnis zu kontrollieren und
sich den Datensatz mit der neuen Variable anzeigen zu lassen. Noch besser wäre
aber die Erstellung eine Häufigkeitstabelle mit der neuen Variablen, siehe Abschnitt
21.1.1.

Zur Umkodierung einer Faktor-Variablen in eine weitere Faktor-Variable verwenden wir die oben in Abschnitt 20.3.1 erzeugte Variable `tab.konv`. Wir erstellen eine neue Variable, in der nur noch die Information vermerkt ist, ob der Patient keine oder mindestens eine Tablette einnimmt:

1. Gehe in das Menü zum Umkodieren von Variablen (siehe oben), aktiviere die Variable `tab.konv` und nenne die neue Variable `tab.kodiert`.
2. Die Umkodierungsvorschrift lautet:

```
"keine" = "keine"
"eine"  = "eine oder mehr"
"zwei"  = "eine oder mehr"
"drei"  = "eine oder mehr"
"vier"  = "eine oder mehr"
```

Zum Abschluss geht man auf $\boxed{\text{OK}}$, womit die Kodierung abgeschlossen wird.

Der Unterschied zur obigen Umkodierung besteht darin, dass bei der Vorschrift auf der linken Seite kein Zahlenintervall spezifiziert wird, sondern eine Kategorie, die dabei in Anführungszeichen gesetzt werden muss.

Bei der Umkodierung von Variablen, wie in diesem Unterabschnitt beschrieben, werden die neu erstellten Kategorien alphabetisch angeordnet. Das kann bei der Diagrammerstellung, z.B. bei einem Säulendiagramm der Häufigkeiten der Kategorien, ein Nachteil sein, weil die Anordnung der Kategorien nicht der entspricht, die man gern im Diagramm hätte. Bei der oben erzeugten Variablen `tab.kodiert` würde deshalb beispielsweise bei einem Säulendiagram zuerst die Kategorie „eine oder mehr" angezeigt werden und nicht – wie vielleicht logischer – die Kategorie „keine". Um dies zu ändern kann man den Befehl zur Umkodierung im Nachhinein noch mit einem zusätzlichen Argument bearbeiten. Die von R verwendetete Funktion ist `recode()`, den entsprechenden Programmcode findet man nach Ausführung im Skriptfenster. Fügt man hier noch nach einem Komma das Argument

```
levels = c("keine", "eine oder mehr")
```

in die Funktion ein und führt den Befehl erneut aus, wird die Reihenfolge umgekehrt. Erstellt man nun ein Säulendiagramm, wird zuerst die Säule mit „keine" dann die Säule mit „eine oder mehr" angezeigt.

Zum Abschluss des Abschnitt sei noch erwähnt, dass fehlende Werte bei der Umkodierung von Variablen in die neu erzeugte Variable übernommen werden. Liegt beispielsweise bei einer numerischen Variable ein fehlender Wert (`NA`) vor und ist die neue Variable wieder eine numerische Variable, wird in der Beobachtung der Eintrag `NA` automatisch übertragen. Ist die neue Variable eine Faktorvariable, steht in der Beobachtung der Eintrag für den fehlenden Wert einer Faktorvariablen (`<NA>`). Beim Umkodieren einer Faktorvariablen wird dies analog gehandhabt.

## 20.4  Fälle auswählen

Im Rahmen der Analyse eines Datensatzes kann es sein, dass eine Auswertung nicht mit allen Beobachtungen, sondern nur eine Teilmenge des Datensatzes von Interesse ist. Solche Teilmengen sind häufig Beobachtungen, die eine oder mehrere Gemeinsamkeiten haben, z.B. alle Patienten älter als 50 Jahre. Man spricht hier auch von **Subgruppenanalysen**.

Eine Fallauswahl erfolgt in R am einfachsten mit der Funktion `subset()`. Da der R-Commander genau die gleiche Funktion benutzt, erläutern wir nur die Durchführung mittels der grafischen Oberfläche. In einem ersten Beispiel wollen wir einen neuen Datensatz erstellen, der alle bisherigen Variablen, aber nur die männlichen Patienten enthält.

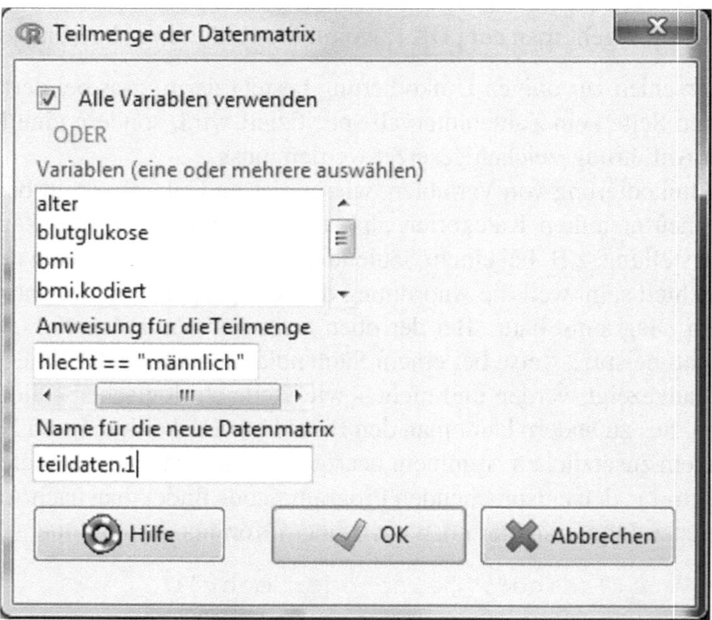


**Abb. 20.10** Dialogfeld zur Auswahl aller männlichen Beobachtungen des Datensatzes `sudan`.

1. Ist der Datensatz `sudan` aktiviert, geht man im Menü auf **Datenmanagement $\longrightarrow$ Aktive Datenmatrix $\longrightarrow$ Teilmenge der aktiven Datenmatrix ...**
2. Es öffnet sich ein Dialogfeld wie in Abb. 20.10, in dem wir zuerst die Auswahlbedinung in das Feld *Anweisung für die Teilmenge* eingeben. Die Anweisung lautet

```
geschlecht == "männlich"
```

wobei man beachte, dass das doppelte Gleichheitszeichen kein Fehler, sondern zwingend notwendig ist, da dieses Zeichen von R als logischer Operator interpretiert wird.

3. Im Feld *Name für die neue Datenmatrix* geben wir `teildaten.1` ein, da wir nicht wollen, dass der bisherige Datensatz überschrieben wird und somit die alten Daten verloren gehen.

4. Falls man im neuen Datensatz nicht alle Variablen haben will, könnte man alternativ ganz oben die Auswahl *Alle Variablen verwenden* deaktivieren und im Feld darunter die gewünschten Variablen bestimmen. Wir verzichten aber darauf und gehen zum Abschluss auf OK .

Die aktive Datematrix ist nun `teildaten.1`, die nur noch die männlichen Beobachtungen enthält. Dem Meldungsfenster entnimmt man, dass darin noch 147 Patienten enthalten sind.

Wie wir im obigen Beispiel gesehen haben, muss man sich bei der Auswahl von Teilmengen der Datensätze sogenannter **logischer Operatoren** in R bedienen. Damit wird stets eine Auswahlbedingung oder Verknüpfung von mehreren Auswahlbedingungen miteinander charakterisiert, was wir im nächsten Beispiel sehen werden. Weitere Auswahloperatoren sind z.B. die Zeichen < oder >, die häufig Verwendung finden, wenn sich die Auswahlbedingung auf eine metrische Variable bezieht. Die Bedingung

```
alter < 40
```

würde alle Beobachtungen auswählen, die jünger als 40 Jahre sind.

Im nächsten Beispiel möchten wir, dass bei einer Fallauswahl zwei Bedingungen gleichzeitig erfüllt sind, nämlich dass die Beobachtungen sowohl männlich sind als auch einen BMI über 25 besitzen (die Variable `bmi` wurde in Abschnitt 20.2.2 erstellt).

1. Wir aktivieren erneut den Datensatz `sudan` und gehen wie im obigen Beispiel in das Menü zur Fallauswahl.

2. Im Feld *Anweisung für die Teilmenge* schreiben wir den Befehl

```
geschlecht == "männlich" & bmi > 25
```

3. Als Name für den neuen Datensatz geben wir `teildaten.2` ein und bestätigen mit OK .

Der neue Datensatz enthält nur sechs Beobachtungen, d.h. nur sechs von 147 männlichen Patienten haben einen BMI größer als 25. Die beiden Auswahlbedingungen wurden im Beispiel mit einem `&`-Zeichen verknüpft, was bedeutet, dass beide Bedingungen gleichzeitig erfüllt sein müssen. Deswegen nennt man `&` auch das logische UND. Die zweite Möglichkeit einer logischen Verknüpfung stellt das logische ODER dar, welches in R mit dem `|`-Zeichen aufgerufen wird. Bei dieser Verknüpfung genügt es, wenn nur eine von beiden Bedingungen erfüllt ist, damit die Beobachtung ausgewählt wird. Sollten beide Bedingungen gleichzeitig erfüllt sein, wird die Beobachtung auch ausgewählt. Wir geben hier nur zwei Beispiele an, die man bei der Fallauswahl in das Feld *Anweisung für die Teilmenge* angeben kann:

```
alter > 50 | bmi > 25
```

```
bmi.kodiert == "fettleibig" | bmi.kodiert == "adipös"
```

Bei der ersten Auswahl werden alle Patienten ausgewählt, die entweder älter als fünfzig oder einen BMI größer als 25 besitzen, oder beides. Die zweite Zeile ist eine Auswahl aller Patienten, die entweder fettleibig oder adipös sind. Während bei der oberen Auswahl Fälle möglich sind, bei denen beide Bedingungen auch gleichzeitig erfüllt sein können, ist dies bei der zweiten Anweisung natürlich nicht möglich.

In Tabelle 20.11, entnommen aus [3], Kapitel 4 findet man alle logischen Auswahl- und Verknüpfungsoperatoren nochmals aufgelistet.

**Tabelle 20.11** Logische Auswahl- und Verknüpfungsoperatoren in R.

| R-Code | Bedeutung | Beispiel |
| --- | --- | --- |
| == | gleich | `geschlecht == "weiblich"` |
| != | ungleich | `gruppe != "Malaria"` |
| > | größer | `bmi > 25` |
| >= | größer gleich | `puls >= 75` |
| < | kleiner | `temperatur < 37.5` |
| <= | kleiner gleich | `diabetes.jahr <= 10` |
| & | UND | `bmi > 25 & puls >= 75` |
| \| | ODER | `bmi > 25 \| puls >= 75` |
| ! | Negation | `!(gruppe == "Malaria" & alter > 50)` |

## 20.5 Daten zusammenfügen

Auch auf die Möglichkeit mehrere Datensätze zu einem gemeinsamen Datensatz zusammenzufügen, wollen wir kurz eingehen. Wir unterscheiden dabei die beiden Fälle, dass wir zu einem Datensatz neue Beobachtungen hinzufügen möchten oder dass neue Variablen an einen Datensätz angehängt werden sollen.

### 20.5.1 Fälle hinzufügen

Angenommen, die Patienten aus dem Datensatz sudan, die nur an Diabetes und nur an Malaria leiden, liegen jeweils als separater Datensatz vor. Für eine gemeinsame Analyse sollen die beiden Teildatensätze in Form eines gemeinsamen Datensatzes gespeichert werden. Um das Beispiel durchzuführen, erzeugen wir uns mit dem Aufruf

```
diabetes <- subset(sudan, gruppe == "Diabetes")
malaria  <- subset(sudan, gruppe == "Malaria")
```

zwei Datensätze mit den beiden erwähnten Beobachtungen. Das Zusammenfügen der beiden Teildaten erfolgt mit der Funktion rbind():

```
diab.malaria <- rbind(diabetes, malaria)
```

Mit dieser Funktion werden Objekte zeilenweise zusammengefügt (r steht für *row*), d.h. die Patienten aus dem Datensatz `malaria` werden von unten an den Datensatz `diabetes` angehängt. Voraussetzung dabei ist, dass die Variablennamen in beiden Datensätzen gleich sind, die Anordnung der Variablen im Datensatz muss aber nicht zwingend dieselbe sein. Möchte man Datensätze zeilenweise zusammenfügen, die nicht die gleichen Variablen enthalten, bekommt man mit `rbind()` eine Fehlermeldung. Wir verweisen auf [4], Kapitel 6 für die Lösung dieses Problems.

## 20.5.2  Variablen hinzufügen

Die zweite Möglichkeit des Zusammenfügens von Datensätzen besteht im zeilenweisen Verbinden der Daten. Beispielsweise kann eine oder mehrere neu erstellte Variablen an einen bereits existierenden Datensatz angehängt werden. Entspricht die Sortierung des einen Datenobjektes dem des anderen, können neue Variablen einfach mit der Funktion `data.frame()`, die wir in Abschnitt 19.2.3 schon kennen gelernt haben, angefügt werden.

Für den Fall, dass die Sortierung beider Objekte nicht übereinstimmt, sollte `data.frame()` nicht verwendet werden. In dieser Situation empfiehlt sich die Funktion `merge()`, die sehr flexibel ist bei derartigen Aufgaben. Ein Beispiel für die Verwendung der Funktion findet man in Programmbeispiel 16.2. Darüber hinaus gehende Informationen bekommt man beispielsweise in [4], Kapitel 6.

Ein Übersicht aller in diesem Kapitel neu eingeführten R-Funktionen, ist in Tabelle 20.12 zu sehen.

**Tabelle 20.12** Zusammenfassung der neu eingeführten R-Funktionen aus Kapitel 20.

| Funktion | Beschreibung |
| --- | --- |
| `write.table()` | Exportiert einen Datensatz in ein Rohdatenformat. |
| `write.csv2()` | s. `write.table()`. |
| `str()` | Zusammenfassung des Datensatzes im Ausgabefenster. |
| `with()` | Berechnet eine neue Variable in einem Datensatz. |
| `rowMeans()` | Berechnet zeilenweise Mittelwerte von einem Datensatz. |
| `rowSums()` | Berechnet die Zeilensummen eines Datensatzes. |
| `apply()` | Funktion für zeilen- und spaltenweise Operationen innerhalb eines Datensatzes. |
| `subset()` | Wählt einen Teildatensatz aus. |
| `rbind()` | Fügt Objekte zeilenweise aneinander. |
| `merge()` | Fügt Datensätzen mit verschiedenen Variablen zusammen. |

## 20.6 Aufgaben

1. Der **Mean Arterial Pressure (MAP)** berechnet sich aus dem systolischen und dem diastolischen Blutdruck nach folgender Formel:

$$\texttt{MAP} = \texttt{diastolisch} + \frac{1}{3}(\texttt{systolisch} - \texttt{diastolisch})$$

   Berechnen Sie im Datensatz `sudan` eine neue Variable `map`, die den MAP-Wert gemäß obiger Formel enthält.

2. Die Variable `parasitämie` gibt die Anzahl von Parasiten pro Mikroliter Blut an. Da einige Beobachtungen einen extrem hohen Wert aufweisen (Ausreißer), empfiehlt es sich, den Logarithmus der Werte zu berechnen. Damit erreicht man eine Stauchung der Verteilung der Werte. Erstellen Sie die Variable `parasitämie.log`, die die logarithmierten Werte von `parasitämie` enthält.

3. Der Blutglukosegehalt in der Variable `blutglukose` wird in der Einheit Milligram pro Deziliter (mg/dl) angegeben. Berechnen Sie eine neue Variable, die den Blutglukosegehalt in der Einheit Millimol pro Liter (mmol/l) angibt. Verwenden Sie dafür die Berechnungsformel

$$\text{mmol/l} = 0.0555 \cdot \text{mg/dl}$$

4. Erstellen Sie einen Datensatz mit Namen `malaria`, der nur die Patienten enthält, die an Malaria erkrankt sind. Diese Information ist in der Variable `gruppe` abzulesen.

   (i) Löschen Sie in diesem Datensatz die Variablen `gruppe`, `diabetes.jahre` und `diabetes.familie`.

   (ii) Speichern Sie den Datensatz als eine `csv`-Datei ab.

5. Wandeln Sie die (numerische) Variable `dauer.malaria` in eine Faktor-Variable um und speichern diese unter einem neuen Namen ab. Erstellen Sie als nächstes eine neue Variable, die nur die Information enthält, ob der Patient seit mehr als drei Jahren an Malaria leidet oder nicht.

6. Berechnen Sie in `sudan` die Variable `alter.kodiert`, die sich wie folgt aus dem Alter der Beobachtungen definiert:

$$\texttt{alter.kodiert} = \begin{cases} \text{„}< 20\text{''} & \text{, falls } \texttt{alter} < 20 \\ \text{„}20-40\text{''} & \text{, falls } 20 \leq \texttt{alter} < 40 \\ \text{„}40-60\text{''} & \text{, falls } 40 \leq \texttt{alter} < 60 \\ \text{„}60-80\text{''} & \text{, falls } 60 \leq \texttt{alter} < 80 \\ \text{„}> 80\text{''} & \text{, falls } \texttt{alter} \geq 80 \end{cases}$$

7. Erstellen Sie basierend auf der Variablen `gruppe` die beiden neuen Variablen `malaria` und `diabetes`, die nur die beiden Ausprägungen `ja` und `nein` enthalten je nach dem, ob der Patient an Malaria oder an Diabetes leidet.

8. Erstellen Sie von `sudan` folgende Teildatensätze:

  (i) `teildaten.1` enthält alle Beobachtungen, die einen Leukozytenwert über 4 000 und zudem einen Parasitämiewert von über 10 000 besitzen.

  (ii) `teildaten.2` enthält alle Beobachtungen, die eine familiäre Vorgeschichte bei Diabetes aufweisen (`diabetes.familie`) oder die mehr als zwei Tabletten pro Tag einnehmen (oder beides).

  (iii) `teildaten.3` enthält alle Beobachtungen, die entweder mehr als eine Tabelette pro Tag einnehmen oder länger als drei Jahre an Malaria erkrankt sind, aber nicht beides gleichzeitig.

## Literatur


1. Alexandrowicz, R. (2013). *R in 10 Schritten*, Facultas, Wien.
2. Crawley, M. J. (2007). *The R Book*, Wiley, Chinchester.
3. Hain, J. (2011). *Statistik mit R – Grundlagen der Datenanalyse.* RRZN-Handbuch, Leibniz Universität Hannover.
4. Luhmann, C. (2011). *R für Einsteiger*, Beltz-Verlag, Weinheim.
5. Wollschläger, R. (2012). *Grundlagen der Datenanalyse mit R*, Springer, Heidelberg.

# Kapitel 21
# Darstellung von Daten

Ein zentraler Aspekt der Datenanalyse besteht darin, Daten geeignet zusammenzufassen und verständlich darzustellen. Dies ist erforderlich, da unser Auge mit einem Blick auf die Originaldaten nicht die wesentlichen Informationen der Daten erkennen, geschweige denn verarbeiten kann. Durch Komprimierung der Daten ohne großen Informationsverlust ist man in der Lage, die Daten besser verstehen und beurteilen zu können. Außerdem ergeben sich daraus meist interessante Fragestellungen, über die man beim Erheben der Daten noch nicht nachgedacht hat. Wir unterscheiden bei der Darstellung von Daten in diesem Kapitel zwischen deskriptiven Statistiken und Diagrammen.

Deskriptive Statistiken fassen die Informationen aus den Daten in gewisse Kennziffern zusammen (Abschnitt 21.1) und ermöglichen so einen schnellen Blick auf die Eigenschaften der Daten. Beim Erstellen von Diagrammen versucht man die erhaltene Information bildlich zu veranschaulichen, um ein noch besseres Verständnis zu erhalten. Der Einfachheit halber gehen wir hier nur auf Säulendiagramme ein (Abschnitt 21.2), da mit solchen Diagrammen schon eine Vielzahl von Möglichkeiten der Visualisierung von Daten zur Verfügung stehen. Natürlich gibt es noch viele andere Diagrammtypen wie z.B. Boxplots oder Histogramme, mit denen die Daten ebenfalls veranschaulicht werden können. Diese werden in den geeigneten Kapiteln in den vorderen Teilen separat vorgestellt.

Alle Beispiele, die wir im vorliegenden Kapitel besprechen, beziehen sich wieder auf den Datensatz sudan, den wir schon in Kapitel 20 verwendet haben.

## 21.1 Deskriptive Statistiken

Wir unterscheiden bei der Erstellung von deskriptiven Statistiken verschiedene Szenarien, die aus den Skalenniveaus der Daten resultieren. Es gibt Fälle, in denen eine oder mehrere kategoriale Variablen vorliegen (Abschnitt 21.1.1), Situationen in denen eine oder mehrere metrische Variablen untersucht werden (Abschnitt 21.1.2) oder Fälle in denen kategoriale und metrische Variablen gemeinsam analysiert werden (Abschnitt 21.1.3).

## *21.1.1 Kategoriale Daten*

### Eine kategoriale Variable

Für eine kategoriale Variable besteht eine erste Zusammenfassung aus einer Information, wie viele Beobachtungen in den Kategorien liegen, die die Variable annehmen kann. Darüber hinaus sind natürlich auch zugehörige Prozentwerte hilfreich. Nehmen wir für ein erstes Beispiel die Variable gruppe. Uns interessiert zum einen, wie viele unterschiedliche Kategorien die Variable aufweist und zum anderen, wie viele Beobachtungen in den einzelnen Kategorien liegen.

1. Bei aktiviertem Datensatz sudan geht man im Menü auf **Statistik** ⟶ **Deskriptive Statistik** ⟶ **Häufigkeitsverteilung ...**
2. Im sich öffnenden Dialogfeld wählt man im oberen Feld die Variable gruppe und bestätigt die Eingabe mit OK . Es können hier auch mehrere Variablen ausgewählt werden.

Im Ausgabefenster werden dann die absoluten und die relativen Häufigkeiten für alle Kategorien angezeigt:

```
> .Table  # counts for gruppe

    Diabetes Diabetes & Malaria       Malaria
         140                  64           126

> round(100*.Table/sum(.Table), 2)  # [...]

    Diabetes Diabetes & Malaria       Malaria
       42.42               19.39         38.18
```

Im Datensatz befinden sich also 140 Patienten, die nur an Diabetes, 126 Patienten, die nur an Malaria und 64 Patienten, die an beiden Krankheiten leiden. Die entsprechenden prozentualen Anteile entnimmt man dem zweiten Teil der Ausgabe.

### Mehrere kategoriale Variablen

Zur Darstellung von zwei kategorialen Variablen verwendet man häufig sogenannte **Kreuztabellen**, die man sich als zweidimensionale Häufigkeitstabellen vorstellen kann. Wir verdeutlichen das Prinzip mit einem Beispiel, bei dem uns interessiert, wie viele männliche bzw. weibliche Patienten eine familiäre Vorgeschich-

te von Diabetes haben. Die dafür nötige Information findet man in der Variable
`diabetes.familie`.

1. Gehe im Menü auf **Statistik** $\longrightarrow$ **Kontingenztabellen** $\longrightarrow$ **Kreuztabelle …**
2. Im neuen Dialogfeld wie in Abb. 21.1 wählen wir im Feld *Zeilenvariable* die
   Variable `geschlecht` und `diabetes.familie` im Feld *Spaltenvariable*.
3. Nun gehen wir auf die Kartei „Statistik" und aktivieren dort unter *Berechne Prozente* die Einstellung *Zeilenprozente*. Auf diese Weise erhalten wir Prozentanteile
   der Variable `diabetes.familie` separat für die beiden Geschlechter angezeigt.
4. Zum Schluss deaktivieren wir unter *Hypothesentests* noch die Einstellung *Chi-Quadrat-Test auf Unabhängigkeit* und bestätigen mit OK .

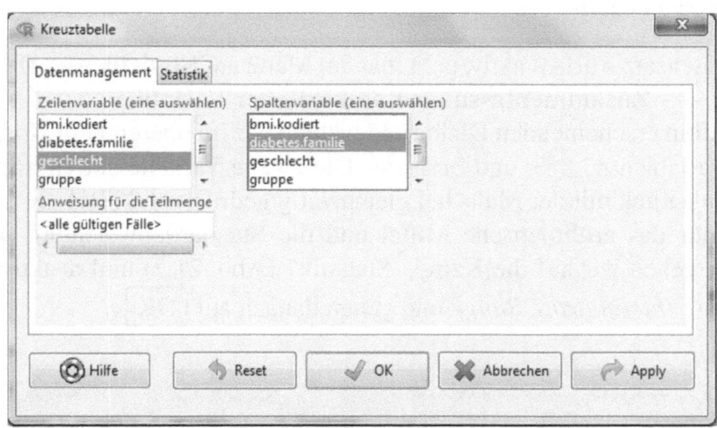


**Abb. 21.1** Dialogfeld zur Erstellung einer Kreuztabelle für die Variablen `geschlecht` und
`diabetes.familie`.

Im Ausgabefenster sind dann die Kreuztabellen zu sehen:

```
> .Table
          diabetes.familie
geschlecht ja nein
   männlich 44    38
   weiblich 72    50


> rowPercents(.Table) # Row Percentages
          diabetes.familie
geschlecht    ja nein Total Count
   männlich 53.7 46.3    100      82
   weiblich 59.0 41.0    100     122
```

Dem ersten Teil der Ausgabe entnimmt man beispielsweise, dass bei 44 männlichen
Patienten die Krankheit auch in der Familie auftritt und bei 38 nicht. In der unteren Tabelle sieht man, dass die 44 Patienten mit Diabetes 53.7 % aller männlichen

Patienten entsprechen, was wir durch die Einstellung *Zeilenprozente* erreicht haben. Hätte man die Einstellung *Spaltenprozente* gewählt, hätte man z.B. erfahren, wie viele der Patienten, mit einer familiären Vorgeschichte von Diabetes männlich sind. Die statistische Analyse von Kreuztabellen mittels Hypothesentests wird in Kapitel 7 genauer besprochen.

### 21.1.2 Metrische Daten

Für metrische Daten wählt man meist zusammenfassende Statistiken wie das arithmetische Mittel oder den Median, um die Daten komprimiert darzustellen. Wir führen dies für das Alter und den BMI der Patienten durch. Letztere Variable wurde in Abschnitt 20.2.2 erstellt.

1. Ist der Datensatz `sudan` aktiv, geht man im Menü auf **Statistik** $\longrightarrow$ **Deskriptive Statistik** $\longrightarrow$ **Zusammenfassungen numerischer Variablen ...**
2. Im daraufhin erscheinenden Dialogfeld wählen wir im oberen Feld *Variablen* die beiden Variablen `alter` und `bmi` aus. Die zweite Variable aktiviert man dabei durch Linksklick mit der Maus bei gleichzeitig gedrückter STRG-Taste.
3. Da wir nur das arithmetische Mittel und die Standardabweichung berechnen möchten, gehen wir auf die Kartei „Statistik" (Abb. 21.2) und deaktivieren die Einstellung *Interquartile Range* und gehen danach auf OK .

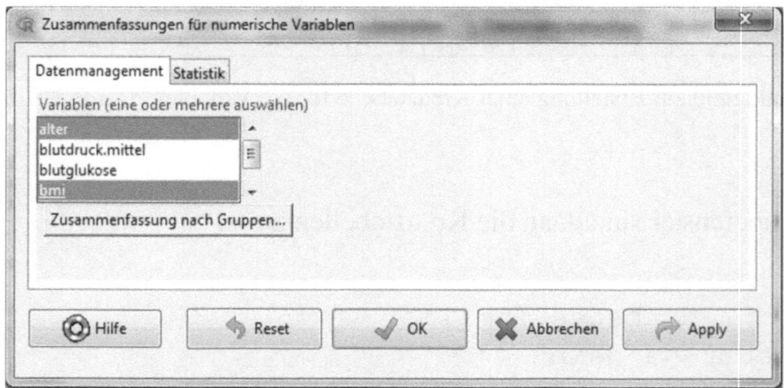

**Abb. 21.2** Dialogfeld zur Erstellung deskriptiver Statistiken der metrischen Variablen `alter` und `bmi`.

Die Ausgabe enthält dann unter anderem die gewünschten Kennziffern:

```
              mean         sd        0%       25%       50%
alter   47.35758  15.521904  14.00000  36.00000  49.00000
bmi     21.82024   1.917525  16.26298  20.75097  22.00711
              75%        100%    n
alter   59.00000  83.00000  330
bmi     23.12061  27.47563  330
```

Das durchschnittliche Alter der Patienten beträgt also etwa 47.4 Jahre mit einer Standardabweichung von etwa 15.5, der BMI der Patienten liegt im Mittel bei etwa 21.8. Die empirischen Quantile (vgl. Defnition 1.5) werden ebenfalls automatisch in Ausgabe angezeigt. Falls in einer Variablen fehlende Werte vorliegen sollten, würde die Anzahl in einer Spalte mit Namen NA angegeben werden. Beim Alter und beim BMI der Patienten gibt es keine fehlenden Werte, daher entfällt der Teil der Ausgabe.

Natürlich gibt es noch andere deskriptive Kennziffern neben denen, die im Dialogfeld in Abb. 21.2 aktiviert werden können. Ein weiteres Maß für die Streuung der Daten ist beispielsweise der Interquartilsabstand (IQR), vgl. Definition 1.8. dessen Berechnung mit obigem Programmbeispiel nicht möglich ist. Zum Berechnen solcher Werte empfiehlt es sich, die nötigen R-Befehle direkt im Skriptfenster auszuführen. Um den IQR vom Alter der Patienten zu berechnen, genügt es den Befehl

```
IQR(sudan$alter)
```

einzugeben und auszuführen, wobei man die Großschreibung beachte. Anders als mit dem R-Commander, bei dem man einen Datensatz aktivieren kann, erkennt R nicht automatisch, mit welchem Datensatz die Berechnung durchgeführt werden soll. Deshalb muss vor den Variablennamen noch der Datensatzname und danach ein $-Zeichen gesetzt werden. Das Ergebnis (23) wird dann im Ausgabefenster angezeigt. In Tabelle 21.3 sind alle wichtigen Funktionen zur Berechnung der entsprechenden deskriptiven Statistiken aufgelistet.

**Tabelle 21.3** Funktionen zur Berechnung von deskriptiven Statistiken in R.

| Funktion | Bedeutung |
| --- | --- |
| mean() | Arithmetisches Mittel eines Vektors |
| median() | Median eines Vektors |
| var() | Varianz eines Vektors |
| sd() | Standardabweichung eines Vektors |
| IQR() | Interquartilsabstand (= 75 %-Quantil - 25 %-Quantil) |
| mad() | Median der absoluten Abweichungen vom Median |
| min() | Kleinster Wert eines Vektors |
| max() | Größter Wert eines Vektors |
| range() | Wertebereich eines Vektors |
| diff(range()) | Spannweite eines Vektors |
| sum(is.na(x)) | Anzahl fehlender Werte in einem Vektor |
| quantile() | Minimum, 25 %-, 50 % und 75 %-Quantil und Maximum |
| summary() | Gleiche Ausgabe wie bei quantile(), zusätzlich noch der Mittelwert |

Nützlich ist auch die Funktion summary(), die mehrere deskriptive Statistiken auf einmal liefert, unter anderem auch Mittelwert und Median. Mit dem R-Commander kann man unter **Statistik** $\longrightarrow$ **Deskriptive Statistik** $\longrightarrow$ **Aktive Datenmatrix** auf die Funktion zugreifen. Ein Nachteil hierbei ist aber, dass die Funktion dann für alle Variablen des Datensatzes ausgeführt wird. Dies hat zur Folge, dass die Ausgabe bei vielen Variablen im Datensatz sehr unübersichtlich werden kann, insbesondere, wenn man die Statistiken eigentlich nur für einige wenige Variablen des Datensatzes will. Als Alternative schlagen wir vor, die gewünschten Variablen zuvor mit der Funktion `data.frame()` in ein gemeinsames Objekt zusammenzufügen. Damit kann dann die Funktion angewendet werden.

```
teildat <- data.frame(sudan$alter, sudan$bmi)
summary(teildaten)
```

In der Ausgabe erhält man dann die Ergebnisse:

```
    sudan.alter          sudan.bmi
 Min.   :14.00      Min.   :16.26
 1st Qu.:36.00      1st Qu.:20.75
 Median :49.00      Median :22.01
 Mean   :47.36      Mean   :21.82
 3rd Qu.:59.00      3rd Qu.:23.12
 Max.   :83.00      Max.   :27.48
```

Die angegebenen Statistiken sind Minimum, 25 %-Quantil, Median, arithmetisches Mittel, 75 %-Quantil und Maximum der jeweiligen Variable. Für kategoriale Variablen ist die `summary`-Funktion übrigens auch ein hilfreiches Werkzeug (siehe hierzu Aufgabe 1).

### 21.1.3 Kategoriale und metrische Daten

Häufig ist man an Vergleichen zwischen zwei oder mehreren Gruppen bezüglich einer metrischen Variablen interessiert. Beispielsweise könnte man sich im Datensatz `sudan` fragen, ob männliche Patienten einen höheren BMI aufweisen als weibliche. Es liegt also eine metrische Variable (`bmi`) und eine kategoriale Variable (`geschlecht`) vor. Um derartige Fragestellungen anzugehen, empfiehlt es sich, von der metrischen Variablen eine deskriptive Statistik zu erstellen, die nach den Ausprägungen der kategorialen Variablen gruppiert ist. In unserem Fall berechnen wir daher das arithmetische Mittel des BMI einmal für die männlichen und einmal für die weiblichen Patienten. Das Vorgehen ist sehr ähnlich wie bei der Erstellung ungruppierter deskriptiver Statistiken aus Abschnitt 21.1.2. Liegt die Variable `bmi` noch nicht im Datensatz vor, sollte sie zuvor noch erstellt werden, vgl. Abschnitt 20.2.2.

1. Gehe im Menü auf **Statistik** $\longrightarrow$ **Deskriptive Statistik** $\longrightarrow$ **Zusammenfassungen numerischer Variablen …**
2. Wähle im nächsten Dialogfeld die Variable `bmi` aus und deaktiviere in der Kartei „Statistik" alle Einstellungen außer *Arithmetisches Mittel*.
3. Danach geht man zurück in der Kartei „Datenmanagement" und klickt dort auf das Feld $\boxed{\text{Zusammenfassung nach Gruppen}}$. Im neuen Dialogfeld wählt man dann die Variable `geschlecht` aus. Zweimaliges Bestätigen mit $\boxed{\text{OK}}$ führt die Berechnung durch.

Im Ausgabefenster wird für jede Ausprägung der kategorialen Variablen eine separate Ergebniszeile ausgegeben:

```
               mean        0%       25%       50%       75%
männlich 21.92867 16.30015 20.75440 21.97134 23.45013
weiblich 21.73314 16.26298 20.60519 22.05805 22.95360
               100%        n
männlich 27.47563       147
weiblich 25.97012       183
```

An dieser Stelle sei noch erwähnt, dass man gruppierte Statistiken auch im Menü über **Statistik** $\longrightarrow$ **Deskriptive Statistik** $\longrightarrow$ **Tabelle mit Statistiken ...** erstellen kann. Ein Vorteil ist dabei, dass man noch eine zweite Gruppierungsvariable hinzufügen kann. Außerdem können in diesem Menü alle in Tabelle 18.3 angegebenen Statistiken berechnet werden. Da die Berechnung fast analog zum obigen Programmbeispiel ist, überlassen wir die Ausführung dem Leser als Übung.

## 21.2 Säulendiagramme

Die Erstellung von Diagrammen ist ein sehr umfangreicher und sicher einer der wichtigsten Aspekte von R. Das Programm bietet nämlich eine äußerst vielfältige Auswahl an Diagrammtypen und Bearbeitungsmöglichkeiten. Das Thema ist so zentral und umfassend, dass es sogar Bücher gibt, die sich nur mit der Erstellung von Diagrammen in R befassen ([2]).

Mit dem R-Commander sind die wichtigsten Diagrammtypen einfach zu erstellen. Deswegen werden wir auch stets – wenn es möglich ist – die grafische Oberfläche zum Erzeugen von Diagrammen verwenden. Allerdings kann der R-Commander mitunter etwas unflexibel sein, was die Änderung von Details im Diagramm betrifft, wie z.B. die Diagrammfarbe oder Diagrammbeschriftungen. In solchen Fällen empfehlen wir die Grafik zwar mit Hilfe des R-Commanders zu erstellen, sie aber im Nachhinein noch zu bearbeiten. Da der R-Code ja stets im Skriptfenster nach Durchführung angegeben wird, ist dies nicht sehr umständlich.

Wie eingangs des Kapitels erwähnt, werden wir uns hier nur mit Säulendiagrammen beschäftigen. Zu beachten ist, dass dieser Diagrammtyp im R-Commander als „Balkendiagramm" bezeichnet wird, obwohl strenggenommen, zumindest im deutschen Sprachgebrauch, Balkendiagramme eine horizontale Anordnung der Streifen aufweisen sollten, im Gegensatz zu der vertikalen Anordnung bei Säulendiagrammen.

Darüber hinaus wird besprochen, wie man Diagramme bearbeiten und in Grafikformaten speichern kann.

## *21.2.1 Einfache Säulendiagramme*

**Häufigkeiten und Anteile einer kategorialen Variablen**

Im ersten Beispiel von Abschnitt 21.1.1 haben wir eine Häufigkeitstabelle der Variable `gruppe` erstellt. Um die Tabelle grafisch zu visualisieren, erstellen wir uns ein Säulendiagramm, in dem für jede der drei Gruppen die Anzahl der Beobachtungen als Säulenhöhe eingezeichnet wird.

1. Gehe bei aktiviertem Datensatz `sudan` in folgendes Menü: **Grafiken** —→ **Balkendiagramm ...**
2. Es öffnet sich ein Dialogfeld, in dem wir im linken Feld die Variable `gruppe` auswählen und mit Klick auf $\boxed{\text{OK}}$ bestätigen.

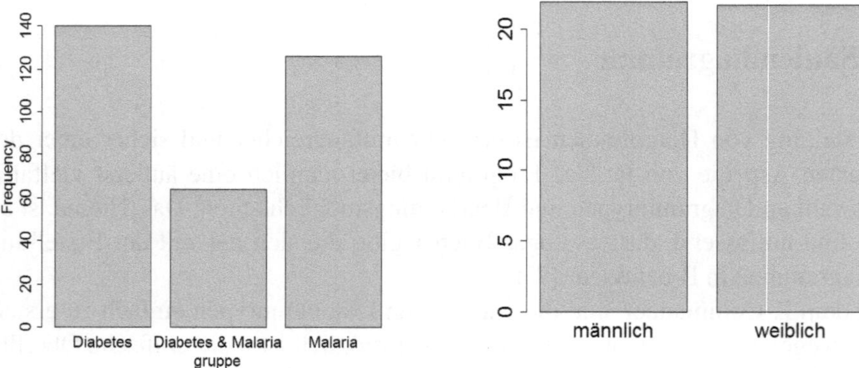

**Abb. 21.4** Einfaches Säulendiagramm mit den absoluten Häufigkeiten der Variable `gruppe` (links) und einfaches Säulendiagramm mit den Mittelwerten der Variable `bmi` gruppiert nach dem Geschlecht (rechts).

Das neu erstellte Diagramm wird dann, wie im linken Teil von Abb. 21.4 zu sehen, in einem neuen Fenster in der R-Umgebung angezeigt. Wie man in diesem Diagramm noch Änderungen vornimmt, z.B. die Achsenbeschriftungen anpasst oder die Säulenfarbe ändert, besprechen wir weiter unten in Abschnitt 21.2.2. Wenn nicht anders eingestellt, erscheinen Diagramme immer in dem einen Grafikfenster, d.h. erzeugt man ein neues Diagramm, wird es wieder im Grafikfenster angezeigt, wodurch das alte Diagramm „überschrieben" wird und dann nicht mehr verfügbar ist. Hat man also ein Diagramm erstellt und möchte es auch außerhalb von R weiter benutzen, muss man es abspeichern. Wir werden in Abschnitt 21.2.4 genauer darauf eingehen.

**Gruppierte Mittelwerte einer metrischen Variablen**

In Abschnitt 21.1.3 haben wir den mittleren BMI für die männlichen und die weiblichen Patienten berechnet. Dieses Ergebnis veranschaulichen wir uns nun mittels eines Säulendiagramms, wobei die Säulenhöhe das arithmetische Mittel ist. Da so ein Diagramm nicht mit dem R-Commander erstellt werden kann, geben wir die Befehle ins Skriptfenster ein. Dabei verwenden wir die Funktion `tapply()`, die ein sehr hilfreiches Werkzeug bei der Erstellung von gruppierten Statistiken ist. Das erste Argument ist stets die metrische Variable, von der eine deskriptive Statistik berechnet werden soll, das zweite Argument ist die Gruppierungsvariable und das dritte Argument ist der Name der Funktion. Das dadurch erzeugte Objekt dient als Argument für die Funktion `barplot()`, die dann das Säulendiagramm erstellt:

```
mw.bmi <- tapply(sudan$bmi, sudan$geschlecht, mean)
barplot(mw.bmi)
```

Man beachte, dass man hier vor die Variablennamen wieder den Datensatznamen und das $-Zeichen setzen muss (vgl. Abschnitt 21.1.2). Das fertige Diagramm ist in Abb. 21.4 auf der rechten Seite zu sehen.

Mit dem R-Commander kann man im Menü unter **Grafiken** $\longrightarrow$ **Plot für arithmetische Mittel …** ein Diagramm erstellen, bei dem keine Säulen sondern nur Symbole auf Höhe der arithmetischen Mittel im Diagramm abgetragen werden. Ein Vorteil bei diesem Vorgehen ist die Tatsache, dass zwei Gruppierungsvariablen spezifiziert werden können. Ein weiterer Diagrammtyp, der sich für die vorliegende Fragestellung gut eignet, ist ein Boxplot. In Abschnitt 1.2.3 erfährt man mehr darüber.

### 21.2.2 Grafiken bearbeiten

Die einfachste und häufigste Methode zur Bearbeitung von Grafiken besteht in der Verwendung von zusätzlichen Argumenten in der Funktion, die das Diagramm erstellt. Arbeitet man mit dem R-Commander, empfiehlt es sich daher, das Diagramm zuerst in ursprünglicher Form zu erstellen, um das Diagramm in seiner Gestalt zu verändern. Denn mit der Ausgabe eines Diagramms im Grafikeditor wird die zugehörige R-Funktion im Skriptfenster angegeben. Man kann den Befehl dann so verändern, dass beim erneuten Ausführen der bearbeiteten Funktion das Diagramm mit den gewünschten Änderungen erstellt wird. Werfen wir für ein Beispiel einen Blick auf das Säulendiagramm mit den Häufigkeiten der Variable `gruppe`, welches wir im linken Teil von Abb. 21.4 erstellt haben. Der zugehörige R-Code zu der Grafik sieht so aus:

```
barplot(table(sudan$gruppe), xlab = "gruppe",
   ylab = "Frequency")
```

Das erste Argument ist das zu zeichnende Objekt, in diesem Fall eine Häufigkeitstabelle. Die beiden Argumente `xlab` und `ylab` sind zwei mögliche zusätzliche

Argumente zum Bearbeiten einer Grafik. Mit dem Argument `xlab` wird eine Beschriftung der x-Achse festgesetzt (`lab` ist die Abkürzung von *label*) und mit `ylab` die Beschriftung der y-Achse. Man kann nun ganz einfach die Beschriftungen ändern und den Befehl erneut ausführen mit dem Ergebnis, dass die Achsenbeschriftungen nun so lauten, wie man es festgelegt hat. Darüber hinaus können auch noch andere Argumente aufgelistet werden, um das Diagramm weiter zu bearbeiten. Im nachfolgenden Programmcode haben wir außerdem mit dem Argument `main` noch eine Überschrift hinzugefügt, mit dem Argument `ylim` einen Vektor eingegeben, der den Wertebereich der y-Achse von 0 bis 200 festlegt (`lim` ist die Abkürzung für *limits*) und mit `col` die Säulenfarbe auf hellgrün geändert:

```
barplot(table(sudan$gruppe),
  xlab = "Patientengruppen", ylab = "Häufigkeiten",
  main = "Säulendiagramm der Patientengruppen",
  ylim = c(0, 200), col = "lightgreen")
```

Das modifizierte Diagramm ist in Abb. 21.5 zu erkennen. Die Möglichkeiten zur Grafikbearbeitung sind sehr umfangreich, weshalb wir hier nicht im Detail auf alle eingehen können. Die wichtigsten Argumente zum Bearbeiten eines Diagramms findet man in Tabelle 21.6 nochmals aufgelistet. Für weit mehr Details zum Bearbeiten von Diagrammen verweisen wir auf [1], Kapitel 11 und auf die R-Hilfe.

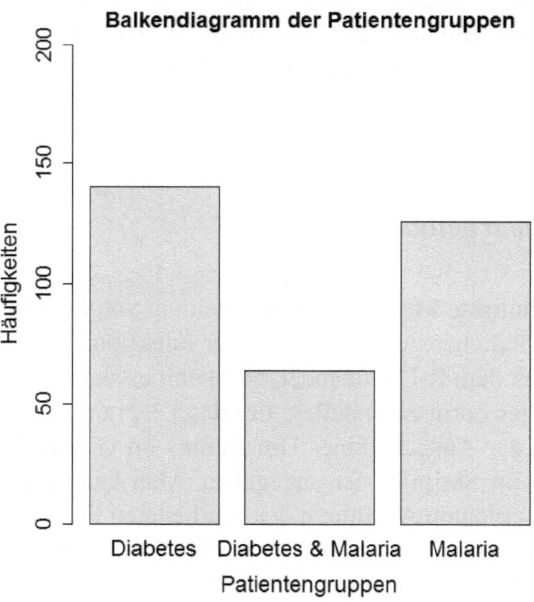


**Abb. 21.5** Säulendiagramm mit den absoluten Häufigkeiten der Variable `gruppe` mit geänderter Achsenbeschriftung, neu eingefügter Überschrift, geändertem Wertebereich der y-Achse und geänderter Säulenfarbe.

**Tabelle 21.6** Zusatzargumente zur Bearbeitung von Diagrammen, die mit Funktionen wie beispielsweise `barplot()`, `plot()`, `boxplot()` oder `mosaicplot()` erstellt werden.

| Argument | Bedeutung |
|---|---|
| `main` | Überschrift des Diagramms |
| `sub` | Untertitel des Diagramms |
| `xlab` | Beschriftung der x-Achse |
| `ylab` | Beschriftung der y-Achse |
| `xlim` | Wertebereich der x-Achse |
| `ylim` | Wertebereich der y-Achse |
| `col` | Farbe des gezeichneten Objekts (z.B. des Balkens) |
| `bg` | Hintergrundfarbe |

### *21.2.3 Gruppierte Säulendiagramme*

**Anteile von zwei kategorialen Variablen**

Die in Abschnitt 21.1.1 erstellte Kreuztabelle, die den Zusammenhang zwischen Geschlecht und familiärem Hintergrund der Diabeteserkrankung beschreibt, kann man sich ebenfalls grafisch veranschaulichen. Uns interessieren dabei besonders die relativen Anteile der Diabeteserkrankungen für die beiden Geschlechter. Leider steht uns für ein Säulendiagramm auch hier der R-Commander nicht zur Verfügung, wir müssen daher die Befehle erneut im Skriptfenster ausführen:

```
tab <- table(sudan$diabetes.familie,
   sudan$geschlecht)
barplot(prop.table(tab, 2) * 100, xlim = c(0, 3),
   legend = TRUE)
```

In der ersten Befehlszeile verwenden wir die Funktion `table()`, die von den beiden Variablen `diabetes.familie` und `geschlecht` eine Kreuztabelle mit den absoluten Häufigkeiten erstellt. Mittels der Funktion `prop.table()` bestimmt man dann die relativen Anteile, wobei das Argument 2 bedeutet, dass die Anteile auf den Spaltensummen basieren (mit dem Argument 1, wäre die Basis die Zeilensumme gewesen). Da wir mit `legend` noch eine Legende in das Diagramm einfügen möchten, verlängern wir die x-Achse mit dem in Abschnitt 21.2.2 kennengelernten Argument `xlim` künstlich. Das fertige Säulendiagramm ist links in Abb. 21.7 zu sehen.

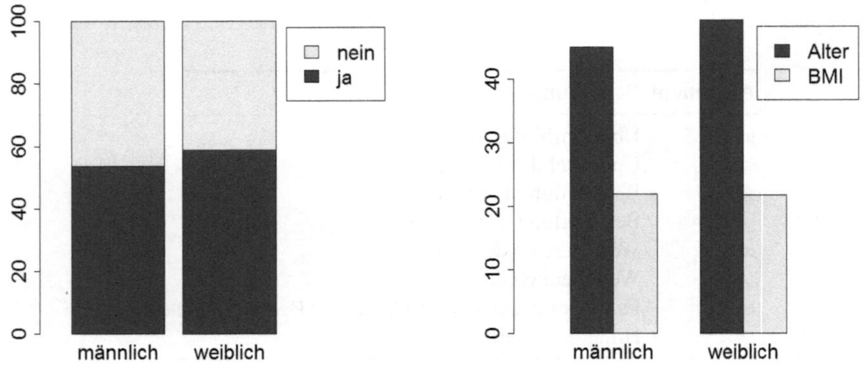

**Abb. 21.7** Säulendiagramm mit den relativen Häufigkeiten der Variable `diabetes.familie` (links) bzw. den Mittelwerten der Variablen `alter` und `bmi` (rechts) jeweils gruppiert nach den Geschlecht.

## Gruppierte Mittelwerte von zwei metrischen Variablen

Das Diagramm in diesem Abschnitt knüpft an die Grafik aus Abschnitt 21.2.1 an, in der der Mittelwert des BMI für männliche und weibliche Patienten visualisiert wurde. Ziel ist hier, neben dem BMI noch das mittlere Alter beider Patientengruppen dem Diagramm hinzuzufügen. Wir berechnen dazu im ersten Schritt wieder unter Verwendung der Funktion `tapply()` das mittlere Alter gruppiert nach dem Geschlecht. Danach fügen wir mit der Funktion `rbind()` die beiden Mittelwerte in ein gemeinsames Objekt zeilenweise zusammen. Zuletzt können wir mit `barplot()` das Säulendiagramm erstellen. Neben dem `legend`-Argument verwenden wir außerdem das Argument `beside`, welches bewirkt, dass die beiden Säulen für BMI und Alter nicht übereinander, sondern nebeneinander gesetzt werden:

```
mw.alter <- tapply(sudan$alter,
  sudan$geschlecht, mean)
mw.gruppiert <- rbind(mw.alter, mw.bmi)
barplot(mw.gruppiert, beside = TRUE,
  legend = c("Alter", "BMI"))
```

Im Grafikfenster wird das Diagramm dann wie im rechten Teil von Abb. 21.7 angezeigt.

### *21.2.4 Grafiken speichern*

Um eine erstellte Grafik zu speichern, stehen zwei Möglichkeiten zur Verfügung:

(i) Gehe im R-Workspace bei aktiviertem Grafikfenster im Menü auf **Datei** $\longrightarrow$ **Speichern als** und dann auf ein gewünschtes Format. Es steht eine große Auswahl an Vektorgrafikformaten (z.B. `eps`-Format) und Pixelgrafikformaten (z.B. `jpg`- und `png`-Format) zur Verfügung. Nach Auswahl des Speicherformats öffnet sich dann ein neues Dialogfeld, in dem der Speicherort bestimmt wird. Die Maße der Grafik werden durch die Maße des Grafikfensters festgelegt, d.h. verbreitert man beispielsweise das Fenster, wird auch die gespeicherte Grafik entsprechend aussehen.

(ii) Gehe im R-Commander im Menü auf **Grafiken** $\longrightarrow$ **Speichere Abb. in Datei** und dann entweder auf **als Bitmap** für eine Pixelgrafik oder auf **als PDF / Postscript / EPS ...** für eine Vektorgrafik. Geht man auf die erste Einstellung, öffnet sich ein neues Dialogfeld (vgl. Abb. 21.8), in dem Breite und Höhe der Grafik eingestellt werden können. Nach Klick auf OK kann man im nächsten Dialogfeld den Speicherort festlegen. Die Grafik, die dabei gespeichert wird, ist natürlich immer die zuletzt erzeugte.

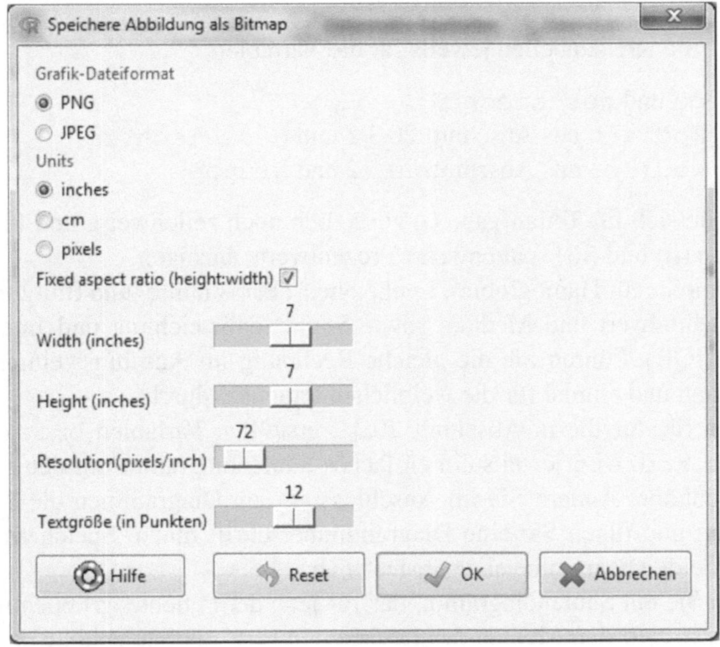


**Abb. 21.8** Dialogfeld zum Speichern einer Grafik im `jpg`- oder im `png`-Format.

Auch am Ende dieses Kapitels fassen wir die wichtigsten Funktion in Tabelle 21.9 zusammen.

**Tabelle 21.9** Zusammenfassung der neu eingeführten R-Funktionen aus Kapitel 21.

| Funktion | Beschreibung |
| --- | --- |
| `mean()` | Berechnet das arithmetische Mittel eines Vektors. |
| `median()` | Berechnet den (empirischen) Median eines Vektors. |
| `summary()` | Erstellt eine Zusammenfassung (Minimum, Quantile, Mittelwert, Maximum) einer oder mehrerer Variablen. |
| `tapply()` | Führt eine Funktion für eine numerische Variable gruppiert nach einer Faktor-Variablen aus. |
| `barplot()` | Erstellt ein einfaches oder ein gruppiertes Säulen- bzw. Balkendiagramm. |
| `table()` | Erstellt eine Häufigkeitstabelle für einen Vektor. |

## 21.3 Aufgaben

1. Erstellen Sie für die Variablen `geschlecht` und `diabetes.familie` jeweils eine Häufigkeitstabelle. Fügen Sie beiden Variablen zu einem gemeinsamen Datensatz zusammen und wenden auf diesen die Funktion `summary()` an. Vergleichen Sie die Ausgabe mit der Ausgabe von `summary()` bei metrischen Variablen.

2. Erstellen Sie Kreuztabellen jeweils für die Variablen

    (i) `gruppe` und `geschlecht`,
    (ii) `bmi.kodiert` aus Abschnitt 20.3.2 und `geschlecht`,
    (iii) `tab.kodiert` aus Abschnitt 20.3.2 und `gruppe`.

    Lassen Sie sich für Teilaufgabe (i) zusätzlich noch zeilenweise und für die Teilaufgaben (ii) und (iii) spaltenweise Prozentwerte anzeigen.

3. Berechnen Sie für Hämoglobin-, Leukozyten-, Parasitämie- und Blutglukosewert jeweils Mittelwert und Median, sowie Standardabweichung und Interquartilsabstand (IQR). Führen Sie die gleiche Rechnung im Anschluss einmal für die männlichen und einmal für die weiblichen Patienten durch.

4. Erzeugen Sie für die in Abschnitt 20.3.2 erstellten Variablen `bmi.kodiert` und `tab.kodiert` jeweils ein einfaches Säulendiagramm mit den Fallzahlen als Säulenhöhe. Ändern Sie im Anschluss an den Diagrammen die Achsenbeschriftung und fügen Sie eine Diagrammüberschrift hinzu. Speichern Sie zum Schluss beide Diagramme als `jpg`-Datei ab.

5. Erstellen Sie ein Säulendiagramm, das für jede der Patientengruppen in der Variablen `gruppe` den Median des Leukozytenwerts als Säulenhöhe einzeichnet. Fügen Sie in einem weiteren Diagramm den Median des Blutglukosewerts hinzu. ändern Sie in dem Diagramm die Farbe der Säulen, fügen einen Diagrammtitel hinzu und speichern das Diagramm abschließend als `pdf`-Datei ab.

6. Erstellen Sie gruppierte Säulendiagramme, in denen Sie die Ergebnisse aus Aufgabe 2 grafisch veranschaulichen. Speichern Sie die erzeugten Diagramme danach im `png`-Format ab.

# Literatur

1. Luhmann C. (2011). *R für Einsteiger*, Beltz-Verlag, Weinheim.
2. Murrell P. (2005). *R Graphics*, Chapman & Hall/CRC, Boca Raton.

# Bezeichnungen und Begriffserklärungen

## Mathematische Bezeichnungen

| | |
|---|---|
| $\mathbb{N}$ | Menge der natürlichen Zahlen $\{1, 2, 3, \dots\}$ |
| $\mathbb{N}_0$ | $\mathbb{N} \cup \{0\}$ |
| $\mathbb{R}$ | Menge der reellen Zahlen |
| $\mathbb{R}^+$ | Menge der positiven reellen Zahlen |
| $\mathbb{Z}$ | Menge der ganzen Zahlen |
| $\mathbb{Q}$ | Menge der rationalen Zahlen |
| $[a, b]$ | abgeschlossenes Intervall |
| $(a, b)$ | offenes Intervall |
| $C^m(I)$ | Menge der Funktionen $I \to \mathbb{R}$ ($I$ ein beliebiges Intervall), für die die $m$te Ableitung in $I$ existiert; $m = 0$ entspricht den stetigen Funktionen |
| $\varphi_{\mu,\sigma}(t)$ | Dichtefunktion der Normalverteilung mit Erwartungswert $\mu$ und Varianz $\sigma^2$ |
| $\Phi_{\mu,\sigma}(x)$ | Verteilungsfunktion der Normalverteilung mit Erwartungswert $\mu$ und Varianz $\sigma^2$ |
| $\varphi(x)$ | Dichtefunktion $= \varphi_{0,1}(x)$ der Standardnormalverteilung |
| $\Phi(x)$ | Verteilungsfunktion der Standardnormalverteilung ($= \Phi_{0,1}(x)$) |
| $N(\mu, \sigma)$ | Wahrscheinlichkeitsmaß der Normalverteilung (auf einem beliebigen Ereignisraum) |
| $X \sim N(\mu, \sigma)$ | die Zufallsgröße $X$ ist normalverteilt bezüglich $N(\mu, \sigma)$ |
| $z_\alpha$ | $\alpha$-Quantil der Standardnormalverteilung |
| $B_{n,p}$ | Wahrscheinlichkeitsmaß der Binomialverteilung entsprechend einer Bernoulli-Kette der Länge $n$ mit der Trefferwahrscheinlichkeit $p$ |
| $H_{n,r,N-r}$ | Wahrscheinlichkeitsmaß der hypergeometrischen Verteilung mit den Parametern $n, r, N - r$ |
| $t_n$ | Wahrscheinlichkeitsmaß der $t$-Verteilung mit $n$ Freiheitsgraden |
| $X \sim t_n$ | die Zufallsgröße $X$ ist $t$-verteilt mit $n$ Freiheitsgraden |
| $t_{n;\alpha}$ | $\alpha$-Quantil der $t$-Verteilung mit $n$ Freiheitsgraden |
| $\text{Chi}_n(x)$ | Verteilungsfunktion der $\chi^2$-Verteilung mit $n$ Freiheitsgraden |
| $\bigotimes_{i=1}^{n} P_i$ | Produktmaß aus den Wahrscheinlichkeitsmaßen $P_1, \dots, P_n$ |
| $\mathbf{X} \sim \bigotimes_{i=1}^{n} P_i$ | für den $n$-dimensionalen Zufallsvektor $\mathbf{X}$ gilt, daß |

$$P(X_1 \leq x_1, \dots, X_n \leq x_n) = P_1(X_1 \leq x_1) \cdots P_n(X_n \leq x_n)$$

## Wichtige Begriffe

- **Sigma-Algebra:** Sei $\Omega$ eine Menge und $\mathcal{A}$ eine Menge von Teilmengen von $\Omega$. $\mathcal{A}$ heißt **Sigma-Algebra** auf der Grundmenge $\Omega$, wenn

  - $\Omega \in \mathcal{A}$
  - $\forall A, B \in \mathcal{A} : A \setminus B \in \mathcal{A}$

- Für jedes Mengensystem $(A_i)_{i \in I} \subset \mathcal{A}$ zu einer endlichen oder unendlichen Indexmenge $I \subset \mathbb{N}$ gehört auch $\bigcup_{i \in I} A_i$ zu $\mathcal{A}$.

- **Borel-Menge:** Sei $\mathcal{B}$ die kleinste Sigma-Algebra aus Teilmengen des $\mathbb{R}^n$, die die n-dimensionalen Intervalle $(a_1, b_1] \times (a_2, b_2] \times \cdots \times (a_n, b_n]$ enthält. Dann heißt jedes Element aus $\mathcal{B}$ eine n-dimensionale Borel-Menge, $\mathcal{B}$ heißt **Borelsche Sigma-Algebra** auf $\mathbb{R}^n$.

- **Wahrscheinlichkeitsverteilung:** Sei $\mathcal{A}$ eine Sigma-Algebra auf $\Omega$ (dem **Ergebnisraum**), so heißt eine Abbildung $P : \mathcal{A} \to [0, 1]$ ein **Wahrscheinlichkeitsmaß** oder eine **Wahrscheinlichkeitsverteilung**, wenn

  - $P(\Omega) = 1$
  - Für jede endliche oder unendliche Folge $(A_i)_{i \in I} \subset \mathcal{A}$ aus disjunkten Mengen zur Indexmenge $I \subset \mathbb{N}$ gilt

$$P(\bigcup_{i \in I} A_i) = \sum_{i \in I} P(A_i)$$

Das Tripel $(\Omega, \mathcal{A}, P)$ heißt **Wahrscheinlichkeitsraum**.

- **Zufallsvariable:** Seien $\mathcal{A}_1$ bzw. $\mathcal{A}_2$ Sigma-Algebren auf $\Omega_1$ bzw. $\Omega_2$. Dann heißt $X : \Omega_1 \to \Omega_2$ eine Zufallsvariable, wenn $X^{-1}(A) \in \mathcal{A}_1$ für alle $A \in \mathcal{A}_2$ gilt. Dies ist gleichbedeutend damit, dass $X$ als Abbildung $\mathcal{A}_1$-$\mathcal{A}_2$-messbar ist. Für $x \in \Omega_2$ bezeichnet $P(X = x) := P(\{\omega \in \Omega_1 : X(\omega) = x\})$. Ist $\Omega_2 = \mathbb{R}^n$, und $\mathcal{A}_2$ die Sigma-Algebra der $n$-dimensionalen Borel-Mengen, so wird $X$ als **Zufallsvektor** bezeichnet. Im Falle $n = 1$ spricht man schließlich von einer **Zufallsgröße** oder – falls der Kontext klar ist – ebenfalls von einer **Zufallsvariable**. Zufallsgrößen lassen sich „intuitiv" im Sinne von Zufallsexperimenten auffassen, bei denen Werte in $\mathbb{R}$ ermittelt werden. Die konkreten Werte $x$, die eine Zufallsgröße $X$ annimmt, werden als **Realisationen** von $X$ bezeichnet. Zufallsgrößen $X$ und $Y$, die über demselben Wahrscheinlichkeitsraum definiert sind, heißen **Kopien** voneinander, wenn beide über dieselbe Verteilungsfunktion verfügen.

- **Verteilungsfunktion:** Sei $X : \Omega \to \mathbb{R}^n$ ein Zufallsvektor, dann ist $F : \mathbb{R}^n \to \mathbb{R}$ mit

$$F(x_1, \ldots, x_n) := P\big(X^{-1}((-\infty, x_1] \times (-\infty, x_2] \times \cdots \times (-\infty, x_n])\big)$$

die zu $X$ gehörige Verteilungsfunktion. Man schreibt hierfür auch kurz:

$$F(x_1, \ldots, x_n) = P(X_1 \leq x_1, \ldots, X_n \leq x_n)$$

Eine Verteilungsfunktion ist in jedem ihrer Argumente rechtsseitig stetig.

- **Dichte:** Sei $X : \Omega \to \mathbb{R}^n$ ein Zufallsvektor und $F$ die zugehörige Verteilungsfunktion. Wenn es eine Funktion $f : \mathbb{R}^n \to \mathbb{R}$ gibt mit

$$F(x_1, \ldots, x_n) = \int_{-\infty}^{x_1} \cdots \int_{-\infty}^{x_n} f(t_1, \ldots, t_n) dt_1 \ldots dt_n$$

für alle $(x_1, \ldots, x_n) \in \mathbb{R}^n$, so heißt $f$ die **Dichtefunktion** (bezüglich des Lebesgue-Maßes) zur Verteilungsfunktion $F$ bzw. zum Zufallsvektor $X$. Zufallsvektoren, die eine Verteilungsfunktion mit (Lebesgue-)Dichte besitzen, heißen **stetig**, Zufallsvektoren $X$, zu denen es eine endliche oder unendliche Folge von Werten $(x_i)_{i \in I} \subset \mathbb{R}^n$ mit $I \subset \mathbb{N}$ gibt, sodass $\sum_{i \in I} P(X = x_i) = 1$, heißen **diskret**. Die **Wahrscheinlichkeitsfunktion** $x_i \mapsto P(X = x_i)$ wird gelegentlich ebenfalls als Dichte (bezüglich des Zählmaßes) bezeichnet.

- **Erwartungswert, Varianz, Standardabweichung:** Sei $X$ eine Zufallsgröße, die nur höchstens abzählbar viele Werte $x_i$ ($i \in I$) mit positiven Wahrscheinlichkeiten $p_i$ annimmt bzw. eine Dichtefunktion $f$ besitzt. Falls

$$\sum_{i \in I} p_i |x_i| < \infty \text{ bzw. } \int_{-\infty}^{\infty} |x| f(x) dx < \infty,$$

so spricht man von der Existenz des **Erwartungswertes**

$$\mathrm{E}(X) := \sum_{i \in I} p_i x_i \text{ bzw. } \mathrm{E}(X) := \int_{-\infty}^{\infty} x f(x) dx.$$

Existiert für eine Zufallsgröße $X$ der Erwartungswert $\mathrm{E}(X^2)$, so ist die **Varianz** dieser Zufallsgröße durch

$$\mathrm{Var}(X) := \mathrm{E}((X - \mathrm{E}(X))^2) = \mathrm{E}(X^2) - (\mathrm{E}(X))^2$$

definiert. Unter der **Standardabweichung** versteht man die Quadratwurzel aus der Varianz.

- **Unabhängigkeit:** Sei $(\Omega, \mathcal{A}, P)$ ein Wahrscheinlichkeitsraum und $(X_1, \ldots, X_n) : \Omega \to \mathbb{R}^n$ ein Zufallsvektor mit der Verteilungsfunktion $F$. Die Koordinaten $X_1, \ldots, X_n$ heißen als Zufallsgrößen mit Verteilungsfunktionen $F_1, \ldots, F_n$ (stochastisch) **unabhängig**, wenn für alle $(x_1, \ldots, x_n) \in \mathbb{R}^n$ gilt:

$$F(x_1, \ldots, x_n) = F_1(x_1) \cdot \ldots \cdot F_n(x_n)$$

Umgekehrt heißen $n$ Zufallsgrößen unabhängig, wenn es einen Zufallsvektor mit diesen Zufallsgrößen als Koordinaten gibt, sodass diese Koordinaten unabhängig sind. Eine Folge von Zufallsgrößen heißt unabhängig, wenn jede endliche Teilmenge von Folgengliedern unabhängig ist. Die Unabhängigkeit von Zufallsgrößen $X_i$ entspricht der Unabhängigkeit der zugehörigen Ereignisse $X_i \le x_i$. Bei dem aus den betrachteten Zufallsgrößen zusammengesetzten Zufallsexperiment findet also keinerlei Beeinflussung jeder einzelnen Zufallsvariablen durch die anderen statt.

In den praxisrelevanten Fällen diskreter bzw. stetiger Zufallsgrößen $X_1, \ldots, X_n$ kann die stochastische Unabhängigkeit mit Hilfe von Einzelwahrscheinlichkeiten bzw. Dichten ausgedrückt werden. Im diskreten Fall liegt Unabhängigkeit genau dann vor, wenn

$$P(X = x_1, \ldots, X_n = x_n) = P(X = x_1) \cdot \ldots \cdot P(X_n = x_n)$$

für alle Werte $(x_1, \ldots, x_n)$ mit positiven Wahrscheinlichkeiten.

Im Falle stetiger Zufallsvektoren $(X_1, \ldots, X_n)$ mit zugehöriger Dichtefunktion $f(x_1, \ldots, x_n)$ für $(X_1, \ldots, X_n)$ sowie Dichtefunktionen $f_i(x_i)$ für $X_i$ $(i = 1, \ldots, n)$ liegt Unabhängigkeit genau dann vor, wenn

$$f(x_1, \ldots, x_n) = f_1(x_1) \cdot \ldots \cdot f_n(x_n)$$

für alle $(x_1, \ldots, x_n) \in \mathbb{R}^n$ (unter Umständen mit Ausnahme einer Lebesgueschen Nullmenge) ist.

- **Interferenzstatistik:** Die Interferenzstatistik hat zum Ziel, dem Anwender quantitative Entscheidungshilfen aufgrund von berechneten Wahrscheinlichkeiten für zu erwartende Ereignisse an die Hand zu geben. Die Interferenzstatistik sieht sich im Gegensatz zur Deskriptiven Statistik, in der Daten graphisch und auch bezüglich bestimmter Lokalitäts- und Streumaße aufbereitet werden, in der jedoch keine wahrscheinlichkeitstheoretische Argumentation im engeren Sinne stattfindet.

- **Fehler erster und zweiter Art:** Sei $(X_1, \ldots, X_n)$ eine Stichprobe aus identisch verteilten und unabhängigen Zufallsgrößen $X_i : \Omega \to \mathbb{R}$ $(i = 1, \ldots, n)$. Ferner sei $T : \mathbb{R}^n \to \mathbb{R}$ eine Abbildung mit der Eigenschaft, dass $T(X_1, \cdots, X_n) : \Omega \to \mathbb{R}$ eine Zufallsgröße (die **Testgröße**) ist. Sei $\mathcal{F}$ eine Menge von Verteilungsfunktionen und sei $\mathcal{F}_0$ eine echte Teilmenge von $\mathcal{F}$. An die gemeinsame Verteilungsfunktion $F$ der Zufallsgrößen $X_i$ möge eine Hypothese $H_0 : F \in \mathcal{F}_0$ (die **Nullhypothese**) gestellt werden, die genau dann abgelehnt werden soll, wenn für eine Realisation $(x_1, \ldots, x_n)$ der Stichprobe der Wert der Testgröße $T(x_1, \ldots, x_n)$ in einem vorgegebenen **kritischen Bereich** $\mathcal{K} \subset \mathbb{R}$ liegt. Ein Fehler **erster Art** ist das Ereignis

$$T(X_1, \ldots, X_n) \in \mathcal{K},$$

falls die $X_i$ einer Verteilung aus $\mathcal{F}_0$ folgen. Ein Fehler **zweiter Art** ist das Ereignis

$$T(X_1, \ldots, X_n) \notin \mathcal{K},$$

falls die $X_i$ einer Verteilung aus $\mathcal{F} \setminus \mathcal{F}_0$ (der **Alternativhypothese**) folgen. Mithin besteht ein Fehler erster Art in der Ablehnung der Nullhypothese, obwohl diese zutrifft, ein Fehler zweiter Art in der Nicht-Ablehnung (auch bezeichnet als Annahme) der Nullhypothese, obwohl diese nicht zutrifft.

# Sachverzeichnis

## Eigene Funktionen

# Datensätze